ARBEITSGEMEINSCHAFT FÜR FORSCHUNG
DES LANDES NORDRHEIN-WESTFALEN

GEISTESWISSENSCHAFTEN

39. Sitzung
21. März 1956
in Düsseldorf

Vorwort

Einführungskurs Höhere Mathematik will sowohl den Studierenden als auch den Lehrenden einen leicht lesbaren und abwechslungsreichen Text an die Hand geben, der die wichtigsten Gebiete der Infinitesimalrechnung in einer und in mehreren Variablen darbietet. Er ist sowohl als begleitende Literatur für Vorlesungen geeignet als auch für das Selbststudium.

Bei der Behandlung des Stoffes wird auf eine möglichst einfache Darstellung Wert gelegt.

Jedes Kapitel schließt mit einem ganz wesentlichen Abschnitt, der Zusammenfassung. Sie gibt dem Leser einen Überblick über das gesamte Kapitel. Alle neuen Begriffe und Symbole sowie die wichtigsten Ergebnisse werden wiederholt. Testaufgaben schließen sich an. Insgesamt bilden diese Zusammenfassungen eine Leitlinie für die Durcharbeitung des Buches. Die Übungsaufgaben der einzelnen Abschnitte dienen nicht der Wiederholung. Allerdings wird durch neue Anwendungen oder alternative Ansätze die Möglichkeit gegeben, das Verständnis nochmals zu überprüfen.

Zunächst sollte jeder Abschnitt sorgfältig und vollständig gelesen werden, bevor die Übungsaufgaben bearbeitet werden. Die Beispiele des Textes sollten selbständig und ohne Zuhilfenahme des Buches gelöst werden, um die Aufarbeitung des dargestellten Stoffes zu überprüfen.

Die Übungen werden im allgemeinen durch quadratische Trennzeichen (■ oder ■■) in drei verschiedene Kategorien eingeteilt. In der ersten und umfangreichsten Gruppe sind Standardaufgaben enthalten, die für den Leser die Definitionen und Rechnungen grundsätzlich veranschaulichen sollen. Die zweite Gruppe umfaßt umfangreichere Berechnungen oder führt etwas über den Text hinaus. Die Beispiele der letzten Gruppe behandeln schließlich alternative Gesichtspunkte oder theoretische Ansätze und sind manchmal etwas schwieriger; sie sollten nur sparsam eingesetzt werden, etwa im Rahmen von Wiederholungen. Das Buch enthält wesentlich mehr Übungen, als während einer typischen Vorlesung behandelt werden können.

Einführungkurs Höhere Mathematik gliedert sich in 4 Teile und stellt für das Studium an Hoch- und Fachhochschulen den Stoff der ersten Semester zusammen.

S. K. Stein
A. Erhardt-Ferron
H. Walter

Vorwort zu Band 2

Während der erste Band den Funktionenbegriff und den Begriff der Ableitung sowie deren Anwendungen behandelte, ist das Thema des zweiten Bandes die Integralrechnung. Dabei werden sowohl die Grundlagen des Integralbegriffs als bestimmtes Flächenintegral, als auch dessen Erweiterung als Stammfunktion bzw. als unbestimmtes Integral, sowie Integrale in mehreren Dimensionen behandelt.

Der Stoff des zweiten Bandes sollte den Studierenden gegen Ende des ersten bzw. zu Beginn des zweiten Semesters angeboten werden.

Wie beim ersten Band wird auch hier versucht, das Gelernte durch eine sinnvolle Zusammenstellung der Übungsaufgaben zu vertiefen bzw. durch alternative Sichtweisen einprägsam zu gestalten.

Wiesbaden, im September 1996

S. K. Stein
A. Erhardt-Ferron
H. Walter

Inhaltsverzeichnis

Inhalt der Bände

Band 1

Band 3

Band 4

1 Das bestimmte Integral

Der Band 1 hat sich mit den Eigenschaften der Ableitung beschäftigt (siehe Kapitel 2 bis 5). In Band 1 wurde auch das zweite Hauptproblem der Infinitesimalrechnung eingeführt, die Ermittlung des bestimmten Integrals. Die nächsten drei Kapitel werden sich mit diesem Problem beschäftigen. Viele Erkenntnisse aus den Kapiteln 1 bis 5 werden für das folgende von Nutzen sein. Wie sich zeigen wird, sind die Ableitung und das bestimmte Integral miteinander derart eng verknüpft, daß die Berechnung vieler bestimmter Integrale auf Eigenschaften der Ableitung zurückgeführt werden kann.

Dieses Kapitel bringt zunächst geometrische und physikalische Beispiele des bestimmten Integrals, später dann auch die Anwendungen des bestimmten Integrals auf andere Probleme. Genau wie in Band 1 beginnen wir mit verschiedenen Aspekten ein und desselben grundlegenden Gedankens.

1.1 Vier Abschätzungen

Wie in Band 1 der Begriff Ableitung an vier Problemen illustriert wurde, so führen wir hier das bestimmte Integral an Hand von vier Beispielen ein. Auf den ersten Blick sehen diese Probleme völlig verschieden aus, es handelt sich dabei jedoch nur um verschiedene Aspekte eines einzigen Grundkonzepts.

Problem 1: Man bestimme die Fläche des Gebietes, das durch die Kurve $y = x^2$, die x-Achse und die vertikale Gerade $x = 3$ begrenzt ist (Bild 1.1).

Problem 2: Eine dünne inhomogene Saite mit der Länge 3 cm ist an einem Ende sehr leicht und am anderen Ende sehr schwer. x Zentimeter vom linken Ende beträgt die Dichte $5x^2$ Gramm pro Zentimeter. Man bestimme die Gesamtmasse der Saite (Bild 1.2).

Problem 3: Die Uhr und der Geschwindigkeitsmesser eines Fahrzeuges funktionieren, nicht aber dessen Kilometerzähler. Eine dreistündige Reise von einer überfüllten Stadt hinaus auf das Land beginnt sehr langsam und wird allmählich schneller, da sich der Verkehr immer mehr verdünnt. Der Fahrer stellt fest, daß seine Geschwindigkeit zur Zeit t Stunden $8t^2$ Kilometer pro Stunde beträgt: In der ersten halben Stunde kriecht er mit etwa 2 km/h dahin, aber nach 3 h reist er bereits mit 72 km/h. Welche Strecke legt das Fahrzeug in 3 h zurück?

Problem 4: Man bestimme das Volumen eines Zeltes mit einem quadratischen Boden der Seitenlänge 3 m, dessen 3 m langer Stützpfeiler genau senkrecht in einer Ecke des Quadrates steht (Bild 1.3a). Das Zelt entspricht einem Stück Papier, das entlang der gestrichelten Linien gefaltet wird, und dessen freie Eckpunkte A, B, C und D im Punkt P zusammenkommen (Bild 1.3b).

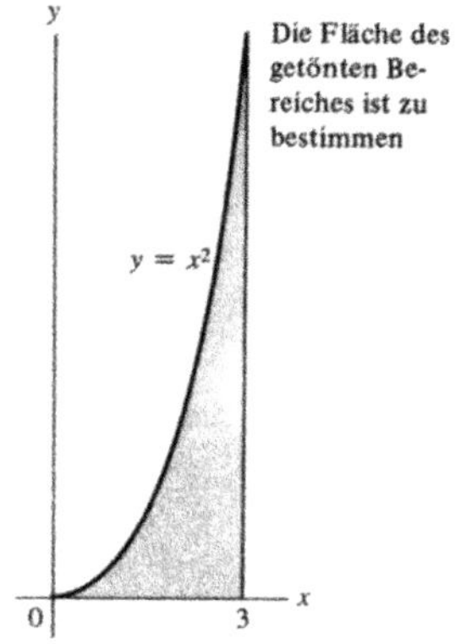

Bild 1.1

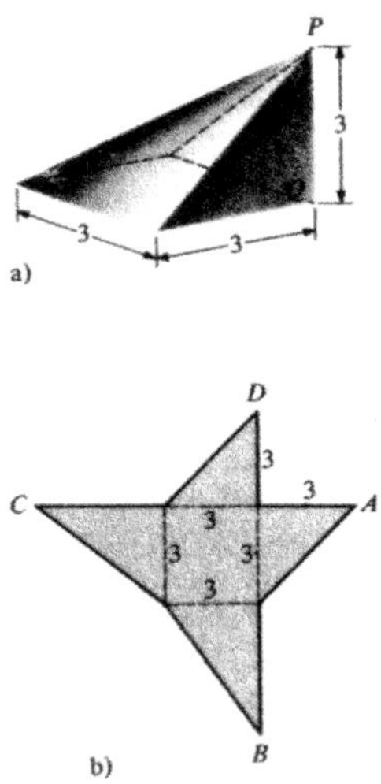

Bild 1.3

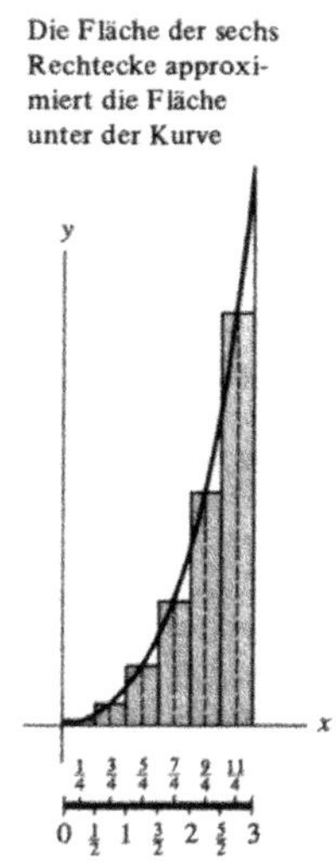

Bild 1.4

Bild 1.2

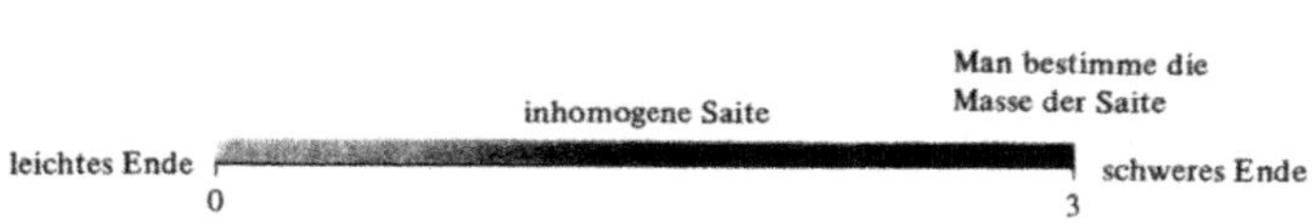

Wir werden jedes dieser vier Probleme durch Abschätzung lösen und auf eine gemeinsame mathematische Wurzel zurückführen.

Abschätzung zu Problem 1 (Fläche unterhalb von $y = x^2$). Die Fläche kann durch eine Treppe von sechs Rechtecken angenähert werden (Bild 1.4).

Zuerst teilen wir das Intervall von 0 bis 3 in sechs kleinere Intervalle, von denen jedes die Länge $\frac{1}{2}$ besitzt. Dann zeichnen wir über diese kleinen Intervalle jeweils ein Rechteck, dessen Höhe durch die Ordinate der Kurve $y = x^2$ oberhalb des Intervall-Mittelpunktes gegeben ist. Die gesamte Fläche der 6 Rechtecke ist sehr leicht zu berechnen. Sie beträgt

$$(\tfrac{1}{4})^2(\tfrac{1}{2}) + (\tfrac{3}{4})^2(\tfrac{1}{2}) + (\tfrac{5}{4})^2(\tfrac{1}{2}) + (\tfrac{7}{4})^2(\tfrac{1}{2}) + (\tfrac{9}{4})^2(\tfrac{1}{2}) + (\tfrac{11}{4})^2(\tfrac{1}{2})$$

oder $\frac{286}{32}$ und in Dezimalzahlen 8,937 5.

Wir haben damit die Fläche *nicht* exakt berechnet. Die vorhergehende Rechnung gibt nur eine *Abschätzung* der Flächengröße, nämlich 8,937 5.

Abschätzung zu Problem 2 (die inhomogene Saite). Wir schneiden die Saite in sechs Teile gleicher Länge (Bild 1.5).

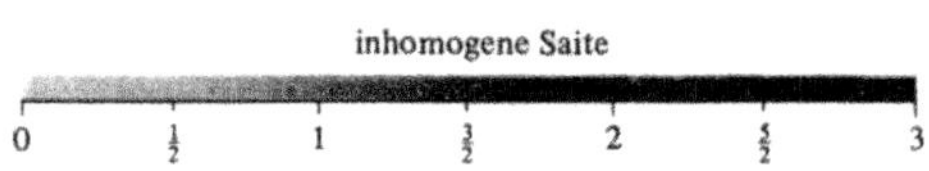

Bild 1.5

In jedem der sechs Teilintervalle variiert die Dichte der Saite weniger, als sie über die gesamte Länge variiert. Wäre die Dichte in jedem Abschnitt konstant, so ergäbe sich sofort

$$\text{Dichte} = \frac{\text{Masse}}{\text{Länge}}$$

und

$$\text{Masse} = \text{Dichte} \cdot \text{Länge}.$$

Wir betrachten nun jedes der sechs Intervalle so, als hätte es eine konstante Dichte, die dem Wert im Mittelpunkt des Intervalls entspricht. Um eine Abschätzung der Masse in jedem der sechs Intervalle zu finden, multiplizieren wir die Dichte im Mittelpunkt mit der Länge des Intervalls.

Der linke Abschnitt hat im Mittelpunkt $\frac{1}{4}$ eine Dichte von $5(\frac{1}{4})^2$ g/cm und daher eine Masse von etwa $5(\frac{1}{4})^2 \cdot \frac{1}{2}$ g. Der nächste Abschnitt von $\frac{1}{2}$ bis 1 hat im Mittelpunkt eine Dichte von $5(\frac{3}{4})^2$ g/cm und daher eine Masse von etwa $5(\frac{3}{4})^2 \cdot \frac{1}{2}$ g. Eine Abschätzung für die Masse der restlichen vier Abschnitte kann auf analoge Weise gefunden werden. Eine Abschätzung für die gesamte Masse der inhomogenen Saite liefert dann die Summe

$$5(\tfrac{1}{4})^2(\tfrac{1}{2}) + 5(\tfrac{3}{4})^2(\tfrac{1}{2}) + 5(\tfrac{5}{4})^2(\tfrac{1}{2}) + 5(\tfrac{7}{4})^2(\tfrac{1}{2}) + 5(\tfrac{9}{4})^2(\tfrac{1}{2}) + 5(\tfrac{11}{4})^2(\tfrac{1}{2}).$$

Diese Summe entspricht genau fünfmal der Summe von Problem 1 und beträgt daher $5 \cdot 8{,}937\,5$ g, also etwas weniger als 45 g. Man beachte die Ähnlichkeiten zwischen der Summe dieses Problems und der Summe des ersten Problems.

Abschätzung zu Problem 3 (Kilometerzähler). Die Geschwindigkeit variiert während der 3 h langen Reise von 0 bis 72 km/h. Über kürzere Zeitintervalle betrachtet, wird die Variation geringer sein.

Wie bei Behandlung der ersten beiden Probleme teilen wir auch hier die 3 h der Reise in sechs gleiche Intervalle, von denen jedes eine halbe Stunde dauert. Die Zeit wird durch einen Geradenabschnitt dargestellt, der in sechs gleiche Teile zerschnitten ist (Bild 1.6).

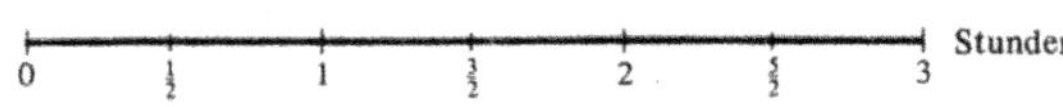

Bild 1.6

Um die in der ersten $\frac{1}{2}$ h zurückgelegte Distanz zu berechnen, multiplizieren wir die Geschwindigkeit nach $\frac{1}{4}$ h mit der Dauer des ersten Zeitintervalls, nämlich einer $\frac{1}{2}$ h. Da die Geschwindigkeit zur Zeit t gleich $8t^2$ ist, hat das Fahrzeug nach $\frac{1}{4}$ h die Geschwindigkeit $8(\frac{1}{4})^2$ km/h. Das heißt, während der ersten $\frac{1}{2}$ h legt der Fahrer etwa $8(\frac{1}{4})^2 \cdot \frac{1}{2}$ km zurück. Während der zweiten $\frac{1}{2}$ h reist er etwa $8(\frac{3}{4})^2 \cdot \frac{1}{2}$ km. Mit ähnlichen Berechnungen für die anderen Intervalle erhalten wir eine Abschätzung für die Länge der gesamten Fahrt:

$$8(\tfrac{1}{4})^2(\tfrac{1}{2}) + 8(\tfrac{3}{4})^2(\tfrac{1}{2}) + 8(\tfrac{5}{4})^2(\tfrac{1}{2}) + 8(\tfrac{7}{4})^2(\tfrac{1}{2}) + 8(\tfrac{9}{4})^2(\tfrac{1}{2}) + 8(\tfrac{11}{4})^2(\tfrac{1}{2}).$$

Diese Summe entspricht genau der achtfachen Summe aus Problem 1 und ist daher gleich

$$8 \cdot 8{,}9375 \text{ km} = 71{,}5 \text{ km}.$$

Auch hier erhalten wir nur eine Abschätzung der tatsächlichen Länge der Fahrt.

Abschätzung zu Problem 4 (das Zelt). Jeder ebene Querschnitt durch das Zelt, der parallel zur Grundfläche verläuft, ist quadratisch (Bild 1.7).

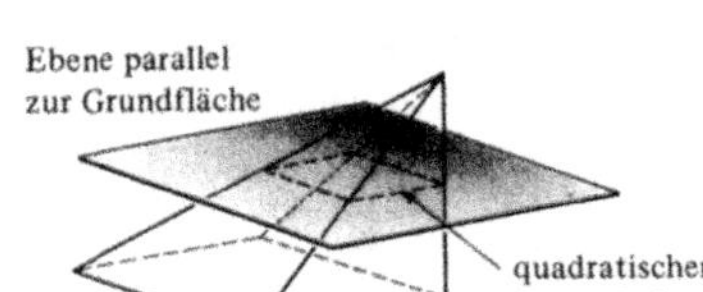

Bild 1.7

Diesesmal schneiden wir den vertikalen Stützpfeiler in sechs gleiche Intervalle. Dann approximieren wir das Volumen jeder Scheibe durch eine flache rechteckige Schachtel mit 0,5 m Höhe. Der Querschnitt der kleinsten Scheibe entspricht dem horizontalen Schnitt durch den Mittelpunkt des höchsten der sechs Abschnitte. Die restlichen fünf Teile können in ähnlicher Weise bestimmt werden (Bild 1.8).

Wie die Frontansicht dieser sechs Scheiben zeigt, hat der quadratische Querschnitt der obersten Schachtel eine Seitenlänge von $\frac{1}{4}$ m. Die Schachtel darunter besitzt eine Seitenlänge von $\frac{3}{4}$ m, bis wir die unterste Schachtel erreichen, deren Seitenlänge $\frac{11}{4}$ m beträgt.

Das Volumen einer Schachtel ist durch das Produkt Grundfläche mal Höhe gegeben. Somit ist das Gesamtvolumen der sechs Schachteln in Kubikmetern

$$\left(\tfrac{1}{4}\right)^2\left(\tfrac{1}{2}\right)+\left(\tfrac{3}{4}\right)^2\left(\tfrac{1}{2}\right)+\left(\tfrac{5}{4}\right)^2\left(\tfrac{1}{2}\right)+\left(\tfrac{7}{4}\right)^2\left(\tfrac{1}{2}\right)+$$
$$+\left(\tfrac{9}{4}\right)^2\left(\tfrac{1}{2}\right)+\left(\tfrac{11}{4}\right)^2\left(\tfrac{1}{2}\right).$$

Dies ist dieselbe Summe, auf die wir bereits bei der Berechnung der Fläche unter der Kurve $y = x^2$ gestoßen sind: Das Volumen des Zeltes beträgt etwa 8,937 5 m^3.

Keines der vier Probleme wurde von uns exakt gelöst; in jedem Fall haben wir nur eine Abschätzung der Lösung gefunden. Im nächsten Abschnitt wird die exakte Antwort entwickelt werden.

Jede Schachtel approximiert eine Scheibe aus dem vorhergehenden Diagramm

Bild 1.8

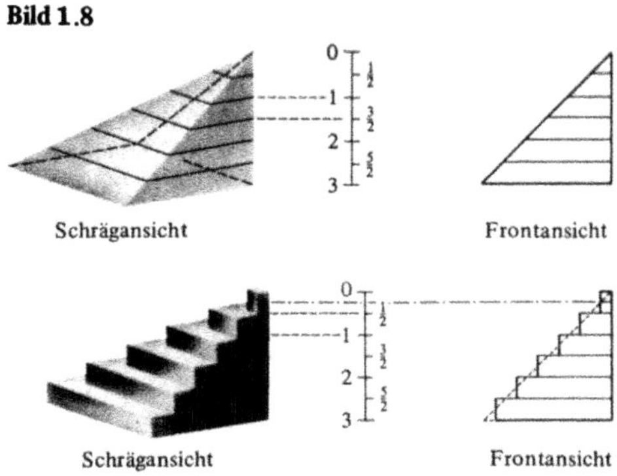

Übungen:

1. Um die Ähnlichkeit der vier Probleme zu zeigen, wurde das Intervall [0; 3] jeweils in sechs gleiche Abschnitte unterteilt und im Mittelpunkt jedes Abschnittes der Querschnitt, die Dichte, die Geschwindigkeit oder Fläche bestimmt. Selbstverständlich steht es uns frei, das Intervall in mehr oder weniger Abschnitte zu teilen und in jedem Abschnitt einen anderen Punkt als den Mittelpunkt zu verwenden. Darüberhinaus besteht auch keine Notwendigkeit, die Abschnitte gleich lang zu wählen.
   (*a*) Man schätze die Fläche aus Problem 1 unter Verwendung von drei Abschnitten der Länge 1 und des jeweiligen Mittelpunktes.
   (*b*) Man schätze dieselbe Fläche unter Verwendung derselben drei Abschnitte. Nun werde aber die y-Koordinate, $y = x^2$, oberhalb des rechten Endes eines jeden Abschnittes zur Festlegung des Rechtecks verwendet.
   (*c*) Man zeichne die drei Rechtecke aus (*b*). Ist ihre gesamte Fläche größer oder kleiner als die Fläche unter der Kurve?
   (*d*) Wie in (*b*) und (*c*), man verwende jedoch diesmal die y-Koordinate $y = x^2$ oberhalb des linken Endpunktes des jeweiligen Abschnitts.
2. Mit Hilfe der Lösungen aus Übung 1 soll folgender Satz vervollständigt werden: Die Fläche aus Problem 1 ist selbstverständlich kleiner als ______ aber größer als ______ .
3. Man bestimme die Fläche von Problem 1 näherungsweise mittels Unterteilung des Intervalls von 0 bis 3 in fünf gleichlange Abschnitte, wobei die Flächen von fünf Rechtecken aufsummiert werden. Ihre Höhe sei bestimmt durch
   (*a*) Mittelpunkte,
   (*b*) rechte Endpunkte,
   (*c*) linke Endpunkte.
4. Man bestimme die Länge der Reise aus Problem 3 durch Unterteilung des Gesamtintervalls von 3 h in 5 Perioden von jeweils $\frac{3}{5}$ h. Als mittlere Geschwindigkeit verwende man in jedem Abschnitt die Tachometerablesung
   (*a*) in der Mitte des Intervalls,
   (*b*) am Ende des Intervalls,
   (*c*) am Beginn des Intervalls.
5. Man schätze die Masse der Saite aus Problem 2 durch Teilung in fünf gleichlange Abschnitte. Zur Abschätzung der Masse in jeder dieser Sektionen verwende man die Dichte
   (*a*) im Mittelpunkt jedes Abschnittes,
   (*b*) am rechten Endpunkt,
   (*c*) am linken Endpunkt.

Die Übungen 6 und 7 dienen zur Wiederholung und als Vorübung für spätere Probleme.

6. Man differenziere (zur Übung):
   (*a*) $\sqrt{1+\cot 3x}$
   (*b*) $\dfrac{3x}{8}+\dfrac{3x\sin 4x}{32}+\dfrac{\cos^3 2x\sin 2x}{8}$
   (*c*) $\dfrac{3}{8(2x+3)^2}-\dfrac{1}{4(2x+3)}$
   (*d*) $\dfrac{1}{3(2x+3)}-\dfrac{1}{9}\ln\left(\dfrac{2x+3}{x}\right)$
   (*e*) $\frac{1}{5}\ln(\operatorname{cosec} 5x-\cot 5x)$
   (*f*) $x\arctan 2x-\frac{1}{4}\ln(1+4x^2)$.
7. Man nenne als Beispiel eine Funktion, deren Ableitung die gegebene Funktion ist. (Vorbereitung für Kapitel 2 und 3.)
   (*a*) $3x^2+2x-1+\dfrac{5}{x}+\dfrac{3}{x^2}$ (*b*) $\dfrac{x^2}{x^3+1}$
   (*c*) $\dfrac{x^3+1}{x^2}$ (*d*) e^{3x}
   (*e*) $\sin 2x$ (*f*) xe^x

■

8. Ein Betrieb hat bisher keinen Gewinn abgeworfen, steigert seinen Gewinn in den nächsten drei Jahren jedoch schrittweise bis auf 9 Millionen DM/a. Am Ende des ersten $\frac{1}{2}$ a betrug der Gewinn $\frac{1}{4}$ Million DM/a; am Ende des zweiten Jahres 4 Millionen DM/a. Ganz allgemein sei der Gewinn am Ende von t Jahren $(0 < t < 3)$ gleich t^2 Millionen DM/a. Man schätze den gesamten Gewinn für die nächsten 3 a ab und verwende dazu sechs Zeitabschnitte von gleicher Länge sowie die Mittelpunkte jedes Zeitabschnitts.
9. Man wiederhole die Abschätzung für jedes der angegebenen vier Probleme, wobei in jeweils vier Abschnitte unterteilt wird. Als Punkte zur Messung von Querschnitt, Dichte bzw. Geschwindigkeit verwende man $\frac{1}{2}$, $\frac{3}{2}$, 2 und $\frac{14}{5}$ (jeder dieser Zahlen liegt in einem der vier Abschnitte) (Bild 1.9).

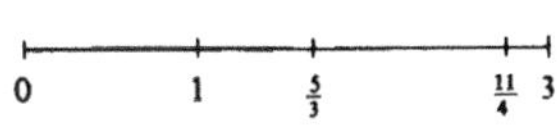

Bild 1.9

10. Man schätze die Fläche unter $y = x^2$ und oberhalb des Intervalls von [1; 5] mit Hilfe der Mittelpunktmethode bei Unterteilung von [1; 5] in
    (*a*) vier gleich lange Abschnitte,
    (*b*) acht gleich lange Abschnitte.

11. Ein gerader Kreiskegel hat eine Höhe von 3 cm und einen Radius von 3 cm (Bild 1.10). Man approximiere das Volumen durch die Summe der Volumina von sechs zylindrischen Scheiben, ebenso wie wir das Volumen des Zeltes mit Hilfe von

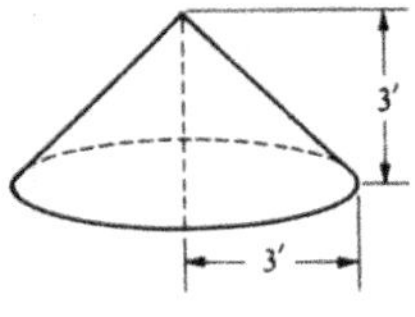

Bild 1.10

sechs rechteckigen Scheiben abgeschätzt haben. Man zeige im speziellen
    (*a*) mit Hilfe eines Diagramms, wie dieselbe Unterteilung und die jeweiligen Mittelpunkte sechs Zylinder bestimmen und
    (*b*) man schätze das gesamte Volumen.

12. Analog wie in Übung 3 für den Kegel aus Übung 11.

13. Man bestimme die Fläche zwischen der Kurve $y = x^3$, der x-Achse und der vertikalen Geraden $x = 6$ mittels Unterteilung in
    (*a*) drei Intervalle von gleicher Länge und mit Hilfe der Mittelpunkte;
    (*b*) sechs Intervalle von gleicher Länge und mit Hilfe der Mittelpunkte;
    (*c*) sechs Intervalle von gleicher Länge und mit Hilfe der linken Endpunkte;
    (*d*) wie in (*c*) aber rechte Endpunkte.

■■

14. Man zeichne genau $y = x^2$ und die sechs Rechtecke, deren Höhen durch die Ordinaten der Mittelpunkte gegeben sind. Wird durch jedes dieser Rechtecke die tatsächliche Fläche unterhalb von $y = x^2$ über- oder unterschätzt? (Man beantworte dies aufgrund der genauen Zeichnung.)

15. Die kinetische Energie eines Objektes, etwa einer Kugel oder eines Autos mit der Masse m und der Geschwindigkeit v, ist gleich $mv^2/2$. Nun befinde sich in einer Maschine ein homogener Stab von 3 cm Länge und einer Masse von 32 g. Dieser Stab rotiere einmal pro Sekunde um einen seiner Endpunkte. Man berechne die kinetische Energie dieses Stabes durch Unterteilung in sechs 0,5 cm lange Abschnitte. Die „Geschwindigkeit eines Abschnittes" werde durch die Geschwindigkeit seines Mittelpunktes angenähert.

Die letzten beiden Übungen verweisen bereits auf spätere Abschnitte. Ein Taschenrechner ist nützlich. Ist ein solcher nicht verfügbar, so verwende man eine Tabelle der Kehrwerte.

16. $A(t)$ sei die Fläche des Gebietes unterhalb der Kurve $y = 1/x$ und oberhalb der x-Achse zwischen $x = 1$ und $x = t > 1$ (Bild 1.11).
    (*a*) Man schätze $A(2)$ durch Unterteilung des Intervalls [1; 2] in zehn Intervalle von gleicher Länge und bilde 10 Rechtecke der Breite 0,1 und der Höhe von $1/x$, berechnet am linken Endpunkt des jeweiligen Intervalls. Mit Hilfe einer Skizze zeige man, daß diese Abschätzung größer als $A(2)$ ist.
    (*b*) Wie in (*a*), doch wähle man in diesem Fall die rechten Endpunkte. Warum ist nun das Ergebnis kleiner als $A(2)$?

17. (*a*) Man schätze die Fläche unterhalb der Kurve $y = 1/x$ und oberhalb von [3; 6] durch Unterteilung des Intervalls in 10 gleichlange Intervalle. Die 10 Rechtecke haben

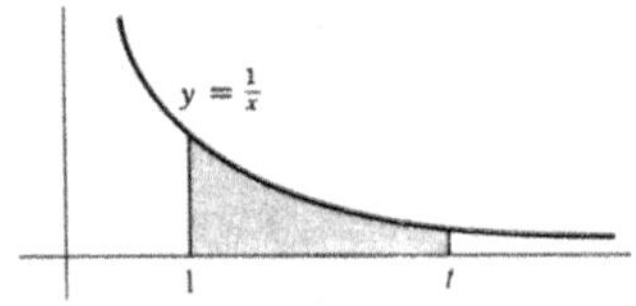

Bild 1.11

jeweils eine Breite von 0,3 und eine Höhe $1/x$, berechnet am linken Endpunkt des entsprechenden Intervalls. Man zeige, daß diese Abschätzung zu groß ist.
    (*b*) Wie in (*a*), doch wähle man diesmal die rechten Endpunkte. Warum ist die Abschätzung zu klein?

1.2 Exakte Lösung der vier Probleme

Die Ähnlichkeit der Näherungslösungen unserer vier Probleme aus Abschnitt 1.1 legt es nahe, nach einer gemeinsamen Basis dieser vier Ergebnisse zu suchen. Daher werden wir in der Folge die Näherungssummen des Abschnitts 1.1 untersuchen, um einer exakten Lösung der Probleme näher zukommen.

Die bisherigen Abschätzungen beruhten auf einer Unterteilung des Intervalls [0; 3] in einige kleinere Abschnitte. Um den rechnerischen Aufwand klein zu halten, haben wir uns auf Unterteilungen in wenige Abschnitte beschränkt. Führen wir nun etwa 100, 1000 oder noch mehr kleine Teilintervalle ein, so sollten die Näherungswerte viel genauer werden. Wie können wir eine solche Abschätzung ganz allgemein durchführen?

Zunächst teilen wir das Intervall [0; 3] in viele kleine Intervalle, die wir *Abschnitte* nennen wollen. Diese Abschnitte werden durch die Wahl ihrer Endpunkte x_0, x_1, $x_2 \dots x_n$ festgelegt, wobei $x_0 = 0 < x_1 < x_2 < \dots < x_n = 3$ gilt. Diese $n + 1$ Zahlen bestimmen genau n Abschnitte (Bild 1.12)

$$[x_0, x_1], [x_1, x_2], \dots, [x_{n-1}, x_n].$$

Bild 1.12

Unabhängig von der Anzahl der Abschnitte n gilt stets $x_0 = 0$ und $x_n = 3$. In Abschnitt 1.1 wählten wir für alle vier Abschätzungen

$$x_0 = 0, \quad x_1 = \tfrac{1}{2}, \quad x_2 = 1,$$
$$x_3 = \tfrac{3}{2}, \quad x_4 = 2, \quad x_5 = \tfrac{5}{2}, \quad x_6 = 3.$$

Der erste Abschnitt hat die Endpunkte x_0 und x_1; der nächste die Endpunkte x_1 und x_2; der dritte die Endpunkte x_2 und x_3, und so fort; der n-te Abschnitt schließlich besitzt die Endpunkte x_{n-1} und x_n. Irgendein typischer Abschnitt, etwa der i-te Abschnitt, hat die Endpunkte x_{i-1} und x_i (Bild 1.13). Die n Abschnitte bilden eine sogenannte *Unterteilung* des Intervalls [0; 3].

Ein typischer Abschnitt hat die Endpunkte x_{i-1} und x_i

Bild 1.13

Nun wählen wir in jedem der n Abschnitte irgendeinen *Referenzpunkt*, etwa den Mittelpunkt, einen Endpunkt oder irgendeinen anderen Punkt des Intervalls. Wir nennen den ausgewählten Punkt des ersten Abschnitts X_1; den Punkt des zweiten Abschnitts X_2, und sofort. Ganz allgemein wird also der ausgewählte Punkt aus dem i-ten Abschnitt $[x_{i-1}; x_i]$ durch X_i bezeichnet (Bild 1.14).

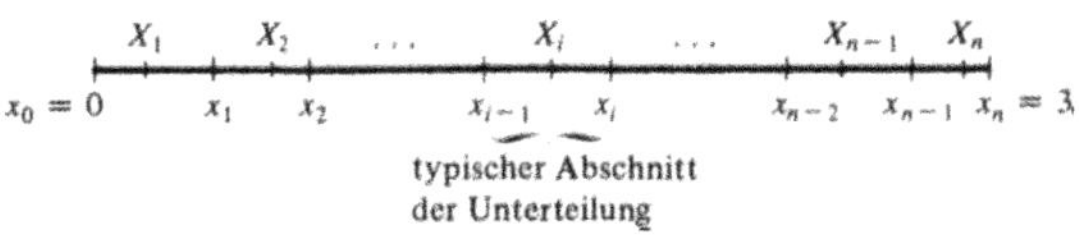

Bild 1.14

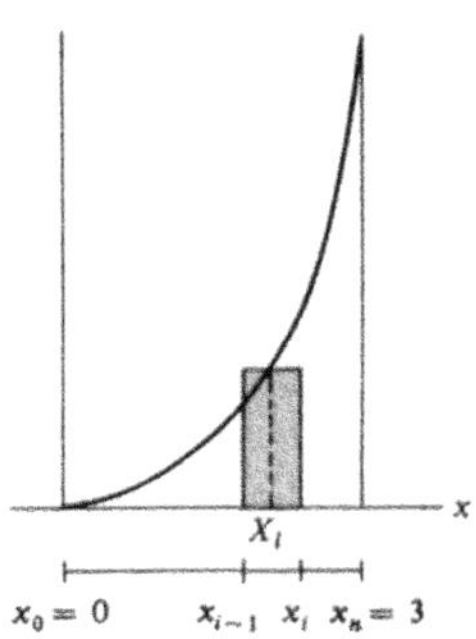

Bild 1.15

Ein typisches Rechteck hat die Grundlinie $x_i - x_{i-1}$ und die Höhe X_i^2. Die Fläche beträgt somit $X_i^2 (x_i = x_{i-1})$

Als Referenzpunkt X_i kann jeder Punkt des Intervalls $[x_{i-1}; x_i]$ gewählt werden, x_{i-1} und x_i sind die Endpunkte des i-ten Abschnittes. Jede Wahl der Zahlen x_i und X_i liefert eine bestimmte Abschätzung für jedes der vier Probleme. Ein typisches Teilrechteck für die Fläche aus Problem 1 zeigt Bild 1.15.

Die Summe der Flächen dieser Teilrechtecke beträgt

$$X_1^2(x_1 - x_0) + X_2^2(x_2 - x_1) + \dots + X_n^2(x_n - x_{n-1})$$

und gibt einen Näherungswert für die Fläche aus Problem 1.

Dieselbe Art der Unterteilung durch die Zahlen x_i und X_i liefert einen Schätzwert für die Masse der Saite (Bild 1.16).

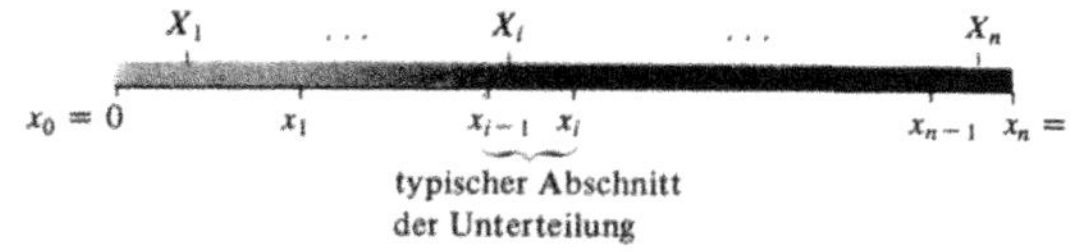

Die Masse in einem typischen Abschnitt beträgt ungefähr

$$\underbrace{5\,X_i^2}_{\text{Dichte an der Stelle } X_i} \quad \underbrace{(x_i - x_{i-1})}_{\text{Länge des Abschnitts}}\,g$$

Bild 1.16

Auf gleiche Weise können wir die Länge der Reise aus Problem 3 bestimmen. Da in diesem Fall die Zeit unterteilt wird, verwenden wir die Buchstaben t und T anstelle von x und X (Bild 1.17).

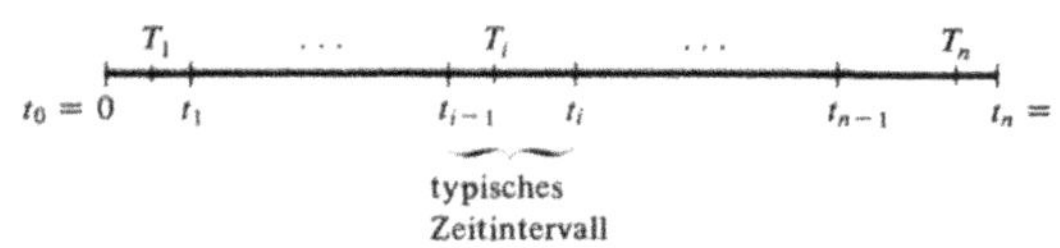

Die Wegstrecke, die in einem typischen Zeitintervall zurückgelegt wird, beträgt etwa

$$\underbrace{8\,T_i^2}_{\text{Tachometerablesung zur Zeit } T_i} \quad \underbrace{(t_i - t_{i-1})}_{\text{Dauer des } i\text{-ten Zeitintervalls}}$$

Bild 1.17

Schließlich liefern dieselben x_i und X_i (oder t und T) auch eine Abschätzung für das Volumen des Zeltes (Bild 1.18).

Die nachfolgende Gegenüberstellung faßt die Resultate zusammen:

Problem 1: Eine typische Abschätzung der Fläche unterhalb der Kurve $y = x^2$ und oberhalb des Intervalls $[0; 3]$ ergibt

$$X_1^2(x_1 - x_0) + X_2^2(x_2 - x_1) + \dots + X_n^2(x_n - x_{n-1}).$$

Problem 2: Eine typische Abschätzung der Masse der Saite führt zu

$$5X_1^2(x_1 - x_0) + 5X_2^2(x_2 - x_1) + \dots + 5X_n^2(x_n - x_{n-1}).$$

Problem 3: Eine typische Abschätzung des zurückgelegten Weges ergibt

$$8T_1^2(t_1 - t_0) + 8T_2^2(t_2 - t_1) + \dots + 8T_n^2(t_n - t_{n-1}).$$

Eine typische Scheibe hat die Dicke $x_i - x_{i-1}$ und einen quadratischen Querschnitt mit der Seite X_i. Das Volumen beträgt dann

$$X_i^2\,(x_i - x_{i-1})$$

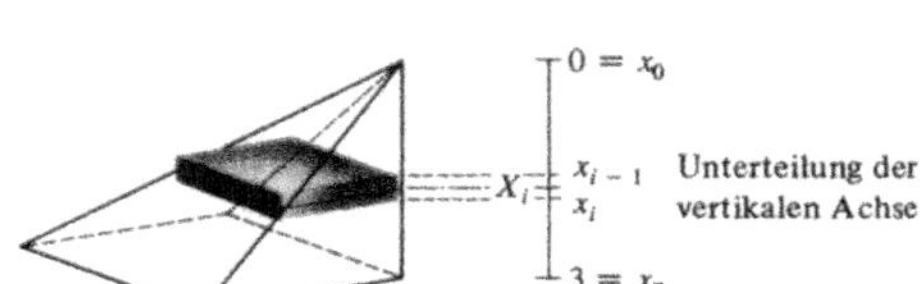

Bild 1.18

Problem 4: Eine typische Abschätzung für das Volumen des Zeltes führt zu

$$X_1^2(x_1 - x_0) + X_2^2(x_2 - x_1) + \ldots + X_n^2(x_n - x_{n-1}).$$

Werden die typischen Abschnitte $[x_{i-1}; x_i]$ immer kürzer gewählt, und wird n immer größer, so sollten die Näherungssummen immer genauere Abschätzungen der gesuchten Größen liefern. Ist nämlich das Intervall $[x_{i-1}; x_i]$ sehr klein, so ist auch die Wahl von X_i eingeschränkt. Da die Funktion x^2 stetig ist, variieren ihre Werte in diesem kurzen Intervall nicht sehr stark.

Wenn wir also immer feinere Unterteilungen des Intervalls $[0; 3]$ (und damit immer größere Werte von n) heranziehen, sollte die Näherungssumme immer genauer werden und sich der gesuchten Größe immer mehr annähern.

Daher lautet unser mathematisches Problem: Wie verhalten sich die Summen der Form

$$X_1^2(x_1 - x_0) + X_2^2(x_2 - x_1) + \ldots + X_n^2(x_n - x_{n-1}) \quad (1)$$

wenn die Abschnitte $[x_{i-1}; x_i]$ immer kleiner werden. Wenn wir einmal wissen, gegen welche exakte Zahl diese Summen streben, dann sind alle vier Probleme mit einem Schlag gelöst. Nähert sich diese Summe etwa der Zahl c, dann beträgt die Fläche unter der Kurve $y = x^2$ exakt c (in Flächeneinheiten), die Saite hat die Masse $5c$ (in Gramm), das Auto fährt $8c$ (in Kilometer) und das Zelt hat ein Volumen von c (in Kubikmeter).

Daher werden wir nun unsere Aufmerksamkeit den Summen der Form

$$X_1^2(x_1 - x_0) + X_2^2(x_2 - x_1) + \ldots + X_n^2(x_n - x_{n-1})$$

zuwenden, anstatt weitere konkrete Abschätzungen zu errechnen.

Ein typischer Summand des i-ten Abschnitts liefert uns

$$X_i^2(x_i - x_{i-1}).$$

Wegen

$$x_{i-1} \leqslant X_i \leqslant x_i$$

genügt der Summand der Ungleichung

$$x_{i-1}^2(x_i - x_{i-1}) \leqslant X_i^2(x_i - x_{i-1}) \leqslant x_i^2(x_i - x_{i-1}).$$

(Die Funktion x^2 ist für $x \geqslant 0$ steigend.)

Aufgrund dieser Ungleichung ergeben sich als kleinste Summen, die man mit den gegebenen Abschnitten $[x_0; x_1]$, $[x_1; x_2]$, ..., $[x_{n-1}; x_n]$ bilden kann:

$$x_0^2(x_1 - x_0) + x_1^2(x_2 - x_1) + \ldots + x_{n-1}^2(x_n - x_{n-1}). \quad (2)$$

Sie geben eine *untere Abschätzung* der gesuchten exakten Zahl. Genauso liefern die Summen

$$x_1^2(x_1 - x_0) + x_2^2(x_2 - x_1) + \ldots + x_n^2(x_n - x_{n-1}) \quad (3)$$

eine *obere Abschätzung* der exakten Antwort. (Die Funktion x^2 ist für $x \geqslant 0$ steigend!)

Wir können uns die Summen (2) und (3), wie etwa beim Problem 1 der Fläche unter der Kurve $y = x^2$, geometrisch vorstellen. Summen des Typs (2) entsprechen den Rechtecken, deren Höhe gleich der Ordinate am linken Ende jedes Abschnittes ist (Bild 1.19a). Wir nennen sie Untersummen. Die Summe (3) entspricht den Recktecken, deren Höhe gleich der Ordinate am rechten Ende jedes Abschnittes ist (Bild 1.19b). Wir sprechen von Obersummen.

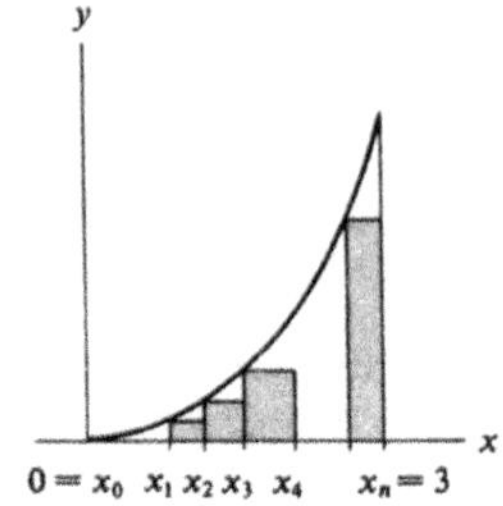

a) Die Fläche der getönten Rechtecke ist gleich der Untersumme (2): $x_0^2(x_1 - x_0) + x_1^2(x_2 - x_1) + \ldots + x_{n-1}^2(x_n - x_{n-1})$

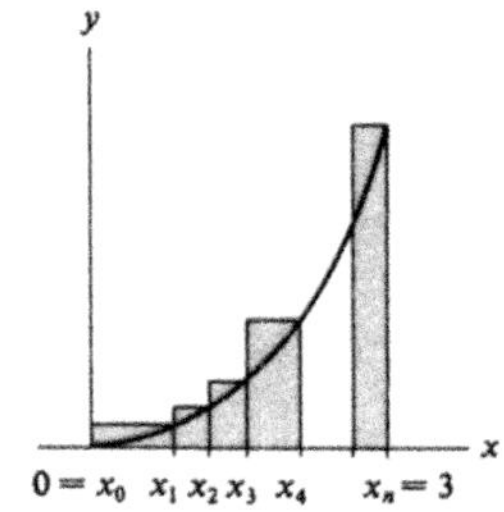

b) Die Fläche der getönten Rechtecke ist gleich der Obersumme (3): $x_1^2(x_1 - x_0) + x_2^2(x_2 - x_1) + \ldots + x_n^2(x_n - x_{n-1})$

Bild 1.19

Besinnen wir uns nun auf die beiden folgenden Ungleichungen aus Bd 1, Kap 3: Für $c > d \geqslant 0$ und jede positive ganze Zahl n gilt

$$c^{n+1} - d^{n+1} < (n+1)\, c^n (c - d)$$

sowie

$$c^{n+1} - d^{n+1} > (n+1)\, d^n (c - d).$$

Der Einfachheit halber fassen wir die beiden Ungleichungen zusammen

$$(n+1)\, c^n (c - d) > c^{n+1} - d^{n+1} > (n+1)\, d^n (c - d)$$

und dividieren durch $n + 1$:

$$c^n (c - d) > \frac{c^{n+1}}{n+1} - \frac{d^{n+1}}{n+1} > d^n (c - d).$$

In unserem Spezialfall gilt $n = 2$, und wir erhalten schließlich

$$c^2 (c - d) > \frac{c^3}{3} - \frac{d^3}{3} > d^2 (c - d). \quad (4)$$

Nun wenden wir Ungleichung (4) auf jeden der n Abschnitte an.

Für $c = x_1$ und $d = x_0$ ergibt Ungleichung (4)

$$x_1^2(x_1 - x_0) > \frac{x_1^3}{3} - \frac{x_0^3}{3} > x_0^2(x_1 - x_0).$$

Für $c = x_2$ und $d = x_1$ ergibt Ungleichung (4)

$$x_2^2(x_2 - x_1) > \frac{x_2^3}{3} - \frac{x_1^3}{3} > x_1^2(x_2 - x_1).$$

Setzen wir dieses Verfahren fort, so erhalten wir insgesamt n Ungleichungen. Die letzte lautet mit $c = x_n$ und $d = x_{n-1}$

$$x_n^2(x_n - x_{n-1}) > \frac{x_n^3}{3} - \frac{x_{n-1}^3}{3} > x_{n-1}^2(x_n - x_{n-1}).$$

Addieren wir diese n Ungleichungen, so ergibt sich folgende wichtige Aussage: Die Obersumme

$$x_1^2(x_1 - x_0) + x_2^2(x_2 - x_1) + \dots + x_n^2(x_n - x_{n-1}),$$

ist größer als die Summe

$$\frac{x_1^3}{3} - \frac{x_0^3}{3} + \frac{x_2^3}{3} - \frac{x_1^3}{3} + \dots + \frac{x_n^3}{3} - \frac{x_{n-1}^3}{3}, \qquad (5)$$

die ihrerseits wieder größer ist als die Untersumme

$$x_0^2(x_1 - x_0) + x_1^2(x_2 - x_1) + \dots + x_{n-1}^2(x_n - x_{n-1}).$$

Bei genauerer Betrachtung der mittleren Summe (5) heben sich viele Terme weg:

$$\frac{x_1^3}{3} - \frac{x_0^3}{3} + \frac{x_2^3}{3} - \frac{x_1^3}{3} + \frac{x_3^3}{3} - \frac{x_2^3}{3} + \dots + \frac{x_n^3}{3} - \frac{x_{n-1}^3}{3}.$$

So hebt sich $x_1^3/3$ mit $-x_1^3/3$, $x_2^3/3$ mit $-x_2^3/3$ und sofort. Die Summe (5) reduziert sich somit einfach auf

$$-\frac{x_0^3}{3} + \frac{x_n^3}{3},$$

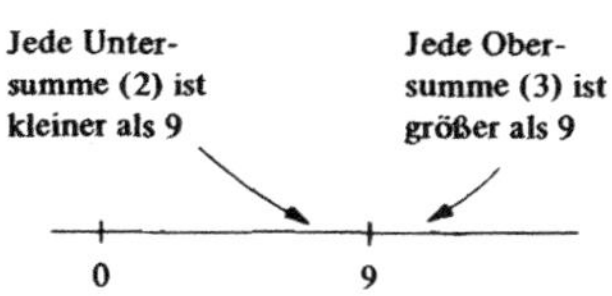

Bild 1.20

denn $-x_0^3/3$ und $x_n^3/3$ werden nicht aufgehoben. x_0 ist aber 0 und $x_n = 3$. So erhält die mittlere Summe den Wert

$$-\frac{0^3}{3} + \frac{3^3}{3} = 9.$$

Daher ist die größte Summe, die mit einem gegebenen Satz von Zahlen

$$x_0, x_1, \dots, x_n$$

gebildet werden kann, größer als 9, während die kleinste Summe, die aus dem selben Satz gebildet werden kann, kleiner als 9 ist (Bild 1.20).

So liegt es auch nahe, daß die Summen

$$X_1^2(x_1 - x_0) + X_2^2(x_2 - x_1) + \dots + X_n^2(x_n - x_{n-1}), \quad (1)$$

zwischen den beiden Summen (2) und (3) liegen und gegen den Wert 9 streben, sofern die Abschnitte $[x_{i-1}; x_i]$ immer kleiner und kleiner werden. Wie verhält sich die Differenz zwischen den Summen (3) und (2), wenn alle Abschnitte beliebig klein werden? Der Unterschied dieser beiden Summen ist durch

$$[x_1^2(x_1 - x_0) + x_2^2(x_2 - x_1) + \dots + x_n^2(x_n - x_{n-1})]$$
$$- [x_0^2(x_1 - x_0) + x_1^2(x_2 - x_1) + \dots + x_{n-1}^2(x_n - x_{n-1})] \qquad (6)$$

gegeben. Um zu zeigen, daß (6) mit $x_i - x_{i-1}$ klein wird, fassen wir ähnliche Terme in (6) zusammen und erhalten

$$(x_1^2 - x_0^2)(x_1 - x_0) + (x_2^2 - x_1^2)(x_2 - x_1) + \dots + (x_n^2 - x_{n-1}^2)(x_n - x_{n-1}). \qquad (7)$$

Wir wollen für große n und kurze Abschnitte $x_1 - x_0$, $x_2 - x_1$, ..., $x_n - x_{n-1}$ nachweisen, daß die Differenz (7) sehr klein wird, obwohl sie sehr viele Summanden enthält.

Die Länge des längsten der n Abschnitte sei L. In jedem Fall ist die Summe (7) kleiner oder gleich

$$(x_1^2 - x_0^2)L + (x_2^2 - x_1^2)L + \dots + (x_n^2 - x_{n-1}^2)L$$

oder

$$L[(x_1^2 - x_0^2) + (x_2^2 - x_1^2) + \dots + (x_n^2 - x_{n-1}^2)]. \qquad (8)$$

Das Produkt (8) nimmt infolge der vielen Streichungen sich aufhebender Terme die einfache Form

$$L(-x_0^2 + x_n^2) \qquad (9)$$

an. Aus $x_n = 3$ und $x_0 = 0$ folgt für (9) sofort

$$L(-0^2 + 3^2) = 9L.$$

Ist nun L klein, so wird auch $9L$ klein. Somit sind (9) und damit die Differenz (6) klein, wenn alle Abschnitte $[x_{i-1}; x_i]$ klein gewählt werden.

Also rücken die Untersumme (2) und die Obersumme (3) nahe aneinander, wenn die Abschnitte $[x_{i-1}; x_i]$ immer kleiner werden. Da die Zahl 9 immer zwischen den beiden Summen liegt, nähern sich beide für immer kleinere Intervalle $[x_{i-1}; x_i]$ der Zahl 9 (Bild 1.21).

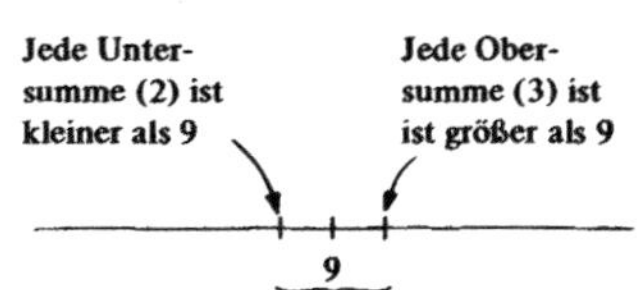

Bild 1.21 Wenn aber die Abschnitte $[x_{i-1}; x_i]$ immer kürzer werden, so geht der Unterschied zwischen der Obersumme und der Untersumme gegen Null

Daher werden auch die allgemeineren Summen (1) ebenfalls zur Zahl 9 streben. Mit diesem Ergebnis können wir nun unsere vier Probleme exakt lösen:

Die Fläche aus Problem 1 ist 9 Flächeneinheiten.

Die Saite aus Problem 2 hat eine Masse von $5 \cdot 9 = 45$ (in Gramm).

Das Auto aus Problem 3 legt eine Strecke von $8 \cdot 9 = 72$ (in Kilometer) zurück.

Das Zelt aus Problem 4 besitzt ein Volumen von 9 (in Kubikmeter).

Die soeben skizzierte Methode zur Berechnung der Fläche unterhalb der Kurve $y = x^2$ (und zur Lösung der anderen drei Probleme) liefert ebenso die Flächen unterhalb der Kurven $y = x^3$, $y = x^4$, ... Sie läßt sich infolge der algebraischen Identitäten für $c^{n+1} - d^{n+1}$ auf jede Funktion x^n anwenden. In Kapitel 8 werden allgemeine Verfahren entwickelt, um derartige Probleme auch für andere Funktionen, wie etwa e^x, $\sin x$ und noch kompliziertere Funktionen, zu lösen.

Übungen:

In den Übungen 1 bis 5 soll mit den Methoden dieses Abschnittes die angegebene Größe berechnet werden.

1. Die Fläche des Gebietes unterhalb $y = x^2$ und oberhalb des Intervalls $[0; 2]$.
2. Die Fläche des Gebietes unterhalb $y = x^2$ und oberhalb des Intervalls $[2; 3]$.
3. Die Fläche des Gebietes unterhalb der Kurve $y = x^2$ und oberhalb des Intervalls
   (*a*) $[0; a]$, wobei a irgendeine positive Zahl ist;
   (*b*) $[0; b]$, wobei b eine positive Zahl ist;
   (*c*) $[a; b]$, wobei $b > a > 0$ ist.
4. Die gesamte Masse einer 2 cm langen Saite, deren Dichte x Zentimeter vom linken Ende entfernt x^2 g/cm beträgt.
5. Die Masse der rechten Hälfte der Saite aus Übung 4.
6. Wenn $x_0, x_1, x_2, x_3, x_4, x_5$ das Intervall $[0; 3]$ in fünf Abschnitte von gleicher Länge unterteilen, wie groß ist dann (*a*) x_0? (*b*) x_5? (*c*) $x_1 - x_0$? (*d*) $x_2 - x_1$?
7. Eine Abschätzung der Fläche des Gebietes unterhalb von $y = x^2$ und oberhalb von $[0; 3]$ verwendet Abschnitte mit der Länge 0,01. Was kann über den möglichen Fehler dieser Abschätzung ausgesagt werden?
8. Eine Abschätzung der Fläche des Gebietes unterhalb $y = x^2$ und oberhalb von $[2; 3]$ verwendet Intervall-Längen unter 0,01. Was kann über den möglichen Fehler gesagt werden?

Die Übungen 9 bis 12 behandeln die Kurve $y = x^3$.

9. (*a*) Man zeichne das Schaubild $y = x^3$ für x aus $[0; 2]$.
   (*b*) Man skizziere ein Diagramm mit typischen Werten $x_0 = 0$, $x_1, \dots, x_n = 2$ und Referenzpunkten X_i sowie typische Rechtecke, deren Flächensumme eine Abschätzung der Fläche unterhalb von $y = x^3$ und oberhalb von $[0; 2]$ liefert.
   (*c*) Wie groß ist die Fläche des Rechtecks, das dem i-ten Abschnitt $[x_{i-1}; x_i]$ entspricht?
   (*d*) Durch welche Summe kann die Fläche unterhalb der Kurve $y = x^3$ und oberhalb von $[0; 2]$ abgeschätzt werden?
10. Jede Summe aus Übung 9(*d*), die mit $X_i = x_{i-1}$ gebildet wird, ist kleiner als 4, während jede derartige Summe mit $X_i = x_i$ größer als 4 ist. Man zeige dies! Wie groß ist die Fläche des Gebietes aus Übung 9(*d*)?

■

11. Die Fläche des Gebietes unterhalb der Kurve $y = x^3$ und oberhalb von $[a; b]$ mit $0 < a < b$ ist durch
    $$\frac{b^4 - a^4}{4}$$
    gegeben. Man beweise dies!
12. Mit Hilfe der Formel aus Übung 11
    (*a*) ist die Masse einer 4 cm langen Saite zu finden, deren Dichte x Zentimeter vom linken Ende entfernt x^3 g/cm beträgt;
    (*b*) ist die Wegstrecke eines Objekts nach der dritten Sekunde seiner Bewegung zu bestimmen, wenn seine Geschwindigkeit zur Zeit t Sekunden nach seinem Start t^3 Meter pro Sekunde beträgt.

Die beiden nächsten Übungen behandeln die Kurve $y = 1/x^2$.

13. (*a*) Man zeige, daß für $c > d > 0$ gilt
    $$\frac{1}{c^2}(c-d) < \frac{1}{d} - \frac{1}{c} < \frac{1}{d^2}(c-d).$$
    (*b*) Mit Hilfe von (*a*) und von Näherungssummen zeige man, daß die Fläche des Gebietes unterhalb der Kurve $y = 1/x^2$ und oberhalb des Intervalls $[a; b]$ mit $b > a > 0$ durch $1/a - 1/b$ gegeben ist.
14. (Siehe Übung 13.) Eine erschöpfte Schildkröte bewegt sich zur Zeit $t > 0$ mit einer Geschwindigkeit von $1/t^2$ m/s. Wie weit bewegt sie sich zwischen
    (*a*) $t = 1$ und $t = 2$?
    (*b*) $t = 2$ und $t = 3$?

■■

15. Man bestimme das Volumen eines Zeltes mit einer b Meter langen Stütze und einer quadratischen Grundfläche der Seitenlänge b Meter.
16. Für die Fläche aus Problem 1 wird durch Unterteilung des Intervalls $[0; 3]$ in 100 Abschnitte von gleicher Länge eine Näherungssumme berechnet. Unabhängig von der Wahl des Referenzpunktes jedes Intervalls, unterscheidet sich die approximierte Summe von der Fläche des Gebietes unterhalb der Kurve um weniger als 0,27 Flächeneinheiten. Man zeige dies!
17. Schneidet man aus einem Stück Papier gemäß der Vorschrift von Abschnitt 1.1 drei Zelte aus, so kann aus diesen ein Würfel zusammengefügt werden. Diese Tatsache kann auch aus Bild 1.22 abgelesen werden. Aus dieser Information läßt sich das Volumen des Zeltes direkt berechnen (dieser Trick löst unsere vier Probleme, da die Antwort auf eines auch die Antwort auf die anderen drei liefert).

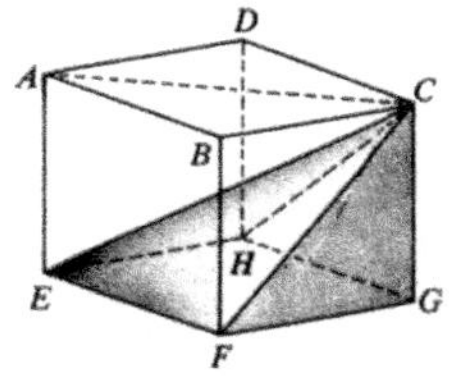

Die drei Zelte haben die
Spitze C und die Basis $GFEH$,
Spitze C und die Basis $ABFE$,
Spitze C und die Basis $DHEA$.

Bild 1.22

Die nächsten zwei Übungen führen das Thema weiter, das in den Übungen 16 und 17 von Abschnitt 1.1 aufgeworfen wurde.

18. (*a*) Man schreibe eine typische Näherungssumme für die Fläche unterhalb der Kurve $y = 1/x$ und oberhalb des Intervalls $[1; 2]$ an. Die linken Endpunkte mögen als X_i für eine typische Verteilung $x_0 = 1, x_1, \dots, x_n = 2$ gewählt werden.
    (*b*) $3x_0, 3x_1, \dots, 3x_n$ ist eine Unterteilung für das Intervall $[3; 6]$. Werden die linken Endpunkte als Referenzpunkte gewählt, so erhält die Fläche unterhalb von $y = 1/x$ und oberhalb von $[3; 6]$ denselben Wert wie in (*a*). Man zeige dies!
    (*c*) Die Fläche unterhalb der Kurve $y = 1/x$ und oberhalb von $[1; 2]$ ist gleich der Fläche unterhalb der Kurve $y = 1/x$ und oberhalb von $[3; 6]$. Man zeige dies!

19. (Siehe Übung 18.)
(a) Ist $A(t)$ die Fläche unterhalb der Kurve $y = 1/x$ und oberhalb von $[1; t]$, so gilt $A(2) = A(6) - A(3)$.
(b) Man zeige für $x > 1$ und $y > 1$ die Relation $A(x) = A(xy) - A(y)$.
(c) Aufgrund von (b) kann $A(xy) = A(x) + A(y)$ für x und y größer als 1 bewiesen werden. Welche bekannte Funktion f hat für alle positiven x und y die Eigenschaft $f(xy) = f(x) + f(y)$?

1.3 Summenzeichen

In Abschnitt 1.2 war die Summe

$$X_1^2(x_1 - x_0) + X_2^2(x_2 - x_1) + \ldots + X_n^2(x_n - x_{n-1})$$

von größter Bedeutung. Da man sehr lange braucht, um eine solche Summe aufzuschreiben und da derartige Summen sehr oft vorkommen werden, wollen wir für sie eine einfache Bezeichnungsweise einführen, die sogenannte „Sigma-Notation". Sie wird mit den griechischen Buchstaben entsprechend dem S von Summe bezeichnet.

Definition des Summenzeichens: Seien $a_1, a_2, \ldots, a_n$ n Zahlen. Die Summe $a_1 + a_2 + \ldots + a_n$ wird mit dem Symbol

$$\sum_{i=1}^{n} a_i$$

bezeichnet. Dieses Symbol lesen wir als „die Summe von a für i von 1 bis n.

Die Sigma-Notation enthält den Ausdruck für den typischen Summanden, sowie Informationen über Anfang und Ende der Summe.

Beispiel 1: Man schreibe die Summe $1^2 + 2^2 + 3^2 + 4^2$ in der Sigma-Notation.

Lösung: Der i-te Summand ist das Quadrat von i und die Summe läuft von $i = 1$ bis $i = 4$. So finden wir

$$1^2 + 2^2 + 3^2 + 4^2 = \sum_{i=1}^{4} i^2.$$

Einfache Arithmetik zeigt, daß die Summe 30 beträgt. ●

Beispiel 2: Man berechne

$$\sum_{i=1}^{3} 2^i.$$

Lösung: Der Ausdruck ist eine Abkürzung für die Summe $2^1 + 2^2 + 2^3 = 2 + 4 + 8 = 14$. ●

In der Definition der Sigma-Notation tritt der Buchstabe i (für „Index") auf. Jeder andere Buchstabe wie etwa j oder k kann ebensogut verwendet werden. Ein derartiger „Index" wird manchmal auch *Summationsindex* oder *blinder Index* genannt.

Beispiel 3: Man berechne

$$\sum_{j=1}^{4} \frac{1}{j}.$$

Lösung: Explizit ergibt dies $\frac{1}{1} + \frac{1}{2} + \frac{1}{3} + \frac{1}{4}$ oder etwa 2,083. ●

Das Summenzeichen hat zwei wichtige Eigenschaften, die für die kommenden Kapitel wichtig sind. Zunächst gilt für eine feste Zahl c

$$\sum_{i=1}^{n} ca_i = ca_1 + ca_2 + \ldots + ca_n = c(a_1 + a_2 + \ldots + a_n) = c\sum_{i=1}^{n} a_i$$

oder

$$\sum_{i=1}^{n} ca_i = c\sum_{i=1}^{n} a_i.$$

Diese Regel sagt kurz: „Ein konstanter Faktor kann vor das Summenzeichen gezogen werden".

Ferner gilt als direkte Konsequenz der algebraischen Rechenregeln

$$\sum_{i=1}^{n} (a_i + b_i) = (a_1 + b_1) + (a_2 + b_2) + \ldots + (a_n + b_n) = (a_1 + a_2 + \ldots + a_n) + (b_1 + b_2 + \ldots + b_n) = \sum_{i=1}^{n} a_i + \sum_{i=1}^{n} b_i.$$

Beispiel 4: Man berechne

$$\sum_{i=1}^{4} \left(i^2 + \frac{1}{i}\right).$$

Lösung: Wir schreiben um

$$\sum_{i=1}^{4} i^2 + \sum_{i=1}^{4} \frac{1}{i}.$$

Nach den Beispielen 1 und 3 ist diese Summe bis auf drei Dezimalstellen gleich 30 + 2,083 = 32,083. ●

Beispiel 5: Wie groß ist der Wert von

$$\sum_{i=1}^{5} 3?$$

Lösung: In diesem Fall gilt für jeden Index i stets $a_i = 3$. Jeder Summand hat den Wert 3. Es folgt

$$\sum_{i=1}^{5} 3 = 3 + 3 + 3 + 3 + 3 = 15.$$

Allgemein gilt für eine feste Zahl c, die nicht von i abhängt

$$\sum_{i=1}^{n} c = cn. \quad ●$$

Das nächste Beispiel illustriert die Interpretation der Sigma-Notation, wenn der Index i nicht bei 1 beginnt.

Beispiel 6: Man berechne

$$\sum_{i=2}^{6} 5i$$

(gelesen als „Summe von $5i$ für i gleich 2 bis 6").

Lösung: Explizit ist dies gleich

$$5 \cdot 2 + 5 \cdot 3 + 5 \cdot 4 + 5 \cdot 5 + 5 \cdot 6$$

oder

$$5(2 + 3 + 4 + 5 + 6) = 100. \bullet$$

Sehr nützlich ist die Relation

$$\sum_{i=1}^{m} a_i + \sum_{i=m+1}^{n} a_i = \sum_{i=1}^{n} a_i$$

oder etwa speziell

$$\sum_{i=1}^{4} i^2 + \sum_{i=5}^{10} i^2 = \sum_{i=1}^{10} i^2.$$

Die Sigma-Notation liefert kurze Ausdrücke für die langen Summen dieses Kapitels. Beispielsweise können wir jetzt anstatt

$$X_1^2(x_1 - x_0) + X_2^2(x_2 - x_1) + \dots + X_n^2(x_n - x_{n-1})$$

wesentlich kürzer

$$\sum_{i=1}^{n} X_i^2(x_i - x_{i-1})$$

schreiben. Dieser kurze Ausdruck ist tatsächlich nichts anderes als die typische Approximationssumme für die Fläche aus Problem 1 oder das Volumen aus Problem 4.

Wie wird die *Untersumme* (2) aus Abschnitt 1.2

$$x_0^2(x_1 - x_0) + x_1^2(x_2 - x_1) + \dots + x_{n-1}^2(x_n - x_{n-1})$$

in der Sigma-Notation dargestellt?

Der i-Summand heißt $x_{i-1}^2(x_i - x_{i-1})$. Die Summe kann daher geschrieben werden als

$$\sum_{i=1}^{n} x_{i-1}^2(x_i - x_{i-1}).$$

In diesem Fall muß selbstverständlich auf die Indizes i und $i-1$ genau geachtet werden.

In Abschnitt 1.2 wurde die Summe

$$\frac{x_1^3}{3} - \frac{x_0^3}{3} + \frac{x_2^3}{3} - \frac{x_1^3}{3} + \dots + \frac{x_n^3}{3} - \frac{x_{n-1}^3}{3},$$

infolge wechselseitigen Weghebens auf

$$\frac{x_n^3}{3} - \frac{x_0^3}{3}$$

reduziert. Dies ist also eine reduzierbare Summe, wie sie in Beispiel 7 diskutiert wird.

Beispiel 7: Seien b_0, b_1, b_2, b_3 vier Zahlen. Man bilde die Differenzen

$$a_1 = b_1 - b_0, \quad a_2 = b_2 - b_1, \quad a_3 = b_3 - b_2$$

und zeige, daß

$$\sum_{i=1}^{3} a_i = b_3 - b_0.$$

Lösung:

$$\sum_{i=1}^{3} a_i = a_1 + a_2 + a_3 = (b_1 - b_0) + (b_2 - b_1) + (b_3 - b_2).$$

Hebt man b_1 gegen $-b_1$, b_2 gegen $-b_2$, so bleibt

$$a_1 + a_2 + a_3 = b_3 - b_0. \bullet$$

Beispiel 7 kann sehr leicht auf irgendeine endliche Anzahl von Zahlen verallgemeinert werden. $b_0, b_1, \dots, b_n$ seien $n+1$ Zahlen und es gelte $a_i = b_i - b_{i-1}$ mit $i = 1, \dots, n$. Dann folgt

$$\sum_{i=1}^{n} a_i = \sum_{i=1}^{n} (b_i - b_{i-1}) = b_n - b_0.$$

Die Summe $\sum_{i=1}^{n} (b_i - b_{i-1})$ schiebt sich auf $b_n - b_0$ zusammen. In unserem speziellen Fall $b_i = x_i^3/3$ liefert dies

$$\sum_{i=1}^{n} \frac{x_i^3}{3} - \frac{x_{i-1}^3}{3} = \frac{x_n^3}{3} - \frac{x_0^3}{3}.$$

In Abschnitt 1.1 wurde eine Näherungssumme mit sechs Unterteilungen der Länge $\frac{1}{2}$ verwendet. Das nächste Beispiel zeigt, wie diese Summe in der Sigma-Notation aussieht.

Beispiel 8: Man schreibe die Näherungssumme

$$(\tfrac{1}{4})^2(\tfrac{1}{2}) + (\tfrac{3}{4})^2(\tfrac{1}{2}) + (\tfrac{5}{4})^2(\tfrac{1}{2}) + (\tfrac{7}{4})^2(\tfrac{1}{2}) + (\tfrac{9}{4})^2(\tfrac{1}{2}) + (\tfrac{11}{4})^2(\tfrac{1}{2})$$

in der Sigma-Notation.

Lösung: Die Summe hat sechs Summanden, die alle die gleiche Form besitzen. Die Zahlen 4 und 2 in den Nennern sind überall die gleichen; die Zahlen 1, 3, 5, 7, 9, 11 in den Zählern sind der veränderliche Teil der Summanden. Der erste Summand hat eine 1, der zweite eine 3, der dritte eine 5 im Zähler. Es ist nicht schwer einzusehen, daß der i-te Summand die Zahl $2i-1$ als Zähler hat: Der i-te Summand ist gegeben durch

$$\left(\frac{2i-1}{4}\right)^2\left(\frac{1}{2}\right)$$

und die Summe lautet nun

$$\sum_{i=1}^{6} \left(\frac{2i-1}{4}\right)^2\left(\frac{1}{2}\right).$$

Sie kann noch vereinfacht werden auf

$$\sum_{i=1}^{6} \frac{(2i-1)^2}{16}\,\frac{1}{2} = \frac{1}{32}\sum_{i=1}^{6}(2i-1)^2. \bullet$$

Übungen:

1. Man berechne

(a) $\sum_{i=1}^{3} i$ (b) $\sum_{i=1}^{4} 2i$ (c) $\sum_{d=1}^{3} d^2$

2. Man berechne

(a) $\sum_{i=2}^{4} i^2$ (b) $\sum_{j=2}^{4} j^2$ (c) $\sum_{i=1}^{3} (i^2+i)$

3. Man berechne

(a) $\sum_{i=1}^{4} 1^i$ (b) $\sum_{k=2}^{6} (-1)^k$ (c) $\sum_{j=1}^{150} 3$

4. Man schreibe in der Sigma-Notation (nicht berechnen):
   (a) $1+2+3+4+\ldots+(n-1)+n$;
   (b) $1^2+2^2+3^2+\ldots+10^2$;
   (c) $1+3+5+7+9+11+13$.
5. Man schreibe mit Hilfe des Summenzeichens (nicht berechnen):
   (a) $1+2+2^2+2^3+\ldots+2^{100}$;
   (b) $x^3+x^4+x^5+x^6+x^7$;
   (c) $\frac{1}{3}+\frac{1}{4}+\ldots+\frac{1}{100}$;
   (d) $\frac{1}{2}+\frac{1}{3}+\ldots+\frac{1}{100}$;
   (e) $\frac{1}{3}+\frac{1}{5}+\frac{1}{7}+\frac{1}{9}+\frac{1}{11}$;
   (f) $\frac{1}{1^2}+\frac{1}{3^2}+\frac{1}{5^2}+\ldots+\frac{1}{101^2}$.
6. Man schreibe in der Sigma-Notation:
   (a) $x_1^2(x_1-x_0)+x_2^2(x_2-x_1)+\ldots+x_8^2(x_8-x_7)$;
   (b) $X_1^5(x_1-x_0)+X_2^5(x_2-x_1)+\ldots+X_n^5(x_n-x_{n-1})$.
7. Man schreibe jede Summe aus und zeige

(a) $\sum_{i=1}^{3}(a_i-b_i)=\sum_{i=1}^{3}a_i-\sum_{i=1}^{3}b_i$;

(b) $\sum_{i=1}^{2}a_ib_i$ ist nicht gleich $\sum_{i=1}^{2}a_i\cdot\sum_{i=1}^{2}b_i$;

(c) $\sum_{i=1}^{3}\left(\sum_{j=1}^{3}b_j\right)a_i=\sum_{j=1}^{3}\left(\sum_{i=1}^{3}a_i\right)b_j$.

8. Man berechne

(a) $\sum_{i=1}^{100}(2^i-2^{i-1})$;

(b) $\sum_{i=2}^{100}\left(\frac{1}{i}-\frac{1}{i-1}\right)$;

(c) $\sum_{i=1}^{50}\left(\frac{1}{2i+1}-\frac{1}{2(i-1)+1}\right)$.

9. Sei $x_0, x_1, \ldots, x_n$ eine Unterteilung von $[0;4]$. Man berechne:

(a) $\sum_{i=1}^{n}(x_i^3-x_{i-1}^3)$;

(b) $\sum_{i=1}^{n}(x_i^2-x_{i-1}^2)$;

(c) $\sum_{i=1}^{n}(5x_i-5x_{i-1})$.

10. Man zeige explizit, daß

(a) $\sum_{i=1}^{3}a_i=\sum_{j=1}^{3}a_j=\sum_{k=1}^{3}a_k$;

(b) $\sum_{i=1}^{3}(a_i+4)=12+\sum_{j=2}^{4}a_{j-1}$.

■

11. Sei $S_n=1+2+3+\ldots+n=\sum_{i=1}^{n} i$. Wir zeigen einen einfachen Weg zur Berechnung dieser Summe am Beispiel $n=20$.
   (a) $S_{20}=1+2+3+\ldots+19+20$.
   $S_{20}=20+19+18+\ldots+2+1$.
   Addieren wir diese beiden Gleichungen, so folgt
   $2S_{20}=21+21+21+\ldots+21+21$ (20 Summanden).
   (b) Man zeige mit (a) $S_{20}=21\cdot 20/2\,(=210)$.
   (c) Man zeige $S_n=[(n+1)n]/2$.
   (d) Man verwende (c) um $\sum_{i=1}^{100} i$ zu berechnen.
12. Man schreibe den Ausdruck

$$c^{n-1}+c^{n-2}d+c^{n-3}d^2+\ldots+d^{n-1}$$

in der Sigma-Notation.

13. (a) Man zeige ohne jede Arithmetik, nur durch genaue Betrachtung des Bildes 1.23, $1+3+5+7=4^2$.
   (b) Mit Hilfe von (a) gebe man eine einfache Formel für die Summe der ersten n ungeraden Zahlen an.
   (c) Man bestimme eine Formel für die i-te ungerade Zahl.
   (d) Man schreibe die Summe der ersten n positiven ungeraden Zahlen in Sigma-Notation.

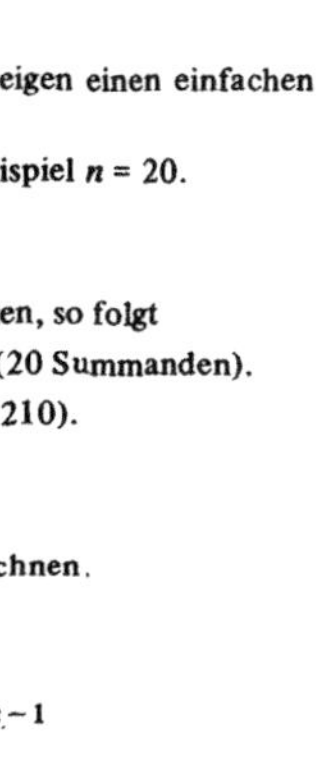

Bild 1.23

14. (a) Man zeige $2i+1=(i+1)^2-i^2$.
   (b) Mit Hilfe von (a) gebe man eine Formel für die Summe der ersten n positiven ungeraden Zahlen an.
15. (a) Man zeige $i=\frac{[(i+1)^2-i^2-1]}{2}$.
   (b) Mit Hilfe von (a) zeige man

$$\sum_{i=1}^{n} i=\frac{(n+1)^2}{2}-\frac{1}{2}-\frac{n}{2}.$$

   (c) Mit Hilfe von (b) gebe man eine Formel für Übung 11 (c).
16. (a) Man zeige $(i+1)^3-i^3=3i^2+3i+1$.
   (b) Mit Hilfe von (a) zeige man

$$3\sum_{i=1}^{n} i^2+3\sum_{i=1}^{n} i+\sum_{i=1}^{n} 1=(n+1)^3-1.$$

   (c) Man berechne $\sum_{i=1}^{n} 1$.

(*d*) Man verwende Übung 11 oder Übung 15 und berechne

$$\sum_{i=1}^{n} i.$$

(*e*) Man löse die Gleichung aus (*b*) und beweise die Formel

$$\sum_{i=1}^{n} i^2 = \frac{n(n+1)(2n+1)}{6}.$$

(*f*) Man überprüfe die Formel aus (*e*) für $n = 5$.

■■

Ein Taschenrechner ist bei den folgenden Übungen nützlich.

17. Es sei $S_n = \sum_{i=1}^{n} i2^{-i}$.

(*a*) Man berechne S_2, S_3 und S_4 mindestens auf 3 Dezimalen.
(*b*) Man berechne S_{10} sowie S_n für einige große n.
(*c*) Wie wird sich S_n für $n \to \infty$ verhalten? Wird S_n beliebig groß oder nähert es sich einer endlichen Zahl?

18. Es sei $S_n = \sum_{i=1}^{n} \frac{1}{i(i+1)}$.

(*a*) Man berechne S_2, S_3, S_4 und S_5 mindestens auf 4 Dezimalen.
(*b*) Wie wird sich S_n für $n \to \infty$ verhalten?

19. Es sei $S_n = \sum_{i=n}^{2n} \frac{1}{i}$, beispielsweise $S_3 = \frac{1}{3} + \frac{1}{4} + \frac{1}{5} + \frac{1}{6}$.

(*a*) Man berechne S_1, S_2, S_3 und S_4 auf mindestens 4 Dezimalen.
(*b*) Wie wird sich S_n für $n \to \infty$ verhalten?
(*c*) Man zeige $S_n > \frac{1}{2}$ für alle positiven ganzen n.

20. Es sei $S_n = \sum_{i=1}^{n} \frac{1}{i^2}$.

(*a*) Man berechne S_1, S_5, S_{10}.
(*b*) Wie wird sich S_n für $n \to \infty$ verhalten?

1.4 Das bestimmte Integral über ein Intervall

Die vier Probleme aus Abschnitt 1.1 führen uns stets zu derselben Frage: Wie verhält sich eine bestimmte Summe von Produkten, wenn die Unterteilungen sehr fein werden? In Kapitel 1.2 wurde mit Hilfe der beiden Ungleichungen

$$c^2(c-d) > \frac{c^3}{3} - \frac{d^3}{3} > d^2(c-d)$$

gezeigt, daß sich die untersuchte Summe

$$\sum_{i=1}^{n} X_i^2(x_i - x_{i-1}),$$

der Zahl 9 nähert, wenn die Länge der Abschnitte $x_i - x_{i-1}$ immer kleiner wird.

Das Verfahren der Unterteilung von Intervallen und der Berechnung von Unterteilungen wird uns oft begegnen. Jedes der vier Probleme von Abschnitt 1.1 führte zu solchen Summen, wie sie ganz allgemein bei der Berechnung von Flächen und Volumina auftreten. Wir beschränken uns in der Folge auf Plausibilitätsgründe und überlassen exakte Beweise den weiterführenden Lehrbüchern.

Fläche eines ebenen Gebietes: S sei ein ebenes Gebiet, dessen Fläche zu berechnen ist (Bild 1.24). Die Gerade L wählen wir als x-Achse der Ebene. Jede zu L senkrechte Gerade der Ebene schneidet S in einem bestimmten Querschnitt (wenn die Gerade an S vorbeigeht, ist der Querschnitt Null). Die Koordinate des Schnittpunktes von L mit einer typischen Geraden sei x. Die Länge des typischen Querschnittes wird mit $c(x)$ bezeichnet. Die Normalen auf L mögen die Gerade L innerhalb eines Intervalles $[a; b]$ treffen. Im Problem 1 von Abschnitt 1.1 war L die x-Achse und es galt $c(x) = x^2$, $a = 0$ und $b = 3$.

Die Fläche von S berechnen wir mit dem gleichen Verfahren wie das Gebiet unterhalb von $y = x^2$. Zuerst teilen wir $[a; b]$ in n Abschnitte und wählen die Zahlen $x_0 = a, x_1, x_2, \ldots, x_n = b$ aus (Bild 1.25).

Aus jedem dieser Abschnitte wählen wir eine beliebige Zahl. Im Abschnitt $[x_0; x_1]$ etwa X_1, in $[x_1; x_2]$ etwa X_2 usw. (Bild 1.26). Allgemein legen wir in jedem Intervall $[x_{i-1}; x_i]$ eine Zahl X_i fest.

Mit den gewählten Zahlen x_i und X_i bilden wir die entsprechenden Rechtecke (Bild 1.26). Die Summe $\sum_{i=1}^{n} c(X_i)(x_i - x_{i-1})$ gibt uns eine Abschätzung der Fläche von S. Wird die Länge $x_i - x_{i-1}$ immer kleiner und kleiner, so sollte diese Summe im allgemeinen gegen die Fläche von S streben.

Um Summen dieser Art genauer zu ermitteln, benötigen wir die folgenden Definitionen.

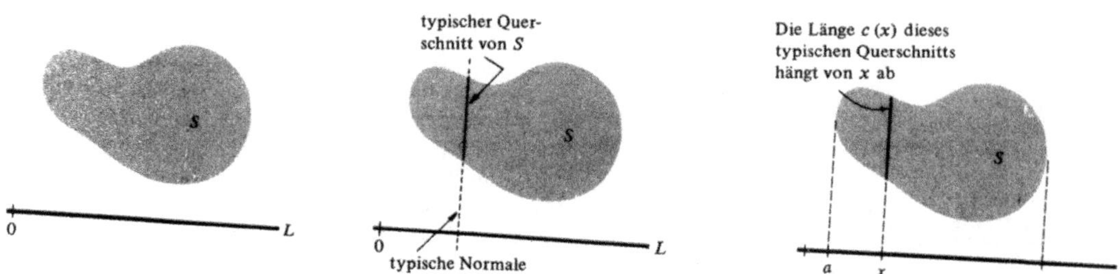

Bild 1.24

Bild 1.25

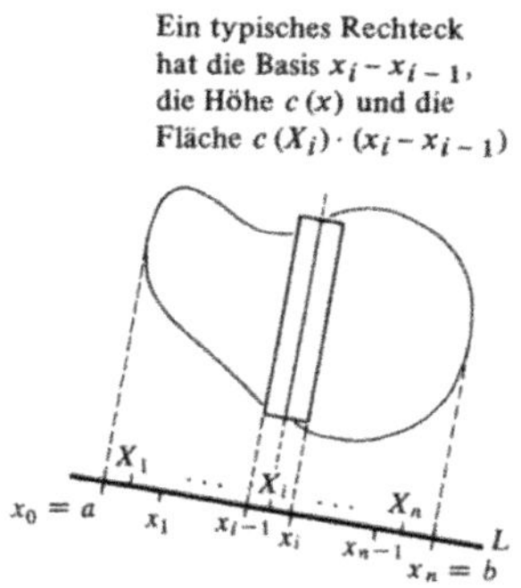

Bild 1.26

Definition der Unterteilung: Sei $[a; b]$ ein Intervall und seien $x_0, x_1, \dots, x_n$ eine Menge von $n+1$ Zahlen mit

$$a = x_0 < x_1 < x_2 < \dots < x_n = b.$$

Die Gesamtheit der n Intervalle

$$[x_{i-1}; x_i]$$

$i = 1, 2, \dots, n$ wird dann eine *Unterteilung* von $[a; b]$ genannt.

Die Intervalle einer Unterteilung werden *Abschnitte* genannt.

Definition des Maßes: Das Maß einer Unterteilung ist die Länge des längsten Abschnittes der Unterteilung.

So hat die Unterteilung aus Abschnitt 1.1 das Maß $\frac{1}{2}$. Die Abschätzung der Fläche eines Gebietes (Abschnitt 1.1) führte also zu der plausiblen Behauptung: Wenn das Maß der Unterteilung gegen Null geht, strebt die Summe

$$\sum_{i=1}^{n} c(X_i)(x_i - x_{i-1})$$

gegen die Fläche von S.

Masse einer Saite: Eine Saite bestehe aus einem Material variabler Dichte (eine solche Saite wird *inhomogen* genannt). Wie kann man die gesamte Masse berechnen, wenn die Dichte in jedem Punkt bekannt ist (Bild 1.27)?

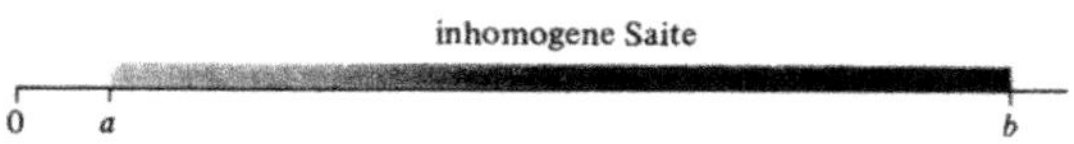

Bild 1.27

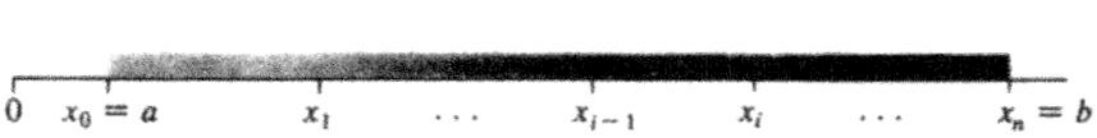

Bild 1.28

Zuerst legen wir die Saite auf die x-Achse und bezeichnen ihre Dichte bei x mit $h(x)$ (Bild 1.28). Die Saite belegt auf der Achse das Intervall $[a; b]$. In jedem kleinen Abschnitt ist die Dichte ungefähr konstant. So beträgt die Masse des i-ten Abschnittes etwa

$$h(X_i)(x_i - x_{i-1}),$$

wobei X_i irgendein Punkt aus $[x_{i-1}; x_i]$ ist. Die Summe

$$\sum_{i=1}^{n} h(X_i)(x_i - x_{i-1})$$

gibt also eine Abschätzung für die Masse der Saite und wird gegen die Masse der Saite streben, wenn das Maß der Verteilung gegen Null geht. Den Fall $a = 0$, $b = 3$ und $h(x) = 5x^2$ behandelte das Problem 2 aus Abschnitt 1.1.

Der zurückgelegte Weg: Eine Autofahrt beginnt zur Zeit a und endet zur Zeit b. In jedem Zeitpunkt t während der Reise wird die Geschwindigkeit $v(t)$ als Funktion der Zeit t gemessen. Wie weit führt die Reise? Der Fall $a = 0$, $b = 3$, $v(t) = 8t^2$ entspricht Problem 3 aus Abschnitt 1.1.

Zunächst unterteilen wir das Zeitintervall $[a; b]$ in kleinere Intervalle und schätzen die Länge der Reise durch Aufsummieren der in jedem einzelnen der kleinen Zeitintervalle ungefähr zurückgelegten Wege (Bild 1.29).

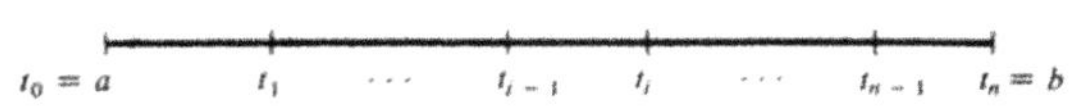

Bild 1.29

Während eines kleinen Zeitintervalls ändert sich die Geschwindigkeit nur wenig. Eine hinreichend gute Abschätzung des im i-ten Zeitintervall $[t_{i-1}; t_i]$ zurückgelegten Weges ergibt sich daher, wenn wir den Tachometer in irgendeinem Augenblick T_i des Intervalls ablesen und dann das Produkt $v(T_i)(t_i - t_{i-1})$ bilden. Auf diese Weise gibt uns

$$\sum_{i=1}^{n} v(T_i)(t_i - t_{i-1})$$

eine Abschätzung für die Länge des gesamten zurückgelegten Weges. Darüber hinaus strebt die Summe

$$\sum_{i=1}^{n} v(T_i)(t_i - t_{i-1})$$

gegen die Gesamtlänge der Reise, wenn das Maß der Verteilung gegen Null geht.

Das Volumen eines Körpers: Um das Volumen eines Festkörpers S zu berechnen, bestimmen wir die Fläche $A(x)$ jedes Schnitts mit einer Ebene aus einer Schar paralleler Ebenen (Bild 1.30a). Im Fall des Zeltes aus Problem 4 von Abschnitt 1.1 war $a = 0$, $b = 3$ und $A(x) = x^2$.

Jede Unterteilung von $[a; b]$ und jede Auswahl von X_i liefert eine Abschätzung des Volumens von S, wenn wir die Volumen der einzelnen Scheiben aufsummieren. Eine typische Scheibe ist in Bild 1.30b in Schrägansicht und in Bild 1.30c Seitenansicht gezeigt.

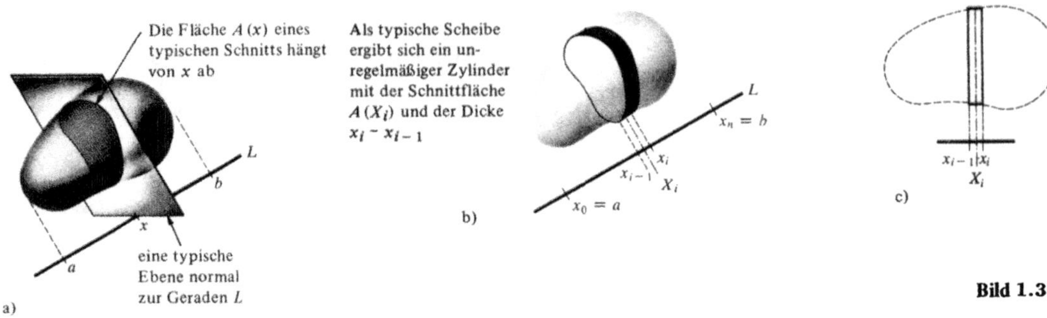

Bild 1.30

Daher liefert die Summe

$$\sum_{i=1}^{n} A(X_i)(x_i - x_{i-1})$$

eine Abschätzung des Volumens des festen Körpers S. Wird das Maß der Verteilung immer kleiner, so werden die Scheiben immer dünner und die Summe der Volumina wird sich immer mehr dem Volumen von S annähern. Wenn das Maß nach Null geht, strebt die Summe

$$\sum_{i=1}^{n} A(X_i)(x_i - x_{i-1})$$

gegen das Volumen von S.

Die folgende Tabelle illustriert die Analogien dieser vier allgemeinen Probleme. Wir benennen die verschiedenen Funktionen $c(x)$, $h(x)$, $v(t)$ und $A(x)$ alle einheitlich mit $f(x)$. Strebt nun die Summe

$$\sum_{i=1}^{n} f(X_i)(x_i - x_{i-1})$$

gegen eine feste Zahl, wenn das Maß gegen Null geht, so bezeichnen wir diese Zahl mit

$$\lim_{\text{Maß}\to 0} \sum_{i=1}^{n} f(X_i)(x_i - x_{i-1})$$

und sagen: „Grenzwert der Summe

$$\sum_{i=1}^{n} f(X_i)(x_i - x_{i-1}),$$

wenn das Maß gegen Null geht".

Die Tabelle veranschaulicht die gemeinsame Basis dieser vier Probleme. Wir können uns im Prinzip von den Bezeichnungen „Fläche, gesamte Masse, zurückgelegter Weg und Volumen" freimachen und uns auf die Konstruktion der Näherungssummen für das gegebene Intervall $[a; b]$ und die jeweils charakteristische Funktion f konzentrieren.

Diese Überlegungen führen uns direkt zum Begriff des bestimmten Integrals einer Funktion und damit zum zweiten Hauptbegriff der Infinitesimalrechnung. Unsere Definition des bestimmten Integrals wird plausibel und intuitiv sein, da sie qualitative Ausdrücke wie „Annäherung" und „Schrumpft auf Null zusammen" benutzt. In Anhang C findet sich eine präzise Formulierung; die anschauliche Definition des bestimmten Integrals ist jedoch für die Aussagen dieses Buches durchaus hinreichend.

Definition des bestimmten Integrals einer Funktion f über ein Intervall $[a; b]$: f sei eine in $[a; b]$ definierte Funktion und die Summe

$$\sum_{i=1}^{n} f(X_i)(x_i - x_{i-1})$$

$f(x)$	$\sum_{i=1}^{n} f(X_i)(x_i - x_{i-1})$	$\lim_{\text{Maß}\to 0} \sum_{i=1}^{n} f(X_i)(x_i - x_{i-1})$
variable Länge des Querschnittes einer Menge der Ebene	Näherung der Fläche einer Menge in der Ebene	die Fläche der Menge in der Ebene
variable Dichte einer Saite	Näherung der Masse Saite	die Masse der Saite
variable Geschwindigkeit	Näherung des zurückgelegten Weges	der zurückgelegte Weg
variable Fläche des ebenen Querschnittes eines Körpers	Näherung des Volumens eines Körpers	das Volumen eines Körpers

mögen einen bestimmten Grenzwert erreichen, wenn das Maß der Unterteilungen von $[a; b]$ gegen Null schrumpft (unabhängig von der Wahl der Referenzpunkte X_i des Intervalls $[x_{i-1}; x_i]$). Dann wird der Grenzwert *bestimmtes Integral* von f über $[a; b]$ genannt.

Das bestimmte Integral wird auch *bestimmtes Integral über f von a bis b* oder auch *Integral über f von a bis b* genannt. Als Symbol für dieses Integral führen wir

$$\int_a^b f(x)\,dx$$

ein. Das Symbol $\int$ kommt von dem Buchstaben S wie Summe; das Zeichen dx weist traditionellerweise auf einen kleinen Abschnitt der x-Achse hin und wird erst später eine eigene Bedeutung erhalten. Wir wissen bereits, daß Fläche, Masse, zurückgelegter Weg und Volumen spezielle Anwendungen des bestimmten Integrals sind. (Oft wird das bestimmte Integral fälschlich mit einer seiner Anwendungen identifiziert, als ob man die Zahl 2 immer mit dem Gedanken an zwei Finger verknüpfen würde.) In der höheren Infinitesimalrechnung wird für stetige f bewiesen, daß

$$\lim_{\text{Maß}\to 0} \sum_{i=1}^{n} f(X_i)(x_i - x_{i-1})$$

existiert: Eine stetige Funktion besitzt immer ein bestimmtes Integral. Wir formulieren dieses Resultat wegen seiner allgemeinen Bedeutung nochmals als Theorem.

Theorem der Existenz des bestimmten Integrals: f sei eine in $[a; b]$ stetige Funktion. Dann streben die Näherungssummen

$$\sum_{i=1}^{n} f(X_i)(x_i - x_{i-1})$$

gegen einen bestimmten Grenzwert, wenn das Maß der Unterteilungen von $[a; b]$ gegen Null geht.

Obwohl der Flächeninhalt die anschaulichste Deutung des Integrals liefert, sollten Physiker das bestimmte Integral auch mit dem Begriff einer Gesamtmasse identifizieren, die durch Integration aus der lokalen Dichte errechnet wird. Diese Interpretation läßt sich sehr leicht zu höheren Dimensionen hin fortsetzen.

Der Begriff des bestimmten Integrals verbindet die vier Probleme aus Abschnitt 1.1, die wir in der neuen Symbolik nochmals zusammenfassen wollen.

Problem 1: Die Fläche unterhalb der Kurve $y = x^2$ und oberhalb von $[0; 3]$ ist gleich dem bestimmten Integral

$$\int_0^3 x^2\,dx.$$

Problem 2: Die Masse der Saite ist gleich dem bestimmten Integral

$$\int_0^3 5x^2\,dx.$$

Problem 3: Der zurückgelegte Weg ist gleich dem bestimmten Integrals

$$\int_0^3 8t^2\,dt$$

(der Buchstabe t steht für die Zeit).

Problem 4: Das Volumen des Zeltes ist gleich dem bestimmten Integral

$$\int_0^3 x^2\,dx.$$

Einige weitere Beispiele sollen in Theorie und Anwendung den Gebrauch des bestimmten Integrals veranschaulichen.

Beispiel 1: Man bestimme das Volumen eines geraden Kreiskegels (Bild 1.31) mit der Höhe 3 cm und dem Radius 1 cm.

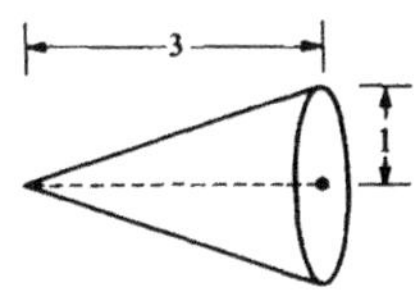

Bild 1.31

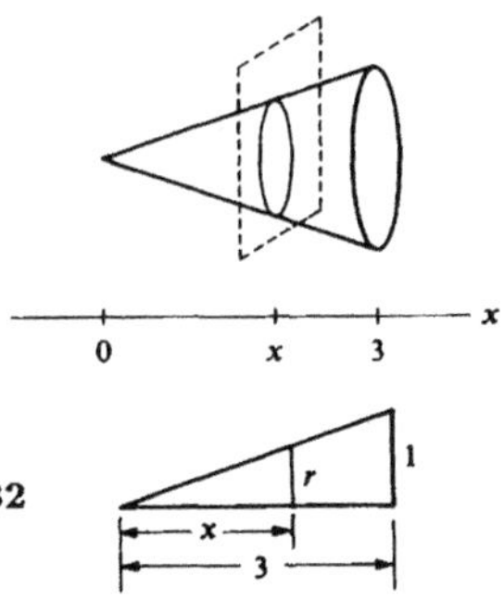

Bild 1.32

Lösung: Zunächst legen wir die x-Achse parallel zur Achse des Kegels und berechnen die Fläche $A(x)$ eines typischen Schnittes, den eine Ebene senkrecht zur x-Achse mit dem Kegel bildet (Bild 1.32). Als Schnitt ergibt sich ein Kreis, dessen Radius von x abhängt. Für $x = 0$ ist der Radius beispielsweise Null; für $x = 3$ ist der Radius 1. Um den Radius r für jedes x zu bestimmen, zeichnen wir einen Seitenriß des Kegels. Aus den ähnlichen Dreiecken lesen wir ab

$$\frac{r}{1} = \frac{x}{3} \quad \text{oder} \quad r = \frac{x}{3}.$$

Die Fläche $A(x)$ eines typischen Querschnittes ist durch

$$\pi r^2 = \pi\left(\frac{x}{3}\right)^2 = \frac{\pi}{9}x^2$$

gegeben. Das Volumen des Kegels ist gleich dem bestimmten Integral über die Querschnittflächen:

$$\text{Volumen des Kegels} = \int_0^3 \frac{\pi}{9}x^2\,dx.$$

Die Berechnung des Volumens ist nun auf ein bestimmtes Integral zurückgeführt. Es gilt nun, dieses Integral zu ermitteln.

Wir können hier auf Abschnitt 1.2 zurückgreifen. Zunächst ziehen wir den Koeffizienten $\pi/9$ vor das Integralzeichen (siehe Probleme 2 und 3 und die dortigen Koeffizienten 5 und 8). Für das Volumen des Kegels ergibt sich somit

$$\frac{\pi}{9}\int_0^3 x^2 dx.$$

Wir entnehmen nun aus Abschnitt 1.2 das Ergebnis

$$\int_0^3 x^2 dx = 9.$$

Das Volumen des Kegels beträgt daher schließlich $\pi/9 \cdot 9 = \pi$ Kubikzentimeter. ●

Das nächste Beispiel behandelt wieder ein bestimmtes Integral, diesmal ohne anschauliche Anwendung.

Beispiel 2: Seien a und b zwei Zahlen mit $0 \leqslant a < b$. Man berechne das bestimmte Integral

$$\int_a^b x^2 dx.$$

Lösung: Zunächst betrachten wir Unterteilungen des Intervalls $[a; b]$ und wählen $x_0, x_1, \ldots, x_n$ mit

$$a = x_0 < x_1 < \ldots < x_n = b.$$

Dann untersuchen wir die Näherungssummen

$$\sum_{i=1}^{n} X_i^2 (x_i - x_{i-1}),$$

wenn das Maß klein ist.

Wie in Abschnitt 1.2 liegen diese Summen zwischen einer Obersumme

$$\sum_{i=1}^{n} x_i^2 (x_0 - x_{i-1})$$

und der entsprechenden Untersumme

$$\sum_{i=1}^{n} x_{i-1}^2 (x_i - x_{i-1}).$$

Die Ungleichungen

$$c^2(c-d) > \frac{c^3}{3} - \frac{d^3}{3} > d^2(c-d)$$

zeigen wie in Abschnitt 1.2, daß

$$\sum_{i=1}^{n} x_i^2 (x_i - x_{i-1}) > \sum_{i=1}^{n} \left(\frac{x_i^3}{3} - \frac{x_{i-1}^3}{3}\right) >$$

$$> \sum_{i=1}^{n} x_{i-1}^2 (x_i - x_{i-1}).$$

Die mittlere Summe läßt sich wiederum vereinfachen zu

$$\frac{x_n^3}{3} - \frac{x_0^3}{3}.$$

Wegen $x_n = b$ und $x_0 = a$ erhalten wir also für die mittlere Summe

$$\frac{b^3}{3} - \frac{a^3}{3}.$$

Somit gilt für jede Unterteilung von $[a; b]$

$$\sum_{i=1}^{n} x_i^2 (x_i - x_{i-1}) > \frac{b^3}{3} - \frac{a^3}{3} > \sum_{i=1}^{n} x_{i-1}^2 (x_i - x_{i-1}).$$

Es muß noch gezeigt werden, daß die Unter- und die Obersumme zusammenstreben, wenn das Maß der Verteilung klein wird. Wir wiederholen die Überlegungen aus Abschnitt 1.2, diesmal in Sigma-Notation.

Der Unterschied zwischen den beiden Summen beträgt

$$\sum_{i=1}^{n} x_i^2 (x_i - x_{i-1}) - \sum_{i=1}^{n} x_{i-1}^2 (x_i - x_{i-1})$$

$$= \sum_{i=1}^{n} (x_i^2 - x_{i-1}^2)(x_i - x_{i-1}).$$

Ist das Maß gleich L, so folgt

$$\sum_{i=1}^{n} (x_i^2 - x_{i-1}^2)(x_i - x_{i-1}) \leqslant \sum_{i=1}^{n} (x_i^2 - x_{i-1}^2) L.$$

Andererseits gilt

$$\begin{aligned}\sum_{i=1}^{n} (x_i^2 - x_{i-1}^2) L &= L \sum_{i=1}^{n} (x_i^2 - x_{i-1}^2)\\ &= L(x_n^2 - x_0^2)\\ &= L(b^2 - a^2).\end{aligned}$$

Ist nun L klein, so ist das Produkt $L(b^2 - a^2)$ ebenfalls klein. Die Obersumme und die Untersumme streben daher gegen dieselbe Zahl $b^3/3 - a^3/3$, wenn das Maß gegen Null geht.

Wir fassen zusammen:

$$\int_a^b x^2 dx = \frac{b^3}{3} - \frac{a^3}{3} \qquad 0 \leqslant a < b.$$

Diese Berechnung wurde ohne Bezugnahme auf anschauliche Konzepte wie Fläche, Masse, Weg oder Volumen durchgeführt. ●

Beispiel 3: Die Funktion f habe für alle x den Wert 4: f ist eine konstante Funktion mit der Formel $f(x) = 4$. Mit Hilfe der Definition des bestimmten Integrals berechne man

$$\int_1^3 f(x)dx.$$

Lösung: In diesem Fall gilt für eine typische Unterteilung

$x_0 = 1$ und $x_n = 3$. Die Näherungssumme lautet

$$\sum_{i=1}^{n} f(X_i)(x_i - x_{i-1})$$

und ist gleich

$$\sum_{i=1}^{n} 4(x_i - x_{i-1}),$$

da für jeden Referenzpunkt X_i gilt: $f(X_i) = 4$. Nun erhalten wir weiter

$$\sum_{i=1}^{n} 4(x_i - x_{i-1}) = 4 \sum_{i=1}^{n} (x_i - x_{i-1}) = 4(x_n - x_0).$$

Mit $x_n = 3$ und $x_0 = 1$ folgt übereinstimmend für alle Näherungssummen der Wert

$$4(3-1) = 8.$$

Dies gilt unabhängig von der Größe des Maßes, sowie der Lage der X_i. Daher strebt

$$\sum_{i=1}^{n} f(X_i)(x_i - x_{i-1})$$

mit dem Maß $\to 0$ gegen 8. Tatsächlich sind die Summen alle gleich 8 und es folgt

$$\int_1^3 4\,dx = 8. \bullet$$

Das bestimmte Integral $\int_1^3 4\,dx$ wurde hier direkt aus der allgemeinen Definition berechnet. Gehen wir andererseits von einer Saite mit der konstanten Dichte 4 g/cm aus und berechnen ihre Masse im Intervall von 1 bis 3, so ergibt sich der Wert des Integrals direkt. Da die Saite eine homogene Dichte besitzt, ist ihre Masse einfach durch

$$\text{Dichte} \cdot \text{Länge} = 4 \text{ g/cm} \cdot 2 \text{ cm} = 8 \text{ g}$$

gegeben.

Wir könnten uns den Wert des Integrals $\int_1^3 4\,dx$ als Fläche eines Gebietes vorstellen. Um dies zu tun, zeichnen wir eine Fläche, die für alle Normalen auf die x-Achse den Querschnitt 4 besitzt: Also ein Rechteck von der Höhe 4 und mit der Grundlinie [1; 3] (Bild 1.33). Die Fläche des Rechtecks ist gleich der Grundlinie mal der Höhe und wir erhalten

$$\int_1^3 4\,dx = 4 \cdot 2 = 8.$$

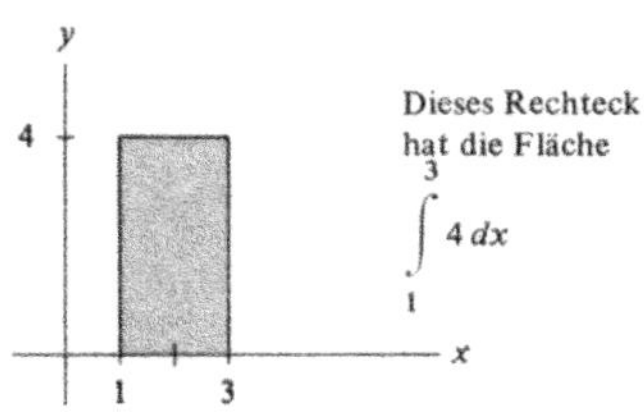

Bild 1.33

Völlige analoge Überlegungen ergeben für jede konstante Funktion c:

$$\int_a^b c\,dx = c(b-a).$$

Beispiel 4: Man berechne

$$\int_a^b f(x)\,dx \quad \text{für} \quad f(x) = x.$$

Lösung: In diesem Fall gilt $f(X_i) = X_i$ und es ist die Summe

$$\sum_{i=1}^{n} X_i(x_i - x_{i-1})$$

abzuschätzen. Wir untersuchen wieder die Obersumme

$$\sum_{i=1}^{n} x_i(x_i - x_{i-1})$$

und die Untersumme

$$\sum_{i=1}^{n} x_{i-1}(x_i - x_{i-1}).$$

Aus den Ungleichungen

$$c(c-d) > \frac{c^2}{2} - \frac{d^2}{2} > d(c-d)$$

folgt

$$x_i(x_i - x_{i-1}) > \frac{x_i^2}{2} - \frac{x_{i-1}^2}{2} > x_{i-1}(x_i - x_{i-1})$$

und

$$\sum_{i=1}^{n} x_i(x_i - x_{i-1}) > \sum_{i=1}^{n} \frac{x_i^2}{2} - \frac{x_{i-1}^2}{2} >$$

$$> \sum_{i=1}^{n} x_{i-1}(x_i - x_{i-1}).$$

Die Summe

$$\sum_{i=1}^{n} \left(\frac{x_i^2}{2} - \frac{x_{i-1}^2}{2}\right)$$

läßt sich auf

$$\frac{x_n^2}{2} - \frac{x_0^2}{2} = \frac{b^2}{2} - \frac{a^2}{2} = \int_a^b x\,dx = \frac{b^2}{2} - \frac{a^2}{2}$$

zusammenziehen, da $b^2/2 - a^2/2$ wiederum zwischen der oberen und der unteren Abschätzung liegt. •

Das Ergebnis von Beispiel 4 wird ebenfalls plausibel, wenn man das bestimmte Integral als Fläche interpretiert. Das Schaubild von $f(x) = x$ ist eine Gerade; die zugehörige Fläche entspricht dem schraffierten Trapez des Bildes 1.34.

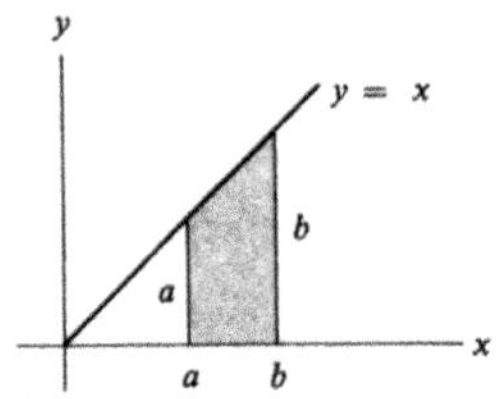

Bild 1.34

Das Trapez selber kann als Differenz des großen Dreiecks mit der Grundlinie b und der Höhe b und des kleinen Dreiecks mit der Grundlinie a und der Höhe a aufgefaßt werden. Das Trapez hat daher die Fläche

$$\frac{1}{2}b^2 - \frac{1}{2}a^2 = \frac{b^2}{2} - \frac{a^2}{2}.$$

Formeln für einige Integrale: Folgende Integrale sind in diesem Abschnitt berechnet worden:

$$\int_a^b 1\,dx = b - a; \quad \int_a^b x\,dx = \frac{b^2}{2} - \frac{a^2}{2};$$

$$\int_a^b x^2\,dx = \frac{b^3}{3} - \frac{a^3}{3}.$$

Aufgrund der bisherigen Ergebnisse vermuten wir

$$\int_a^b x^3\,dx = \frac{b^4}{4} - \frac{a^4}{4}$$

und ganz allgemein für jede positive Zahl n

$$\int_a^b x^n\,dx = \frac{b^{n+1}}{n+1} - \frac{a^{n+1}}{n+1}.$$

Der Beweis der letzten beiden Aussagen verläuft ganz analog zu den Überlegungen für

$$\int_a^b x\,dx \quad \text{und} \quad \int_a^b x^2\,dx$$

(siehe Übungen 15 und 16).

Es gibt eine große Anzahl wichtiger bestimmter Integrale, etwa

$$\int_a^b 2^x\,dx, \quad \int_a^b \frac{1}{1+x^2}\,dx \quad \text{und} \quad \int_a^b \sqrt{1-x^2}\,dx.$$

In den Kapiteln 8 und 9 werden wir Methoden zur Berechnung solcher Integrale kennenlernen.

Übungen:

1. Man bestimme das Maß jeder der folgenden Unterteilungen von $[1;6]$:
   (*a*) $x_0 = 1, x_1 = 2, x_2 = 3, x_3 = 4, x_4 = 5, x_5 = 6$;
   (*b*) $x_0 = 1, x_1 = 3, x_2 = 5, x_3 = 6$;
   (*c*) $x_0 = 1, x_1 = 4, x_2 = 4{,}5, x_3 = 5, x_4 = 5{,}5, x_5 = 6$.

2. Eine Saite ist über das Intervall $[a;b]$ gespannt und besitzt an der Stelle x die Dichte $f(x)$ Gramm pro Zentimeter. Sei $x_0, \dots, x_n$ einer Unterteilung von $[a;b]$ und seien $X_1, \dots, X_n$ die Referenzpunkte. Welches ist die physikalische Interpretation von
   (*a*) $x_i - x_{i-1}$? (*b*) $f(X_i)$?
   (*c*) $f(X_i)(x_i - x_{i-1})$? (*d*) $\sum_{i=1}^{n} f(X_i)(x_i - x_{i-1})$?
   (*e*) $\int_a^b f(x)\,dx$?

3. Eine Rakete bewegt sich zur Zeit t mit einer veränderlichen Geschwindigkeit von $f(t)$ Kilometer pro Sekunde. Sei $t_0, \dots, t_n$ eine Unterteilung von $[a;b]$ und seien $T_1, \dots, T_n$ die Referenzpunkte. Welches ist die physikalische Interpretation von
   (*a*) $t_i - t_{i-1}$? (*b*) $f(T_i)$?
   (*c*) $f(T_i)(t_i - t_{i-1})$? (*d*) $\sum_{i=1}^{n} f(T_i)(t_i - t_{i-1})$?
   (*e*) $\int_a^b f(t)\,dt$?

4. In einen See fließt zur Zeit t Wasser mit einer Rate von $f(t)$ Hektoliter pro Sekunde ein. Man beantworte für diese Interpretation der Funktion f die fünf Fragen aus Übung 3.

5. Mit Hilfe der in Beispiel 2 bis 4 abgeleiteten Formeln berechne man folgende bestimmte Integrale
   (*a*) $\int_5^7 3\,dx$, (*b*) $\int_2^8 x\,dx$, (*c*) $\int_4^6 x^2\,dx$.

6. Mit Hilfe der Formel aus Beispiel 4 berechne man:
   (*a*) $\int_0^1 x^3\,dx$, (*b*) $\int_0^1 x^4\,dx$, (*c*) $\int_1^2 x^5\,dx$.

7. Man schätze $\int_1^5 1/x\,dx$ unter Verwendung einer Unterteilung von $[1;5]$ in vier gleichlange Abschnitte und wähle als X_i
   (*a*) die linken Endpunkte,
   (*b*) die rechten Endpunkte.

8. Man verwende die Formel für $\int_a^b x^2\,dx$ und bestimme:
   (*a*) $\int_0^1 x^2\,dx$, (*b*) $\int_2^3 x^2\,dx$, (*c*) $\int_1^3 x^2\,dx$.

9. Man zeige mit Hilfe der Methode von Beispiel 1, daß ein gerader Kreiskegel mit der Höhe h und dem Radius r das Volumen $\pi r^2 h/3$ besitzt.

■

10. (*a*) Man schreibe das entsprechende bestimmte Integral $\int_b^a f(x)\,dx$ für das Volumen des Scheinwerfers in Bild 1.35.
    Der im Punkt x auf der x-Achse senkrechte typische Querschnitt ist ein Kreis mit dem Radius $\sqrt{x/\pi}$.
    (*b*) Man berechne mit einer der gewonnenen Formeln das bestimmte Integral aus (*a*).

Bild 1.35

11. Ein Geschäftsbetrieb hat nach x Jahren eine Gewinnrate von x^3 Millionen DM pro Jahr (x ist eine positive, nicht notwendigerweise ganze Zahl).
   (*a*) Welches bestimmte Integral gibt den Gewinn in den ersten beiden Jahren?
   (*b*) Man berechne das Integral mit Hilfe der in diesem Abschnitt abgeleiteten Formeln.
   (*c*) Welches bestimmte Integral ergibt den Gewinn während des dritten Jahres?
   (*d*) Man berechne das Integral!
12. Ein Kraftfahrer stellt seine Geschwindigkeit als Funktion der Zeit $s = f(t)$ graphisch dar. Warum liefert die Fläche des Gebietes unterhalb des Schaubildes und oberhalb des Intervalls $[a; b]$ den zwischen $t = a$ und $t = b$ zurückgelegten Weg?
13. Man berechne die Fläche des getönten Gebietes, das durch die Gerade $y = x$, die Kurve $y = x^2 + x$ und die Gerade $x = 6$ begrenzt ist (Bild 1.36).

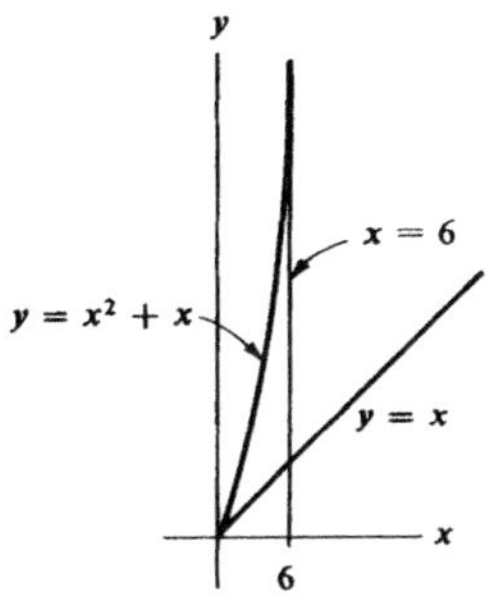

Bild 1.36

■■

14. Man bestimme auf folgende Weise eine Näherungssumme für das Integral $\int_0^3 x\,dx$: Das Intervall $[0; 3]$ werde in n Abschnitte der Länge $3/n$ geteilt, wobei n eine positive ganze Zahl sei. Als Referenzpunkte X_i wähle man den rechten Endpunkt des i-ten Abschnittes.
   (*a*) Man zeichne die Unterteilung.
   (*b*) Welches ist der numerische Wert von x_0? x_1? x_2? x_i?
   (*c*) Man zeige, daß $A_n = \sum_{i=1}^{n} (3i/n)(3/n)$ eine Abschätzung für $\int_0^3 x\,dx$ liefert.
   (*d*) Übung 11 von Abschnitt 1.3 behandelte die Formel
   $$\sum_{i=1}^{n} i = \frac{n(n+1)}{2}.$$
   Mit Hilfe dieser Formel zeige man $A_n = \frac{9}{2}(1 + \frac{1}{n})$.
   (*e*) Gegen welchen Grenzwert strebt A_n, wenn n sehr groß wird?
   (*f*) Mit der Hilfe von (*e*) zeige man $\int_0^3 x\,dx = \frac{9}{2}$.

15. Mit denselben Überlegungen wie in Beispiel 2 zeige man
$$\int_a^b x^3 dx = \frac{b^4}{4} - \frac{a^4}{4}.$$
Dazu werden die Ungleichungen
$$c^3(c-d) > \frac{c^4}{4} - \frac{d^4}{4} > d^3(c-d) \text{ für } c > d > 0$$
benötigt.

16. Man berechne analog zu Übung 15 das Integral $\int_a^b x^m dx$, wobei m eine positive ganze Zahl ist. (Wir nennen den Exponenten m und nicht n, da n für die Anzahl der Abschnitte in der Unterteilung benötigt wird).

Für die übrigen Übungen ist ein Taschenrechner nützlich.

17. (*a*) Man skizziere das Schaubild von $y = \sin x$ für $0 \leq x \leq \pi/2$.
   (*b*) A sei die Fläche des Gebietes unterhalb der Kurve aus (*a*) und oberhalb des Intervalls von $[0; \pi/2]$. Mit Hilfe elementarer Geometrie zeige man $\pi/4 < A < \pi/2$.
   (*c*) Mit Hilfe einer Unterteilung von $[0; \pi/2]$ in fünf gleichlange Abschnitte als Referenzpunkte gebe man eine Abschätzung von A, die zu klein ist.
   (*d*) Mit Hilfe derselben Abschätzung wie in (*c*), nur mit den rechten Endpunkten, gebe man eine Abschätzung von A, die zu groß ist.

   In Kapitel 2 wird gezeigt, daß $\int_0^{\pi/2} \sin x\,dx = 1$ oder $A = 1$.
18. (*a*) Man skizziere $y = e^{-x}$ für $1 \leq x \leq 2$.
   (*b*) A sei die Fläche unterhalb des Schaubilds aus (*a*) und oberhalb von $[1; 2]$. Man unterteile $[1; 2]$ in 10 gleiche Abschnitte und gebe obere und untere Schranken für A. Mit Hilfe der Methoden von Kapitel 2 kann gezeigt werden: $\int_1^2 e^{-x}dx = (e-1)/e^2 \approx 0{,}233$ oder $A \approx 0{,}233$.
19. (*a*) Man zeichne ein Schaubild von $y = 1/(1 + x^2)$ für $0 \leq x \leq 1$.
   (*b*) Sei A die Fläche unterhalb des Schaubilds aus (*a*) und oberhalb von $[0; 1]$.
   (*c*) Mit Hilfe elementarer Geometrie zeige man $\frac{3}{4} < A < 1$.
   (*d*) Man teile $[0; 1]$ in fünf Abschnitte, um obere und untere Schranken für A zu erhalten. In Kapitel 2 wird gezeigt, daß das gesuchte Integral den Wert $\pi/4$ besitzt, also $A \approx 0{,}7854$.

1.5 Zusammenfassung

Vier verschiedene Probleme führten uns zum Konzept des bestimmten Integrals: Fläche eines Gebietes unterhalb einer Kurve, gesamte Masse einer inhomogenen Saite, gesamter Weg bei veränderlicher Geschwindigkeit und das Volumen eines räumlichen Körpers. Alle vier Probleme erfordern dieselbe Art von Überlegungen: Man wählt Unterteilungen eines bestimmten Intervalls, Referenzpunkte und bildet die Näherungssummen
$$\sum_{i=1}^{n} f(X_i)(x_i - x_{i-1}).$$
In Abschnitt 1.1 gingen wir vom Intervall $[0; 3]$ und der Quadratfunktion aus.

Die typische Summe

$$\sum_{i=1}^{n} f(X_i)(x_i - x_{i-1})$$

ist *nicht* gleich dem bestimmten Integral, ebenso wie der Quotient $[f(x+h) - f(x)]/h$ nicht gleich der Ableitung war.

Das bestimmte Integral $\int_a^b f(x)\,dx$ ist der Grenzwert dieser typischen Summe, wenn das Maß der Unterteilung immer kleiner und kleiner wird:

$$\int_a^b f(x)\,dx = \lim_{\text{Maß} \to 0} \sum_{i=1}^{n} f(X_i)(x_i - x_{i-1}).$$

Die Tabelle auf S. 21 illustriert nochmals, warum das bestimmte Integral mit den Begriffen Masse, Fläche, Volumen und Weg zu identifizieren ist. In jedem Falle betrachten wir Funktionen mit nichtnegativen Werten. Man studiere diese Tabelle sehr sorgfältig. Sie faßt die Grundgedanken dieses Kapitels zusammen.

In Worten sagt uns die Tabelle: „Das bestimmte Integral der Dichte ist die Masse, das bestimmte Integral der Länge eines Schnittes ist die Fläche, usw."

Die Ungleichungen

$$c^2(c-d) > \frac{c^3}{3} - \frac{d^3}{3} > d^2(c-d) \qquad c > d \geqslant 0$$

führten zum Ergebnis

$$\int_0^3 x^2\,dx = 9.$$

Diese Aussage über das Verhalten von Näherungssummen löste gleichzeitig alle vier Probleme.

Auf ähnliche Weise wurde gezeigt:

$$\int_a^b x^2\,dx = \frac{b^3}{3} - \frac{a^3}{3}.$$

Für jede Konstante c ergab sich

$$\int_a^b c\,dx = x(b-a).$$

Das Verfahren, mit dem wir

$$\int_a^b x^2\,dx$$

bestimmen konnten, liefert auch die Relation

$$\int_a^b x^n\,dx = \frac{b^{n+1}}{n+1} - \frac{a^{n+1}}{n+1}$$

für jede positive ganze Zahl n.

Obwohl es explizite Formeln für die Berechnung verschiedener bestimmter Integrale gibt, soll stets im Auge behalten werden, daß das bestimmte Integral der Grenzwert einer Summe ist. Es gibt zwei Gründe für die Bedeutung dieser Tatsache:

1. In vielen Anwendungen der Wissenschaft ist das *Konzept* des bestimmten Integrals viel wichtiger als seine konkrete Anwendung in einer Rechnung.
2. Viele bestimmte Integrale können nicht mit Hilfe einfacher Formeln bestimmt werden. So gibt es etwa keine Formel für das Integral $\int_0^1 2^{x^2}\,dx$.

Begriffe und Symbole

Sigma Notation $\sum_{i=1}^{n} a_i$

Unterteilung

Abschnitt einer Unterteilung

Referenzpunkte X_i

Maß

Bestimmtes Integral $\int_a^b f(x)\,dx$

Reduzierbare Summe

$$\sum_{i=1}^{n} (b_i - b_{i-1}) = b_n - b_0$$

Näherungssumme

$$\sum_{i=1}^{n} f(X_i)(x_i - x_{i-1})$$

Wichtige Ergebnisse

$$\int_a^b x^2\,dx = \frac{b^3}{3} - \frac{a^3}{3}$$

$$\int_a^b c\,dx = c(b-a)$$

$$\int_a^b x^n\,dx = \frac{b^{n+1}}{n+1} - \frac{a^{n+1}}{n+1} \qquad n = 1, 2, 3, \ldots;\ b > a \geqslant 0.$$

Testaufgaben für Kapitel 1

1. Man berechne

(a) $\sum_{i=1}^{3} 2i^2$, (b) $\sum_{i=1}^{50} [3i^4 - 3(i-1)^4]$ (c) $\sum_{j=3}^{6} 5j$.

Funktion	*Interpretation eines typischen Summanden*	*Näherungssumme*	*Bestimmtes Integral*	*Bedeutung des bestimmten Integrals*
Dichte	$f(X_i)(x_i - x_{i-1})$ gibt eine Abschätzung der Masse im Intervall $[x_i; x_{i-1}]$	$\sum_{i=1}^{n} f(X_i)(x_i - x_{i-1})$	$\int_a^b f(x)\,dx$	Masse
Länge des Schnittes eines ebenen Gebietes mit einer Geraden	$f(X_i)(x_i - x_{i-1})$ gibt die Fläche des Näherungsrechtecks	$\sum_{i=1}^{n} f(X_i)(x_i - x_{i-1})$	$\int_a^b f(x)\,dx$	Fläche
Fläche des Schnittes eines Körpers mit einer Ebene	$f(X_i)(x_i - x_{i-1})$ gibt das Volumen einer dünnen Scheibe	$\sum_{i=1}^{n} f(X_i)(x_i - x_{i-1})$	$\int_a^b f(x)\,dx$	Volumen
Geschwindigkeit	$f(T_i)(t_i - t_{i-1})$ gibt eine Abschätzung des im Zeitintervall t_{i-1} bis t_i zurückgelegten Weges	$\sum_{i=1}^{n} f(T_i)(t_i - t_{i-1})$	$\int_a^b f(t)\,dt$	Weg
Beliebige Funktion	$f(X_i)(x_i - x_{i-1})$ ist das Produkt von zwei Zahlen	$\sum_{i=1}^{n} f(X_i)(x_i - x_{i-1})$	$\int_a^b f(x)\,dx$	Zahl

2. Mit Hilfe der Formeln dieses Kapitels berechne man

(*a*) $\int_2^5 x^2\,dx$, (*b*) $\int_0^2 5\,dx$,

(*c*) $\int_1^5 6x\,dx$, (*d*) $\int_1^2 x^4\,dx$.

3. (*a*) Man schreibe folgende Summe explizit an

$$\sum_{i=1}^{3} x_{i-1}^3 (x_i - x_{i-1}).$$

(*b*) Welches bestimmte Integral nähert die Summe aus (*a*) an, wenn $x_0 = 2$, $x_1 = 3$, $x_2 = 3{,}5$ und $x_3 = 4$?

(*c*) Ist die Summe aus (*a*) kleiner oder größer als das bestimmte Integral aus (*b*)?

4. Es folgt eine Tabelle der Kehrwertfunktion $f(x) = 1/x$. (Die Zahlen sind gerundet.)

x	$1/x$
1	1,000
1,2	0,833
1,4	0,714
1,6	0,625
1,8	0,556
2	0,500

(*a*) Mit Hilfe dieser Tabelle zeichne man das Schaubild von $y = 1/x$ für x aus $[1; 2]$.

(*b*) Man teile $[1; 2]$ in fünf gleichlange Abschnitte und wähle das linke Ende eines jeden Abschnittes als Referenzpunkt X_i. Man berechne die Näherungssumme

$$\sum_{i=1}^{5} f(X_i)(x_i - x_{i-1}).$$

(*c*) Ist die Summe aus (*b*) größer oder kleiner als das bestimmte Integral $\int_1^2 1/x\,dx$?

(*d*) Wie in (*b*), mit dem rechten Endpunkt als Referenzpunkt.

(*e*) Gibt die Summe aus (*d*) eine obere oder eine untere Abschätzung des Integrals $\int_1^2 1/x\,dx$?

(*f*) Man betrachte das bestimmte Integral aus (*e*) als Fläche und zeige $0{,}5 < \int_1^2 1/x\,dx < 0{,}75$.

5. Eine ermüdete Schildkröte kriecht zwischen 13 und 14 Uhr langsamer und langsamer. Ihre Geschwindigkeit t Stunden nach Mittag sei gleich $1/t$ Meter pro Stunde.

(*a*) Welches bestimmte Integral gibt ihren gesamten Weg in der Zeit von 13 bis 14 Uhr an?

(*b*) Man verwende das Resultat aus Übung 4, um das bestimmte Integral (*a*) abzuschätzen.

6. (*a*) Man erkläre in ein oder zwei Sätzen den Inhalt der Worte „Das bestimmte Integral über $\ln x$ von 2 bis 3". Die Erklärung soll nicht durch einfache Beispiele erfolgen.

(*b*) Man skizziere ein ebenes Gebiet, dessen Fläche durch das bestimmte Integral aus (*a*) gegeben ist.

7. Man berechne $\sum_{i=1}^{5} f(X_i)(x_i - x_{i-1})$ für $f(x) = 1/x$, $x_0 = 1$, $x_1 = 1{,}2$, $x_2 = 1{,}4$, $x_3 = 1{,}6$, $x_4 = 1{,}8$, $x_5 = 2$ und

(*a*) $X_i = x_{i-1}$, (*b*) $X_i = x_i$, (*c*) $X_i = (x_i + x_{i-1})/2$.

(*d*) Welches bestimmte Integral wird durch die Summen (*a*), (*b*) und (*c*) angenähert?

8. Man schätze $\int_1^2 e^{-x^2}dx$ ab. Das Intervall wird in fünf Abschnitte gleicher Länge geteilt, der Referenzpunkt X_i liegt jeweils in der Mitte des i-ten Abschnitts. Übrigens werden die Methoden von Kapitel 2 nicht auf die Berechnung von $\int_1^2 e^{-x^2}$ anwendbar sein.

Übungen zu Kapitel 1

1. Man berechne

(*a*) $\int_1^5 x^2 dx$, (*b*) $\int_2^6 3\,dx$,

(*c*) $\int_1^{10} x\,dx$, (*d*) $\int_0^2 x^3 dx$.

2. (*a*) Ist das Produkt $\int_0^1 x\,dx \cdot \int_0^1 x^2 dx$ gleich $\int_0^1 x^3 dx$?

(*b*) Ist die Summe $\int_0^1 x\,dx + \int_0^1 x^2 dx$ gleich $\int_0^1 (x + x^2)\,dx$?

(*c*) Ist die Summe $\int_0^1 x^2 dx + \int_1^2 x^2 dx$ gleich $\int_0^2 x^2 dx$?

3. Ein Programmierer will das Integral $\int_0^1 \sqrt{1+x^3}\,dx$ durch Näherungssummen ausrechnen. Um dies zu tun, teilt er das Intervall [0; 1] in 50 Abschnitte gleicher Länge. Als Referenzpunkte nimmt er jeweils den Mittelpunkt des Abschnitts.

(*a*) Wie groß ist die Länge jedes Abschnittes der Unterteilung?
(*b*) Wie groß ist x_0? x_1? x_i?
(*c*) Wie groß ist X_1? X_2? X_i?

4. Man schreibe die folgenden Summen explizit ohne Verwendung der Sigma-Notation:

(*a*) $\sum_{j=1}^{3} d^j$, (*b*) $\sum_{k=1}^{4} x^k$,

(*c*) $\sum_{i=0}^{3} i\,2^{-i}$, (*d*) $\sum_{i=2}^{5} \frac{i+1}{i}$,

(*e*) $\sum_{i=2}^{4} \left(\frac{1}{i} - \frac{1}{i+1}\right)$, (*f*) $\sum_{i=1}^{4} \sin\frac{\pi i}{4}$.

5. Man schreibe die folgenden Summen explizit ohne Sigma-Notation und berechne sie dann:

(*a*) $\sum_{i=1}^{100} (2^i - 2^{i-1})$, (*b*) $\sum_{i=0}^{100} (2^{i+1} - 2^i)$,

(*c*) $\sum_{i=1}^{100} \left(\frac{1}{i} - \frac{1}{i+1}\right)$.

6. (*a*) Man beweise $\sum_{i=1}^{n} c a_i = c \sum_{i=1}^{n} a_i$, wobei c eine feste Zahl ist.

(*b*) Man schreibe explizit $\sum_{i=1}^{4} \sum_{j=1}^{i} a_j$.

(*c*) Man beweise $\sum_{i=1}^{m} a_i + \sum_{i=m+1}^{n} a_i = \sum_{i=1}^{n} a_i$.

7. Das Analogon zu Übung 6(*a*) für bestimmte Integrale lautet

$$\int_a^b cf(x)\,dx = c\int_a^b f(x)\,dx.$$

Man interpretiere $f(x)$ als die Geschwindigkeit eines bewegten Objektes und $cf(x)$ als die Geschwindigkeit eines anderen Objekts, das sich immer c mal so schneller bewegt. Man erkläre die Gleichung

$$\int_a^b cf(x)\,dx = c\int_a^b f(x)\,dx.$$

8. Man erkläre die Gleichung

$$\int_a^b [f(x) + g(x)]\,dx = \int_a^b f(x)\,dx + \int_a^b g(x)\,dx$$

in der Terminologie von Flächen (f und g seien Funktionen mit positiven Werten).

9. Man schreibe folgende Summen explizit aus:

(*a*) $\sum_{i=1}^{4} (-x)^i$, (*b*) $\sum_{k=1}^{4} \frac{x^k}{k}$, (*c*) $\sum_{k=1}^{4} \frac{(-x)^k}{k^2}$.

10. Sei n eine positive ganze Zahl und f eine Funktion.

(*a*) Man zeige, daß $\sum_{i=1}^{n} f(i/n)\,(1/n)$ eine Näherungssumme für das bestimmte Integral $\int_0^1 f(x)\,dx$ darstellt.
(*b*) Wie groß ist die Länge des i-ten Abschnittes der Unterteilung aus (*a*)?
(*c*) Wie groß ist das Maß dieser Unterteilung?
(*d*) Wo liegt der Referenzpunkt X_i im i-ten Abschnitt?

11. Warum liefert $1/100 \sum_{i=1}^{100} f(i/100)$ eine Abschätzung für $\int_0^1 f(x)\,dx$?

■

12. Welches bestimmte Integral wird durch die folgenden Summen angenähert?

(*a*) $\sum_{i=1}^{200} \left(\frac{i}{100}\right)^3 \frac{1}{100}$, (*b*) $\sum_{i=1}^{100} \left(\frac{i-1}{100}\right)^4 \frac{1}{100}$,

(*c*) $\sum_{i=101}^{300} \left(\frac{i}{100}\right)^3 \frac{1}{100}$.

13. (Siehe Übung 10.)

(*a*) Man zeige, daß $1/n^3 \sum_{i=1}^{n} i^2$ eine Näherung von $\int_0^1 x^2 dx$ darstellt.
(*b*) Man berechne die Summe aus (*a*) für $n = 4$.

(*c*) Man berechne das Integral $\int_0^1 x^2\,dx$.

(*d*) Man bestimme $\lim_{n\to\infty} 1/n^3 \sum_{i=1}^{n} i^2$.

■■

14. (*a*) Man skizziere die Kurve $y = \sqrt{x}$ für $0 \leq x \leq 1$.

(*b*) Man betrachte Flächen und verwende $\int_0^1 x^2\,dx = \frac{2}{3}$, um $\int_0^1 \sqrt{x}\,dx = \frac{2}{3}$ zu beweisen.

15. f sei eine Funktion, deren Werte für alle x zwischen 3 und 5 liegen: $3 \leq f(x) \leq 5$.

(*a*) Wie groß kann eine Näherungssumme für $\int_0^4 f(x)\,dx$ werden? Wie klein kann sie werden?

(*b*) Wie groß kann $\int_0^4 f(x)\,dx$ werden? Wie klein?

16. (*a*) Man zeige für $c > d > 0$

$$c^3 > cd\left(\frac{c+d}{2}\right) > d^3.$$

(*b*) Multipliziert man die Ungleichung aus (*a*) mit $(c - d)$ und dividiert durch c^3d^3, so erhält man

$$\frac{1}{d^3}(c-d) > \frac{1}{2d^2} - \frac{1}{2c^2} > \frac{1}{c^3}(c-d).$$

(*c*) Mit Hilfe von (*b*) zeige man, daß für $b > a > 0$ folgt

$$\int_a^b \frac{1}{x^3}\,dx = \frac{1}{2a^2} - \frac{1}{2b^2}.$$

(Der Einfachheit halber setzen wir die Existenz des bestimmten Integrals voraus.)

17. Ein unbemannter Satellit sendet automatisch jede Minute seine Geschwindigkeit zur Bodenstation. Seine Geschwindigkeit wird während seines Fluges als Funktion der Zeit graphisch dargestellt. Welches ist die physikalische Interpretation der Fläche unterhalb der Kurve und oberhalb der Zeitachse?

18. Eine Zahl heißt dyadisch, wenn sie als Quotient zweier ganzer Zahlen m/n ausgedrückt werden kann, wobei n eine Potenz von 2 ist. Zwischen je zwei Zahlen liegt eine unendliche Anzahl von dyadischen Zahlen und ebenso eine unendliche Menge von nicht dyadischen Zahlen. Ausgehend von dieser Information definieren wir eine Funktion f, die im Intervall $[0; 1]$ kein bestimmtes Integral besitzt:

$$\text{Sei } f(x) = \begin{cases} 0 & \text{für } x \text{ dyadisch} \\ 3 & \text{für } x \text{ nicht dyadisch.} \end{cases}$$

(*a*) Für jede Unterteilung von $[0; 1]$ können Referenzpunkte X_i gewählt werden, so daß

$$\sum_{i=1}^{n} f(X_i)(x_i - x_{i-1}) = 3$$

gilt. Man zeige dies!

(*b*) Für jede Unterteilung von $[0; 1]$ können Referenzpunkte X_i gewählt werden, so daß

$$\sum_{i=1}^{n} f(X_i)(x_i - x_{i-1}) = 0 \qquad \text{gilt. Man zeige dies!}$$

(*c*) Warum besitzt f im Intervall $[0; 1]$ kein bestimmtes Integral!

In der folgenden Übung wird das Integral $\int_0^1 e^x dx$ berechnet.

19. Seien a und $r \neq 1$ reelle Zahlen und sei m eine positive ganze Zahl.

$$a + ar + ar^2 + \ldots + ar^{m-1} = \frac{a(1-r^m)}{1-r}.$$

Diese Formel wird in der Folge benötigt. (Der Beweis ist sehr kurz und kann nachvollzogen werden.)

(*a*) Man zeichne $y = e^x$ für $0 \leq x \leq 1$.

(*b*) Sei n eine positive ganze Zahl. Man skizziere die Verteilung $0 = x_0$, $x_1 = 1/n$, $x_2 = 2/n, \ldots, x_n = 1$ mit Abschnitten der Länge $1/n$. Sei X_i der rechte Endpunkt des i-ten Abschnittes. Für $\int_0^1 e^x dx$ kann eine Näherungssumme mit dem angegebenen Satz von x_i und X_i und dem Wert

$$\frac{1}{n}\,\frac{e^{1/n}(1-e)}{1-e^{1/n}} \qquad \text{gebildet werden.}$$

(*c*) Man zeige, daß

$$\lim_{n\to\infty} \frac{1}{n}\,\frac{e^{1/n}(1-e)}{1-e^{1/n}} = e - 1$$

und damit $\int_0^1 e^x dx = e - 1$.

20. Man verallgemeinere Übung 19 und zeige ($b > a$):

$$\int_a^b e^x dx = e^b - e^a.$$

Die folgende Übung behandelt Überlegungen aus früheren Kapiteln.

21. f und g seien in einem offenen Intervall definiert. Sie nehmen nur positive Werte an, sind differenzierbar und besitzen eine zweite Ableitung. Sei $F(x) = \ln f(x)$ und sei $G(x) = \ln g(x)$.

(*a*) Wenn F konkav ist, muß dann f konkav sein?
(*b*) Wenn f konkav ist, muß dann F konkav sein?
(*c*) Wenn f und g konkav sind, muß dann $f + g$ konkav sein?
(*d*) Wenn f und g konkav sind, muß fg ebenfalls konkav sein?
(*e*) Wenn F und G konkav sind, muß dann $\ln fg$ konkav sein?
(*f*) Wenn F und G konkav sind, muß dann $\ln(f + g)$ konkav sein?

2 Die Hauptsätze der Infinitesimalrechnung

Wir haben in den vergangenen Kapiteln die zwei Grundbegriffe der Inifinitesimalrechnung, die Ableitung und das bestimmte Integral kennengelernt. Die Ableitung gibt eine lokale Information, etwa über Anstieg und Geschwindigkeit in irgendeinem Punkt oder zu irgendeinem Zeitpunkt; das bestimmte Integral gibt eine globale Information, etwa über die Fläche eines Gebietes oder den zurückgelegten Weg. Wie sich herausstellt, sind diese beiden Grundbegriffe eng miteinander verknüpft. Das folgende Kapitel stellt diesen Zusammenhang dar und liefert eine Anzahl von Regeln für die Berechnung von bestimmten Integralen – abgesehen von $\int_a^b 1\,dx$, $\int_a^b x\,dx$ und $\int_a^b x^2\,dx$, die wir bereits in Kapitel 1 bestimmt haben. Die Anwendung dieser Regeln bleibt jedoch beschränkt; es gibt kein allgemeines Verfahren, um beliebige bestimmte Integrale zu berechnen.

2.1 Der erste Hauptsatz der Infinitesimalrechnung

In Bd1/Kp2 wurde *die Geschwindigkeit als Ableitung des zurückgelegten Weges* dargestellt. In Kapitel 1 führte *das bestimmte Integral der Geschwindigkeit zur Bestimmung des zurückgelegten Weges.* So ist es nicht erstaunlich, wenn eine sehr enge Beziehung zwischen Ableitung und bestimmtem Integral besteht. Um diesen Zusammenhang auch mathematisch zu formulieren, müssen wir einige mathematische Symbole einführen, mit deren Hilfe etwa die Relation zwischen Geschwindigkeit und Weg beschrieben werden kann.

x sei die Zeit und $F(x)$ die Koordinate eines Teilchens, das sich entlang einer Geraden bewegt: Dann ist die Geschwindigkeit zur Zeit x durch die Ableitung $F'(x)$ gegeben. Für den in der Zeit von a bis b zurückgelegten Weg ergibt sich:

Endkoordinate – Anfangskoordinate $= F(b) - F(a)$.

Der Satz, „Das bestimmte Integral über die Geschwindigkeit ergibt den zurückgelegten Weg", nimmt dann die folgende formelmäßige Gestalt an:

$$\int_a^b F'(x)\,dx = F(b) - F(a).$$

Diese Gleichung verallgemeinert die Relation „Geschwindigkeit · Zeit = Weg", die für Teilchen mit konstanter Geschwindigkeit gilt.

Wie wir aus Bd1/Kp2 wissen, ist *die Dichte gleich der Ableitung der Masse.* In Kapitel 1 wurde die *Masse als bestimmtes Integral der Dichte* dargestellt. Wir wollen mit x den Abstand vom linken Ende einer inhomogenen Saite bezeichnen. $F(x)$ sei die Masse der Saite zwischen dem linken Ende und dem Punkt x. Dann ergibt $F'(x)$ die Dichte der Saite an der Stelle x. Der Satz, „Das bestimmte Integral über die Dichte ergibt die Masse", liest sich nun

$$\int_a^b F'(x)\,dx = F(b) - F(a)$$

(a und b sind die Koordinaten der Endpunkte eines typischen Abschnittes der Saite, Bild 2.1). Diese Beziehung zwischen F', $F(a)$ und $F(b)$ verallgemeinert die Aussage „Dichte · Länge = Masse", die für homogene Saiten gültig ist.

Unsere beiden physikalischen Beispiele weisen auf ein grundlegendes mathematisches Theorem im Hintergrund dieser Phänomene hin. Unsere Berechnungen für die spezielle Funktion $F(x) = x^3/3$ (siehe Kap.1) unterstreichen diese Vermutung. Dort nämlich wurde gezeigt

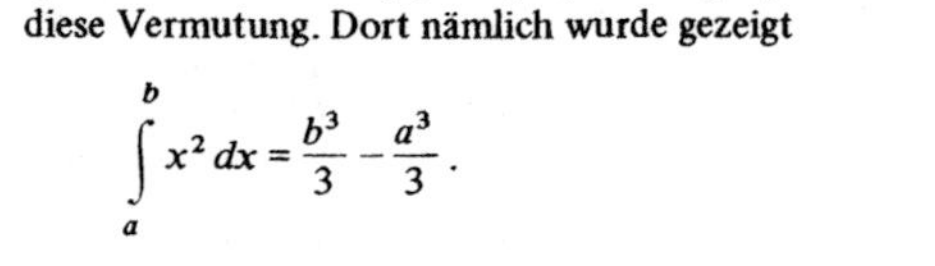

Bild 2.1

$$\int_a^b x^2\,dx = \frac{b^3}{3} - \frac{a^3}{3}.$$

Definieren wir nun die Funktion F durch die Formel

$$F(x) = \frac{x^3}{3},$$

dann gilt

$$F'(x) = x^2$$

und die Gleichung

$$\int_a^b x^2\,dx = \frac{b^3}{3} - \frac{a^3}{3}$$

erhält die Gestalt

$$\int_a^b F'(x)\,dx = F(b) - F(a).$$

So haben wir uns auf drei verschiedenen Wegen dem folgenden Satz genähert:

$$\int_a^b F'(x)\,dx = F(b) - F(a),$$

oder in Worten, „Das bestimmte Integral über die Ableitung einer Funktion und über ein gegebenes Intervall ist gleich dem Unterschied zwischen den Werten derselben Funktion an den Endpunkten des Intervalls."

In dieser einfachen Form ist unsere Behauptung allerdings noch nicht völlig korrekt. So kann die Funktion F eine derart „wilde" Ableitung F' besitzen, daß das Integral $\int_a^b F'(x)\,dx$ nicht existiert. In diesem Fall werden die Näherungssummen *nicht* mit verschwindendem Maß der Unterteilung gegen eine bestimmte Zahl konvergieren. Wie wir aber bereits in Abschnitt 1.4 erwähnt haben, zeigt die höhere Infinitesimalrechnung die *Existenz* des bestimmten Integrals $\int_a^b f(x)\,dx$ für Funktionen f, die im abgeschlossenen Intervall $[a; b]$ stetig sind. Wir wollen diese Behauptung als gesichert annehmen, da der Beweis hier zu schwierig wäre.

Unsere Überlegungen bezüglich Geschwindigkeit, Dichte und Integral $\int_a^b x^2\,dx$ führen alle auf das folgende Theorem hin, dessen Beweis in Abschnitt 2.3 gegeben wird.

Der erste Hauptsatz der Infinitesimalrechnung: Sei $f = F'$ die Ableitung einer Funktion F und stetig in $[a; b]$, dann gilt

$$\int_a^b f(x)\,dx = F(b) - F(a).$$

Das Symbol f für F' wird im Hinblick auf die Verwendung dieses Theorems zur Berechnung von bestimmten Integralen angeführt. Das Theorem sagt uns: „Wenn man das Integral $\int_a^b f(x)\,dx$ berechnen will, so suche man eine Funktion F mit der Ableitung f oder $F' = f$. Dann ist $\int_a^b f(x)\,dx$ gleich $F(b) - F(a)$".

Die folgenden vier Beispiele zeigen Leistungsfähigkeit und Grenzen dieses Hauptsatzes der Infinitesimalrechnung. (Im allgemeinen wird die Beifügung „erster" Hauptsatz weggelassen.)

Beispiel 1: Man bestimme die Fläche des Gebietes unterhalb der Kurve $y = \cos x$, oberhalb der x-Achse und zwischen $x = 0$ und $x = \pi/2$ (Bild 2.2).

Lösung: Wie wir in Abschnitt 2.4 gezeigt haben, ist die Fläche durch das bestimmte Integral der Querschnittslänge $c(x)$ gegeben. In diesem Fall gilt $c(x) = \cos x$ und damit

$$\text{Fläche} = \int_0^{\pi/2} \cos x\,dx.$$

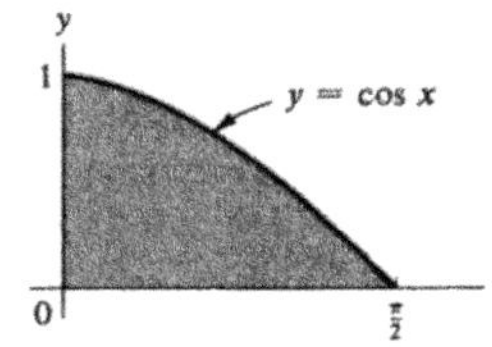

Bild 2.2

Der Hauptsatz der Infinitesimalrechnung behauptet, daß für eine Funktion F mit

$$F'(x) = \cos x,$$

das bestimmte Integral einfach gleich $F(\pi/2) - F(0)$ ist. Nun haben wir in Bd1/Kp3 den Kosinus als Ableitung der Sinusfunktion kennengelernt. Wir schreiben daher

$$F(x) = \sin x.$$

Der Hauptsatz der Infinitesimalrechnung sagt uns dann:

$$\int_0^{\pi/2} \cos x\,dx = F\left(\frac{\pi}{2}\right) - F(0) = \sin\frac{\pi}{2} - \sin 0 = 1 - 0 = 1.$$

Die fragliche Fläche beträgt genau 1 Einheit (dies ist auch plausibel, da sich das gesamte Gebiet innerhalb eines Rechtecks mit der Höhe 1 und der Basislänge $\pi/2$ befindet und andererseits ein Dreieck von der Höhe 1 und der Basis $\pi/2$ enthält. Das Rechteck hat die Fläche $\pi/2 \approx 1{,}57$ Einheiten und das Dreieck die Fläche $\pi/4 \approx 0{,}79$ Einheiten). •

Beispiel 2: In Kapitel 1 wurde für nichtnegative a, b gezeigt, daß

$$\int_a^b x^2\,dx = \frac{b^3}{3} - \frac{a^3}{3}.$$

Was sagt uns der Hauptsatz der Infinitesimalrechnung über das Integral $\int_a^b x^2\,dx$ für beliebige a und b mit $a < b$?

Lösung: Die Funktion F mit $F(x) = x^3/3$ besitzt die Ableitung x^2. Aus dem Hauptsatz folgt dann für völlig beliebige a und b – positiv oder negativ – die Formel

$$\int_a^b x^2\,dx = F(b) - F(a) = \frac{b^3}{3} - \frac{a^3}{3}. \; \bullet$$

Die Schlußfolgerung der nächsten beiden Beispiele sollte man sich einprägen.

Beispiel 3: Man berechne $\int_0^1 e^{\sqrt{x}}\,dx$.

Lösung: Um den Hauptsatz anzuwenden, benötigen wir eine Funktion mit der Ableitung $e^{\sqrt{x}}$. Wie man leicht sieht, lautet die Ableitung von $2e^{\sqrt{x}}(\sqrt{x}-1)$ gerade $e^{\sqrt{x}}$. (In Kapitel 3 werden wir einige Methoden kennenlernen, um Funktionen aus ihrer vorgegebenen Ableitung zu bestimmen. Dies wird jedoch nicht für alle Funktionen gelingen. Aus

$$F(x) = 2e^{\sqrt{x}}(\sqrt{x}-1),$$

folgt nun mit dem Hauptsatz der Infinitesimalrechnung

$$\begin{aligned}\int_0^1 e^{\sqrt{x}}\,dx &\underset{\text{HS}}{=} F(1)-F(0)\\ &= [2e^{\sqrt{1}}(\sqrt{1}-1)]-[2e^{\sqrt{0}}(\sqrt{0}-1)]\\ &= 2e^1(0)-2e^0(-1)\\ &= 0+2=2.\end{aligned}$$

Die Buchstaben HS unter dem Gleichheitszeichen erinnern daran, daß sich diese Gleichung aus dem Hauptsatz der Infinitesimalrechnung ergibt. ●

Beispiel 4: Durch Beispiel 3 ermutigt, versuchen wir nun die Berechnung von $\int_0^1 e^{-x^2}dx$.

Versuch einer Lösung: Um den Hauptsatz anzuwenden, benötigen wir eine Funktion F mit

$$F'(x) = e^{-x^2}.$$

Wie wir in Abschnitt 2.2 zeigen werden, gibt es eine solche Funktion F. Allerdings konnte Liouville bereits 1835 zeigen, daß *F keine elementare Funktion* ist und daher nicht durch Polynome, Logarithmen, Exponentialfunktionen, trigonometrische Funktionen oder ihre Umkehrfunktionen aufgebaut werden kann. So stehen wir vorläufig am Ende unserer Weisheit, da der Hauptsatz der Infinitesimalrechnung nur dann zur Berechnung von $\int_a^b f(x)\,dx$ herangezogen werden kann, wenn f zufälligerweise mit der Ableitung einer elementaren Funktion übereinstimmt. ●

Aus den beiden letzten Beispielen lernen wir: Die Funktion f läßt nicht immer sofort erkennen, ob eine elementare Funktion F existiert. Zwar erscheint $e^{\sqrt{x}}$ zunächst komplizierter als e^{-x^2}. Trotzdem ist $e^{\sqrt{x}}$ die Ableitung einer elementaren Funktion, während dies für e^{-x^2} nicht gilt.

Wird eine elementare Funktion differenziert, so ergibt sich wieder eine elementare Funktion: In Bd1/Kp4 berechneten wir $D(x^3)=3x^2$, $D(\cos x)=-\sin x$, $D(\ln x)=\frac{1}{x}$, $D(\arctan x)=1/(1+x^2)$ und andere. Geht man aber von einer elementaren Funktion f aus und sucht eine andere elementare Funktion F mit der Ableitung f, so ist diese Aufgabe nicht immer lösbar. (Nicht weil F so schwer zu finden ist, sondern weil ein solches elementares F gar nicht zu existieren braucht.)

Übrigens ist

$$\frac{1}{\sqrt{2\pi}}\int_0^b e^{-x^2/2}\,dx$$

eine für die Statistik sehr wichtige Größe. Sie ist in vielen Handbüchern der Mathematik unter der Bezeichnung „Fläche unter der Normalverteilung" als Funktion von b tabelliert.

Übungen:

In Übung 1 sind die angegebenen Funktionen zu differenzieren. Die Resultate werden in den Übungen 2 bis 13 benötigt.

1. (*a*) e^{x^2}, (*b*) $\frac{x^3}{3}$, (*c*) $\frac{1}{2}\arcsin 2x$,
   (*d*) $-\frac{1}{2x^2}$, (*e*) $\frac{1}{2}\ln\frac{1-x}{1+x}$, (*f*) $\frac{1}{2}\arctan 2x$,
   (*g*) $x\sin x+\cos x$, (*h*) $-\cos x$, (*i*) $-e^{-x}$,
   (*j*) $\ln(\sec x+\tan x)$, (*k*) $\sqrt{1+2x}$, (*l*) $\ln x$.
2. Man bestimme die Fläche des Gebietes unterhalb von $y=e^{-x}$ und oberhalb von $[0;2]$.
3. Man bestimme die Masse einer Saite von der Länge 1 m, wenn die Dichte x Zentimeter vom linken Ende $1/(1+x^2)$ g/cm beträgt.
4. Die Geschwindigkeit einer Schnecke beträgt zur Zeit t Stunden ($t > 1$) genau $1/t$ m/h. Wie weit kriecht die Schnecke in den drei Stunden zwischen $t=1$ und $t=4$?
5. Man bestimme die Fläche des getönten Gebietes im Bild 2.3. Die Länge eines typischen punktierten Schnittes ist durch $2xe^{x^2}$ gegeben.

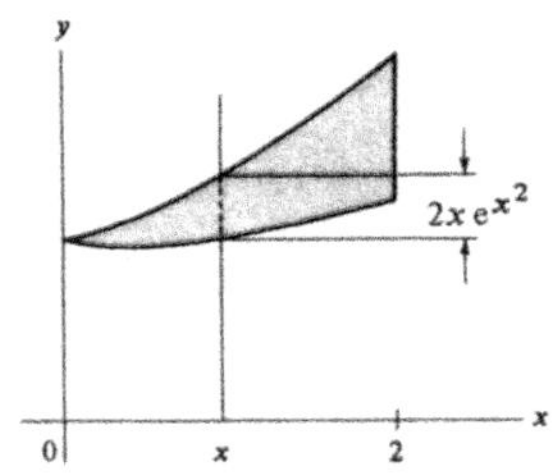

Bild 2.3

6. Man bestimme die Fläche des Gebietes unter dem Bogen der Sinuskurve $y=\sin x$ (Bild 2.4).

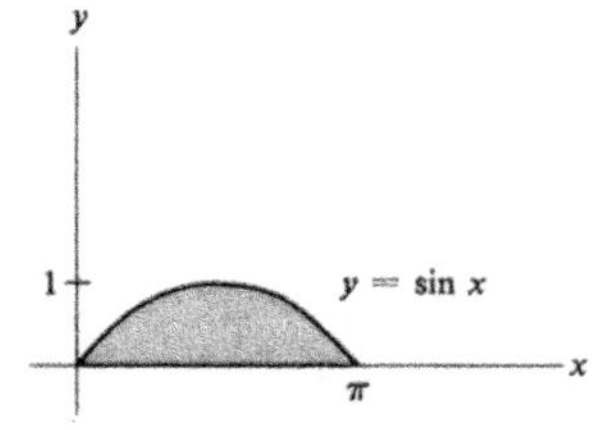

Bild 2.4

7. Man bestimme die Fläche des Gebietes unterhalb von $y=1/x^3$ und oberhalb von $[2;3]$.
8. Man bestimme die Fläche des Gebietes von $y=1/\cos x$ und oberhalb von $[0;\pi/3]$.
9. Man bestimme die Fläche des Gebietes unterhalb von $y=1/(1-x^2)$ und oberhalb von $[0;\frac{1}{2}]$.
10. Die Geschwindigkeit eines Teilchens hat zur Zeit t den Wert $t\cos t$ m/s. Wie weit bewegt sich das Teilchen in der Zeit von $t=0$ bis $t=\pi/2$ Sekunden?
11. Man berechne: $\int_0^4 \frac{1}{\sqrt{1+2x}}\,dx.$
12. Man berechne: $\int_0^{1/4} \frac{1}{\sqrt{1-4x^2}}\,dx.$

13. In Beispiel 1 wurde aus $F(x) = \sin x$ das Integral $\int_0^{\pi/2} \cos x\,dx$ berechnet.

(*a*) Man zeige, daß die Funktion $5 + \sin x$ ebenfalls die Ableitung $\cos x$ besitzt.

(*b*) Mit $F(x) = 5 + \sin x$ berechne man ebenfalls $\int_0^{\pi/2} \cos x\,dx$.

14. Wie wir aus Beispiel 4 wissen, ist der Hauptsatz der Infinitesimalrechnung bei der Berechnung des Integrals $\int_0^1 e^{-x^2}$ nutzlos. Man verwende die Unterteilung $x_0 = 0, x_1 = \frac{1}{3}, x_2 = \frac{2}{3}, x_3 = 1$ und die Referenzpunkte $X_1 = 0{,}3$, $X_2 = 0{,}4$, $X_3 = 0{,}8$ zur Abschätzung dieses Integrals.

■

Jede der Übungen 15 bis 17 gibt drei bestimmte Integrale an. Zwei davon sind mit Hilfe des Hauptsatzes leicht zu berechnen, während das dritte nicht mit dem Hauptsatz bestimmt werden kann. Welche Integrale lassen sich mit Hilfe des Hauptsatzes auswerten und welchen Wert besitzen sie?

15. (*a*) $\int_0^{\pi/2} \sin 2x\,dx$, (*b*) $\int_0^{\pi/2} \sin x^2 dx$,

(*c*) $\int_0^1 (x^2/e^{x^3})\,dx$.

16. (*a*) $\int_0^1 x^2 e^{x^3} dx$, (*b*) $\int_0^1 e^{x^3} dx$,

(*c*) $\int_0^{\pi/2} x \sin x^2 dx$.

17. (*a*) $\int_0^1 \sqrt[3]{x + x^2}\,dx$, (*b*) $\int_0^1 \sqrt[3]{1 + x}\,dx$,

(*c*) $\int_0^1 \frac{1}{\sqrt[3]{1+x}}\,dx$.

■■

18. Ein Gebiet wird durch die Kurve $y = e^x$, die x-Achse, die y-Achse sowie die Gerade $x = 1$ begrenzt und rotiert um die x-Achse. Man bestimme das Volumen des resultierenden Körpers.

19. Eine Ebene schneidet eine Kugel mit dem Radius r im Abstand x vom Mittelpunkt. Der Schnitt ist kreisförmig, $0 \leq x \leq r$.

(*a*) Man zeige, daß der Radius dieses Kreises durch $\sqrt{r^2 - x^2}$ gegeben ist.

(*b*) Man zeige, daß die Fläche des Kreises durch $\pi(r^2 - x^2)$ gegeben ist.

(*c*) Mit Hilfe des Hauptsatzes der Infinitesimalrechnung bestimme man das Volumen der Kugel.

20. Es gibt keine elementare Funktion mit der Ableitung $\sqrt{\sin x}$. Man untersuche die Kurve $y = \sqrt{\sin x}$ für x aus $[0; \pi]$.

(*a*) Man gebe das bestimmte Integral für die Fläche des Gebietes unterhalb der Kurve und oberhalb von $[0; \pi]$ an.

(*b*) Man gebe das bestimmte Integral für das Volumen des Körpers an, der durch Rotation dieses Gebietes aus (*a*) um die x-Achse entsteht.

(*c*) Man zeige, daß der Hauptsatz der Infinitesimalrechnung wohl die Berechnung des Volumens (*b*) aber nicht die Berechnung der Fläche (*a*) gestattet.

2.2 Der zweite Hauptsatz der Infinitesimalrechnung

Im Abschnitt 2.1 führten uns die physikalischen Interpretationen der Ableitung und des bestimmten Integrals zum ersten Hauptsatz der Infinitesimalrechnung. Auf ähnliche Weise wollen wir uns nun dem zweiten Hauptsatz der Infinitesimalrechnung annähern. Die beiden Hauptsätze stehen in enger Beziehung und werden beide in Abschnitt 2.3 bewiesen.

f sei die Dichte pro Zentimeter einer Saite (in Gramm). t Zentimeter vom linken Ende hat die Saite eine Dichte von $f(t)$ Gramm pro Zentimeter. (Der Buchstabe t wird hier anstelle von x verwendet, da wir x für einen anderen Zweck benötigen werden.)

$\int_a^b f(t)\,dt$ Gramm (Bild 2.5).

Bild 2.5 Das Intervall hat die Masse $\int_a^b f(t)\,dt$ Gramm

Nun wollen wir a festhalten und b variieren. Aus diesem Grunde verwenden wir für den rechten Endpunkt des Intervalls $[a; b]$ anstelle von b den Buchstaben x.

Wir definieren folgende Funktion G. Für $x > a$ sei

$$G(x) = \int_a^x f(t)\,dt \quad \text{(Bild 2.6).}$$

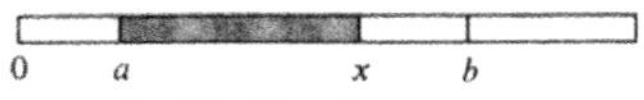

Bild 2.6 Die Masse dieses Teils der Saite ist $G(x)$

Dann ist $G(x)$ die Masse der Saite im Intervall $[a; x]$.

Wie lautet die Ableitung von G? Die Definition der Ableitung ergibt

$$G'(x) = \lim_{\Delta x \to 0} \frac{G(x + \Delta x) - G(x)}{\Delta x}$$

$$= \lim_{\Delta x \to 0} \frac{\Delta G}{\Delta x}.$$

Der Zähler

$$G(x + \Delta x) - G(x) = \Delta G,$$

gibt die Masse der Saite im Intervall $[x; x + \Delta x]$ an (Bild 2.7). Daher liefert der Quotient

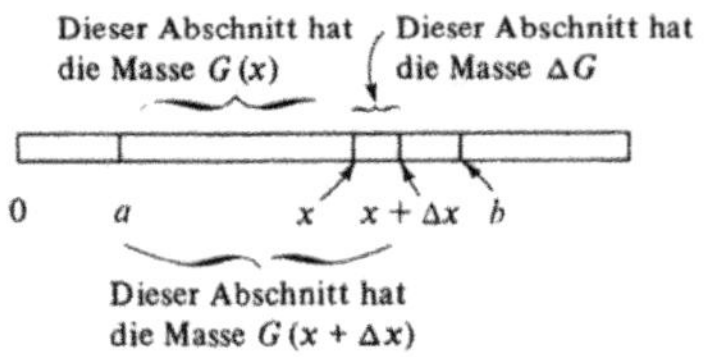

Bild 2.7

$$\frac{\Delta G}{\Delta x}$$

eine Abschätzung der Dichte an der Stelle x. Folglich gilt

$$\lim_{x \to 0} \frac{\Delta G}{\Delta x} = \text{Dichte an der Stelle } x.$$

Die Dichte an der Stelle x ist aber andererseits durch $f(x)$ gegeben und wir folgern daher sofort

$$G'(x) = f(x).$$

Anders geschrieben heißt dies

$$\frac{d\left(\int_a^x f(t)\,dt\right)}{dx} = f(x),$$

oder in Worten: „Die Ableitung des bestimmten Integrals über f von a bis x ist gleich $f(x)$".

Wir wollen diese Aussage in einem speziellen Fall überprüfen, wo die Formel für G bekannt ist. Nehmen wir etwa $f(t) = t^2$.

Beispiel 1: Sei $f(t) = t^2$ und sei

$$G(x) = \int_a^x t^2\,dt.$$

Gilt dann $G'(x) = x^2$?

Lösung: In diesem Fall können wir $G(x)$ explizit berechnen:

$$G(x) = \int_a^x t^2\,dt \underset{\text{H.S.}}{=} \frac{x^3}{3} - \frac{a^3}{3}.$$

Umgekehrt gilt

$$G'(x) = \frac{d(x^3/3 - a^3/3)}{dx} = \frac{3x^2}{3} - 0 = x^2.$$

(a ist konstant!). Wie erwartet folgt $G'(x) = x^2$. ●

Die Behauptung

$$\frac{d\left(\int_a^x f(t)\,dt\right)}{dx} = f(x)$$

ist Gegenstand des zweiten Hauptsatzes der Infinitesimalrechnung. Sie sagt uns: „Die Ableitung des bestimmten Integrals von f bezüglich des rechten Endpunktes des Integrationsintervalls ist gleich dem Wert von f in diesem Punkt".

Zweiter Hauptsatz der Infinitesimalrechnung: Sei f stetig im Intervall $[a; b]$. Sei $a < x \leqslant b$ und

$$G(x) = \int_a^x f(t)\,dt.$$

Dann ist G differenzierbar und besitzt f als Ableitung:

$$G'(x) = f(x).$$

Betrachtungen über die Dichte und Masse führten uns zum zweiten Hauptsatz der Infinitesimalrechnung. Wegen der allgemeinen Bedeutung dieses Satzes wollen wir ihn durch analoge Betrachtungen über Flächen untermauern.

Die Funktion f sei stetig und positiv für x aus $[a; b]$. Für x aus diesem Intervall sei die Fläche des Gebietes unterhalb des Schaubildes von f und oberhalb des Intervalls $[a; x]$ durch $G(x)$ gegeben (Bild 2.8). Ferner sei Δx eine kleine positive Zahl. Dann gibt $G(x + \Delta x)$ die Fläche unterhalb des Schaubildes von f und oberhalb des Intervalls $[a; x + \Delta x]$ an. Folglich entspricht

$$\Delta G = G(x + \Delta x) - G(x)$$

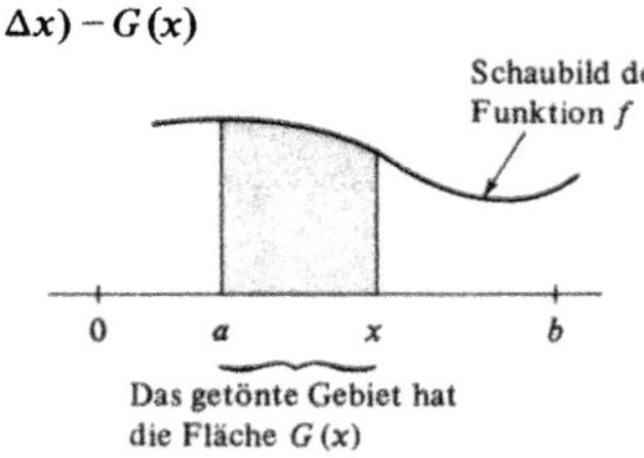

Bild 2.8

gerade der Fläche des schmalen getönten Streifens in Bild 2.9. Ist Δx klein, so gleicht der schraffierte schmale Streifen oberhalb von $[x; x + \Delta x]$ etwa einem Rechteck mit der Grundlinie Δx, der Höhe $f(x)$ und der Fläche $f(x)\,\Delta x$. Daher können wir annehmen, daß für sehr kleine Grundlinien Δx

$$\frac{\Delta G}{\Delta x} \text{ ungefähr gleich } f(x) \text{ ist.}$$

So scheint die Aussage

$$\lim_{\Delta x \to 0} \frac{\Delta G}{\Delta x} = f(x)$$

oder

$$G'(x) = f(x)$$

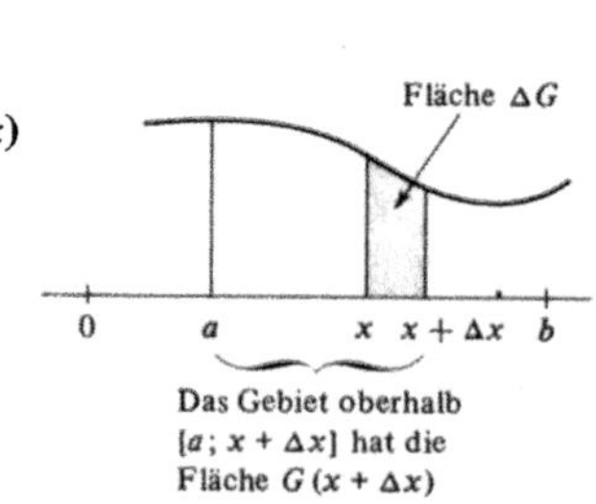

Bild 2.9

sehr plausibel. Nun gibt andererseits

$$G(x) = \int_a^x f(t)\,dt$$

die Fläche als bestimmtes Integral über die Schnittlänge an. Unsere Betrachtungen über die Fläche liefern dieselbe

Formel, wie die über Masse und Dichte, nämlich

$$\frac{d\left(\int_a^x f(t)\,dt\right)}{dx} = f(x).$$

Auf diese Weite wurde der zweite Hauptsatz der Infinitesimalrechnung neuerlich veranschaulicht.

Als Konsequenz des Hauptsatzes stimmt jede stetige Funktion mit der Ableitung einer Funktion überein. Wir formulieren diese wichtige Aussage als Korollar:

Korollar: f sei stetig im Intervall $[a; b]$. Dann gibt es eine Funktion, deren Ableitung durch f gegeben ist.

Beweis: Sei $F(x) = \int_a^x f(t)\,dt$, dann gilt aufgrund des zweiten Hauptsatzes der Infinitesimalrechnung

$$F'(x) = f(x)$$

oder

$$\frac{d\left(\int_a^x f(t)\,dt\right)}{dx} = f(x).$$

Damit ist das Korollar bewiesen. ●

Beispiel 2: Man bestimme eine Funktion mit der Ableitung e^{-x^2}.

Lösung: Eine derartige Funktion F ist durch

$$F(x) = \int_0^x e^{-t^2}\,dt$$

gegeben. ●

Diese Information ist dann nutzlos, wenn man den ersten Hauptsatz zur Berechnung von $\int_0^x e^{-t^2}\,dt$ heranziehen wollte. Obwohl es Funktionen mit der Ableitung e^{-x^2} gibt, sind dies keine elementaren Funktionen.

Beispiel 3: Man bestimme

$$D_x\left(\int_0^{x^2} t^3\,dt\right).$$

Lösung: Die obere Grenze des Integrals ist x^2 und nicht x. Daher benötigen wir hier die Kettenregel. Sei

$$y = \int_0^{x^2} t^3\,dt.$$

Dann gilt

$$y = \int_0^u t^3\,dt \quad \text{mit} \quad u = x^2.$$

Aus dem zweiten Hauptsatz folgt

$$\frac{dy}{du} = u^3.$$

Die Kettenregel ergibt dann weiter

$$\frac{dy}{dx} = \frac{dy}{du}\cdot\frac{du}{dx} = u^3\cdot 2x$$
$$= (x^2)^3\,2x = 2x^7.\ ●$$

Übungen:

In den Übungen 1 bis 3 soll das Beispiel einer Funktion angegeben werden, deren Ableitung gleich der gegebenen Funktion ist. Man stelle die Lösung durch bestimmte Integrale dar und versuche nicht, eine „Formel" für die Funktion zu finden.

1. $\sqrt{1+x^3}$
2. $\sqrt[3]{1+x^2}$
3. $\arctan x^2$

In den Übungen 4 bis 9 ist die gegebene Funktion zu differenzieren.

4. $G(x) = \int_3^x t^5\,dt$
5. $G(x) = \int_4^x t^5\,dt$
6. $G(x) = \int_4^x \sec^3 t\,dt$
7. $G(x) = \int_1^x \ln t\,dt$
8. $G(x) = \int_0^x \sqrt{t}\,dt$
9. $G(x) = \int_3^x e^{t^3}\,dt$

In den Übungen 10 bis 15 ist dG/dx zu berechnen. Wie in Beispiel 3 wird man auch hier die Kettenregel benötigen.

10. $G(x) = \int_1^{x^3} \frac{1}{t}\,dt$
11. $G(x) = \int_1^{\sqrt{x}} \sqrt{1-t^2}\,dt$
12. $G(x) = \int_0^{1/x} e^{t^2}\,dt$
13. $G(x) = \int_0^{-x} (3t^2+4t)\,dt, x<0$
14. $G(x) = \int_3^{\sin x} \sqrt{1+t^2}\,dt$
15. $G(x) = \int_1^{x^2} f(t)\,dt$

■

16. Man bestimme $$\lim_{\Delta x \to 0} \frac{\int_2^{3+\Delta x} x^3\,dx - \int_2^3 x^3\,dx}{\Delta x}$$

17. Man bestimme $$\lim_{x_2 \to x_1} \frac{\int_0^{x_2} e^{t^2}\,dt - \int_0^{x_1} e^{t^2}\,dt}{x_2 - x_1}$$

18. Man bestimme $$\lim_{k \to 0} \frac{\int_1^{x+h} \sqrt{\sin t}\, dt - \int_1^{x} \sqrt{\sin t}\, dt}{h}$$

■■

Die folgenden Übungen setzen die Übung 19 aus Abschnitt 1.2 fort.

19. (*a*) Sei $A(x) = \int_1^x \frac{1}{t}\, dt$ für $x > 1$. Man bestimme $\frac{dA}{dx}$.

(*b*) Man zeige $A(x) = \ln x$.

In manchen Lehrbüchern wird der Logarithmus für die Basis e als Integral $\int_1^x 1/t\, dt$ definiert. Die Exponentialfunktion ist dann durch die Umkehrfunktion der logarithmischen Funktion gegeben.

Für die Übungen 20 bis 22 nehmen wir die Zahl e als unbekannt an.

20. Sei n eine positive ganze Zahl.

(*a*) Man zeige $\int_1^{(1+1/n)^n} \frac{1}{x^{1-1/n}}\, dx = 1$.

(*b*) Für ansteigende n steigt $(1 + 1/n)^n$. Man beweise dies mit Hilfe der Kurve

$y = 1/x^{1-1/n}$.

21. Sei m eine positive ganze Zahl.

(*a*) Man zeige $\int_1^{(1-1/m)^m} \frac{1}{x^{1+1/m}}\, dx = 1$.

(*b*) Für steigende m beweise man, daß $(1 - 1/m)^{-m}$ fällt.

(*c*) Man zeige für jedes Paar von positiven ganzen Zahlen m und n

$$\left(1 + \frac{1}{n}\right)^n < \left(1 - \frac{1}{m}\right)^{-m}.$$

Übrigens zeigen die Übungen 10 bis 13 aus Bd. 1/Kp. 3.2, daß die beiden Seiten dieser Ungleichung für $n \to \infty$ und $m \to \infty$ denselben Grenzwert besitzen.

22. Man beweise die Existenz einer Zahl „e" mit der Eigenschaft

$$\int_1^e \frac{1}{t}\, dt = 1.$$

Wenn man die Logarithmen durch bestimmte Integrale definieren will, kann die Zahl e auf diese Weise in die Infinitesimalrechnung eingeführt werden.

2.3 Beweis der beiden Hauptsätze

Anschauliche Überlegungen aus Geometrie und Physik führten uns zu den beiden Hauptsätzen der Infinitesimalrechnung. Wir wollen nun einen mathematischen Beweis für diese beiden Sätze suchen, der unabhängig von der jeweiligen Interpretation des bestimmten Integrals gültig ist. Gleichzeitig wird es uns auch gelingen, das bestimmte Integral als abstraktes mathematisches Konzept zu definieren. Dieses Konzept können wir dann von Intervallen auf ebene Gebiete verallgemeinern.

Im folgenden Abschnitt beweisen wir zunächst den zweiten Hauptsatz und leiten dann aus ihm den ersten Hauptsatz ab. Einige Definitionen und vorbereitende Sätze werden dazu benötigt.

Definition des Integrals von a bis b im Falle $b < a$: Für $b < a$ definieren wir

$$\int_a^b f(x)\, dx = -\int_b^a f(x)\, dx.$$

Beispiel 1: Man berechne $\int_3^0 x^2\, dx$, das Integral über x^2 von 3 bis 0.

Lösung: Das Symbol $\int_3^0 x^2\, dx$ ist definiert als

$$-\int_0^3 x^2\, dx.$$

Wie wir in Kapitel 7 gesehen haben, gilt $\int_0^3 x^2\, dx = 9$ und daher

$$\int_3^0 x^2\, dx = -9. \quad \bullet$$

Definition des Integrals von a bis a: $\int_a^a f(x)\, dx = 0$.

Bemerkung: Das bestimmte Integral wird üblicherweise mit Hilfe von Unterteilungen definiert. Anstelle hier nun Unterteilungen mit Abschnitten der Länge Null zuzulassen, treffen wir obige Definition.

Nach Einführung dieser beiden Definitionen ist das Symbol $\int_a^b f(x)\, dx$ nun für beliebige stetige Funktionen f bestimmt. Wir können also die Einschränkung $a < b$ fallen lassen.

In der Folge werden drei Lemmas benötigt.

Lemma 1: Seien a, b und c Zahlen. Wenn die Integrale $\int_a^c f(x)\, dx$ und $\int_c^b f(x)\, dx$ existieren, dann existiert auch $\int_a^b f(x)\, dx$, und es gilt

$$\int_a^c f(x)\, dx + \int_c^b f(x)\, dx = \int_a^b f(x)\, dx.$$

Wir verzichten auf den Beweis. Im Fall $a < c < b$ sowie für positive $f(x)$ bedeutet diese Gleichung nur, daß die Fläche des Gebietes unterhalb des Schaubildes von f und oberhalb des Intervalls $[a, b]$ durch die Summe der Flächen der Gebiete innerhalb des Schaubildes und oberhalb der Teilintervalle $[a; b]$ und $[c; b]$ gegeben ist (Bild 2.10). Dies aber ist leicht einzusehen.

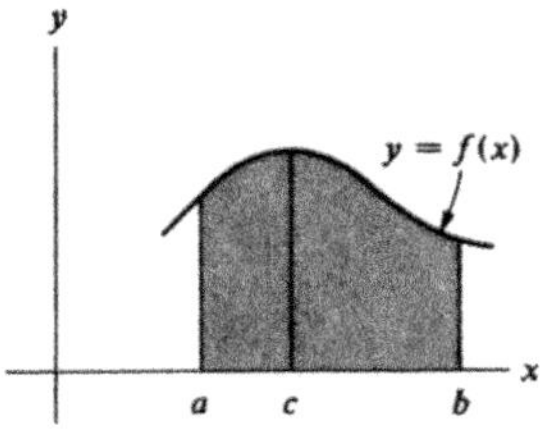

Lemma 1 sagt aus, daß die Fläche von a bis c plus der Fläche von c bis b gleich der Fläche von a bis b ist

Bild 2.10

Lemma 2: Falls $\int_a^b f(x)\,dx$ existiert und für alle x aus $[a; b]$ stets $m \leqslant f(x) \leqslant M$ gilt, so folgt

$$m(b-a) \leqslant \int_a^b f(x)\,dx \leqslant M(b-a) \qquad \text{für } a < b$$

und

$$m(b-a) \geqslant \int_a^b f(x)\,dx \geqslant M(b-a) \qquad \text{für } b > a.$$

Beweis: Wir beweisen dies für den Fall $a < b$. Aus $m \leqslant f(X_i) \leqslant M$ für X_i aus $[a; b]$ folgt für jede Näherungssumme und jede Unterteilung von $[a; b]$:

$$m \sum_{i=1}^{n} (x_i - x_{i-1}) \leqslant \sum_{i=1}^{n} f(X_i)(x_i - x_{i-1}) \leqslant$$
$$\leqslant M \sum_{i=1}^{n} (x_i - x_{i-1}).$$

Nun gilt $\sum_{i=1}^{n} (x_i - x_{i-1}) = b - a$. Daher liegt jede Näherungssumme von $\int_a^b f(x)\,dx$ zwischen $m(b-a)$ und $M(b-a)$.

Daraus folgt sofort, daß

$$\lim_{\text{Maß} \to 0} \sum_{i=1}^{n} f(X_i)(x_i - x_{i-1})$$

zwischen $m(b-a)$ und $M(b-a)$ liegt. Damit ist der Beweis geführt. (Der Fall $b < a$ kann auf den Fall $a < b$ zurückgeführt werden.) •

Lemma 3: Seien a und b zwei Zahlen und sei f eine stetige Funktion. Dann gibt es zwischen a und b eine Zahl X mit

$$\int_a^b f(x)\,dx = f(X)(b-a).$$

Beweis: Man betrachte den Fall $a < b$. Sei M der Maximal- und m der Minimalwert von $f(x)$ in $[a; b]$. Man erinnere sich an den Satz vom Maximum (Minimum) aus **Bd1/Kp 5.** Aufgrund von Hilfssatz 2 gilt

$$m \leqslant \frac{\int_a^b f(x)\,dx}{b-a} \leqslant M.$$

Gemäß dem Mittelwertsatz aus **Bd. 1/Kp. 3** existiert dann eine Zahl X aus $[a; b]$ mit

$$f(X) = \frac{\int_a^b f(x)\,dx}{b-a}$$

und damit ist das Lemma bewiesen. (Der Fall $b < a$ kann auf den Fall $a < b$ zurückgeführt werden.) •

Ist $f(x)$ positiv, dann kann $\int_a^b f(x)\,dx$ als Fläche des Gebietes unterhalb der Kurve $y = f(x)$ und oberhalb von $[a; b]$ interpretiert werden. Lemma 3 behauptet dann die Existenz eines Rechtecks mit der Grundlinie $[a; b]$ und der Höhe $f(X)$, das die gleiche Fläche wie das gegebene Gebiet hat (Bild 2.11). (Lemma 3 wird auch Mittelwertsatz der Integralrechnung genannt.)

Die Fläche des Rechtecks ist gleich der Fläche des entsprechenden Gebietes unter der Kurve

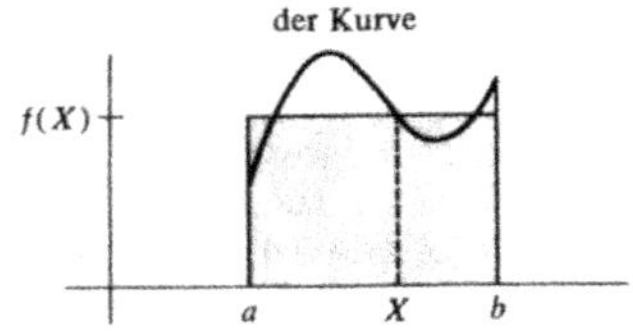

Bild 2.11

Diese drei Lemmas ermöglichen nun einen kurzen Beweis des zweiten Hauptsatzes der Infinitesimalrechnung: „Die Ableitung von $G(x) = \int_a^x f(t)\,dt$ ist gleich $f(x)$“. (Der vollständige Wortlaut des Hauptsatzes findet sich in Abschnitt 2.2).

Beweis des zweiten Hauptsatzes der Infinitesimalrechnung: Wir untersuchen das Verhalten des Quotienten

$$\frac{\Delta G}{\Delta x} = \frac{G(x + \Delta x) - G(x)}{\Delta x}$$

für $\Delta x \to 0$ (x wird festgehalten). Die Zahl Δx kann positiv oder negativ sein. Dann gilt

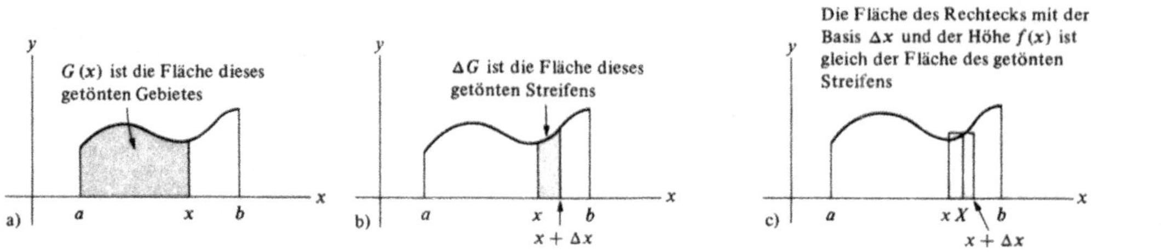

Bild 2.12

$$\Delta G = \int_a^{x+\Delta x} f(t)\,dt - \int_a^{x} f(t)\,dt.$$

Aus Lemma 1 folgt

$$\int_a^{x+\Delta x} f(t)\,dt = \int_0^{x} f(t)\,dt + \int_x^{x+\Delta x} f(t)\,dt$$

und daher ergibt sich weiter

$$\Delta G = \int_a^{x} f(t)\,dt + \int_x^{x+\Delta x} f(t)\,dt - \int_a^{x} f(t)\,dt = \int_x^{x+\Delta x} f(t)\,dt.$$

Gemäß Lemma 3 gilt für ein bestimmtes X zwischen x und $x + \Delta x$

$$\int_x^{x+\Delta x} f(t)\,dt = f(X)\,((x + \Delta x) - x) = f(X)\,\Delta x.$$

So folgt für irgendein X zwischen x und $x + \Delta x$

$$\frac{\Delta G}{\Delta x} = f(X)$$

(X hängt von Δx und der festen Zahl x ab!)

Nun kann der Grenzwert

$$\lim_{x \to 0} \frac{\Delta G}{\Delta x}$$

leicht berechnet werden. Wir erhalten

$$\lim_{x \to 0} \frac{\Delta G}{\Delta x} = \lim_{x \to 0} f(X).$$

Da f an der Stelle x stetig ist und da X zwischen x und $x + \Delta x$ liegt, folgt sofort

$$\lim_{\Delta x \to 0} f(X) = f(x).$$

Daher ist G differenzierbar und es gilt $G' = f$. ●

Bemerkung: Die einzelnen Schritte dieses Beweises werden anschaulicher, wenn man das bestimmte Integral als Fläche interpretiert (**Bild 2.12**). Ist $f(x)$ für alle x aus $[a; b]$ positiv, so gibt $G(x)$ die Fläche unter der Kurve $y = f(t)$ von a bis x. Für $\Delta x > 0$ stellt $G(x + \Delta x) - G(x) = \Delta G$ die Fläche eines schmalen Streifens oberhalb des Intervalls $[x; x + \Delta x]$ dar. Man wähle X nun derart, daß die Fläche des Rechtecks mit der Basis Δx und der Höhe $f(X)$ mit der Fläche des getönten Streifens übereinstimmt. Dann ist $\Delta G/\Delta x = f(X)$ die Höhe des Rechtecks. Wenn Δx und nach 0 strebt, so geht $f(X)$ nach $f(x)$, da f stetig ist.

Bemerkung: Der Beweis des zweiten Hauptsatzes kann schließlich auch in den Begriffen Dichte und Masse veranschaulicht werden (**Bild 2.13**). Interpretieren wir f als Dichte und $G(x) = \int_a^x f(t)\,dt$ als die Masse in dem kleinen

Bild 2.13

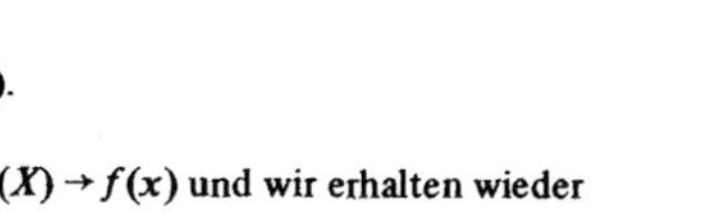

Intervall $[x; a]$. $\Delta G/\Delta x$ ist die mittlere Dichte im Intervall $[x; x + \Delta x]$ und stimmt mit der Dichte an einer bestimmten Stelle des Intervalls überein. Also gilt für irgendein X zwischen $x + \Delta x$ nun

$$\frac{\Delta G}{\Delta x} = f(X).$$

Für $x \to 0$ folgt $f(X) \to f(x)$ und wir erhalten wieder

$$G'(x) = f(x).$$

Beispiel 2: f sei stetig. Man bestimme

$$\frac{d\left(\int_x^b f(t)\,dt\right)}{dx}$$

Mit anderen Worten: Das bestimmte Integral ist nun im Hinblick auf die untere Grenze des Integrationsbereiches zu differenzieren.

Lösung: Dazu schreiben wir

$$\int_x^b f(t)\,dt = -\int_b^x f(t)\,dt.$$

Für die Ableitung ergibt sich

$$\frac{d\left(-\int_b^x f(t)\,dt\right)}{dx} = \frac{-d\left(\int_b^x f(t)\,dt\right)}{dx} = -f(x).$$

Man beachte das Minuszeichen! ●

Bemerkung: Das Minuszeichen in der Lösung von Beispiel 2 ist wichtig. Falls $f(x)$ positiv ist, kann $\int_x^b f(t)\,dt$ für $x < b$ als Fläche (oder Masse) interpretiert werden. Steigt x dann an, so *nimmt* die Fläche (oder Masse) *ab* und die Ableitung muß daher negativ sein (Bild 2.14).

Der erste Hauptsatz der Infinitesimalrechnung folgert aus $f = F'$ für das bestimmte Integral die Relation $\int_a^b f(x) = F(b) - F(a)$. Er kann aus dem zweiten Hauptsatz

Bild 2.14

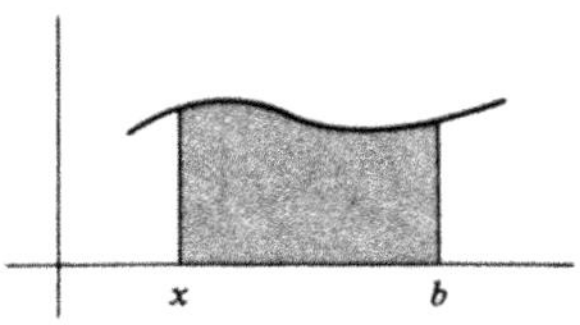

Wenn x ansteigt, nimmt die Fläche des getönten Gebietes ab

auf folgende Weise hergeleitet werden (Abschnitt 2.1 enthält die vollständige Formulierung des Hauptsatzes):

Beweis des ersten Hauptsatzes der Infinitesimalrechnung: Sei

$$G(t) = \int_a^t f(x)\,dx.$$

(Der Buchstabe t bezeichnet das Integrationsintervall $[a; t]$, da x bereits als Argument der Funktion f verwendet wurde). Aufgrund des zweiten Hauptsatzes gilt

$$G'(x) = f(x).$$

Aus der Annahme

$$F'(x) = f(x),$$

folgt, daß die Funktionen

$$G \text{ und } F$$

die gleiche Ableitung haben. Sie unterscheiden sich daher nur durch eine Konstante (siehe Korollar 2, aus Abschnitt Bd1/Kp5:

$$G(t) = F(t) + C, \qquad C \text{ konstant}.$$

Wir erhalten

$$G(b) - G(a) = [F(b) + C] - [F(a) + C] = F(b) - F(a).$$

Aus

$$G(a) = \int_a^a f(x)\,dx = 0$$

und

$$G(b) = \int_a^b f(x)\,dx$$

folgt

$$G(b) - G(a) = \int_a^b f(x)\,dx - 0 = \int_a^b f(x)\,dx.$$

Dies bedeutet aber

$$\int_a^b f(x)\,dx = G(b) - G(a) = F(b) - F(a)$$

und der Hauptsatz ist bewiesen. ●

Übungen:

In den Übungen 1 bis 4 ist der gegebene Ausdruck zu berechnen.

1. $\int_3^3 x^3\,dx$
2. $\int_4^4 \sin x\,dx$
3. $\int_{\pi/2}^0 \sin x\,dx$
4. $\int_2^1 x^2\,dx$
5. (*a*) Sei f stetig und $3 < f(x) \leqslant 5$ für alle x aus $[2; 6]$. Was kann dann über das Integral $\int_2^6 f(x)\,dx$ ausgesagt werden?
   (*b*) Man übersetze (*a*) in eine Aussage über eine Saite mit der Dichte $f(x)$ Gramm pro Zentimeter.

In den Übungen 6 bis 9 ist mindestens eine Zahl X anzugeben, wie sie laut Korollar 3 existieren muß.

6. $\int_1^3 x\,dx = X(3-1)$
7. $\int_0^1 x^2\,dx = X^2(1-0)$
8. $\int_0^{2\pi} \cos x\,dx = \cos X(2\pi - 0)$
9. $\int_2^4 \frac{1}{x}\,dx = \frac{1}{X}(4-2)$

■

Übungen 10 bis 12 bereiten Kapitel 3 vor. In jedem Fall ist eine Formel für die Lösung anzugeben.

10. Man bestimme eine Funktion mit der Ableitung $e^x \sin 2x$. *Hinweis:* Man gehe von $e^x(a\cos 2x + b\sin 2x)$ aus und bestimme die beiden Konstanten a und b.
11. Man bestimme eine Funktion mit der Ableitung $\ln x$. *Hinweis:* Man versuche $x \ln x$ als ersten Ansatz. Dies wird zur richtigen Lösung weiterführen.
12. Man bestimme eine Funktion mit der Ableitung $x \sin x^2$.
13. Sei $f(x)$ die Geschwindigkeit eines Objekts zur Zeit x. Man

interpretiere jeden Schritt aus dem Beweis des zweiten Hauptsatzes in den Begriffen Geschwindigkeit und Weg.

14. Man beweise

$$\int_a^c f(x)\,dx + \int_c^b f(x)\,dx = \int_a^b f(x)\,dx \quad \text{für}$$

(*a*) $c = a$; (*b*) $c = b$; (*c*) $a = b$.

15. Man bestimme

$$\frac{d^2y}{dx^2} \quad \text{für} \quad y = f(x) = \int_0^x (1 + t^2)\,dt.$$

16. Man berechne

$$\lim_{t \to 1} \frac{\int_1^t e^x dx}{\int_1^t e^{x^2}(1 + x)\,dx}.$$

17. Sei $v(t)$ zur Zeit t die Geschwindigkeit eines Objekts, das sich längs einer geraden Linie bewegt.
   (*a*) Wie lautet die physikalische Interpretation der Fläche unterhalb des Schaubilds von $|v(t)|$ zwischen t_1 und t_2.
   (*b*) Wie lautet die physikalische Interpretation des Anstiegs von $v(t)$?

■■

18. Der erste Hauptsatz kann ohne Bezug auf den zweiten Hauptsatz direkt bewiesen werden. Sei f stetig, $f = F'$ und $\int_a^b f(x)\,dx$ mögen existieren:
   (*a*) Für x_{i-1} und x_i aus $[a; b]$ gibt es eine Zahl X_i aus dem Intervall $[x_{i-1}; x_i]$ mit
   $$F(x_i) - F(x_{i-1}) = F'(X_i)(x_i - x_{i-1}).$$
   (*b*) Für x_{i-1} und x_i aus $[a; b]$ gibt es eine Zahl X_i aus $[x_{i-1}; x_i]$ mit
   $$f(X_i)(x_i - x_{i-1}) = (F(x_i) - F(x_{i-1})).$$
   (*c*) Sei $x_0 = a,\ x_1, \ldots, x_n = b$ eine Unterteilung von $[a; b]$ in n Abschnitte. Für die Referenzpunkte X_i aus (*b*) gilt dann
   $$\sum_{i=1}^{n} f(X_i)(x_i - x_{i-1}) = F(b) - F(a).$$
   (*d*) Aus (*c*) folgt
   $$\lim_{\text{Maß} \to 0} \sum_{i=1}^{n} f(X_i)(x_i - x_{i-1}) = F(b) - F(a).$$
   Dies gilt auch, wenn die X_i anders gewählt werden als in (*b*). Damit ist der erste Hauptsatz direkt bewiesen.

Man beweise (*a*) bis (*d*)!

2.4 Stammfunktionen

Der erste Hauptsatz der Infinitesimalrechnung behandelte Funktionen, deren Ableitungen vorgegeben sind. Derartige Funktionen sind häufig gesucht und erhalten daher einen eigenen Namen.

Definition der Stammfunktion: Jede Funktion F mit der Ableitung f wird Stammfunktion von f genannt.

Beispiel 1: Man bestimme zwei Stammfunktionen von $3x^2$.
Lösung: Mit $(x^3)' = 3x^2$ ist x^3 eine Stammfunktion von $3x^2$. Wegen $(x^3 + 21)' = 3x^2$ ist auch $x^3 + 21$ eine Stammfunktion von $3x^2$. ●

Besitzt jede stetige Funktion f mindestens eine Stammfunktion? Diese Frage ist aufgrund des zweiten Hauptsatzes der Infinitesimalrechnung zu bejahen. f sei definiert in $[a; b]$, dann existiert eine Funktion G mit

$$G(x) = \int_a^x f(t)\,dt.$$

G ist eine Stammfunktion von f. Es kann allerdings sogar für einfache f schwierig oder unmöglich sein, eine solche Funktion G durch elementare Funktionen auszudrücken.

Ist F Stammfunktion von f, dann ist für jede Konstante C die Funktion $F + C$ ebenfalls Stammfunktion von f (siehe Beispiel 1). Aus $F' = f$ folgt mit jeder Konstanten C nämlich sofort

$$(F + C)' = f.$$

Wie das nächste Theorem zeigt, unterscheiden sich zwei beliebige Stammfunktionen einer Funktion in einem Intervall nur durch eine Konstante.

Theorem: Seien F und G im Intervall $[a; b]$ zwei Stammfunktionen von f, dann existiert eine Konstante C mit der Eigenschaft

$$F(x) = G(x) + C,$$

Beweis: Die Funktionen F und G besitzen dieselbe Ableitung f. Aufgrund des Korollars 2 aus **Bd 1/Kp 5** können sich die Funktionen nur durch eine Konstante unterscheiden. Damit ist das Theorem bewiesen. ●

Vorsicht: Sehr oft spricht man anstatt von Stammfunktion auch vom „Integral" oder vom „unbestimmten Integral". Dieser Begriff darf jedoch keinesfalls mit dem „bestimmten Integral" verwechselt werden: Das bestimmte Integral $\int_a^b f(x)\,dx$ ist eine Zahl, definiert als Grenzwert von bestimmten Summen, während das „Integral" oder die „Stammfunktion" eine Funktion ist. In manchen Anwendungen werden sowohl das bestimmte Integral als auch das unbestimmte Integral als Integral bezeichnet. In diesem Fall bedarf es einer genauen Kenntnis der Definitionen, um die beiden Begriffe auseinanderzuhalten. Die Integraltabellen mathematischer Handbücher sind primär Tabellen von Stammfunktionen: Im Anschluß an diese Tabellen sind häufig die Werte einiger bestimmter Integrale (Zahlen) zusammengestellt.

Bezeichnung: Eine Stammfunktion von f wird mit $\int f(x)\,dx$ bezeichnet.

Gilt also $F' = f$, so schreiben wir $F = \int f(x)\,dx$ und sagen „F ist Stammfunktion von f" oder „$F(x)$ ist Stammfunktion von $f(x)$"; konkret: „x^3 ist Stammfunktion von $3x^2$".

Beispiel 2: Man berechne

$$\int 3x^2 dx.$$

Lösung: Jede Funktion mit der Ableitung $3x^2$ kann zur Konkretisierung von $\int 3x^2 dx$ herangezogen werden:

$$x^3 + 17 = \int 3x^2 dx$$
$$x^3 - 1 = \int 3x^2 dx$$
$$x^3 = \int 3x^2 dx$$

Die Gleichheitszeichen in diesen Gleichungen bedeuten: „Ist eine Stammfunktion von ... ". ●

Bezeichnung: Der Ausdruck $F(b) - F(a)$ wird durch $F(x) \Big|_a^b$ abgekürzt.

Beispiel 3: Man berechne $\int_1^2 \frac{1}{x^2} dx$ mit Hilfe des Hauptsatzes der Infinitesimalrechnung.

Lösung:

$$\int_1^2 \frac{1}{x^2} dx = \frac{-1}{x} \Big|_1^2 = \frac{-1}{2} - \frac{-1}{1} = \frac{-1}{2} + 1 = \frac{1}{2}. \quad ●$$

Der Hauptsatz der Infinitesimalrechnung führt auf

$$\int_1^2 \frac{1}{x^2} dx \qquad = \qquad \int \frac{1}{x^2} dx \Big|_1^2$$

Das bestimmte Integral: ein Grenzwert von Summen	Die Stammfunktion: eine Funktion; ihr Wert bei 1 wird subtrahiert vom Wert bei 2

Die Symbole auf der rechten und auf der linken Seite des Gleichheitszeichen sind so ähnlich, daß die Gleichung trivial oder inhaltsleer erscheinen könnte. Sie beschreibt jedoch in Wirklichkeit einen Spezialfall des ersten Hauptsatzes der Infinitesimalrechnung.

Definition des Integranden: Die Funktion $f(x)$ im bestimmten Integral $\int_a^b f(x)\,dx$ und in der Stammfunktion $\int f(x)\,dx$ wird *Integrand* genannt.

Die Berechnung des Integrals $\int_a^b f(x)\,dx$ und das Aufsuchen einer Stammfunktion $\int f(x)\,dx$ werden ohne Unterschied „Integrieren von $f(x)$" genannt. Der Begriff der Integration beschreibt somit zwei verschiedene, aber nahe verwandte Probleme: Berechnung einer Zahl $\int_a^b f(x)\,dx$ und Aufsuchen einer Funktion $\int f(x)\,dx$. Wie der Hauptsatz der Infinitesimalrechnung darlegt, ist das Aufsuchen der Stammfunktion häufig für die Berechnung des Integrals $\int_a^b f(x)\,dx$ von Nutzen.

Übungen:

Man gebe für jede der Funktionen aus den Übungen 1 bis 12 zwei Stammfunktionen an.

1. $\frac{1}{x}$ **2.** e^{4x}

3. $\frac{1}{\sqrt{1-x^2}}$ **4.** $3x^2 + 4x^3$

5. $2x^2$ **6.** $\frac{3}{1+x^2}$

7. $\frac{1}{\sqrt{x}}$ **8.** $\frac{1}{x^2}$

9. $\frac{5}{x\sqrt{x^2-1}}$ **10.** $\sec^2 3x$

11. $\tan 3x \sec 2x$ **12.** $\frac{x}{1+5x^2}$

Man gebe mindestens eine Antwort auf die Übungen 13 bis 15.

13. $x^4 dx = ?$ **14.** $\frac{1}{x^4} dx = ?$ **15.** $\sin 2x\, dx = ?$

16. Man berechne:
(*a*) $(\int x^5 dx)'$, (*b*) $(\int \sin x^5 dx)'$.

17. Warum gilt

$$\int_0^{\pi/2} \sin x\, dx = \int \sin x\, dx \Big|_0^{\pi/2} ?$$

18. Man berechne:

(*a*) $\int x^2 dx \Big|_1^2$, (*b*) $\int \frac{1}{x} dx \Big|_1^2$,

(*c*) $\int \frac{1}{1+x^2} dx \Big|_1^2$.

19. Man berechne:

(*a*) $\int \cos x\, dx \Big|_0^{\pi/4}$, (*b*) $\int \frac{x}{1+x^2} dx \Big|_0^1$,

(*c*) $\int \frac{1}{\sqrt[3]{x}} dx \Big|_1^2$.

20. Man berechne:

(*a*) $x^2 \Big|_1^2$, (*b*) $x^2 \Big|_{-1}^1$, (*c*) $\sin x \Big|_0^\pi$, (*d*) $\cos x \Big|_0^\pi$.

21. Man bestimme $\int 1\, dx$. (Üblicherweise schreibt man kurz $\int dx$.)

22. Man bestimme

(*a*) $\int \frac{1+9x^2}{x} dx$, (*b*) $\int \frac{x}{1+9x^2} dx$.

23. (*a*) Ist $\int x^2 dx$ eine Funktion oder eine Zahl?

(*b*) Ist $\int x^2 dx \Big|_1^3$ eine Funktion oder eine Zahl?

(*c*) Ist $\int_1^3 x^2 dx$ eine Funktion oder eine Zahl?

24. (*a*) Welche der beiden folgenden Zahlen ist als Grenzwert von Summen definiert?

$$\int x^2 dx \Big|_1^3 \quad \text{oder} \quad \int_1^3 x^2 dx?$$

(*b*) Warum sind die beiden Zahlen aus (*a*) gleich?

25. Besitzt die Funktion e^{-x^2} eine Stammfunktion?

26. Ist folgende Aussage richtig oder falsch?

(*a*) Eine elementare Funktion besitzt eine elementare Ableitung.

(*b*) Eine elementare Funktion besitzt eine elementare Stammfunktion.

■

In den Übungen 27 und 28 sollen die Gleichungen aus einer Tabelle von Stammfunktionen überprüft werden. Man differenziere die angegebenen Stammfunktionen und vergleiche mit dem Integranden. Die Zahl a ist jeweils eine Konstante.

27. $\int x^2 \sin ax\, dx = \frac{2x}{a^2} \sin ax + \frac{2}{a^3} \cos ax - \frac{x^2}{a} \cos ax.$

28. $\int x \sin^2 ax\, dx = \frac{x^2}{4} - \frac{x \sin 2ax}{4a} - \frac{\cos 2ax}{8a^2}$

■■

29. Für welche Werte von θ hat die Funktion $\sin^2\theta \sin 2\theta$ ein Maximum?

30. Man gebe das Beispiel einer Funktion mit der Ableitung $\sin^2\theta \sin 2\theta$.

31. Die Funktion f sei für alle x definiert und besitze eine stetige Ableitung. Ferner sei $f(0) = 0$ und $0 < f'(x) \leq 1$.

(*a*) Man beweise

$$\left[\int_0^1 f(x)\, dx\right]^2 \geq \int_0^1 [f(x)]^3 dx.$$

Hinweis: Man beweise das allgemeinere Resultat, wenn die obere Grenze der Integration 1 durch t mit $0 \leq t \leq 1$ ersetzt wird.

(*b*) Man gebe ein Beispiel, für das in (*a*) das Gleichheitszeichen gilt.

32. Bild 2.15 zeigt ein Dreieck ABC und ein getöntes Gebiet, das aus einer Parabel durch eine horizontale Gerade herausgeschnitten ist. Man bestimme für $x \to 0$ den Grenzwert des Verhältnisses zwischen der Fläche des Dreiecks und der Fläche des getönten Gebietes.

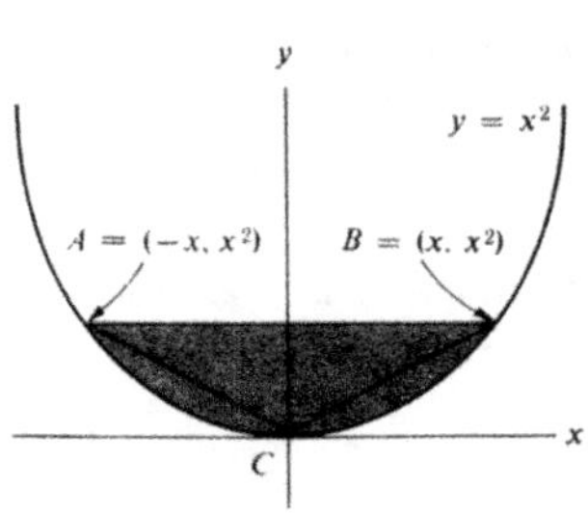

Bild 2.15

2.5 Zusammenfassung

Das vorliegende Kapitel enthält die zentralen Aussagen der Infinitesimalrechnung. Es beschreibt den engen Zusammenhang zwischen dem Konzept der Ableitung (Bd1/Kp2) und dem Begriff des bestimmten Integrals (Kapitel 1). Diese Beziehung wird durch die beiden Hauptsätze der Infinitesimalrechnung hergestellt.

Erster Hauptsatz: Sei f stetig und gleich der Ableitung einer Funktion F, dann gilt

$$\int_a^b f(x)\, dx = F(b) - F(a).$$

Zweiter Hauptsatz: Sei f stetig, dann gilt

$$\frac{d\left(\int_a^x f(t)\, dt\right)}{dx} = f(x).$$

Der erster Hauptsatz wird auch einfach „Hauptsatz der Infinitesimalrechnung" genannt und mit den Buchstaben HS abgekürzt. Mit seiner Hilfe können viele bestimmte Integrale berechnet werden. Ist nämlich der Integrand f die Ableitung einer elementaren Funktion F, dann kann der Hauptsatz angewendet werden. Leider gibt es elementare Funktionen, wie etwa e^{-x^2}, die nicht Ableitung einer anderen elementaren Funktion sind. In diesem Fall muß das bestimmte Integral durch Näherungssummen approximiert werden.

Der Hauptsatz bezieht sich nicht auf anschauliche Begriffe wie Fläche oder Masse. Er enthält Aussagen über Grenzwerte von Summen der Form

$$\sum_{i=1}^{n} f(X_i)(x_i - x_{i-1}).$$

In vielen Anwendungen kann eine bestimmte Größe (Fläche, Abstand, Volumen, Masse usw.) durch Summen dieser Art genähert werden, zu deren Berechnung der Hauptsatz nützlich sein kann.

Jede Funktion mit der Ableitung f heißt Stammfunktion von f und wird mit $\int f(x)\, dx$ bezeichnet. Zwei Stammfunktionen einer Funktion unterscheiden sich nur durch eine Konstante.

Aufgrund des zweiten Hauptsatzes der Infinitesimalrechnung ist jede stetige Funktion die Ableitung einer anderen Funktion. Der zweite Hauptsatz liefert jene Rate der Veränderung eines bestimmten Integrals, die sich aus einer Änderung des Integrationsintervalls ergibt.

Begriffe und Symbole

erster Hauptsatz der Infinitesimalrechnung = Hauptsatz der Infinitesimalrechnung = erster Hauptsatz = Hauptsatz = HS

$$\int_a^b f(x)\, dx = -\int_b^a f(x)\, dx \quad \text{für } b<a, \quad \int_a^a f(x)\, dx = 0$$

zweiter Hauptsatz der Infinitesimalrechnung = zweiter Hauptsatz
elementare Funktion
Integral
Stammfunktion $\int f(x)\,dx$
unbestimmtes Integral
Integrand
$F(x)\Big|_a^b$

Wichtige Ergebnisse

Ist f stetig, dann existiert $\int_a^b f(x)\,dx$. (Dies wird angenommen.)

Aus $f = F'$ folgt $\int_a^b f(x)\,dx = F(b) - F(a)$ (erster Hauptsatz).

$$\frac{d\left(\int_a^x f(t)\,dt\right)}{dx} = f(x) \quad \text{(zweiter Hauptsatz).}$$

$$\int_a^b f(x)\,dx = \int_a^c f(x)\,dx + \int_c^b f(x)\,dx.$$

Testaufgaben zu Kapitel 2

1. Richtig oder falsch?
   (*a*) Jede Funktion, die in einem Intervall $[a; b]$ stetig ist, besitzt ein bestimmtes Integral über $[a; b]$.
   (*b*) Jede Funktion, die für alle x stetig ist, ist die Ableitung irgendeiner Funktion.
   (*c*) Jede Funktion, die für alle x differenzierbar ist, ist die Ableitung irgendeiner Funktion.
2. (*a*) Man verwende den ersten Hauptsatz, um die Probleme aus Kapitel 7 zu lösen. Man verwende den Hauptsatz, um $\int_0^3 x^2 dx$, $\int_0^3 5x^2 dx$ und $\int_0^3 8t^2 dt$ berechnen.
   (*b*) Man gebe das Beispiel eines bestimmten Integrals, das nicht mit Hilfe des ersten Hauptsatzes berechnet werden kann.
3. (*a*) Man formuliere die beiden Hauptsätze der Infinitesimalrechnung.
   (*b*) Sei $F(t)$ die Lage eines Teilchens auf der x-Achse zur Zeit t. Das Teilchen bewegt sich zur Zeit t mit der Geschwindigkeit $f(t)$ nach rechts. Welche Interpretation erhalten die Größen

$$F(b) - F(a) \quad \text{und} \quad \int_a^b f(t)\,dt$$

in diesem Zusammenhang.

4. Zwei von den folgenden drei Stammfunktionen sind elementar. Man berechne diese beiden und gebe mindestens je zwei Lösungen für jede der gesuchten Funktionen an.
   (*a*) $\int \left(x + \frac{3}{\sqrt{x}}\right) dx$, (*b*) $\int e^{x^2}$,
   (*c*) $\int e^{-3x} dx$.
5. Eine Integraltabelle enthält die Formel
$$\int x^2 \cos ax\,dx = \frac{2x}{a^2}\cos ax - \frac{2}{a^3}\sin ax + \frac{x^2}{a}\sin ax.$$
   (a ist eine Konstante). Man beweise sie durch Differenzieren der rechten Seite.
6. Man bestimme:
   (*a*) $\int \frac{1}{2x+3}\,dx$, (*b*) $\int \frac{1}{(2x+3)^2}\,dx$,
   (*c*) $\int \frac{1}{\sqrt{2x+3)}}\,dx$.
7. Man bestimme die Fläche des Gebietes, das durch die Kurvenstücke $y = \sqrt{x}$, $y = 1/x$ und die Gerade $x = 2$ begrenzt ist. (Zeichnung!)
8. (*a*) Man berechne:
$$\frac{d\left(\int_1^x 3t^2 \sin 2t^3\,dt\right)}{dx}.$$
   (*b*) Man berechne:
$$\frac{d\left(\int_1^{x^3} \sin 2t\,dt\right)}{dx}.$$
   (*c*) Man verwende (*a*) und (*b*) und zeige
$$\int_1^x 3t^2 \sin 2t^3\,dt = \int_1^{x^3} \sin 2t\,dt.$$
9. Man berechne:
   (*a*) $x^3\Big|_{-1}^{1}$, (*b*) $x^4\Big|_{-1}^{1}$,
   (*c*) $\cos 2x\Big|_{-\pi/4}^{\pi/4}$, (*d*) $e^{-x}\Big|_0^1$.

Testaufgaben zu bisherigen Kaptiteln

1. (*a*) Man differenziere $1/x$.
   (*b*) Man verwende (*a*), um $\int 1/x^2 dx$ zu finden.
   (*c*) Man bestimme die Fläche des Gebietes unterhalb von $y = 1/x^2$ und oberhalb von $[1; 4]$.
   (*d*) Die Kurve $y = 1/x$ rotiert um die x-Achse. Man bestimme das Volumen des Körpers, der durch die resultierende Oberfläche eingeschlossen wird und von den Flächen $x = 1$ und $x = 4$ begrenzt ist (Bild 2.16).

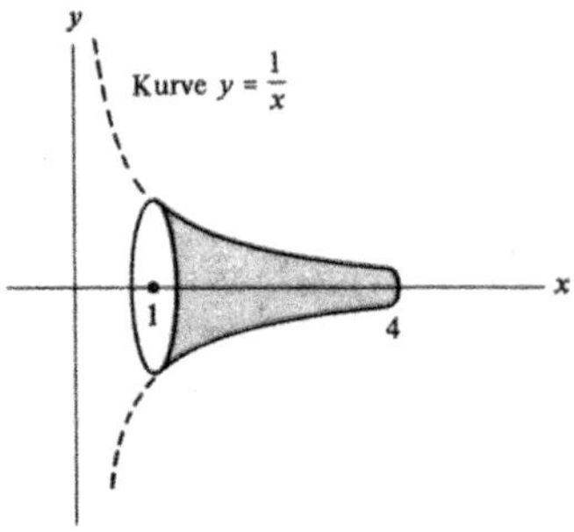

Bild 2.16

2. (a) Man differenziere $\sqrt{1+x^2}$.
   (b) Mit Hilfe von (a) finde man eine Stammfunktion von $x/\sqrt{1+x^2}$.
   (c) Man berechne $\int_0^{\sqrt{3}} \frac{x}{\sqrt{1+x^2}}\, dx$.
   (d) Man bestimme die Fläche des Gebietes unterhalb der Kurve
   $$y = \frac{x}{\sqrt{1+x^2}}$$
   und oberhalb von $[0; \sqrt{3}]$.
   (e) Man bestimme den Weg, den ein Objekt von der Zeit $\sqrt{3}$ bis zur Zeit $\sqrt{8}$ zurücklegt, wenn seine Geschwindigkeit zur Zeit t durch
   $$\frac{t}{\sqrt{1+t^2}} \text{ m/s}$$
   gegeben ist.

3. Man differenziere:
   (a) x^5, (b) $\sqrt{x}$,
   (c) $\ln\left(\frac{1+x}{1-x}\right)$, (d) $\arctan x$.

4. Mit Hilfe der Resultate von Übung 3 bestimme man
   (a) $\int \frac{1}{1-x^2}\, dx$, (b) $\int \frac{1}{1+x^2}\, dx$,
   (c) $\int x^4\, dx$, (d) $\int \frac{1}{\sqrt{x}}\, dx$.

5. Man differenziere:
   (a) $\frac{1}{2}\left(x\sqrt{9-x^2} + 9 \arcsin \frac{x}{3}\right)$,
   (b) $\frac{1}{8}\left[2x + 3 - 6 \ln(2x+3) - \frac{9}{2x+3}\right]$,
   (c) $\tan 3x - 3x$,
   (d) $\frac{1}{\sqrt{6}} \arctan\left(x\sqrt{\tfrac{2}{3}}\right)$,
   (e) $-\frac{1}{3}\cos 3x + \frac{1}{9}\cos^3 3x$,
   (f) $\frac{1}{8} e^{-2x}(4x^2 + 4x + 2)$.

6. Mit Hilfe des Differentials schätze man $\sqrt[3]{1+x}$ für kleine x ab!

7. Man bestimme alle Funktionen $y = f(x)$ mit
   $$\frac{d^2y}{dx^2} = \sin 2x.$$
   Auf welche Weise kann garantiert werden, daß alle Funktionen gefunden wurden?

8. Man bestimme:
   (a) $\lim\limits_{x \to \pi/4} \frac{\sin 3x - \sin(3\pi/4)}{x - \pi/4}$,
   (b) $\lim\limits_{\text{Maß} \to 0} \sum_{i=1}^{n} x_i^3 (x_i - x_{i-1})$,
   wobei $x_0 = 2, x_1, \ldots, x_n = 3$ eine Unterteilung von $[2; 3]$ gibt.

9. Man definiere das Differential und zeichne ein Bild, das df und Δf zeigt.

10. Man zeichne das Schaubild von $y = xe^{-x}/(x+1)$ sowie die Abschnitte, die kritischen Punkte, die relativen Maxima und Minima und die Asymptoten.

11. Wie lautet der Hauptsatz der Infinitesimalrechnung?

12. (a) Man zeige, daß $y = Ab^x$ mit den Konstanten A und $b > 0$ die Differentialgleichung des natürlichen Wachstums erfüllt.
    (b) Man beweise, daß jede Lösung der Differentialgleichung des natürlichen Wachstums von der Form Ab^x sein muß (mit geeigneten Konstanten A und b).

13. Man bestimme
    $$\lim_{x \to \infty} \frac{5x^3 + 3/x}{10x^3 - x^2}$$
    (a) mit der Regel von de l'Hospital,
    (b) ohne die Regel von de l'Hospital.

14. Ein Fenster hat die Form eines Rechtecks mit einem aufgesetzten Halbkreis (Bild 2.17). Der gesamte Umfang beträgt 20 m. Man bestimme die maximal mögliche Fläche des Fensters.

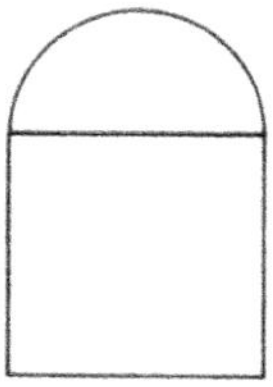

Bild 2.17

15. Man untersuche die Fläche unterhalb von $y = e^{x^2}$ und zwischen $x = 0$ und $x = 1$.
    (a) Warum ist der Hauptsatz in diesem Falle nutzlos?
    (b) Man schätze $\int_0^1 e^{x^2}$ unter Verwendung einer Unterteilung von $[0; 1]$ in die fünf Abschnitte $[0; 0{,}2]$, $[0{,}2; 0{,}4]$, $[0{,}4; 0{,}6]$, $[0{,}6; 0{,}8]$, $[0{,}8; 1]$. Als Referenzpunkte wähle man $X_1 = 0{,}1$, $X_2 = 0{,}3$, $X_3 = 0{,}5$, $X_4 = 0{,}7$ und $X_5 = 0{,}9$.

16. Man ergänze folgende Tabelle und gebe die entsprechende Interpretation des bestimmten Integrals an.

f	$\int_a^b f(x)\,dx$
Geschwindigkeit	
Dichte	
Länge des Schnittes eines ebenen Gebietes	
Fläche des Querschnittes durch ein Volumen	
(veränderliche) Rate des Wasserzulaufs durch eine Leitung in Hektolitern pro Minute.	

17. Man ergänze die folgende Tabelle und gebe die Interpretation der Ableitung an.

$f(x)$	$f'(x)$
Lage eines Teilchens zur Zeit x	
Masse der linken x Zentimeter einer Saite	
Fläche des Gebietes unterhalb einer Kurve und oberhalb von $[0; x]$	
Projektion von x auf einen Projektionsschirm	
y-Koordinate des Schaubilds von $f(x)$	
Wassermenge in einem Tank zur Zeit x	

18. Eine der Funktionen $\sqrt{x}\,\sqrt[3]{1-x}$ und $\sqrt{1-x}\,\sqrt[3]{1-x}$ besitzt eine elementare Stammfunktion F. Man bestimme F für diesen Fall.

19. (*a*) Man berechne die Ableitungen von $\ln(x^4+1)$ und $\arctan x^2$.
(*b*) Man berechne

$$\int_0^1 x^3/(x^4+1)\,dx \quad \text{und} \quad \int_0^1 x/(x^4+1)\,dx.$$

Obwohl die beiden Integranden in (*b*) einander sehr ähnlich sind, sind ihre Stammfunktionen sehr verschieden!

Übungen zu bisherigen Kapiteln

1. (*a*) Man differenziere $e^{-x}/(1+2x^2)$.
(*b*) Welche Vergrößerung erzeugt ein Projektor bei $x = 1$, wenn x auf $e^{-x}/(1+2x^2)$ projiziert wird?
(*c*) Wie groß ist der Anstieg der Kurve $y = e^{-x}/(1+2x^2)$ für $x = 1$?

2. Sei $f(x) = x^2/(1+x^4)$. Man berechne $\int_0^1 (df/dx)\,dx$.

3. (*a*) Man differenziere $\ln(1+x^2)$.
(*b*) Man bestimme die Fläche des Gebietes unterhalb der Kurve $y = x/(1+x^2)$ und oberhalb von $[1; 2]$.

4. Für zwei differenzierbare Funktionen f und g ist auch die Differenz $f-g$ differenzierbar und es gilt $(f-g)' = f'-g'$. Man beweise dies!

5. Man bestimme eine Stammfunktion und die Ableitung von (*a*) $1/\sqrt{x}$, (*b*) e^{-3x}, (*c*) $5/x$.

6. (*a*) Man berechne $(\int \tan x^3\,dx)'$.
(*b*) Man berechne $\left(\int_0^x \tan t^3\,dt\right)'$.
(*c*) Man begründe die Antwort in (*a*).
(*d*) Man begründe die Antwort in (*b*).

7. Man differenziere:
(*a*) $\ln(1+e^{-3x})$, (*b*) $5\sin x$, (*c*) $\sin 5x$.

8. Für welchen Teil von Übung 7 ist die Kettenregel erforderlich?

9. Wie lautet die Umkehrfunktion von
(*a*) der Kubusfunktion?
(*b*) lg?
(*c*) der Quadratwurzelfunktion?

10. (*a*) Man definiere $\sin x$ und $\cos x$ mit Hilfe des Einheitskreises.
(*b*) Man beweise $\sin^2 x + \cos^2 x = 1$.

11. (*a*) Man definiere $\sec x$ und $\tan x$.
(*b*) Man beweise $\sec^2 x = 1 + \tan^2 x$.

12. Man berechne:
(*a*) $\int \frac{3}{x^2}\,dx$, (*b*) $\int \frac{3}{1+x^2}\,dx$, (*c*) $\int \frac{3x}{1+x^2}\,dx$.

Die Übungen 13 bis 20 sollen durch Differenzieren bewiesen werden.

13. (*a*) $x\ln 3x - x = \int \ln 3x\,dx$;
(*b*) $\frac{x^2}{2}\ln 2x - \frac{x^2}{4} = \int x\ln 2x\,dx$.

14. (*a*) $\frac{\sin 3x}{3} = \int \cos 3x\,dx$;
(*b*) $\frac{\sin 3x}{9} - \frac{x\cos 3x}{3} = \int x\sin 3x\,dx$.

15. (*a*) $\frac{1}{5}\ln(\operatorname{cosec} 5x - \cot 5x) = \int \frac{1}{\sin 5x}\,dx$;
(*b*) $\frac{-\cos 5x}{5} = \int \sin 5x\,dx$.

16. $\frac{6x-4}{27}\sqrt{3x+1} = \int \frac{x}{\sqrt{3x+1}}\,dx$.

17. $\frac{5}{9(3x+5)} + \frac{1}{9}\ln(3x+5) = \int \frac{x}{(3x+5)^2}\,dx$.

18. $\frac{1}{2}\left(x\sqrt{9-x^2} + 9\arcsin\frac{x}{3}\right) = \int \sqrt{9-x^2}\,dx$.

19. $\frac{1}{\sqrt{5}}\sec^{-1}\left(\sqrt{\tfrac{3}{5}}\,x\right) = \int \frac{1}{x\sqrt{3x^2-5}}\,dx$.

20. $\frac{x}{2\sqrt{3x^2+2}} = \int \frac{1}{(3x^2+2)^{3/2}}\,dx$.

21. Aus $\lim_{h\to 0}(\sin h)/h = 1$ beweise man $\lim_{h\to 0}(1-\cos h)/h = 0$.

22. Man bestimme d^3y/dx^3 für $y = \int e^{-x^2}\,dx$.

23. (*a*) Aus $(\ln x)' = 1/x$ beweise man $(e^x)' = e^x$.
(*b*) Aus $(\sin x)' = \cos x$ beweise man $(\arcsin x)' = 1/\sqrt{1-x^2}$.
(*c*) Aus $(\tan x)' = \sec^2 x$ beweise man $(\arctan x)' = 1/(1+x^2)$.

24. Ein Teilchen bewegt sich entlang der x-Achse und besitzt zur Zeit t die x-Koordinate e^{-t}.
(*a*) Wie groß ist die Geschwindigkeit zur Zeit $t = 2$?
(*b*) Wie groß ist die Beschleunigung zur Zeit $t = 2$?

25. (*a*) Man definiere e.
(*b*) Man gebe eine Abschätzung von e.

26. Man vereinfache mit Hilfe der logarithmischen Rechenregeln und differenziere:

$$\ln\frac{\sqrt[3]{\sin 2x}}{\sqrt[4]{x}}.$$

27. f sei eine stetige Funktion mit $f(-x) = -f(x)$. Eine Funktion mit dieser Eigenschaft wird ungerade Funktion genannt.

(*a*) Man zeige $\int_{-1}^{1} f(x)\,dx = 0$.

(*b*) Man zeige $\int_{-1}^{1} x^3 e^{x^2}\,dx = 0$.

28. Man differenziere:

(*a*) 5^{3x}, (*b*) $\lg(1+x^2)$.

29. Man berechne:

(*a*) $d^2(x^5)/dx^2$, (*b*) $(\ln x^2)''$,

(*c*) $D^3(x/(1+x))$.

30. (*a*) Warum ist das Differential df eine Funktion von zwei Veränderlichen?

(*b*) Man zeige diese beiden Veränderlichen im Schaubild von f.

31. Man berechne df für $f = 5x + x^3$, $x = 2$ und $dx = 0{,}1$.

32. Man bestimme den Minimalwert von $x^2 - 6x + 11$ für x aus $[0; 4]$.

33. Man bestimme den Minimalwert von $x^3 - 6x$ für x aus $[0; 2]$.

34. Man löse die Gleichung $3 = 5e^{0{,}03t}$ nach t auf.

35. Wie lautet die Ableitung und wie die Stammfunktion von

(*a*) x^3, (*b*) $1/(1+\sqrt{x})$?

36. (*a*) Wie groß ist die Masse der linken 3 cm einer Saite, deren Dichte x cm vom linken Ende $4x^3$ g/cm beträgt?

(*b*) Ein Körper bewegt sich zur Zeit t Sekunden mit einer Geschwindigkeit von $4t^3$ Meter pro Sekunde. Wie weit bewegt er sich in den ersten 3 Sekunden?

(*c*) Ein Gebiet ist durch die Kurve $y = x^{3/2}$, die x-Achse und die Gerade $x = 3$ begrenzt und rotiert um die x-Achse. Man bestimme das Volumen des entsprechenden Körpers.

■

37. Wie häufig soll eine Maschine überholt werden? Die Antwort hängt von der Rate $f(t)$, mit der ihr Wert abnimmt, und von den Kosten A einer Überholung ab. Man bezeichne das Zeitintervall zwischen zwei Überholungen mit T.

(*a*) Warum soll die Größe $g(T) = [A + \int_0^T f(t)\,dt]/T$ minimiert werden?

(*b*) Man bestimme dg/dT.

(*c*) Für $dg/dT = 0$ zeige man $f(T) = g(T)$.

(*d*) Ist dieses Resultat vernünftig?

38. (*a*) Gibt es eine Beziehung zwischen $\int f(x)\,dx$, $\int g(x)\,dx$ und $\int [f(x) - g(x)]\,dx$?

(*b*) Gibt es eine Beziehung zwischen $\int f(x)\,dx$, $\int g(x)\,dx$ und $\int [f(x)\,g(x)]\,dx$?

39. (*a*) Man bestimme die Fläche des Gebietes unterhalb der Kurve $y = e^{-x}$ zwischen $x = 0$ und $x = b$.

(*b*) Wie verhält sich die Fläche aus (*a*) für $b \to \infty$?

40. Eines der beiden bestimmten Integrale

$$\int_0^{\sqrt{x}} 2x \sin x^2\,dx \quad \text{und} \quad \int_0^{\sqrt{\pi}} 2 \sin x^2\,dx$$

ist sehr leicht zu berechnen, das andere nicht. Man berechne das leichtere.

41. (*a*) Man zeichne das Schaubild von $y = e^{-x} \sin x$.

(*b*) Man zeichne das Schaubild von $y = \dfrac{x+1}{x^2 - 3x}$.

42. Man berechne:

(*a*) $\lim\limits_{h \to 0} \dfrac{(1+h)^3 - (1+h)^2}{2+h}$ (*b*) $\lim\limits_{x \to \infty} \dfrac{2x^3 + e^{-x}}{x^3 - 1}$

(*c*) $\lim\limits_{x \to 0} \left(\dfrac{2^x + 8^x}{2}\right)^{1/x}$ (*d*) $\lim\limits_{t \to 0^+} \dfrac{\int_0^t \sqrt{\sin 3x}\,dx}{\int_0^t \sqrt{x}\,dx}$

(*e*) $\lim\limits_{t \to \infty} \dfrac{\int_1^t \sqrt[3]{x^6 + x + 1}\,dx}{\int_3^t \sqrt{x^4 + x^3 + 5}\,dx}$ (*f*) $\lim\limits_{t \to 2} \dfrac{\int_4^{t^2} e^{x^2}\,dx}{\int_8^{t^3} e^{x^3}\,dx}$

In den Übungen 43 bis 47 sind die rechten Seiten der Gleichungen zu differenzieren, um die nachfolgenden Formeln aus einer Integraltabelle zu überprüfen.

43. $\displaystyle\int x^n \arctan ax\,dx = \frac{x^{n+1}}{n+1} \arctan ax - \frac{a}{n+1} \int \frac{x^{n+1}dx}{1 + a^2x^2}, \quad n \neq -1.$

44. $\displaystyle\int \arctan ax\,dx = x \arctan ax - \frac{1}{2a} \ln(1 + a^2x^2).$

45. $\displaystyle\int \sec^{-1} ax\,dx = x \sec^{-1} ax - \frac{1}{a} \ln(ax + \sqrt{a^2x^2 - 1}).$

46. $\displaystyle\int (\arcsin ax)^2 dx = x(\arcsin ax)^2 - 2x + \frac{2}{a}\sqrt{1 - a^2x^2} \arcsin ax.$

47. $\displaystyle\int x^n e^{ax}\,dx = \frac{1}{a} x^n e^{ax} - \frac{n}{a} \int x^{n-1} e^{ax} dx, \quad n > 0.$

48. Sei $A(t)$ die Fläche eines Gebietes unterhalb der Kurve $y = 1/(1+x^2)$ und oberhalb von $[0; t]$. Man bestimme $\lim\limits_{t \to \infty} A(t)$.

49. Sei $a_n = n/(n+1)^2 + n/(n+2)^2 + \ldots + n/(n+n)^2$.

(*a*) Man berechne a_n auf drei Dezimalstellen für $n = 1$, 2 und 3.

(*b*) Man schreibe die a_n so um, daß sie Näherungssummen für ein bestimmtes Integral bilden.

(*c*) Man bestimme $\lim\limits_{n \to \infty} a_n$ mit Hilfe von (*b*).

50. Ein Stein wird ins Wasser geworfen und wir messen das Volumen des verdrängten Wassers. Wenn der Stein x cm untertaucht, so verdrängt er $V(x)$ cm^3 Wasser. Wie kann man die Fläche jenes Schnittes finden, den die Oberfläche des Wassers durch den Stein zieht, wenn er gerade x cm in das Wasser eintaucht. $V(x)$ sei für alle x bekannt.

51. Eine Gesellschaft wird mit einem Grundkapital A gegründet. Sie möchte ihre Investitionsrate proportional zum jeweils vorhandenen Kapital halten. Sei $f(t)$ die Investitionsrate zur Zeit t.

(*a*) Es gibt eine Konstante k mit

$$f(t) = k\left(A + \int_0^t f(x)\,dx\right)$$

für jedes $t > 0$ gibt. Man zeige dies!

(*b*) Man differenziere die Relation aus (*a*) und bestimme die Gestalt der Funktion f aus der differenzierten Gleichung.

52. Wie groß ist der maximale Anstieg der Kurve $y = 1/(1+x^2)$?

53. Sei $A(t)$ die Fläche eines Gebietes unterhalb der Kurve $y = \sqrt{\ln x}$ zwischen $x = 1$ und $x = t$. Man bestimme dA/dt.

54. Für $dy/dx = \sin y$ zeige man $d^2y/dx^2 = \sin y \cdot \cos y$.

55. Man bestimme:

(*a*) $D\left(\int_1^{x^3} e^{\sqrt{t}}\,dt\right)$, (*b*) $D\left(\int_{x^3}^{2} \sin\sqrt{t}\,dt\right)$.

56. Man bestimme:

$$D_x\left(\int_{x^2}^{x^3} \sqrt{1+t^7}\,dt\right).$$

57. Man gebe das Beispiel einer nicht elementaren Funktion, die eine elementare Ableitung besitzt.

■■

58. Sei f eine stetige Funktion, die nirgends eine Ableitung besitzt (es gibt solche Funktionen). Man konstruiere eine Funktion, die überall eine Ableitung, aber nirgends eine zweite Ableitung besitzt.

59. Ein Mann fährt mit einem Auto, das eine senkrechte Windschutzscheibe besitzt, 1 km durch senkrecht herabfallenden Regen. (Die Tropfen sind gleichförmig verteilt und fallen mit einer konstanten Rate herunter.) Soll der Mann langsam oder schnell fahren, um die Menge des Regens zu minimieren, die auf seine Windschutzscheibe fällt.

60. Man beweise für eine im Intervall $[a; b]$ ansteigende Funktion $f = F'$ die Existenz von

$$\int_a^b f(x)\,dx = F(b) - F(a).$$

(Ohne Hauptsatz!)

61. Man beweise für eine differenzierbare Funktion g mit $|g'(x)| < k$ für alle x aus $[a; b]$, daß die Funktion $f(x) = g(x) + kx$ in $[a; b]$ ansteigend ist.

62. (Siehe Übungen 60 und 61.) Man beweise für eine im Intervall $[a; b]$ differenzierbare Funktion $f = F'$ mit beschränkter Ableitung f' die Existenz von

$$\int_a^b f(x)\,dx = F(b) - F(a).$$

(Ohne vorauszusetzen, daß eine stetige Funktion ein bestimmtes Integral besitzt.)

63. Man beweise:

$$2\int_0^a f(u)\left[\int_0^u f(t)\,dt\right]du = \left[\int_0^a f(x)\,dx\right]^2.$$

Die Übungen 64 bis 68 basieren auf dem Buch von D. L. Meadows, J. Randers, E. E. Behrens, The limits to Grwoth, Universe Books, New York 1972.

64. $Y(t)$ sei die Menge irgendwelcher natürlicher Bodenschätze, die in der Zeit zwischen $t = 0$ und $t > 0$ konsumiert wird. Für unsere Betrachtungen entspricht $t = 0$ dem Jahr 1970. Sei $c(t)$ die Rate mit der die Bodenschätze konsumiert werden. Da die Bevölkerung und die Wirtschaft wachsen, ist $c(t)$ eine ansteigende Funktion. $c(t)$ möge exponentiell ansteigen: Es gibt Konstanten A und r mit $c(t) = Ae^{rt}$. Man zeige

$$Y(t) = A(e^{rt} - 1)/r.$$

65. Die Vorräte an natürlichen Rohstoffquellen – Aluminium, Erdgas und Erdöl – sind endlich. Mit der Formel aus Übung 64 können wir berechnen, wie lange unter verschiedenen Annahmen ein bestimmter Rohstoff vorrätig sein wird.

Sei R die zur Zeit $t = 0$ vorhandene Menge eines bestimmten Rohstoffes.

(*a*) Man zeige, daß der Rohstoff für R/A Jahre ausreicht, wenn die Verbrauchsrate konstant bleibt. Diese Rate nennt man den ***statischen Index*** und bezeichnet sie mit s.

(*b*) Steigt die Verbrauchsrate exponentiell an, so reicht der Bodenschatz nur für

$$\frac{\ln(rs+1)}{r} \text{ Jahre.}$$

Man spricht vom ***exponentiellen Index***. Der Buchstabe s bezeichnet den statischen Index (siehe (*a*)).

66. Der statische Index von Aluminium beträgt 100 a (aus den bekannten globalen Reserven von $1{,}17 \cdot 10^9$ t). Die geschätzte Wachstumsrate des Verbrauchs ist 6,4 %/a oder $c(t) = A(1{,}064)^t$. Nun ist $e^{0{,}064}$ eine sehr gute Approximation für 1,064 und wir erhalten wie in der zitierten Arbeit die Formel $c(t) = Ae^{0{,}064t}$.

(*a*) Man zeige, daß der exponentielle Index ungefähr 31 a beträgt. Sind die gesamten Reserven fünfmal so groß wie angenommen, so beträgt der statische Index 500 a und der exponentielle Index 55 a.

(*b*) Sei $r = 0{,}032$ anstelle von 0,064, dann verdoppelt sich der statische Index, während der exponentielle Index nur 45 a beträgt. (Die globalen Reserven seien bekannt.)

67. Die bekannten Weltreserven von Erdgas sind $1{,}14 \cdot 10^{14}$ Kubikmeter. Der statische Index beträgt 38 a. Wenn der Verbrauch mit einer Steigerungsrate von 4,7 %/a weiter zunimmt, so beträgt der exponentielle Index

(*a*) 22 a. Man zeige dies!

(*b*) Wenn die Weltreserven 5 mal so groß sind, so beträgt er 49 a.

68. Die bekannten Weltreserven an Erdöl sind $4 \cdot 10^{11}$ t. Der statische Index beträgt 31 a. Wenn die Verbrauchsrate mit 3,9 %/a weiterhin ansteigt, so beträgt der exponentielle Index 20 a; falls die Reserven fünfmal so groß sind, beträgt er 50 a. Man zeige dies!

3 Berechnung von Stammfunktionen

Im Bd1/Kp4 haben wir gezeigt, wie man die Ableitung einer elementaren Funktion berechnet. Im Kapitel 1 wurde die Berechnung von bestimmten Integralen auf die Berechnung der Stammfunktion zurückgeführt. Im vorliegenden Kapitel wollen wir einige Methoden zur Berechnung von Stammfunktionen entwickeln.

Das Aufsuchen einer Stammfunktion unterscheidet sich von der Berechnung einer Ableitung in zwei sehr wichtigen Aspekten. Einerseits besitzt eine große Klasse von elementaren Funktionen – etwa e^{x^2} – keine elementare Stammfunktion. Andererseits kann eine kleine Veränderung in der Form des Integranden eine beträchtliche Veränderung in der Form der zugehörigen Stammfunktion hervorrufen. So gilt etwa

$$\int \frac{1}{x^2+1}\,dx = \arctan x$$

und

$$\int \frac{x}{x^2+1}\,dx = \frac{1}{2}\ln(x^2+1).$$

In einer Tabelle von Stammfunktionen (üblicherweise *Integral-Tafel* genannt, siehe Anhang E) finden sich viele derartige Beispiele.

Eine Tabelle von Stammfunktionen muß übersichtlich sein; sie kann daher nicht jede Stammfunktion enthalten, die möglicherweise in der Praxis auftritt. Manchmal muß das gesuchte Integral erst umgeformt werden, ehe man die Tabelle verwenden kann. Wir geben daher einige Verfahren an, mit deren Hilfe man gewisse Integrale auf andere Integrale zurückführen kann, deren Stammfunktion leichter zu bestimmen ist. Diese Methode ist oft bequemer als das Durcharbeiten einer umfangreichen Tabelle von Stammfunktionen, die vielleicht zufällig die richtige Antwort bereithält.

Die Funktion $C + \arctan x$ ist für jede Konstante C Stammfunktion von $1/(x^2+1)$. Da wir für die Anwendungen des Hauptsatzes der Infinitesimalrechnung jede beliebige Stammfunktion heranziehen können, soll uns der Fall $C = 0$ genügen. Wir werden die Konstante C daher meist weglassen.

Zur Herleitung der Formeln für die Ableitung von elementaren Funktionen (Bd1/Kp4) mußten wir die Definition der Ableitung, nämlich als Grenzwert eines bestimmten Quotienten, heranziehen. Bei der Berechnung von Stammfunktionen brauchen wir nun nicht mehr auf den Begriff der Ableitung zurückzugreifen, sondern können einfach von den Formeln für die Differentiation, Bd1/Kp4, ausgehen.

Obwohl dieses Buch eine kurze Zusammenstellung von Integralen enthält, ist die Anschaffung eines Handbuches von mathematischen Tabellen empfehlenswert. Ein solches Handbuch beinhaltet auch wichtige Ergebnisse aus Algebra, Geometrie, Trigonometrie, analytischer Geometrie, Statistik usw. Nach gründlichem Studium dieses Kapitels wird der Leser ein solches Handbuch ohne Schwierigkeiten verwenden können.

Durch die elektronischen Taschenrechner sind die numerischen Tabellen der Handbücher zwar weitgehend überflüssig geworden, nützlich bleibt jedoch die Zusammenstellung der wichtigsten mathematischen Grundtatsachen und Formeln.

3.1 Einige Grundtatsachen

Jede Formel für eine Ableitung liefert gleichzeitig eine ganz bestimmte Stammfunktion. So folgt etwa aus

$$\frac{d(x^3)}{dx} = 3x^2, \quad \text{sofort} \quad \int 3x^2\,dx = x^3$$

oder einfacher

$$\int x^2\,dx = \frac{x^3}{3}.$$

Die Verallgemeinerung

$$\int x^a\,dx = \frac{x^{a+1}}{a+1} \qquad a \neq -1$$

kann einfach bewiesen werden: Die Ableitung von $x^{a+1}/(a+1)$ ist gleich x^a.

Die nachstehende kleine Tabelle von Stammfunktionen soll einen kurzen Überblick geben. Jede einzelne Formel kann durch Differenzieren überprüft werden.

$$\int x^a\,dx = \frac{x^{a+1}}{a+1} \quad \text{für } a \neq -1 \qquad \int \frac{1}{x}\,dx = \ln|x|$$

$$\int e^x\,dx = e^x$$

$$\int \sin x\,dx = -\cos x \quad \text{(Man beachte das Minuszeichen!)}$$

$$\int \cos x\,dx = \sin x$$

$$\int \frac{1}{\sqrt{1-x^2}}\,dx = \arcsin x$$

$$\int \frac{1}{1+x^2}\,dx = \arctan x$$

$$\int \frac{1}{|x|\sqrt{1-x^2}} = \sec^{-1} x$$

Folgende allgemeine Formel ist oft von Nutzen:

$$\int \frac{f'}{f}\,dx = \ln|f|.$$

Stimmt der Zähler des Integranden mit der Ableitung des Nenners überein, so ist ln | Nenner | eine Stammfunktion des Quotienten.

Das Absolutwertzeichen in $\ln|f|$ ist überflüssig, wenn $f(x)$ positiv ist. In diesem Fall gilt $\ln|f| = \ln f$. Ist f hingegen negativ, so wird das Absolutwertzeichen wichtig, da der Logarithmus nur für positive Zahlen definiert wird. Die Berechnung von

$$\int_{-3}^{-2} \frac{1}{x}\, dx$$

veranschaulicht die Anwendung der allgemeinen Formel. Wir finden

$$\begin{aligned}\int_{-3}^{-2} \frac{1}{x}\, dx &= \ln|x| \Big|_{-3}^{-2} \\ &= \ln|-2| - \ln|-3| \\ &= \ln 2 - \ln 3 \\ &= \ln \tfrac{2}{3} \\ &= -0{,}41.\end{aligned}$$

Zwei einfache Eigenschaften der Stammfunktionen sind für viele Berechnungen vorteilhaft:

1. Eine Konstante kann vor das Integralzeichen gezogen werden. Ist c konstant, dann gilt

$$\int c f(x)\, dx = c \int f(x)\, dx.$$

Zum Beweis vergleichen wir die Ableitung von $c \int f(x)\, dx$ mit $cf(x)$. Die Details sind sehr einfach:

$$\begin{aligned}\frac{d\left[c \int f(x)\, dx\right]}{dx} &= \frac{c\, d\left[\int f(x)\, dx\right]}{dx} \\ &= cf(x).\end{aligned}$$

Daher ist $c \int f(x)\, dx$ eine Stammfunktion von $cf(x)$.

2. Die Stammfunktion einer Summe von Funktionen ist gleich der Summe der einzelnen Stammfunktionen. Für zwei Funktionen f und g gilt

$$\int [f(x) + g(x)]\, dx = \int f(x)\, dx + \int g(x)\, dx.$$

Analog gilt

$$\int [f(x) - g(x)]\, dx = \int f(x)\, dx - \int g(x)\, dx.$$

Zum Beweis der ersten Behauptung führen wir die Ableitung einer Summe von Funktionen auf die Summe der einzelnen Ableitungen zurück:

$$\begin{aligned}\frac{d\left[\int f(x)\, dx + \int g(x)\, dx\right]}{dx} &= \frac{d \int f(x)\, dx}{dx} + \frac{d \int g(x)\, dx}{dx} \\ &= f(x) + g(x).\end{aligned}$$

Daher ist $\int [f(x) + g(x)]\, dx$ Stammfunktion von $f(x) + g(x)$.

Einige Beispiele zeigen uns, wie mit Hilfe dieser beiden Überlegungen eine große Anzahl von Integralen berechnet werden kann.

Beispiel 1: Stammfunktion eines Polynoms. Man bestimme

$$\int (2x^4 - 3x + 2)\, dx.$$

Lösung:

$$\begin{aligned}\int (2x^4 - 3x + 2)\, dx &= \int 2x^4 dx - \int 3x\, dx + \int 2 dx \\ &= 2 \int x^4 dx - 3 \int x\, dx + 2 \int 1\, dx \\ &= 2\frac{x^5}{5} - 3\frac{x^2}{2} + 2x. \bullet\end{aligned}$$

Beispiel 2: Stammfunktion von f'/f. Man bestimme

$$\int \frac{4x^3}{x^4 + 1}\, dx.$$

Lösung: Der Zähler stimmt mit der Ableitung des Nenners überein:

$$\int \frac{4x^3}{x^4 + 1}\, dx = \ln|x^4 + 1|.$$

Da $x^4 + 1$ immer positiv ist, kann das Absolutwertsymbol weggelassen werden und es gilt

$$\int \frac{4x^3}{x^4 + 1}\, dx = \ln(x^4 + 1). \bullet$$

Beispiel 3: Stammfunktion von x^a. Man bestimme

$$\int \sqrt{x}\, dx.$$

Lösung:

$$\begin{aligned}\int \sqrt{x}\, dx &= \int x^{1/2}\, dx \\ &= \frac{x^{1+1/2}}{1 + \frac{1}{2}} \\ &= \tfrac{2}{3} x^{3/2} \\ &= \tfrac{2}{3} (\sqrt{x})^3. \bullet\end{aligned}$$

Beispiel 4: Man bestimme

$$\int \frac{1}{x^3}\, dx.$$

Lösung:

$$\begin{aligned}\int \frac{1}{x^3}\, dx &= \int x^{-3} dx \\ &= \frac{x^{-3+1}}{-3+1} \\ &= -\tfrac{1}{2} x^{-2} \\ &= -\frac{1}{2x^2}. \bullet\end{aligned}$$

Beispiel 5: Man bestimme

$$\int \left(3 \cos x - 4 \sin x + \frac{1}{x^2}\right) dx.$$

Lösung:

$$\int\left(3\cos x - 4\sin x + \frac{1}{x^2}\right)dx = 3\int \cos x\, dx -$$

$$-4\int \sin x\, dx + \int \frac{1}{x^2}\, dx =$$

$$= 3\sin x + 4\cos x - \frac{1}{x}. \bullet$$

Beispiel 6: Multiplikation des Integranden mit einer Konstanten. Man bestimme

$$\int \frac{x}{1+x^2}\, dx.$$

Lösung: Wäre der Zähler gleich $2x$ und damit gleich der Ableitung des Nenners, so ergäbe sich als Stammfunktion $\ln(1+x^2)$. Man kann nun den Integranden mit 2 erweitern und den konstanten Faktor $\frac{1}{2}$ vorziehen:

$$\int \frac{x}{1+x^2}\, dx = \frac{1}{2}\int \frac{2x}{1+x^2}\, dx.$$

Daher gilt

$$\int \frac{x}{1+x^2}\, dx = \frac{1}{2}\int \frac{2x}{1+x^2}\, dx$$

$$= \tfrac{1}{2}\ln(1+x^2). \bullet$$

Bezeichnung: Sehr oft wird das Zeichen dx im Integral $\int f(x)\, dx$ mit dem Integranden zusammengefaßt. Wir schreiben

für $\int \frac{x^2}{1+x^3}\, dx$ dann $\int \frac{x^2 dx}{1+x^3}$,

für $\int \frac{1}{1+x}\, dx$ dann $\int \frac{dx}{1+x}$

und für $\int 1\, dx$ kurz $\int dx$.

Übungen:

In den Übungen 1 bis 27 sind die Stammfunktionen zu berechnen.

1. $\int x^3 dx$
2. $\int 5x^3 dx$
3. $\int x^{1/3} dx$
4. $\int \sqrt[3]{x^2}\, dx$
5. $\int \frac{3}{\sqrt{x}}\, dx$
6. $\int \frac{1}{\sqrt[4]{x}}\, dx$
7. $\int 5e^{-2x} dx$
8. $\int \frac{5}{1+x^2}\, dx$
9. $\int \frac{6\, dx}{x\sqrt{x^2-1}}$
10. $\int \sec^2 3x\, dx$
11. $\int \frac{x^3}{1+x^4}\, dx$
12. $\int \frac{e^x}{1+e^x}\, dx$
13. $\int \frac{\sin x}{1+\cos x}\, dx$
14. $\int \cos 2x\, dx$
15. $\int \frac{1+2x}{x+x^2}\, dx$
16. $\int \frac{dx}{1+3x}$
17. $\int\left(3\cos x - \frac{1}{\sqrt{1-x^2}}\right)dx$
18. $\int \frac{dx}{x^5}$
19. $\int (1+3x)\, x^2\, dx$
20. $\int\left(\sqrt{x} - \frac{2}{x} + \frac{x}{2}\right)dx$
21. $\int x^2\sqrt{x}\, dx$
22. $\int \frac{1+2x}{1+x^2}\, dx$
23. $\int \frac{1+\sqrt{x}}{x}\, dx$
24. $\int \frac{\sin 2x}{\cos 2x}\, dx$
25. $\int (x^2+3)^2\, dx$
26. $\int (1+e^x)^2\, dx$
27. $\int dx$
28. Man differenziere (zur Übung) – die Ableitungen sind alle sehr einfach:
    (*a*) $\frac{1}{a^3}\left[\frac{1}{2}(ax+b)^2 - 2b(ax+b) + b^2\ln(ax+b)\right]$;
    (*b*) $-\frac{x^2}{a\sqrt{ax^2+c}} + \frac{2}{a^2}\sqrt{ax^2+c}$;
    (*c*) $\sqrt{p-x}\,\sqrt{q+x} + (p+q)\sin^{-1}\sqrt{\frac{x+q}{p+q}}$;
    (*d*) $-\frac{1}{2a}\cot^2 ax - \frac{1}{a}\ln\sin ax$;
    (*e*) $x(\ln ax)^2 - 2x\ln ax + 2x$.

■

29. Man bestimme alle Lösungen der Differentialgleichung
    $$\frac{d^2y}{dx^2} = (2x-1)^5.$$
30. Man bestimme für $f(x) = \ln x - 9x^3$ die Minimal- und Maximalwerte (falls vorhanden) im
    (*a*) Intervall (0; 1), (*b*) Intervall [1/2; 1]
31. Man bestimme
    $$\lim_{x\to 0} \frac{e^{2x} - 1 - 2x}{1 - \cos 2x}.$$
32. Man bestimme die Fläche unter der Kurve $y = \sin^2 x$ und oberhalb von $[0; \pi]$. *Hinweis:* $\sin^2 x = (1 - \cos 2x)/2$.
33. Man bestimme $\int x\, dx/(1+x^4)$. *Hinweis:* Die Lösung ist durch eine Arcustangens-Funktion gegeben.

■■

34. Peter behauptet $\int 2\cos\theta\sin\theta\, d\theta = -\cos^2\theta$, während Paul als Antowrt $\sin^2\theta$ errechnet. Wer von beiden hat recht?
35. Peters Integraltafel behauptet $\int \sec\theta\, d\theta = \ln(\sec\theta + \tan\theta)$, während Pauls Tabelle für das Integral den Wert $\ln\tan(\theta/2 + \pi/4)$ angibt. Welche Angabe ist die richtige?

Die nächste Übung untersucht, ob eine nicht konstante Funktion vor das Integralzeichen geschrieben werden kann.

36. (*a*) Man gebe ein Beispiel für
    $$\int f(x)\, dx \int g(x)\, dx \neq \int f(x)\, g(x)\, dx \text{ ist.}$$
    (*b*) Muß f im Falle
    $$\int f(x)\, g(x)\, dx = f(x)\int g(x)\, dx$$
    eine Konstante sein? (g sei nicht gleich der konstanten Funktion 0.)

3.2 Die Substitutionsmethode

Bei der *Substitutionsmethode* wird eine neue Funktion eingeführt, die die Form des Integranden vereinfachen soll. Anhand von fünf Beispielen wird dieses Verfahren illustriert. Es ist die gebräuchlichste Methode zur Berechnung von Stammfunktionen.

Beispiel 1: Man bestimme $\int \sin(x^2)\, 2x\, dx$.

Lösung: $2x$ ist gleich der Ableitung von x^2. Wir definieren daher

$$u = x^2.$$

Dann gilt

$$du = 2x\, dx \quad \text{und} \quad \int \sin(x^2)\, 2x\, dx = \int \sin u\, du.$$

$\int \sin u\, du$ kann leicht berechnet werden:

$$\int \sin u\, du = -\cos u.$$

Ersetzen wir u in $-\cos u$ durch x^2, so erhalten wir $-\cos(x^2)$ oder

$$\int \sin(x^2)\, 2x\, dx = -\cos x^2.$$

Dieses Ergebnis kann mit Hilfe der Kettenregel überprüft werden:

$$\frac{d(-\cos x^2)}{dx} = \sin x^2\, \frac{d(x^2)}{dx} = \sin(x^2)\, 2x. \quad \bullet$$

Beispiel 2: Man bestimme $\int e^{x^5} \cdot (5x^4)\, dx$.

Lösung: Wir definieren $u = x^5$. Dann gilt

$$du = 5x^4\, dx$$

und

$$\int e^{x^5} \cdot 5x^4\, dx = \int e^u\, du = e^u = e^{x^5}. \quad \bullet$$

Beispiel 3: Man bestimme $\int \sin^2\theta \cos\theta\, d\theta$.

Lösung: Bekanntlich ist $\cos\theta$ gleich der Ableitung von $\sin\theta$. Wir definieren daher

$$u = \sin\theta$$

Es folgt

$$du = \cos\theta\, d\theta.$$

Dann gilt

$$\int \underbrace{\sin^2\theta}_{u^2}\, \underbrace{\cos\theta\, d\theta}_{du} = \int u^2\, du = \frac{u^3}{3} = \frac{\sin^3\theta}{3}. \quad \bullet$$

Beispiel 4: Man bestimme $\int (1 + x^3)^5 x^2\, dx$.

Lösung: Die Ableitung von $1 + x^3$ ist $3x^2$. Dies unterscheidet sich von x^2 im Integranden nur durch den konstanten Faktor 3. Setzen wir daher

$$u = 1 + x^3,$$

so gilt

$$du = 3x^2\, dx \quad \text{und} \quad \frac{du}{3} = x^2\, dx.$$

Daraus folgt

$$\int (1 + x^3)^5 x^2\, dx = \int u^5 \frac{du}{3} = \frac{1}{3}\int u^5\, du = \frac{1}{3}\,\frac{u^6}{6} = \frac{(1 + x^3)^6}{18}.$$

Es ist sehr instruktiv, dieses Ergebnis durch Differenzieren zu überprüfen. ●

Die Substitution der Variablen in Beispiel 4 ist nur deshalb möglich, weil der Faktor x^2 im Integranden auftritt. Um etwa $\int (1 + x^3)^5\, dx$ zu bestimmen, muß dagegen $(1 + x^3)^5$ zuerst ausmultipliziert werden.

Beispiel 5: Man vergleiche das Aufsuchen der beiden folgenden Stammfunktionen

$$\int \frac{1}{\sqrt{1 + x^3}}\, dx \quad \text{und} \quad \int \frac{x^2}{\sqrt{1 + x^3}}\, dx.$$

Lösung: Die erste Stammfunktion ist keine elementare Funktion, während die zweite infolge des Faktors x^2 sehr leicht zu bestimmen ist.

Da sich x^2 von der Ableitung von $1 + x^3$ nur durch einen konstanten Faktor 3 unterscheidet, verwenden wir die Substitution

$$u = 1 + x^3.$$

Daraus folgt

$$du = 3x^2\, dx \quad \text{und} \quad \frac{du}{3} = x^2\, dx$$

und weiter

$$\int \frac{x^2\, dx}{\sqrt{1 + x^3}} = \int \frac{1}{\sqrt{u}}\,\frac{du}{3} = \frac{1}{3}\int \frac{du}{\sqrt{u}} = \frac{1}{3}\int u^{-1/2}\, du = \frac{1}{3}\,\frac{u^{1/2}}{\frac{1}{2}} = \frac{2}{3}\, u^{1/2} = \frac{2}{3}(1 + x^3)^{1/2} = \frac{2}{3}\sqrt{1 + x^3}. \quad \bullet$$

Im nächsten Beispiel wird durch einen versuchsweisen Ansatz die Substitution ermittelt.

Beispiel 6: Man berechne $\displaystyle\int \frac{x^2 + 1}{2x - 3}\, dx$.

Lösung: Da der Nenner die Lösung des Problems sehr erschwert, versuchen wir den Ansatz $u = 2x - 3$. Wir finden

$$u = 2x - 3$$

und damit

$$du = 2dx,\ dx = \frac{du}{2} \quad \text{und} \quad x = \frac{u+3}{2}.$$

Daher gilt

$$\int \frac{x^2+1}{2x-3}\,dx = \int \frac{\left(\frac{u+3}{2}\right)^2+1}{u}\,\frac{du}{2}$$

$$= \int \frac{u^2+6u+13}{8u}\,du$$

$$= \int \left(\frac{u}{8}+\frac{3}{4}+\frac{13}{8u}\right)du$$

$$= \frac{u^2}{16}+\frac{3u}{4}+\frac{13}{8}\ln|u|$$

$$= \frac{(2x-3)^2}{16}+\frac{3}{4}(2x-3)+\frac{13}{8}\ln|2x-3|.$$

●

Das folgende Beispiel zeigt uns, daß die Substitutionsmethode spätens dann eingesetzt werden sollte, wenn alle anderen Verfahren gescheitert sind.

Beispiel 7: Man berechne $\int \sqrt{1-(4/5)\sin^2\theta}\,d\theta$.

Versuch einer Lösung: Wäre

$$\int \sqrt{1-(4/5)\sin^2\theta}\,\cos\theta\,d\theta$$

zu berechnen, so könnte man mit $d(\sin\theta) = \cos\theta\,d\theta$ und der Substitution $u = \sin\theta$ leicht zum Ziel kommen. Unglücklicherweise tritt aber $\cos\theta$ nicht im Integranden auf.

Trotzdem versuchen wir die Subsitution $u = \sin\theta$ (Bild 3.1). Es ist immerhin möglich, daß sich das Problem durch diesen Ansatz vereinfacht. Wir finden

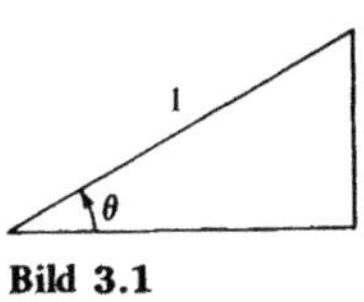

Bild 3.1

$$u = \sin\theta \quad \text{und} \quad du = \cos\theta\,d\theta.$$

Daraus folgt

$$d\theta = \frac{du}{\cos\theta}$$

$$= \frac{du}{\sqrt{1-\sin^2\theta}}$$

Es sei $-\pi/2 < \theta < \pi/2$, so daß die Quadratwurzel stets positiv ist.

$$= \frac{du}{\sqrt{1-u^2}}.$$

Wir erhalten schließlich

$$\int \sqrt{1-\tfrac{4}{5}\sin^2\theta}\,d\theta = \int \sqrt{1-\tfrac{4}{5}u^2}\,\frac{du}{\sqrt{1-u^2}}$$

$$= \int \sqrt{\frac{1-\frac{4}{5}u^2}{1-u^2}}\,du.$$

Obwohl der Integrand nun eine algebraische Form angenommen hat, stellt sich in der höheren Infinitesimalrechnung heraus, daß die gesuchte Stammfunktion keine elementare Funktion ist. Daher wird auch keine Substitution das Problem elementar lösen können.

Übrigens tritt das bestimmte Integral

$$\int_0^{2\pi} \sqrt{1-(4/5)\sin^2\theta}\,d\theta$$

bei der Berechnung des Umfanges der Ellipse

$$\frac{x^2}{5}+\frac{y^2}{1} = 1$$

auf (siehe nächstes Kapitel). Ein Integral der Art

$$\int \sqrt{1-k^2\sin^2\theta}\,d\theta$$

mit $0 < k < 1$ nennt man *elliptisches Integral.* ●

Beispiel 7 behandelte einen elementaren Integranden mit einer nicht elementaren Stammfunktion. In unseren Übungen haben die Integranden mit wenigen Ausnahmen stets elementare Stammfunktionen. Diese Ausnahmen sind gekennzeichnet. Sie sollen den Leser an die Grenzen der Anwendung des Hauptsatzes erinnern.

Allgemeine Beschreibung der Substitutionsmethode. In allen Beispielen war das Verfahren prinzipiell das gleiche. Um das Substitutionsverfahren auf die Berechnung eines Integrals $\int f(x)\,dx$ anzuwenden, suchen wir eine Funktion $u = h(x)$, so daß für eine bestimmte Funktion g gilt

$$f(x) = g(h(x))\,h'(x).$$

Einfacher können wir schreiben

$$f(x)\,dx = g(u)\,du.$$

Dann suchen wir die Stammfunktion von g,

$$\int g(u)\,du$$

und ersetzen schließlich wieder u durch $h(x)$.

Dies ist selbstverständlich nur dann sinnvoll, wenn $\int g(u)\,du$ leichter zu berechnen ist als $\int f(x)\,dx$. Ist dies nicht der Fall, so suchen wir eine andere Substitutionsfunktion oder wenden eine andere Methode an. Allerdings gibt es keine allgemeine und einfache Vorschrift, um die Stammfunktion einer elementaren Funktion aufzufinden. Darin liegt ein wesentlicher Unterschied zu den Vorschriften für die Differentiation, die wir ja in Bd.1/Kp.4 besprochen haben. Mit etwas Übung erkennt man aber sehr rasch den Weg, der für die Lösung des betreffenden Integrationsproblems am aussichtsreichsten ist.

Das folgende Theorem rechtfertigt das Verfahren der ersten fünf Beispiele und führt es auf eine Anwendung der Kettenregel zurück.

Substitutions-Theorem: Aus

$$f(x) = g(h(x))\,h'(x)$$

und

$$G(u) = \int g(u)\,du$$

folgt

$$G(h(x)) = \int f(x)\,dx.$$

Beweis: Wir müssen zeigen, daß

$$\frac{d[G(h(x))]}{dx} = f(x).$$

Zum Beweis setzen wir $u = h(x)$ und verwenden die Kettenregel:

$$\frac{d[G(h(x))]}{dx} = \frac{d[G(u)]}{du}\frac{du}{dx}$$
$$= g(u)\,h'(x)$$
$$= g(h(x))\,h'(x)$$
$$= f(x).$$

Es folgt

$$G(h(x)) = \int f(x)\,dx$$

und das Theorem ist bewiesen. ●

Übungen:

In den Übungen 1 bis 15 soll mit Hilfe der angegebenen Substitution die Stammfunktion aufgefunden werden.

1. $\int (1+3x)^5\, 3dx;\quad u = 1+3x$
2. $\int \frac{x}{(1+x^2)^3}\,dx;\quad u = 1+x^2$
3. $\int e^{\sin\theta}\cos\theta\, d\theta;\quad u = \sin\theta$
4. $\int \frac{x}{\sqrt{1+x^2}}\,dx;\quad u = 1+x^2$
5. $\int \sqrt{1+x^2}\,x\,dx;\quad u = 1+x^2$
6. $\int \sin 2x\,dx;\quad u = 2x$
7. $\int \frac{e^{2x}}{(1+e^{2x})^2}\,dx;\quad u = 1+e^{2x}$
8. $\int e^{3x}dx;\quad u = 3x$
9. $\int \frac{e^{1/x}}{x^2}\,dx;\quad u = 1/x$
10. $\int \frac{1}{\sqrt{1-9x^2}}\,dx;\quad u = 3x$
11. $\int \frac{t\,dt}{\sqrt{2-5t^2}};\quad u = 2-5t^2$
12. $\int \tan\theta\sec^2\theta\,d\theta;\quad u = \tan\theta$
13. $\int \frac{\sin\sqrt{x}}{\sqrt{x}}\,dx;\quad u = \sqrt{x}$
14. $\int \frac{(\ln x)^4}{x}\,dx;\quad u = \ln x$
15. $\int \frac{\sin(\ln x)}{x}\,dx;\quad u = \ln x$

In den Übungen 16 bis 30 suche man eine geeignete Substitution und bestimme die Stammfunktion.

16. $\int (1-x^2)^5\,x\,dx$
17. $\int \frac{x\,dx}{(x^2+1)^3}$
18. $\int \sqrt[3]{1+x^2}\,x\,dx$
19. $\int \frac{\sin\theta}{\cos^2\theta}\,d\theta$
20. $\int \frac{e^{\sqrt{t}}}{\sqrt{t}}\,dt$
21. $\int \sin 3\theta\,d\theta$
22. $\int e^x\sin e^x\,dx$
23. $\int \frac{dx}{\sqrt{2x+5}}$
24. $\int (x-3)^{5/2}\,dx$
25. $\int \frac{dx}{(4x+3)^3}$
26. $\int \frac{2x+3}{x^2+3x+2}\,dx$
27. $\int \frac{2x+3}{(x^2+3x+5)^4}\,dx$
28. $\int e^{2x}\,dx$
29. $\int \frac{dx}{\sqrt{x}(1+\sqrt{x})^3}$
30. $\int x^4\sin x^5\,dx$

■

In den Übungen 31 bis 45 bestimme man die Stammfunktion - mit oder ohne Substitution.

31. $\int \frac{dx}{e^x}$
32. $\int (3+x^2)^2\,dx$
33. $\int (2e^x+4e^{-x})^2\,dx$
34. $\int \frac{x+3x^2}{\sqrt{x}}\,dx$
35. $\int \frac{x}{1+x^4}\,dx$
36. $\int \frac{x^3}{1+x^4}\,dx$
37. $\int \frac{x}{\sqrt{1-x^4}}\,dx$
38. $\int \frac{x\,dx}{1+x}$
39. $\int \sin^2 3x\,dx$
40. $\int \frac{e^x\,dx}{1+e^{2x}}$
41. $\int \sqrt{3+x^2}\,x^3\,dx$
42. $\int \sqrt{1+\cos 3\theta}\,d\theta$
43. $\int (e^{2x}+1)\,e^{-x}\,dx$
44. $\int \frac{dx}{\sqrt{1-5x^2}}$
45. $\int \frac{dx}{1+4x^2}$

■■

Die Stammfunktionen von drei der Übungen 46 bis 51 sind elementar. Man berechne diese drei elementaren Stammfunktionen.

46. $\int x\cos x\,dx$
47. $\int \frac{\cos x}{x}\,dx$
48. $\int \frac{x\,dx}{\ln x}$
49. $\int \frac{\ln x^2}{x}\,dx$
50. $\int \sqrt{x-1}\,\sqrt{x}\,\sqrt{x+1}\,dx$
51. $\int \sqrt{x-1}\,\sqrt{x+1}\,x\,dx$

3.3 Die Verwendung einer Integraltafel

Es gibt viele Möglichkeiten, um Stammfunktionen aufzusuchen. Zumeist hilft uns das Substitutionsverfahren (Abschnitt 3.2) oder eine der 300 bis 400 Formeln einer Integraltafel. Die Abschnitte 3.1 bis 3.4 behandeln im wesentlichen alle Integrationsverfahren, die man in diesem Buch oder in weiteren Anwendungen der Infinitesimalrechnung benötigt. In den Abschnitten 3.3 bis 3.8 soll die Verwendung von Integraltabellen geübt werden. Die sogenannte partielle Integration (Abschnitte 3.5 und 3.6) wird häufig auf die Lösung von Differentialgleichungen angewendet.

Zunächst studiert man am besten die eigene Integraltafel. Man beachte vor allem, wie die Formeln angeordnet sind. Folgende Gliederung wäre denkbar.

	Gruppe
1.	Ausdrücke mit $ax + b$
2.	Ausdrücke mit $ax^2 + c$, $ax^n + c$, $x^2 \pm p^2$ und $p^2 - x^2$
3.	Ausdrücke mit $ax^2 + bx + c$
4.	Diverse algebraische Ausdrücke
5.	Ausdrücke mit $\sin ax$
6.	Ausdrücke mit $\cos ax$
7.	Ausdrücke mit $\sin ax$ und $\cos ax$
8.	Ausdrücke mit $\tan ax$ oder $\cot ax$
9.	Ausdrücke mit $\sec ax$ oder $\operatorname{cosec} ax$
10.	Ausdrücke mit $\tan ax$ und $\sec ax$ oder $\cot ax$ und $\operatorname{cosec} ax$
11.	Ausdrücke mit algebraischen und trigonometrischen Funktionen
12.	Ausdrücke mit Exponential- und logarithmischen Funktionen
13.	Ausdrücke mit inversen trigonometrischen Funktionen

Beispiel 1: Man bestimme $\int \sin^6 2x\, dx$ mit Hilfe einer Integraltafel.

Lösung: Im Integranden steht die Funktion $\sin 2x$, daher konzentrieren wir uns auf die Gruppe „Ausdrücke mit $\sin ax$". Dabei gilt $a = 2$. Man findet Formeln für $\int \sin ax\, dx$, $\int \sin^2 ax\, dx$, $\int \sin^3 ax\, dx$, $\int \sin^4 ax\, dx$, aber nicht für höhere Potenzen von $\sin ax$. Allerdings ist die folgende Formel angegeben:

$$\int \sin^n ax\, dx = \frac{-\sin^{n-1} ax \cos ax}{na} + \frac{n-1}{n} \int \sin^{n-2} ax\, dx.$$

Dies ist eine sogenannte *Rekursionsformel.* Sie führt

$$\int \sin^n ax\, dx \quad \text{auf} \quad \int \sin^{n-2} ax\, dx$$

zurück: Bei jedem Schritt wird der Exponent um 2 vermindert. (In Abschnitt 3.5 wird diese Formel bewiesen.) In unserem Fall gilt $n = 6$ und $a = 2$. Es folgt

$$\int \sin^6 2x\, dx = \frac{-\sin^5 2x \cos 2x}{6 \cdot 2} + \frac{5}{6} \int \sin^4 2x\, dx.$$

Nun ist $\int \sin^4 ax\, dx$ in der Tafel explizit angegeben; wir brauchen also die Rekursion nicht weiter fortzusetzen. Die Tabelle gibt für den Wert des Integrals $\int \sin^4 ax\, dx$ mit $a = 2$ die Lösung:

$$\int \sin^4 2x\, dx = \frac{3x}{8} - \frac{3 \sin 2x}{32} - \frac{\sin^3 2x \cos 2x}{8}.$$

Kombiniert man diese Gleichung mit der Relation, die $\int \sin^6 2x\, dx$ mit $\int \sin^4 2x\, dx$ in Beziehung setzt, so ergibt sich die gesuchte Formel für $\int \sin^6 2x\, dx$. Der Leser möge die Berechnung vervollständigen. ●

Beispiel 2: Man bestimme folgende drei Integrale mit Hilfe einer Integraltafel:

$$\int \frac{dx}{x^2 - 5x + 3}, \tag{1}$$

$$\int \frac{dx}{x^2 - 2x + 3}, \tag{2}$$

$$\int \frac{dx}{4x^2 - 12x + 9}. \tag{3}$$

Lösung: Unter der Gruppe „Ausdrücke mit $ax^2 + bx + c$" sind drei verschiedene Formeln für

$$\int \frac{dx}{ax^2 + bx + c}$$

angegeben und zwar für die drei Fälle $b^2 > 4ac$, $b^2 < 4ac$ und $b^2 = 4ac$. Die angegebenen Formeln unterscheiden sich ziemlich voneinander:

für $b^2 > 4ac$:

$$\int \frac{dx}{ax^2 + bx + c} = \frac{1}{\sqrt{b^2 - 4ac}} \ln \frac{2ax + b - \sqrt{b^2 - 4ac}}{2ax + b + \sqrt{b^2 - 4ac}}$$

Viele Integraltafeln lassen das Absolutwertzeichen in $\ln |u|$ *weg. Der Leser hat dann den Absolutwert, falls nötig, selbst in den Logarithmus einzusetzen.*

für $b^2 < 4ac$:

$$\int \frac{dx}{ax^2 + bx + c} = \frac{2}{\sqrt{4ac - b^2}} \arctan \frac{2ax + b}{\sqrt{4ac - b^2}}$$

für $b^2 = 4ac$:

$$\int \frac{dx}{ax^2 + bx + c} = -\frac{2}{2ax + b}.$$

In Gl. (1) lautet der Nenner $x^2 - 5x + 3$, also $a = 1$, $b = -5$ und $c = 3$; daraus folgt $b^2 - 4ac = (-5)^2 - 4 \cdot 1 \cdot 3 = 13 > 0$. Daher verwendet man die erste Formel:

$$\int \frac{dx}{x^2 - 5x + 3} = \frac{1}{\sqrt{13}} \ln \frac{2x - 5 - \sqrt{13}}{2x - 5 + \sqrt{13}}.$$

In Gl. (2) ist der Nenner durch $x^2 - 2x + 3$ gegeben, also $a = 1$, $b = -2$, $c = 3$; daraus folgt $b^2 - 4ac = (-2)^2 - 4 \cdot 1 \cdot 3 = -8 < 0$. Daher verwendet man die zweite Formel:

$$\int \frac{dx}{x^2 - 2x + 3} = \frac{2}{\sqrt{8}} \arctan \frac{2x - 2}{\sqrt{8}}.$$

In Gl. (3) ist aufgrund des Nenners $4x^2 - 12x + 9$ nun $a = 4$, $b = -12$ und $c = 9$; wegen $b^2 - 4ac = (-12)^2 - 4 \cdot 4 \cdot 9 = 144 - 144 = 0$ verwendet man die dritte Formel:

$$\int \frac{dx}{4x^2 - 12x + 9} = \frac{-2}{8x - 12}.$$

Der Leser möge durch einfaches Differenzieren die Richtigkeit dieser drei Formeln nachweisen. ●

Beispiel 3: Man bestimme $\int \sqrt{\sin^2 \theta + 5} \cos \theta\, d\theta$.

Lösung: Unter den „Ausdrücken mit $\sin \theta$ und $\cos \theta$" wird keine Formel dieser Art zu finden sein. Allerdings ist $\cos \theta$ die Ableitung von $\sin \theta$. Daraus folgt für die Substitution

$$u = \sin \theta$$

direkt

$$du = \cos \theta\, d\theta.$$

Dann gilt

$$\int \underbrace{\sqrt{\sin^2\theta + 5}}_{u^2+5}\ \underbrace{\cos\theta\, d\theta}_{du} = \int \sqrt{u^2 + 5}\, du.$$

Nun suche man in den Integraltafeln nach $\int \sqrt{u^2 + 5}\, du$. Schreibt man 5 in der Form $(\sqrt{5})^2$, so wird aus dem Integranden $u^2 + (\sqrt{5})^2$. Wir finden dann unter den „Ausdrücken mit $x^2 \pm p^2$" (wenn man x durch u ersetzt)

$$\int \sqrt{u^2 + p^2}\, du = \frac{1}{2}[u\sqrt{u^2 + p^2} + p^2 \ln(u + \sqrt{u^2 + p^2})]$$

In unserem Fall ist $p = \sqrt{5}$ und $p^2 = 5$. Somit gilt

$$\int \sqrt{u^2 + 5}\, du = \int \sqrt{u^2 + (\sqrt{5})^2}\, du$$

$$= \frac{1}{2}[u\sqrt{u^2 + 5} + 5\ln(u + \sqrt{u^2 + 5})].$$

Um nun $\int \sqrt{\sin^2\theta + 5}\cos\theta\, d\theta$ zu finden, ersetzt man in der oben angegebenen Gleichung u durch $\sin\theta$. ●

Beispiel 4: Man bestimme

$$\int \frac{x^5\, dx}{\sqrt{x^3 + 1}}\ .$$

Lösung: Auch dieses Integral ist nicht in den Integraltabellen angegeben. Allerdings gilt

$$x^5\, dx = x^3 x^2\, dx \quad \text{und} \quad x^2\, dx$$

ist fast gleich $d(x^3)$. Daher setzen wir $u = x^3$. Somit ist

$$du = 3x^2 dx \quad \text{und} \quad x^2 dx = du/3.$$

Wir erhalten damit

$$\int \frac{x^5 dx}{\sqrt{x^3 + 1}} = \int \frac{x^3 x^2 dx}{\sqrt{x^3 + 1}} = \int \frac{u}{\sqrt{u + 1}}\, \frac{du}{3}$$

$$= \frac{1}{3}\int \frac{u\, du}{\sqrt{u + 1}}$$

und dieses Integral ist in den Integraltafeln zu finden.

Man hätte auch $u = x^3 + 1$ substituieren können. Das führt auf ein einfacheres Integral, wie der Leser leicht nachprüfen kann. Mit Hilfe dieser Substitution ist die Verwendung einer Integraltabelle nicht nötig. ●

Manchmal müssen die Integraltafeln mehrmals verwendet werden, um ein einziges Integral zu berechnen. Es gibt viele Funktionstypen, die in den Integraltafeln nicht angegeben sind. So finden wir in der Integraltafel keine Formel, die uns bei

$$\int \frac{5x^3 + x - 2}{x^3 - x^2 - x - 2}\, dx$$

weiterhilft.

In den Abschnitten **3.6** und **3.7** wird gezeigt, wie man Quotienten von Polynomen, sogenannte rationale Funktionen integriert. In der Praxis sind die Integranden meistens Polynome oder einfache Ausdrücke mit Exponentialfunktionen, Logarithmen, trigonometrischen Funktionen und Quadratwurzeln (insbesondere $\sqrt{a^2 - x^2}$).

Übungen:

Man integriere mit Hilfe einer Integraltafel (siehe auch Anhang E):

1. $\int (3x + 5)^5\, dx$
2. $\int \frac{dx}{(3x + 7)^3}$
3. $\int \frac{x\, dx}{(2x - 5)^2}$
4. $\int \frac{dx}{x^2(3x - 2)}$
5. $\int \sqrt{5x - 7}\, dx$
6. $\int x\sqrt{2x + 3}\, dx$
7. $\int \frac{dx}{\sqrt{5x + 4}}$
8. $\int \frac{\sqrt{5x + 4}}{x}\, dx$
9. $\int \frac{dx}{x\sqrt{3x - 2}}$
10. $\int \frac{dx}{x\sqrt{3x + 2}}$
11. $\int \frac{dx}{9 + x^2}$
12. $\int \frac{dx}{x^2 + 5}$
13. $\int \frac{dx}{4 - x^2}$
14. $\int \frac{dx}{3 - x^2}$
15. $\int \frac{dx}{5x^2 + 3}$
16. $\int \frac{dx}{5x^2 - 3}$
17. $\int \frac{x\, dx}{3x^2 + 1}$
18. $\int \frac{dx}{x^2(3x + 1)}$
19. $\int \sqrt{x^2 - 1}\, dx$
20. $\int \sqrt{x^2 - 4}\, dx$
21. $\int \sqrt{x^2 - 3}\, dx$
22. $\int \frac{dx}{2x^2 + x + 3}$
23. $\int \frac{x\, dx}{2x^2 + x + 3}$
24. $\int \frac{dx}{\sqrt{x^2 + 3x + 5}}$
25. $\int \frac{dx}{\sqrt{-x^2 + 3x + 5}}$
26. $\int \sqrt{4x - x^2}\, dx$
27. $\int \sqrt{\frac{x + 3}{x - 2}}\, dx$
28. $\int \sin^2 3x\, dx$
29. $\int \sin^6 2x\, dx$
30. $\int \frac{dx}{1 - \sin 3x}$
31. $\int \cos^3 5x\, dx$
32. $\int \sin 3x \cos 2x\, dx$
33. $\int \sec 5x\, dx$
34. $\int x \sin 3x\, dx$
35. $\int x^2 \cos 3x\, dx$
36. $\int 2^x dx$
37. $\int x^2 e^{-x} dx$
38. $\int x^3 e^{2x} dx$
39. $\int e^{-3x} \sin 5x\, dx$
40. $\int x^2 \ln 3x\, dx$
41. $\int \arcsin 3x\, dx$
42. $\int \arctan 5x\, dx$
43. $\int \sec^{-1} 4x\, dx$
44. $\int \sqrt{1 + \sin 3x}\, dx$
45. $\int \frac{dx}{1 + \sin 3x}$

■

Man integriere mit Hilfe einer geeigneten Substitutions sowie einer Integraltafel!

46. $\int \frac{x^5\, dx}{(5x^3 + 3)^2}$; man setze $u = x^3$
47. $\int x^2\sqrt{5x^3 + 2}\, dx$
48. $\int \frac{x\, dx}{\sqrt{2x^2 + 3}}$

49. $\int \frac{\cos x \, dx}{4 + \sin^2 x}$

50. $\int \frac{\sin 2x \, dx}{9 - \cos^2 2x}$

51. $\int \sqrt{(1+3x)^2 - 5} \, dx$

52. $\int \frac{x^2}{\sqrt{1-x^6}} \, dx$

53. $\int x\sqrt{x^4+9} \, dx$

54. $\int x\sqrt{9-x^4} \, dx$

3.4 Substitution im bestimmten Integral

Man betrachte die Schritte, die zur Berechnung des Integrals

$$\int_1^2 (x^3+1)^5 \, 3x^2 \, dx$$

notwendig sind.

Zuerst sucht man eine Stammfunktion

$$\int (x^3+1)^5 \, 3x^2 dx.$$

Dazu führen wir eine Substitution durch:

$$u = x^3 + 1, \qquad du = 3x^2 dx,$$

$$\int (x^3+1)^5 \, 3x^2 dx = \int u^5 du = \frac{u^6}{6} = \frac{(x^3+1)^6}{6}.$$

Aufgrund des Hauptsatzes gilt

$$\int_1^2 (x^3+1)^5 \, 3x^2 dx = \left.\frac{(x^3+1)^6}{6}\right|_1^2 =$$

$$= \frac{(2^3+1)^6}{6} - \frac{(1^3+1)^6}{6} = \frac{9^6}{6} - \frac{2^6}{6}.$$

Das gleiche Resultat hätte man mit Hilfe des Integrals

$$\int_2^9 u^5 du$$

erhalten. Die Integrationsgrenzen $[2; 9]$ sind dabei genau die Werte von u, für die x die Integrationsgrenzen $[1; 2]$ annimmt:

$$\int_2^9 u^5 du = \left.\frac{u^6}{6}\right|_2^9 = \frac{9^6}{6} - \frac{2^6}{6}.$$

Dies führt uns auf einen *einfachen Weg zur Berechnung bestimmter Integrale* mittels Substitution: *Wird im Integranden eine Substitution vorgenommen, so ist dieselbe Substitution in den Integrationsgrenzen durchzuführen.* Der allgemeine Beweis für diese Vorschrift wird im Anschluß an Beispiel 2 gegeben.

Beispiel 1: Man bestimme

$$\int_0^{\pi/2} \sin^2\theta \cos\theta \, d\theta.$$

Lösung: Wir verwenden die Substitution

$$u = \sin\theta, \qquad du = \cos\theta \, d\theta.$$

Für $\theta = 0$ gilt $u = 0$; für θ gleich $\pi/2$ gilt $u = 1$. Daraus folgt

$$\int_0^{\pi/2} \sin^2\theta \cos\theta \, d\theta = \int_0^1 u^2 du = \left.\frac{u^3}{3}\right|_0^1$$

$$= \frac{1^3}{3} - \frac{0^3}{3}$$

$$= \tfrac{1}{3}.$$

Bei der Berechnung bestimmter Integrale ist es also nicht mehr notwendig, die Stammfunktionen $u^3/3$ durch θ auszudrücken. ●

Beispiel 2: Man bestimme

$$\int_1^5 \sqrt{1+3x} \, dx.$$

Lösung: Sei $u = 1 + 3x$ und $du = 3dx$. Für $x = 1$ gilt $u = 4$; für $x = 5$ gilt $u = 16$.

Unter Beachtung der neuen Integrationsgrenzen ergibt sich

$$\int_1^5 \sqrt{1+3x} \, dx = \int_4^{16} \sqrt{u} \, \frac{du}{3} = \frac{1}{3} \int_4^{16} \sqrt{u} \, du = \left.\frac{1}{3} \, \frac{u^{3/2}}{\frac{3}{2}}\right|_4^{16}$$

$$= \tfrac{2}{9}(16^{3/2} - 4^{3/2})$$

$$= \tfrac{2}{9}(64 - 8)$$

$$= \tfrac{112}{9}. \;●$$

Das folgende Theorem gibt den allgemeinen Beweis für die Gültigkeit unseres Substitutionsverfahrens.

Theorem: *Substitution in bestimmten Integralen.* f sei im Intervall $[a; b]$ eine stetige Funktion und $u = h(x)$ eine differenzierbare Funktion aus demselben Intervall. Ferner sei g eine stetige Funktion mit der Eigenschaft

$$f(x)\,dx = g(u)\,du \quad \text{oder} \quad f(x) = g[h(x)]\,h'(x).$$

Dann gilt

$$\int_a^b f(x)\,dx = \int_A^B g(u)\,du,$$

mit $A = h(a)$ und $B = h(b)$.

Beweis: $G(u)$ sei eine Stammfunktion von $g(u)$. Dann ist aufgrund des Substitutionstheorems aus Abschnitt 3.2

$$G[h(x)]$$

eine Stammfunktion von $f(x)$. Es gilt dann

$$\int_a^b f(x)\,dx = G(h(x))\Big|_{x=a}^{x=b}$$

$$= G(h(b)) - G(h(a))$$

$$= G(B) - G(A).$$

Andererseits gilt aufgrund des Hauptsatzes der Infinitesimalrechnung

$$\int_A^B g(u)\,du = G(B) - G(A).$$

Da die beiden Ausdrücke übereinstimmen, führt die Substitution in bestimmten Integralen zum Ziel. ●

Übungen:

Zur Berechnung der bestimmten Integrale in den Übungen 1 bis 15 verwende man die in diesem Abschnitt entwickelten Methoden.

1. $\int_0^1 (e^x + 1)^3 e^x\,dx$
2. $\int_0^1 (x^4 + 1)^5 x^3\,dx$
3. $\int_0^{\pi/4} \sin 2\theta\,d\theta$
4. $\int_0^{\pi/2} \frac{\cos\theta\,d\theta}{\sqrt{1+\sin\theta}}$
5. $\int_1^2 \frac{x^2\,dx}{2x^3+4}$
6. $\int_1^e \frac{\sqrt{\ln x}}{x}\,dx$
7. $\int_2^3 x\sqrt{x^2-4}\,dx$
8. $\int_{\pi/6}^{\pi/4} \sin^3 2\theta \cos 2\theta\,d\theta$
9. $\int_0^1 \frac{x^3\,dx}{(x^4+1)^2}$
10. $\int_0^{13} \frac{dx}{\sqrt[3]{1+2x}}$
11. $\int_0^1 \frac{x^2\,dx}{1+x^6}$
12. $\int_1^2 \frac{e^{1/x}}{x^2}\,dx$
13. $\int_1^e \frac{\ln^3 x}{x}\,dx$
14. $\int_0^1 \frac{dx}{(x+1)^3}$
15. $\int_0^2 \sqrt[3]{8-x^2}\,x\,dx$

■

Die Übungen 16 bis 22 wiederholen einige Punkte aus früheren Kapiteln.

16. Man bestimme $\lim\limits_{x\to 0}\left[\frac{1}{\ln(1+x)} - \frac{1}{\sin x}\right]$.
17. Man berechne $\int_{-1}^1 x e^{-x^4}\,dx$.
18. Man beweise $D(f/g) = [gD(f) - fD(g)]/g^2$.
19. Man zeige
$$\lim_{a\to -1}\int_1^t x^a\,dx = \int_1^t \frac{1}{x}\,dx.$$
20. Man beweise, daß das Volumen einer Kugel vom Radius a gleich $4\pi a^3/3$ ist.
21. Man bestimme den Minimalwert der Funktion
$$y = 3x^4 - 16x^3 + 30x^2 - 24x.$$
22. Man zeige mit Hilfe der Definition der Ableitung
$$D(\log_b x) = \frac{1}{x}\log_b e.$$

■■

23. Peter sagt „$\int_0^\pi \cos^2\theta\,d\theta$ ist selbstverständlich positiv". Paul behauptet „Nein, das Integral ist gleich Null. Denn mit der Substitution $u = \sin\theta$ folgt $du = \cos\theta\,d\theta$ und weiter
$$\int_0^\pi \cos^2\theta\,d\theta = \int_0^\pi \cos\theta\cos\theta\,d\theta = \int_0^0 \sqrt{1-u^2}\,du = 0.$$
Ganz einfach!" Wer von beiden hat recht? Mit Hilfe der Identität $\cos^2\theta = (1+\cos 2\theta)/2$ können wir das Integral ohne Substitution direkt berechnen.
24. Peter behauptet, $\int_{-2}^1 2x^2\,dx$ sei selbstverständlich postiv. „Denn der Integrand ist niemals negativ und es gilt $-2 < 1$". Paul antwortet „Du irrst schon wieder, das Integral ist negativ: Für $u = x^2$ ergibt sich $du = 2x\,dx$. Folglich gilt
$$\int_{-2}^1 2x^2\,dx = \int_{-2}^1 x\,2x\,dx = \int_4^1 \sqrt{u}\,du = -\int_1^4 \sqrt{u}\,du$$
und dies ist selbstverständlich negativ". Wer von beiden hat recht?
25. In den Substitutionstheoremen des Abschnittes 3.2 und 3.4 spielen die Funktionen f und g keine vertauschbare Rolle, obwohl die beiden Seiten der Gleichung
$$f(x)\,dx = g(u)\,du$$
ähnlich erscheinen. In jedem dieser beiden Theoreme lautet die Aussage: „Wenn man $\int g(u)\,du$ berechnen kann, denn kann man auch $\int f(x)\,dx$ bestimmen." Nun könnte man umgekehrt fragen: „Wenn wir f integrieren können, kann dann auch g integriert werden"?

Die Antwort lautet dann „ja", wenn die differenzierbare Funktion $u = h(x)$ eineindeutig ist und ihre Ableitung $h'(x)$ im betrachteten Intervall nirgends verschwindet (h muß daher dort entweder eine steigende oder eine fallende Funktion sein).

Um dies zu beweisen, bezeichnen wir mit h^* die Umkehrfunktion von h. Ausgehend von der Gleichung

$$f(x) = g[h(x)]\, h'(x),$$

ist die Relation

$$g(u) = f[h^*(u)]\,(h^*)'(u)$$

zu beweisen.

Aus ihr folgt dann, daß aus einer Stammfunktion von f eine Stammfunktion von g abgeleitet werden kann.

3.5 Partielle Integration

Die Kettenregel war Ausgangspunkt für die in Abschnitt 3.2 diskutierte Integration durch Substitution. Die Formel für die Ableitung eines Produkts

$$(uv)' = uv' + vu',$$

ist Grundlage einer weiteren, etwas weniger allgemeinen Methode, die man als *partielle Integration* bezeichnet. Sind u und v differenzierbare Funktionen, so erhalten wir mit dieser Methode aus einer Stammfunktion von vu' eine Stammfunktion von uv' und umgekehrt.

Theorem: *Partielle Integration.* Seien u und v differenzierbare Funktionen und sei $\int vu'dx$ eine Stammfunktion von vu', dann ist

$$uv - \int vu'dx$$

eine Stammfunktion von uv'. In Symbolen gilt also

$$\int uv'dx = uv - \int vu'dx$$

oder besonders anschaulich geschrieben:

$$\int u\,dv = uv - \int v\,du.$$

Beweis: Man differenziere

$$uv - \int vu'dx$$

und vergleiche das Resultat mit uv'. Wir finden

$$\left(uv - \int vu'dx\right)' = (uv)' - \left(\int vu'dx\right)' \quad \text{Ableitung einer Differenz}$$

$$= (uv)' - vu' \quad \text{Definition von } \int vu\,dx$$

$$= uv' + vu' - vu' \quad \text{Ableitung eines Produkts}$$

$$= uv'.$$

Daher ist $uv - \int vu'dx$ Stammfunktion von uv', wie zu beweisen war. ●

Beispiel 1: Man bestimme $\int x\,e^{-x}\,dx$.

Lösung: Um die Formel

$$\int u\,dv = uv - \int v\,du$$

anzuwenden, müssen wir $\int x\,e^{-x}\,dx$ in der Form

$$\int u\,dv$$

schreiben. Man hofft, $\int v\,du$ leichter aufzufinden, als das ursprüngliche Integral $\int u\,dv$.

Der Integrand ist so einfach, daß es nicht viele Möglichkeiten gibt. Wir versuchen den Ansatz

$$u = x \quad \text{und} \quad dv = e^{-x}\,dx.$$

Damit wird der Integrand wie folgt zerlegt:

$$\int \underbrace{x}_{u}\, \underbrace{e^{-x}\,dx}_{dv}.$$

Nun bestimmen wir du und v. Aus $u = x$ folgt $du = dx$. Wegen $dv = e^{-x}\,dx$ wählen wir $v = -e^{-x}$. (Natürlich könnte für v auch $-e^{-x} + C$ mit irgendeiner Konstanten C gewählt werden, unser Ansatz ist jedoch der einfachste.) Das Theorem über partielle Integration führt nun auf

$$\int \underbrace{x}_{u}\, \underbrace{e^{-x}\,dx}_{dv} = \underbrace{x}_{u}\,\underbrace{(-e^{-x})}_{v} - \int \underbrace{(-e^{-x})}_{v}\,\underbrace{dx}_{du}.$$

Ist $\int v\,du$ leichter zu berechnen als das ursprüngliche Integral $\int u\,dv$? Dies ist tatsächlich der Fall, denn es gilt

$$\int -e^{-x}\,dx = e^{-x}.$$

So folgt

$$\int x\,e^{-x}\,dx = -x\,e^{-x} - e^{-x}$$
$$= e^{-x}(-x-1).$$

Der Leser kann dieses Resultat durch Differenzieren direkt überprüfen. ●

Beispiel 2: Man bestimme $\int x^2 e^{-x}\,dx$.

Lösung: Es gibt viele Möglichkeiten, das Integral in der Form $\int u\,dv$ zu schreiben:

$$\int \underbrace{x^2}_{u}\,\underbrace{e^{-x}\,dx}_{dv}, \qquad \int \underbrace{x}_{u}\,\underbrace{x\,e^{-x}\,dx}_{dv},$$

$$\int \underbrace{x\,e^{-x}}_{u}\,\underbrace{x\,dx}_{dv}, \qquad \int \underbrace{e^{-x}}_{u}\,\underbrace{x^2\,dx}_{dv}.$$

Der letzte Ansatz führt nicht zum Ziel. Denn in diesem Fall gilt

$$v = \frac{x^3}{3} \quad \text{und} \quad du = -e^{-x}\,dx;$$

das neue Integral

$$\int v\,du = \int \frac{x^3}{3}(-e^{-x})\,dx$$

ist *komplizierter* als das ursprüngliche; tatsächlich tritt x^3 an die Stelle von x^2.

Der dritte Ansatz $\int x\,e^{-x}\,x\,dx$ führt zu derselben Schwierigkeit, wie der Leser leicht nachprüfen kann. Die ersten beiden Ansätze hingegen führen zu *einfacheren* Integralen. Aus $du = 2x\,dx$ und $x = -e^{-x}$ folgt nämlich

$$\int \underbrace{x^2}_{u}\,\underbrace{e^{-x}\,dx}_{dv} = \underbrace{x^2}_{u}\,\underbrace{(-e^{-x})}_{v} - \int \underbrace{(-e^{-x})}_{v}\,\underbrace{2x\,dx}_{du}$$

$$= -x^2 e^{-x} + 2 \int e^{-x} x\, dx.$$

Das neue Integral ist einfacher als das erste; x^2 ist durch x ersetzt worden. Dieses Integral kennen wir bereits aus Beispiel 1:

$$\int x e^{-x} dx = e^{-x}(-x-1).$$

Somit gilt

$$\begin{aligned}\int x^2 e^{-x} dx &= -x^2 e^{-x} + 2 \int e^{-x} x\, dx \\ &= -x^2 e^{-x} + 2[e^{-x}(-x-1)] \\ &= -x^2 e^{-x} - 2x e^{-x} - 2e^{-x} \\ &= -(x^2 + 2x + 2) e^{-x}. \bullet\end{aligned}$$

Das Verfahren in Beispiel 2 zeigt uns auch, wie die Formel für $\int x^n e^{ax} dx$ gewonnen werden kann. Sie ergibt sich durch partielle Integration und ist in den Integraltafeln zu finden:

$$\int \underbrace{x^n}_{u} \underbrace{e^{ax} dx}_{dv} = \underbrace{x^n}_{u} \underbrace{\frac{e^{ax}}{a}}_{v} - \int \underbrace{\frac{e^{ax}}{a}}_{v} \underbrace{n x^{n-1} dx}_{du}$$

$$du = n x^{n-1} dx$$

$$v = \frac{e^{ax}}{a}.$$

Auf diese Weise wird

$$\int x^n x^{ax} dx \quad \text{auf} \quad \int x^{n-1} e^{ax} dx$$

zurückgeführt. Diese Rekursionsformel erniedrigt bei jedem Schritt den Exponenten von x um 1. Mit Hilfe einer ähnlichen Prozedur erhält man die Rekursionsformel für

$$\int x^n \sin ax\, dx$$

(siehe auch Beispiel 4).

Beispiel 2 hat uns gezeigt, wie mit Hilfe partieller Integration der Grad eines Polynoms im Integranden verringert werden kann. Das nächste Beispiel behandelt die Integration einer inversen trigonometrischen Funktion. Die Endformel ist in den Integraltabellen enthalten.

Beispiel 3: Man bestimme $\int \arctan x\, dx$.

Lösung: Die Ableitung von $\arctan x$ ist gleich $1/(1+x^2)$, also viel einfacher als die Funktion $\arctan x$. Das weist auf den folgenden Ansatz zur Lösung des Integrals hin:

$$\int \underbrace{\arctan x}_{u}\, \underbrace{dx}_{dv} = \underbrace{(\arctan x)}_{u}\, \underbrace{x}_{v} - \int \underbrace{x}_{v} \underbrace{\frac{1}{1+x^2} dx}_{du}$$

$$\left(du = \frac{dx}{1+x^2}, \quad v = x\right)$$

$$= x \arctan x - \int \frac{x}{1+x^2} dx.$$

Das Integral

$$\int \frac{x}{1+x^2} dx$$

kann leicht berechnet werden, da der Zähler ein Vielfaches der Ableitung des Nenners ist:

$$\int \frac{x\, dx}{1+x^2} = \frac{1}{2} \int \frac{2x}{1+x^2} dx = \frac{1}{2} \ln(1+x^2).$$

So folgt

$$\int \arctan x\, dx = x \arctan x - \frac{1}{2} \ln(1+x^2).$$

Ganz allgemein gilt

$$\int f(x)\, dx = x f(x) - \int f'(x)\, x\, dx. \bullet$$

Beispiel 4: Viele Formeln der Integraltafeln führen gewisse Integrale, in denen die n-te Potenz irgendeines Ausdrucks auftritt auf Integrale zurück, in denen die $(n-1)$te Potenz desselben Ausdrucks zu finden ist. Solche Relationen werden Rekursionsformeln genannt. Üblicherweise erhält man sie durch partielle Integration. So soll beispielsweise die Formel

$$\int \sin^n x\, dx = -\frac{\sin^{n-1} x \cos x}{n} + \frac{n-1}{n} \int \sin^{n-2} x\, dx \qquad n \geq 2$$

abgeleitet werden.

Lösung: Zunächst schreiben wir $\int \sin^n x\, dx$ um in $\int \sin^{n-1} x \sin x\, dx$. Dann setzen wir $u = \sin^{n-1} x$ und $dv = \sin x\, dx$. Es folgt

$$du = (n-1) \sin^{n-2} x \cos x\, dx$$

und

$$v = -\cos x.$$

Partielle Integration führt zu

$$\int \underbrace{\sin^{n-1} x}_{u}\, \underbrace{\sin x\, dx}_{dv} = \underbrace{(\sin^{n-1} x)}_{u}\, \underbrace{(-\cos x)}_{v} - \int \underbrace{(-\cos x)}_{v}\, \underbrace{(n-1) \sin^{n-2} x \cos x\, dx}_{du}.$$

Das rechte Integral der obigen Gleichung ist gleich

$$\begin{aligned}&\int (1-n) \cos^2 x \sin^{n-2} x\, dx = \\ &= (1-n) \int (1 - \sin^2 x) \sin^{n-2} x\, dx = \\ &= (1-n) \int \sin^{n-2} x\, dx - (1-n) \int \sin^n x\, dx.\end{aligned}$$

Also erhalten wir

$$\begin{aligned}\int \sin^n x\, dx = &-\sin^{n-1} x \cos x + \\ &+ (n-1) \int \sin^{n-2} x\, dx - \\ &- (n-1) \int \sin^n x\, dx.\end{aligned}$$

Das neuerliche Auftreten des Integrals $\int \sin^n x\,dx$ soll uns nicht entmutigen, wir fassen gleiche Terme zusammen:

$$n\int \sin^n x\,dx = -\sin^{n-1} x \cos x + (n-1)\int \sin^{n-2} x\,dx. \bullet$$

Daraus wird die zitierte Formel abgeleitet.

Diese Rekursionsformel vermindert den Exponenten von $\sin x$ bei jedem Schritt um 2, $\sin^n x$ wird durch $\sin^{n-2} x$ ersetzt. Im Gegensatz dazu wurde in der Rekursionsformel von Beispiel 2 der Exponent n durch $n-1$ ersetzt.

Beispiel 5: Man bestimme $\int e^x \cos x\,dx$.

Lösung: Wir schreiben:

$$\int \underbrace{e^x}_{u} \underbrace{\cos x\,dx}_{dv} = \underbrace{e^x}_{u}\ \underbrace{\sin x}_{v} - \int \underbrace{\sin x}_{v}\ \underbrace{e^x\,dx}_{du}$$

$$du = e^x\,dx$$

$$v = \sin x.$$

Auf den ersten Blick scheint dies nicht sehr sinnvoll: $\cos x$ ist durch $\sin x$ ersetzt worden. Das neue Integral aber kann durch partielle Integration bestimmt werden. Wir verwenden die großen Buchstaben U und V anstelle von u und v, um die nachfolgende Berechnung von der vorhergehenden zu unterscheiden.

$$\int \underbrace{e^x}_{U} \underbrace{\sin x\,dx}_{dV} = \underbrace{e^x}_{U} \underbrace{(-\cos x)}_{V} - \int \underbrace{(-\cos x)}_{V} \underbrace{e^x\,dx}_{dU}$$

$$(dU = e^x\,dx \quad V = -\cos x)$$

$$= -e^x \cos x + \int e^x \cos x\,dx.$$

Eine Kombination dieser beiden Gleichungen ergibt

$$\int e^x \cos x\,dx = e^x \sin x - \left(-e^x \cos x + \int e^x \cos x\,dx\right)$$

$$= e^x(\sin x + \cos x) - \int e^x \cos x\,dx.$$

So ergibt sich eine neue Gleichung für das unbekannte Integral:

$$2\int e^x \cos x\,dx = e^x(\sin x + \cos x)$$

und sofort

$$\int e^x \cos x\,dx = \frac{1}{2}\,e^x(\sin x + \cos x).$$

Die fünf Integrale dieses Abschnittes sind im übrigen in jeder Integraltafel zu finden.

Übungen:

Man berechne die Integrale der Übungen 1 bis 16 mit Hilfe partieller Integration und überprüfe die Resultate durch Differenzieren.

1. $\int x e^{2x}\,dx$ 2. $\int x^2 e^{2x}\,dx$

3. $\int x^3 e^{2x}\,dx$ 4. $\int \arcsin x\,dx$

5. $\int x \sin x\,dx$ 6. $\int x^2 \sin x\,dx$

7. $\int \ln(4 + x^2)\,dx$ 8. $\int x \ln x\,dx$

9. $\int x(\ln x)^2\,dx$ 10. $\int x^5 e^{x^2}\,dx$

11. $\int e^x \sin x\,dx$ 12. $\int e^{2x} \cos 3x\,dx$

13. $\int x \sec^2 3x\,dx$ 14. $\int \ln(4 + x)\,dx$

15. $\int e^{ax} \sin bx\,dx$, wobei a und b Konstanten sind

16. $\int x^2 \cos x\,dx$.

17. Mit Hilfe der Rekursionsformel von Beispiel 4 berechne man
 (*a*) $\int \sin^2 x\,dx$ (*b*) $\int \sin^4 x\,dx$
 (*c*) $\int \sin^6 x\,dx$

18. Mit Hilfe der Rekursionsformel von Beispiel 4 bestimme man
 (*a*) $\int \sin^3 x\,dx$, (*b*) $\int \sin^5 x\,dx$.

■

19. Der dritte Ansatz aus Beispiel 2 führt zu einem schwierigeren Integral als dem ursprünglicheren. Man zeige dies!

20. Man bestimme $\int x^3 \sin x\,dx$. (Siehe Übung 6.)

21. Man überprüfe durch Differenzieren die Lösungen von
 (*a*) Beispiel 3,
 (*b*) Beispiel 5.

22. Man beweise folgende Rekursionsformel, die üblicherweise in Integraltabellen angegeben sind:
$$\int \sin^n ax\,dx = -\frac{\sin^{n-1} ax \cos ax}{na} + \frac{n-1}{n}\int \sin^{n-2} ax\,dx.$$

23. Man beweise die Rekursionsformel ($m, n > 0$):
$$\int \sin^m x \cos^n x\,dx = -\frac{\sin^{m-1} x \cos^{n+1} x}{m+n} + \frac{m-1}{m+n}\int \sin^{m-2} x \cos^n x\,dx.$$

24. Man bestimme $\int \ln(x + 1)\,dx$ mit Hilfe von
 (*a*) $u = \ln(x+1)$, $dv = dx$, $v = x$;
 (*b*) $u = \ln(x+1)$, $dv = dx$, $v = x + 1$.
 (*c*) Welches der beiden Verfahren ist einfacher?

Die Übungen 25 und 26 sind gemeinsam zu behandeln.

25. Bei einem Wettrennen startet ein Wagen mit der Geschwindigkeit Null und hat auch wieder die Geschwindigkeit Null, nachdem er in einer Minute 1 Meile zurückgelegt hat. $v(t)$ sei seine Geschwindigkeit zur Zeit t und $a(t)$ seine Beschleunigung zur Zeit t. Man beweise
 (*a*) $\int_0^1 v(t)\,dt = 1$, (*b*) $\int_0^1 a(t)\,dt = 0$,
 (*c*) $\int_0^1 t a(t)\,dt = -1$.

26. (Fortsetzung von Übung 25).
 (*a*) Man zeige für einen bestimmten Zeitpunkt t die Relation $|a(t)| > 4$.
 (*b*) Man zeige graphisch [$v(t)$ als Funktion der Zeit], daß für

ein Wettrennen wie in Übung 25 für alle t die Einschränkung $|a(t)| \leqslant 4{,}1$ gelten kann.

3.6 Berechnung der Integrale $\int \frac{dx}{(ax+b)^n}$, $\int \frac{dx}{(ax^2+bx+c)^n}$ und $\int \frac{x\,dx}{(ax^2+bx+c)^n}$

Diese speziellen Integrale werden in den Abschnitten 3.7 und 3.8 auftreten. Sie können einer Integraltafel entnommen werden. Der Leser könnte daher auch direkt zu den Übungen übergehen und diese mit Hilfe der Integraltafel lösen.

Beispiel 1: Man bestimme $\int \frac{1}{3x+4}\,dx$.

Lösung: Der Zähler ist ein Vielfaches der Ableitung des Nenners. Wir erhalten daher:

$$\int \frac{1}{3x+4}\,dx = \frac{1}{3}\int \frac{3\,dx}{3x+4} = \frac{1}{3}\ln|3x+4|. \bullet$$

Beispiel 2: Man bestimme $\int \frac{dx}{(3x+4)^7}$.

Lösung: Da $3x+4$ eine derartig einfache Ableitung, nämlich die Zahl 3 besitzt, wählen wir die Substitution $u = 3x+4$; es gilt $du = 3dx$ und $du/3 = dx$. Dann folgt

$$\int \frac{dx}{(3x+4)^7} = \int \frac{du/3}{u^7} = \frac{1}{3}\int u^{-7}du = \frac{1}{3}\,\frac{u^{-6}}{-6} = -\frac{u^{-6}}{18} =$$

$$= -\frac{1}{18(3x+4)^6}. \bullet$$

Als nächstes betrachten wir Integrale der Form $\int dx/(ax^2+bx+c)^n$ und beginnen mit zwei Beispielen für $b = 0$ und $n = 1$.

Beispiel 3: Man bestimme $\int \frac{dx}{4x^2+1}$.

Lösung: Bekanntlich gilt

$$\int \frac{dx}{x^2+1} = \arctan x.$$

Aus diesem Grund wählen wir die Substitution $u^2 = 4x^2$ oder $u = 2x$. Wir erhalten $du = 2dx$ und $du/2 = dx$ und weiter

$$\int \frac{dx}{4x^2+1} = \int \frac{1}{u^2+1}\,\frac{du}{2} = \frac{1}{2}\int \frac{du}{u^2+1} = \frac{1}{2}\arctan u =$$

$$= \frac{1}{2}\arctan 2x. \bullet$$

Beispiel 4: Man bestimme $\int \frac{dx}{4x^2+9}$.

Lösung: Auch hier gehen wir erwartungsgemäß von

$$\int \frac{dx}{x^2+1} = \arctan x$$

aus und wählen diesmal für u

$$9u^2 = 4x^2.$$

(Diese Substitution entspringt der Überlegung

$$\frac{1}{4x^2+9} = \frac{1}{9u^2+9} = \frac{1}{9}\,\frac{1}{u^2+1}.)$$

Mit anderen Worten: Wir wählen u mit dem Ansatz

$3u = 2x$ und

$3du = 2dx$ oder $\frac{3}{2}\,du = dx$.

Dann folgt direkt

$$\int \frac{dx}{4x^2+9} = \int \frac{1}{9u^2+9}\,\frac{3}{2}du = \frac{3}{18}\int \frac{du}{u^2+1} =$$

$$= \frac{1}{6}\arctan u = \frac{1}{6}\arctan \frac{2x}{3}.$$

(Erst am Ende der Rechnung muß wieder $u = 2x/3$ für u eingesetzt werden!) •

Quadratische Ergänzung. Ehe wir zum nächsten Beispiel übergehen, wollen wir die sogenannte *quadratische Ergänzung* aus der Algebra wiederholen.

Der Ausdruck $x^2 + 6x$ besteht aus den ersten beiden Termen des Quadrates von $x + 3$, nämlich

$$(x+3)^2 = x^2 + 6x + 9.$$

Addieren wir 9 zu $x^2 + 6x$, so vervollständigen wir das Quadrat von $x + 3$.

Welche Zahl müssen wir zu $x^2 + 5x$ addieren, um das Quadrat zu vervollständigen? Wenn $x^2 + 5x$ mit den ersten zwei Termen von

$$(x+k)^2 = x^2 + 2kx + k^2$$

übereinstimmen soll, dann muß $2k$ gleich 5 sein: $k = 5/2$ und daher $k^2 = (5/2)^2$. Wir müssen also $(5/2)^2$ addieren, um $x^2 + 5x$ zu einem Quadrat zu ergänzen.

$$x^2 + 5x + (5/2)^2 = (x + 5/2)^2.$$

Diese Überlegung führt uns zu folgender allgemeiner Regel:

Um den Ausdruck $x^2 + bx$ zu einem vollständigen Quadrat zu ergänzen, addieren wir $(b/2)^2$, das Quadrat des halben Koeffizienten von x.

Beispiel 5: Man bestimme $\int \frac{dx}{4x^2+8x+13}$.

Lösung: Zuerst ergänzen wir das Quadrat im Nenner $4x^2 + 8x + 13$:

$$\begin{aligned} 4x^2 + 8x + 13 &= 4(x^2 + 2x) + 13 \\ &= 4[x^2 + 2x + (2/2)^2] + 13 - 4(2/2)^2 \\ &= 4(x+1)^2 + 9. \end{aligned}$$

Das Integral erhält damit die Gestalt

$$\int \frac{dx}{4(x+1)^2+9}$$

und erinnert an Beispiel 4. Wir wählen die Substitution

$$u = x + 1$$

und erhalten

$$du = dx.$$

Dann folgt

$$\int \frac{dx}{4(x+1)^2+9} = \int \frac{du}{4u^2+9}.$$

Nach Beispiel 4 gilt

$$\int \frac{du}{4u^2+9} = \frac{1}{6} \arctan \frac{2u}{3}$$

und daher

$$\int \frac{dx}{4(x+1)^2+9} = \frac{1}{6} \arctan \frac{2(x+1)}{3}$$

oder schließlich

$$\int \frac{dx}{4x^2+8x+13} = \frac{1}{6} \arctan \frac{2(x+1)}{3}. \bullet$$

Beispiel 6: Man bestimme $\int \frac{x\,dx}{4x^2+8x+13}$.

Lösung: Hieße der Zähler $8x+8$, so wäre er gleich der Ableitung des Nenners. Das Problem könnte dann mit Hilfe der Formel

$$\int \frac{f'}{f}\,dx = \ln|f|$$

sofort gelöst werden. Wir versuchen daher folgende Umformung:

$$\begin{aligned}\int \frac{x\,dx}{4x^2+8x+13} &= \frac{1}{8}\int \frac{8x\,dx}{4x^2+8x+13}\\ &= \frac{1}{8}\left(\int \frac{8x+8}{4x^2+8x+13}\,dx - \right.\\ &\quad \left. - \int \frac{8}{4x^2+8x+13}\,dx\right)\\ &= \frac{1}{8}\left(\ln(4x^2+8x+13) - \right.\\ &\quad \left. - \frac{8}{6}\arctan\frac{2(x+1)}{3}\right).\end{aligned}$$

($4x^2+8x+13$ *ist immer positiv.*)

Bei der Lösung wurde das Resultat von Beispiel 5 verwendet. ●

Das nächste Beispiel ist mit Beispiel 4 zu vergleichen.

Beispiel 7: Man bestimme $\int \frac{dx}{4x^2-9}$.

Lösung: Mit Hilfe der algebraischen Identität

$$\frac{1}{a^2-b^2} = \frac{1}{2b}\left(\frac{1}{a-b} - \frac{1}{a+b}\right)$$

kann dieses Problem sehr leicht gelöst werden. (Man überprüfe diese Identität.) Im speziellen gilt für

$$a = 2x \quad \text{und} \quad b = 3$$

die Relation

$$\frac{1}{(2x)^2-3^2} = \frac{1}{2\cdot 3}\left(\frac{1}{2x-3} - \frac{1}{2x+3}\right).$$

Daraus folgt

$$\int \frac{dx}{4x^2-9} = \frac{1}{6}\int \frac{dx}{2x-3} - \frac{1}{6}\int \frac{dx}{2x+3}.$$

Das ursprüngliche Problem wurde nun auf zwei Integrale vom Typ des Beispiels 1 zurückgeführt. Daher gilt

$$\begin{aligned}\int \frac{dx}{4x^2-9} &= \frac{1}{12}\ln|2x-3| - \frac{1}{12}\ln|2x+3|\\ &= \frac{1}{12}\ln\left|\frac{2x-3}{2x+3}\right|. \bullet\end{aligned}$$

Integrale der Form

$$\int \frac{dx}{(ax^2+bx+c)^n} \quad \text{und} \quad \int \frac{x\,dx}{(ax^2+bx+c)^n}$$

mit $n > 1$ treten selten auf. Rekursionsformeln für diese Integrale werden in den Übungen 30 und 31 abgeleitet.

Alle diese Formeln sind in jeder Integraltabelle enthalten. Tatsächlich sind alle unsere Beipiele mit Hilfe von Integraltafeln leicht zu behandeln, obwohl dies für die ersten drei oder vier Beispiele komplizierter ist, als eine direkte Berechnung.

Übungen:

Man berechne die Integrale der Übungen 1 bis 15.

1. $\int \frac{dx}{3x-4}$
2. $\int \frac{2\,dx}{3x+6}$
3. $\int \frac{5\,dx}{(2x+7)^2}$
4. $\int \frac{dx}{(4x+1)^3}$
5. $\int \frac{dx}{x^2+9}$
6. $\int \frac{x\,dx}{x^2+9}$
7. $\int \frac{2x+3}{x^2+9}\,dx$
8. $\int \frac{dx}{5x^2+1}$
9. $\int \frac{dx}{x^2+3}$
10. $\int \frac{dx}{2x^2+3}$
11. $\int \frac{x\,dx}{2x^2+3}$
12. $\int \frac{dx}{x^2-1}$
13. $\int \frac{dx}{x^2-4}$
14. $\int \frac{dx}{x^2-3}$
15. $\int \frac{dx}{2x^2-3}$
16. Man ergänze zu einem Quadrat:
(*a*) x^2+6x, (*b*) x^2+7x, (*c*) x^2-x.
17. Man stelle in der Form $k(x+c)^2+m$ mit geeigneten Konstanten k, c und m dar:
(*a*) $2x^2+8x$, (*b*) $5x^2+10x$, (*c*) $3x^2-7x$.

Man berechne die Integrale der Übungen 18 bis 26.

18. $\int \frac{dx}{9x^2+18x-5}$
19. $\int \frac{dx}{4x^2+4x-1}$
20. $\int \frac{x\,dx}{4x^2+4x-1}$
21. $\int \frac{dx}{4x^2+4x+3}$
22. $\int \frac{x\,dx}{4x^2+4x+3}$
23. $\int \frac{x-3}{2x^2+5}\,dx$
24. $\int \frac{dx}{x^2+4x+7}$
25. $\int \frac{dx}{2x^2+4x+7}$

26. $\int \frac{x\,dx}{2x^2+4x+7}$

■

27. (*a*) Man überprüfe

$$\int \frac{dx}{ax^2+bx+c} = \frac{1}{\sqrt{b^2-4ac}} \ln \left| \frac{2ax+b-\sqrt{b^2-4ac}}{2ax+b+\sqrt{b^2-4ac}} \right| \qquad b^2 > 4ac$$

(*b*) Man beweise die Formel (*a*) mit Hilfe der Methoden dieses Abschnitts.

28. (*a*) Man überprüfe

$$\int \frac{dx}{ax^2+bx+c} = \frac{2}{\sqrt{4ac-b^2}} \arctan \frac{2ax+b}{\sqrt{4ac-b^2}} \qquad b^2 < 4ac.$$

(*b*) Man beweise diese Formel mit Hilfe der Methoden dieses Abschnitts.

29. (*a*) Man überprüfe

$$\int \frac{dx}{ax^2+bx+c} = -\frac{2}{2ax+b} \qquad b^2 = 4ac.$$

(*b*) Man beweise diese Formel mit Hilfe der Methoden dieses Abschnitts.

■■

30. Man differenziere die rechte Seite der folgenden Gleichung und beweise die Gleichung:

$$\int \frac{dx}{(ax^2+bx+c)^{n+1}} = \frac{2ax+b}{n(4ac-b^2)(ax^2+bx+c)^n} + \frac{2(2n-1)a}{n(4ac-b^2)} \int \frac{dx}{(ax^2+bx+c)^n}.$$

31. Man beweise durch Differenzieren der Gleichung die folgende Rekursionsformel:

$$\int \frac{x\,dx}{(ax^2+bx+c)^{n+1}} = \frac{-(2c+bx)}{n(4ac-b^2)(ax^2+bx+c)^n} - \frac{b(2n-1)}{n(4ac-b^2)} \int \frac{dx}{(ax^2+bx+c)^n}.$$

32. Man verwende die Formel aus Übung 30 und das Resultat von Beispiel 3 zur Berechnung von

$$\int \frac{dx}{(4x^2+1)^2}.$$

33. Man verwende die Formel aus Übung 31 und das Resultat von Beispiel 5 zur Berechnung von

$$\int \frac{x\,dx}{(4x^2+8x+13)^2}.$$

3.7 Integration von rationalen Funktionen: Partialbruchzerlegung

Wir werden das Integral

$$\int \frac{x^4+x^3-3x+5}{x^3+2x^2+2x+1}\,dx$$

in keiner Integraltabelle finden. Der Integrand ist eine rationale Funktion, also ein Quotient von zwei Polynomen. In diesem Abschnitt wird gezeigt, wie man rationale Funktionen mit Hilfe rein algebraischer Umformungen integrieren kann. Die hier entwickelten Methoden stützen sich auf ein Ergebnis der höheren Algebra: Jede rationale Funktion kann als Summe eines Polynoms (möglicherweise Null) und geeigneter konstanter Vielfacher der drei folgenden Funktionstypen dargestellt werden:

$$\frac{1}{(ax+b)^n}, \quad \frac{1}{(ax^2+bx+c)^n} \quad \text{und} \quad \frac{x}{(ax^2+bx+c)^n}$$

Diese Funktionen sind uns aus Abschnitt 3.6 bekannt. Da jedes Polynom und jede dieser drei Grundtypen integriert werden kann, läßt sich jede rationale Funktion integrieren. Es bleibt lediglich die Frage: „Auf welche Art kann ich eine gegebene rationale Funktion als Summe dieser vier einfachen Funktionstypen darstellen"? Den resultierenden Ausdruck nennen wir *Partialbruchzerlegung* der gegebenen rationalen Funktion. Die Technik der Partialbruchzerlegung wird in der Folge genau erläutert. (Anhang D behandelt weitere Details dieses Verfahrens.)

Um den Quotienten A/B zweier Polynome A und B als Summe von Partialbrüchen darzustellen, geht man folgendermaßen vor:

Erster Schritt: Der Grad des Zählers muß kleiner als der Grad des Nenners werden. Ist der Grad von A nicht kleiner als der Grad von B, so dividiere man A durch B, um einen Quotienten Q und einen Rest R zu erhalten: Dann gilt $A = QB + R$, wobei der Grad von R kleiner ist als der Grad von B oder $R = 0$ gilt. Dann folgt

$$\frac{A}{B} = Q + \frac{R}{B}.$$

Die restlichen Schritte behandeln den Ausdruck R/B.

Beispiel 1: Für

$$\frac{A}{B} = \frac{3x^3+x}{x^2+3x+5}$$

ist der erste Schritt durchzuführen.

Lösung: Da der Grad des Zählers nicht kleiner ist als der Grad des Nenners, müssen wir eine langwierige Division ausführen:

$$\begin{array}{r|l}
 & 3x - 9 \qquad \text{Quotient} \\
x^2+3x+5 & 3x^3 + 0x^2 + x + 0 \\
 & 3x^3 + 9x^2 + 15x \\
\hline
 & -9x^2 - 14x + 0 \\
 & -9x^2 - 27x - 45 \\
\hline
 & 13x + 45 \qquad \text{Rest}
\end{array}$$

So gilt also

$$\frac{3x^3+x}{x^2+3x+5} = 3x - 9 + \frac{13x+45}{x^2+3x+5}.$$

(Zur Überprüfung können beide Seiten mit x^2+3x+5 multipliziert werden.) ●

In analoger Weise müßte auch im Fall

$$\frac{3x^2+x}{x^2+3x+5}$$

zuerst eine Division ausgeführt werden.

Zweiter Schritt: Ist der Grad von A kleiner als der Grad von B, so gehen wir wie folgt vor:

a) *Faktorisieren des Nenners:* Man stellt B als Produkt von Polynomen vom Grad 1 oder 2 dar, wobei die Faktoren vom Grad 2 irreduzibel sein müssen. Aufgrund von Theoremen der höheren Algebra ist dies immer möglich.

Ein Polynom zweiten Grades mit reellen Koeffizienten heißt irreduzibel, wenn es nicht in ein Produkt von zwei Polynomen ersten Grades mit reellen Koeffizienten aufgelöst werden kann. Die Bestimmung dieser Faktoren vom Grad 1 und 2 kann oft sehr kompliziert sein.

b) *Bilden von Summanden der Form* $\frac{k_i}{(ax+b)^i}$: Tritt der Ausdruck $ax + b$ genau n mal in der Faktorisierung von B auf, so bilde man die Summe

$$\frac{k_1}{ax+b} + \frac{k_2}{(ax+b)^2} + \dots + \frac{k_n}{(ax+b)^n}.$$

Die Konstanten $k_1, k_2, \dots, k_n$ werden später bestimmt.

c) *Bilden von Summanden der Form* $\frac{c_i x + d_i}{(ax^2+bx+c)^i}$: Tritt $ax^2 + bx + c$ genau m mal in der Faktorisierung von B auf, so bilde man die Summe

$$\frac{c_1 x + d_1}{ax^2+bx+c} + \frac{c_2 x + d_2}{(ax^2+bx+c)^2} + \dots + \frac{c_m x + d_m}{(ax^2+bx+c)^m}.$$

Die Konstanten $c_1, c_2, \dots, c_m$ und $d_1, d_2, \dots, d_m$ werden später bestimmt.

d) *Bestimmen der Konstanten c_i, d_i, k_i:* Man bestimme die Konstanten k_i, c_i und d_i aus b) und c) so, daß A/B gleich der Summe aller Terme aus b) und c) ist (über alle Faktoren, die in a) auftreten).

Die rationale Funktion

$$\frac{c_i x + d_i}{(ax^2+bx+c)^i}$$

ist gleich

$$\frac{c_i x}{(ax^2+bx+c)^i} + \frac{d_i}{(ax^2+bx+c)^i}.$$

Die Summe dieser beiden Funktionen kann mit Hilfe der Methoden des vorigen Abschnittes integriert werden. Wir vereinigen wie in c) diese beiden Quotienten zu einem, um Platz zu sparen.

Enthält schließlich die Faktorisierung eines Polynoms etwa die Ausdrücke $x + 2$ und $2x + 4 = 2(x + 2)$, so stelle man den zweiten Faktor als konstantes Vielfaches des ersten dar. In Schritt 2.a) darf kein irreduzibler Faktor das konstante Vielfache eines anderen sein.

Beispiel 2: Man veranschauliche den Schritt 2 im Fall

$$\frac{A}{B} = \frac{2x^2+3x+3}{(x+1)^3}.$$

Lösung: Multipliziert man den Nenner aus, so ist sein Grad höher als der des Zählers. In diesem Fall enthält der Nenner dreimal $x + 1$, einen Faktor vom Grad eins, und keine quadratischen Faktoren. Man braucht daher nur den Schritt 2.b) anzuwenden und zu schreiben

$$\frac{2x^2+3x+3}{(x+1)^3} = \frac{k_1}{x+1} + \frac{k_2}{(x+1)^2} + \frac{k_3}{(x+1)^3}.$$

Die Konstanten k_1, k_2 und k_3 kann man mit den Methoden der Beispiele 4 bis 6 auffinden. ●

Beispiel 3: Wie sieht die Partialbruchzerlegung von

$$\frac{A}{B} = \frac{2x^3 - 6x^2 + 2}{(x+1)(x^2+x+1)^2}$$

aus?

Lösung: Der Nenner hat den Grad 5, während der Zähler den Grad 3 besitzt. Daher erübrigt sich der erste Schritt. Die irreduziblen Faktoren von B sind $x + 1$ (kommt nur einmal vor) und $x^2 + x + 1$ (tritt im Quadrat auf). Daher sind die Schritte 2.c) und 2.d) notwendig und wir können schreiben

$$\frac{2x^3 - 6x^2 + 2}{(x+1)(x^2+x+1)^2} = \frac{k_1}{x+1} + \frac{c_1 x + d_1}{x^2+x+1} + \frac{c_2 x + d_2}{(x^2+x+1)^2}. \quad ●$$

Das nächste Beispiel zeigt, wie man in einem einfachen Fall die gesuchten Konstanten bestimmen kann. Diese Konstanten sind übrigens immer eindeutig bestimmt.

Beispiel 4: Man stelle

$$\frac{4x-7}{x^2-3x+2}$$

als Summe von Partialbrüchen dar.

Lösung: Man beginne mit Schritt 2.a) und faktorisiere $x^2 - 3x + 2$ in $(x - 1)(x - 2)$. Der Nenner B enthält in diesem Fall nur Faktoren vom Grad eins, daher erübrigt sich Schritt 2.c). Da sowohl $x - 1$ als auch $x - 2$ nur einmal in der Faktorisierung auftreten, erhalten wir in beiden Fällen $n = 1$.

Entsprechend Schritt 2.d) existieren Konstanten k und l mit

$$\frac{4x-7}{x^2-3x+2} = \frac{k}{x-1} + \frac{l}{x-2}. \tag{1}$$

Um k und l zu ermitteln, multiplizieren wir beide Seiten von (1) mit $x^2 - 3x + 2$ und erhalten

$$4x - 7 = k(x-2) + l(x-1). \tag{2}$$

Gleichung (2) gilt als algebraische Identität für alle x, also auch für irgendwelche speziellen Zahlen. Um zwei Gleichungen für die zwei unbekannten k und l zu finden, ersetzen wir x in (2) durch zwei beliebige Zahlen. Da $x - 1$ für x gleich 1 und $x - 2$ für x gleich 2 verschwindet, wählen wir der Einfachheit halber für x die Werte 1 und 2. Das liefert

$$4(1) - 7 = k(1-2) + l(0) \quad \text{für } x = 1 \text{ in (2);}$$
$$4(2) - 7 = k(0) + l(2-1) \quad \text{für } x = 2 \text{ in (2).}$$

Diese beiden Gleichungen vereinfachen sich zu

$$-3=-k \quad \text{und} \quad 1=l.$$

Aus $k=3$ und $l=1$ folgt

$$\frac{4x-7}{x^2-3x+2}=\frac{3}{x-1}+\frac{1}{x-2}. \bullet$$

Beispiel 5: Man stelle

$$\frac{x^2+7x+1}{(x+2)^2(2x+1)}$$

als Summe von Partialbrüchen dar.

Lösung: Der Grad des Zählers ist kleiner als der Grad 3 des Nenners. Daher erübrigt sich Schritt 1. Da der Nenner bereits faktorisiert vorliegt (wie zumeist in der Praxis), ist Schritt 2.a) bereits durchgeführt. Wir werden die Schritte 2.b) und 2.d) gleichzeitig durchführen; Schritt 2.c) ist ebenfalls nicht notwendig, da im Nenner B keine irreduziblen Faktoren vom Grad 2 auftreten.

Da $x+2$ zweimal und $2x+1$ einmal auftritt, gilt

$$\frac{x^2+7x+1}{(x+2)^2(2x+1)}=\frac{k_1}{x+2}+\frac{k_2}{(x+2)^2}+\frac{l}{2x+1}. \tag{3}$$

Um die Konstanten k_1, k_2, l zu bestimmen, eliminieren wir die Nenner durch Multiplikation mit dem Produkt $(x+2)^2(2x+1)$:

$$x^2+7x+1=k_1(x+2)(2x+1)+k_2(2x+1)+ \\ +l(x+2)^2. \tag{4}$$

Wir brauchen drei Gleichungen, um die Unbekannten k_1, k_2 und l zu bestimmen, und ersetzen hierzu x in (4) durch drei verschiedene Zahlen. Wegen $x+2=0$ für $x=-2$ und $2x+1=0$ für $x=-\frac{1}{2}$ ersetzen wir x erst durch -2 und dann durch $-\frac{1}{2}$. Um eine dritte Gleichung zu finden, wählen wir $x=0$. Es folgt

$$\begin{array}{ll} -9=-3k_2 & \text{für } x=-2 \text{ aus (4);} \\ -\frac{9}{4}=(\frac{9}{4})\,l & \text{für } x=-\frac{1}{2} \text{ aus (4);} \\ 1=2k_1+k_2+4l & \text{für } x=0 \text{ aus (4).} \end{array}$$

So ergibt sich $k_2=3$, $l=-1$ und $k_1=1$. Setzen wir k_1, k_2 und l in (3) ein, so erhalten wir schließlich

$$\frac{x^2+7x+1}{(x+2)^2(2x+1)}=\frac{1}{x+2}+\frac{3}{(x+2)^2}-\frac{1}{2x+1}. \bullet$$

Beispiel 6: Man stelle

$$\frac{x^4+x^3-3x+5}{(x+1)(x^2+x+1)}$$

als Summe von Partialbrüchen dar.

Lösung: Da der Grad 4 des Zählers mindestens ebenso groß wie der Grad 3 des Nenners ist, so muß zuerst Schritt 1 durchgeführt werden. Wir dividieren den Zähler durch den Nenner

$$(x+1)(x^2+x+1)=x^3+2x^2+2x+1$$

und erhalten

$$\begin{array}{r|l} & x-1 \quad \text{Quotient} \\ x^3+2x^2+2x+1 & x^4+x^3+0x^2-3x+5 \\ & x^4+2x^3+2x^2+x \\ \hline & -x^3-2x^2-4x+5 \\ & -x^3-2x^2-2x-1 \\ \hline & -2x+6 \quad \text{Rest} \end{array}$$

Also gilt

$$\frac{x^4+x^3-3x+5}{(x+1)(x^2+x+1)}=x-1+\frac{-2x+6}{(x+1)(x^2+x+1)}. \tag{5}$$

Nun wird

$$\frac{-2x+6}{(x+1)(x^2+x+1)}$$

in Übereinstimmung mit den Schritten 2.b) und 2.c) als Summe von Partialbrüchen dargestellt. Da $x+1$ und x^2+x+1 irreduzible Faktoren sind, existieren Konstanten k_1, c_1 und d_1 mit

$$\frac{-2x+6}{(x+1)(x^2+x+1)}=\frac{k_1}{x+1}+\frac{c_1x+d_1}{x^2+x+1}. \tag{6}$$

Um k_1, c_1 und d_1 zu finden, multiplizieren wir Gl. (6) mit $(x+1)(x^2+x+1)$ und erhalten

$$-2x+6=k_1(x^2+x+1)+(c_1x+d_1)(x+1). \tag{7}$$

Setzen wir $x=-1$ (die Lösung von $x+1=0$) sowie $x=0$ und $x=1$ (um einfache Gleichungen zu erhalten), so folgt schließlich

$$\begin{array}{ll} 8=k_1 & \text{für } x=-1 \text{ aus (7);} \\ 6=k_1+d_1 & \text{für } x=0 \text{ aus (7);} \\ 4=3k_1+2c_1+2d_1 & \text{für } x=1 \text{ aus (7).} \end{array}$$

Die erste Gleichung ergibt $k_1=8$, die zweite $d_1=-2$ und die dritte $c_1=-8$.

Also nimmt Gl. (6) die Gestalt an:

$$\frac{-2x+6}{(x+1)(x^2+x+1)}=\frac{8}{x+1}-\frac{8x+2}{x^2+x+1}. \tag{8}$$

Kombinieren wir Gl. (5) und Gl. (8), so ergibt sich

$$\frac{x^4+x^3-3x+5}{(x+1)(x^2+x+1)}=x-1+\frac{8}{x+1}-\frac{8x+2}{x^2+x+1}. \bullet \tag{9}$$

In diesem Abschnitt wurden keine Integrationen ausgeführt, sondern nur rein algebraische Umformungen behandelt. Die Abschnitte 3.6 und 3.7 zeigen gemeinsam, wie man eine rationale Funktion integriert.

Übungen:

In den Übungen 1 bis 6 gebe man die Form der Partialbruchzerlegung an, aber berechne nicht die Konstanten k_i, c_i und d_i.

1. $\dfrac{x^2+3x+1}{(x+1)^3}$
2. $\dfrac{5x+6x^2}{(x+1)^3}$
3. $\dfrac{x^3}{(x-1)(x+2)}$
4. $\dfrac{x+3}{(x-1)^2(x+2)^2}$
5. $\dfrac{x^4+3x^2}{(x^2+x+1)^3}$
6. $\dfrac{x^7-1}{(x^2+x+1)^3(x+1)^2}$

In den Übungen 7 bis 15 ist die angegebene rationale Funktion in Partialbrüche zu zerlegen.

7. $\frac{x^2+x+3}{x+1}$
8. $\frac{x}{x-3}$
9. $\frac{2x^2+2x+3}{2x+1}$
10. $\frac{3x-3}{x^2-9}$
11. $\frac{x+4}{(x+1)^2}$
12. $\frac{2x^2+9x+12}{(x+2)(x+3)^2}$
13. $\frac{x^3}{x^2+3x+5}$
14. $\frac{x^3}{x^2-x-6}$
15. $\frac{x^3}{x^2-4}$

In den Übungen 16 bis 24 soll das Integral aus der jeweils angegebenen Übung berechnet werden.

16. Übung 7
17. Übung 8
18. Übung 9
19. Übung 10
20. Übung 11
21. Übung 12
22. Übung 13
23. Übung 14
24. Übung 15

■

25. Man berechne

$$\int \frac{dx}{(x-1)x(x+1)}.$$

26. (*a*) Sei a eine Konstante ungleich Null, wie lautet die Partialbruchzerlegung von $1/(a^2-x^2)$?
(*b*) Man verwende (*a*) und bestimme $\int dx/(a^2-x^2)$.

In den Übungen 27 bis 29 ist das angegebene Integral zu berechnen.

27. $\int \frac{8-4x}{(x-1)^2(x^2+1)}\,dx$
28. $\int \frac{x^4\,dx}{(x^2-1)(x+2)}$
29. $\int \frac{x^2\,dx}{x^2+4x+4}$

■■

30. Man berechne:
(*a*) $\int (2x^3+x)/(x^4+x^2+1)\,dx$;
(*b*) $\int 1/(x^4+x^2+1)\,dx$.
Hinweis: Für (*b*) beachte man

$$x^4+x^2+1=(x^2+x+1)\cdot(x^2-x+1).$$

Die Übungen 31 bis 33 entwickeln eine Methode, um die Irreduzibilität eines Polynoms vom Grad 2 zu untersuchen.

31. Sei r eine Wurzel des Polynoms $P(x)$, also $P(r)=0$. Dann ist P durch $x-r$ teilbar. Man beweise dies!
32. Man stelle $2x^2-3x-3$ als Produkt von zwei Polynomen des Grades 1 dar.
33. Das Polynom ax^2+bx+c ist irreduzibel, wenn $b^2-4ac<0$ gilt. Sonst kann es faktorisiert werden. Man beweise dies!
34. Diese Übung zeigt ein einfaches Verfahren, um die Partialbruchzerlegung von

$$\frac{1}{(ax+b)(cx+d)}$$

zu bestimmen. Dabei sei $ax+b$ nicht gleich einer Konstanten mal $cx+d$. Man beginne mit der Identität

$$a(cx+d)-c(ax+b)=ad-bc$$

und dividiere beide Seiten durch $(ax+b)(cx+d)$. Um beispielsweise die Partialbruchzerlegung von

$$\frac{1}{(2x+1)(3x+5)}$$

zu finden, beginnen wir mit

$$2(3x+5)-3(2x+1)=7.$$

Division ergibt

$$\frac{2}{2x+1}-\frac{3}{3x+5}=\frac{7}{(2x+1)(3x+5)}$$

und

$$\frac{1}{(2x+1)(3x+5)}=\frac{2}{7}\cdot\frac{1}{2x+1}-\frac{3}{7}\cdot\frac{1}{3x+5}.$$

Auf diese Weise ist die Partialbruchzerlegung von

(*a*) $\frac{1}{(3x-1)(4x+5)}$, (*b*) $\frac{1}{(3x+2)(3x+5)}$

aufzufinden.

3.8 Integration von rationalen Funktionen in $\sin\theta$ und $\cos\theta$

Ein *Polynom in* $\sin\theta$ und $\cos\theta$ entsteht aus $\sin\theta$, $\cos\theta$ und reellen Zahlen durch wiederholte Addition, Subtraktion und Multiplikation. So ist

$$5\cos^3\theta\sin\theta-\sqrt{2}\sin^2\theta+\cos\theta+11$$

ein Polynom in $\sin\theta$ und $\cos\theta$. Der Quotient zweier solcher Polynome heißt rationale Funktion in $\sin\theta$ und $\cos\theta$, z.B.

$$\frac{5\sin^2\theta\cos^3\theta-\pi\cos\theta+11}{2\sin\theta+3\cos\theta}.$$

Dieser Abschnitt behandelt ein allgemeines Verfahren zur Integration solcher Funktionen. Wir diskutieren jedoch zunächst einige rationale Funktionen in $\sin\theta$ und $\cos\theta$, die durch spezielle Verfahren integriert werden können.

Integration von $\sin^n\theta$, *wenn n eine ganze Zahl* >1 *ist:* Partielle Integration lieferte in Abschnitt 3.5 eine Rekursionsformel für $\int\sin^n\theta\,d\theta$ und ganze Zahlen $n>1$. Die Beispiele 1 und 2 illustrieren die Berechnungen von Integralen dieser Art.

Beispiel 1: Man bestimme $\int\sin^2\theta\,d\theta$ unter Verwendung der Identität

$$\sin^2\theta=\frac{1-\cos 2\theta}{2}.$$

Lösung:

$$\int\sin^2\theta\,d\theta=\int\frac{1-\cos 2\theta}{2}\,d\theta=\int\frac{1}{2}\,d\theta-\int\frac{\cos 2\theta}{2}\,d\theta=$$
$$=\frac{\theta}{2}-\frac{\sin 2\theta}{4}=\frac{\theta}{2}-\frac{2\sin\theta\cos\theta}{4}=$$
$$=\frac{\theta}{2}-\frac{\sin\theta\cos\theta}{2}.$$

Dieses Ergebnis ist in jeder Integraltafel zu finden. ●

Die speziellen bestimmten Integrale

$$\int_0^{\pi/2}\sin^2\theta\,d\theta \quad\text{und}\quad \int_0^{\pi/2}\cos^2\theta\,d\theta$$

treten so oft auf, daß man sich ihren Wert einprägen sollte.

Wie man Schaubildern von $\sin^2\theta$ und $\cos^2\theta$ leicht entnehmen kann, besitzen die beiden bestimmten Integrale den gleichen Wert. Außerdem folgt aus

$$\sin^2\theta + \cos^2\theta = 1,$$

$$\int_0^{\pi/2} \sin^2\theta\, d\theta + \int_0^{\pi/2} \cos^2\theta\, d\theta = \int_0^{\pi/2} 1\, d\theta = \frac{\pi}{2}.$$

Daher gilt

$$\int_0^{\pi/2} \sin^2\theta\, d\theta = \frac{\pi}{4} = \int_0^{\pi/2} \cos^2\theta\, d\theta.$$

Im nächsten Beispiel wird gezeigt, wie man $\int \sin^n\theta\, d\theta$ für ungerade ganze n berechnen kann.

Beispiel 2: Man bestimme $\int \sin^5\theta\, d\theta$.

Lösung: Wir erinnern uns an

$$d(\cos\theta) = -\sin\theta\, d\theta$$

und schreiben

$$\int \sin^5\theta\, d\theta = \int \sin^4\theta \sin\theta\, d\theta =$$

$$= -\int (1-\cos^2\theta)^2\, d(\cos\theta).$$

Setzen wir nun $u = \cos\theta$, so ergibt sich

$$\int \sin^5\theta\, d\theta = -\int (1-u^2)^2\, du$$

$$= -\int (1-2u^2+u^4)\, du$$

$$= -\left(u - \frac{2u^3}{3} + \frac{u^5}{5}\right)$$

$$= -\cos\theta + \frac{2\cos^3\theta}{3} - \frac{\cos^5\theta}{5}. \bullet$$

Um nun allgemein $\int \cos^m\theta \sin^n\theta\, d\theta$ zu finden – m und n seien nichtnegative ganze Zahlen, n sei ungerade – faßt man einen Faktor $\sin\theta$ mit $d\theta$ zusammen. Aus $\sin\theta\, d\theta = -d(\cos\theta)$ und der Identität $\sin^2\theta = 1-\cos^2\theta$ ergibt sich mit Hilfe der Substitution $u = \cos\theta$ als neuer Integrand dann ein Polynom in u. Ähnlich geht man bei $\int \cos^m\theta \sin^n\theta\, d\theta$ für ungerade m vor, wie in Beispiel 3 erläutert wird.

Beispiel 3: Man bestimme $\int \cos^3\theta \sin^4\theta\, d\theta$.

Lösung: Wir fassen $\cos\theta$ und $d\theta$ zusammen und bilden

$$\cos\theta\, d\theta = d(\sin\theta).$$

Die Substitution $u = \sin\theta$ liefert

$$\int \cos^3\theta \sin^4\theta\, d\theta = \int \cos^2\theta \sin^4\theta (\cos\theta\, d\theta)$$

$$= \int (1-\sin^2\theta)\sin^4\theta\, d(\sin\theta)$$

$$= \int (1-u^2)u^4\, du$$

$$= \int (u^4-u^6)\, du$$

$$= \frac{u^5}{3} - \frac{u^7}{5}$$

$$= \frac{\sin^5\theta}{3} - \frac{\sin^7\theta}{5}. \bullet$$

Analoge Methoden können auf andere trigonometrische Funktionen wie

$$\int \tan^6\theta \sec^4\theta\, d\theta$$

angewendet werden. [Hier ist der Integrand eigentlich eine rationale Funktion von $\sin\theta$ und $\cos\theta$, nämlich

$$\left(\frac{\sin\theta}{\cos\theta}\right)^6 \left(\frac{1}{\cos\theta}\right)^4 = \frac{\sin^6\theta}{\cos^{10}\theta}.]$$

Beispiel 4: Man bestimme $\int \tan^6\theta \sec^4\theta\, d\theta$.

Lösung: Wir erinnern uns an

$$d(\tan\theta) = \sec^2\theta\, d\theta$$

und fassen $\sec^2\theta$ mit $d\theta$ zusammen. Das führt zu der Substitution

$$u = \tan\theta, \quad du = \sec^2\theta\, d\theta.$$

Aus

$$\sec^2\theta = \tan^2\theta + 1$$

folgt dann

$$\int \tan^6\theta \sec^4\theta\, d\theta = \int \tan^6\theta \sec^2\theta \sec^2\theta\, d\theta$$

$$= \int u^6(u^2+1)\, du$$

$$= \int (u^8+u^6)\, du$$

$$= \frac{u^9}{9} + \frac{u^7}{7}$$

$$= \frac{\tan^9\theta}{9} + \frac{\tan^7\theta}{7}. \bullet$$

Mit Hilfe der Substitution aus Beispiel 4 kann $\int \tan^m\theta \sec^n\theta\, d\theta$ für beliebige ganze m und beliebige positive gerade n berechnet werden. Der Leser untersuche an $\int \tan^4\theta \sec^3\theta\, d\theta$, welche Komplikationen sich für ungerade n ergeben.

Ist m eine positive ungerade Zahl, so kann $\int \tan^m\theta \sec^n\theta\, d\theta$ durch Zusammenfassen von $\tan\theta \sec\theta$ mit $d\theta$ berechnet werden. Es gilt nämlich $\tan\theta \sec\theta\, d\theta = d(\sec\theta)$. Beispiel 5 veranschaulicht diese Möglichkeit.

Beispiel 5: Man bestimme $\int \tan^5\theta \sec^3\theta\, d\theta$.

Lösung: Wir erinnern uns an

$$d(\sec\theta) = \tan\theta \sec\theta\, d\theta$$

und

$$\tan^2\theta = \sec^2\theta - 1.$$

Nun sei

$$u = \sec\theta \quad \text{und} \quad du = \sec\theta \tan\theta\, d\theta.$$

Dann gilt

$$\int \tan^5\theta \sec^3\theta\, d\theta = \int \tan^4\theta \sec^2\theta (\sec\theta \tan\theta\, d\theta)$$
$$= \int (\sec^2\theta - 1)^2 \sec^2\theta (\sec\theta \tan\theta\, d\theta)$$
$$= \int (u^2-1)^2 u^2 du$$
$$= \int (u^6 - 2u^4 + u^2)\, du$$
$$= \frac{u^7}{7} - \frac{2u^5}{5} + \frac{u^3}{3}$$
$$= \frac{\sec^7\theta}{7} - \frac{2\sec^5\theta}{5} + \frac{\sec^3\theta}{3}. \quad \bullet$$

Ein anderes Verfahren löst $\int \tan^n\theta\, d\theta$, wie das nächste Beispiel zeigt.

Beispiel 6: Man berechne eine Rekursionsformel für $\int \tan^n\theta\, d\theta$.

Lösung: Wir erinnern uns an $(\tan\theta)' = \sec^2\theta$ und $\tan^2\theta = \sec^2\theta - 1$. Die nötigen Schritte sind einfach:

$$\int \tan^n\theta\, d\theta = \int \tan^{n-2}\theta \tan^2\theta\, d\theta$$
$$= \int \tan^{n-2}\theta (\sec^2\theta - 1)\, d\theta$$
$$= \int \tan^{n-2}\theta \sec^2\theta\, d\theta - \int \tan^{n-2}\theta\, d\theta$$
$$= \frac{\tan^{n-1}\theta}{n-1} - \int \tan^{n-2}\theta\, d\theta.$$

Man vergleiche diese Formel mit der Rekursionsformel für $\int \sin^n\theta\, d\theta$ aus Abschnitt 3.5. Wiederholte Anwendung der hier beschriebenen Rekursionstechnik führt auf

$$\tan^0\theta\, d\theta = \int d\theta = \theta \quad \text{(wenn } n \text{ gerade ist)}$$

oder auf

$$\int \tan^1\theta\, d\theta = \int \tan\theta\, d\theta = \int \frac{\sin\theta}{\cos\theta}\, d\theta = -\ln|\cos\theta| =$$
$$= \ln|\sec\theta| \quad \text{(wenn } n \text{ ungerade ist).} \quad \bullet$$

Die Formeln

$$\int \sec\theta\, d\theta = \ln|\sec\theta + \tan\theta|$$
$$\int \sec\theta\, d\theta = \frac{1}{2}\ln\frac{1+\sin\theta}{1-\sin\theta}$$

sind in Integraltafeln zu finden. Sie werden in Beispiel 7 hergeleitet.

Beispiel 7: Man bestimme $\int \sec\theta\, d\theta$.

Lösung: Wir schreiben

$$\int \sec\theta\, d\theta = \int \frac{1}{\cos\theta}\, d\theta$$
$$= \int \frac{\cos\theta}{\cos^2\theta}\, d\theta$$
$$= \int \frac{\cos\theta}{1-\sin^2\theta}\, d\theta.$$

Die Substitution

$$u = \sin\theta \quad \text{und} \quad du = \cos\theta\, d\theta$$

transformiert das letzte Integral in ein Integral über eine rationale Funktion:

$$\int \frac{du}{1-u^2} = \frac{1}{2}\int \left(\frac{1}{1+u} + \frac{1}{1-u}\right) du =$$
$$= \frac{1}{2}[\ln(1+u) - \ln(1-u)]$$
$$= \frac{1}{2}\ln\frac{1+u}{1-u}.$$

Aus $u = \sin\theta$ folgt

$$\frac{1}{2}\ln\frac{1+u}{1-u} = \frac{1}{2}\ln\frac{1+\sin\theta}{1-\sin\theta}.$$

Dies ist gleich $\ln|\sec\theta + \tan\theta|$, wie sich aus der Relation

$$\frac{1+\sin\theta}{1-\sin\theta} = (\sec\theta + \tan\theta)^2$$

unmittelbar ergibt. $\sec\theta + \tan\theta$ kann negativ sein,

$$\frac{1+\sin\theta}{1-\sin\theta}$$

ist stets nichtnegativ. $\bullet$

Die Tabelle auf S. 64 faßt die Verfahren dieses Abschnitts mit ähnlichen Methoden für andere Potenzen von trigonometrischen Funktionen zusammen.

Allgemeines Verfahren zur Integration von rationalen Funktionen in $\cos\theta$ *und* $\sin\theta$: Die folgende Methode kann auf *beliebige rationale Funktionen* in $\cos\theta$ und $\sin\theta$ angewendet werden. Wir gehen davon aus, daß $\cos\theta$ und $\sin\theta$ durch $\tan(\theta/2)$ ausgedrückt werden können.

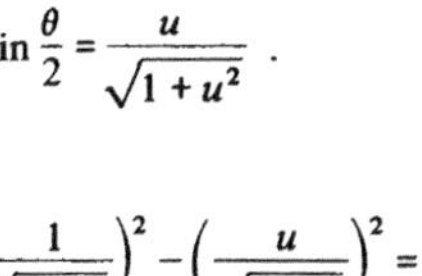

Bild 3.2

Man führe die Substitution $u = \tan(\theta/2)$ ein (Bild 3.2). Es gilt

$$\cos\frac{\theta}{2} = \frac{1}{\sqrt{1+u^2}} \quad \text{und} \quad \sin\frac{\theta}{2} = \frac{u}{\sqrt{1+u^2}}.$$

Daraus folgt:

$$\cos\theta = \cos^2\frac{\theta}{2} - \sin^2\frac{\theta}{2} = \left(\frac{1}{\sqrt{1+u^2}}\right)^2 - \left(\frac{u}{\sqrt{1+u^2}}\right)^2 =$$
$$= \frac{1-u^2}{1+u^2}$$
$$\sin\theta = 2\sin\frac{\theta}{2}\cos\frac{\theta}{2} = 2\left(\frac{u}{\sqrt{1+u^2}}\right)\left(\frac{1}{\sqrt{1+u^2}}\right) =$$
$$= \frac{2u}{1+u^2}.$$

Auch $d\theta$ kann sehr leicht durch u und du dargestellt werden: Aus $u = \tan(\theta/2)$ ergibt sich

$$du = \frac{1}{2}\sec^2\frac{\theta}{2}\,d\theta = \frac{1}{2}\left(1+\tan^2\frac{\theta}{2}\right)d\theta = \frac{1}{2}(1+u^2)\,d\theta.$$

Wir erhalten schließlich

$$d\theta = \frac{2\,du}{1+u^2}.$$

Die Substitution $u = \tan\theta/2$ führt also zu

$$\cos\theta = \frac{1-u^2}{1+u^2}, \quad \sin\theta = \frac{2u}{1+u^2} \text{ und } d\theta = \frac{2du}{1+u^2}.$$

Diese Substitution transformiert jedes Integral über eine rationale Funktion in $\cos\theta$ und $\sin\theta$ in ein Integral über eine rationale Funktion von u. Die resultierende rationale Funktion kann dann mit Hilfe der Partialbruchmethoden integriert werden. *Diese Methode kann zwar immer angewendet werden, ist aber nicht immer günstig.*

Beispiel 8: Man bestimme

$$\int \frac{\sin^3\theta\cos\theta\,d\theta}{1+2\cos\theta}$$

Lösung: Man verwendet die Substitution $u = \tan(\theta/2)$. Dann gilt

$$\cos\theta = \frac{1-u^2}{1+u^2}, \quad \sin\theta = \frac{2u}{1+u^2} \quad \text{und} \quad d\theta = \frac{2du}{1+u^2}.$$

Wir erhalten

$$\int \frac{\sin^3\theta\cos\theta}{1+2\cos\theta}\,d\theta = \int \frac{\left(\frac{2u}{1+u^2}\right)^3\frac{1-u^2}{1+u^2}}{1+2\frac{1-u^2}{1+u^2}}\,\frac{2du}{1+u^2}.$$

Dies vereinfacht sich zu

$$\int \frac{16u^3(1-u^2)}{(3-u^2)(1+u^2)^4}\,du.$$

Dieses Integral kann mit Hilfe der Partialbruchzerlegung berechnet werden. ●

Integrand	*Vorgangsweise*
$\sin^2\theta$	Man schreibt $\sin^2\theta$ als $\frac{1-\cos 2\theta}{2}$.
$\cos^2\theta$	Man schreibt $\cos^2\theta$ als $\frac{1+\cos 2\theta}{2}$.
$\sin^n\theta$ (n ungerade)	Man schreibt $\sin^n\theta\,d\theta = \sin^{n-1}\theta(\sin\theta\,d\theta)$ und verwendet $u = \cos\theta$ und $1-u^2 = \sin^2\theta$.
$\cos^m\theta\sin^n\theta$ (n ungerade)	Man schreibt $\cos^m\theta\sin^n\theta\,d\theta = \cos^m\theta\sin^{n-1}\theta(\sin\theta\,d\theta)$ und verwendet $u = \cos\theta$ sowie $1-u^2 = \sin^2\theta$.
$\cos^m\theta\sin^n\theta$ (m ungerade)	Man schreibt $\cos^m\theta\sin^n\theta\,d\theta = \cos^{m-1}\theta\sin^n\theta(\cos\theta\,d\theta)$ und verwendet $u = \sin\theta$ sowie $1-u^2 = \cos^2\theta$.
$\cos^m\theta\sin^n\theta$ (m und n positive gerade ganze Zahl)	Man ersetzt $\cos^2\theta$ durch $\frac{1+\cos 2\theta}{2}$ und $\sin^2\theta$ durch $\frac{1-\cos 2\theta}{2}$ (siehe Übung 20).
$\tan^m\theta\sec^n\theta$ ($n > 2$ und gerade)	Man schreibt $\tan^m\theta\sec^n\theta\,d\theta$ als $\tan^m\theta\sec^{n-2}\theta(\sec^2\theta\,d\theta)$ und verwendet $u = \tan\theta$ sowie $1+u^2 = \sec^2\theta$.
$\tan^m\theta\sec^n\theta$ (m ungerade)	Man schreibt $\tan^m\theta\sec^n\theta\,d\theta$ als $\tan^{m-1}\theta\sec^{n-1}\theta(\tan\theta\sec\theta\,d\theta)$ und verwendet $u = \sec\theta$ sowie $u^2-1 = \tan^2\theta$.
$\tan^n\theta$ (n eine ganze Zahl > 2)	Man schreibt $\tan^n\theta = \tan^{n-2}\theta\tan^2\theta = \tan^{n-2}\theta\sec^2\theta - \tan^{n-2}\theta$ und wiederholt dies.
$\tan\theta$	$\int\tan\theta\,d\theta = \ln\lvert\sec\theta\rvert$.
$\sec\theta$	$\int\sec\theta\,d\theta = \ln\lvert\sec\theta+\tan\theta\rvert$.
$\cot^m\theta\,\mathrm{cosec}^n\theta$ ($n > 2$ und gerade)	Man schreibt $\cot^m\theta\,\mathrm{cosec}^n\theta$ als $\cot^m\theta\,\mathrm{cosec}^{n-2}\theta(\mathrm{cosec}^2\theta\,d\theta)$ und verwendet $u = \cot\theta$ sowie $1+u^2 = \mathrm{cosec}^2\theta$.
$\cot^m\theta\,\mathrm{cosec}^n\theta$ (m ungerade)	Man schreibt $\cot^m\theta\,\mathrm{cosec}^n\theta\,d\theta$ als $\cot^{m-1}\theta\,\mathrm{cosec}^{n-1}\theta(\cot\theta\,\mathrm{cosec}\,\theta\,d\theta)$ und verwendet $u = \mathrm{cosec}\,\theta$ sowie $u^2-1 = \cot^2\theta$.
$\tan^m\theta\sec^n\theta$ (m gerade, n eine positive ganze Zahl)	Man ersetzt $\tan^2\theta$ durch $\sec^2\theta - 1$ (siehe Übung 24).

Übungen:

In den Übungen 1 bis 18 sind die Integrale zu berechnen.

1. $\int \sin^5\theta\, d\theta$
2. $\int \sin^2\theta \cos^3\theta\, d\theta$
3. $\int \tan^4\theta \sec^2\theta\, d\theta$
4. $\int \tan^5\theta \sec^3\theta\, d\theta$
5. $\int \sin^3\theta \cos^4\theta\, d\theta$
6. $\int \operatorname{cosec}\theta\, d\theta$
7. $\int \cot\theta\, d\theta$
8. $\int \cos^2 3\theta\, d\theta$
9. $\int \tan^4\theta\, d\theta$
10. $\int \sec 3\theta\, d\theta$
11. $\int \cot^3\theta \operatorname{cosec}^5\theta\, d\theta$
12. $\int \cot^4\theta \operatorname{cosec}^4\theta\, d\theta$
13. $\int (\sin\theta + 2\cos\theta)^2 d\theta$
14. $\int (\tan\theta + 2\cot\theta)^2 d\theta$
15. $\int \cos^3\theta\, d\theta$
16. $\int_0^{\pi/2} \cos^2\theta\, d\theta$
17. $\int \cot^3\theta \operatorname{cosec}^4\theta\, d\theta$
18. $\int \sin^3\theta \tan^2\theta\, d\theta$

19. Man berechne

$$\int \frac{d\theta}{1+\cos\theta}$$

mit Hilfe der Identität

$$\cos^2\frac{\theta}{2} = \frac{1+\cos\theta}{2}.$$

Die Methode von Übung 20 findet für $\int \sin^m\theta \cos^n\theta\, d\theta$ Verwendung, wenn m und n positive ganze Zahlen sind.

20. Man berechne

$$\int \sin^2\theta \cos^4\theta\, d\theta$$

mit Hilfe der Identitäten

$$\sin^2\theta = \frac{1-\cos 2\theta}{2} \quad \text{und} \quad \cos^2\theta = \frac{1+\cos 2\theta}{2}.$$

21. Mit Hilfe partieller Integration zeige man

$$\int \sin^n\theta\, d\theta = -\frac{\sin^{n-1}\theta\cos\theta}{n} + \frac{n-1}{n}\int \sin^{n-2}\theta\, d\theta.$$

Die Übungen 22 bis 24 hängen zusammen.

22. Mit Hilfe partieller Integration beweise man die Rekursionsformel

$$\int \sec^n a\theta\, d\theta = \frac{1}{a(n-1)}\,\frac{\sin a\theta}{\cos^{n-1}a\theta} + \frac{n-2}{n-1}\int \sec^{n-2}a\theta\, d\theta \qquad n>1.$$

23. Mit Hilfe der Rekursionsformel von Übung 22 berechne man

$$\int \sec^3\theta\, d\theta.$$

24. (Siehe Übung 22.)

(*a*) Das Integral $\int \tan^m\theta \sec^n\theta\, d\theta$ (m nichtnegativ und gerade, n nichtnegativ und ganz) kann auf eine Summe von Integralen des Typs $\int \sec^n\theta\, d\theta$ reduziert werden, wenn man die Gleichung $\tan^2\theta = \sec^2\theta - 1$ anwendet. Man beweise dies!

(*b*) Man berechne $\int \tan^2\theta \sec^3\theta\, d\theta$.

25. Man zeige

$$\frac{1}{2}\ln\frac{1+\sin\theta}{1-\sin\theta} = \ln|\sec\theta + \tan\theta|.$$

26. Man bestimme $\int \sin^2\theta \cos^2\theta\, d\theta$ mit Hilfe der Identität $\sin 2\theta = 2\sin\theta\cos\theta$.

Die Übungen 27 bis 31 behandeln allgemeine Methoden zur Integration einer rationalen Funktion in $\sin\theta$ und $\cos\theta$.

27. Man bestimme $\int \sec\theta\, d\theta$ mit Hilfe des allgemeinen Verfahrens für rationale Funktionen in $\sin\theta$ und $\cos\theta$.
28. Man transformiere $\int (1-3\cos\theta)/(1+4\sin\theta)\, d\theta$ auf ein Integral über eine rationale Funktion.
29. Man transformiere $(\cos^3\theta - 2\sin\theta)/(\sin\theta + \cos\theta)\, d\theta$ auf ein Integral über eine rationale Funktion.
30. Man bestimme $\int d\theta/(3+4\cos\theta)$.
31. Man bestimme $\int (3+\cos\theta)/(2-\cos\theta)\, d\theta$.

3.9 Trigonometrische und algebraische Substitutionen

Eine rationale Funktion von x und $\sqrt{a^2-x^2}$ bzw. $\sqrt{a^2+x^2}$ oder $\sqrt{x^2-a^2}$ kann mit Hilfe von trigonometrischen Substitutionen integriert werden. Ist der Integrand eine rationale Funktion von x und

Fall 1: $\sqrt{a^2-x^2}$; dann sei $x = a\sin\theta$.

Fall 2: $\sqrt{a^2+x^2}$; dann sei $x = a\tan\theta$.

Fall 3: $\sqrt{x^2-a^2}$; dann sei $x = a\sec\theta$.

Der Grundgedanke dieser Ansätze ist leicht einzusehen. Man betrachte beispielsweise Fall 1: Ersetzt man x in $\sqrt{a^2-x^2}$ durch $a\sin\theta$, so erhält man

$$\sqrt{a^2-x^2} = \sqrt{a^2-(a\sin\theta)^2} = \sqrt{a^2(1-\sin^2\theta)} = \sqrt{a^2\cos^2\theta} = a\cos\theta,$$

sofern a und $\cos\theta$ positiv sind. Wesentlich ist, daß bei dieser Substitution *die Quadratwurzel verschwindet*. Das allgemeine Verfahren wird in den Beispielen 1 bis 3 veranschaulicht.

Beispiel 1: Man berechne $\int \frac{x^3\,dx}{x+\sqrt{16-x^2}}$.

Lösung: Wir substituieren

$$x = 4\sin\theta$$

und

$$dx = 4\cos\theta\, d\theta$$

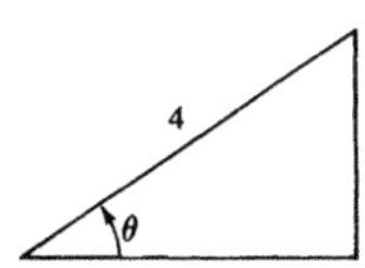

Bild 3.3

(Bild 9.3). So ergibt sich:

$$\int \frac{x^3\,dx}{x+\sqrt{16-x^2}} = \int \frac{(4\sin\theta)^3}{4\sin\theta+\sqrt{16-16\sin^2\theta}}\,4\cos\theta\, d\theta = \int \frac{256\sin^3\theta\cos\theta}{4\sin\theta+4\cos\theta}\,d\theta.$$

Da jede rationale Funktion in $\sin\theta$ und $\cos\theta$ auf eine rationale Funktion von $u = \tan(\theta/2)$ reduziert werden kann (siehe Abschnitt 3.8), kann das Integral – wenn auch mühselig – bestimmt werden. ●

Beispiel 2: Man berechne $\int \sqrt{1+x^2}\,dx$.

Lösung: Die Identität $\sec\theta = \sqrt{1+\tan^2\theta}$ liefert uns die Substitution nach Fall 2:

$$x = \tan\theta \quad \text{und} \quad dx = \sec^2\theta\, d\theta.$$

Es folgt

$$\int \sqrt{1+x^2}\,dx = \int \sec\theta \sec^2\theta\, d\theta = \int \sec^3\theta\, d\theta.$$

Dies können wir umschreiben als

$$\int \sec\theta \sec^2\theta\, d\theta.$$

Partielle Integration mit

$$u = \sec\theta \qquad dv = \sec^2\theta\, d\theta$$
$$du = \sec\theta\tan\theta\, d\theta \qquad v = \tan\theta$$

(Bild 3.4) liefert dann

$$\begin{aligned}\int \sec^3\theta\, d\theta &= \int \underbrace{\sec\theta}_{u}\, \underbrace{\sec^2\theta\, d\theta}_{dv}\\ &= \underbrace{\sec\theta}_{u}\, \underbrace{\tan\theta}_{v} - \int \underbrace{\tan\theta}_{v}\, \underbrace{\sec\theta\tan\theta\, d\theta}_{du}\\ &= \sec\theta\tan\theta - \int \tan^2\theta\sec\theta\, d\theta\\ &= \sec\theta\tan\theta - \int (\sec^2\theta - 1)\sec\theta\, d\theta\\ &= \sec\theta\tan\theta - \int \sec^3\theta\, d\theta + \int \sec\theta\, d\theta.\end{aligned}$$

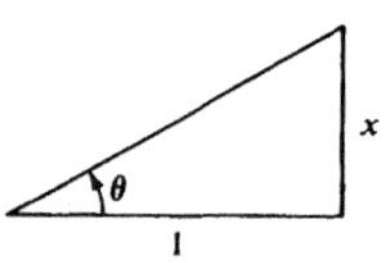

Bild 3.4

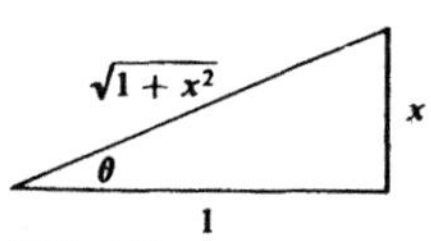

Bild 3.5

Fassen wir die Terme zusammen, so ergibt sich

$$2\int \sec^3\theta\, d\theta = \sec\theta\tan\theta + \int \sec\theta\, d\theta.$$

Aus Beispiel 7 von Abschnitt 3.8 wissen wir

$$\int \sec\theta\, d\theta = \ln|\sec\theta + \tan\theta|.$$

Daraus folgt schließlich

$$\int \sec^3\theta\, d\theta = \frac{\sec\theta\tan\theta}{2} + \frac{1}{2}\ln|\sec\theta + \tan\theta|.$$

Um diese Stammfunktion durch x anstatt θ auszudrücken, müssen wir $\tan\theta$ und $\sec\theta$ durch x darstellen (Bild 3.5). Ausgehend von der Definition $x = \tan\theta$, finden wir $\sec\theta = \sqrt{1+\tan^2\theta} = \sqrt{1+x^2}$. Wir erhalten somit

$$\int \sqrt{1+x^2}\,dx = \frac{x\sqrt{1+x^2}}{2} + \frac{1}{2}\ln(\sqrt{1+x^2} + x).$$

Diese Formel ist in jeder Integraltafel angeführt. ●

Beispiel 3: Man berechne $\displaystyle\int \frac{dx}{\sqrt{x^2-9}}$.

Lösung: Sei $x = 3\sec\theta$ und $dx = 3\sec\theta\tan\theta\, d\theta$ (Bild 3.6). Dann folgt

$$\begin{aligned}\int \frac{dx}{\sqrt{x^2-9}} &= \int \frac{3\sec\theta\tan\theta\, d\theta}{\sqrt{9\sec^2\theta - 9}}\\ &= \int \frac{\sec\theta\tan\theta\, d\theta}{\tan\theta}\\ &= \int \sec\theta\, d\theta\\ &= \ln|\sec\theta + \tan\theta| \qquad \text{(Beispiel 7 aus Abschnitt 3.8)}\\ &= \ln\left|\frac{x}{3} + \frac{\sqrt{x^2-9}}{3}\right| \qquad \text{(Bild 3.7).}\end{aligned}$$

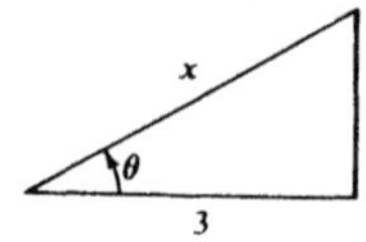

Bild 3.6

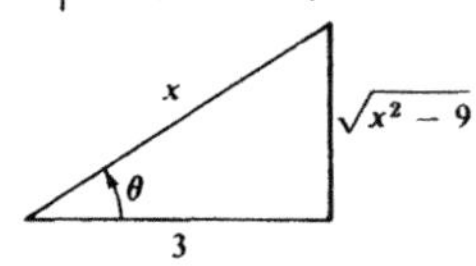

Bild 3.7

Auch $\ln|x + \sqrt{x^2-9}|$ ist eine Stammfunktion von $1/\sqrt{x^2-9}$, denn es gilt

$$\ln\left|\frac{x}{3} + \frac{\sqrt{x^2-9}}{3}\right| = \ln|x + \sqrt{x^2-9}| - \ln 3. \;\bullet$$

Jede rationale Funktion von x und $\sqrt{a^2-b^2x^2}$, $\sqrt{a^2x^2-b^2}$ oder $\sqrt{a^2+b^2x^2}$ kann analog behandelt werden. Um etwa eine rationale Funktion von x und $\sqrt{a^2-b^2x^2}$ zu integrieren, wählt man folgende Substitution:

$$b^2x^2 = a^2\sin^2\theta \quad \text{oder} \quad bx = a\sin\theta.$$

Somit ist

$$x = \frac{a}{b}\sin\theta \quad \text{und} \quad dx = \frac{a}{b}\cos\theta\, d\theta.$$

Dann gilt

$$\sqrt{a^2-b^2x^2} = \sqrt{a^2 - a^2\sin^2\theta} = a\cos\theta.$$

Jede rationale Funktion von x und $a^2 - b^2x^2$ ist eine rationale Funktion von x und kann nach der Partialbruchmethode integriert werden. In manchen Fällen ist jedoch eine trigonometrische Substitution günstiger, wie Beispiel 4 zeigen wird.

Beispiel 4: Man bestimme $\displaystyle\int \frac{dx}{(4-9x^2)^2}$.

Lösung: Sei $9x^2 < 4$. Wir setzen

$$9x^2 = 4\sin^2\theta \quad \text{und} \quad 3x = 2\sin\theta;$$

dann gilt

$$dx = \tfrac{2}{3}\cos\theta\, d\theta.$$

Wir erhalten weiter

$$\begin{aligned}\int \frac{dx}{(4-9x^2)^2} &= \int \frac{\frac{2}{3}\cos\theta\, d\theta}{(4-4\sin^2\theta)^2}\\ &= \frac{2}{3}\int \frac{\cos\theta\, d\theta}{16(1-\sin^2\theta)^2}\\ &= \frac{1}{24}\int \frac{\cos\theta\, d\theta}{\cos^4\theta}\\ &= \frac{1}{24}\int \frac{1}{\cos^3\theta}\, d\theta\end{aligned}$$

$$= \frac{1}{24} \int \sec^3 \theta \, d\theta.$$

$\int \sec^3 \theta \, d\theta$ ist in Beispiel 2 berechnet worden.

Ist $9x^2 > 4$, so wählen wir die Substitution $9x^2 = 4 \sec^2 \theta$ mit $3x = 2 \sec \theta$. ●

Integration einer rationalen Funktion von x und $\sqrt[n]{ax+b}$: Integrale über rationale Funktionen von x und $\sqrt[n]{ax+b}$ können auf Integrale über rationale Funktionen zurückgeführt werden. Wir wählen dazu die algebraische Substitution

$$u = \sqrt[n]{ax+b} \quad \text{oder} \quad u^n = ax + b.$$

Diese Substitution führt auf

$$nu^{n-1} du = a\, dx \quad \text{und} \quad x = \frac{u^n - b}{a}.$$

Folglich können $\sqrt[n]{ax+b}$, x und dx durch u und du ausgedrückt werden. Das Wurzelzeichen ist verschwunden. Das folgende Beispiel zeigt dieses Verfahren.

Beispiel 5: Man bestimme $\int \frac{\sqrt[4]{1+x}}{x^2} dx$.

Lösung: Sei

$$u = \sqrt[4]{1+x}.$$

Dann gilt

$$u^4 = 1 + x$$

(also $x = u^4 - 1$ und $4u^3 du = dx$).

Das transformierte Integral lautet nun

$$\int \frac{u}{(u^4-1)^2} 4u^3 du$$

und kann mit Hilfe der Partialbruchzerlegung integriert werden. ●

Übungen:

In den Übungen 1 bis 9 ist die entsprechende Substitution durchzuführen, um die Wurzel zu entfernen. Man suche *nicht* das resultierende Integral.

1. $\int \frac{\sqrt{4-x^2}}{x^3} dx$
2. $\int \frac{\sqrt{x^2+2}}{4x+1} dx$
3. $\int \frac{\sqrt{4x^2+2}}{4x+5} dx$
4. $\int \frac{dx}{\sqrt[4]{x}+\sqrt{x}}$
5. $\int \frac{\sqrt{4x^2-1}}{x+\sqrt{4x^2-1}}$
6. $\int \frac{1+\sqrt[3]{x}}{1+\sqrt{x}} dx$

   Hinweis: Sei $u = \sqrt[6]{x}$.
7. $\int \frac{(\sqrt{1-9x^2})^3 + x}{\sqrt{1-9x^2}} dx$
8. $\int \frac{\sqrt[3]{1-5x}+2}{\sqrt[3]{1-5x}+3} dx$
9. $\int \frac{\sqrt{1+2x^2}}{1+\sqrt{1+2x^2}} dx$

■■

In den Übungen 10 bis 22 ist das Integral zu berechnen.

10. $\int \frac{\sqrt[3]{x+8}}{x} dx$
11. $\int \frac{\sqrt{25-4x^2}}{x} dx$
12. $\int \frac{x^2 dx}{\sqrt{9+x^2}}$
13. $\int \frac{x^3 dx}{\sqrt{4+9x^2}}$
14. $\int \frac{dx}{\sqrt[4]{x}+\sqrt{x}}$
15. $\int \frac{(9-16x^2)^{3/2}}{x^4} dx$
16. $\int x^3 \sqrt{9-x^2}\, dx$
17. $\int \frac{dx}{\sqrt{16x^2-9}}$
18. $\int \frac{dx}{(4+x^2)^{3/2}}$
19. $\int x^5 (\sqrt{1-4x^2})^3 dx$
20. $\int \frac{dx}{(x-3)\sqrt{x+3}}$
21. $\int \frac{(9x^2-4)^{3/2}}{x} dx$
22. $\int \frac{dx}{x^2\sqrt{x^2+9}}$

■

In den Übungen 23 bis 28 soll auf einen Integranden transformiert werden, der eine rationale Funktion geeigneter trigonometrischer Funktionen ist. Man versuche nicht, das Integral zu berechnen.

23. $\int \frac{x^3 dx}{(1-4x^2)^3}, x^2 < \frac{1}{4}$
24. $\int \frac{x^3 dx}{(1-4x^2)^3}, x^2 > \frac{1}{4}$
25. $\int (4+9x^2)^5 dx$
26. $\int \frac{x^6 dx}{(9x^2-4)^5}, 9x^2 > 4$
27. $\int \frac{x+x^3}{(1-2x^2)^5} dx, x^2 < \frac{1}{2}$
28. $\int \frac{x^3 dx}{\sqrt{25-4x^2}}$

■■

29. Jede rationale Funktion von $\sqrt{x}$ und $\sqrt{x+1}$ kann mit Hilfe der Substitution $x = \tan^2 \theta$ integriert werden. Man zeige dies!
30. Jede rationale Funktion von x, $\sqrt{x+a}$ und $\sqrt{x+b}$ kann durch Einführung der folgenden Substitution integriert werden:

$$x + a = \frac{1}{4}(a-b)\left(t + \frac{1}{t}\right)^2$$

und

$$x + b = \frac{1}{4}(a-b)\left(t - \frac{1}{t}\right)^2.$$

Aber nicht jede rationale Funktion von $\sqrt{x+a}$, $\sqrt{x+b}$ und $\sqrt{x+c}$ besitzt ein elementares Integral. So ist etwa

$$\int \frac{1}{\sqrt{x}\sqrt{x-1}\sqrt{x+1}} dx = \int \frac{1}{\sqrt{x^3-x}} dx$$

keine elementare Funktion.

31. Jede rationale Funktion von

$$x \text{ und } \sqrt[n]{\frac{ax+b}{cx+d}}$$

besitzt eine elementare Stammfunktion. Man zeige dies!

3.10 Zusammenfassung

Der Hauptsatz der Infinitesimalrechnung (Kapitel 1) führte das Problem der Berechnung von bestimmten Integralen auf das Problem des Aufsuchens einer Stammfunktion zurück. Nun existieren sehr einfache und wichtige Funktionen, die keine elementare Stammfunktion besitzen:

$$\int \frac{\sin x\, dx}{x}, \quad \int e^{x^2} dx, \quad \int \frac{1}{\ln x} dx,$$

$$\int x \tan x\, dx, \quad \int \frac{\ln x}{x+1} dx,$$

$$\int\sqrt{1-\frac{\sin^2 x}{4}}\,dx \quad \text{und} \quad \int\sqrt[3]{x-x^2}\,dx$$

sind keine elementaren Funktionen. Wenn zum Beispiel das bestimmte Integral

$$\int_0^1 e^{x^2}\,dx$$

auftritt, muß daher eine Abschätzung durch eine approximative Summe vorgenommen werden. $\left(\int_0^1 e^{x^2}dx\right.$ ist als Grenzwert einer Annäherungssumme definiert; man wähle eine Summe mit sehr kleinem Maß.$\left.\right)$ Das sogenannte „elliptische Integral".

$$\int_0^{\pi/2}\sqrt{1-k^2\sin^2 x}\,dx,$$

tritt in der Ingenieurmathematik oft auf; es ist in den meisten Handbüchern für verschiedene Werte von k bis auf vier Dezimalstellen tabelliert.

Glücklicherweise haben viele wichtige Funktionen elementare Stammfunktionen. In diesem Kapitel wurden einige Methoden für das Aufsuchen von Stammfunktionen angegeben. Die zwei wichtigsten Techniken sind nach wie vor die Substitution und die Verwendung von Integraltafeln. Die obenstehende Tabelle gibt einen Überblick über die besprochenen Methoden und deren Anwendung.

Methode	*Beschreibung*
Substitution	Man führe ein $u = h(x)$ ein. Gilt $f(x)\,dx = g(u)\,du$, dann ist $\int f(x)\,dx = \int g(u)\,du$.
Substitution im bestimmten Integral	Sei in der obigen Substitution $u = A$ für $x = a$ und $u = B$ für $x = b$, dann gilt $\int_a^b f(x)\,dx = \int_A^B g(u)\,du.$
Integraltafel	Man übe sich im Gebrauch einer Integraltafel. Substitution und Integraltafel ist die sicherste Methode Integrale zu lösen.
partielle Integration	$\int u\,dv = uv - \int v\,du$. Man wähle u und v derart, daß $u\,dv = f(x)\,dx$, und untersuche, ob $\int v\,du$ einfacher ist als $\int u\,dv$.
Partialbrüche (auf jede rationale Funktion von x anwendbar)	Bei dieser algebraischen Methode schreibt man den Integranden als Summe eines Polynoms (wenn der Grad des Zählers größer oder gleich dem Grad des Nenners ist) plus Terme von der Art $\frac{k_i}{(ax+b)^i}, \frac{c_i x + d_i}{(ax^2+bx+c)^i}$ Jede Integraltafel beinhaltet Integrale dieser zwei Arten. (Für die erste Art verwende man die Substitution $u = ax + b$.)
Integration von bestimmten Potenzen einer trigonometrischen Funktion	Es gibt viele Spezialfälle: So wird etwa $\int\cos^k\theta\,\sin^{2n+1}\theta\,d\theta$ umgeschrieben als $\int\cos^k\theta\,(1-\cos^2\theta)^n\sin\theta\,d\theta$ und dann die Substitution $u = \cos\theta$ durchgeführt. Wir erinnern uns an $d(\sin\theta) = \cos\theta\,d\theta$; $d(\cos\theta) = -\sin\theta\,d\theta$; $d(\sec\theta) = \sec\theta\tan\theta\,d\theta$; $d(\tan\theta) = \sec^2\theta\,d\theta$. Man verwendet trigonometrische Identitäten wie etwa $\sin^2\theta = (1-\cos 2\theta)/2$ und $\cos^2\theta = (1+\cos 2\theta)/2$.
Integration einer rationalen Funktion von $\cos\theta$ und $\sin\theta$	Sei $u = \tan(\theta/2)$. Dann gilt $\cos\theta = \frac{1-u^2}{1+u^2}$, $\sin\theta = \frac{2u}{1+u^2}$, $d\theta = \frac{2\,du}{1+u^2}$ und der neue Integrand ist eine rationale Funktion von u.
Integration einer rationalen Funktion von x und einer der folgenden Ausdrücke $\sqrt{a^2-x^2}$, $\sqrt{a^2+x^2}$, $\sqrt{x^2-a^2}$, a^2-x^2, a^2+x^2	Für $\sqrt{a^2-x^2}$ oder a^2-x^2 sei $x = a\sin\theta$. Für $\sqrt{a^2+x^2}$ oder a^2+x^2 sei $x = a\tan\theta$. Für $\sqrt{x^2-a^2}$ sei $x = a\sec\theta$ (siehe die beiden rechtwinkligen Dreiecke). 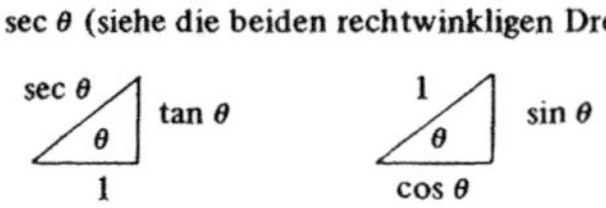
Integration einer rationalen Funktion von x und $\sqrt[n]{ax+b}$	Sei $u = \sqrt[n]{ax+b}$ oder $u^n = ax + b$, $nu^{n-1}du = a\,dx$ und $x = (u^n - b)/a$. Der neue Integrand ist eine rationale Funktion von u.

Testaufgaben zu Kapitel 3

In den Problemen 1 bis 18 ist das entsprechende Integral zu bestimmen.

1. $\int \frac{x^3\,dx}{1+x^4}$
2. $\int \sqrt{4-9x^2}\,dx$
3. $\int \frac{dx}{x^4-1}$
4. $\int \tan^5 2x \sec^2 2x\,dx$
5. $\int \frac{x^4\,dx}{x^4-1}$
6. $\int \frac{dx}{\sqrt{9x^2+16}}$
7. $\int \frac{dx}{2\sqrt{x}-\sqrt[4]{x}}$
8. $\int \frac{dx}{(x-3)\sqrt{x+3}}$
9. $\int \frac{dx}{3-x^2}$
10. $\int \sin^5 2x\,dx$
11. $\int e^x \cos 2x\,dx$
12. $\int \frac{dx}{\sin^5 3x}$
13. $\int \frac{x\,dx}{1+x^4}$
14. $\int \frac{dx}{x\sqrt{4+x^2}}$
15. $\int \frac{x^2\,dx}{\sqrt{x^2-9}}$
16. $\int (9-x^2)^{3/2}\,dx$
17. $\int \frac{dx}{3+\cos x}$
18. $\int \frac{dx}{x^2\sqrt{x^2+25}}$

Übungen zu Kapitel 3

1. (*a*) Man transformiere das bestimmte Integral durch eine geeignete Substitution in ein einfacheres

$$\int_0^{\pi/2} \sqrt{(1+\cos\theta)^3}\,\sin\theta\,d\theta.$$

(*b*) Man bestimme den Wert des Integrals in (*a*).

2. Zwei der folgenden Stammfunktionen sind elementar: Man berechne sie.

(*a*) $\int \ln x\,dx$, (*b*) $\int \frac{\ln x\,dx}{x}$

(*c*) $\int \frac{dx}{\ln x}$.

3. Man berechne:

(*a*) $\int_1^2 (1+x^3)^2\,dx$ (*b*) $\int_1^2 (1+x^3)^2 x^2\,dx$.

4. Man berechne mit Hilfe von Integraltafeln:

(*a*) $\int \frac{e^x\,dx}{5e^{2x}-3}$, (*b*) $\int \frac{dx}{\sqrt{x^2-3}}$.

5. Man berechne:

(*a*) $\int \frac{dx}{x^3}$, (*b*) $\int \frac{dx}{\sqrt{x+1}}$, (*c*) $\int \frac{e^x\,dx}{1+5e^x}$.

6. Man berechne:

$$\int \frac{5x^4-5x^3+10x^2-8x+4}{(x^2+1)(x-1)}\,dx.$$

7. Man berechne auf zwei verschiedene Arten:

$$\int \frac{x^3\,dx}{(1+x^2)^4}$$

(*a*) durch die Substitution $u = 1+x^2$;
(*b*) durch die Substitution $x = \tan\theta$.

8. Man transformiere das bestimmte Integral

$$\int_0^3 \frac{x^3}{\sqrt{x+1}}\,dx$$

auf zwei verschiedene Arten in ein anderes bestimmtes Integral (und berechne den Wert):
(*a*) durch die Substitution $u = x+1$;
(*b*) durch die Substitution $u = \sqrt{x+1}$.

9. Man berechne $\int x^2 \ln(1+x)\,dx$
(*a*) ohne Integraltafel;
(*b*) mit einer Integraltafel.

10. Man bestimme

$$\int \frac{x\,dx}{\sqrt{9x^4+16}}$$

(*a*) ohne Integraltafel;
(*b*) mit einer Integraltafel.

11. Man berechne

$$\int \frac{\sin\theta\,d\theta}{1+\sin^2\theta}$$

(*a*) durch Verwendung der Substitution, die auf jede rationale Funktion von $\cos\theta$ und $\sin\theta$ anwendbar ist;
(*b*) durch Einsetzen von $\sin^2\theta = 1-\cos^2\theta$ und nachfolgende Substitution $u = \cos\theta$.

12. (*a*) Man bestimme ohne Integraltafel

$$\int \sin^5\theta\,d\theta \quad \text{und} \quad \int \tan^6\theta\,d\theta.$$

(*b*) Man bestimme ihre Werte mit einer Integraltafel.

13. Zwei von den angegebenen drei Stammfunktionen sind elementar. Man berechne sie!

(*a*) $\int \sqrt{1-4\sin^2\theta}\,d\theta$, (*b*) $\int \sqrt{4-4\sin^2\theta}\,d\theta$,

(*c*) $\int \sqrt{1+\cos\theta}\,d\theta$.

14. (*a*) Man transformiere das bestimmte Integral

$$\int_{-1}^4 (x+2)^3/\sqrt{x+3}\,dx$$ mit Hilfe der Substitution $u = x+3$

in ein anderes bestimmtes Integral.
(*b*) Man bestimme den Wert des Integrals in (*a*).

15. Mit Hilfe des Hauptsatzes der Infinitesimalrechnung kann nur eines der folgenden bestimmten Integrale berechnet werden. Man berechne dieses und schätze das andere ab.

(*a*) $\int_0^1 \sqrt[3]{x}\,\sqrt{x}\,dx$, (*b*) $\int_0^1 \sqrt[3]{1-x}\,\sqrt{x}\,dx$.

16. Man beweise, daß die folgende Faktorisierung in irreduzible Polynome korrekt ist.
(*a*) $x^3-1 = (x-1)(x^2+x+1)$;
(*b*) $x^4-1 = (x-1)(x+1)(x^2+1)$;
(*c*) $x^3+1 = (x+1)(x^2-x+1)$;
(*d*) $x^4+1 = (x^2+\sqrt{2}x+1)(x^2-\sqrt{2}x+1)$.

In den Übungen 17 bis 24 ist der gegebene Ausdruck als Summe von Partialbrüchen zu schreiben. (Keine Integration erforderlich.)

17. $\frac{2x^2+3x+1}{x^3-1}$

18. $\dfrac{x^4 + 2x^2 - 2x + 2}{x^3 - 1}$

19. $\dfrac{2x - 1}{x^3 + 1}$

20. $\dfrac{x^4 + 3x^3 - 2x^2 + 3x - 1}{x^4 - 1}$

21. $\dfrac{x^3 - (1 + \sqrt{2})\, x^2 + (1 - \sqrt{2})\, x - 1}{x^4 + 1}$

22. $\dfrac{2x + 5}{x^2 + 3x + 2}$

23. $\dfrac{5x^3 + 11x^2 + 6x + 1}{x^2 + x}$

24. $\dfrac{5x^3 + 6x^2 + 8x + 5}{(x^2 + 1)(x + 1)}$

25. Für welche Werte von nichtnegativen ganzen Zahlen m und n sind die folgenden Integrationen sehr einfach?
(*a*) $\int \sin^m x\, dx$, (*b*) $\int \sec^n x\, dx$,
(*c*) $\int \sin^m x \cos^n x\, dx$, (*d*) $\int \sec^m x \tan^n x\, dx$,
(*e*) $\int \cot^m x \operatorname{cosec}^n x\, dx$.

26. (*a*) Man gebe eine Reduktionsformel an, die $\int \sin^n x\, dx$ mit $\int \sin^{n-2} x\, dx$ in Beziehung setzt.
(*b*) Welche Substitution dient zur Berechnung des Integrals $\int \sin^n x\, dx$, wenn n ungerade ist?

In den Übungen 27 bis 32 ist eine geeignete Substitution vorzunehmen, um den Integranden als rationale Funktion von u darzustellen. Das Integral soll nicht berechnet werden.

27. $\displaystyle\int \frac{(\sqrt{4 - x^2})^3 + 1}{[(4 - x^2)^3 + 5]\sqrt{4 - x^2}}\, dx$

28. $\displaystyle\int \frac{x^2 + \sqrt[3]{x - 2}}{x^2 - \sqrt[3]{x - 2}}\, dx$

29. $\displaystyle\int \frac{(x^2 - 5)^7}{x^2 + 3 + \sqrt{x^2 - 5}}\, dx$

30. $\displaystyle\int \frac{\cos^2\theta + \sin\theta}{1 - \sin\theta\cos\theta}\, d\theta$

31. $\displaystyle\int \frac{3\tan^2\theta + \sec\theta + .1}{2 + \tan\theta + \cos\theta}\, d\theta$

32. $\displaystyle\int \frac{(4 + x^2)^{1/2}}{5 + (4 + x^2)^{3/2}}\, dx$

In den Übungen 33 bis 145 ist das angegebene Integral zu finden. Man verwende auch Integraltafeln.

33. $\displaystyle\int \frac{\cos x\, dx}{\sin^3 x - 8}$ 34. $\displaystyle\int \frac{dx}{\sqrt{2 + \sqrt{x}}}$

35. $\displaystyle\int \frac{\sqrt{x^2 + 1}}{x^4}\, dx$ 36. $\displaystyle\int \frac{\sin x\, dx}{1 + 3\cos^2 x}$

37. $\displaystyle\int \frac{\sin x\, dx}{3 + \cos x}$ 38. $\displaystyle\int x\sqrt{x^4 - 1}\, dx$

39. $\displaystyle\int x^2\sqrt{x^3 - 1}\, dx$ 40. $\displaystyle\int \sin\sqrt{x}\, dx$

41. $\displaystyle\int \frac{dx}{(4 + x^2)^2}$ 42. $\displaystyle\int (\sqrt[3]{x} + \sqrt[3]{x + 1})\, dx$

43. $\displaystyle\int \sin^2 3x \cos^2 3x\, dx$ 44. $\displaystyle\int \sin^3 3x \cos^2 3x\, dx$

45. $\displaystyle\int \tan^4 3\theta\, d\theta$ 46. $\displaystyle\int \frac{x^2 dx}{x^4 - 1}$

47. $\displaystyle\int \frac{x^4 + x^2 + 1}{x^3}\, dx$ 48. $\displaystyle\int \frac{3\, dx}{\sqrt{1 - 5x^2}}$

49. $\displaystyle\int 10^x dx$ 50. $\displaystyle\int \frac{x^3}{(x^4 + 1)^3}\, dx$

51. $\displaystyle\int \frac{x\, dx}{(x^4 + 1)^2}$ 52. $\displaystyle\int \cos^3 x \sin^2 x\, dx$

53. $\displaystyle\int \cos^2 x\, dx$ 54. $\displaystyle\int x\sqrt{x + 4}\, dx$

55. $\displaystyle\int x\sqrt{x^2 + 4}\, dx$ 56. $\displaystyle\int \frac{x + 2}{x^2 + 1}\, dx$

57. $\displaystyle\int \frac{x^2 dx}{1 + x^6}$ 58. $\displaystyle\int \sqrt[3]{4x + 7}\, dx$

59. $\displaystyle\int x^2 \sin x^3 dx$ 60. $\displaystyle\int \frac{\ln x^4}{x}\, dx$

61. $\displaystyle\int x^4 \ln x\, dx$ 62. $\displaystyle\int \frac{\arctan 3x}{1 + 9x^2}\, dx$

63. $\displaystyle\int \frac{e^{\sqrt{x}}}{\sqrt{x}}\, dx$ 64. $\displaystyle\int \sin(\ln x)\, dx$

65. $\displaystyle\int \ln(x^3 - 1)\, dx$ 66. $\displaystyle\int \tan x\, dx$

67. $\displaystyle\int \frac{x\, dx}{\sqrt{(x^2 + 1)^3}}$ 68. $\displaystyle\int \frac{2 + \sqrt[3]{x}}{x}\, dx$

69. $\displaystyle\int \frac{dx}{\sqrt{(x + 1)^3}}$ 70. $\displaystyle\int \frac{2x + 3}{x^2 + 3x + 5}\, dx$

71. $\displaystyle\int \frac{3\, dx}{x^2 + 4x + 5}$ 72. $\displaystyle\int \frac{3\, dx}{x^2 + 4x - 5}$

73. $\displaystyle\int \frac{x\, dx}{1 + \sqrt[3]{x}}$ 74. $\displaystyle\int \ln\sqrt{2x - 1}\, dx$

75. $\displaystyle\int \frac{x^7 dx}{\sqrt{x^2 + 1}}$ 76. $\displaystyle\int x^3 \arctan x\, dx$

77. $\displaystyle\int \frac{\arctan x}{x^2}$ 78. $\displaystyle\int \frac{dx}{x^3 + 4x}$

79. $\displaystyle\int e^x \sin 3x\, dx$ 80. $\displaystyle\int \sqrt{1 - \cos x}\, dx$

81. $\displaystyle\int \frac{dx}{(4 - x^2)^{3/2}}$ 82. $\displaystyle\int x^{1/4}(1 + x^{1/5})\, dx$

83. $\displaystyle\int \frac{x\, dx}{x^4 - 2x^2 - 3}$ 84. $\displaystyle\int \arcsin\sqrt{x}\, dx$

85. $\displaystyle\int \frac{x^2 dx}{\sqrt[3]{x - 1}}$ 86. $\displaystyle\int \ln(4 + x^2)\, dx$

87. $\displaystyle\int \frac{\sqrt{x^2 + 4}}{x}\, dx$ 88. $\displaystyle\int \sqrt{\tan\theta}\sec^2\theta\, d\theta$

89. $\displaystyle\int \sec^5\theta\tan\theta\, d\theta$ 90. $\displaystyle\int \tan^6\theta\, d\theta$

91. $\displaystyle\int \frac{dx}{x\sqrt{x^2 + 9}}$ 92. $\displaystyle\int (e^x + 1)^2 dx$

93. $\displaystyle\int \frac{(1 - x)^2}{\sqrt[3]{x}}\, dx$ 94. $\displaystyle\int (1 + \sqrt{x})\, x\, dx$

95. $\displaystyle\int \sin^2 2x \cos x\, dx$ 96. $\displaystyle\int (e^{2x})^3 e^x\, dx$

97. $\displaystyle\int \left(e^x - \frac{1}{e^x}\right)^2 dx$ 98. $\displaystyle\int \frac{dx}{(\sqrt{x} + 1)(\sqrt{x})}$

99. $\int x \arcsin x^2\,dx$

100. $\int x \arcsin x\,dx$

101. $\int \frac{dx}{e^{2x}+5e^x}$

102. $\int \frac{e^x\,dx}{1-6e^x+9e^{2x}}$

103. $\int (2x+1)\sqrt{3x+2}\,dx$

104. $\int \frac{2x^3+1}{x^3-4x^2}\,dx$

105. $\int \frac{x^2\,dx}{(x-1)^3}$

106. $\int \frac{dx}{\sqrt{9+x^2}}$

107. $\int \frac{e^x+1}{e^x-1}\,dx$

108. $\int \frac{dx}{4x^2+1}$

109. $\int (1+3x^2)^2\,dx$

110. $\int \frac{x\,dx}{x^3+1}$

111. $\int \frac{x^3\,dx}{x^3+1}$

112. $\int \frac{x^2\,dx}{\sqrt{2x+1}}$

113. $\int \frac{dx}{\sqrt{2x+1}}$

114. $\int (x+\sin x)^2\,dx$

115. $\int \frac{x\,dx}{x^4-3x^2-2}$

116. $\int \frac{x^3\,dx}{x^4-1}$

117. $\int \frac{e^x\,dx}{1+e^{2x}}$

118. $\int \frac{dx}{x^2+5x-6}$

119. $\int \frac{dx}{x^2+5x+6}$

120. $\int \frac{x\,dx}{2x^2+5x+6}$

121. $\int \frac{4x+10}{x^2+5x+6}$

122. $\int \sqrt{4x^2+1}\,dx$

123. $\int \frac{dx}{2x^2+5x+6}$

124. $\int \sqrt{-4x^2+1}\,dx$

125. $\int \frac{dx}{2x^2+5x-6}$

126. $\int \frac{dx}{2+3\sin x}$

127. $\int \frac{dx}{\sin^2 x}$

128. $\int \frac{dx}{3+2\sin x}$

129. $\int \frac{dx}{\sin^4 x}$

130. $\int \ln(x^2+5)\,dx$

131. $\int \frac{dx}{\sqrt{x-2}\sqrt{3-x}}$

132. $\int x^3 e^{-5x}\,dx$

133. $\int \sqrt{(1+2x)(1-2x)}\,dx$

134. $\int x \sin 3x\,dx$

135. $\int \frac{2x\,dx}{\sqrt{x^2+1}}$

136. $\int \frac{2\,dx}{\sqrt{x^2+1}}$

137. $\int \frac{x^4+4x^3+6x^2+4x-3}{x^4-1}\,dx$

138. $\int \frac{x^3+6x^2+11x+5}{(x+2)^2(x+1)}\,dx$

139. $\int \frac{-3x^2-11x-11}{(x+2)^2(x+1)}\,dx$

140. $\int \frac{x^2-3x}{(x+1)(x-1)^2}\,dx$

141. $\int \frac{12x^2+2x+3}{4x^3+x}\,dx$

142. $\int \frac{6x^3+2x+\sqrt{3}}{1+3x^2}\,dx$

143. $\int \frac{-6x^3-13x-3\sqrt{3}}{1-3x^2}\,dx$

144. $\int \frac{x\,dx}{\sqrt{1-9x^2}}$

145. $\int \frac{dx}{\sqrt{1-9x^2}}$

146. Man ergänze auf ein vollständiges Quadrat:

(*a*) x^2+2x+1,
(*b*) x^2+2x+2,
(*c*) x^2-2x+2.

147. Man berechne:

(*a*) $\int \frac{dx}{x^2+4x+3}$ (*b*) $\int \frac{dx}{x^2+4x+4}$

(*c*) $\int \frac{dx}{x^2+4x+5}$ (*d*) $\int \frac{dx}{x^2+4x-2}$

148. Man berechne

$$\int \frac{x^3\,dx}{(x-1)^2}$$

(*a*) durch Partialbruchzerlegung;
(*b*) mit der Substitution $u = x-1$.
(*c*) Welche Methode ist einfacher?

149. Man berechne:

(*a*) $\int \sec^5 x\,dx$, (*b*) $\int \sec^5 x \tan x\,dx$,

(*c*) $\int \frac{\sin x}{(\cos x)^3}\,dx$.

150. (*a*) Man berechne $\int \frac{x^{2/3}\,dx}{x+1}$.
(*b*) Was sagt eine Integraltafel über das Integral $\int \frac{x^{2/3}\,dx}{x+1}$?

151. Man berechne mit Hilfe einer Integraltafel $\int x^3/\sqrt{1+x^2}\,dx$.

152. Man berechne $\int x\sqrt[3]{x+1}\,dx$ unter Verwendung von
(*a*) der Substitution $u = 3x+1$;
(*b*) der Substitution $u = x+1$.

153. Man transformiere das Integral $\int x^2/\sqrt{1+x}\,dx$ durch jede der folgenden Substitutionen:
(*a*) $u = \sqrt{1+x}$,
(*b*) $u = 1+x$,
(*c*) $x = \tan^2\theta$.
(*d*) Man berechne für den einfachsten Fall das resultierende Integral.

■

154. Der folgende Auszug entstammt einem Artikel, der vom Management einer Energieverbundgesellschaft veröffentlicht wurde: $u(t)$ sei die Rate, mit der zur Zeit t Wasser durch die Turbinen fließt. Dann ist

$$U(t) = \int_0^t u(s)\,ds$$

die gesamte Wassermenge im Zeitintervall $[0; t]$. Sei $z(t)$ die Verbrauchsrate für elektrische Energie zur Zeit t, gemessen im äquivalenten Wasserverbrauch. Dann sind die in diesem Zeitintervall angelaufenen Kosten gleich

$$\int_0^t c(z(s)-u(s))\,ds,$$

wobei c die Kostenfunktion für die importierte Energie ist. Man erkläre den Sinn jedes dieser Integrale.

155. Man transformiere das Integral $\int x^3/\sqrt{1+x^2}\,dx$ in ein anderes durch
(*a*) partielle Integration mit $dv = (x\,dx)/\sqrt{1+x^2}$;
(*b*) die Substitution $x = \tan\theta$;
(*c*) die Substitution $u = \sqrt{1+x^2}$.

156. Zwei von den folgenden drei Integralen sind elementar. Man bestimme sie.
(*a*) $\int \sin^2 x\,dx$, (*b*) $\int \sin x^2\,dx$,
(*c*) $\int \sin x\,dx$.

157. Man bestimme $\int x\sqrt{1+x}\,dx$ auf drei Arten:
(*a*) sei $u = \sqrt{1+x}$, (*b*) sei $x = \tan^2\theta$,
(*c*) durch partielle Integration mit $u = x$, $dv = \sqrt{1+x}\,dx$.

158. (*a*) Welches ist die einfachere Methode um $\int x^2/(x-3)^{10}dx$ zu finden, partielle Integration oder die Substitution $u = x - 3$?
(*b*) Man bestimme $\int x^2/(x-3)^{10}dx$.

159. Angenommen, das Integral $\int e^x/x\,dx$ ist nicht elementar (was von Liouville bewiesen wurde). Dann ist auch das Integral $\int 1/\ln x\,dx$ nicht elementar. Man zeige dies!

160. (*a*) Warum ist $\int x^m e^x\,dx$ für jede positive ganze Zahl m eine elementare Funktion?
(*b*) Warum ist $\int x^m(\ln x)^n\,dx$ für alle positiven ganzen Zahlen m und n eine elementare Funktion!
Hinweis: Substitution $u = \ln x$.

161. (*a*) Man beweise die trigonometrische Identität

$$\sin mx \sin nx = \tfrac{1}{2}\{\cos[(m-n)x] - \cos[(m+n)x]\}$$

durch Entwicklung der rechten Seite.
(*b*) Man verwende diese Identität zur Berechnung von $\int \sin 2x \sin 3x\,dx$.

■■

162. Liouville hat folgendes bewiesen: Wenn für zwei rationale Funktionen f und g das Integral $\int e^{f(x)}g(x)\,dx$ eine elementare Funktion ist, so kann das Integral $\int e^{f(x)}g(x)\,dx$ in der Form $e^{f(x)}w(x)$ ausgedrückt werden, wobei $w(x)$ wieder eine rationale Funktion ist. Mit Hilfe dieses Ergebnisses ist zu beweisen, daß das Integral $\int e^x/x\,dx$ keine elementare Funktion sein kann.
Hinweis: Man setze an $[e^x(p/q)]' = e^x/x$, wobei p und q teilerfremde Polynome sind. Man schreibe außerdem $q = x^i r$, wobei $i > 0$ und x kein Teiler des Polynoms r sein soll.

Die Übungen 163 bis 166 behandeln eine Formel für die Zahl π.

163. (*a*) Mit Hilfe der Rekursionsformel von Beispiel 4 aus Abschnitt 3.5 beweise man:

$$\int_0^{\pi/2} \sin^n x\,dx = \frac{n-1}{n}\int_0^{\pi/2} \sin^{n-2} x\,dx.$$

(*b*) Sei $I_n = \int_0^{\pi/2} \sin^n x\,dx$. Man zeige $I_0 = \pi/2$ und $I_1 = 1$.
(*c*) Man zeige mit Hilfe von (*a*) und (*b*)

$$I_7 = \frac{6}{7}\frac{4}{5}\frac{2}{3} \quad \text{und} \quad I_6 = \frac{5}{6}\frac{3}{4}\frac{1}{2}\frac{\pi}{2}.$$

(*d*) Man zeige mit Hilfe von (*a*) und (*b*)

$$I_{2n} = \frac{2n-1}{2n}\,\frac{2n-3}{2n-2}\cdots\frac{3}{4}\,\frac{1}{2}\,\frac{\pi}{2}$$

und

$$I_{2n+1} = \frac{2n}{2n+1}\,\frac{2n-2}{2n-1}\cdots\frac{4}{5}\,\frac{2}{3}.$$

164. (Siehe Übung 163.)
(*a*) Man zeige

$$\frac{I_7}{I_6} = \frac{6}{7}\,\frac{6}{5}\,\frac{4}{5}\,\frac{4}{3}\,\frac{2}{3}\,\frac{2}{1}\,\frac{2}{\pi}.$$

(*b*) Man zeige

$$\frac{I_{2n+1}}{I_{2n}} = \frac{2n}{2n+1}\,\frac{2n}{2n-1}\,\frac{2n-2}{2n-1}\cdots\frac{2}{3}\,\frac{2}{1}\,\frac{2}{\pi}.$$

(*c*) Man zeige

$$\frac{2n}{2n+1}I_{2n} < \frac{2n}{2n+1}I_{2n-1} = I_{2n+1} < I_{2n}$$

und daß $\lim\limits_{n\to\infty}\dfrac{I_{2n+1}}{I_{2n}} = 1$.
(*d*) Man zeige aus (*b*) und (*c*)

$$\lim_{n\to\infty}\frac{2\cdot 2}{1\cdot 3}\,\frac{4\cdot 4}{3\cdot 5}\,\frac{6\cdot 6}{5\cdot 7}\cdots\frac{(2n)(2n)}{(2n-1)(2n+1)} = \frac{\pi}{2}$$

Das ist die Wallissche Formel, die kurz so geschrieben wird:

$$\frac{2\cdot 2}{1\cdot 3}\,\frac{4\cdot 4}{3\cdot 5}\,\frac{6\cdot 6}{5\cdot 7}\cdots = \frac{\pi}{2}.$$

165. (Siehe Übung 164.)
(*a*) Die Wallissche Formel ist äquivalent zu

$$\left(1-\frac{1}{2^2}\right)\left(1-\frac{1}{4^2}\right)\left(1-\frac{1}{6^2}\right)\cdots = \frac{2}{\pi}.$$

Man beweise dies!
(*b*) Man zeige

$$\left(1-\frac{1}{2^2}\right)\left(1-\frac{1}{3^2}\right)\left(1-\frac{1}{4^2}\right)\cdots = \frac{1}{2}.$$

(*c*) Aus (*a*) und (*b*) zeige man

$$\left(1-\frac{1}{3^2}\right)\left(1-\frac{1}{5^2}\right)\left(1-\frac{1}{7^2}\right)\cdots = \frac{\pi}{4}.$$

166. Sei $n!$ das Produkt der ganzen Zahlen von 1 bis zur positiven ganzen Zahl n (so ist 5! gleich dem Produkt $1\cdot 2\cdot 3\cdot 4\cdot 5 = 120$).
(*a*) Man zeige $2\cdot 4\cdot 6\cdot 8 \ldots 2n = 2^n n!$
(*b*) Man zeige $1\cdot 3\cdot 5 \ldots (2n-1) = (2n)!/(2^n n!)$.
(*c*) Aus Übung 164 (*d*) zeige man

$$\lim_{n\to\infty}\frac{(n!)^2 4^n}{(2n)!\sqrt{2n+1}} = \sqrt{\frac{\pi}{2}}.$$

Übung 167 ist die Basis der restlichen Übungen.

167. p und q seien rationale Zahlen. $\int x^p(1-x)^q\,dx$ ist eine elementare Funktion, wenn
(*a*) p eine ganze Zahl ist. (*Hinweis:* Für $q = s/t$ schreibe man $1 - x = v^t$.)
(*b*) q eine ganze Zahl ist.
Man beweise (*a*) und (*b*).
(*c*) wenn $p + q$ eine ganze Zahl ist. Nach Tschebyschew sind dies die einzigen Fälle, für die das fragliche Integral elementar ist. Im speziellen sind

$$\sqrt{x}\,\sqrt[3]{1-x}\,dx \quad \text{und} \quad \sqrt[3]{x-x^2}\,dx$$

keine elementaren Funktionen.

168. Aus Übung 167 leite man ab, daß $\int\sqrt{1-x^3}\,dx$ nicht elementar ist.

169. Aus Übung 167 leite man ab, daß $\int(1-x^n)^{1/m}dx$ für positive ganze Zahlen m und n dann und nur dann elementar ist, wenn entweder $m = 1$ und n beliebig, $n = 1$ und m beliebig oder $m = 2 = n$ ist.

170. Aus Übung 167 leite man ab, daß $\int\sqrt{\sin x}\,dx$ nicht elementar ist. *Hinweis:* Sei $u = \sin^2 x$.

171. Aus Übung 167 leite man ab, daß $\int \sin^a x\,dx$ für rationale a dann und nur dann elementar ist, wenn a eine ganze Zahl ist.

172. Aus Übung 167 leite man ab, daß $\int \sin^p x \cos^q x\,dx$ für rationale p und q dann und nur dann elementar ist, wenn entweder p oder q eine ungerade ganze Zahl, oder $p + q$ eine gerade ganze Zahl ist.

4 Berechnung und Anwendung bestimmter Integrale

Dieses Kapitel wendet die Überlegungen und Methoden der Kapitel 1 bis 3 auf die Berechnung von Flächen, Volumina, Bogenlängen und Oberflächen an. Wir werden lernen, wann eine Größe durch ein bestimmtes Integral dargestellt werden kann, und wie dieses bestimmte Integral mit Hilfe des Fundamentalsatzes berechnet werden kann. Es ist überflüssig, sich die verschiedenen Formeln einzuprägen, die wir erhalten werden. Das Verständnis der grundlegenden Ideen sollte es möglich machen, jede benötigte Formel jeweils neu abzuleiten. Im übrigen sind alle interessanten Flächen, Bogenlängen und Volumina längst bekannt und in mathematischen Handbüchern zusammengestellt. Trotzdem müssen wir wissen, warum solche Größen als bestimmte Integrale dargestellt werden können.

4.1 Berechnung der Länge $c(x)$ des Schnittes

Abschnitt 1.4 zeigte, daß die Fläche eines ebenen Gebietes durch

$$\int_a^b c(x)\,dx$$

angegeben wird. Dabei ist $c(x)$ die Länge eines typischen Schnittes, den eine Senkrechte auf der x-Achse mit dem gegebenen Gebiet besitzt. Betrachten wir Bild 4.1 und halten fest, daß x sich nicht auf die x-Achse der x, y-Ebene beziehen muß. Vielmehr kann x in Bezug auf jede geeignete Gerade der Ebene gemessen werden, wie etwa auf die y-Achse. In diesem Fall würden wir die Querschnittslänge

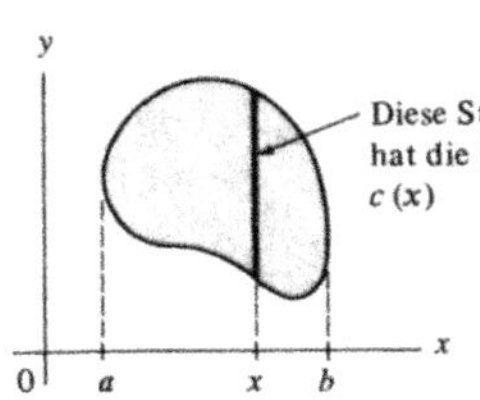

Bild 4.1

mit $c(y)$ bezeichnen. Sollten diese Überlegungen unklar erscheinen, so empfiehlt es sich, den Teil des Abschnittes 1.4 zu wiederholen, der den Titel „Summen und die Fläche von ebenen Gebieten" trägt.

Um eine Fläche zu berechnen, sind die folgenden beiden Schritte erforderlich.

1. Man bestimmt a, b und die Querschnittslänge $c(x)$.
2. Man berechnet $\int_a^b c(x)\,dx$ mit Hilfe des Fundamentalsatzes, sofern $\int c(x)\,dx$ elementar und einfach aufzufinden ist.

In Kapitel 3 wurde der zweite Schritt behandelt. Einige Beispiele werden nun zeigen, wie wir a, b und $c(x)$ auffinden können. Diesen Vorgang nennt man *das Aufstellen eines bestimmten Integrals.*

Zwei grundlegende geometrische Sätze werden uns helfen, den Schnitt $c(x)$ für viele Probleme aufzufinden:

Der Pythagoräische Lehrsatz: In einem rechtwinkeligen Dreieck mit den Katheten a und b und der Hypotenuse c gilt

$$c^2 = a^2 + b^2.$$

Entsprechende Seiten ähnlicher Dreiecke sind zueinander proportional: Sind a, b, c die Seitenlängen eines Dreieckes und a', b', c' die Längen der entsprechenden Seiten eines ähnlichen Dreieckes, dann gilt

$$a'/a = b'/b = c'/c.$$

Die folgenden Beispiele zeigen den Nutzen dieser beiden geometrischen Gesetze. Wir konzentrieren uns zunächst auf die geometrischen Überlegungen, die zur Aufstellung der geeigneten bestimmten Integrale erforderlich sind und verschieben die Bestimmung der Flächen durch Berechnung der bestimmten Integrale auf den **Abschnitt 4.3**.

Beispiel 1: Man bestimme den Schnitt $c(x)$, wenn R ein Kreis mit dem Radius 5 ist. Man gebe ein bestimmtes Integral für die Fläche von R an.

Lösung: Wir können jede Gerade der Ebene als Achse wählen. Legen wir ihren Ursprung unter den Mittelpunkt des Kreises, so erhalten wir die einfachste Formel für $c(x)$, nämlich die Länge einer typischen Strecke AB senkrecht zur x-Achse (Bild 4.2).

Halten wir fest: $a = -5$ und $b = 5$. Um in diesem Fall einen ersten Eindruck von $c(x)$ zu erhalten, entnehmen wir dem Bild 10.3

$$c(-5) = 0, \quad c(0) = 10 \quad \text{und} \quad c(5) = 0.$$

Um $c(x)$ für jeden Wert x des Intervalls $[-5; 5]$ zu finden, ziehen wir durch den Mittelpunkt des Kreises eine Parallele zur x-Achse. Sie schneidet die Sehne AB im Punkt M. Den Mittelpunkt des Kreises nennen wir C und zeichnen den Radius AC des Kreises ein. Dann gilt

$$c(x) = \overline{AB} = 2\overline{AM}.$$

Um $\overline{AM}$ zu erhalten, gehen wir vom rechtwinkeligen Dreieck ΔACM aus. Die Seite CM hat die Länge $|x|$, die Hypotenuse hat die Länge 5. Es folgt $5^2 = |x|^2 + \overline{AM}^2$. Da ferner $|x|^2 = x^2$, erhalten wir aus dieser Gleichung eine einfache Formel für $\overline{AM}^2$,

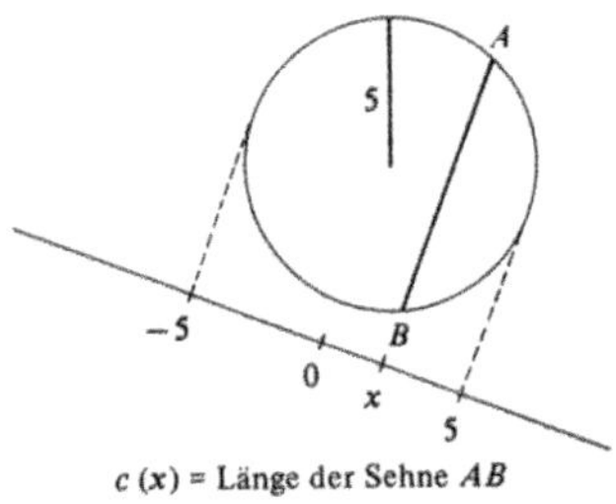

Bild 4.2

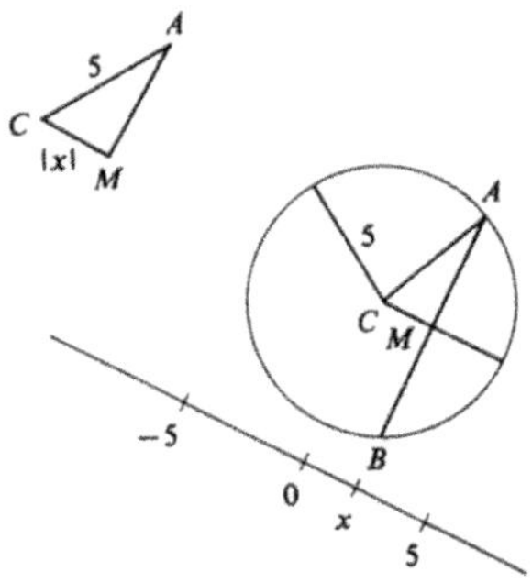

Bild 4.3

$$\overline{AM}^2 = 5^2 - x^2 = 25 - x^2.$$

Daraus folgt

$$\overline{AM} = \sqrt{25 - x^2}$$

und mit Hilfe von

$$c(x) = 2\overline{AM}$$

ergibt sich schließlich

$$c(x) = 2\sqrt{25 - x^2}.$$

Daher ist die Fläche des Kreises gegeben durch:

$$\int_{-5}^{5} 2\sqrt{25 - x^2}\, dx. \bullet$$

Beispiel 2: Man gebe ein bestimmtes Integral für die Fläche des Trapezes R in Bild 4.4 an.

Bild 4.4

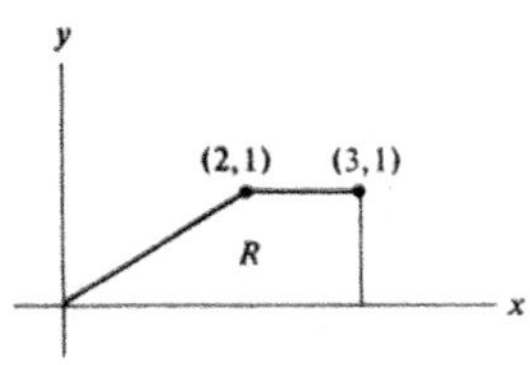

Lösung: Betrachten wir die Schnitte von R mit Parallelen zur y-Achse. $c(x)$ sei die Länge eines typischen Schnittes, wobei x im Intervall $[0; 3]$ variiert. Die Querschnitte ändern ihren Charakter an der Stelle $x = 2$; für $x \geqslant 2$ ist die Funktion $c(x)$ konstant, $c(x) = 1$. Für $x \leqslant 2$ sind einige Überlegungen erforderlich, um $c(x)$ zu bestimmen. Bild 4.5 zeigt den typischen Querschnitt $B'C'$ für x aus dem Intervall $[0; 2]$. Also ist

$$c(x) = \overline{B'C'}.$$

Bild 4.5

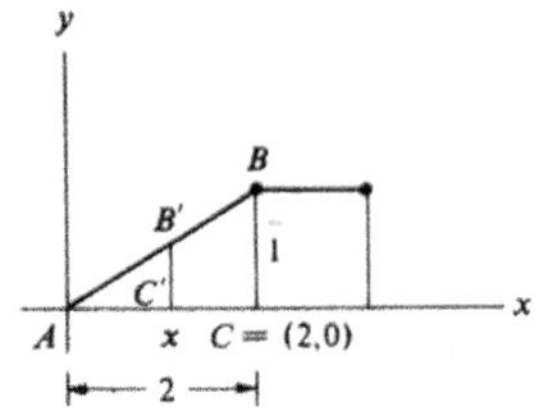

Da $\Delta AB'C'$ ähnlich ist zu ΔABC, folgt

$$\frac{x}{2} = \frac{\overline{B'C'}}{1}$$

und daher

$$\overline{B'C'} = \frac{x}{2}.$$

So erhalten wir für Werte von x im Intervall $[0; 2]$

$$c(x) = \frac{x}{2}.$$

Beide Fälle zusammen ergeben für $c(x)$

$$c(x) = \begin{cases} \frac{x}{2} & \text{für } 0 \leqslant x \leqslant 2 \\ 1 & \text{für } 2 \leqslant x \leqslant 3. \end{cases}$$

Daher ergibt sich für die Fläche des Trapezes

$$\int_0^3 c(x)\, dx = \int_0^2 \frac{x}{2}\, dx + \int_2^3 1\, dx. \bullet$$

Das nächste Beispiel behandelt die Bestimmung von $c(x)$, wenn die Grenze von R durch Formeln angegeben wird.

Beispiel 3: Man gebe ein bestimmtes Integral für das Gebiet R an, das im Diagramm 4.6 dargestellt ist.

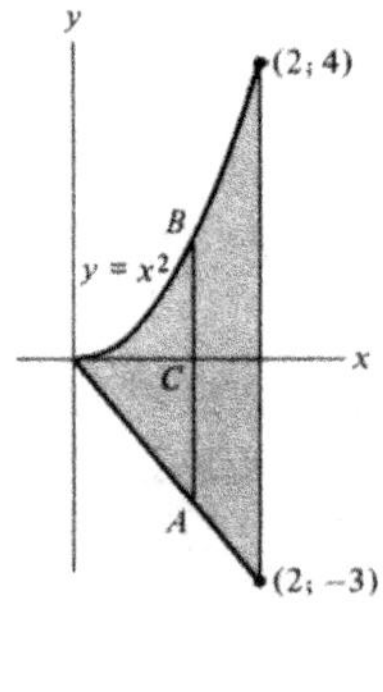

Bild 4.6

Lösung: Betrachten wir Schnitte parallel zur x-Achse. x läuft von 0 bis 2. Was erhalten wir für $c(x)$ in Abhängigkeit von x? Es gilt etwa

$$c(0) = 0 \quad \text{und} \quad c(2) = 7.$$

Der typische Schnitt senkrecht zur x-Achse hat einen Endpunkt A auf der Geraden, die durch die Punkte (0; 0) und (2; −3) geht, den anderen Endpunkt B auf der Parabel $y = x^2$. Er trifft die x-Achse im Punkt C, so daß gilt

$$c(x) = \overline{AB} = \overline{AC} + \overline{CB}.$$

Die Länge von $\overline{CB}$ ist durch $\overline{CB} = x^2$ gegeben. Obwohl AC mit der Methode ähnlicher Dreiecke gefunden werden könnte, wollen wir hierzu Überlegungen aus der analytischen Geometrie benutzen. Der Punkt $A = (x, y)$ liegt auf der Geraden zwischen den beiden Punkten

$$(0; 0) \quad \text{und} \quad (2; -3).$$

Daraus folgt

$$\frac{y-0}{x-0} = \frac{-3-0}{2-0} \quad \text{oder} \quad \frac{y}{x} = -\frac{3}{2}.$$

Daher ist die y-Koordinate von A gleich $-\frac{3}{2}x$.

Die Länge $\overline{AC}$ ist positiv und beträgt somit $\frac{3}{2}x$; folglich gilt:

$$c(x) = \overline{AC} + \overline{CB} = x^2 + \tfrac{3}{2}x.$$

Daher wird die Fläche von R durch das bestimmte Integral

$$\int_0^2 (x^2 + \tfrac{3}{2}x)\,dx$$

dargestellt, das wir nach dem Fundamentalsatz sehr einfach bestimmen können. (Wie der Leser zeigen möge, ist das Resultat gleich $\frac{17}{3}$.) •

Bemerkung: Wenn das Gebiet R für alle x aus dem Intervall $[a; b]$ durch die beiden Kurven $y = f_1(x)$ und $y = f_2(x)$ begrenzt wird (Bild 4.7), dann folgt für $f_1(x) \geqslant f_2(x)$

$$c(x) = f_1(x) - f_2(x).$$

Somit hat das Gebiet zwischen den beiden Kurven für x aus dem Intervall $[a; b]$ die Fläche

$$\int_a^b [f_1(x) - f_2(x)]\,dx.$$

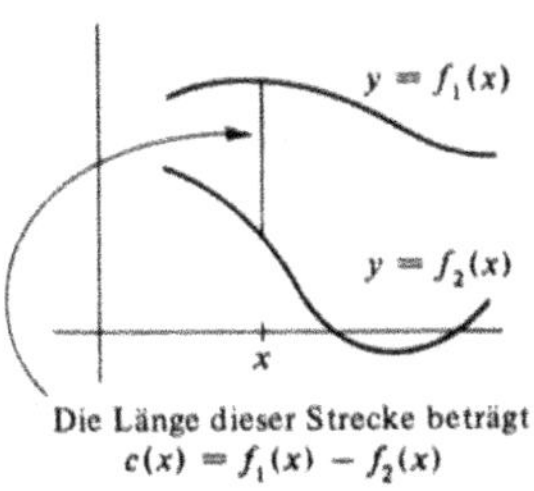

Bild 4.7

Beispiel 4: Man gebe ein bestimmtes Integral für die Fläche des Gebietes an, das durch $y = \sqrt{x}$, die x-Achse und die Gerade $x = 4$ begrenzt wird. Man verwende Schnitte parallel zur x-Achse (Bild 4.8).

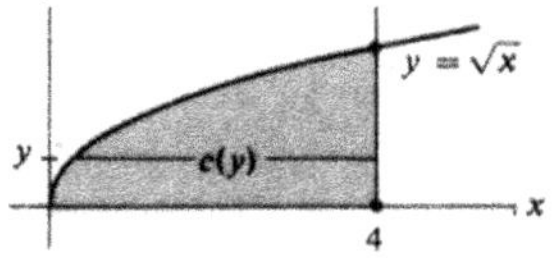

Bild 4.8

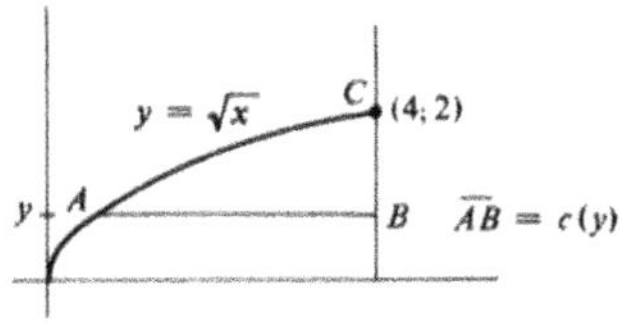

Bild 4.9

Lösung: Man findet zuerst $c(y)$, die Länge eines typischen Schnittes von R mit einer Geraden senkrecht zur x-Achse. Obwohl wir den Buchstaben x durch y ersetzt haben, ist die Idee die gleiche: Man bestimmt zuerst das Intervall der y-Werte und sucht dann $c(y)$. Dazu bezeichnen wir einige Punkte (Bild 4.9). Der größte Wert von y ist für dieses Gebiet die y-Koordinate des Punktes C. Da C auf der Kurve $y = \sqrt{x}$ liegt, ergibt sich $C = (4; \sqrt{4}) = (4; 2)$. Daher variiert y von 0 bis 2.

Nun aber zu $c(y)$. Ein Blick auf das Diagramm zeigt, daß $c(y) = \overline{AB} =$ (x-Koordinate von B) − (x-Koordinate von A) = 4 − (x-Koordinate von A). Wie erhalten wir nun die x-Koordinate von A? Da A auf der Kurve $y = \sqrt{x}$ liegt, erfüllen die Koordinaten von A die Gleichung $y = \sqrt{x}$. Um x nun durch y auszudrücken, lösen wir nach x auf:

$$y^2 = x \quad \text{und} \quad x = y^2.$$

Daraus folgt

$$c(y) = 4 - (x\text{-Koordinate von } A) = 4 - y^2.$$

Das bestimmte Integral für die Fläche des Gebietes ergibt sich daher als

$$\int_0^2 (4 - y^2)\,dy.$$

(Der Leser kann dieses Integral leicht mit Hilfe des Fundamentalsatzes berechnen. Das Resultat beträgt $\frac{16}{3}$.) •

Übungen:

1. Das Gebiet R sei durch $y = x$ und $y = x^3$ begrenzt.
   (*a*) Man zeichne R.
   (*b*) Man bestimme die Länge der vertikalen Schnitte $c(x)$.
   (*c*) Man bestimme die Länge der horizontalen Schnitte $c(y)$.
2. In Beispiel 1 wurde der Ursprung der x-Achse unterhalb des Kreismittelpunktes gewählt. Was würde sich für a, b und die vertikalen Schnitte $c(x)$ ergeben, wenn der Ursprung entsprechend Bild 4.10 gelegt worden wäre.

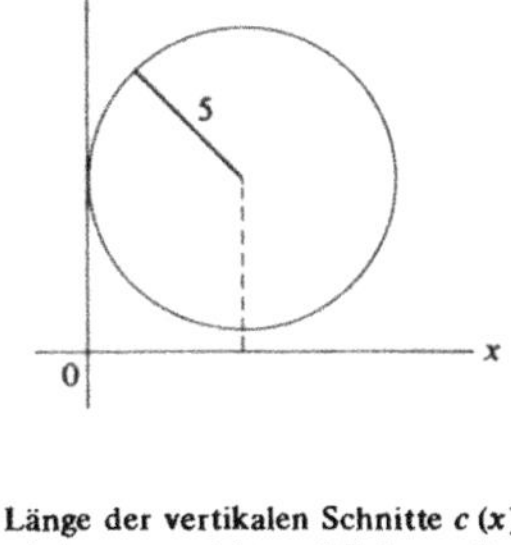

Bild 4.10

3. Man bestimme die Länge der vertikalen Schnitte $c(x)$, wenn x dem Wert auf der x-Achse entspricht und R das getönte Gebiet in Bild 4.11 ist.

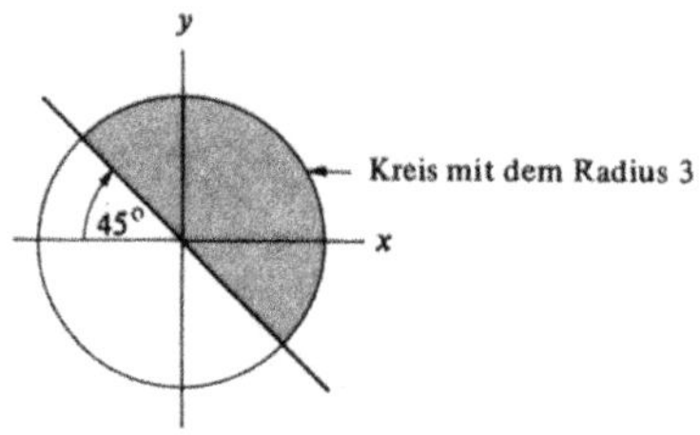

Bild 4.11

4. Man ermittle die Länge der horizontalen Schnitte $c(y)$ für das Gebiet der Übung 3.
5. Man bestimme die Länge der horizontalen Schnitte $c(y)$ für das Gebiet in Beispiel 2.
6. Man ermittle die Länge der horizontalen Schnitte $c(y)$ für das Gebiet in Beispiel 3.
7. Man bestimme die Länge der vertikalen Schnitte $c(x)$ für das Gebiet zwischen $y = e^x$, $y = 1 + x$ und $x = 2$.
8. Man berechne die Länge der horizontalen Schnitte $c(y)$ für das Gebiet in Übung 7.
9. R sei das Dreieck mit den Eckpunkten (1; 0), (3; 2) und (4; 1). Man bestimme $c(x)$, die Länge der vertikalen Schnitte.
10. (*a*) Man bestimme die Länge der horizontalen Schnitte $c(y)$ für das Gebiet der Übung 9, und benutze hierzu ähnliche Dreiecke.
    (*b*) Welche Beschreibung ist einfacher, $c(y)$ in (*a*) oder $c(x)$ in Übung 9?
11. R sei das Gebiet zwischen $y = x^2$ und $y = x + 1$.
    (*a*) Man zeichne R.
    (*b*) Man bestimme $c(x)$, die Länge der vertikalen Schnitte.
    (*c*) Man bestimme $c(y)$, die Länge der horizontalen Schnitte.

■

12. (*a*) Man zeichne das Gebiet, das von $y = \sin x$ und der x-Achse für x aus dem Intervall $[0; \pi]$ begrenzt wird.
    (*b*) Man bestimme $c(x)$, die Länge der vertikalen Schnitte.
    (*c*) Man bestimme $c(y)$, die Länge der horizontalen Schnitte.
13. (*a*) Man zeichne das Gebiet, das durch $y = x/2$, $y = x - 1$ und die x-Achse begrenzt wird.
    (*b*) Man bestimme $c(x)$, die Länge der vertikalen Schnitte.
    (*c*) Man bestimme $c(y)$, die Länge der horizontalen Schnitte.
14. (*a*) Man zeichne das Gebiet zwischen $y = \ln x$, $y = x/e$ und der x-Achse.
    (*b*) Man bestimme $c(x)$, die Länge der vertikalen Schnitte.
    (*c*) Man bestimme $c(y)$, die Länge der horizontalen Schnitte.
15. Man berechne die Länge der horizontalen Schnitte $c(y)$ für das Dreieck in den angegebenen drei Fällen (verschiedene Wahl des Ursprungs und der Richtung für die y-Achse (Bild 4.12). *Hinweis:* Man verwende in jedem Fall ähnliche Dreiecke. Eine kluge Wahl des Koordinatensystems kann die Querschnittsfunktion beträchtlich vereinfachen.

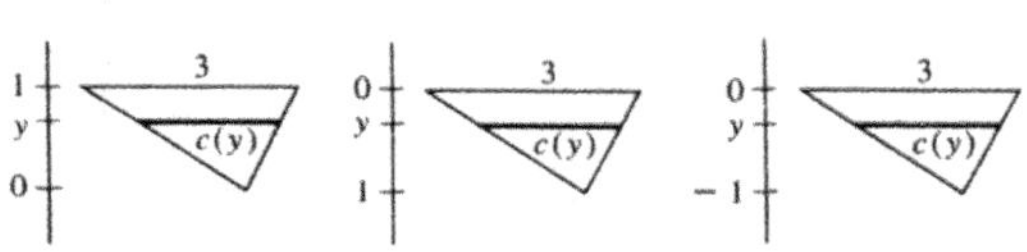

Bild 4.12

16. (*a*) Man ermittle den Ausdruck für die Schnitte $c(y)$ des gleichseitigen Trapezes in Bild 4.13. *Hinweis:* Welches ist die einfachste Formel, mit der $c(0) = 8$ und $c(2) = 14$ erhalten werden können?
    (*b*) Man bestimme $c(y)$ mit der Methode der ähnlichen Dreiecke.

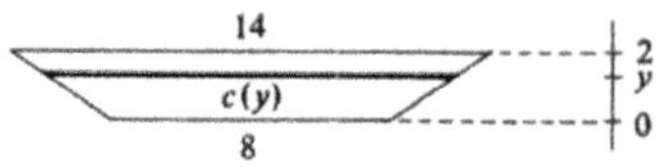

Bild 4.13

17. (*a*) Man zeichne das Gebiet R innerhalb der Ellipse
$$\frac{x^2}{4} + \frac{y^2}{9} = 1.$$
    (*b*) Man gebe $c(x)$, die Länge der vertikalen Schnitte an.
    (*c*) Man gebe $c(y)$, die Länge der horizontalen Schnitte an.
18. R sei das Gebiet eines Kreises mit dem Radius 5, das von zwei parallelen Geraden begrenzt wird, die jede im Abstand 3 vom Mittelpunkt des Kreises verlaufen (Bild 4.14).
    (*a*) Ausgehend von einer x-Achse parallel zu den beiden Geraden und einem Ursprung nächst dem Mittelpunkt des Kreises suche man $c(x)$, die Länge der Schnitte senkrecht zur x-Achse.
    (*b*) Ausgehend von einer x-Achse senkrecht zu den beiden Geraden mit dem Ursprung nächst dem Mittelpunkt des Kreises suche man $c(x)$, die Länge der Schnitte senkrecht zur x-Achse.

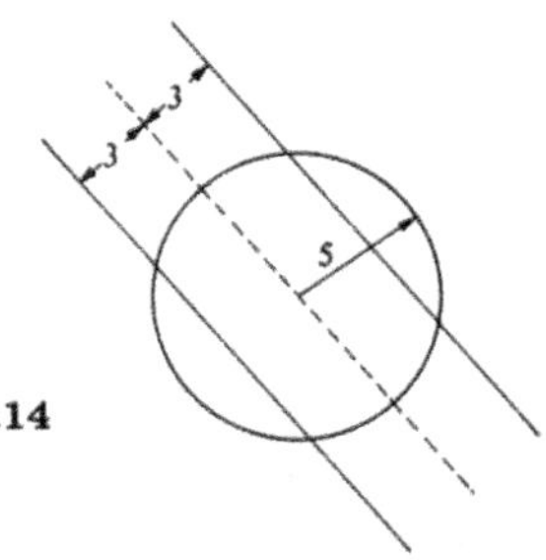

Bild 4.14

4.2 Die Berechnung der Querschnittsfläche $A(x)$

Abschnitt 1.4 hat gezeigt, daß das Volumen eines Körpers durch

$$\int_a^b A(x)\,dx$$

gegeben ist. $A(x)$ ist die Querschnittsfläche des Körpers mit einer typischen Ebene senkrecht zur x-Achse (Bild 4.15).

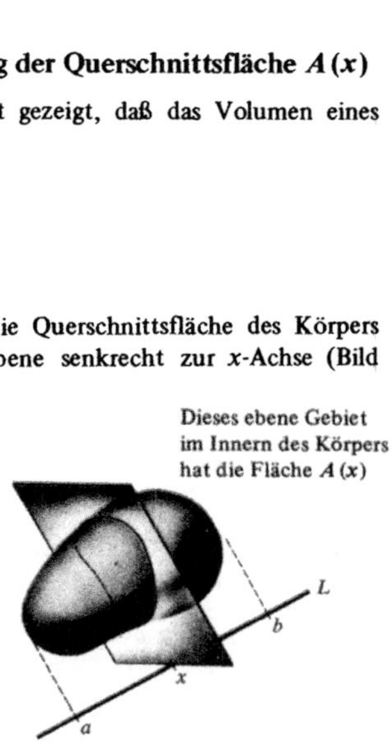

Bild 4.15

Dieser Abschnitt zeigt uns, wie $A(x)$ in speziellen Fällen gefunden werden kann und wie die bestimmten Integrale für das Volumen der Körper aufgestellt werden können. In Abschnitt 4.3 werden wir diese bestimmten Intégrale mit Hilfe der Methoden des Kapitel 3 berechnen. Sollten sich irgendwelche Schwierigkeiten ergeben, so empfiehlt sich eine Wiederholung des Teiles „Summen und das Volumen von Körpern" aus Abschnitt 1.4.

Zusätzlich zum Satz des Pythagoras und zu den Eigenschaften ähnlicher Dreiecke werden wir Formeln für die Flächen bekannter ebener Figuren benötigen:

Figur	*Fläche*
Kreis mit dem Radius r	πr^2
Quadrat mit der Seite s	s^2
Gleichseitiges Dreieck mit der Seite s	$\frac{\sqrt{3}\, s^2}{4}$
Dreieck der Höhe h und der Basis b	$\frac{bh}{2}$
Trapez der Höhe h mit den Parallelseiten b und B	$h\left(\frac{b+B}{2}\right)$
Kreissektor mit Radius r und Winkel θ (in Radiant)	$\frac{r^2\theta}{2}$

Wenn entsprechende Seiten ähnlicher Figuren im Verhältnis k zueinander stehen, so gilt bekanntlich für die Flächen der ähnlichen Figuren das Verhältnis k^2: Die Fläche ist proportional zum Quadrat der Länge.

Einige Beispiele werden uns zeigen, durch welche Überlegungen man die Querschnittsflächen $A(x)$ bestimmen kann.

Beispiel 1: Man gebe ein bestimmtes Integral für das Volumen des Körpers an, dessen Basis durch die x-Achse und den Bogen der Kurve $y = \sin x$ (zwischen $x = 0$ und $x = \pi$) begrenzt wird und dessen auf die x-Achse senkrecht stehenden ebenen Querschnitte Quadrate sind, die auf der Basisfläche ruhen (Bild 4.16).

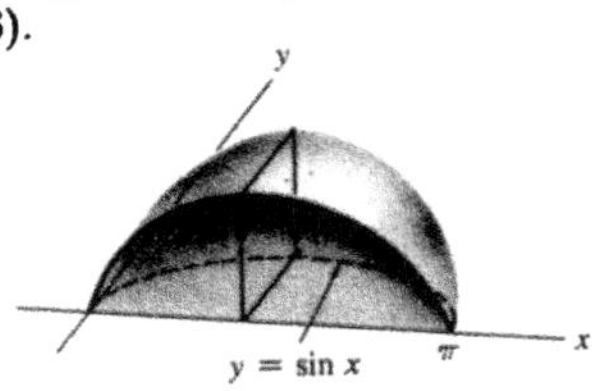

Bild 4.16

Lösung: Da der Querschnitt ein Quadrat mit der Seite $\sin x$ ist, ergibt sich für seine Fläche $\sin^2 x$. So erhalten wir

$$A(x) = \sin^2 x.$$

Das bestimmte Integral für das Volumen ist daher

$$\int_0^{\pi} \sin^2 x \, dx.$$

(Aus Beispiel 1 des Abschnittes 3.8 folgt für dieses bestimmte Integral der Wert $\pi/2$.) ●

Beispiel 2: Man gebe das bestimmte Integral für das Volumen einer 3-seitigen Pyramide an, deren Basis durch ein rechtwinkeliges Dreieck mit den Seiten 3, 4 und 5 gegeben ist (Bild 4.17). Die Höhe der Pyramide geht vom rechten Winkel des Dreiecks aus und hat die Länge 2.

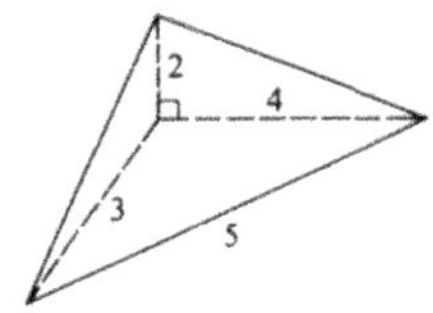

Bild 4.17

Lösung: Die ebenen Querschnitte können durch 3 verschiedene Richtungen definiert werden, nämlich parallel zu jeder der 3 rechtwinklig-dreieckigen Flächen. Wir wählen Ebenen senkrecht zur Höhe, parallel zur Basis.

Die x-Achse stehe senkrecht zum Grunddreieck. Ihren Ursprung legen wir in die Ebene dieses Dreiecks. Der typische Querschnitt ist ein Dreieck T (Bild 4.18), das darüberhinaus dem Basisdreieck ähnlich ist. Da die Dimensionen von T proportional zu der Entfernung zwischen T und der Spitze der Pyramide sind, muß $A(x)$ proportional zum Quadrat der Entfernung zwischen T und der der Pyramidenspitze sein. Diese Entfernung ist $2 - x$ Daher muß es eine Konstante k geben, so daß

$$A(x) = k(2 - x)^2.$$

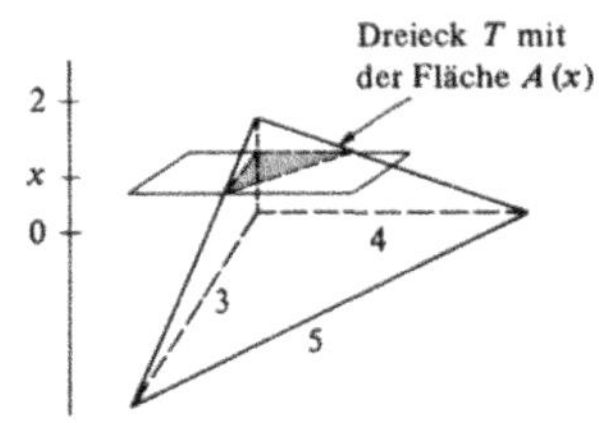

Bild 4.18

Um k zu finden, halten wir fest, daß T für $x = 0$ mit dem Basisdreieck zusammenfällt. Dessen Fläche ist $(\frac{1}{2}) \cdot 3 \cdot 4 = 6$. Daher ergibt sich

$$A(0) = k(2 - 0)^2 = 6 \quad \text{und} \quad 4k = 6.$$

Somit erhalten wir für $k = \frac{6}{4} = \frac{3}{2}$ und schließlich

$$A(x) = \tfrac{3}{2}(2 - x)^2.$$

Folglich ist das Volumen der Pyramide

$$\int_0^2 \frac{3}{2}(2 - x)^2 dx. \; ●$$

In Übung 3 wurde das Koordinatensystem auf der x-Achse so gewählt, daß der Wert Null der Ebene durch die Pyramidenspitze, der Wert zwei der Ebene des Basisdreiecks entspricht. Der Ausdruck für $A(x)$ wird in diesem Falle noch einfacher als bei der hier gewählten Vorgangsweise.

Beispiel 3: Man betrachte eine Kugel mit dem Radius a (Bild 4.19). Die x-Achse werde so gewählt, daß ihr Ursprung unterhalb des Kugelmittelpunktes liegt. Man gebe einen Ausdruck für $A(x)$, die Fläche des Querschnitts zwischen der Kugel und der Ebene, welche die x-Achse im Punkt mit der Koordinate x senkrecht schneidet. Man stelle das bestimmte Integral für das Volumen der Kugel auf.

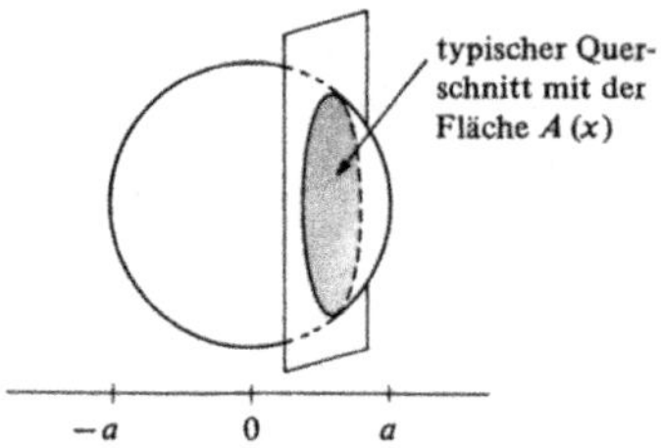

Bild 4.19

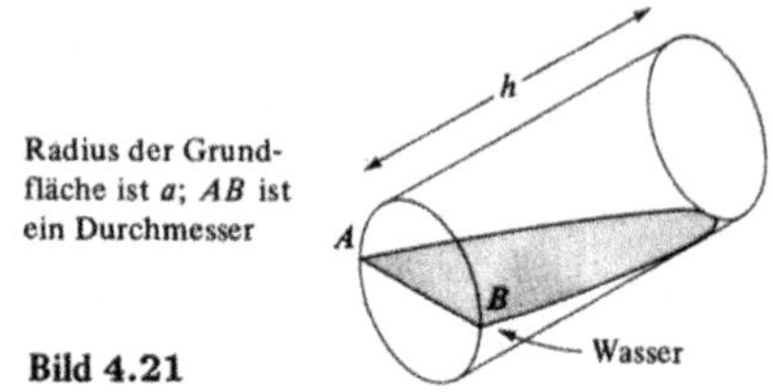

Bild 4.21

Lösung: Der typische Querschnitt ist ein Kreis. Da die Fläche eines Kreises mit dem Radius r durch πr^2 gegeben ist, müssen wir lediglich die Abhängigkeit zwischen r und x finden.

Dazu zeichnen wir einen Aufriß der Kugel und des typischen Querschnitts, in dem r und x deutlich erkennbar sind (Bild 4.20).

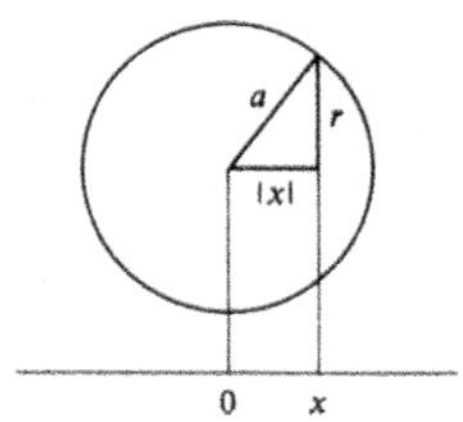

Bild 4.20

Nach dem Pythagoräischen Lehrsatz gilt

$$a^2 = |x|^2 + r^2,$$

daher

$$a^2 = x^2 + r^2 \quad \text{und} \quad r^2 = a^2 - x^2.$$

Daraus folgt

$$A(x) = \pi r^2 = \pi (a^2 - x^2).$$

Somit erhalten wir für das Volumen der Kugel mit dem Radius a

$$\int_{-a}^{+a} \pi (a^2 - x^2)\, dx.$$

Dieses Integral kann nach dem Fundamentalsatz leicht berechnet werden. ●

Das nächste Beispiel ist von besonderem Interesse, da wir die Schnitte hier sehr verschieden legen können. Einige dieser Möglichkeiten sind günstig, andere ungünstig.

Beispiel 4: Ein Wasserglas besitzt die Form eines geraden Kreiszylinders mit dem Radius a und der Höhe h. Es wird solange geneigt, bis das Wasserniveau einerseits die Basis des Glases in zwei gleiche Teile teilt und andererseits gerade den Rand des Glases erreicht (Bild 4.21). Das Wasser füllt das räumliche Gebiet R aus. Man gebe die Fläche der ebenen Querschnitte für dieses Gebiet an.

Lösung: Für die Lage der ebenen Querschnitte ergeben sich unter anderem die folgenden Möglichkeiten:

1. Ebenen parallel zur Wasseroberfläche,
2. Ebenen parallel zur Grundfläche des Glases,
3. Ebenen senkrecht zum Durchmesser AB,
4. Ebenen parallel zu der Ebene durch AB und die Achse des Zylinders.

Der Leser sollte für jede dieser Möglichkeiten selbst eine Skizze zeichnen, um sein Gefühl für räumliche Vorstellung zu schärfen. Noch besser ist es, zur Darstellung des Wasservolumens von einem Holzzylinder ein geeignetes Stück abzusägen.

1. *Ebenen parallel zur Oberfläche des Wassers.* In diesem Fall ist jeder Querschnitt Teil einer Ellipse (siehe Anhang B für die Diskussion der Ellipse – eine ovale Kurve, die man erhält, wenn ein gerader Kreiszylinder wie etwa ein Besenstiel unter einem bestimmten Winkel durchgeschnitten wird). Der höchstgelegene Querschnitt geht durch AB und ist exakt die Hälfte einer Ellipse. Die tieferliegenden Querschnitte allerdings sind kleinere Teile von Ellipsen (Bild 4.22). Diese Wahl der Querschnitte ist nicht günstig, da die Flächen von Ellipsenteilen schwer zu berechnen sind.
2. *Ebenen parallel zur Basis des Glases.* In diesem Fall ist jeder Querschnitt Teil einer Kreisscheibe (Bild 4.23). Dieser Fall ist etwas einfacher als der Fall 1, stellt aber noch immer nicht die günstigste Wahl dar.

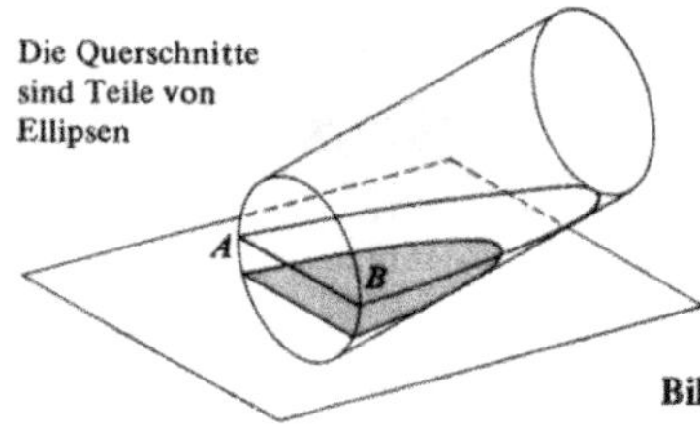

Bild 4.22

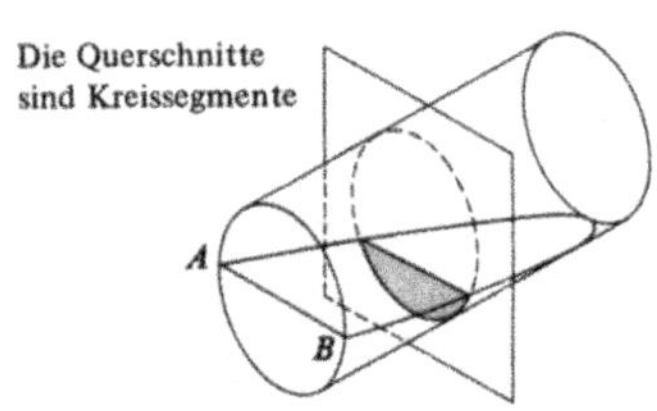

Bild 4.23

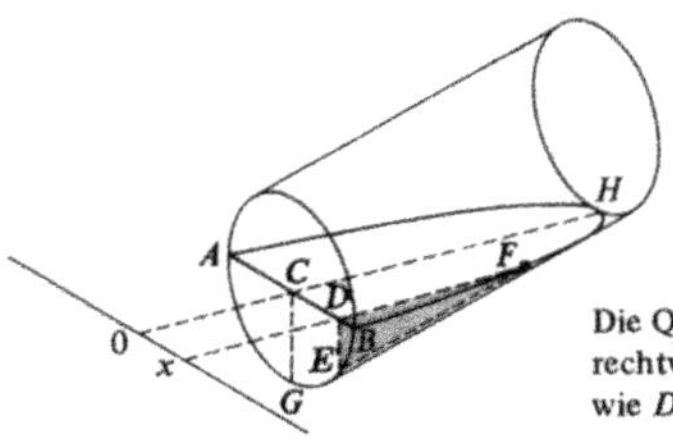

Die Querschnitte sind rechtwinklige Dreiecke, wie DEF

Bild 4.24

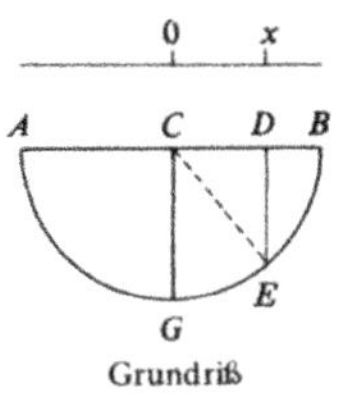

Bild 4.25

3. *Ebenen senkrecht zum Durchmesser AB.* In diesem Fall sind die Querschnitte rechtwinkelige Dreiecke (obwohl im Bild 4.24 viele gekrümmte Kurven auftreten, haben die Querschnitte alle geradlinige Begrenzungen). Da die Fläche eines rechtwinkeligen Dreiecks leicht berechnet werden kann, wollen wir $A(x)$ für diesen Fall bestimmen.

Wählen wir die x-Achse parallel zum Durchmesser AB und ordnen den Ursprung Null dem Mittelpunkt des Durchmessers zu (Bild 4.25).

Die Fläche des Dreiecks ist

$$A(x) = \tfrac{1}{2}\,\text{Grundlinie} \cdot \text{Höhe} = \tfrac{1}{2}\,\overline{DE} \cdot \overline{EF}.$$

Zunächst finden wir mit Hilfe des Pythagoräischen Lehrsatzes $\overline{DE}$ in Abhängigkeit von x:

$$a^2 = \overline{CD}^2 + \overline{DE}^2 = x^2 + \overline{DE}^2.$$

(Man verwende das rechtwinkelige Dreieck ΔCDE, dessen Hypotenuse $\overline{CE}$ gestrichelt eingetragen ist.)

So erhalten wir

$$\overline{DE} = \sqrt{a^2 - x^2}.$$

Damit haben wir $\overline{DE}$ durch x dargestellt. Nun betrachten wir $\overline{EF}$. Die Seitenansicht zeigt zwei ähnliche Dreiecke, nämlich ΔDEF und ΔDGH (Bild 4.26).

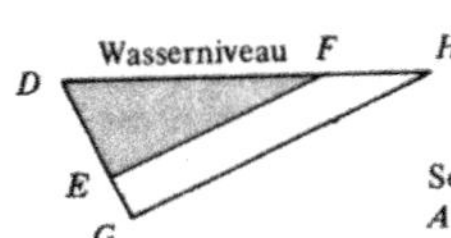

Seitenansicht der Querschnittsfläche $A(x)$. (Die Punkte C und D liegen übereinander.)

Bild 4.26

Wir erhalten daher eine Gleichung, die entsprechende Teile in Relation setzt:

$$\frac{\overline{DE}}{\overline{DG}} = \frac{\overline{EF}}{\overline{GH}}.$$

Aus

$$\overline{DE} = \sqrt{a^2 - x^2}, \quad \overline{DG} = a \quad \text{und} \quad \overline{GH} = h$$

ergibt sich für die entsprechenden Teile

$$\frac{\sqrt{a^2 - x^2}}{a} = \frac{\overline{EF}}{h} \quad \text{oder} \quad \overline{EF} = \frac{h}{a}\sqrt{a^2 - x^2}.$$

Somit ist die Fläche eines typischen Dreiecks durch

$$\begin{aligned} A(x) &= \overline{DE} \cdot \overline{EF} = \\ &= \frac{1}{2}\sqrt{a^2 - x^2} \cdot \frac{h}{a}\sqrt{a^2 - x^2} = \\ &= \frac{h(a^2 - x^2)}{2a} \end{aligned}$$

gegeben. (Das Volumen des Körpers beträgt daher

$$\int_{-a}^{a} \frac{h(a^2 - x^2)}{2a}\,dx.$$

Dieses Integral kann mit Hilfe des Fundamentalsatzes leicht berechnet werden.)

4. *Ebenen parallel zu der Ebene durch AB und die Achse des Zylinders.* In diesem Falle sind die Querschnitte Rechtecke (Bild 4.27). Alle vier Seiten sind gerade.

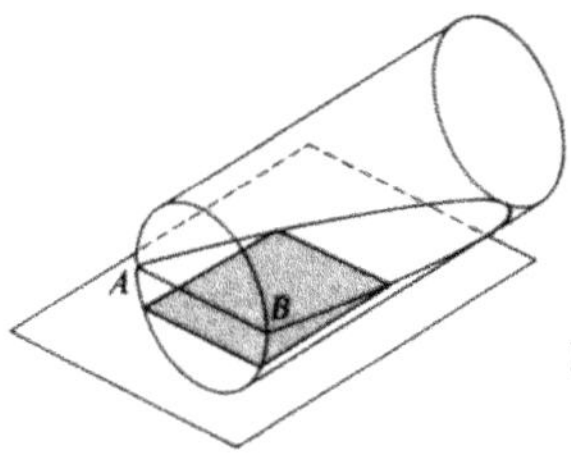

Bild 4.27

(Auch der Schnitt mit der Wasseroberfläche selbst ist gerade, da er sich als Schnittlinie zweier Ebenen ergibt, nämlich der Ebene der Wasseroberfläche und der Querschnittsebene.) Dieser Fall ist, ebenso wie Fall 3, leicht zu behandeln, da die Fläche eines Rechtecks leicht berechnet werden kann. ●

Übungen:

1. (*a*) Man berechne die Fläche eines Quadrates mit der Seite s und eines anderen Quadrates mit der Seite ks.
   (*b*) Man bestimme den Quotienten aus der zweiten und der ersten Fläche.
   (*c*) Welches Prinzip wird durch (*b*) illustriert?
2. Die Grundfläche eines bestimmten Körpers ist das Gebiet in der xy-Ebene, das durch die Kurve $y = x^2$, die x-Achse und die Gerade $x = 2$ begrenzt wird. Die auf der x-Achse senkrecht stehenden Querschnittsflächen des Körpers sind gleichseitige Dreiecke.
   (*a*) Man zeichne den Körper.
   (*b*) Man bestimme $A(x)$, die Fläche des Querschnitts für eine typische Ebene senkrecht zur x-Achse.
   (*c*) Man gebe ein bestimmtes Integral für das Volumen des Körpers an.
3. Man bestimme $A(x)$ und gebe das bestimmte Integral für Beispiel 2 an, wenn der Ursprung der x-Achse nicht in die Ebene des Basisdreiecks, sondern auf das Niveau der Pyramidenspitze

gelegt wird und gleichzeitig die positive Richtung der x-Achse abwärts verläuft.

4. Man betrachte die Pyramide des Beispiels 2 und verwende Querschnittsflächen parallel zum rechtwinkeligen Dreieck mit den Katheten 2 und 3. Man berechne die typische Querschnittsfläche $A(x)$, wenn die x-Achse senkrecht zu der obigen Fläche
   (*a*) ihren Ursprung in der erwähnten Fläche hat,
   (*b*) ihren Ursprung in dem Eckpunkt hat, der nicht in der erwähnten Fläche liegt,
   (*c*) in jedem der angeführten Fälle gebe man das bestimmte Integral für das Volumen an.
5. Ein gerade Kreiskegel hat die Höhe h und den Radius a. Man betrachte die Querschnitte parallel zur Basis und führe eine x-Achse ein, so daß $x = 0$ der Spitze des Kegels und $x = h$ der Basis entspricht.
   (*a*) Man zeichne den Kegel, die x-Achse und einen typischen Querschnitt.
   (*b*) Man berechne $A(x)$, die typische Querschnittsfläche für Ebenen senkrecht zur x-Achse.
   (*c*) Man gebe für das Volumen ein bestimmtes Integral an.
6. Man betrachte den Kegel der Übung 5.
   (*a*) Man zeichne einen typischen Querschnitt des Kegels mit einer Ebene parallel zur Kegelachse.
   (*b*) Ist dieser Querschnitt ein Dreieck, Teil einer Parabel oder Teil einer Hyperbel?
7. Mit Hilfe eines scharfen Bleistiftes und eines Radiergummis zeichne man die vier Arten von Querschnitten, die sich bei der Diskussion des Wasservolumens im Wasserglas des Beispiels 4 ergeben haben.
8. (*a*) Man stelle ein Modell des Körpers von Beispiel 4 her, sei es aus einem Stück Seife, aus Ton oder durch entsprechendes Absägen eines Holzzylinders.
   (*b*) Man zeichne in dem erhaltenen Modell die Berandungen der vier verschiedenen Querschnittstypen von Beispiel 4 ein.
9. Man berechne $A(x)$, die rechteckige Querschnittsfläche des Beispiels 4, für den Fall 4. Man lege die x-Achse senkrecht zum Durchmesser AB, parallel zur Grundfläche des Glases. $x = 0$ möge der Ebene durch AB entsprechen.
   (*a*) Man gebe die Breite des typischen Rechteckes, d.h. die Länge einer zu AB parallelen Seite an.
   (*b*) Man bestimme die Länge des typischen Rechtecks.
   (*c*) Man berechne $A(x)$.
   (*d*) Man verwende (*c*), um das bestimmte Integral für das Volumen des Körpers anzugeben.
   (*e*) Man berechne das Integral von (*d*).
10. Ein Wasserglas ist ein gerader Kreiszylinder mit Radius a und Höhe h. Es wird geneigt, bis das Wasserniveau gerade die Basis bedeckt und den Rand berührt.
   (*a*) Man zeichne das Wasservolumen.
   (*b*) Man zeichne die typischen Querschnitte entsprechend zu den vier Fällen des Beispiels 4.
11. (Siehe Übung 10.) Man berechne $A(x)$, die Querschnittsfläche mit Hilfe von trapezförmigen Querschnitten. (Man wähle den Ursprung der x-Achse auf der Achse des Zylinders.)
12. (Siehe Übung 10.) Man berechne die typische Querschnittsfläche $A(x)$ mit Hilfe von rechteckigen Querschnitten. (Man wähle den Ursprung der x-Achse auf der Achse des Zylinders.)
13. Man bestimme das Volumen der Übung 10 ohne jede Rechnung.

■

14. Ein Holzfäller sägt einen Keil aus einem zylindrischen Baum mit Radius a. Sein erster Schnitt ist parallel zum Boden und geht bis zur Achse des Baumes. Sein zweiter Schnitt schließt mit dem ersten einen Winkel θ ein und schneidet ihn entlang eines Durchmessers. Man zeichne den Körper.
15. (Siehe Übung 14.) Man lege die x-Achse derart, daß sich für die Querschnitte des Keiles Dreiecke ergeben.
   (*a*) Man zeichne die typischen Querschnitte.
   (*b*) Man bestimme die Fläche typischer Querschnitte für eine Fläche, die von der Achse des Baumes den Abstand x besitzt.
16. (Siehe Übung 14.) Man lege die x-Achse derart, daß die Querschnitte des Keiles Rechtecke werden.
   (*a*) Man zeichne einen typischen Querschnitt.
   (*b*) Man bestimme seine Fläche, wenn er den Abstand x von der Achse des Zylinders besitzt.
17. Ein in der xy-Ebene gelegener Kreis mit dem Mittelpunkt in $(4; 0)$ und dem Radius 3 rotiert um die y-Achse, so daß ein ringartiger Körper entsteht. Man gebe die Fläche der ebenen Querschnitte an, die senkrecht auf der x-Achse stehen und durch den Punkt $(0; y)$ gehen.
18. Ein Bohrer mit dem Radius 3 cm bohrt ein Loch durch eine Kugel mit dem Radius 5 cm, und zwar symmetrisch durch den Mittelpunkt der Kugel.
   (*a*) Man zeichne den Teil der Kugel, der durch den Bohrer entfernt wird.
   (*b*) Man gebe $A(x)$, die Querschnittsfläche des Gebietes aus (*a*) an, die durch eine Ebene senkrecht zur Bohrachse und im Abstand x vom Mittelpunkt der Kugel entsteht.

4.3 Berechnung von Flächen und Volumina mit Hilfe von Schnitten

Dieser Abschnitt enthält keine neuen Ideen, sondern faßt die Methoden zusammen, die bereits zur Berechnung von Flächen und Volumina entwickelt wurden.

Um die Fläche eines ebenen Gebietes zu berechnen, geht man in folgenden Schritten vor:

1. Man wählt die Richtung der Schnitte, berechnet die Länge der Schnitte $c(x)$ und bestimmt das Intervall $[a; b]$, in dem x variiert. (Dies ist der Inhalt des Abschnittes 4.1.)
2. Man gibt die Fläche des Gebietes durch das bestimmte Integral
$$\int_a^b c(x)\,dx$$
an. (Dies wurde in Abschnitt 1.4 diskutiert.)
3. Man berechnet $\int c(x)\,dx$ mit Hilfe des Fundamentalsatzes. (Dies wurde in Kapitel 3 besprochen.) Ist das Integral der Funktion $c(x)$ nicht elementar, dann muß das bestimmte Integral und damit die Fläche abgeschätzt werden.

Ähnlich gehen wir bei der Berechnung von Volumina vor, nur entstehen unsere Schnitte hier durch Ebenen und nicht durch Geraden. Für das Volumen erhalten wir das Integral
$$V = \int_a^b A(x)\,dx.$$
Die Übungen geben reichlich Gelegenheit, um diese Techniken anzuwenden.

Übungen:

Die Übungen von 1 bis 24 beziehen sich auf die Berechnung von Flächen.

1. Man bestimme die Fläche des Kreises mit dem Radius 5 aus Beispiel 1 von Abschnitt 4.1. (Dies ist ein Zirkelschluß, da die Formel für die Berechnung des Kreises verwendet wurde, um die Ableitung von $\sin x$ und damit von $\arcsin x$ herzuleiten. Diese aber wird benötigt, um hier den Fundamentalsatz anzuwenden.)
2. Man bestimmt die Fläche des Gebietes unterhalb $y = x^2$ und oberhalb $y = -\frac{3}{2}x$, zwischen $x = 0$ und $x = 2$ (siehe Beispiel 3 des Abschnittes 4.1).
3. Man bestimme die Fläche des Gebietes von Beispiel 3 des Abschnittes 4.1 mit Hilfe von horizontalen Schnitten.
4. Man bestimme die Fläche des Gebietes unterhalb von $y = \sqrt{x}$, oberhalb der x-Achse und links von $x = 4$ (siehe Beispiel 4 des Abschnittes 4.1).
   (*a*) Man benutze vertikale Schnitte.
   (*b*) Man benutze horizontale Schnitte.
5. Man ermittle die Fläche des Gebietes, das in Übung 7 von Abschnitt 4.1 beschrieben wurde.
6. Man bestimme die Fläche des Gebietes, das in Übung 7 von Abschnitt 4.1 beschrieben wurde mit Hilfe von horizontalen Schnitten.
7. Man berechne die Fläche des Gebietes, das in Übung 11 von Abschnitt 4.1 beschrieben wurde, mit Hilfe von
   (*a*) vertikalen Schnitten,
   (*b*) horizontalen Schnitten.
8. Man bestimme die Fläche des Gebietes, das in Übung 13 von Abschnitt 4.1 besprochen wurde, mit Hilfe von
   (*a*) vertikalen Schnitten,
   (*b*) horizontalen Schnitten.
9. Man berechne die Fläche innerhalb der Ellipse von Übung 17 des Abschnittes 4.1.
10. Man bestimme die Fläche des Gebietes in Übung 18 von Abschnitt 4.1.
11. Man ermittle die Fläche des Gebietes, das von $y = 1/x^2$, der x-Achse und den Geraden $x = 1$ und $x = 3$ begrenzt wird, mit Hilfe von
    (*a*) vertikalen Schnitten,
    (*b*) horizontalen Schnitten.
12. Man bestimme die Fläche des Gebietes zwischen $y = 4x$ und $y = 2x^2$, mit Hilfe von
    (*a*) vertikalen Schnitten,
    (*b*) horizontalen Schnitten.
13. Man bestimme die Fläche des Gebietes, das von den Kurven $y = 2^x$ und $y = 1 + x$ begrenzt wird.
14. Man berechne die Fläche des Gebietes, das von den Kurven $y = \ln x$, $y = x/e$ und $y = 0$ begrenzt wird.
15. Man bestimme die Fläche des Gebietes, das von $y = (\pi/2)\sin x$ und $y = x$ begrenzt wird und rechts von der y-Achse liegt.
16. Man ermittle die Fläche des Gebietes, das von $y = x^2$ und $y = 8 - x^2$ begrenzt wird.
17. (*a*) Man zeichne das ebene Gebiet, das von der Kurve $y = x^2$ und der Geraden $y = 4$ begrenzt wird.
    (*b*) Man bestimme seine Fläche mit Hilfe von vertikalen Schnitten.
    (*c*) Man bestimme seine Fläche mit Hilfe von horizontalen Schnitten.
18. (*a*) Man zeichne das ebene Gebiet, das von der Kurve $x = y^2$, der y-Achse und den Geraden $y = 1$ und $y = 2$ begrenzt wird.
    (*b*) Man ermittle seine Fläche mit Hilfe von horizontalen Schnitten.
    (*c*) Man bestimme seine Fläche mit Hilfe von vertikalen Schnitten.
19. (*a*) Man zeichne das Gebiet, das von der Kurve $y = 1/(1 + x^2)$, der x-Achse und den Geraden $x = 1$ und $x = -1$ begrenzt wird.
    (*b*) Man bestimme die Fläche dieses Gebietes mit Hilfe von vertikalen Schnitten.
    (*c*) Man berechne seine Fläche mit Hilfe von horizontalen Schnitten.
20. Man gebe die Fläche des in Bild 4.28 getönten Gebietes an.

Bild 4.28

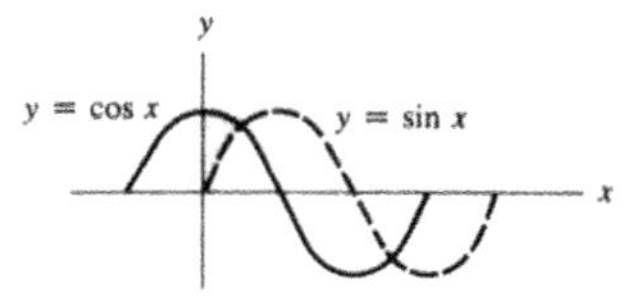

21. Man gebe die Fläche des in Bild 4.29 getönten Gebietes an
    (*a*) ohne zu rechnen,
    (*b*) mit Hilfe vertikaler Schnitte,
    (*c*) mit Hilfe horizontaler Schnitte.

Bild 4.29

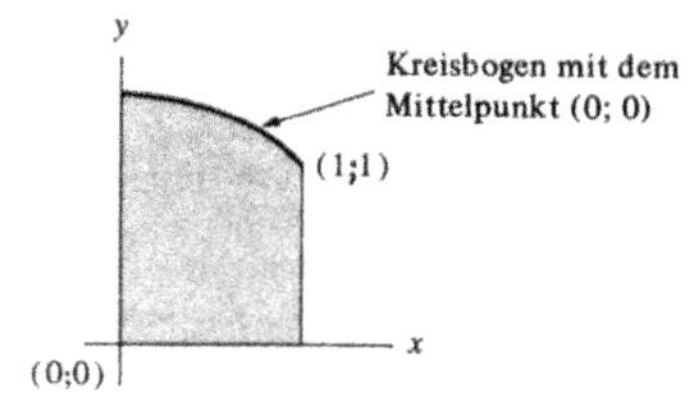

22. Man berechne die Fläche zwischen den Kurven $y^2 = x$ und $y = x - 2$ mit Hilfe von
    (*a*) horizontalen Schnitten,
    (*b*) vertikalen Schnitten.
23. Man zeichne das Gebiet, das zwei Kreisen mit dem Radius 1 gemeinsam ist, deren Mittelpunkte voneinander den Abstand 1 haben. Man berechne die Fläche dieses Gebietes mit Hilfe von
    (*a*) vertikalen Schnitten,
    (*b*) horizontalen Schnitten,
    (*c*) mit Hilfe von elementarer Geometrie ohne weitere Rechnungen.
24. (*a*) Welcher Teil des Rechtecks mit den Eckpunkten $(0; 0)$, $(a; 0)$, $(a; a^4)$, $(0; a^4)$ – a sei positiv – wird von dem Gebiet unterhalb der Kurve $y = x^4$ und oberhalb des Intervalls $[0; a]$ eingenommen?
    (*b*) Man wiederhole die Rechnung von (*a*) und ersetze hierbei im Exponenten 4 durch $\frac{1}{4}$.

Die Übungen 25 bis 43 beschäftigen sich mit der Berechnung von Volumina.

25. Man bestimme das Volumen des Körpers, der im Beispiel 1 von Abschnitt 1.2 beschrieben wird.
26. Man berechne das Volumen einer Kugel mit dem Radius a (siehe Beispiel 3 von Abschnitt 4.2).
27. Man bestimme das Volumen eines geraden Kreiszylinders mit der Höhe h und den Radius a.
28. Man ermittle das Wasservolumen, das in Beispiel 4 von Abschnitt 4.2 diskutiert wurde, mit Hilfe der dreieckigen Querschnitte des Falles 3.
29. Man bestimme das Wasservolumen, das in Beispiel 4 von Abschnitt 4.2 diskutiert wurde, mit Hilfe der rechtwinkeligen Querschnitte des Falles 4.

Mit Hilfe von Übung 30 kann das Volumen eines Kegels oder einer Pyramide leicht eingeprägt werden.

30. Ein Körper werde auf die folgende Weise gebildet. Gegeben sei ein ebenes Gebiet R und ein Punkt P außerhalb der Ebene. Der Körper besteht aus allen Strecken, deren eines Ende in P liegt und deren anderes Ende sich in R befindet. Hat R die Fläche A und besitzt P die Distanz h von R, so zeige man, daß das Volumen des Körpers durch $Ah/3$ gegeben ist.

31. Die Basis eines Körpers ist ein Kreis mit Radius 3. Legen wir senkrecht auf einen gegebenen Durchmesser eine Ebenenschar durch den Körper, so erhalten wir quadratische Querschnitte, deren eine Seite in der Grundfläche des Körpers liegt (Bild 4.30). Man bestimme das Volumen des Körpers.

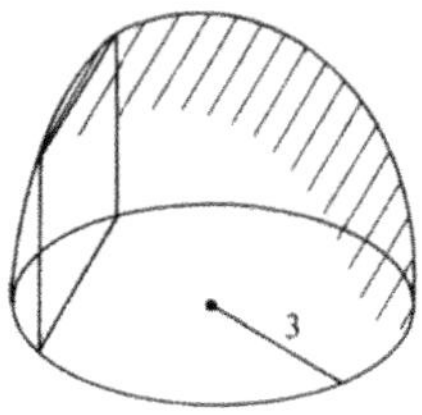

Bild 4.30

32. Das Gebiet zwischen den Kurven $y = e^x$, $y = 1$ und $x = 1$ rotiert um die x-Achse. Man bestimme das Volumen des entstehenden Körpers.

33. Das Gebiet der vorangehenden Übung rotiert um die y-Achse. Man berechne das Volumen des entstehenden Körpers.

34. Die Basis eines Körpers S sei das Gebiet zwischen den Kurven $y = 1 - x^2$ und $y = 1 - x^4$. Ebene und auf der x-Achse senkrecht stehende Querschnitte durch S sind Quadrate. Man bestimme das Volumen von S.

35. Das Gebiet zwischen der Kurve $y = x^3$, der x-Achse, $x = 2$ und $x = 3$ rotiert um die y-Achse. Man ermittle das Volumen des entstehenden Körpers.

36. Das Gebiet zwischen den Kurven $y = 2^x$ und $y = x + 1$ rotiert um die x-Achse. Man bestimme das Volumen des entstehenden Körpers.

37. Man berechne das Volumen eines Körpers, dessen auf der x-Achse senkrecht stehende Querschnitte aus Kreisen bestehen, deren Mittelpunkte in der x-y-Ebene liegen und deren Schnittlinien mit der x-y-Ebene durch die Strecken zwischen den Kurven $y = \sqrt{x}$ und $y = x$ gegeben sind.

38. Man bestimme das Volumen eines Körpers, dessen Basis ein Kreis mit dem Radius 5 ist und dessen, auf der x-Achse senkrecht stehende Querschnitte gleichseitige Dreiecke sind (Bild 4.31).

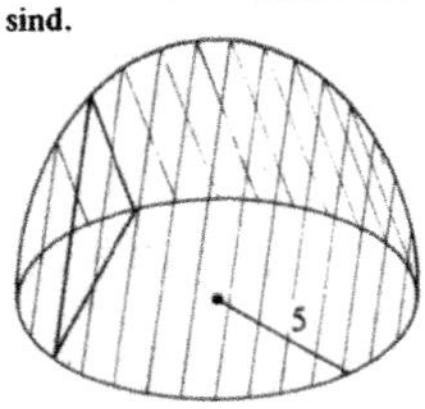

Bild 4.31

39. Das Gebiet zwischen den Kurven $y = \ln x$, $y = 0$ und $x = e$ rotiert um die x-Achse. Man berechne das Volumen des entstehenden Körpers.

40. Das Gebiet zwischen den Kurven $y = x^3$ und $y = x^2$ rotiert um die x-Achse. Man bestimme das Volumen des entstehenden Körpers.

41. Das Gebiet der Übung 40 rotiert um die y-Achse. Man ermittle das entstehende Volumen.

42. Welcher Teil des Volumens einer Kugel liegt zwischen zwei parallelen Ebenen, die den Durchmesser in drei gleiche Teile teilen und auf ihm senkrecht stehen.

■

43. Man bestimme das Volumen eines Oktanten des Gebietes, das zwei geraden Kreiszylindern mit dem Radius 1 gemeinsam ist, deren Achsen einander rechtwinkelig schneiden (Bild 4.32).

Bild 4.32

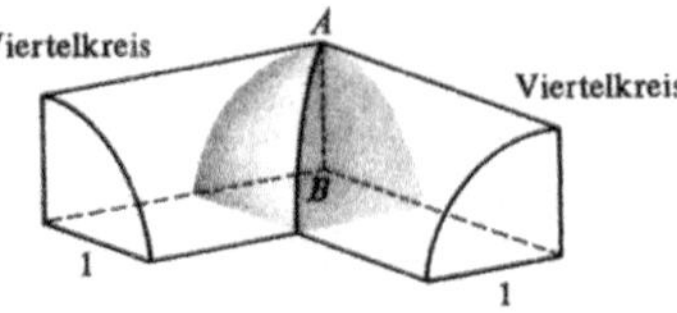

Hinweis: Man untersuche die Querschnitte mit Ebenen senkrecht zur Geraden AB.

■■

44. f sei eine wachsende Funktion mit $f(0) = 0$ und besitze ein elementares Integral. Dann ist f^{-1} eine wachsende Funktion und $f^{-1}(0) = 0$. Man zeige, daß ein elementares f^{-1} ein elementares Integral besitzt.

Hinweis: Die Summe der Flächen von I und II in Bild 4.33 beträgt $tf(t)$.

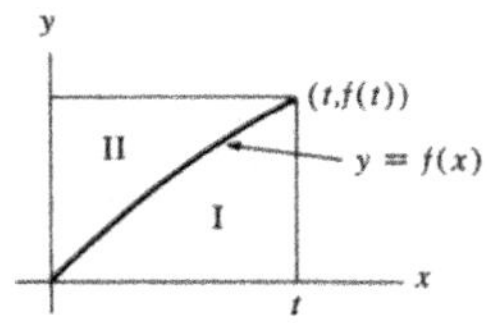

Bild 4.33

45. Man zeige, daß die getönte Fläche in Bild 4.34 genau $\frac{2}{3}$ der Parallelogrammfläche $ABCD$ beträgt. Dieses Beispiel illustriert ein Theorem vom Archimedes über Parabelabschnitte.

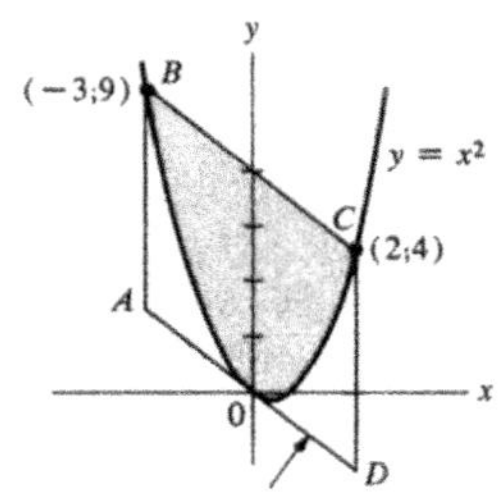

Bild 4.34

4.4 Die Berechnung des Volumens eines Rotationskörpers aus seinen Schalen

R sei ein ebenes Gebiet und L eine Gerade in der zugehörigen Ebene (Bild 4.35). L soll das Gebiet R gar nicht oder nur an Randpunkten treffen. Betrachten wir den Körper, der durch Rotation von R um L entsteht. Wenn L nicht durch das Gebiet R geht, so entsteht ein ringartiger Körper. Welches bestimmte Integral gibt das Volumen dieses Körpers an?

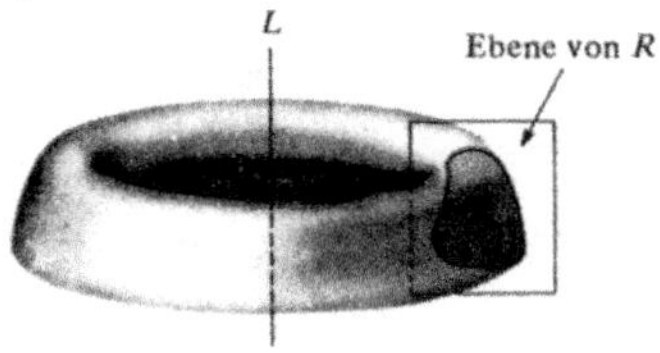

Bild 4.35

Wenn jede Gerade, die in der Ebene von R liegt und senkrecht auf L steht, das Gebiet R längs einer bestimmten Strecke schneidet, ist es nicht schwierig das Volumen des Körpers zu finden: Man legt ebene Querschnitte senkrecht zu L durch den Körper. Jeder derartige Querschnitt ist ein Ring, ein Gebiet zwischen zwei konzentrischen Kreisen. Die Ringfläche ist gerade durch die Differenz zwischen den Flächen des inneren und des äußeren Kreises gegeben. Das Volumen kann durch Integration über die Querschnittsflächen berechnet werden. (Tatsächlich geschieht dies in einigen Übungen des Abschnittes 4.3.)

In diesem Abschnitt entwickeln wir eine zweite Methode zur Berechnung des Volumens eines Rotationskörpers. Diese Methode wird in Bd4/Kp3 eine wichtige theoretische Rolle spielen. So ist es gerechtfertigt, dieses alternative Verfahren hier zu besprechen. Es ist als die *Methode der Zylinderschalen* bekannt.

Wichtigstes Instrument ist die Formel für das Volumen einer Zylinderschale. Nehmen wir an, ihr innerer Radius sei R_1, ihr äußerer Radius R_2 und ihre Höhe h (Bild 4.36). Das Volumen dieser Zylinderschale beträgt

$$\begin{aligned}\text{Grundfläche} \times \text{Höhe} &= (\pi R_2^2 - \pi R_1^2)\, h \\ &= \pi (R_2 + R_1)(R_2 - R_1)\, h \\ &= 2\pi \frac{R_2 + R_1}{2}\, h (R_2 - R_1).\end{aligned}$$

So ergibt sich für das Volumen der Schale $2\pi \times$ dem Mittelwert vom inneren und äußeren Radius $\times$ Höhe $\times$ Dicke der Schale.

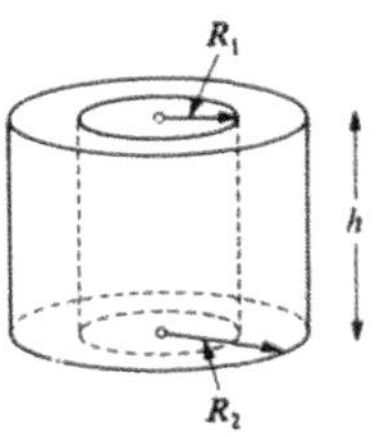

Bild 4.36

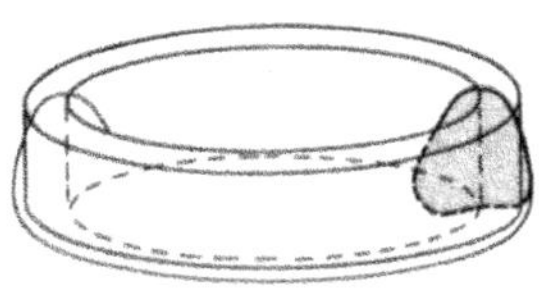

Bild 4.37

Um nun zur alternativen Methode zu kommen, betrachten wir den Rotationskörper auf eine neue Weise. Anstatt sein Volumen durch parallele horizontale Schichten anzunähern, bauen wir ihn aus konzentrischen Zylinderschalen auf, wie Bild 4.37 zeigt.

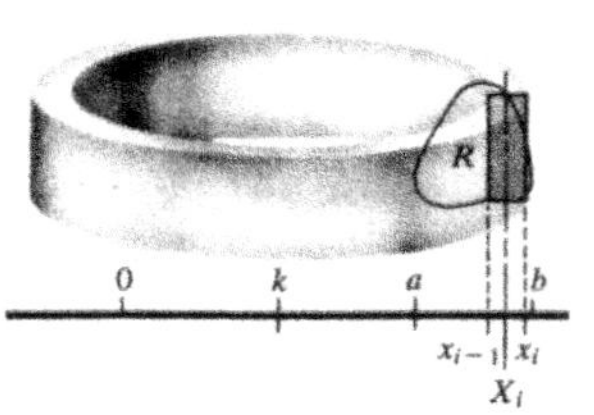

Bild 4.38

Um die Schalen zu kennzeichnen, führen wir eine Achse senkrecht zu L ein. Die Lage des Ursprungs ist willkürlich. Nehmen wir an, R liege innerhalb des Intervalls $[a; b]$, L liege auf der linken Seite des Gebietes R und schneide die x-Achse bei k (Bild 4.38).. Mit der Teilung

$$a = x_0, x_1, \dots, x_n = b$$

erhalten wir n konzentrische Schalen: Die i-te Schale ergibt sich, wenn wir für X_i den Mittelpunkt des i-ten Intervalls nehmen

$$X_i = \frac{x_{i-1} + x_i}{2}.$$

Nun betrachten wir das Rechteck über dem Intervall $[x_{i-1}; x_i]$, dessen Höhe $c(X_i)$ durch den Schnitt von R mit der Geraden gegeben ist, die parallel zu L verläuft und die x-Achse in X_i trifft (Bild 4.39). Wir erhalten die i-te Schale durch Rotation dieses Rechtecks um die Gerade L.

Das Volumen einer typischen Schale ist $2\pi \times$ dem Mittel vom inneren und äußeren Radius $\times$ der Höhe $\times$ der Dicke der Schale.

$$\begin{aligned}\text{Volumen} &= 2\pi \left[\frac{(x_{i-1} - k) + (x_i - k)}{2}\right] c(X_i)(x_i - x_{i-1}) \\ &= 2\pi \left(\frac{x_{i-1} + x_i}{2} - k\right) c(X_i)(x_i - x_{i-1}) \\ &= 2\pi (X_i - k)\, c(X_i)(x_i - x_{i-1}).\end{aligned}$$

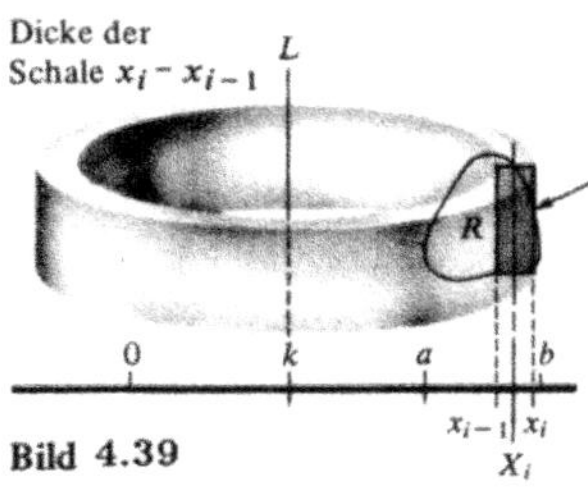

Der Querschnitt von R hat die Länge $c(X_i)$. Der Einfachheit halber wählen wir für X_i den Mittelpunkt von $[x_{i-1}; x_i]$, also $X_i = \frac{x_i + x_{i-1}}{2}$.

Bild 4.39

Nehmen wir nun an, daß für hinreichend dünne Schalen, das Gesamtvolumen dieser Schalen eine gute Näherung für das Volumen des Rotationskörpers darstellt. Das heißt mit anderen Worten

$$\lim_{\text{Dicke} \to 0} \sum_{i=1}^{n} 2\pi (X_i - k)\, c(X_i)(x_i - x_{i-1}) = \text{Volumen}.$$

Aber dieser Limes ist gerade das bestimmte Integral

$$\int_a^b 2\pi (x - k)\, c(x)\, dx.$$

Das ist die Formel zur Berechnung des Volumens nach der Schalenmethode. Bezeichnen wir $x - k$ mit $R(x)$, dem Radius der Schale, dann ergibt sich

$$\text{Volumen} = \int_a^b 2\pi R(x)\, c(x)\, dx.$$

Merkregel: Der Ausdruck $2\pi R(x)\, c(x)\, dx$ ist das Volumen eines flachen Quaders der Höhe dx, Breite $c(x)$ und Länge $2\pi R(x)$ (Umfang eines Kreises mit dem Radius $R(x)$).

Dieser flache Quader entspricht (Bild 4.40) dem Körper, der durch Aufschneiden und Abrollen der Zylinderschale in die Ebene entsteht.

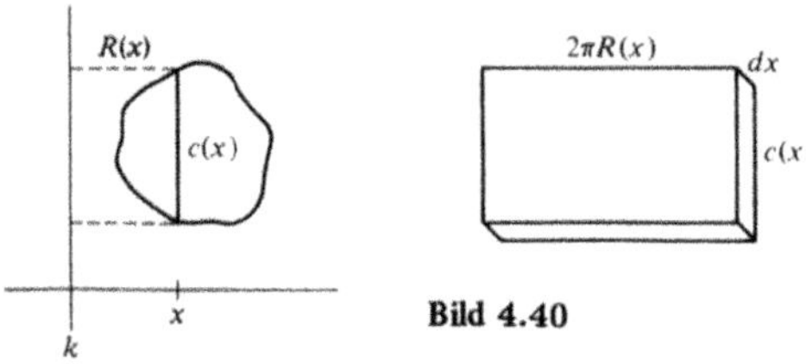

Bild 4.40

Beispiel 1: Das Gebiet zwischen den Kurven $y = x^2$ und $y = x^3$ rotiert um die y-Achse. Man bestimme das Volumen des entstehenden Rotationskörpers. (Er besitzt die Form einer Schale.)

Lösung: Man verwende die gegebene x-Achse, um das Integral

$$\int_a^b 2\pi R(x)\, c(x)\, dx$$

aufzustellen. Da die y-Achse mit jener Geraden L zusammenfällt, um die das Gebiet rotiert, erhalten wir $R(x) = x$ und $c(x) = x^2 - x^3$. Daher ergibt sich

$$\text{Volumen} = \int_0^1 2\pi x(x^2 - x^3)\, dx$$

$$= \int_0^1 2\pi(x^3 - x^4)\, dx$$

$$\underset{\text{H.S.}}{=} 2\pi\left[\frac{x^4}{4} - \frac{x^5}{5}\right]_0^1$$

$$= 2\pi\left[\left(\frac{1^4}{4} - \frac{1^5}{5}\right) - \left(\frac{0^4}{4} - \frac{0^5}{5}\right)\right]$$

$$= 2\pi\left(\tfrac{1}{4} - \tfrac{1}{5}\right)$$

$$= \frac{2\pi}{20} = \frac{\pi}{10}. \bullet$$

Beispiel 2: Das Dreieck mit den Eckpunkten (0; 0), (2; 0) und (2; 1) rotiert um die x-Achse (Bild 4.42). Man bestimme das Volumen des entstehenden Kegels.

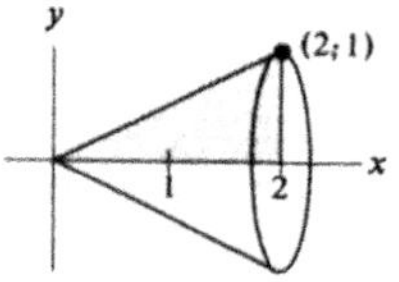

Bild 4.42

Lösung: In diesem Fall werden die Schalen durch Teilung entlang der y-Achse, nicht der x-Achse, gefunden. Die Formel für das Volumen lautet

$$\int_a^b 2\pi R(y)\, c(y)\, dy,$$

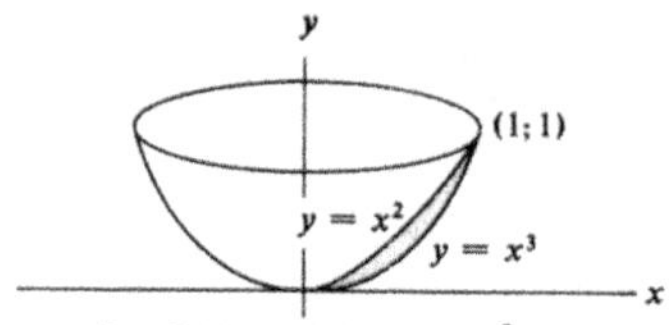

Das Gebiet unterhalb $y = x^2$ und oberhalb $y = x^3$ rotiert um die y-Achse

Bild 4.41

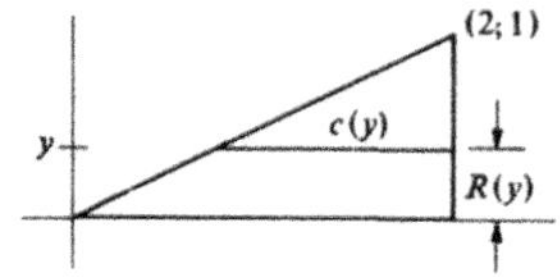

Bild 4.43

wenn wir y durch x ersetzen. Um $R(y)$ und $c(y)$ zu bestimmen, untersuchen wir anstatt des Rotationskörpers das gegebene Dreieck genauer. Aus Bild 4.43 zeigt sich $R(y) = y$. Um $c(y)$ zu finden, benutzen wir die Gleichung der Geraden durch (0; 0) und (2; 1), nämlich $y = x/2$ oder $x = 2y$. Aus dem Diagramm ergibt sich dann

$$c(y) = 2 - 2y.$$

Das Integrationsintervall ist [0; 1]. Daher erhalten wir

$$\text{Volumen} = \int_0^1 2\pi y(2 - 2y)\, dy$$

$$= \int_0^1 (4\pi y - 4\pi y^2)\, dy$$

$$\underset{\text{H.S.}}{=} \left[2\pi y^2 - \frac{4\pi y^3}{3}\right]_0^1$$

$$= \left[2\pi(1)^2 - \frac{4\pi(1)^3}{3}\right] - \left[2\pi(0)^2 - \frac{4\pi(0)^3}{3}\right]$$

$$= 2\pi - \frac{4\pi}{3}$$

$$= \frac{2\pi}{3}. \bullet$$

Beispiel 3: Das Gebiet unterhalb $y = 1 + \sin x$, oberhalb der x-Achse und zwischen $x = 0$ und $x = 2\pi$ rotiert um die y-Achse. Man bestimme das Volumen des entstehenden Rotationskörpers.

Lösung: (Offensichtlich wäre die Behandlung mit Querschnittsebenen senkrecht zur y-Achse nicht sehr günstig (Bild 4.44). Für y zwischen 1 und 2 wäre der Querschnitt ein Ring, dessen Radius mit Hilfe der Funktion arcsin dargestellt werden müßte. Für y zwischen 0 und 1 bestünde der Querschnitt aus zwei Teilen.)

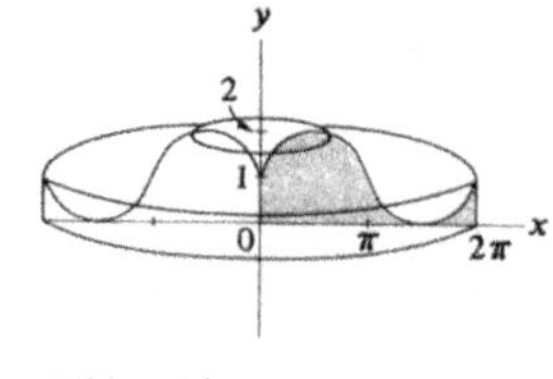

Bild 4.44

Die Methode der konzentrischen Schalen ist hingegen einfach.

$$\text{Volumen} = \int_a^b 2\pi R(x)\, c(x)\, dx$$

$$= \int_0^{2\pi} 2\pi x(1 + \sin x)\, dx$$

$$= \int_0^{2\pi} 2\pi x\, dx + \int_0^{2\pi} 2\pi x \sin x\, dx.$$

Beide Integrale können mit Hilfe des Fundamentalsatzes berechnet werden. (Das zweite Integral erfordert eine partielle Integration oder die Zuhilfename einer Integraltafel.)

$$\int_0^{2\pi} 2\pi x\, dx = \pi x^2 \Big|_0^{2\pi} = \pi(2\pi)^2 - \pi(0)^2 = 4\pi^3$$

und

$$\int_0^{2\pi} 2\pi x \sin x\, dx = 2\pi(\sin x - x\cos x) \Big|_0^{2\pi}$$

$$= 2\pi[(\sin 2\pi - 2\pi\cos 2\pi) - (\sin 0 - 0\cos 0)]$$
$$= 2\pi\{[0 - 2\pi(1)] - (0 - 0)\}$$
$$= -4\pi^2.$$

So erhalten wir für das Volumen $4\pi^3 - 4\pi^2$. ●

Übungen:

In den Übungen 1 bis 6 zeichne man ein sauberes Bild der typischen Schale und stelle mit Hilfe der Schalenmethode ein Integral für das Volumen des dargestellten Rotationskörpers auf. Man berechne das Integral jedoch nicht!

1. Das Gebiet unterhalb $y = x^2$, oberhalb der x-Achse zwischen $x = 0$ und $x = 1$ rotiert um die x-Achse.
2. Das Gebiet unterhalb von $y = e^x$, oberhalb von $y = 1$ zwischen $x = 0$ und $x = 2$ rotiert um die y-Achse.
3. Das Gebiet unterhalb $y = 1$ und oberhalb $y = \sqrt{x}$ und rechts von $x = 0$ rotiert um die x-Achse.
4. Das Gebiet der Übung 1 rotiert um die Gerade $x = -1$.
5. Das Gebiet der Übung 1 rotiert um die Gerade $x = 2$.
6. Das Gebiet der Übung 3 rotiert um die Gerade $y = 1$.

In den Übungen 7 bis 13 suche man das Volumen des Rotationskörpers auf. (Man benutze die Methode der konzentrischen Schalen.)

7. Das Gebiet zwischen $y = x^2$, der x-Achse und der Gerade $x = 1$ rotiere
   (*a*) um die y-Achse,
   (*b*) um die x-Achse.
8. Das Gebiet zwischen $y = x^3$, der x-Achse und der Geraden $x = 1$ rotiere einerseits
   (*a*) um die x-Achse, andererseits
   (*b*) um die Gerade $y = -2$.
9. Das Gebiet zwischen $y = \sin x$, der x-Achse, der y-Achse und der Geraden $x = \pi/2$ rotiere
   (*a*) um die y-Achse,
   (*b*) um die x-Achse.
10. Das Gebiet zwischen $y = e^x$, $y = 1$ und $x = 1$ rotiere
   (*a*) um die x-Achse, (*b*) die Gerade $y = 1$,
   (*c*) die y-Achse, (*d*) die Gerade $x = 1$.
11. Das Gebiet zwischen $y = e^{x^2}$, der x-Achse, $x = 0$ und $x = 1$ rotiere um die y-Achse. (Es ist interessant, daß der Fundamentalsatz bei der Berechnung dieses Gebietes nicht angewendet werden kann.)
12. Das Gebiet $y = \sqrt{1 + x^2}$, $y = 1$ und $x = 1$ rotiere um die Gerade $y = 1$.
13. Das Gebiet zwischen $y = \ln x$, der x-Achse und $x = e$ rotiere
   (*a*) um die y-Achse,
   (*b*) die Gerade $y = 1$,
   (*c*) die Gerade $y = -1$.
14. Ein Kreis mit dem Radius 3 rotiere um eine Gerade, die in der Ebene des Kreises liegt und von seinem Mittelpunkt einen Abstand von 5 Einheiten besitzt. Man bestimme das Volumen des entstehenden Ringes (Torus).
15. Man bestimme das Volumen einer Kugel mit dem Radius a mit Hilfe der Schalenmethode.
16. Man bestimme das Volumen eines geraden kreisförmigen Zylinders mit dem Radius a und der Höhe h mit Hilfe der Schalenmethode.

■

17. Man löse das Beispiel 1 mit Hilfe der Methode paralleler Querschnitte.
18. Man löse das Beispiel 2 mit Hilfe der Methode paralleler Querschnitte.
19. Man löse Übung 9 mit Hilfe der Methode paralleler Querschnitte.
20. Ein Kreis mit den Radius a rotiere um eine Gerade, die von seinem Mittelpunkt den Abstand b hat, $b > a$. Man zeige, daß das Volumen des entstehenden Körpers gleich ist dem Produkt aus der Kreisfläche und dem Weg, den ihr Mittelpunkt bei der Rotation zurücklegt.

■■

21. a und b seien positive Zahlen und $y = f(x)$ sei eine fallende differenzierbare Funktion von x mit $f(0) = b$ und $f(a) = 0$. Man beweise, daß
$$\int_0^a 2xy\, dx = \int_0^b x^2\, dy,$$
   (*a*) durch Untersuchung des Volumens eines bestimmten Körpers,
   (*b*) durch partielle Integration.
22. f sei eine fallende differenzierbare Funktion und im Intervall $[0; 1]$ positiv. R sei das Gebiet unterhalb von $y = f(x)$ und oberhalb des Intervalls $[0; 1]$. Ferner sei V_1 das Volumen des Körpers, der durch Rotation von R um die y-Achse entsteht, und V_2 das Volumen des Körpers, der durch Rotation von R um die x-Achse zustande kommt.
   (*a*) Man beweise
$$V_1 < 2\sqrt{\frac{\pi}{3}}\sqrt{V_2}.$$
   (*b*) Unter welchen Umständen gilt in (*a*) das Gleichheitszeichen? *Hinweis:* Man betrachte die Schwarzsche Ungleichung in Übung 12 des nächsten Abschnitts.

Übung 23 zeigt, daß vom Standpunkt der Berechnung die Schalentechnik nicht effektiver ist als die Methode der parallelen Querschnitte.

23. Die Funktion f der Übung 21 sei elementar.

(a) Man zeige, daß im Falle eines elementaren Integrals von $x^2 f'$ auch xf ein elementares Integral besitzt und umgekehrt.

(b) Das Gebiet, das von der Kurve $y = f(x)$, der x-Achse und der y-Achse begrenzt wird, rotiere um die y-Achse. Das Volumen des entstehenden Rotationskörpers kann mit Hilfe der Schalentechnik nur dann auf ein elementares Integral zurückgeführt werden, wenn dieses Volumen auch mit der Methode der parallelen Querschnitte auf ein elementares Integral zurückzuführen ist.

4.5 Der Mittelwert einer Funktion über ein Intervall

Der Mittelwert oder genauer das arithmetische Mittel von n Zahlen ist einfach deren Summe dividiert durch n. So ist das Mittel von 2, 3 und 7 gleich $(2 + 3 + 7)/3$ oder 4. Wie können wir nun das Mittel der Funktion x^2 bestimmen, wenn x das Intervall $[0; 3]$ durchläuft. Es ist sinnlos, die Summe der Quadrate aller Zahlen zwischen 0 und 3 aufzusuchen und sie dann durch die Anzahl dieser Zahlen zu dividieren, da das Intervall $[0; 3]$ eine unendliche Anzahl von Zahlen enthält.

Um das Mittel einer Funktion f über ein Intervall $[a; b]$ zu definieren, verfahren wir daher wie folgt. Nehmen wir eine ganze Zahl n und n Punkte gleichen Abstands innerhalb des Intervalls $[a; b]$. Nennen wir diese Punkte $x_1, x_2, \ldots, x_n$ mit $x_1 = a + (b - a)/n$ und $x_n = b$ (Bild 4.45). Dann wäre

$$\frac{f(x_1) + f(x_2) + \ldots + f(x_n)}{n} \tag{1}$$

eine vernünftige Schätzung des Mittelwerts der Funktion f über das Intervall $[a; b]$. Je größer n wird, desto besser wird die Schätzung des Mittelwertes durch diesen Quotienten.

Bild 4.45

Die Summe (1) erinnert an die Näherungssumme für ein bestimmtes Integral. Mit ein wenig Algebra kann die Verbindung zu einer solchen Summe wie folgt hergestellt werden: Zunächst gilt

$$\frac{f(x_1) + f(x_2) + \ldots + f(x_n)}{n} =$$

$$= \frac{1}{b-a}\left[f(x_1)\frac{b-a}{n} + f(x_2)\frac{b-a}{n} + \right.$$

$$\left. + \ldots + f(x_n)\frac{b-a}{n}\right]. \tag{2}$$

Um den Zusammenhang zwischen (1) oder (2) und $\int_a^b f(x)\,dx$ noch offensichtlicher zu machen, können wir für jedes $i = 1, 2, \ldots, n$ (x_0 steht für a) schreiben:

$$x_i - x_{i-1} = \frac{b-a}{n}.$$

Daher ist die rechte Seite von (2) gleich

$$\frac{1}{b-a}[f(x_1)(x_1 - x_0) + f(x_2)(x_2 - x_1) +$$

$$+ \ldots + f(x_n)(x_n - x_{n-1})]. \tag{3}$$

Der Klammerausdruck in (3) ist eine Näherungsformel für $\int_a^b f(x)\,dx$. Diese Feststellung legt die folgende Definition für das Mittel einer Funktion f über das Intervall $[a; b]$ nahe.

Definition des Mittelwerts einer Funktion über ein Intervall: Der Mittelwert der Funktion f über das Intervall $[a; b]$ ist durch den Quotienten

$$\frac{\int_a^b f(x)\,dx}{b-a}$$

gegeben.

Ist $f(x)$ im Intervall $[a; b]$ positiv, dann gibt es für den Mittelwert der Funktion über das Intervall eine einfache geometrische Deutung. Nennen wir den Mittelwert A. Dann gilt

$$A(b-a) = \int_a^b f(x)\,dx.$$

Nun ist $\int_a^b f(x)\,dx$ die Fläche des Gebietes unterhalb des Graphen von f und oberhalb des Intervalls $[a; b]$ (Bild 4.46). Die Gleichung

$$A(b-a) = \int_a^b f(x)\,dx$$

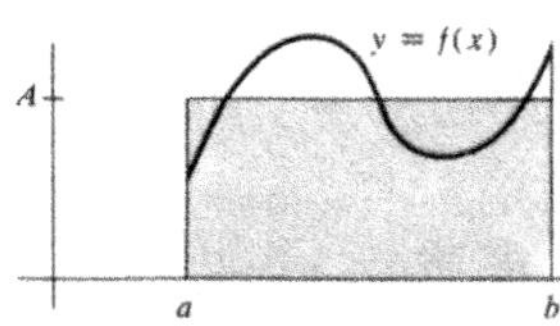

Die Höhe dieses Rechtecks ist gleich dem Mittelwert A von f über das Intervall $[a; b]$. Seine Fläche ist gleich der Fläche unter der Kurve $y = f(x)$ und oberhalb von $[a; b]$.

Bild 4.46

zeigt uns, daß der Mittelwert A der Funktion mit der Höhe eines Rechteckes übereinstimmt, dessen Basis durch $(b - a)$ gegeben ist und dessen Fläche gleich ist der Fläche des Gebietes unterhalb des Graphen von f ist.

Beispiel 1: Man berechne den Mittelwert von $\sin x$ über das Intervall $[0; \pi]$.

Lösung: Entsprechend der Definition des Mittelwerts einer Funktion erhalten wir

$$\frac{\int_0^{\pi} \sin x\, dx}{\pi - 0}.$$

Nun ergibt sich

$$\int_0^{\pi} \sin x\, dx = -\cos x \Big|_0^{\pi}$$

$$= (-\cos \pi) - (-\cos 0)$$
$$= -(-1) - (-1)$$
$$= 1 + 1 = 2.$$

Daher ist der Mittelwert von $\sin x$ über das Intervall $[0; \pi]$ gleich $\frac{2}{\pi}$, also ungefähr 0,64. ●

Die nächsten beiden Beispiele zeigen, daß das Wort „Mittel" den „Mittelwert einer Funktion" bedeutet. Es genügt nicht zu fragen: „Was ist die mittlere Geschwindigkeit", wir müssen fragen: „Was ist die mittlere Geschwindigkeit bezüglich der Zeit?" oder „Was ist die mittlere Geschwindigkeit bezüglich der Entfernung?". Diese Mittelwerte werden manchmal *Zeitmittelwert* und *Entfernungsmittelwert* genannt. Sie unterscheiden sich üblicherweise.

Beispiel 2: Wenn wir eine Stunde hindurch mit einer Geschwindigkeit von 30 km/h und eine weitere Stunde mit einer Geschwindigkeit von 50 km/h reisen, welcher zeitliche Mittelwert der Geschwindigkeit ergibt sich dann?

Lösung: Bezeichnen wir die Geschwindigkeit zur Zeit t mit $f(t)$. Der zeitliche Mittelwert der Geschwindigkeit ist dann definiert durch

$$\frac{\int_0^2 f(t)\, dt}{2-0}$$

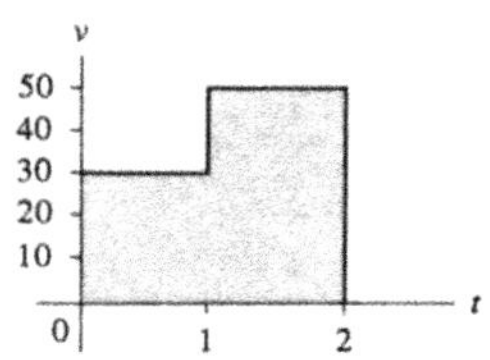

Bild 4.47

$\int_0^2 f(t)\, dt$ kann am einfachsten berechnet werden, wenn wir das Integral als Fläche des getönten Gebietes im Bild 4.47 betrachten. Die getönte Fläche beträgt 80 und wir erhalten daher $\int_0^2 f(t)\, dt = 80$. So ergibt sich für den zeitlichen Mittelwert der Geschwindigkeit $= \frac{\int_0^2 f(t)\, dt}{2-0} = \frac{80}{2}$, also 40 km/h. ●

Die Definition des zeitlichen Mittelwerts der Geschwindigkeit fällt mit der gewöhnlichen Definition der mittleren Geschwindigkeit zusammen, die man als den Quotienten aus dem gesamten zurückgelegten Weg und der gesamten verflossenen Zeit definiert. Um dies zu sehen, betrachten wir der Einfachheit halber nur positive Geschwindigkeiten $v(t)$. Dann ergibt sich

mittlere Geschwindigkeit bezüglich der Zeit =

$$= \frac{\int_a^b v(t)\, dt}{b-a} = \frac{\text{gesamter Weg}}{\text{gesamte Zeit}}.$$

Beispiel 3: Wenn wir 30 km mit einer Geschwindigkeit von 30 km/h und dann 50 km mit einer Geschwindigkeit von 50 km/h zurücklegen, was ist der Mittelwert unserer Geschwindigkeit bezogen auf den zurückgelegten Weg. (Es handelt sich dabei um dieselbe Reise wie in Beispiel 2.)

Lösung: Nun wird die Geschwindigkeit als Funktion der Entfernung betrachtet. Bezeichnen wir die Geschwindigkeit nach x km der Reise durch $g(x)$. Der Mittelwert bezüglich der Entfernung ist dann

$$\frac{\int_0^{80} g(x)\, dx}{80-0}.$$

Bild 4.48

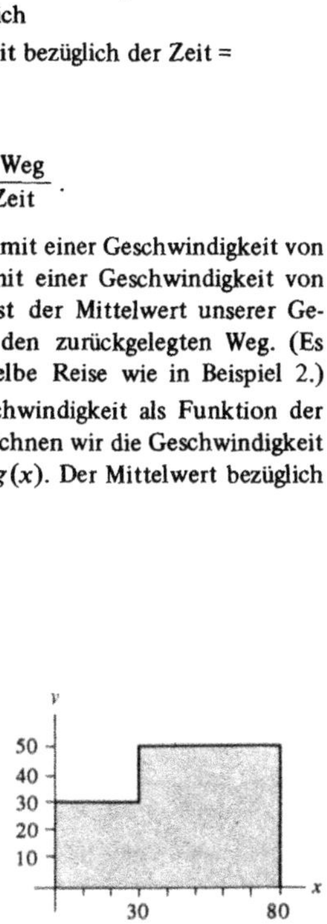

Dieses bestimmte Integral stimmt mit der Fläche des Gebietes überein, das in Bild 4.48 getönt ist. Für diese Fläche und damit für das gesuchte bestimmte Integral erhalten wir $30 \cdot 30 + 50 \cdot 50 = 3400$. Daher ergibt sich für den Mittelwert der Geschwindigkeit bezüglich der Entfernung =

$$= \int_0^{80} \frac{g(x)\, dx}{80-0} = \frac{3400}{80} = 42{,}5 \text{ km/h}. \; ●$$

Der Leser sollte hier unterbrechen und überlegen, warum der Mittelwert bezüglich der Entfernung größer sein sollte als der Mittelwert bezüglich der Zeit; Übungen 12 und 13 werden diese Frage formal beantworten, eine praktische und qualitative Erklärung jedoch ist wertvoller.

Aus diesen beiden Beispielen ergibt sich folgende Lehre: Wenn man vom Mittelwert einer Größe spricht, ist es erforderlich anzugeben, bezüglich welcher Variablen der Mittelwert berechnet wird.

Übungen:

In den Übungen 1 bis 6 bestimme man den Mittelwert einer gegebenen Funktion über das gegebene Intervall.

1. x^2, $[-1; 3]$
2. $\sin x$, $[0; 2\pi]$

3. $\ln x$, $[1; e]$ **4.** $\frac{1}{1+x^2}$, $[0; 1]$

5. $\frac{1}{1+x}$, $[1; 2]$ **6.** $\sin^2 x$, $[0; \frac{\pi}{2}]$

7. Jemand fährt 20 km/h für $\frac{1}{2}$ h, 30 km/h für 2 h und 40 km für $\frac{1}{2}$ h.

(*a*) Man berechne den Mittelwert der Geschwindigkeit bezüglich der Zeit.

(*b*) Man berechne den Mittelwert der Geschwindigkeit bezüglich der Entfernung.

8. In den ersten t Sekunden legt ein fallender Körper etwa $5\,t^2$ Meter zurück. Seine Position bezüglich der x-Achse zur Zeit t sei durch $5\,t^2$ gegeben. (Der positive Teil der Achse ist nach unten gerichtet.)

(*a*) Man berechne die Geschwindigkeit als Funktion der Zeit. (Sie ist positiv!)

(*b*) Man berechne die Geschwindigkeit als Funktion von y.

(*c*) Man bestimme den Mittelwert der Geschwindigkeit bezüglich der Zeit während der ersten t Sekunden.

(*d*) Man bestimme den Mittelwert der Geschwindigkeit bezüglich der Entfernung während der ersten t Sekunden.

■

9. Man bestimme die mittlere Länge der vertikalen Querschnitte eines Kreises mit dem Radius R, entsprechend Bild 4.49.

(*a*) als Funktion von x,

(*b*) als Funktion von θ,

(*c*) als Funktion von y.

(*d*) Warum würde man erwarten, daß das Ergebnis von (*b*) kleiner als das Ergebnis von (*a*) ist.

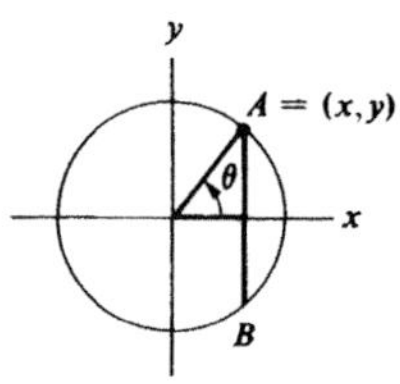

Bild 4.49

10. Man beweise, daß der Mittelwert der Geschwindigkeit bezüglich der Zeit gleich ist dem Quotienten aus zurückgelegtem Weg und zugehörigem Zeitintervall.

11. Eine bestimmte Funktion f ist im Intervall $[0; 2]$ definiert, aber nur eine beschränkte Anzahl ihrer Werte ist aus Experimenten bekannt. Man weiß, daß

$$f(0) = 3, \quad f(\tfrac{1}{4}) = \tfrac{7}{2}, \quad f(\tfrac{1}{2}) = 4, \quad f(1) = 6, \quad f(2) = 8.$$

Wie können wir eine vernünftige Schätzung für den Mittelwert von f über das Intervall $[0; 2]$ angeben.

■■

12. Diese Übung beschäftigt sich mit einer berühmten Ungleichung, die als Schwarzsche Ungleichung bekannt ist

$$\int_A^B f(x)\,g(x)\,dx \leq \left\{\int_A^B [f(x)]^2\,dx\right\}^{1/2} \left\{\int_A^B [g(x)]^2\,dx\right\}^{1/2}.$$

(*a*) Man beweise: Hat das quadratische Polynom $at^2 + bt + c = 0$ mindestens eine (reelle) Wurzel, dann gilt $b^2 - 4ac \leq 0$. (Wann hat das Polynom genau eine Wurzel?)

(*b*) f und g seien stetige Funktionen. Man definiere eine dritte Funktion h wie folgt:

$$h(t) = \int_A^B [t f(x) - g(x)]^2\,dx.$$

Man zeige, daß h ein quadratisches Polynom in t ist, das durch die Formel $at^2 + bt + c$ beschrieben werden kann.

(*c*) Man drücke die in h auftretenden Koeffizienten a, b und c durch f und g aus.

(*d*) Aus (*a*), (*b*) und (*c*) leite man die Schwarzsche Ungleichung her.

(*e*) Wann gilt in der Schwarzschen Ungleichung das Gleichheitszeichen.

In Übung 13 wird gezeigt, daß der Mittelwert der Geschwindigkeit bezüglich der Zeit nicht größer als der Mittelwert der Geschwindigkeit bezüglich der Entfernung ist.

13. Nehmen wir der Einfachheit halber an, daß die Geschwindigkeit $v = dx/dt$ positiv ist, so daß die Geschwindigkeit mit ihrem Betrag übereinstimmt. Angenommen, das Objekt bewegt sich vom Zeitpunkt a bis zum Zeitpunkt b vom Ort x_1 der x-Achse zum Ort x_2.

(*a*) Man zeige, daß der Mittelwert der Geschwindigkeit bezüglich der Entfernung durch

$$\int_{x_1}^{x_2} v(x)\,dx \Big/ \int_a^b v(t)\,dt$$

gegeben ist.

(*b*) Man zeige

$$\int_{x_1}^{x_2} v(x)\,dx = \int_a^b [v(t)]^2\,dt.$$

(*c*) Mit Hilfe der Schwarzschen Ungleichung aus Übung 12 zeige man, daß der Mittelwert der Geschwindigkeit bezüglich der Zeit nicht größer ist als der Mittelwert der Geschwindigkeit bezüglich der Entfernung.

14. f sei eine stetige Funktion und positiv. Man beweise

$$\int_a^b f(x)\,dx \int_a^b \frac{1}{f(x)}\,dx \geq (b-a)^2.$$

Hinweis: Siehe Übung 12.

15. Man berechne

$$\lim_{b \to a} \frac{\int_a^b f(x)\,dx}{b-a},$$

wobei f eine stetige Funktion ist.

16. Man differenziere (zur Übung):

(*a*) $\ln \sec 3x$, (*b*) $\frac{e^{x^2}}{\cos 2x}$,

(*c*) $\frac{\arcsin 3x}{\tan 2x}$, (*d*) $3 \cot 2x \ln \sqrt[3]{1+2x}$,

(*e*) $\left(\frac{1+x^2}{1-x^2}\right)^3$, (*f*) $\sec^{-1} 3x \sec 3x$.

4.6 Uneigentliche Integrale

Betrachten wir das Volumen des Körpers, der entsteht, wenn das Gebiet zwischen der Kurve $y = 1/x$ und der x-Achse, rechts von $x = 1$ um die x-Achse rotiert (Bild 4.50). Der typische Querschnitt einer auf der x-Achse senkrecht stehenden Ebene ist ein Kreis mit dem Radius $1/x$. Man könnte daher versucht sein, das Volumen mit

$$\int_1^{\infty} \pi (1/x)^2\,dx$$

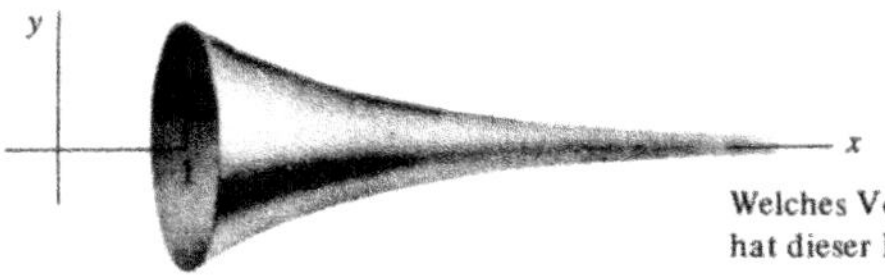

Bild 4.50

anzusetzen. Unglücklicherweise wurde dieses Symbol

$$\int_a^\infty f(x)\,dx$$

bisher in diesem Buch noch nicht definiert. Die Definition bestimmter Integrale geht aus von Summen der Form

$$\sum_{i=1}^{n} f(X_i)\,(x_i - x_{i-1}).$$

Wenn nun ein Abschnitt in der Teilung unendliche Länge besitzt, so wird eine derartige Summe sinnlos.

Sinnvoll ist es jedoch, das Volumen des Teiles des Körpers zu untersuchen, der zwischen $x = 1$ und $x = b > 1$ liegt. Dann können wir feststellen, was mit diesem Volumen im Fall $b \to \infty$ geschieht. Mit anderen Worten, wir betrachten

$$\lim_{b \to \infty} \int_1^b \pi\left(\frac{1}{x}\right)^2 dx.$$

Nun können wir das bestimmte Integral berechnen:

$$\int_1^b \pi\left(\frac{1}{x}\right)^2 dx = -\frac{\pi}{x}\Big|_1^b = -\frac{\pi}{b} - \left(-\frac{\pi}{1}\right) = \pi - \frac{\pi}{b}.$$

Daraus folgt

$$\lim_{b \to \infty} \int_1^b \frac{\pi}{x^2}\,dx = \pi - 0 = \pi.$$

Das Volumen des unendlichen Körpers ist endlich. Diese Erfahrung zeigt uns einen Weg, um dem Symbol

$$\int_a^\infty f(x)\,dx$$

Bedeutung zu geben.

Definition des konvergenten uneigentlichen Integrals

$$\int_a^\infty f(x)/dx.$$

f sei stetig für $x \geqslant a$. Wenn

$$\lim_{b \to \infty} \int_a^b f(x)\,dx$$

existiert, so sagt man, die Funktion f habe ein konvergentes uneigentliches Integral von a bis ∞. Der Wert des Limes wird durch

$$\int_a^\infty f(x)\,dx$$

bezeichnet.

Wir haben oben gezeigt, daß $\int_1^\infty \pi\left(\frac{1}{x}\right)^2 dx$ ein konvergentes uneigentliches Integral mit dem Wert π ist.

Definition des divergenten uneigentlichen Integrals

$$\int_a^\infty f(x)\,dx.$$

f sei eine stetige Funktion. Wenn

$$\lim_{b \to \infty} \int_a^b f(x)\,dx$$

nicht existiert, so sagt man, f habe ein divergentes uneigentliches Integral.

Beispiel 1: Man bestimme die Fläche des Gebietes unterhalb $y = 1/x$, oberhalb der x-Achse und rechts von $x = 1$.

Lösung: Die gesuchte Fläche ist gegeben durch

$$\int_1^\infty \frac{1}{x}\,dx = \lim_{b \to \infty} \int_1^b \frac{1}{x}\,dx = \lim_{b \to \infty} (\ln b - \ln 1) = \lim_{b \to \infty} \ln b.$$

Wie verhält sich nun $\ln b$, wenn b über alle Grenzen wächst? Zunächst gilt $D(\ln t) = 1/t$ und daher ist die Funktion $\ln t$ wachsend. Darüberhinaus folgt aus $\ln e = 1$, $\ln e^2 = 2, \ldots,$ $\ln e^n = n$, daß $\ln b$ beliebig groß wird. Daraus ergibt sich $\lim_{b \to \infty} \ln b = \infty$. Diese Feststellungen können wie folgt zusammengefaßt werden: Die Fläche ist unendlich

$$\int_1^\infty \frac{1}{x}\,dx = \infty \quad \text{oder} \quad \int_1^\infty \frac{1}{x}\,dx$$

ist ein divergentes uneigentliches Integral. ●

Das uneigentliche Integral $\int_{-\infty}^b f(x)\,dx$ ist ähnlich definiert, man untersucht

$$\int_t^b f(x)\,dx$$

für negative Werte von t mit großem Absolutbetrag.

Das uneigentliche Integral $\int_{-\infty}^b f(x)\,dx.$ Wenn

$$\lim_{t \to -\infty} \int_t^b f(x)\,dx$$

existiert, so schreiben wir dafür

$$\int_{-\infty}^b f(x)\,dx.$$

In diesem Fall sagen wir, das uneigentliche Integral

$$\int_{-\infty}^b f(x)\,dx$$

sei konvergent. Wenn

$$\lim_{t \to -\infty} \int_t^b f(x)\,dx$$

nicht existiert, dann nennen wir das uneigentliche Integral divergent.

Das uneigentliche Integral $\int_{-\infty}^{\infty} f(x)\,dx$. Um uneigentliche Integrale zu behandeln, die sich über die gesamte x-Achse erstrecken, definieren wir

$$\int_{-\infty}^{\infty} f(x)\,dx$$

durch die Summe

$$\int_{-\infty}^{0} f(x)\,dx + \int_0^{\infty} f(x)\,dx.$$

Wir nennen diese Summe konvergent, wenn sowohl

$$\int_{-\infty}^{0} f(x)\,dx \quad \text{als auch} \quad \int_0^{\infty} f(x)\,dx$$

konvergent sind. (Wenn mindestens eines der beiden Integrale divergent ist, wird auch

$$\int_{-\infty}^{+\infty} f(x)\,dx$$

divergent genannt.)

Beispiel 2: Man bestimme die Fläche des Gebietes, das von der Kurve $y = 1/(1+x^2)$ und der x-Achse begrenzt wird (Bild 4.51).

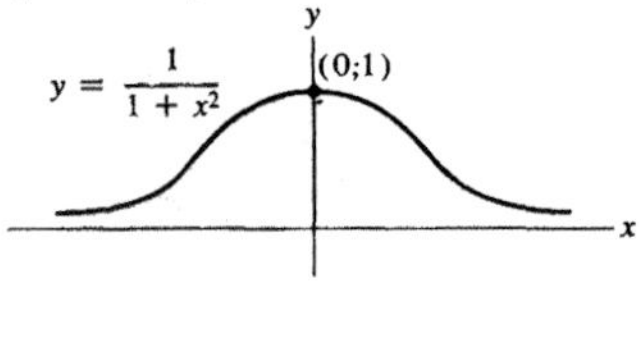

Bild 4.51

Lösung: Die gesuchte Fläche ist durch $\int_{-\infty}^{\infty} \frac{dx}{1+x^2}$ gegeben. Nun gilt

$$\int_0^{\infty} \frac{dx}{1+x^2} = \lim_{b \to \infty} \int_0^b \frac{dx}{1+x^2}$$
$$= \lim_{b \to \infty} (\arctan b - \arctan 0)$$
$$= \frac{\pi}{2}.$$

Aus Symmetriegründen folgt

$$\int_{-\infty}^{0} \frac{dx}{1+x^2} = \frac{\pi}{2}.$$

Daher erhalten wir

$$\int_{-\infty}^{\infty} \frac{dx}{1+x^2} = \frac{\pi}{2} + \frac{\pi}{2}$$

und die gesuchte Fläche beträgt π. ●

Beispiel 3: Ist $\int_0^{\infty} \cos x\,dx$ konvergent oder divergent?

Lösung: Wir müssen den Grenzwert

$$\lim_{b \to \infty} \int_0^b \cos x\,dx = \lim_{b \to \infty} \sin x \Big|_0^b$$
$$= \lim_{b \to \infty} \sin b$$

betrachten, $\lim_{b \to \infty} \sin b$ existiert jedoch nicht, daher ist

$$\int_0^{\infty} \cos x\,dx \qquad \text{divergent.}$$ ●

Es gibt einen zweiten Typ uneigentlicher Integrale, in denen die Funktion selbst innerhalb des Intervalls $[a; b]$ unbeschränkt ist. Wenn $f(x)$ im Intervall $[a; b]$ beliebig groß wird, dann kann es geschehen, daß wir beliebig große Approximationssummen

$$\sum_{i=1}^{n} f(X_i)(x_i - x_{i-1})$$

erhalten und zwar unabhängig davon, wie fein die Teilung gewählt wird, sofern wir nur Teilungspunkte X_i wählen, an denen $f(X_i)$ sehr groß ist. Das nächste Beispiel zeigt, wie diese Schwierigkeit umgangen werden kann.

Beispiel 4: Man bestimme die Fläche des Gebietes zwischen $y = 1/\sqrt{x}$; $x = 1$ und der Koordinatenachse (Bild 4.52).

Lösung: Zunächst müssen wir der Versuchung widerstehen, für die Fläche $\int_0^1 \frac{1}{\sqrt{x}}\,dx$ zu schreiben, denn dieses Integral existiert nämlich gemäß unserer Definition des bestimmten Integrals aus Kapitel 1 nicht, da der Integrand im Intervall [0; 1] unbeschränkt ist. (Der Integrand ist an der Stelle Null überhaupt nicht definiert!) Statt dessen betrachten wir das Verhalten von

$$\int_t^1 \frac{1}{\sqrt{x}}\,dx$$

wenn sich t von rechts an Null annähert. Es gilt nämlich

$$\int_t^1 \frac{1}{\sqrt{x}}\,dx = 2\sqrt{x}\,\Big|_t^1$$
$$= 2\sqrt{1} - 2\sqrt{t}$$
$$= 2(1-\sqrt{t}).$$

Nähert sich t daher von rechts an Null an, so strebt

$$\int_t^1 \frac{1}{\sqrt{x}}\,dx$$

nach zwei. Man sagt, die gesuchte Fläche betrage zwei.

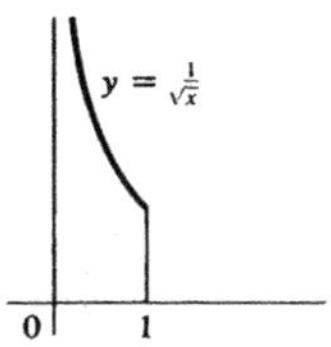

Bild 4.52

Der Leser sollte sich davon überzeugen, daß dies derselbe Wert für die Fläche ist, den wir mit Hilfe horizontaler Schnitte aus einer Berechnung des uneigentlichen Integrals von 0 bis ∞ erhalten hätten. ●

Die Überlegungen des Beispiels 4 legen die Definition eines zweiten Typs von uneigentlichen Integralen nahe, in denen die Funktion an Stelle des Intervalls unbeschränkt ist.

Definition der konvergenten und divergenten uneigentlichen Integrale

$$\int_a^b f(x)\,dx.$$

f sei an jeder Stelle im Intervall $[a; b]$ stetig, ausgenommen an der Stelle a, und nehme im Inneren des Intervalls $[a; b]$ beliebig große Werte an. Wenn

$$\lim_{t\to a^+} \int_t^b f(x)\,dx$$

existiert, so sagen wir, f habe ein konvergentes uneigentliches Integral von a nach b. Der Wert des Limes wird durch $\int_a^b f(x)\,dx$ bezeichnet. Wenn $\lim_{t\to a^+} \int_t^b f(x)\,dx$ nicht existiert, so sagen wir, f habe ein divergentes uneigentliches Integral von a nach b oder kurz $\int_a^b f(x)\,dx$ ist nicht definiert.

Analog definieren wir

$$\int_a^b f(x)\,dx \quad \text{als} \quad \lim_{t\to b^-} \int_a^t f(x)\,dx,$$

wenn f nur links in der Nähe von b unbeschränkt ist.

Beispiel 4 wurde durch die Feststellung zusammengefaßt, „Das uneigentliche Integral $\int_0^1 1/\sqrt{x}\,dx$ ist konvergent und hat den Wert 2".

Es kann nun vorkommen, daß eine Funktion überall im Intervall $[a; b]$ vernünftige Werte besitzt und nur an der Stelle c, die von a und b verschieden ist, möglicherweise unendlich wird. In diesem Falle wird das Integral

$$\int_a^b f(x)\,dx$$

sinnlos. Statt dessen betrachten wir

$$\int_a^c f(x)\,dx \quad \text{und} \quad \int_c^b f(x)\,dx.$$

Existieren beide, so sagen wir, das Integral

$$\int_a^b f(x)\,dx$$

sei konvergent und habe den Wert

$$\int_a^c f(x)\,dx + \int_c^b f(x)\,dx.$$

Ist eine Funktion noch allgemeiner über einen unendlichen Bereich gegeben und wird sie an mehreren Stellen unendlich, so brechen wir das gesamte Integral in eine Summe von Einzelintegralen auf. Jedes dieser Einzelintegrale soll dann nur eine der beiden grundlegenden Schwierigkeiten aufweisen, entweder ein unendliches Integrationsintervall oder einen Endpunkt, an dem die Funktion unendlich wird. So ist z.B. das uneigentliche Integral

$$\int_{-\infty}^{\infty} \frac{1}{x^2}\,dx$$

aus zwei Gründen problematisch:

$$\lim_{x\to 0^-} \frac{1}{x^2} = \infty \qquad \lim_{x\to 0^+} \frac{1}{x^2} = \infty.$$

Ferner erstreckt sich der Integrationsbereich links und rechts bis ins Unendliche. Um das Integral zu behandeln, wird es in eine Summe von vier uneigentlichen Integralen der beiden Grundtypen zerlegt:

$$\int_{-\infty}^{\infty} \frac{1}{x^2}\,dx = \int_{-\infty}^{-1} \frac{1}{x^2}\,dx + \int_{-1}^{0} \frac{1}{x^2}\,dx + \int_{0}^{1} \frac{1}{x^2}\,dx + \int_{1}^{\infty} \frac{1}{x^2}\,dx.$$

Alle vier Integrale auf der rechten Seite müssen konvergent sein, damit $\int\limits_{-\infty}^{+\infty} \frac{1}{x^2}\,dx$ konvergent ist. Tatsächlich sind jedoch nur das erste und das letzte Integral konvergent. Daher ist $\int\limits_{-\infty}^{+\infty} \frac{1}{x^2}\,dx$ divergent.

Ebenso wie für bestimmte Integrale ist eine Substitution in einem uneigentlichen Integral gestattet, wenn die gleiche Substitution auch auf die Integrationsgrenzen angewendet wird.

Die letzten beiden Beispiele zeigen die Bedeutung uneigentlicher Integrale in Physik und Ökonomie. Diese Beispiele sollen der Bereicherung und Erweiterung der Perspektive dienen, sie sind nicht für das grundlegende Verständnis uneigentlicher Integrale wesentlich. Der Leser ist eingeladen, diese Beispiele, wenn schon nicht beim ersten Durchlesen, so doch bei der Wiederholung des Abschnittes zu studieren.

Beispiel 5: Wieviel Arbeit ist erforderlich, um eine Last mit einem Gewicht von 1 N von der Oberfläche der Erde bis in Unendliche zu heben. Sollte sich herausstellen, daß die erforderliche Arbeit unendlich ist, dann wäre es unmöglich, Raketen auf unbegrenzte Umlaufbahnen zu schicken. Glücklicherweise erhalten wir ein endliches Ergebnis.

Lösung: Die Arbeit W, die nötig ist, um ein Objekt über eine Strecke x gegen eine konstante Kraft F anzuheben, ist gleich dem Produkt aus der Kraft und dem Weg:

$$W = F \cdot x.$$

Da sich die Gravitationskraft der Erde mit der Entfernung der Last von der Erde verändert, benötigen wir ein uneigentliches Integral, um die Gesamtarbeit zu errechnen, die zur Verschiebung der Last ins Unendliche erforderlich wäre.

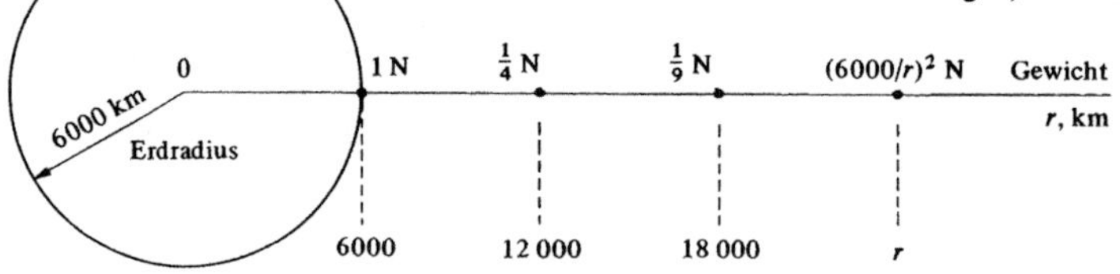

Bild 4.53

Die Last hat auf der Erdoberfläche ein Gewicht von 1 N. Je weiter sie sich vom Mittelpunkt der Erde entfernt, desto geringer wird ihr Gewicht, da die Kraft zwischen Erde und Last umgekehrt proportional zum Abstand der Last vom Erdmittelpunkt ist. So ist die Kraft auf die Last durch k/r^2 gegeben, die Konstante k werden wir sofort bestimmen, mit r bezeichnen wir den Abstand zwischen der Last und dem Erdmittelpunkt. Für $r = 6000$ km beträgt die Kraft 1 N. Daher gilt die Gleichung

$$1 = \frac{k}{6000^2}.$$

Daraus folgt $k = 6000^2$, und daher ist die Gravitationskraft auf die Masse ganz allgemein $(6000/r)^2$ N. Wenn sich die Last von der Erde entfernt, verliert sie Gewicht (jedoch nicht Masse), wie das Bild 4.53 deutlich macht.

Um die Last von Punkt r zum Punkt $r + \Delta r$ anzuheben, ist näherungsweise die Arbeit

$$\underbrace{\left(\frac{6000}{r}\right)^2}_{\text{Kraft}} \underbrace{(\Delta r)}_{\text{Weg}}$$

aufzubringen. Um die Masse von der Erdoberfläche ins Unendliche anzuheben, ist daher eine Gesamtarbeit aufzubringen, die durch das uneigentliche Integral

$$\int\limits_{6000}^{\infty} \left(\frac{6000}{r}\right)^2 dr$$

gegeben ist. Nun erhalten wir

$$\begin{aligned}\int\limits_{6000}^{\infty} \left(\frac{6000}{r}\right)^2 dr &= \lim_{b\to\infty} \int\limits_{6000}^{b} \left(\frac{6000}{r}\right)^2 dr \\ &= \lim_{b\to\infty} \left.\frac{-6000^2}{r}\right|_{6000}^{b} \\ &= \lim_{b\to\infty} \left[\frac{-6000^2}{b} + \frac{6000^2}{6000}\right] = 6000\ \text{N} \cdot \text{km}\end{aligned}$$

Die Gesamtarbeit ist endlich, da das uneigentliche Integral konvergent ist. Es entspricht der Arbeit, durch die die Last um 6000 km gegen eine konstante Gravitationskraft angehoben werden könnte, deren Wert durch die Gravitationskraft an der Erdoberfläche gegeben wäre. •

Beispiel 6: Gegenwärtiger Wert des zukünftigen Einkommens. Wirtschaft und Regierung stehen häufig vor der Frage: Welchem heutigen Wert entspricht 1 DM, die in t Jahren im Umlauf sein wird. Diese Frage tritt auf, wenn wir uns etwa überlegen, in welcher Weise der gegenwärtige Wert eines Geschäftes von seinem künftigen Gewinn abhängt oder in welcher Relation die Kosten eines Dammbaues zu den künftigen Einnahmemöglichkeiten stehen. Wir müssen also den gegenwärtigen Wert eines Geschäftes bestimmen, dessen Gewinnrate in t Jahren durch $f(t)$ DM pro Jahr gegeben sein wird.

Lösung: Zunächst nehmen wir an, die jährliche Zinsrate r bleibe konstant, so daß eine heute eingezahlte DM in t Jahren e^{rt} wert sein wird. Diese Annahme entspricht einem festgehaltenen Zinssatz oder anders gesagt, dem natürlichen Wachstum. Unter unserer Annahme werden A DM in t

Jahren Ae^{rt} DM wert sein. Was ist nun der gegenwärtige Wert eines nach t Jahren ausgezahlten Dollars. Oder anders formuliert, welchen Betrag A müßten wir heute investieren, um nach t Jahren den Wert von 1 DM zu besitzen. Um diese Frage zu beantworten, lösen wir die Gleichung

$$Ae^{rt} = 1$$

nach A auf. Es ergibt sich

$$A = e^{-rt}. \tag{1}$$

Nun betrachten wir für ein bestimmtes Geschäft den gegenwärtigen Wert seines künftigen Gewinnes. (Oder etwa die künftigen Einnahmen einer Dammanlage.) Nehmen wir an, nach t Jahren sei der jährliche Gewinn durch $f(t)$ gegeben. Diese Rate kann im Laufe der Zeit variieren: Wir nehmen daher f als stetige Funktion der Zeit an. Für das kleine Zeitintervall Δt zwischen der Zeit t und der Zeit $t + \Delta t$ kann der Gewinn durch den Ausdruck $f(t)\,\Delta t$ angenähert werden. Der gesamte künftige Gewinn $F(T)$ von heute an bis zu einer bestimmten Zeit T in der Zukunft wird daher durch

$$F(T) = \int_0^T f(t)\,dt \tag{2}$$

angegeben.

Dies entspricht jedoch nicht dem gegenwärtigen Wert des künftigen Gewinnes. Deshalb müssen wir den gegenwärtigen Wert des Gewinnes betrachten, der in einem typischen kleinen Zeitintervall zwischen t und $t + \Delta t$ zustande kommt. Entsprechend (1) ist sein gegenwärtiger Wert annähernd durch

$$e^{-rt} f(t)\,\Delta t$$

bestimmt. Daher ist der gegenwärtige Wert des in der Zeit von $t = 0$ bis $t = T$ zustande gekommenen Gewinnes durch das bestimmte Integral

$$\int_0^T e^{-rt} f(t)\,dt \tag{3}$$

gegeben. Für den gegenwärtigen Wert des gesamten künftigen Gewinnes gilt also das uneigentliche Integral

$$\int_0^\infty e^{-rt} f(t)\,dt.$$

(Dies ist eine idealistische Vereinfachung; in der Praxis beschränkt der Ökonom die Zukunft auf einen bestimmten endlichen Bereich.)

Der Einfluß der Zinsrate wird deutlich, wenn wir den gegenwärtigen Wert des gesamten künftigen Gewinnes in Abhängigkeit von der Zinsrate r mit $P(r)$ bezeichnen. Das heißt

$$P(r) = \int_0^\infty e^{-rt} f(t)\,dt. \tag{4}$$

Wird die Zinsrate angehoben, dann sinkt entsprechend (4) der gegenwärtige Wert des Geschäftes. Wenn ein Investor also entscheiden muß, ob er sein Geld in ein Geschäft investiert oder auf ein Bankkonto legt, wird das Bankkonto für ihn attraktiver, sobald die Zinsrate r steigt.

Durch Gleichung (4) wird einer Gewinnfunktion f (sie ist eine Funktion von t) ein gegenwärtiger Wert P zugeordnet, der eine Funktion der Zinsrate r ist. In der Theorie der Differentialgleichungen wird P die *Laplace-Transformierte* von f genannt. •

Übungen:

In den Übungen 1 bis 21 bestimme man, ob das gegebene uneigentliche Integral konvergent oder divergent ist. Man berechne die konvergenten Integrale.

1. $\int_1^\infty \frac{dx}{x^3}$
2. $\int_0^\infty \frac{dx}{x^3}$
3. $\int_0^\infty e^{-x}\,dx$
4. $\int_0^\infty e^{-x} \sin 3x\,dx$
5. $\int_{-\infty}^\infty \frac{x\,dx}{1+x^4}$
6. $\int_1^\infty x^{-1{,}01}\,dx$
7. $\int_0^1 x^{-1{,}01}\,dx$
8. $\int_0^1 x^{-0{,}99}\,dx$
9. $\int_1^\infty x^{-0{,}99}\,dx$
10. $\int_0^e x \ln x\,dx$
11. $\int_{-1}^1 \frac{dx}{\sqrt{1-x^2}}$
12. $\int_0^1 \frac{dx}{\sqrt{1-x}}$
13. $\int_0^4 \frac{dx}{\sqrt[3]{x-2}}$
14. $\int_0^\infty \frac{dx}{\sqrt{x+1}}$
15. $\int_0^\infty (1-x)e^{-x}\,dx$
16. $\int_0^\infty x^{-1/3}\,dx$
17. $\int_0^1 \ln x\,dx$
18. $\int_1^\infty e^{-\sqrt[3]{x}} x^{-2/3}\,dx$
19. $\int_0^\infty \frac{dx}{(x-1)^2}$
20. $\int_0^\infty x \ln x\,dx$
21. $\int_0^\infty e^{-x} \sin(2x+1)\,dx$
22. R sei das Gebiet rechts von der y-Achse, unterhalb der Kurve $y = e^{-x}$ und oberhalb der x-Achse.
   (*a*) Man bestimme die Fläche von R.
   (*b*) Man bestimme das Volumen, das durch Rotation dieses

Gebietes um die x-Achse entsteht.
(*c*) Man bestimme das Volumen, das durch die Rotation dieses Gebietes um die y-Achse entsteht.

■

Häufig kann die Konvergenz eines uneigentlichen Integrales $\int_a^b f(x)\,dx$ auch dann gezeigt werden, wenn die Funktion f kein elementares Integral besitzt. Gilt etwa $0 \leq f(x) \leq g(x)$ und ist das Integral $\int_a^b g(x)\,dx$ konvergent, dann kann gezeigt werden, daß auch $\int_a^b f(x)\,dx$ konvergent ist. Man benutze dieses Prinzip in den Übungen 23 bis 28.

23. Plankton besteht aus kleinen, ballförmigen Organismen. Wenn diese durch das Wasser absinken, ist der Reibungswiderstand durch das Integral

$$\int_0^\infty \frac{dx}{\sqrt{(a^2+x)(b^2+x)(c^2+x)}}$$

gegeben. Die Größen a, b und c beschreiben die Dimensionen des Planktons. Ist dieses uneigentliche Integral konvergent oder divergent?

24. Die Funktion $f(x) = (\sin x)/x$ für $x \neq 0$ und $f(0) = 1$ tritt in der Kommunikationstheorie häufig auf. Die Energie eines Signals, das durch die Funktion f beschrieben werden kann, ist durch das uneigentliche Integral

$$E = \int_{-\infty}^{\infty} [f(x)]^2\,dx$$

gegeben. Man zeige, daß diese Energie endlich ist.

25. Man beweise die Konvergenz von $\int_1^\infty e^{-x^2}\,dx$ durch Vergleich mit $\int_1^\infty e^{-x}\,dx$.

26. Man zeige, daß $\int_1^\infty \frac{1}{\sqrt{1+x^3}}$ konvergent ist, versuche jedoch nicht, das Integral zu berechnen.

27. Man zeige, daß $\int_0^\infty e^{-t}\,t^{-1/2}\,dt$ konvergent ist.

■■

Übung 28 wird in Übung 29 angewendet.

28. Aus der Konvergenz von $\int_0^{\pi/2} \ln x\,dx$ folgere man die Konvergenz von $\int_0^{\pi/2} \ln \sin x\,dx$. *Hinweis:* Man zeige für $0 < x \leq \frac{\pi}{2}$ die Ungleichung $\sin x > 2x/\pi$.

29. (Siehe Übung 28.) Man definiere $A = \int_0^{\pi/2} \ln \sin\theta\,d\theta$.

(*a*) Man zeige $A = \int_0^{\pi/2} \ln\cos\theta\,d\theta$.

(*b*) Man zeige $\int_0^{\pi} \ln\sin\theta\,d\theta = 2A$.

(*c*) Man zeige

$$\int_0^{\pi} \ln\sin\theta\,d\theta = \int_0^{\pi} \ln 2\,d\theta + \int_0^{\pi} \ln\sin\frac{\theta}{2}\,d\theta + \int_0^{\pi} \ln\cos\frac{\theta}{2}\,d\theta.$$

(*d*) Aus (*c*) leite man $2A = \pi\ln 2 + 4A$ her.
(*e*) Man zeige $A = -(\pi/2)\ln 2$.

30. Man suche den Fehler in der folgenden Rechnung. Mit Hilfe der Substitution $x = y^2$, $dx = 2y\,dy$, ergibt sich

$$\int_0^1 \frac{1}{x}\,dx = \int_0^1 \frac{2y}{y^2}\,dy = \int_0^1 \frac{2}{y}\,dy = 2\int_0^1 \frac{1}{y}\,dy = 2\int_0^1 \frac{1}{x}\,dx.$$

Daraus folgt:

$$\int_0^1 \frac{1}{x}\,dx = 2\int_0^1 \frac{1}{x}\,dx$$

und wir erhalten

$$\int_0^1 \frac{1}{x}\,dx = 0.$$

31. (*a*) Falls

$$\int_{-\infty}^{+\infty} f(x)\,dx$$

konvergiert ist, zeige man, daß sein Wert mit

$$\lim_{L\to\infty} \int_{-L}^{L} f(x)\,dx$$

übereinstimmt, daß aber andererseits

$$\lim_{L\to\infty} \int_{-L}^{L} f(x)\,dx$$

endlich sein kann, während

$$\int_{-\infty}^{+\infty} f(x)\,dx$$

ein divergentes uneigentliches Integral ist.

(*b*) Aus (*a*) erkläre man, warum

$$\lim_{L\to\infty} \int_{-L}^{+L} f(x)\,dx$$

keine brauchbare Definition für

$$\int_{-\infty}^{+\infty} f(x)\,dx$$

darstellt.

32. Man finde den Fehler in der folgenden Rechnung. Mit Hilfe der Substitution $u = 1/x$, $du = -1/x^2 dx$ ergibt sich

$$\int_{-1}^{1} \frac{1}{1+x^2} dx = \int_{-1}^{1} \frac{1}{1+1/u^2}\left(-\frac{1}{u^2} du\right) = -\int_{-1}^{1} \frac{1}{1+u^2} du.$$

Daraus folgt, daß $\int_{-1}^{+1} \frac{1}{1+x^2} dx$ mit seinem eigenen negativen Wert übereinstimmt und daher Null sein müßte.

Die Übungen 33 und 34 beziehen sich auf Beispiel 5.

33. Welche Arbeit ist erforderlich, um eine Last von 1 kg die ersten 6000 km auf der Reise in die Unendlichkeit anzuheben?

34. (*a*) Wenn die Gravitationskraft durch $k/r^{1,01}$ gegeben wäre, könnte dann eine Last ins Unendliche befördert werden?
(*b*) Wenn die Gravitationskraft von der Form k/r wäre, könnte dann eine Last ins Unendliche befördert werden?

Die Übungen 35 und 36 beziehen sich auf Beispiel 6.

35. Bleibt der jährliche Gewinn konstant, sagen wir $f(t) = k > 0$, so ist der gesamte künftige Gewinn offensichtlich unendlich. Man zeige, daß sein gegenwärtiger Wert durch die endliche Größe k/r gegeben wird.

36. Man bestimme die Laplace-Transformierte von
(*a*) $f(t) = k$,
(*b*) $f(t) = t$,
(*c*) $f(t) = \sin t$.

4.7 Polarkoordinaten

Rechtwinkelige Koordinaten sind nur eine der Möglichkeiten, um Punkte in der Ebene durch Zahlenpaare festzulegen. In diesem Abschnitt wird eine andere Methode beschrieben, nämlich die Festlegung durch *Polarkoordinaten*, die im weiteren Verlauf dieses und der folgenden Kapitel zur Anwendung kommen werden.

Die rechtwinkeligen Koordinaten x und y legen einen Punkt P in der Ebene als Schnittpunkt einer vertikalen und einer horizontalen Gerade fest. Polarkoordinaten definieren einen Punkt P als den Schnittpunkt eines Kreises und eines Strahles, der vom Mittelpunkt des Kreises ausgeht. Wir gehen in folgender Weise vor:

Man wähle einen Punkt in der Ebene und einen Strahl, der von diesem Punkt ausgeht. Der Punkt wird *Pol* genannt und der Strahl *Polarachse*. Wir messen positive Winkel θ von der Polarachse ausgehend entgegengesetzt dem Uhrzeigersinn und negative Winkel im Uhrzeigersinn. Nun sei r eine Zahl. Um den Punkt P in der Ebene aufzutragen, der dem Zahlenpaar r und θ entspricht, gehen wir folgendermaßen vor: Ist r positiv, so finden wir den Punkt P als Schnittpunkt eines Kreises vom Radius r und seinem Mittelpunkt im Pol mit dem Strahl, der unter dem Winkel θ vom Pol ausgeht (Bild 4.54).

Bild 4.54

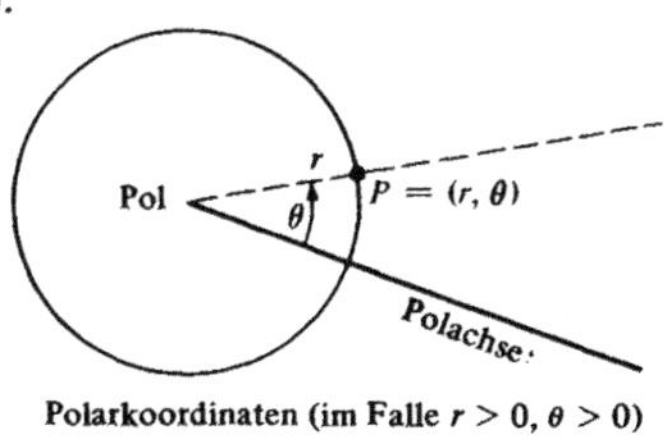

Polarkoordinaten (im Falle $r > 0$, $\theta > 0$)

Ist $r = 0$, so ist P gleich dem Pol, unabhängig davon, welchen Wert θ annimmt.

Ist r negativ, so befindet sich P im Abstand $|r|$ vom Pol auf dem Strahl, der direkt entgegengesetzt zu dem durch den Winkel θ gegebenen Strahl liegt.

In jedem Falle wird der Punkt P durch das Zahlenpaar $(r; \theta)$ gekennzeichnet. Die beiden Zahlen r und θ nennen wir Polarkoordinaten von P. Halten wir fest, daß der Punkt $(r; \theta)$ auf einem Kreis mit dem Radius $|r|$ liegt, dessen Mittelpunkt der Pol ist. Wie wir beobachten, ist der Pol der Mittelpunkt der beiden Punkte $(r; 0)$ und $(-r; 0)$. $(r; 0)$ und $(-r; 0)$.

Beispiel 1: Man zeichne die Punkte mit den Polarkoordinaten $(3; \pi/4)$, $(2; -\pi/6)$, $(-3; \pi/3)$.

Bild 4.55

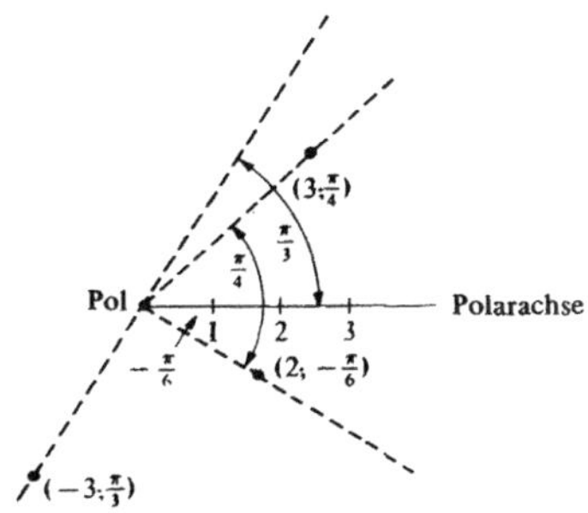

Lösung: Um den Punkt $(3; \pi/4)$ zu zeichnen, entferne man sich auf dem Strahl mit dem Winkel $\pi/4$ um die Distanz 3 vom Pol (Bild 4.55). Um den Punkt $(2; -\pi/6)$ zu zeichnen, entfernen wir uns auf dem Strahl mit dem Winkel $-\pi/6$ um die Strecke 2 vom Pol. Um den Punkt $(-3; \pi/3)$ zu zeichnen, ziehen wir den Strahl unter dem Winkel $\pi/3$ und bewegen uns dann um die Distanz 3 in entgegengesetzter Richtung vom Pol weg. ●

Der Zusammenhang zwischen Polarkoordinaten und rechtwinkeligen Koordinaten. Üblicherweise fällt die Polarachse mit der positiven x-Achse zusammen, wie dies Bild 4.56 zeigt. In diesem Fall gibt das Diagramm den folgenden Zusammenhang zwischen den rechtwinkeligen und den Polarkoordinaten des Punktes $P = (x; y) = (r; \theta)$ wieder:

$$x = r\cos\theta, \qquad y = r\sin\theta$$

und

$$r^2 = x^2 + y^2, \qquad \tan\theta = \frac{y}{x}.$$

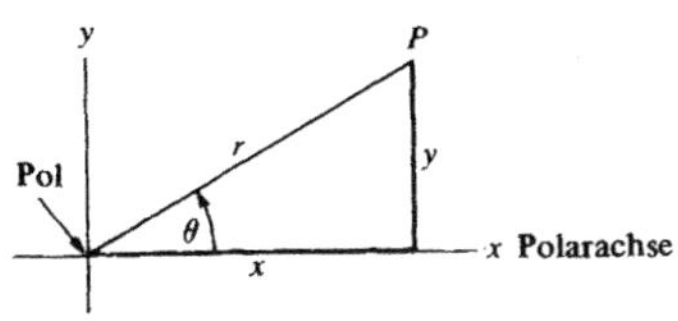

Bild 4.56

So hat etwa der Punkt mit den rechtwinkeligen Koordinaten $(1; 1)$ die Polarkoordinaten $(\sqrt{2}; \pi/4)$ oder $(\sqrt{2}; \pi/4 + 2\pi)$ oder $(\sqrt{2}; \pi/4 + 4\pi)$ oder $(-\sqrt{2}; \pi/4 + \pi)$ usw. Genauso wie wir früher die Menge von Punkten $(x; y)$ zeichnen konnten, die durch einen bestimmten Zusammenhang zwischen x und y gegeben sind, so können wir auch eine Menge von Punkten $(r; \theta)$ zeichnen, wenn r und θ eine bestimmte Gleichung erfüllen. Wesentlich hierbei ist allerdings, daß zwar jeder Punkt in der Ebene in rechtwinkeligen Koordinaten durch ein eindeutiges geordnetes Paar $(x; y)$ bestimmt werden kann, daß aber andererseits in Polarkoordinaten viele geordnete Paare $(r; \theta)$ den gleichen Punkt bezeichnen.

Beispiel 2: Man zeichne den Graphen der Gleichung $r = 2 \cos \theta$.

Lösung: Zunächst legen wir für geeignete Werte von θ eine Wertetabelle an. Dann zeichnen wir die in dieser Tabelle enthaltenen Punkte (Bild 4.57).

θ	0	$\frac{\pi}{4}$	$\frac{\pi}{3}$	$\frac{\pi}{2}$	$\frac{3\pi}{4}$	π	$\frac{3\pi}{2}$	2π
$r = 2\cos\theta$	2	$\sqrt{2} \approx 1{,}4$	1	0	$-\sqrt{2} \approx -1{,}4$	-2	0	2

Die gestrichelte Linie ist Graph der Gleichung $r = 2 \cos \theta$.

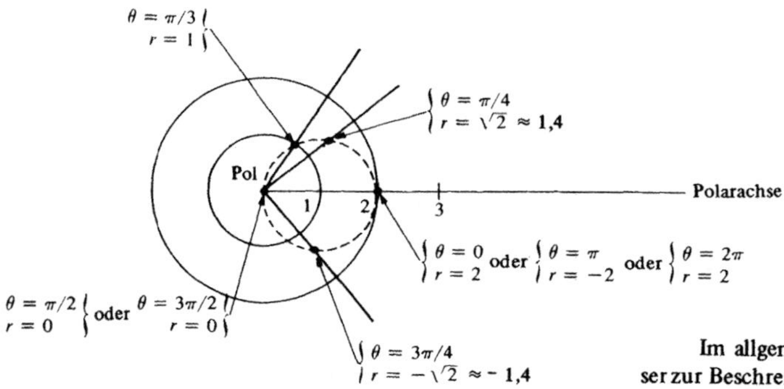

Bild 4.57

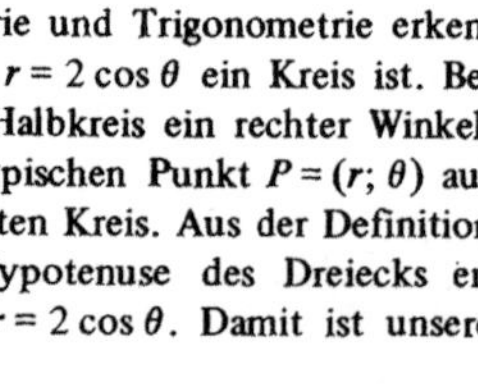

Bild 4.58

Mit ein wenig Geometrie und Trigonometrie erkennen wir, daß der Graph von $r = 2 \cos \theta$ ein Kreis ist. Bekanntlich ist der Winkel im Halbkreis ein rechter Winkel. Betrachten wir nun einen typischen Punkt $P = (r; \theta)$ auf dem im Bild 4.58 dargestellten Kreis. Aus der Definition $\cos \theta$ = anliegende Kathete/Hypotenuse des Dreiecks erhalten wir $\cos \theta = r/2$ oder $r = 2 \cos \theta$. Damit ist unsere Behauptung bewiesen. •

Beispiel 3: Man stelle die Gleichung $r = 2 \cos \theta$ in rechtwinkeligen Koordinaten dar.

Lösung: Aus $r^2 = x^2 + y^2$ und $r \cos \theta = x$ folgt durch Multiplikation der Gleichung $r = 2 \cos \theta$ mit r

$$r^2 = 2 r \cos \theta$$

und weiter

$$x^2 + y^2 = 2x.$$

Beispiel 2 zeigte, daß unsere ursprüngliche Gleichung einen Kreis mit dem Radius 1 und dem Mittelpunkt $(1; 0)$ beschreibt. Wir können dies auch einsehen, wenn wir die Gleichung $x^2 + y^2 = 2x$ in der Form

$$(x - 1)^2 + (y - 0)^2 = 1^2$$

schreiben. Nach dieser Gleichung ist der Abstand zwischen $(x; y)$ und $(1; 0)$ gleich 1. •

Beispiel 4: Man transformiere die Gleichung der horizontalen Geraden $y = 2$ in Polarkoordinaten.

Lösung: Mit $y = r \sin \theta$ ergibt sich $r \sin \theta = 2$ oder

$$r = \frac{2}{\sin \theta}.$$

Diese Gleichung ist zwar viel komplizierter als die ursprüngliche, kann aber trotzdem manchmal von Nutzen sein. •

Im allgemeinen sind rechtwinkelige Koordinaten besser zur Beschreibung gerader Linien geeignet, während Polarkoordinaten bei der Darstellung von Kreisen vorgezogen werden.

Beispiel 5: Man zeichne den Graphen der Gleichung $r = 1 + \cos \theta$.

Lösung: Zunächst legen wir wieder eine Wertetabelle an.

θ	0	$\frac{\pi}{4}$	$\frac{\pi}{2}$	$\frac{3\pi}{4}$	π	$\frac{5\pi}{4}$	$\frac{3\pi}{2}$	$\frac{7\pi}{4}$	2π
r	2	$1 + \frac{\sqrt{2}}{2} \approx 1{,}7$	1	$1 - \frac{\sqrt{2}}{2} \approx 0{,}3$	0	$1 - \frac{\sqrt{2}}{2} \approx 0{,}3$	1	$1 + \frac{\sqrt{2}}{2} \approx 1{,}7$	2

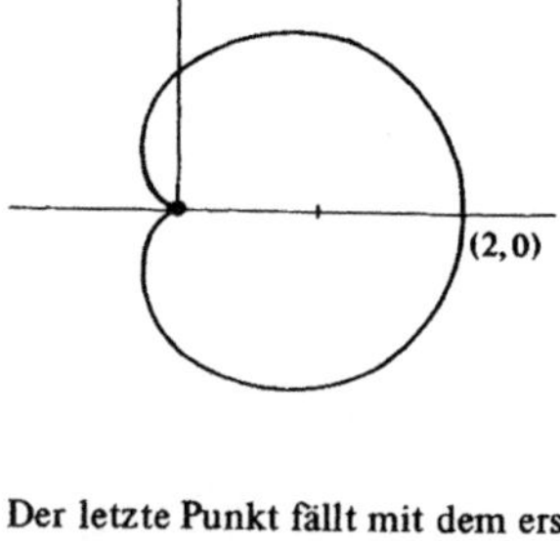

Bild 4.59

Der letzte Punkt fällt mit dem ersten zusammen. Der Graph

der Funktion beginnt sich daher zu wiederholen. Diese herzförmige Kurve zeigt Bild 4.59. Sie wird *Kardioide* genannt.

•

Spiralen lassen sich besonders bequem in Polarkoordinaten beschreiben. Wir wollen dies an der Diskussion des Graphen von $r = 2\theta$ im nächsten Beispiel illustrieren.

Beispiel 6: Der Graph für die Gleichung $r = 2\theta$ ist zu zeichnen.

Lösung: Zunächst wieder eine Wertetabelle.

θ	0	$\frac{\pi}{2}$	π	$\frac{3\pi}{2}$	2π	$\frac{5\pi}{2}$	...
r	0	π	2π	3π	4π	5π	...

Wenn wir θ um 2π vergrößern, gelangen wir nicht zum ursprünglichen Wert von r. Wenn θ wächst, wächst auch r. Der Graph ist für $\theta \geqslant 0$ eine endlose Spirale, die den Pol unendlich oft umläuft (Bild 4.60).

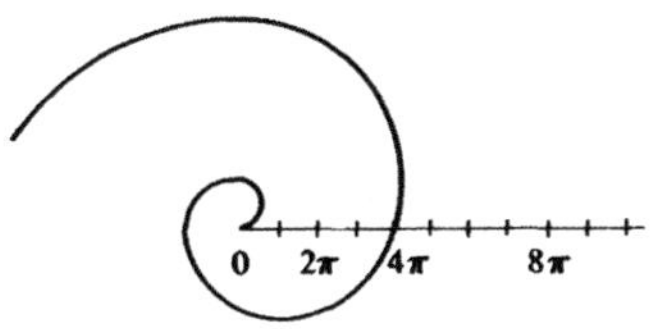

Bild 4.60

•

Mit Hilfe von Polarkoordinaten können auch Schleifen beschrieben werden, die wie Blumenblätter angeordnet sind. Dies zeigt Beispiel 7.

Beispiel 7: Der Graph für die Gleichung $r = \sin 3\theta$ ist zu zeichnen.

Lösung: Wenn θ von 0 bis $\pi/3$ ansteigt, so wächst 3θ von 0 bis π. Daher bewegt sich $r = \sin 3\theta$ von 0 nach 1 und in der Folge zurück nach Null, wenn θ das Intervall $[0; \pi/3]$ überstreicht. So erhält man eine von drei Schleifen, die zusammen den Graphen der Gleichung $r = \sin 3\theta$ ergeben (Bild 4.61). Für Werte von θ aus dem Intervall $[\pi/3; 2\pi/3]$ wird $r = \sin 3\theta$ negativ (oder Null). Dies ergibt die untere Schleife. Variiert θ im Intervall $[2\pi/3; \pi]$, so ist r wieder positiv und wir erhalten die linke obere Schleife. Durchläuft θ weitere Werte, so erhalten wir lediglich eine Wiederholung der schon bekannten Schleifen.

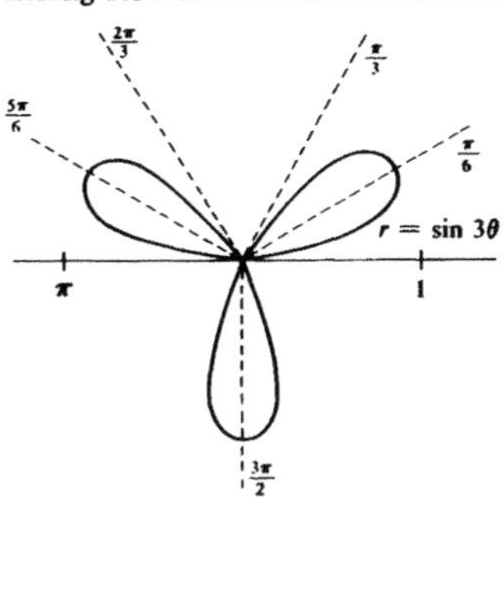

Bild 4.61

•

Übungen:

1. Man zeichne die Punkte mit den Polarkoordinaten:
   (*a*) $(1; \pi/6)$, (*b*) $(2; \pi/3)$,
   (*c*) $(2; -\pi/3)$, (*d*) $(-2; \pi/3)$,
   (*e*) $(2; 7\pi/3)$, (*f*) $(0; \pi/4)$.
2. Man gebe die rechtwinkeligen Koordinaten der Punkte aus Übung 1 an.
3. Man gebe mindestens 3 Paare von Polarkoordinaten $(r; \theta)$ für den Punkt $(3; \pi/4)$ an.
   (*a*) mit $r > 0$, (*b*) mit $r < 0$.
4. Man suche die Polarkoordinaten $(r; \theta)$ mit $0 \leqslant \theta < 2\pi$ und positivem r für die Punkte mit den rechtwinkeligen Koordinaten:
   (*a*) $(\sqrt{2}; \sqrt{2})$, (*b*) $(-1; \sqrt{3})$,
   (*c*) $(-5; 0)$, (*d*) $(-\sqrt{2}; -\sqrt{2})$,
   (*e*) $(0; -3)$, (*f*) $(1; 1)$.

In den Übungen 5 bis 9 transformiere man die Gleichung in eine Beziehung von rechtwinkelige Koordinaten.

5. $r = \sin\theta$
6. $r = \operatorname{cosec}\theta$
7. $r = 3/(4\cos\theta + 5\sin\theta)$
8. $r = 4\cos\theta + 5\sin\theta$
9. $r = \sin 2\theta$.

Hinweis: Man benutze die Identität für $\sin 2\theta$.

In den Übungen 10 bis 15 transformiere man die Gleichung in eine Beziehung für Polarkoordinaten.

10. $y = x^2$
11. $x + 2y = 3$
12. $x^2 + y^2 = 5$
13. $xy = 1$
14. $x^2 + y^2 = 4x$
15. $x = -2$

In den Übungen 16 bis 21 zeichne man den Graphen der gegebenen Gleichungen.

16. $r = 1 + \sin\theta$
17. $r = 3 + 2\cos\theta$
18. $r = 1/\theta, \theta > 0$
19. $r = e^{\theta}, \theta \geqslant 0$
20. $r = \cos 3\theta$
21. $r = \cos 2\theta$

■

22. (*a*) Man zeichne die Kurven $r = 1 + \cos\theta$ und $r = 2\cos\theta$ bezüglich der gleichen Polarachse.
    (*b*) Wo schneiden einander die in (*a*) angegebenen Kurven? (Es gibt zwei Schnittpunkte, die jedoch nicht beide durch Gleichsetzung von $1 + \cos\theta$ und $2\cos\theta$ erhalten werden.)
23. (*a*) Man zeichne die Kurven $r = \sin\theta$ und $r = \cos 2\theta$ bezüglich der gleichen Polarachse.
    (*b*) Wo schneiden einander die in (*a*) angegebenen Kurven. (Es gibt vier Schnittpunkte.)

Die Kurve $r = 1 + a\cos\theta$ (oder $r = 1 + a\sin\theta$) wird Limakon genannt. Ihre Form hängt von der Wahl der Konstante a ab. Für $a = 1$ ergibt sich die Kardiode des Beispiels 5. Die Übungen 24 und 25 beschäftigen sich mit anderen Werten von a.

24. Man zeichne den Graphen der Gleichung $r = 1 + 2\cos\theta$. (Für $|a| > 1$ schneidet der Graph von $r = 1 + a\cos\theta$ sich selbst und bildet eine Schleife.)
25. Man zeichne den Graphen von
    $$r = 1 + \tfrac{1}{2}\cos\theta.$$
26. Man suche die rechtwinkeligen Koordinaten der Gleichung
    $$r^2 = \cos 2\theta.$$
27. Man zeichne die Kurve von Übung 26 in Polarkoordinaten. Wenn $\cos 2\theta$ negativ wird, ist r nicht definiert, wenn $\cos 2\theta$ positiv ist, gibt es zwei Werte von r, nämlich $\sqrt{\cos 2\theta}$ und $-\sqrt{\cos 2\theta}$.

■■

In Anhang B wird gezeigt, daß der Graph von $r = 1/(1 + e\cos\theta)$ für e = 1 eine Parabel, für $0 \leqslant e < 1$ eine Ellipse und für $e > 1$ eine Hyperbel darstellt. Die Übungen 28 bis 30 beschäftigen sich mit derartigen Graphen.

28. Man finde in rechtwinkeligen Koordinaten die Gleichung der Kurve $r = 1/(1 + \cos\theta)$.

29. (*a*) Man zeichne den Graphen der Gleichung

$$r = \frac{1}{1 - \frac{1}{2}\cos\theta}.$$

(*b*) Man finde in rechtwinkeligen Koordinaten eine Gleichung für die Kurve aus (*a*).

30. (*a*) Man zeichne den Graphen der Gleichung

$$r = \frac{1}{1 + 2\cos\theta}.$$

(*b*) Welchen Winkel schließen die Asymptoten des Graphen (*a*) mit der positiven *x*-Achse ein.

(*c*) Man finde in rechtwinkeligen Koordinaten eine Gleichung für die Kurve aus (*a*).

31. (*a*) Man zeichne den Graphen von

$$r = 3 + \cos\theta$$

(*b*) Man suche den Punkt des Graphen von (*a*) mit dem größten Wert der *y*-Koordinate.

4.8 Gleichungen in Parameterdarstellung

Wenn ein Ball mit einer Geschwindigkeit von 10 m/s horizontal abgeschossen wird, fällt er entlang eines gekrümmten Weges. Unter Vernachlässigung des Luftwiderstandes ist sein Ort nach t Sekunden bezüglich des Koordinatensystems in Bild 4.62 durch $x = 10t$ und $y = -5t^2$ gegeben. Hier wird die Bahnkurve nicht dadurch beschrieben, daß y als Funktion von x ausgedrückt wird. Statt dessen stellen wir x und y als Funktion einer dritten Variablen t dar. Die dritte Variable wird *Parameter* genannt (*para* bedeutet zusammen, *meter* bedeutet Maß). Die Gleichungen $x = 10t$, $y = -5t^2$ werden als *Gleichungen* der Kurve *in Parameterdarstellung* bezeichnet.

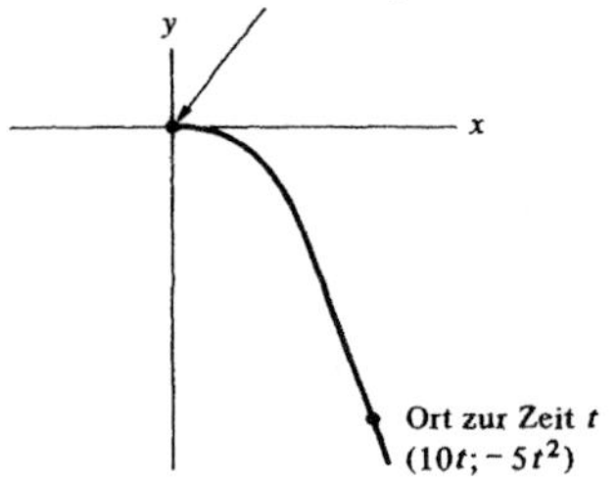

Bild 4.62

In diesem Beispiel kann t einfach eliminiert werden, so daß wir zu einer direkten Beziehung zwischen x und y gelangen:

$$t = \frac{x}{10}$$

und weiter

$$y = -5\left(\frac{x}{10}\right)^2 = -\frac{5}{100}x^2 = -\frac{1}{20}x^2.$$

Der Weg des fallenden Balles ist Teil der Kurve $y = -\frac{1}{20}x^2$.

Die nächsten drei Beispiele geben Gleichungen in Parameterdarstellung an, deren Parameter nicht die Zeit ist.

Beispiel 1: Es sei $x = \cos 2\theta$ und $y = \sin\theta$. Man zeichne den Graphen dieser Kurve und beschreibe sie.

Lösung: Da x und y Sinus und Kosinus von Winkeln sind, können $|x|$ und $|y|$ niemals größer werden als 1. Darüberhinaus gelangen wir jeweils wieder zum gleichen Punkt zurück, wenn θ um 2π angewachsen ist. In der folgenden Tafel sind einige Punkte des Graphen dargestellt.

θ	0	$\frac{\pi}{4}$	$\frac{\pi}{2}$	$\frac{3\pi}{4}$	π	$\frac{5\pi}{4}$	$\frac{3\pi}{2}$	$\frac{7\pi}{4}$	2π
x	1	0	−1	0	1	0	−1	0	1
y	0	$\frac{\sqrt{2}}{2}$	1	$\frac{\sqrt{2}}{2}$	0	$\frac{-\sqrt{2}}{2}$	−1	$\frac{-\sqrt{2}}{2}$	0

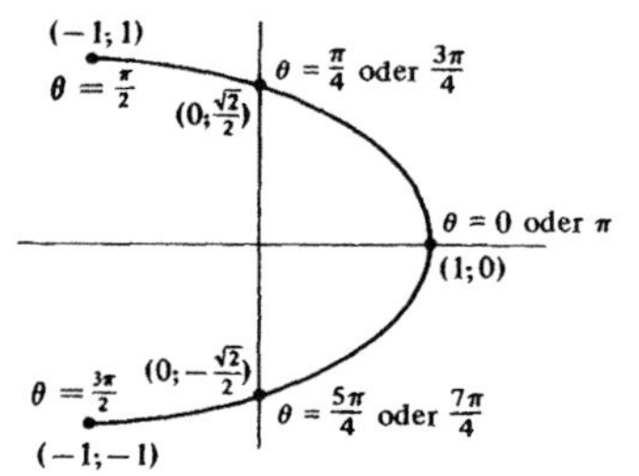

Bild 4.63

Der letzte Punkt fällt mit dem ersten zusammen. Die ersten acht Punkt legen für die Kurve eine Form nahe, wie sie in Bild 4.63 dargestellt ist. Wenn θ in dem Intervall $[0; 2\pi]$ variiert, wird der Graph zweimal durchlaufen. (Man beachte, daß θ nicht der Polarwinkel des Punktes $(x; y)$ ist.)

Die Kurve ist dem Teil einer Parabel ähnlich. Glücklicherweise sind die Gleichungen für x und y hinreichend einfach, so daß θ eliminiert und eine Relation zwischen x und y aufgefunden werden kann:

$$\begin{aligned} x = \cos 2\theta &= \cos^2\theta - \sin^2\theta \\ &= 1 - 2\sin^2\theta \\ &= 1 - 2y^2. \end{aligned}$$

Daher liegt der Weg des Punktes auf der Parabel

$$x = 1 - 2y^2.$$

Man beachte aber, daß der Weg des Punktes nur einen kleinen Teil der Parabel überdeckt und diesen Teil unendlich oft durchläuft, wie ein Pendel. ●

In Beispiel 1 war es einfach, den Parameter θ zu eliminieren und auf diese Weise eine Gleichung zu erhalten, in der nur x und y vorkommen. Im nächsten Beispiel würde die Eliminierung von θ zu einer komplizierten Beziehung zwischen x und y führen. Ein großer Vorteil von Gleichungen in Parameterdarstellung besteht in der Möglichkeit, bestimmte Kurven zu beschreiben, für die es schwer oder unmöglich sein kann, sie durch eine Gleichung zwischen x und y darzustellen.

Beispiel 2: Das Rad eines Fahrrades mit Radius a rollt auf einer Ebene, während ein an seinem Umfang angebrachter Stift eine Kurve beschreibt, die wir *Zykloide* nennen. Sie besteht aus einer Folge von Bögen; jeder vollen Umdrehung des Rades entspricht 1 Bogen (Bild 4.64).

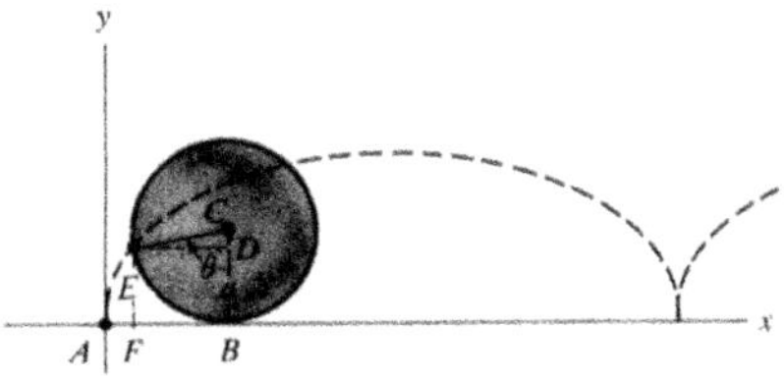

Das rollende Rad hat den Radius a

Da das Rad nicht gleitet, gilt: Bogen $EB = \overline{AB} = a\theta$

Für $\theta = 0$ berührt der Stift E den Boden bei $x = 0, y = 0$

Bild 4.64

Man gebe die Lage des Stiftes als Funktion des Winkels θ an, um den das Rad sich gerade gedreht hat.

Lösung: Die x-Koordinate des Stiftes, die zum Winkel θ gehört, ist durch

$$\overline{AF} = \overline{AB} - \overline{ED} = a\theta - a \sin\theta$$

gegeben. Für die y-Koordinate erhalten wir

$$\overline{EF} = \overline{BC} - \overline{CD} = a - a\cos\theta.$$

So ergibt sich für die Position des Stiftes in Abhängigkeit vom Parameter

$$\begin{cases} x = a\theta - a\sin\theta \\ y = a - a\cos\theta. \end{cases}$$

In diesem Falle würde das Eliminieren von θ zu einer komplizierten Relation zwischen x und y führen. ●

Für jede Kurve gibt es eine Parameterdarstellung. Betrachten wir etwa die Kurve $y = e^x + x$. Wir können selbstverständlich x selbst als den Parameter t einführen und schreiben

$$\begin{cases} x = t \\ y = e^t + t. \end{cases}$$

Diese Beschreibung mag etwas künstlich erscheinen, wird sich aber im nächsten Abschnitt als nützlich erweisen, wenn wir bestimmte Ergebnisse von Kurven in Parameterdarstellung auf Kurven der Form $y = f(x)$ übertragen wollen.

Wie können wir den Anstieg einer Kurve angeben, die durch die Parameterdarstellung

$$x = g(t), \quad y = h(t)$$

definiert wird. Ein mühsamer, vielleicht unmöglicher Weg wäre es, aus der Gleichung $x = g(t)$ nun t als Funktion von x darzustellen und das Ergebnis in die Gleichung $y = h(t)$ einzusetzen. Dadurch wäre y explizit durch x ausgedrückt und wir könnten die erhaltene Funktion differenzieren. Glücklicherweise gibt es einen anderen sehr bequemen Weg, den wir nun beschreiben wollen.

Nehmen wir an, die Funktionen g und h seien differenzierbar und dx/dt sei nicht Null. Wie in Bd 1/Kap 4 gesagt wurde, ist t dann eine differenzierbare Funktion von x und es gilt

$$\frac{dt}{dx} = \frac{1}{dx/dt}.$$

Da y eine Funktion von t und t eine Funktion von x ist, ergibt die Kettenregel

$$\frac{dy}{dx} = \frac{dy}{dt} \cdot \frac{dt}{dx}.$$

Daraus folgt

$$\frac{dy}{dx} = \frac{dy/dt}{dx/dt}.$$

Diese Formel ist einfach zu merken und einfach anzuwenden.

Beispiel 3: Unter welchem Winkel schneidet der in Beispiel 2 dargestellte Zykloidenbogen die x-Achse im Ursprung?

Lösung: Die Parameterdarstellung der Zykloide war

$$x = a\theta - a\sin\theta, \quad y = a - a\cos\theta.$$

Hier spielt θ die Rolle des Parameters t. Wir erhalten weiter

$$\frac{dx}{d\theta} = a - a\cos\theta, \quad \frac{dy}{d\theta} = a\sin\theta.$$

Daraus ergibt sich

$$\frac{dy}{dx} = \frac{dy/d\theta}{dx/d\theta} = \frac{a\sin\theta}{a - a\cos\theta} = \frac{\sin\theta}{1 - \cos\theta}.$$

Für θ aus der Umgebung von Null liegt $(x; y)$ in der Nähe des Ursprungs. Wie verhält sich der Anstieg

$$\frac{\sin\theta}{1 - \cos\theta} \quad \text{für } \theta \to 0^+?$$

Wir können die Regel von de L'Hospital anwenden und erhalten

$$\lim_{\theta \to 0^+} \frac{\sin\theta}{1 - \cos\theta} = \lim_{\theta \to 0^+} \frac{\cos\theta}{\sin\theta} = \infty.$$

Daher erreicht die Zykloide den Ursprung vertikal. ●

Der Wankel-Motor. Die nächsten beiden Beispiele verwenden Parameterdarstellungen, um das geometrische Prinzip jenes Motors zu beschreiben, der von Felix Wankel im Jahre 1954 entwickelt wurde. Wankel stellte fest, daß ein gleichseitiges Dreieck in einer bestimmten Kurve derart rotieren kann, daß seine Eckpunkte stets die Kurve berühren, während sich sein Mittelpunkt auf einem Kreis bewegt. Diese beiden Beispiele sind nicht wesentlich für das Verständnis des übrigen Abschnittes.

Beispiel 4: Es seien e und R feste positive Zahlen, und wir betrachten die Kurve, die in Parameterdarstellung durch

$$x = e \cos 3\theta + R \cos \theta$$

und

$$y = e \sin 3\theta + R \sin \theta$$

gegeben ist. Man zeige, daß ein gleichseitiges Dreieck innerhalb dieser Kurve umlaufen kann, während sein Mittelpunkt einen Kreis mit dem Radius e beschreibt.

Lösung: Bild 4.65 zeigt einen typischen Punkt $P = (x; y)$, der dem Parameter-Wert θ entspricht. Wenn θ ausgehend von jedem beliebigen Winkel um $2\pi/3$ anwächst, umläuft der Punkt Q einmal den Kreis mit dem Radius e und kehrt zu seiner Ausgangsposition zurück. Während dieses Umlaufes von Q hat der Punkt P einen Punkt P_1 erreicht, dessen Winkel nun nicht mehr durch θ sondern durch $\theta + 2\pi/3$ gegeben ist. Liegt also der Punkt P auf der Kurve, so gilt dies auch für die Punkte P_1 und P_2, die in Bild 4.66 dargestellt sind.

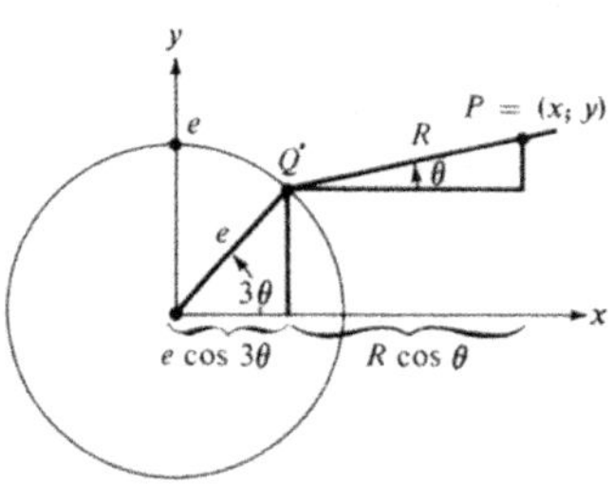

Bild 4.65

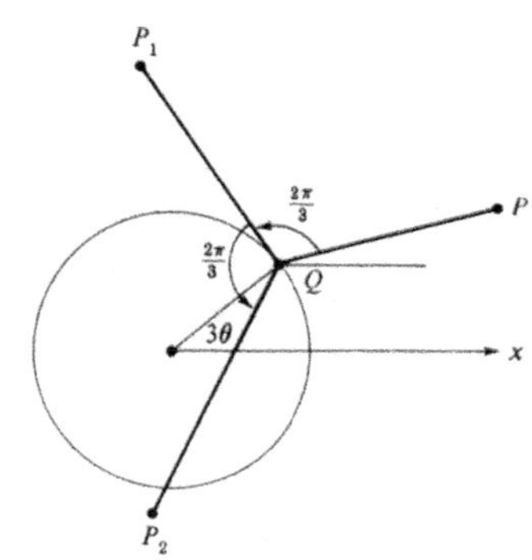

Bild 4.66

Daher bewegt sich das gleichseitige Dreieck mit den Eckpunkten P, P_1 und P_2 einmal um die Kurve, während sein Mittelpunkt Q dreimal den Kreis mit dem Radius e umläuft. ●

Welche Form hat die in Beispiel 4 erläuterte Kurve? Wankel beschrieb die Kurve, ohne zu wissen, daß sie den Mathematikern schon lange in einem anderen Zusammenhang bekannt war. Beispiel 5 gibt diesen Zusammenhang und eine Möglichkeit zur Zeichnung der Kurve.

Beispiel 5: Ein Kreis mit Radius r rollt auf einem festen Kreis mit dem Radius $2r$ ab, ohne zu gleiten. Man beschreibe den Weg eines Punktes P, der im Abstand e vom Mittelpunkt des abrollendes Kreises liegt, wobei $0 \leq e \leq r$ gilt.

Lösung: Wir ordnen den rollenden Kreis wie im Bild 4.67 an. Man beachte, daß der Mittelpunkt C des abrollenden Kreises einen Kreis mit dem Radius $3r$ durchläuft. Es sei $R = 3r$.

Bild 4.67

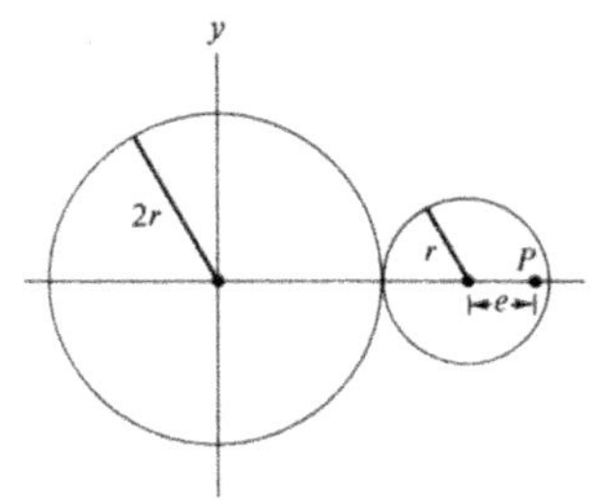

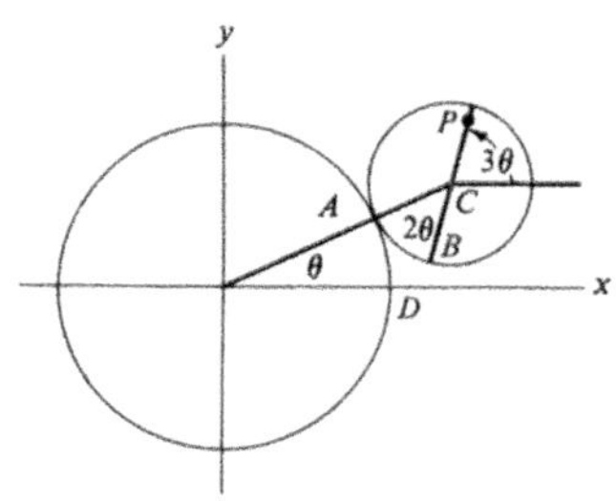

Bild 4.68

Wenn der kleine Kreis gegen den Uhrzeigersinn auf dem festen Kreis abrollt, ohne zu gleiten, beschreibt er einen Weg, dessen Anfang im Bild 4.68 dargestellt ist.

Da der Radius des abrollenden Kreises dem halben Radius des festen Kreises entspricht, ist der Winkel ACB gleich 2θ. Daher schließt CP mit der x-Achse einen Winkel ein, der durch die Summe von θ und 2θ, also durch 3θ gegeben ist, denn bekanntlich ist in einem Dreieck ein Außenwinkel gleich der Summe der beiden gegenüberliegenden Innenwinkel. Der Punkt $P = (x; y)$ hat somit in Parameterdarstellung die Koordinaten

$$x = e \cos 3\theta + R \cos \theta$$

und

$$y = e \sin 3\theta + R \sin \theta .$$

Nun entspricht die von P durchlaufene Kurve genau der „Wankel-Kurve" (Bild 4.69). Sie war den Mathematikern schon lang als *Epitrochoide* bekannt. ●

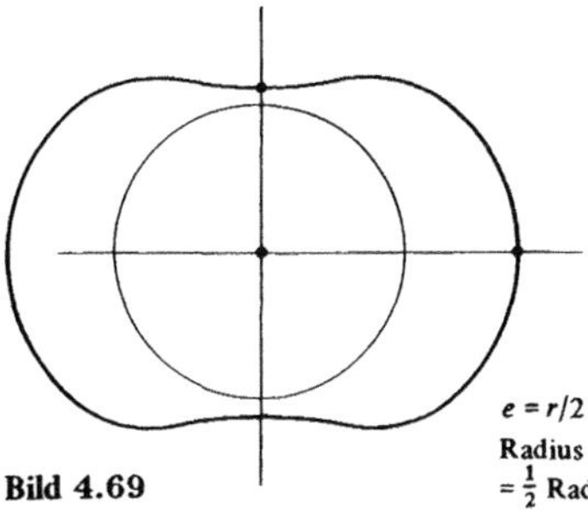

$e = r/2$
Radius des bewegten Kreises
$= \frac{1}{2}$ Radius des festen Kreises

Bild 4.69

Damit nun der bewegte Rotor in der Wankelmaschine die Antriebswelle bewegen kann, sind an ihm entlang eines Kreises mit dem Radius $2e$ Zähne angebracht, die in die Zähne der Antriebswelle mit dem Radius e eingreifen (Bild 4.70). Für jeden vollständigen Umlauf des Rotors vollendet die Antriebswelle 3 Umläufe.

Der Stuttgarter Professor Othmar Baier identifizierte die Wankelkurve als Epitrochoide. Diese Einsicht war wichtig für die Praxis, denn sie ermöglichte Vereinfachungen bei der Herstellung der Arbeitsfläche des Motors.

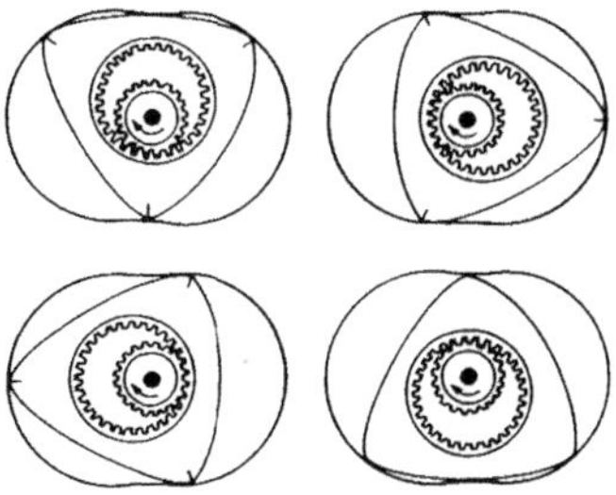

Bild 4.70

Übungen:

1. Man betrachte die in Parameterdarstellung gegebenen Gleichungen $x = 2t + 1$, $y = t - 1$.
   (*a*) Man ergänze die Tabelle

t	-2	-1	0	1	2
x					
y					

   (*b*) Man zeichne die fünf Punkte $(x; y)$ aus (*a*).
   (*c*) Man zeichne die Kurve, die durch die Parameterdarstellung $x = 2t + 1$, $y = t - 1$ gegeben ist.
   (*d*) Man eliminiere t um für den Graphen eine Gleichung zwischen x und y aufzustellen.

2. Man betrachte die in Parameterdarstellung gegebenen Gleichungen $x = t + 1$, $y = t^2$.
   (*a*) Man ergänze die Tabelle:

t	-2	-1	0	1	2
x					
y					

   (*b*) Man zeichne die fünf Punkte aus (*a*).
   (*c*) Man zeichne die Kurve.
   (*d*) Man finde eine Gleichung zwischen x und y, die die Kurve beschreibt.

3. Man betrachte die in Parameterdarstellung gegebenen Gleichungen $x = t^2$, $y = t^2 + t$.
   (*a*) Man ergänze die Tabelle

t	-3	-2	-1	0	1	2	3
x							
y							

   (*b*) Man zeichne die sieben Punkte aus (*a*).
   (*c*) Man zeichne die durch $x = t^2$, $y = t^2 + t$ gegebene Kurve.
   (*d*) Man eliminiere t und finde für den Graphen eine Gleichung in x und y.

4. (*a*) Für $t = -1$, 0 und 1 gebe man drei Punkte auf der Kurve

$$x = t^7 + t^2 + 1$$
$$y = 2t^6 + 3t + 1$$

   an.
   (*b*) Kann aus den beiden Gleichungen t eliminiert werden?
   (*c*) Welche Werte nimmt y/x für große t an?
   (*d*) Welchen Anstieg hat die Kurve im Punkt mit dem Parameterwert $t = 1$?

5. Man betrachte die in Parameterdarstellung gegebenen Gleichungen $x = 2 \cos \theta$, $y = 3 \sin \theta$.
   (*a*) Man ergänze die Tabelle und stelle die Größen durch Dezimalzahlen dar.

θ	0	$\frac{\pi}{4}$	$\frac{\pi}{2}$	$\frac{3\pi}{4}$	π	$\frac{5\pi}{4}$	$\frac{3\pi}{2}$	$\frac{7\pi}{4}$	2π
x									
y									

   (*b*) Man zeichne die acht Punkte aus (*a*).
   (*c*) Man zeichne die Kurve, die durch $x = 2 \cos \theta$, $y = 3 \sin \theta$ gegeben wird.
   (*d*) Mit Hilfe der Identität $\cos^2 \theta + \sin^2 \theta = 1$ eliminiere man θ.
   (*e*) Ist θ der Polarwinkel von $(2 \cos \theta; 3 \sin \theta)$?

6. Mit Hilfe der im Anschluß an Beispiel 2 dargestellten Methode beschreibe man jeden dieser Graphen in Parameterdarstellung.
   (*a*) $y = x^3 - x^2$, x als Parameter;
   (*b*) $x = e^y$, y als Parameter;
   (*c*) $y = x \sin x$, x als Parameter;
   (*d*) $x = \sin 3y$, y als Parameter.

7. Welchen Wert nimmt θ im Beispiel zwei an, wenn der Punkt E
   (*a*) am Gipfel des ersten Bogens,
   (*b*) am rechten Ende des ersten Bogens,
   (*c*) am Gipfel des zweiten Bogens,
   (*d*) am rechten Ende des zweiten Bogens liegt?

8. Ein Ball wird unter einem Winkel α mit einer Anfangsgeschwindigkeit v_0 abgeschossen (Bild 4.71). Mißt man die Zeit in Sekunden und den Weg in Metern, kann gezeigt werden, daß der Ball nach t Sekunden an dem Punkt

$$x = (v_0 \cos \alpha)\, t$$
$$y = (v_0 \sin \alpha)\, t - 5t^2$$

   angelangt ist. Man eliminiere t. Entsprechend der resultierenden Gleichung ist der Weg des Balles eine Parabel.

Bild 4.71

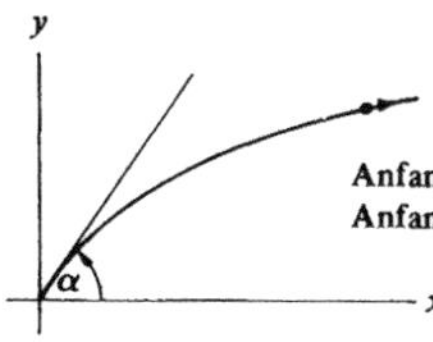

Anfangsgeschwindigkeit v_0
Anfangswinkel α

9. Man eliminiere t und zeichne

$$x = e^t$$
$$y = e^{2t}.$$

10. Anstatt x und y durch t darzustellen, ist es manchmal günstiger die Polarkoordinaten r und θ durch t auszudrücken. Man eliminiere t aus

$$r = 3t, \quad \theta = 6t$$

und zeichne die Kurve.

11. Eine Kurve ist in Parameterdarstellung durch die Gleichungen

$$x = t^5 + \sin 2\pi t$$
$$y = t + e^t$$

gegeben.

(*a*) Man gebe den Anstieg der Kurve in dem zu $t = 1$ gehörigen Punkt an.

(*b*) Man versuche, y explizit durch x auszudrücken.

12. Man suche die Fläche, die von einem Bogen der Zykloide des Beispiels 2 und der x-Achse eingeschlossen wird. *Hinweis:* Die Fläche ist durch $\int_0^{2\pi a} y\,dx$ gegeben. Man substituiere $x = a\theta - a\sin\theta$ und drücke y, dx und die Integrationsgrenzen durch θ aus.

13. Man betrachte die Kardioide $r = 1 + \cos\theta$.

(*a*) Man stelle die x und y-Koordinaten eines typischen Punktes der Kardioide parametrisch durch θ dar.

(*b*) Welchen Wert hat der Anstieg der Kardioide im Punkt $(x; y) = (0; 1)$?

(*c*) Was geschieht mit dem Anstieg der Kardioide in der Nähe von $(x; y) = (0; 0)$, aber oberhalb der x-Achse?

■

14. Man betrachte die in Parameterdarstellung

$$x = t^2 + e^t, \quad y = t + e^t$$

vorliegende Kurve für Werte von t aus $[0; 1]$.

(*a*) Man zeichne die Punkte für $t = 0, \frac{1}{2}$ und 1.

(*b*) Man zeichne die Kurve.

(*c*) Man gebe den Anstieg der Kurve im Punkt $(1; 1)$ an.

(*d*) Man bestimme die Fläche des Gebietes unterhalb der Kurve und oberhalb des Intervalls $[1; e + 1]$.

15. a und b seien positive Zahlen. Man betrachte die Kurve mit der Parameterdarstellung

$$x = a\cos t, \quad y = b\sin t.$$

(*a*) Man zeige, daß die Kurve eine Ellipse ist.

$$\frac{x^2}{a^2} + \frac{y^2}{b^2} = 1.$$

(*b*) Der zum Parameterwert t gehörige Punkt $(x; y)$ hat den Polarwinkel θ. Für welche Werte von t gilt $t = \theta$?

(*c*) Man bestimme die Fläche des von der Ellipse begrenzten Gebietes durch eine Substitution, mit deren Hilfe $4\int_0^a y\,dx$ durch ein Integral ersetzt wird, in dem t die Variable und $[0; \pi/2]$ das Integrationsgebiet sind.

■■

16. a sei eine positive Konstante. Man betrachte die Kurve mit der Parameterdarstellung $x = a\cos^3 t$, $y = a\sin^3 t$.

(*a*) Man zeichne die Kurve.

(*b*) Man bestimme den Anstieg der Kurve für den zum Parameterwert t gehörigen Punkt.

17. Man betrachte eine Tangente an die Kurve der Übung 16 und zwar in einem Punkt P des ersten Quadranten und zeige, daß die Länge des Segmentes, das die Koordinatenachsen von dieser Tangente abschneiden, durch a gegeben wird.

Diese Übung hängt mit den Beispielen 4 und 5 (Wankelmotor) zusammen.

18. In Beispiel 5 rollt ein Kreis vom Radius r auf einem Kreis vom Radius $2r$ ab. Statt dessen untersucht man die Kurve, die ein Punkt P im Abstand e vom Mittelpunkt des rollenden Kreises beschreibt, wobei $0 < e < r$, wenn der Radius des festen Kreises $3r$ beträgt.

(*a*) Man gebe die Parameterdarstellung der entstehenden Kurve an.

(*b*) Man zeichne die Kurve.

(*c*) Die Kurve in (*b*) wird dreilappige Epitrochoide genannt. Man zeige, daß ein quadratischer Rotor in ihr umlaufen kann, ebenso wie dies für den dreieckigen Rotor in Beispiel 4 möglich war. Maschinen dieser Form wurden erprobt, sind jedoch nicht so wirksam wie die Standardform des Wankelmotors.

4.9 Bogenlänge und Geschwindigkeit auf einer Kurve

Der Weg eines Teilchens ist in Parameterform gegeben

$$x = g(t), \quad y = h(t).$$

(Man stelle sich t als Zeitkoordinate vor.) Ein Physiker könnte die folgenden Fragen stellen. „Welchen Weg legt das Teilchen in der Zeit von $t = a$ bis $t = b$ zurück?“ „Welche Geschwindigkeit besitzt das Teilchen zur Zeit t?“

Betrachten wir zuerst die Frage nach dem zurückgelegten Weg. Die zweite Frage wird dann mit Hilfe der Ableitung leicht beantwortet werden können. (Bei unseren Überlegungen werden wir den Parameter mit t bezeichnen und annehmen, er beschreibe die Zeit. Unsere Resultate gelten jedoch für jeden Parameter.)

Die Bestimmung der Bogenlänge. Wenn sich ein bewegtes Teilchen zur Zeit t im Punkt $(x; y) = (g(t); h(t))$ befindet, dann werden wir zeigen, daß die Länge seines Weges in der Zeit von $t = a$ bis $t = b$ durch

$$\int_a^b \sqrt{[g'(t)]^2 + [h'(t)]^2}\,dt$$

oder

$$\int_a^b \sqrt{\left(\frac{dx}{dt}\right)^2 + \left(\frac{dy}{dt}\right)^2}\,dt$$

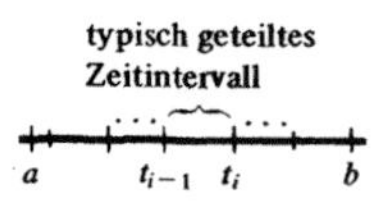

Bild 4.72

gegeben ist. (Wir nehmen an, daß g und h stetige Ableitungen besitzen. Wir werden Argumente für die Plausibilität dieser Formel geben.)

Man teile das Zeitintervall $[a; b]$ (Bild 4.72) und verwende diese Teilung, um ein Polygon in die Bahnkurve des bewegten Teilchens einzuzeichnen. Die Länge eines solchen Polygons sollte sich der Bogenlänge annähern, wenn sich die Enge des Teilungsrasters von $(a; b)$ Null annähert, da dann die Punkte P_i entlang der Kurve immer näher und näher aneinanderrücken werden. Die Länge eines typischen

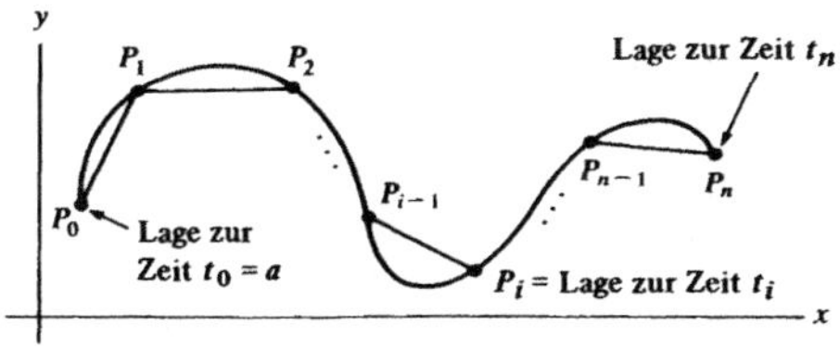

Bild 4.73

geradlinigen Segmentes

$$P_{i-1}P_i \quad \text{mit} \quad P_{i-1} = (g(t_{i-1});\ h(t_{i-1})) \quad \text{und}$$
$$P_i = (g(t_i);\ h(t_i))$$

beträgt

$$\sqrt{[g(t_i) - g(t_{i-1})]^2 + [h(t_i) - h(t_{i-1})]^2},$$

so ergibt sich für die Länge des Polygons die Summe

$$\sum_{i=1}^{n} \sqrt{[g(t_i) - g(t_{i-1})]^2 + [h(t_i) - h(t_{i-1})]^2}. \qquad (1)$$

Wir werden diese Summe in Verbindung zu den typischen Summen bringen, die bei der Definition bestimmter Integrale über das Intervall $[a;\ b]$ auftreten.

Dem Mittelwertsatz zufolge existieren Zahlen T_i^* und T_i^{**} beide aus dem Intervall $[t_{i-1};\ t_i]$, so daß

$$g(t_i) - g(t_{i-1}) = g'(T_i^*)(t_i - t_{i-1})$$

und

$$h(t_i) - h(t_{i-1}) = h'(T_i^{**})(t_i - t_{i-1}).$$

Daher kann die Summe (1) wie folgt umgeschrieben werden:

$$\sum_{i=1}^{n} \sqrt{[g'(T_i^*)]^2 + [h'(T_i^{**})]^2}\,(t_i - t_{i-1}). \qquad (2)$$

Wäre nun T_i^{**} gleich T_i^*, dann würde diese Summe (2) mit einer der Approximationssummen für

$$\int_a^b \sqrt{[g'(t)]^2 + [h'(t)]^2}\, dt$$

zusammenfallen.

Diese Schwierigkeit läßt sich vermeiden, denn für stetiges h' liegt $h'(T_i^{**})$ jedenfalls nahe bei $h'(T_i^*)$, wenn nur die Teilung von $[a;\ b]$ sehr fein ist. Wenn die Summe in (2) eine gute Näherung für die Bogenlänge ist, dann gilt dies vermutlich auch für die Summe

$$\sum_{i=1}^{n} \sqrt{[g'(T_i^*)]^2 + [h'(T_i^*)]^2}\,(t_i - t_{i-1}). \qquad (3)$$

Mit anderen Worten ist die Annahme vernünftig:

$$\lim_{\text{Maß} \to 0} \sum_{i=1}^{n} \sqrt{[g'(T_i^*)]^2 + [h'(T_i^*)]^2}\,(t_i - t_{i-1}) =$$
$$= \text{Bogenlänge}.$$

Nun ist aber gerade dieser Limes genau die Definition des bestimmten Integrals

$$\int_a^b \sqrt{[g'(t)]^2 + [h'(t)]^2}\, dt.$$

So zeigt sich, warum dieses bestimmte Integral die Bogenlänge ergeben sollte.

Beispiel 1: Man bestimme den Weg s, den der am Anfang von Abschnitt 4.8 beschriebene Ball während der ersten b Sekunden zurücklegt.

Lösung: Hier war $x = 10t$ und $y = -5t^2$. Daher $g'(t) = 10$ und $h'(t) = -10t$. Hieraus folgt

$$s = \int_0^b \sqrt{(32)^2 + (-32t)^2}\, dt = 32 \int_0^b \sqrt{1 + t^2}\, dt.$$

Dieses bestimmte Integral kann mit Hilfe einer Integraltafel oder der Substitution $t = \tan\theta$ ausgewertet werden. Sein Wert beträgt

$$16b\sqrt{1 + b^2} + 16 \ln(b + \sqrt{1 + b^2}). \bullet$$

Beispiel 2: Man bestimme die Länge eines Bogens der Zykloide des Beispiels 2 aus Abschnitt 4.8.

Lösung: Hier war der Parameter θ und wir berechnen $dx/d\theta$ und $dy/d\theta$:

$$\frac{dx}{d\theta} = \frac{d(a\theta - a\sin\theta)}{d\theta} = a - a\cos\theta$$

und

$$\frac{dy}{d\theta} = \frac{d(a - a\cos\theta)}{d\theta} = a\sin\theta.$$

Während eines vollständigen Bogens variiert θ von 0 bis 2π. Entsprechend unserer Formel für die Bogenlänge ergibt sich für die Länge eines Bogens

$$\int_0^{2\pi} \sqrt{(a - a\cos\theta)^2 + (a\sin\theta)^2}\, d\theta.$$

So folgt

$$\text{Bogenlänge} = a \int_0^{2\pi} \sqrt{(1 - \cos\theta)^2 + (\sin\theta)^2}\, d\theta$$
$$= a \int_0^{2\pi} \sqrt{1 - 2\cos\theta + (\cos^2\theta + \sin^2\theta)}\, d\theta$$
$$= a \int_0^{2\pi} \sqrt{2 - 2\cos\theta}\, d\theta$$
$$= a\sqrt{2} \int_0^{2\pi} \sqrt{1 - \cos\theta}\, d\theta$$
$$= a\sqrt{2} \int_0^{2\pi} \sqrt{2}\sin\frac{\theta}{2}\, d\theta \qquad \text{Trigonometrie}$$

$$= 2a \int_0^{2\pi} \sin \frac{\theta}{2}\, d\theta \underset{\text{H.S.}}{=} 2a \left(-2 \cos \frac{\theta}{2}\right)\Bigg|_0^{2\pi}$$

$$= 2a\,[-2(-1) - (-2)(1)] = 8a.$$

Wenn θ von 0 bis 2π variiert, legt das Fahrrad eine Entfernung von $2\pi a = 6{,}28a$ zurück und der Stift auf dem Reifen durchläuft einen Weg von $8a$. ●

Aus der Formel für die Länge eines in Parameterdarstellung gegebenen Weges kann man schließlich auf einfache Weise die Formel für die Länge einer Kurve der Form $y = f(x)$ herleiten.

Die Bestimmung der Bogenlänge für $y = f(x)$. Die Länge der Kurve $y = f(x)$ für x aus dem Intervall $[a; b]$ ist gleich

$$\int_a^b \sqrt{1 + [f'(x)]^2}\, dx \quad \text{oder} \quad \int_a^b \sqrt{\left(1 + \frac{dy}{dx}\right)^2}\, dx$$

(f habe eine stetige Ableitung).

Diese Formel ergibt sich aus dem Ausdruck für die Länge eines in Parameterdarstellung gegebenen Weges mit Hilfe der Parametrisierung

$$x = t, \quad y = f(t).$$

Es folgt dann

$$\frac{dx}{dt} = 1 \quad \text{und} \quad \frac{dy}{dt} = f'(t).$$

Die Formel

$$\int_a^b \sqrt{\left(\frac{dx}{dt}\right)^2 + \left(\frac{dy}{dt}\right)^2}\, dt$$

nimmt die Form

$$\int_a^b \sqrt{1^2 + [f'(t)]^2}\, dt$$

an. Mit $x = t$ folgt

$$\int_a^b \sqrt{1 + [f'(x)]^2}\, dx.$$

Beispiel 3: Man bestimme die Länge der Kurve $y = x^3$ für x aus $[1; 2]$.

Lösung: In diesem Falle ergibt sich

$$\frac{dy}{dx} = 3x^2.$$

Daher beträgt die Bogenlänge

$$\int_1^2 \sqrt{1 + (3x^2)^2}\, dx \quad \text{oder} \quad \int_1^2 \sqrt{1 + 9x^4}\, dx.$$

Bei der Berechnung dieses bestimmten Integrals kann der Fundamentalsatz nicht angewendet werden, da die Funktion $\sqrt{1 + 9x^4}$ kein elementares Integral besitzt. Das bestimmte Integral könnte durch eine Näherungssumme abgeschätzt werden, die auf einer Teilung des Intervalls $[1; 2]$ basiert. ●

Im übrigen kann die Länge einer Kurve $y = x^a$, wobei a eine ganze Zahl ist, üblicherweise nicht mit Hilfe des Fundamentalsatzes berechnet werden. Nur im Fall $a = 0$ (der Graph ist eine horizontale Gerade), $a = 1$ (der Graph ist die Gerade $y = x$) und $a = 2$ (der Graph ist die Parabel $y = x^2$) kann die Länge der Kurve mit Hilfe des Fundamentalsatzes ermittelt werden. Übung 21 behandelt diese Frage.

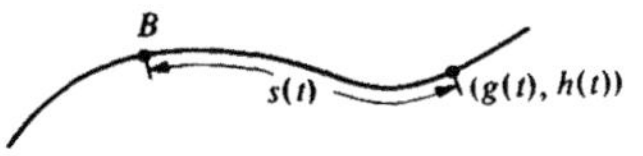

Bild 4.74

In der Praxis sind wir nicht so sehr an der Länge des Weges, sondern mehr an der Geschwindigkeit des Teilchens interessiert, während es seinen Weg durchläuft. Mit Hilfe unserer bisherigen Erkenntnisse können wir diese Geschwindigkeit leicht ermitteln.

Betrachten wir ein Teilchen, das sich zur Zeit t im Punkt $(x; y) = (g(t); h(t))$ befindet. Wählen wir einen Punkt B auf der Kurve, um ausgehend von ihm die Distanz längs der Kurve zu bestimmen (Bild 4.74). (Nehmen wir an, die Kurve habe eine Bogenlänge.) Es sei $s(t)$ die Entfernung von B bis zu $(g(t); h(t))$. Wir werden stets annehmen, daß durch die Wahl von B die Entfernung $s(t)$ eine *wachsende Funktion* von t ist.

Definition der Geschwindigkeit auf einem gekrümmten Weg. Existiert die Ableitung ds/dt, so wird sie als *Geschwindigkeit des Teilchens* bezeichnet.

Da $s(t)$ als wachsende Funktion angenommen wurde, ist die Geschwindigkeit nicht negativ.

Bereits im Band 1 konnten wir die Geschwindigkeit eines Teilchens behandeln, das sich auf einem geraden Weg bewegt. Nun ist es möglich, die Geschwindigkeit eines Teilchens zu berechnen, das sich auf einem gekrümmten Weg bewegt.

Die Bestimmung der Geschwindigkeit eines Teilchens entlang eines gekrümmten Weges. Befindet sich ein Teilchen zur Zeit t am Punkt $(x; y) = (g(t); h(t))$, wobei g und h Funktionen mit stetigen Ableitungen sind, dann besitzt es zur Zeit t die Geschwindigkeit

$$\sqrt{[g'(t)]^2 + [h'(t)]^2}.$$

Die Begründung ist einfach. $s(t)$ sei die Bogenlänge entlang der Kurve, ausgehend von einem bestimmten Basispunkt B bis zum Ort des Teilchens zur Zeit t.

Nun gilt

$$s(t) = \int_a^t \sqrt{[g'(T)]^2 + [h'(T)]^2}\, dT.$$

(Wir haben den Buchstaben T eingeführt, da t bereits zur Bezeichnung des Integrationsintervalles verwendet wurde.)

Wenn wir diese Gleichung nach t differenzieren (und den zweiten Fundamentalsatz verwenden), so ergibt sich

$$\frac{ds}{dt} = \sqrt{[g'(t)]^2 + [h'(t)]^2}.$$

Beispiel 4: Man bestimme die Geschwindigkeit des am Beginn von Abschnitt 4.9 beschriebenen Balles zur Zeit t.

Lösung: Zur Zeit t befindet sich der Ball an dem Punkt

$$(x; y) = (10t; -5t^2).$$

Daher beträgt dx/dt oder wie wir üblicherweise schreiben $\dot{x} = 10$ und $\dot{y}$ beträgt $-10t$. Somit ergibt sich für die Geschwindigkeit des Balles

$$\frac{ds}{dt} = \sqrt{\dot{x}^2 + \dot{y}^2} = \sqrt{10^2 + (-10t)^2} = 10\sqrt{1+t^2}. \bullet$$

Bisher haben wir in diesem Abschnitt Kurven in rechtwinkeligen Koordinaten beschrieben. Als nächstes betrachten wir eine in Polarkoordinaten gegebene Kurve mit der Gleichung $r = f(\theta)$.

Die Bestimmung der Bogenlänge von $r = f(\theta)$. Die Länge der Kurve $r = f(\theta)$ für θ aus dem Intervall $[\alpha; \beta]$ ist gleich

$$\int_\alpha^\beta \sqrt{[f(\theta)]^2 + [f'(\theta)]^2}\, d\theta \quad \text{oder} \quad \int_\alpha^\beta \sqrt{r^2 + (r')^2}\, d\theta.$$

(f habe eine stetige Ableitung.)

Diese Formel kann aus dem entsprechenden Ausdruck für rechtwinkelige Koordinaten wie folgt hergeleitet werden: Man bestimmt die rechtwinkeligen Koordinaten des Punktes, dessen Polarkoordinaten durch

$$(r; \theta) = (f(\theta); \theta)$$

gegeben sind. Wir erhalten

$$x = f(\theta)\cos\theta, \quad y = f(\theta)\sin\theta.$$

Nun liegt die Kurve in rechtwinkeliger Form mit dem Parameter θ vor. Daher beträgt ihre Bogenlänge

$$\int_\alpha^\beta \sqrt{\left(\frac{dx}{d\theta}\right)^2 + \left(\frac{dy}{d\theta}\right)^2}\, d\theta.$$

So gilt

$$\frac{dx}{d\theta} = f(\theta)(-\sin\theta) + f'(\theta)\cos\theta$$

und

$$\frac{dy}{d\theta} = f(\theta)\cos\theta + f'(\theta)\sin\theta.$$

Es folgt

$$\begin{aligned}\left(\frac{dx}{d\theta}\right)^2 + \left(\frac{dy}{d\theta}\right)^2 &= [f(\theta)]^2\sin^2\theta - 2f(\theta)f'(\theta)\sin\theta\cos\theta \\ &+ [f'(\theta)]^2\cos^2\theta + [f(\theta)]^2\cos^2\theta \\ &+ 2f(\theta)f'(\theta)\sin\theta\cos\theta \\ &+ [f'(\theta)]^2\sin^2\theta.\end{aligned}$$

Dies kann mit Hilfe der Identität $\sin^2\theta + \cos^2\theta = 1$ zu $[f(\theta)]^2 + [f'(\theta)]^2$ vereinfacht werden, so daß unsere Ausgangsformel bewiesen ist.

Beispiel 5: Man bestimme die Länge der Spirale $r = e^{-3\theta}$ für θ aus dem Intervall $[0; 2\pi]$.

Lösung: Man berechne zuerst

$$r' = \frac{dr}{d\theta} = -3e^{-3\theta}$$

und benutze dann die Formel

$$\begin{aligned}\text{Bogenlänge} &= \int_\alpha^\beta \sqrt{r^2 + (r')^2}\, d\theta \\ &= \int_0^{2\pi} \sqrt{(e^{-3\theta})^2 + (-3e^{-3\theta})^2}\, d\theta \\ &= \int_0^{2\pi} \sqrt{e^{-6\theta} + 9e^{-6\theta}}\, d\theta \\ &= \sqrt{10}\int_0^{2\pi} \sqrt{e^{-6\theta}}\, d\theta \\ &= \sqrt{10}\int_0^{2\pi} e^{-3\theta}\, d\theta \\ &= \sqrt{10}\,\frac{e^{-3\theta}}{-3}\Big|_0^{2\pi} \\ &= \sqrt{10}\left(\frac{e^{-3\cdot 2\pi}}{-3} - \frac{e^{-3\cdot 0}}{-3}\right) \\ &= \sqrt{10}\left(\frac{e^{-6\pi}}{-3} + \frac{1}{3}\right) \\ &= \sqrt{10}\left(\frac{1}{3} - \frac{e^{-6\pi}}{3}\right). \bullet\end{aligned}$$

Multipliziert man beide Seiten der Gleichung

$$\left(\frac{ds}{dt}\right)^2 = \left(\frac{dx}{dt}\right)^2 + \left(\frac{dy}{dt}\right)^2$$

mit $(dt)^2$, so ergibt sich

$$(ds)^2 = (dx)^2 + (dy)^2.$$

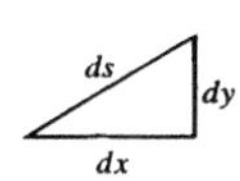

$(ds)^2 = (dx)^2 + (dy)^2$

Bild 4.75

Das rechtwinkelige Dreieck in Bild 4.75 dient als Gedankenstütze für die Relation zwischen den Differentialen dx, dy und ds.

Ein ähnlich einfacher Weg hilft, sich die Formel für die Bogenlänge in Polarkoordinaten einzuprägen. Aus

$$s = \int_\alpha^\beta \sqrt{r^2 + (r')^2}\, d\theta$$

folgt mit Hilfe des zweiten Fundamentalsatzes

$$\frac{ds}{d\theta} = \sqrt{r^2 + (r')^2}$$

und weiter

$$\left(\frac{dr}{d\theta}\right)^2 = r^2 + \left(\frac{dr}{d\theta}\right)^2.$$

Multiplizieren wir dies mit $(d\theta)^2$, so ergibt sich

$$(ds)^2 = (r\,d\theta)^2 + (dr)^2.$$

Auch diese Relation kann leicht eingeprägt werden, wenn man das fast rechtwinkelige getönte Dreieck in Bild 4.76 verwendet.

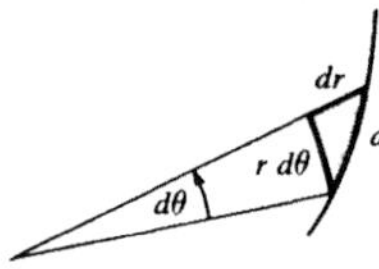

Bild 4.76 $(ds)^2 = (rd\theta)^2 + (dr)^2$

Übungen:

1. Man bestimme die Länge der Kurve $y = x^3/3 + x^{-1}/4$ zwischen $x = 1$ und $x = 2$.
2. Man bestimme die Länge der Kurve $y = 1/(2x^2) + x^4/16$ zwischen $x = 2$ und $x = 3$.
3. Man bestimme die Geschwindigkeit des am Beginn dieses Abschnittes erwähnten Balles zur Zeit $t = 0$, $t = 1$ und $t = 2$.
4. Zur Zeit t befindet sich ein Teilchen im Punkt

   $$P = (\cos t + t \sin t;\ \sin t - t \cos t).$$

   Man finde seinen in der Zeit von $t = 1$ bis $t = \pi$ zurückgelegten Weg.
5. (*a*) Welchen Weg legt eine Kugel von $t = 1$ bis $t = 2$ zurück, wenn sie sich zur Zeit t am Punkt $(t^2; t^3)$ befindet.
   (*b*) Wie rasch bewegt sie sich zur Zeit t?
   (*c*) Man zeichne ihren Weg in einem xy-Koordinatensystem. Wo befindet sie sich für $t = 1$, für $t = 2$?
   (*d*) Man eliminiere t, um y als Funktion von x darzustellen.
6. (*a*) Zur Zeit t befinde sich eine Kugel im Punkt $(\cos^3 t; \sin^3 t)$. Man zeichne ihren Weg von $t = 0$ bis $t = \pi/2$.
   (*b*) Welchen Weg legt sie in diesem Zeitintervall zurück?
   (*c*) Man zeige, daß sie sich entlang der Kurve $x^{2/3} + y^{2/3} = 1$ bewegt.
7. (*a*) Man zeichne den Graphen der Funktion $y = (e^x + e^{-x})/2$.
   (*b*) Man bestimme die Bogenlänge entlang der Kurve zwischen 0 und b.
8. Ein Teilchen befindet sich zur Zeit t im Punkt $(t + \cos t;\ 2t - \sin t)$. Man finde seine Geschwindigkeit zur Zeit $t = 1$.
9. Ein Teilchen befindet sich zur Zeit t im Punkt $(e^{2t} \cos t; t)$. Man finde seine Geschwindigkeit zur Zeit $t = 0$.
10. Man bestimme die Länge der Kurve $y = \frac{1}{2}x^2 - \frac{1}{2}\ln x$ zwischen $x = 2$ und $x = 3$.
11. (*a*) Man zeichne die Spirale mit der Polardarstellung $r = e^\theta$.
    (*b*) Man bestimme die Länge eines Umlaufs von $\theta = 0$ bis $\theta = 2\pi$.
    (*c*) Man ermittle die Länge eines Umlaufs von $\theta = 2\pi$ bis $\theta = 4\pi$.
12. (*a*) Man zeichne die Kardioide $r = 1 - \cos\theta$.
    (*b*) Man bestimme ihren Umfang.
13. Man berechne die Länge der Kurve in Polardarstellung $r = 3 \sin\theta$ für θ aus $[0; \pi]$.
14. Man bestimme die Länge der Kurve $r = \cos^2(\theta/2)$ für θ aus $[0; \pi]$.
15. (*a*) Man zeichne den Graphen $y = x^3/3$.
    (*b*) Man schätze die Bogenlänge von (0; 0) bis (3; 9) mit Hilfe eines eingeschriebenen Polygons, dessen Eckpunkte die x-Koordinaten 0, 1, 2, 3 besitzen. Eine Tafel der Quadratwurzel oder ein Rechner ist hier nützlich.
    (*c*) Man stelle ein bestimmtes Integral für die gefragte Bogenlänge auf.
    (*d*) Man schätze das bestimmte Integral von (*c*) mit Hilfe einer Teilung von $[0; 3]$ in drei gleiche Teile der Länge l und verwende als Testpunkte X_i den rechten Endpunkt jedes Teilintervalles.
    (*e*) Man gehe wie in (*d*) vor, benutze jedoch die linken Endpunkte.

■

16. Angenommen eine Kurve sei in rechtwinkeligen Koordinaten in der Form $x = f(y)$ gegeben. Man zeige, daß die Bogenlänge durch

    $$\int_c^d \sqrt{1 + \left(\frac{dx}{dy}\right)^2}\, dy$$

    bestimmt ist, wobei y im Intervall $[c; d]$ variiert.
17. (Siehe Übung 16.) Man betrachte die Bogenlänge der Kurve $y = x^{2/3}$ für x-Werte im Intervall $[1; 8]$.
    (*a*) Man stelle ein bestimmtes Integral für diese Bogenlänge auf und benutze hierzu x als Parameter.
    (*b*) Man stelle ein bestimmtes Integral für diese Bogenlänge auf und benutze hierzu y als Parameter.
    (*c*) Man berechne das einfachere der beiden bestimmten Integrale aus (*a*) und (*b*).
18. Zur Zeit t hat ein Teilchen die Polarkoordinaten $r = g(t)$, $\theta = h(t)$. Wie schnell bewegt es sich!
19. Der Punkt $P = (x; y)$ möge von θ wie in Bild 4.77 abhängen.
    (*a*) Man zeichne die von P durchlaufene Kurve.
    (*b*) Man zeige $P = (2\cos\theta; \sin\theta)$.
    (*c*) Man stelle ein bestimmtes Integral für die Länge der von P durchlaufenen Kurve auf (das Integral soll nicht ausgewertet werden).
    (*d*) Man eliminiere θ und zeige, daß P auf der Kurve

    $$\frac{x^2}{4} + \frac{y^2}{1} = 1$$

    liegt.

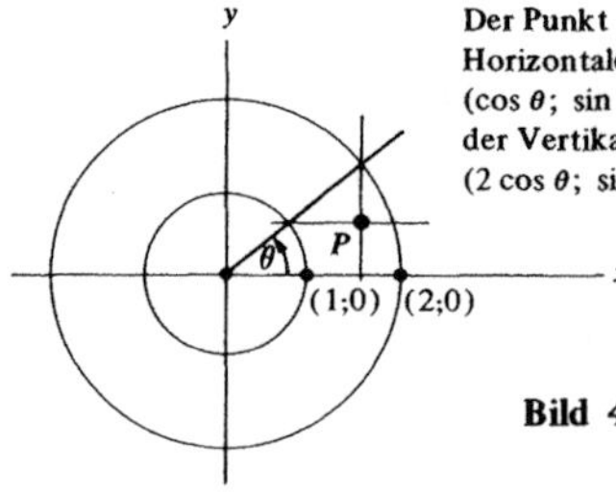

Der Punkt P liegt auf der Horizontalen durch $(\cos\theta; \sin\theta)$ und auf der Vertikalen durch $(2\cos\theta; \sin\theta)$

Bild 4.77

■■

20. Es sei

    $$y = \frac{x^{m+1}}{m+1} + \frac{x^{1-m}}{4(m-1)},$$

    wobei m eine von 1 oder -1 verschiedene ganze Zahl ist. Man zeige, daß unter diesen Umständen das bestimmte Integral für die Bogenlänge der Kurve mit Hilfe des Fundamentalsatzes berechnet werden kann. Man betrachte nur Bögen für x aus $[a; b]$.

21. Man untersuche die Länge der Kurve $y = x^m$, wobei m eine rationale Zahl ist. Man zeige, daß der Fundamentalsatz dann und nur dann bei der Berechnung dieser Länge von Nutzen ist, wenn $m = 1$ oder $m = 1 + 1/n$ für eine ganze Zahl n.

Hinweis: Das Analogon zu Übung 167 des Abschnittes 9.10 für $\int x^p (1+x)^q \, dx$.

22. Man betrachte die Kardioide $r = 1 + \cos\theta$ für θ aus $[0; \pi]$. Wir können r als Funktion von θ oder als Funktion von s betrachten, wobei s die Bogenlänge entlang der Kurve etwa ausgehend von (2; 0) bezeichnet.

(*a*) Man bestimme den Mittelwert von r bezüglich θ.

(*b*) Man bestimme den Mittelwert von r bezüglich s. *Hinweis:* Man stelle alle Größen, die in diesem Mittelwert auftreten mit Hilfe von θ dar.

Die Entfernung r für irgendeine Strecke von P aus ist eine Funktion von $r = f(\theta)$

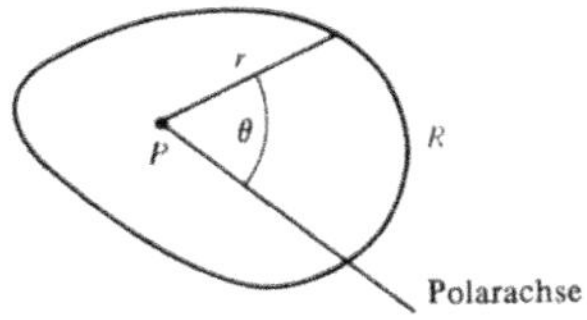

Bild 4.78

Die getönte Fläche ist $\frac{\theta}{2} r^2$

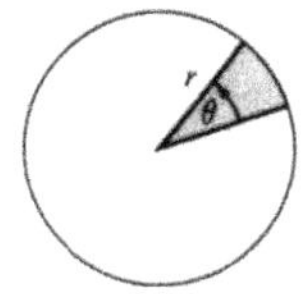

Bild 4.79

4.10 Fläche in Polarkoordinaten

Abschnitt 1.4 behandelte die Berechnung der Fläche eines Gebietes, wenn die Längen seiner parallelen Schnitte bekannt sind. Das Aufsummieren von approximierenden Rechtecken führte zur Formel

$$\text{Fläche} = \int_a^b c(x)\, dx.$$

Dabei bezeichnet $c(x)$ die Länge des Schnittes. Nun betrachten wir eine andere Situation, in der Sektoren statt Rechtecken zur Approximation der Fläche verwendet werden.

Es sei R ein ebenes Gebiet und P ein Punkt in seinem Inneren (Bild 4.78). Der Abstand des Punktes P von jedem Punkt an der Grenze des Gebietes R sei als Funktion $r = f(\theta)$ bekannt. (Der Einfachheit halber nehmen wir an, daß jeder von P ausgehende Strahl die Grenze des Gebietes gerade einmal trifft.) Die Schnitte, die durch diese von P ausgehenden Strahlen entstehen, sind nicht parallel. Statt dessen treffen sie sich wie die Speichen eines Rades alle im Punkt P. Hier wäre es unnatürlich, die Fläche durch Rechtecke anzunähern, es ist vielmehr vernünftig, stattdessen Kreissektoren zu verwenden, die den Punkt P als gemeinsamen Mittelpunkt besitzen.

Zunächst rufen wir uns in Erinnerung, daß in einem Kreis mit dem Radius r ein Sektor mit dem Zentriwinkel θ die Fläche $(\theta/2) r^2$ besitzt (Bild 4.79). Diese Formel spielt nun dieselbe Rolle wie seinerzeit in Abschnitt 1.4 die Fläche eines Rechtecks.

Wir führen eine Teilung des Intervalls $[0; 2\pi]$ ein,

$$0 = \theta_0, \theta_1, \dots, \theta_n = 2\pi$$

und schätzen die Fläche des Gebietes R, das durch die Strahlen mit den Winkeln θ_{i-1} und θ_i begrenzt wird. Aus dem Intervall $[\theta_{i-1}; \theta_i]$ nehmen wir irgendeinen Winkel θ_i^* und verwenden einen Kreissektor mit dem Radius $f(\theta_i^*)$, um die Fläche des getönten Gebietes anzunähern (Bild 4.80). Der Sektor hat den Radius $f(\theta_i^*)$ und den Winkel $\theta_i - \theta_{i-1}$. Daher beträgt seine Fläche

$$\frac{\theta_i - \theta_{i-1}}{2} [f(\theta_i^*)]^2 \quad \text{oder} \quad \frac{[f(\theta_i^*)]^2}{2} (\theta_i - \theta_{i-1}).$$

Somit gibt die Summe

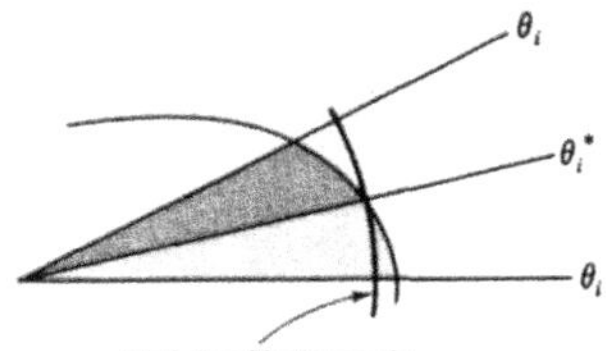

Bild 4.80

$$\sum_{i=1}^{n} \frac{[f(\theta_i^*)]^2}{2} (\theta_i - \theta_{i-1})$$

einen Näherungswert für die Fläche von R.

Wenn der Raster der Teilung des Intervalls $[0; 2\pi]$ sich Null nähert, gibt diese Summe eine immer bessere Approximation der Fläche von R und nähert sich gleichzeitig dem bestimmten Integral

$$\int_0^{2\pi} \frac{[f(\theta)]^2}{2} d\theta,$$

durch das daher die Fläche von R angegeben wird.

Bestimmung der Fläche in Polarkoordinaten. Die Fläche eines Gebietes, das durch die Strahlen $\theta = \alpha$ und $\theta = \beta$, sowie die Kurve $r = f(\theta)$ begrenzt wird (Bild 4.81), ist durch

$$\int_\alpha^\beta \frac{[f(\theta)]^2}{2} d\theta \quad \text{oder} \quad \int_\alpha^\beta \frac{r^2 d\theta}{2}$$

gegeben. (Es sei $f(\theta) \geqslant 0$.) Wir müssen betonen, daß kein Strahl, der vom Ursprung ausgeht und zwischen α und β liegt, die Kurve zweimal schneiden darf.

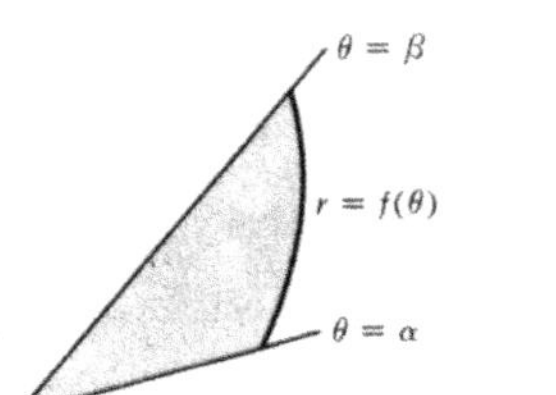

Bild 4.81

Es mag überraschen, im Integranden den Ausdruck $[f(\theta)]^2$ und nicht einfach $[f(\theta)]$ zu finden. Aber erinnern wir uns, daß die Fläche die Dimension Länge × Länge besitzt. Da θ in Radiant angegeben eine dimensionslose Größe ist, – Länge des Kreisbogens durch die Länge des Radius – muß auch $d\theta$ eine dimensionslose Größe sein. Daher kann $f(\theta)\,d\theta$, der Dimension nach eine Länge, nicht eine Fläche, nicht der korrekte Ausdruck sein. Andererseits hat $\frac{1}{2}[f(\theta)]^2 d\theta$ die Dimension einer Fläche (Länge × Länge) und erscheint somit für unsere Formel plausibel. In rechtwinkeligen Koordinaten haben im Ausdruck $f(x)\,dx$ sowohl $f(x)$ als auch dx die Dimension einer Länge, einerseits entlang der y-Achse, andererseits entlang der x-Achse. Daher hat $f(x)\,dx$ die Dimension einer Fläche.

Merkregel: Der kleine Sektor in **Bild 4.82** hilft uns, sich die Formel

$$\text{Fläche} = \int_\alpha^\beta \frac{r^2}{2}\,d\theta$$

zu vergegenwärtigen.

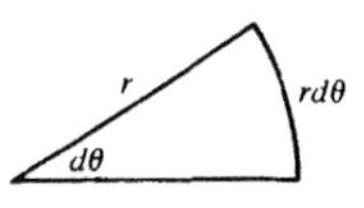

Bild 4.82

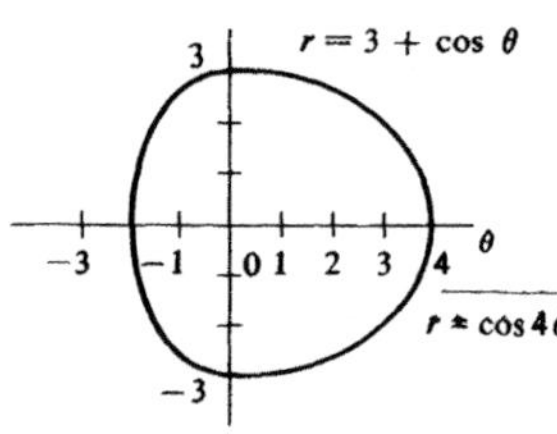

Bild 4.83

Beispiel 1: Man bestimme die Fläche des Gebietes, das durch die Kurve

$$r = 3 + \cos\theta$$

begrenzt wird (**Bild 4.83**).

Lösung: Nach der soeben erhaltenen Formel, ist diese Fläche durch

$$\int_0^{2\pi} \frac{1}{2}(3+\cos\theta)^2 d\theta = \frac{1}{2}\int_0^{2\pi}(9+6\cos\theta+\cos^2\theta)\,d\theta$$

$$= \frac{1}{2}\left(9\theta + 6\sin\theta + \frac{\theta}{2} + \frac{\sin 2\theta}{4}\right)\Bigg|_0^{2\pi}$$

$$= \frac{1}{2}(19\pi) - \frac{1}{2}(0) = \frac{19\pi}{2}$$

gegeben. •

Man beachte, daß aus jeder Geraden durch den Ursprung im Gebiet von Beispiel 1 ein Abschnitt der Länge 6 herausgeschnitten wird. Es gilt nämlich für jedes θ die Relation

$$(3+\cos\theta) + [3+\cos(\theta+\pi)] = 6.$$

Ebenso schneidet ein Kreis vom Radius 3 aus jeder Geraden durch seinen Mittelpunkt einen Abschnitt der Länge 6. Also können zwei ebene Kurven die gleichen Schnittlängen haben und doch in ihren Flächen verschieden sein. Die Kurve des Beispiels 1 hat eine Fläche von $19\pi/2$ während der Kreis mit dem Radius 3 die Fläche 9π besitzt. *Es genügt daher nicht, die Länge aller durch einen Punkt gehenden Schnitte eines Gebietes zu kennen, um die Fläche des Gebietes zu bestimmen.*

Beispiel 2: Man bestimme die Fläche einer Schleife der Kurve $r = \cos 4\theta$.

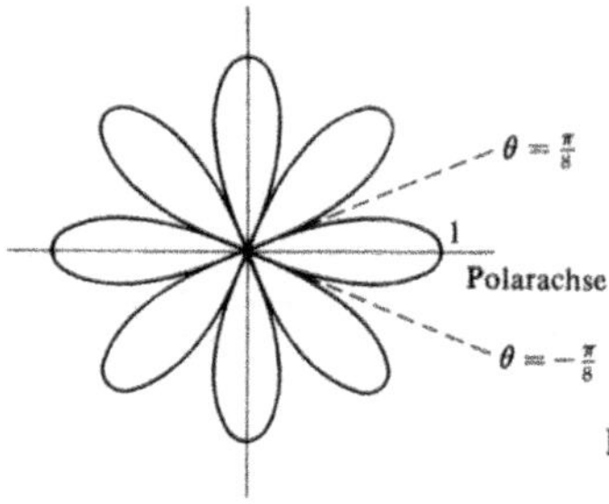

Bild 4.84

Lösung: Man zeichne die Kurve (Bild 4.84) und berücksichtige, daß für $4\theta = \pi/2$ gilt $r = \cos\pi/2 = 0$. Daher erhalten wir für $\theta = \pi/8$ den Radius $r = 0$. Diese Informationen sind in der folgenden Tabelle enthalten.

θ	0	$\frac{\pi}{8}$	$\frac{\pi}{4}$	$\frac{3\pi}{8}$	$\frac{\pi}{2}$	$\frac{5\pi}{8}$	$\frac{3\pi}{4}$	$\frac{7\pi}{8}$	π	$\frac{9\pi}{8}$	$\frac{5\pi}{4}$	$\frac{11\pi}{8}$	$\frac{3\pi}{2}$	$\frac{13\pi}{8}$	$\frac{7\pi}{4}$	$\frac{15\pi}{8}$	2π
$r = \cos 4\theta$	1	0	−1	0	1	0	−1	0	1	0	−1	0	1	0	−1	0	1

Es ist einfach, die Kurve mit Hilfe der Tabelle zu zeichnen. Die Fläche der Schleife wird durch die positive x-Achse in zwei gleiche Teile geteilt. Daher gibt sich

$$\int_{-\pi/8}^{\pi/8} \frac{r^2}{2}\,d\theta = \int_{-\pi/8}^{\pi/8} \frac{\cos^2 4\theta}{2}\,d\theta$$

$$= \int_{-\pi/8}^{\pi/8} \frac{1+\cos 8\theta}{4}\,d\theta$$

$$= \left[\frac{\theta}{4} + \frac{\sin 8\theta}{32}\right]_{-\pi/8}^{\pi/8}$$

$$= \frac{\pi}{32} + \frac{\sin\pi}{32} - \left[\frac{-\pi}{32} + \frac{\sin(-\pi)}{32}\right]$$

$$= \frac{\pi}{16}.$$

Da der Teil der Schleife, der oberhalb der x-Achse liegt, dieselbe Fläche besitzt wie der Teil unterhalb der x-Achse, können wir schreiben

$$\int_{-\pi/8}^{\pi/8} \frac{r^2}{2}\,d\theta = 2\int_0^{\pi/8} \frac{r^2}{2}\,d\theta.$$

So vereinfacht sich die Rechnung ein wenig und die Fehlermöglichkeiten bei der Berechnung des Integrals werden geringer.

Übungen:

In den Übungen 1 bis 5 bestimme man die Fläche des Gebietes, das durch die angegebenen Kurven und Strahlen begrenzt ist.

1. $r = 2\theta,\ \alpha = 0,\ \beta = \frac{\pi}{2}$
2. $r = \sqrt{\theta},\ \alpha = 0,\ \beta = \pi$
3. $r = \frac{1}{1+\theta},\ \alpha = \frac{\pi}{4},\ \beta = \frac{\pi}{2}$
4. $r = \sqrt{\sin\theta},\ \alpha = 0,\ \beta = \frac{\pi}{2}$
5. $r = \tan\theta,\ \alpha = 0,\ \beta = \frac{\pi}{4}$
6. (*a*) Man zeichne die Kurve $r = 2\sin\theta$.
   (*b*) Man berechne die Fläche in ihrem Inneren.
7. (*a*) Man zeichne die Spirale $r = e^{\theta}$.
   (*b*) Man bestimme die Fläche für den ersten Umlauf der Spirale, d.h. für $0 \leqslant \theta \leqslant 2\pi$.
8. Man bestimme die Fläche des Gebietes innerhalb der Kardioide $r = 3 + 3\sin\theta$ und außerhalb des Kreises $r = 3$.
9. (*a*) Man zeichne die Kurve $r = \sqrt{\cos 2\theta}$. (Man beachte, daß r nicht für alle Werte von θ definiert ist.)
   (*b*) Man bestimme die Fläche im Inneren von einer ihrer beiden Schleifen.

In den Übungen 10 bis 13 bestimme man die Fläche des beschriebenen Gebietes.

10. Das Innere einer Schleife der Kurve $r = \sin 3\theta$.
11. Das Innere einer Schleife der Kurve $r = \cos 2\theta$.
12. Das Innere einer Schleife der Kurve $r = 2\cos 2\theta$, außerhalb des Kreises $r = 1$.
13. Das Innere einer Schleife der Kurve $r = \sin 4\theta$.

■

14. (*a*) Man zeige, daß die Fläche des Dreiecks in Bild 4.85 durch

$$\int_0^{\beta} \frac{1}{2}\sec^2\theta\, d\theta$$

gegeben ist.

Bild 4.85

   (*b*) Aus (*a*) und der Tatsache, daß die Fläche eines Dreiecks durch „$\frac{1}{2}$ · Grundfläche · Höhe" gegeben ist, zeige man

$$\tan\beta = \int_0^{\beta} \sec^2\theta\, d\theta.$$

Mit Hilfe dieser Gleichung gebe man einen anderen Beweis für $D(\tan x) = \sec^2 x$.

15. Man zeige, daß die Fläche der getönten Mondsichel zwischen den beiden Kreisbögen gleich der Fläche des Quadrates $ABCD$ ist (Bild 4.86). Derartige Resultate ermutigten Mathematiker zur Zeit der Griechen, mit Hilfe von Lineal und Zirkel Quadrate zu suchen, deren Fläche mit der Fläche eines gegebenen Kreises übereinstimmen sollte. Erst Ende des 19. Jahrhunderts wurde gezeigt, daß diese Aufgabe nicht gelöst werden kann.
16. Ein Punkt im Inneren eines durch eine geschlossene Kurve begrenzten Gebietes R hat die Eigenschaft, daß jede Sehne durch P das Gebiet R in zwei gleichflächige Gebiete teilt. Muß P jede Sehne, die durch P geht, in zwei gleiche Teile teilen? Man erkläre dies. (Jede Sehne möge die Kurve in zwei Punkten treffen, nämlich an den Enden der Sehne.)
17. R sei ein Gebiet in der Ebene, P ein Punkt im Inneren von R, so daß jede durch P gehende Gerade R in einem Intervall mindestens von der Länge a schneidet.
   (*a*) Man mache einen Ansatz für die Fläche von R.
   (*b*) Man überprüfe den Ansatz.
18. Die Funktion $r = f(\theta)$ beschreibt für θ aus $[0; 2\pi]$ eine Kurve in Polarkoordinaten. r' sei stetig, und es gelte $f(\theta) > 0$. Man beweise, daß der Mittelwert von r als Funktion der Bogenlänge mindestens so groß ist wie der Quotient $2A/s$. Darin ist A die vom Radius überstrichene Fläche und s die Länge der Kurve. Unter welchen Umständen ist der Mittelwert gleich $2A/s$?
19. Ein ebenes Gebiet habe die Eigenschaft, daß zwei beliebige seiner Punkte innerhalb eines Abstandes d liegen. Man zeige, daß dann die Fläche des Gebietes höchstens $\pi d^2/4$ beträgt. *Hinweis:* Man verwende Polarkoordinaten und lege den Pol an die Grenze des Gebietes.

4.11 Oberfläche eines Rotationskörpers

In diesem Abschnitt wird eine Methode zur Berechnung der Oberfläche eines Rotationskörpers, z.B. einer Kugel, entwickelt. Wir werden hierbei eher intuitiv vorgehen und uns bei der Darstellung der Oberfläche durch ein bestimmtes Integral auf Plausibilitätsargumente beschränken.

Die Oberfläche eines Kegels. Zunächst betrachten wir eine ziemlich einfache Rotationsfläche, nämlich den Mantel eines Kegels, dessen Basis den Radius r besitzt und dessen Seitenlänge l beträgt (Bild 4.87). Wird dieser Kegel entlang einer Seitenlinie aufgeschnitten und sein Mantel in die Ebene ausgebreitet, entsteht ein Kreissektor mit dem Radius l (Bild 4.88). Nun ist die Fläche eines Kreissektors mit dem Radius l und dem in Radiant gemessenen Winkel θ durch $\frac{1}{2} l^2\theta$ gegeben. Aus $\theta = 2\pi r/l$ folgt, daß die Fläche dieses Sektors $\frac{1}{2} l^2(2\pi r/l) = \pi r l$ beträgt. Daher definieren wir die Mantelfläche eines Kegels durch $\pi r l$. Als Merkregel für diese Definition halten wir fest, daß die Fläche eines Sektors durch

$$\underbrace{\tfrac{1}{2}(2\pi r)}_{\text{Basis}} \cdot \underbrace{l}_{\text{Höhe}} = \pi r l$$

gegeben ist. Diese Formel ist analog zu der für die Fläche eines Dreiecks.

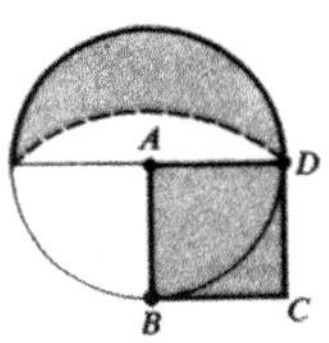

Der Außenbogen hat den Mittelpunkt A, der Innenbogen den Mittelpunkt B

Bild 4.86

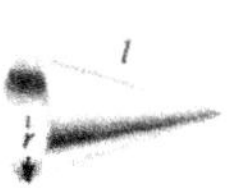

Der Kegel

Bild 4.87

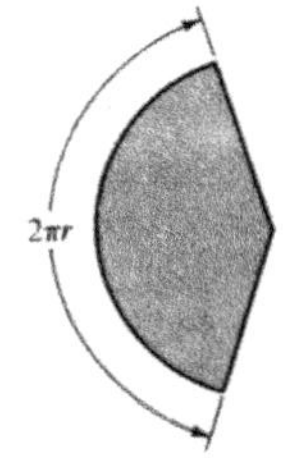

Der abgerollte Kegelmantel ist ein Kreissektor

Bild 4.88

Als nächstes untersuchen wir die Oberfläche, die durch Rotation einer Strecke der Länge L um eine Achse entsteht, die vom Mittelpunkt der Strecke den Abstand r besitzt. Diese Oberfläche ist ein Band, das als Differenz zwischen zwei Kegelmantelflächen betrachtet werden kann

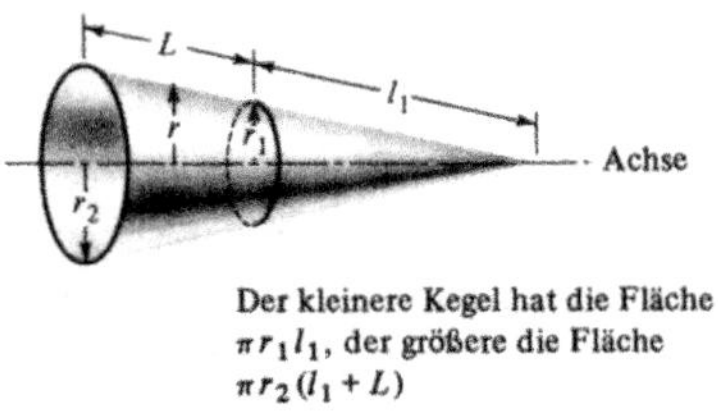

Bild 4.89

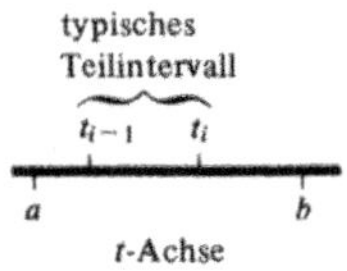

Bild 4.90

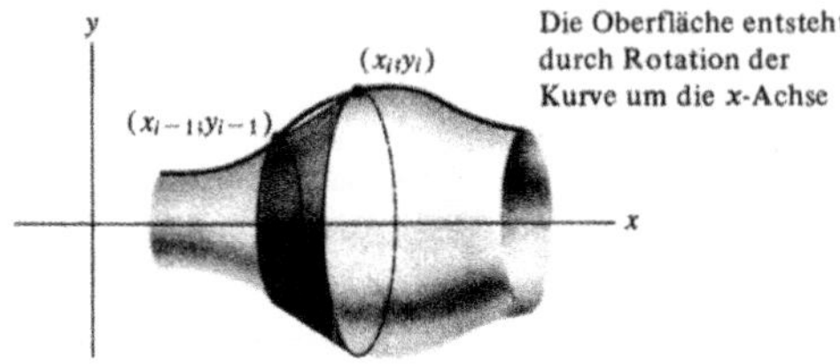

Bild 4.91

(Bild 4.89). Daher definieren wir die gesuchte Fläche als Differenz der Mantelflächen dieser Kegel. Für die Fläche des Bandes ergibt sich

$$\pi r_2(l_1 + L) - \pi r_1 l_1 = \pi(r_2 l_1 - r_1 l_1 + r_2 L).$$

Aus der Ähnlichkeit der auftretenden Dreiecke können wir schließen

$$\frac{L + l_1}{r_2} = \frac{l_1}{r_1}.$$

Daraus folgt:

$$r_1 L + r_1 l_1 = r_2 l_1 \quad \text{oder} \quad r_2 l_1 - r_1 l_1 = r_1 L.$$

Daher ergibt sich für die Fläche des Bandes

$$\pi(r_1 L + r_2 L) = \pi(r_1 + r_2) L = 2\pi \frac{r_1 + r_2}{2} L = 2\pi r L,$$

wobei $r = (r_1 + r_2)/2$.

Die Fläche, die durch Rotation einer Strecke entsteht, wurde nun definiert und kann bei der Berechnung einer beliebigen Rotationsfläche verwendet werden. Die Definition einer solchen Rotationsfläche wird im folgenden hergeleitet.

Definition der Oberfläche eines Rotationskörpers: Man betrachte eine Kurve in Parameterdarstellung, $x = g(t)$, $y = h(t)$. Die Funktionen g und h mögen stetige Ableitungen besitzen und es gelte $h(t) \geqslant 0$. C sei der Teil der Kurve, der für t aus dem Intervall $[a; b]$ durchlaufen wird. Als Oberfläche des Körpers, der durch Rotation von C um die x-Achse entsteht, definieren wir

$$\int_a^b 2\pi h(t) \sqrt{[g'(t)]^2 + [h'(t)]^2}\, dt$$

oder

$$\int_a^b 2\pi y \sqrt{\left(\frac{dx}{dt}\right)^2 + \left(\frac{dy}{dt}\right)^2}\, dt.$$

Um zu sehen, ob diese Definition vernünftig ist, beginnen wir mit einer Teilung des Intervalls $[a; b]$ auf der t-Achse und betrachten ein typisches Teilintervall $[t_{i-1}; t_i]$ (Bild 4.90). Vermutlich wird die Oberfläche des Rotationskörpers, der zu diesem kleinen Intervall auf der t-Achse gehört, gut durch das Band angenähert, das sich aus der Rotation des geraden Segmentes von $(x_{i-1}; y_{i-1})$ bis $(x_i; y_i)$ um die x-Achse ergibt (Bild 4.91). Dieses Band hat die Fläche

$$2\pi \frac{y_{i-1} + y_i}{2} \sqrt{(x_i - x_{i-1})^2 + (y_i - y_{i-1})^2}.$$

Dieses Flächenelement sollte eine gute Annäherung für die gekrümmte Oberfläche sein. Der obige Ansatz gleicht jedoch nicht dem typischen Summanden, wie er in den Näherungssummen für bestimmte Integrale über das Intervall $[a; b]$ auftritt. Insbesondere erscheint nicht die Differenz $t_i - t_{i-1}$. Wir können jedoch mit Hilfe des Mittelwertsatzes $t_i - t_{i-1}$ ebenso wie im vorigen Absatz einführen.

Nach dem Mittelwertsatz gilt

$$x_i - x_{i-1} = g'(T_i^*)(t_i - t_{i-1})$$

und

$$y_i - y_{i-1} = h'(T_i^{**})(t_i - t_{i-1}).$$

Schließlich folgt aus dem Zwischenwertsatz

$$\frac{y_{i-1} + y_i}{2} = h(T_i^{***}).$$

Die Größen T_i^*, T_i^{**}, T_i^{***} liegen alle im Intervall $[t_{i-1}; t_i]$. Daher erwarten wir, daß durch den Ausdruck

$$2\pi h(T_i^{***}) \sqrt{[g'(T_i^*)]^2 + [h'(T_i^{**})]^2}\,(t_i - t_{i-1})$$

eine gute Näherung erzielt werden kann.

Da h und h' stetig sind, liegt $h(T_i^{***})$ nahe bei $h(T_i^*)$ und $h'(T_i^{**})$ nahe bei $h'(T_i^*)$, wenn nur der Raster der Teilung von $[a; b]$ genügend klein ist. Daher *definieren wir die Oberfläche* durch den Grenzwert der Summe:

$$\lim_{\text{Maß} \to 0} \sum_{i=1}^{n} 2\pi h(T_i^*) \sqrt{[g'(T_i^*)]^2 + [h'(T_i^*)]^2}\,(t_i - t_{i-1}).$$

Daraus folgt

$$\text{Oberfläche} = \int_a^b 2\pi h(t)\sqrt{[g'(t)]^2 + [h'(t)]^2}\,dt.$$

Ist eine Kurve in der Form $y = f(x)$ gegeben, wobei f eine stetige Ableitung besitzt und $f(x) \geqslant 0$ gilt, so kann sie durch $x = t$ und $y = f(t)$ in Parameterdarstellung beschrieben werden. Wir erhalten $dx/dt = dx/dx = 1$ und $dy/dt = dy/dx$. Daher folgt für die Oberfläche, die durch den Kurventeil zwischen $[a; b]$ überstrichen wird

$$\text{Oberfläche} = \int_a^b 2\pi y \sqrt{1 + \left(\frac{dy}{dx}\right)^2}\,dx.$$

Bei der Herleitung der Formel haben wir uns nur auf Oberflächen bezogen, die durch Rotation einer Kurve um die x-Achse entstehen. Tatsächlich besitzen sie jedoch für die Rotation um jede Gerade Gültigkeit. Der Faktor y im Integranden

$$2\pi y \sqrt{\left(\frac{dx}{dt}\right)^2 + \left(\frac{dy}{dt}\right)^2},$$

bedeutet dann den Abstand eines typischen Punktes auf der Kurve von der Rotationsachse. Bezeichnen wir y einfach mit R als Symbol für Radius, um uns vom Koordinatensystem zu befreien. (Wir benutzen R, um die Verwechslung mit Polarkoordinaten zu vermeiden.) Darüberhinaus stimmt der Ausdruck

$$\sqrt{\left(\frac{dx}{dt}\right)^2 + \left(\frac{dy}{dt}\right)^2}\,dt$$

einfach mit ds überein, da nämlich gilt

$$\frac{ds}{dt} = \sqrt{\left(\frac{dx}{dt}\right)^2 + \left(\frac{dy}{dt}\right)^2}.$$

Die letzte Formel erhalten wir aus unserer Definition der Bogenlänge und aus dem zweiten Hauptsatz.

Kurzformel für die Oberfläche: Somit ergibt sich als einfachste Form des Ausdrucks für die Oberfläche eines Rotationskörpers

$$\text{Oberfläche} = \int_a^b 2\pi R\,ds.$$

Dabei bezieht sich das Intervall $[a; b]$ auf den jeweils gewählten Parameter, ganz gleich ob x, t oder y. Um sich diese Formel einzuprägen, denke man an das Abrollen eines engen Kreisbandes mit der Breite ds und dem Radius R (Bild 4.92).

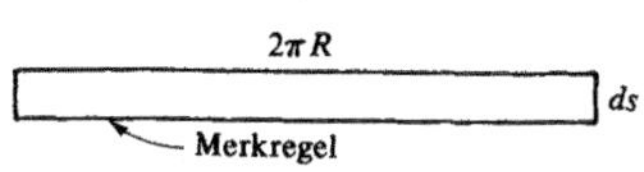

Bild 4.92

Beispiel 1: Man bestimme die Oberfläche, die durch Rotation des Kurventeiles von $y = \sqrt{x}$ zwischen $x = 2$ und $x = 6$ um die x-Achse entsteht (Bild 4.93).

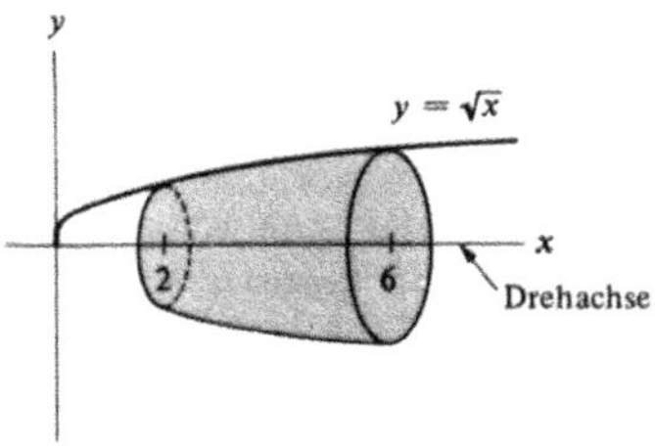

Bild 4.93

Lösung: Die Oberfläche ist durch

$$\int_a^b 2\pi R\,ds$$

gegeben. Da die Funktion in Abhängigkeit von x vorliegt, wählen wir x als Parameter. Aus dem Diagramm ergibt sich dann

$$R = y = \sqrt{x}.$$

Zunächst führen wir das Differential ein:

$$ds = \frac{ds}{dx}\,dx = \sqrt{1 + \left(\frac{dy}{dx}\right)^2}\,dx.$$

Daher ergibt sich für die Oberfläche

$$\int_2^6 2\pi\sqrt{x}\sqrt{1 + \left(\frac{dy}{dx}\right)^2}\,dx.$$

Nun wollen wir dy/dx bestimmen. Aus $y = \sqrt{x}$ folgt

$$\frac{dy}{dx} = \frac{1}{2\sqrt{x}}.$$

Daher gilt

$$\sqrt{1 + \left(\frac{dy}{dx}\right)^2} = \sqrt{1 + \left(\frac{1}{2\sqrt{x}}\right)^2} = \sqrt{1 + \frac{1}{4x}} = $$
$$= \sqrt{\frac{4x+1}{4x}}$$

und

$$\text{Oberfläche} = \int_2^6 2\pi\sqrt{x}\sqrt{\frac{4x+1}{4x}}\,dx.$$

Wir kürzen $2\sqrt{x}$ im Zähler mit $\sqrt{4x}$ im Nenner und gelangen zu

$$\text{Oberfläche} = \int_2^6 \pi\sqrt{4x+1}\,dx.$$

Um dieses bestimmte Integral auszuwerten, verwendet man die Substitution $u = 4x + 1$, mit $du = 4dx$. Die neuen Integrationsgrenzen sind 9 und 25. So ergibt sich schließlich

$$\text{Oberfläche} = \int_9^{25} \pi\sqrt{u}\,\frac{du}{4} = \frac{\pi}{4}\int_9^{25} \sqrt{u}\,du$$

$$= \frac{\pi}{4} \left. \frac{2u^{3/2}}{3} \right|_{9}^{25}$$
$$= \frac{\pi}{6}\,[25^{3/2} - 9^{3/2}]$$
$$= \frac{\pi}{6}(125 - 27) = \frac{\pi}{6}(98)$$
$$= \frac{49\pi}{3}. \quad \bullet$$

Beispiel 2: Man bestimme die Oberfläche des Teiles einer Kugel, der zwischen zwei parallelen Ebenen liegt. Man beachte, daß die Kugel durch Rotation eines Halbkreises um die x-Achse erzeugt werden kann.

Lösung: Der Radius der Kugel sei a. Wir nehmen an, der rotierende Halbkreis habe die Gleichung $y = \sqrt{a^2 - x^2}$. Die zwei Ebenen mögen in den Punkten $(d_1; 0)$ und $(d_2; 0)$ senkrecht auf der x-Achse stehen, wobei $-a \leqslant d_1 < d_2 \leqslant a$ gilt. Dann ist die Fläche der Kugel zwischen den beiden Ebenen durch

$$\int_{d_1}^{d_2} 2\pi R\, ds$$

gegeben, wobei sich d_1 und d_2 auf den Bereich von x beziehen.

Wieder verwenden wir x als Parameter. Dann gilt

$$R = y = \sqrt{a^2 - x^2}$$

und

$$ds = \frac{ds}{dx}\,dx = \sqrt{1 + \left(\frac{dy}{dx}\right)^2}\,dx.$$

Somit ergibt sich für die Oberfläche

$$\int_{d_1}^{d_2} 2\pi \sqrt{a^2 - x^2}\,\sqrt{1 + \left(\frac{dy}{dx}\right)^2}\,dx.$$

Aus der Beziehung $dy/dx = -x/\sqrt{a^2 - x^2}$ erhalten wir

$$\sqrt{1 + \left(\frac{dy}{dx}\right)^2} = \sqrt{1 + \left(\frac{-x}{\sqrt{a^2 - x^2}}\right)^2} = \sqrt{1 + \frac{x^2}{a^2 - x^2}}$$
$$= \sqrt{\frac{(a^2 - x^2) + x^2}{a^2 - x^2}} = \frac{a}{\sqrt{a^2 - x^2}}.$$

Damit reduziert sich das Integral auf

$$\int_{d_1}^{d_2} 2\pi \sqrt{a^2 - x^2}\,\frac{a}{\sqrt{a^2 - x^2}}\,dx = \int_{d_1}^{d_2} 2\pi a\,dx$$
$$= 2\pi a \int_{d_1}^{d_2} 1\,dx$$
$$= 2\pi a (d_2 - d_1).$$

So erhalten wir die folgenden interessanten Resultate:

(1) Die gesuchte Oberfläche hängt nur vom Abstand der beiden Ebenen, nicht von ihrer speziellen Lage ab. (Solange jedenfalls beide Ebenen die Kugel schneiden;)
(2) Die Oberfläche ist proportional zum Abstand zwischen den beiden Ebenen;
(3) Die Oberfläche der gesamten Kugel beträgt $4\pi a^2$, also das 4-fache der Fläche ihres Äquatorialschnittes. (Dies ergibt sich aus unserer Formel für $d_2 = a$ und $d_1 = -a$.)

●

Beispiel 3: Der im ersten Quadranten der xy-Ebene liegende Teil der Kurve $r = 1 + \cos\theta$ rotiert um die y-Achse **(Bild 4.94)**. Man gebe ein bestimmtes Integral für die Oberfläche des entstehenden Rotationskörpers an.

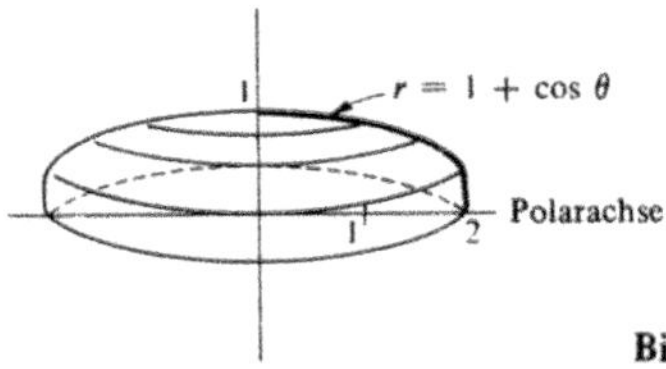

Bild 4.94

Lösung: Wir gehen von der Formel

$$\text{Oberfläche} = \int_a^b 2\pi R\, ds$$

aus und verwenden den Parameter θ, der von 0 bis $\pi/2$ variiert. Ein Blick auf **Bild 4.94** zeigt uns.

$$R = x$$

und daher

$$R = r\cos\theta = (1 + \cos\theta)\cos\theta.$$

Nun führen wir das Differential $d\theta$ ein und schreiben

$$ds = \frac{ds}{d\theta}\,d\theta$$
$$= \sqrt{r^2 + (r')^2}\,d\theta$$
$$= \sqrt{(1 + \cos\theta)^2 + (-\sin\theta)^2}\,d\theta$$
$$= \sqrt{1 + 2\cos\theta + \cos^2\theta + \sin^2\theta}\,d\theta$$
$$= \sqrt{2 + 2\cos\theta}\,d\theta.$$

Somit erhalten wir

$$\text{Oberfläche} = \int_0^{\pi/2} 2\pi(1 + \cos\theta)\cos\theta\,\sqrt{2 + 2\cos\theta}\,d\theta.$$

Bezüglich der Auswertung dieses Integrals siehe Übung 20(b). ●

Übungen:

In den Übungen 1 bis 5 gebe man bestimmte Integrale für die gesuchten Oberflächen an und benutze hierzu den vorgeschlagenen Parameter. Man zeige den Radius R in einer Skizze. Die bestimmten Integrale sollen nicht ausgewertet werden.

1. Die Kurve $y = x^3$; x in $[1; 2]$; rotiert um die x-Achse; Parameter x.
2. Die Kurve $y = x^3$; x in $[1; 2]$; rotiert um die Gerade $y = -1$; Parameter x.
3. Die Kurve $y = x^3$; x in $[1; 2]$; rotiert um die y-Achse; Parameter y.
4. Die Kurve $y = x^3$; x in $[1; 2]$; rotiert um die y-Achse; Parameter x.
5. Die Kurve $r = \sin 2\theta$; θ in $[0; \pi/2]$; rotiert um die Polarachse; Parameter θ.
6. Man betrachte das kleinste Zinngefäß, das eine gegebene Kugel enthalten kann. (Die Höhe und der Durchmesser des Zinngefäßes sind gleich dem Durchmesser der Kugel.)
   (*a*) Man vergleiche das Volumen der Kugel mit dem Volumen des Zinngefäßes. Archimedes, der die Lösung dieses Problemes vor 2200 Jahren fand, betrachtete dies als seine größte Entdeckung. Cicero schrieb etwa 200 Jahre nach dem Tod von Archimedes: „Ich werde aus dem Staub (er entsprach in der Antike der Schreibtafel) und aus dem Maßstab eine unbekannte Person hervorrufen, die einige Jahre später in derselben Stadt lebte, Archimedes. Als ich Quaestor war, entdeckte ich sein Grab, das den Syracusern völlig unbekannt war (da sie von seiner Existenz überhaupt nichts wußten). Ich fand es verwachsen und völlig bedeckt mit Gestrüpp und Dickicht. Wie ich nämlich gehört hatte, seien auf seinem Grabstein bestimmte Verse eingraviert, denen zufolge eine Kugel und ein Zylinder auf den Grabstein gezeichnet worden seien. Daher blickte ich ein wenig herum (es gibt nämlich eine große Anzahl von Gräbern in der Nähe des Agrigentinischen Tores) und entdeckte eine schmale Säule, die sich etwas übers Gebüsch hob und auf der die Figur einer Kugel und eines Zylinders erkennbar waren. Und so sagte ich sofort zu den Syracusern (ich hatte ihren Führer bei mir), daß ich vermutlich gefunden habe, wonach ich auf der Suche war. Sklaven mit Sicheln wurden vorgeschickt, um den Boden von Hindernissen zu befreien und nachdem wir einen Weg zu der Stelle gebahnt hatten, näherten wir uns dem Fuß der Säule. Man konnte die Aufschrift erkennen, die Hälfte der Zeilen war lesbar, der Rest war aussgewaschen" (*Cicero, Tusculanische Gespräche* V. 23). Archimedes wurde von einem römischen Soldaten 212 v.Chr. getötet. Cicero war Quaestor im Jahre 75 v.Chr.
   (*b*) Man vergleiche die Oberfläche der Kugel mit der Mantelfläche des Zinngefäßes.
7. Der oberhalb des Intervalls $[0; 1]$ liegende Teil der Kurve $y = e^x$ rotiere um die x-Achse. Man bestimme die Fläche des entstehenden Rotationskörpers.
8. Ein Bogen der Kurve $y = \sin x$ rotiere um die x-Achse. Man bestimme die Oberfläche des entstehenden Rotationskörpers.
9. Die Kardioide $r = 1 + \cos\theta$ rotiere um die Polarachse. Man bestimme die Oberfläche des entstehenden Rotationskörpers.

In den Übungen 10 bis 16 bestimme man die Oberfläche, die durch Rotation der angegebenen Kurve um die angegebene Achse entsteht. Man gebe die Lösung als bestimmtes Integral an und untersuche, wie dieses mit Hilfe des Fundamentalsatzes berechnet werden könnte.

10. $y = x^3$ für x in $[1; 2]$; um die x-Achse.
11. $y = 1/x$ für x in $[1; 2]$; um die x-Achse.
12. $y = x^2$ für x in $[1; 2]$; um die x-Achse.
13. $y = x^{4/3}$ für x in $[1; 8]$; um die y-Achse.
14. $y = x^{2/3}$ für x in $[1; 8]$; um die Gerade $y = 1$.
15. $y = x^3/6 + 1/(2x)$ für x in $[1; 3]$; um die y-Achse.
16. $y = x^3/3 + 1/(4x)$ für x in $[1; 2]$; um die Gerade $y = -1$.
17. Man bestimme die Oberfläche, die durch Rotation des Bogens aus Beispiel 1 um die Gerade $y = -1$ entsteht.
18. Ein Bogen der in Parameterdarstellung durch $x = \theta - \sin\theta$, $y = 1 - \cos\theta$ gegebenen Zykloide rotiert um die x-Achse. Man bestimme die Oberfläche des entstehenden Rotationskörpers.
19. Die in der Parameterdarstellung $x = e^t \cos t$, $y = e^t \sin t$ gegebene Kurve rotiere für t aus dem Intervall $[0; \pi/2]$ um die x-Achse. Man bestimme die Oberfläche des entstehenden Rotationskörpers.
20. (Siehe Beispiel 3.) Man bestimme die Oberfläche des Körpers, der durch Rotation des Abschnittes der Kurve $r = 1 + \cos\theta$
    (*a*) um die x-Achse,
    (*b*) um die y-Achse entsteht.
    (In (*b*) ist die Identität $1 + \cos\theta = 2\cos^2(\theta/2)$ von Nutzen.)
21. Man zeige, wie der Polarwinkel θ anstelle von x in Beispiel 2 verwendet werden kann.

■

22. Der im ersten Quadranten gelegene Abschnitt der Kurve $x^{2/3} + y^{2/3} = 1$ rotiert um die x-Achse. Man bestimme die Oberfläche des entstehenden Rotationskörpers.
23. Zwei Ebenen liegen senkrecht zu der Achse des Zinngefäßes aus Übung 6. Man vergleiche die Fläche, die sie aus der Kugel herausschneiden, mit der Fläche, die sie aus dem Zinngefäß herausschneiden. Welche Schlußfolgerungen könnte ein Kartograph aus dem Vergleich ziehen?
24. Obwohl der Hauptsatz zur Berechnung des Umfanges einer Ellipse $x^2/a^2 + y^2/b^2 = 1$ nicht verwendbar ist, kann mit seiner Hilfe die Oberfläche des Rugbyballes berechnet werden, der durch Rotation einer Ellipse um eine ihrer Achsen entsteht. Man bestimme diese Fläche. Läßt sich aus dem Ergebnis die korrekte Formel für die Oberfläche einer Kugel mit dem Radius a, nämlich $4\pi a^2$ herleiten?
25. Das Gebiet, das sich rechts von $x = 1$ zwischen $y = 1/x$ und der x-Achse befindet, rotiert um die x-Achse.
    (*a*) Man zeige, daß es ein endliches Volumen, aber eine unendliche Oberfläche besitzt.
    (*b*) Folgt aus dieser Tatsache, daß eine unendliche Oberfläche bemalt werden kann, indem man eine endliche Menge Farbe in den Körper einfüllt?
26. Man zeige, daß unsere Definition der Oberfläche durch ein bestimmtes Integral mit unserer Definition der Kegeloberfläche übereinstimmt.
27. Das Band, das bei der Rotation eines geraden Segmentes entsteht, wird entlang dieses Segmentes aufgeschnitten und in der Ebene abgerollt. Welche Form ergibt sich dann? *Vorsicht:* Wir erhalten im allgemeinen kein Rechteck. Berechnen Sie auf diese Weise die Fläche des gegebenen Bandes.
28. Man betrachte einen Rotationskörper. Sein Volumen wurde durch die Summe der Volumina dünner, paralleler Kreisscheiben angenähert. Kann die Oberfläche des Rotationskörpers durch die Summe der gekrümmten Oberflächen dieser Scheiben angenähert werden.

4.12 Die Abschätzung bestimmter Integrale

Das bestimmte Integral $\int_0^1 \sqrt{1-x^3}\,dx$ kann mit Hilfe des Hauptsatzes nicht ausgewertet werden, da $\sqrt{1-x^3}$ kein elementares Integral besitzt. Um

$$\int_0^1 \frac{1}{1+x^3+x^4}\,dx$$

zu berechnen, könnte die Methode der Partialbrüche verwendet werden. Die Auswertung wäre jedoch lang und mühsam. In diesem Abschnitt werden wir uns mit fünf Möglichkeiten zur Abschätzung eines bestimmten Integrals beschäftigen. Die Genauigkeit dieser Abschätzungen wird in Kapitel 2 von Band 4 untersucht.

Das bestimmte Integral $\int_a^b f(x)\,dx$ ist definitionsgemäß der Limes von Summen der Form

$$\sum_{i=1}^{n} f(X_i)(x_i - x_{i-1}).$$

Daher stellt jede dieser Summen eine Abschätzung für $\int_a^b f(x)\,dx$ dar. Auf dieser Feststellung beruhen 3 von den 5 in diesem Abschnitt behandelten Methoden.

Rechteckmethoden: n sei eine positive ganze Zahl. Man teile das Intervall $[a; b]$ in n Abschnitte gleicher Länge $h = (b-a)/n$ mit

$$x_0 = a,\quad x_1 = a+h,\quad x_2 = a+2h, \ldots, x_n = b.$$

Eine Summe der Form

$$f(x_0)(x_1-x_0) + f(x_1)(x_2-x_1) + \ldots + f(x_{n-1})(x_n - x_{n-1})$$

oder einfacher

$$h\sum_{i=1}^{n} f(x_{i-1}),$$

nennen wir *Linkspunktschätzung* von $\int_a^b f(x)\,dx$. (Im i-ten Abschnitt liegt der Testpunkt X_i am linken Ende des Abschnittes.)

Wählen wir für X_i nun x_i, so erhalten wir die *Rechtspunktschätzung*

$$h\sum_{i=1}^{n} f(x_i).$$

Wählen wir für X_i den Mittelpunkt des i-ten Abschnittes, $(x_{i-1}+x_i)/2$, so ergibt sich die *Mittelpunktschätzung*

$$h\sum_{i=1}^{n} f\left(\frac{x_{i-1}+x_i}{2}\right).$$

Bild 4.95 zeigt die drei Abschätzungen im Falle $n = 4$. Man beachte, daß für eine fallende Funktion f die Linkspunktmethode das Integral überschätzt, während die Rechtspunktmethode das Integral unterschätzt.

Trapezmethode: Die vierte Methode benutzt zur Abschätzung Trapeze anstelle von Rechtecken. Bekanntlich ist die Fläche eines Trapezes mit der Höhe h und den Parallelseiten b_1 und b_2 durch $(b_1 + b_2)h/2$ gegeben (Bild 4.96).

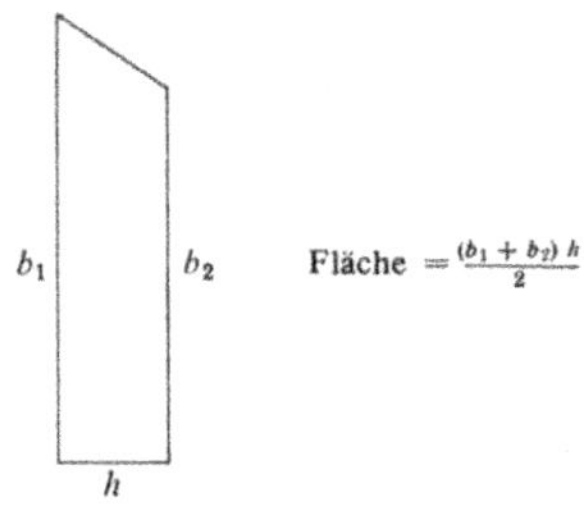

Bild 4.96

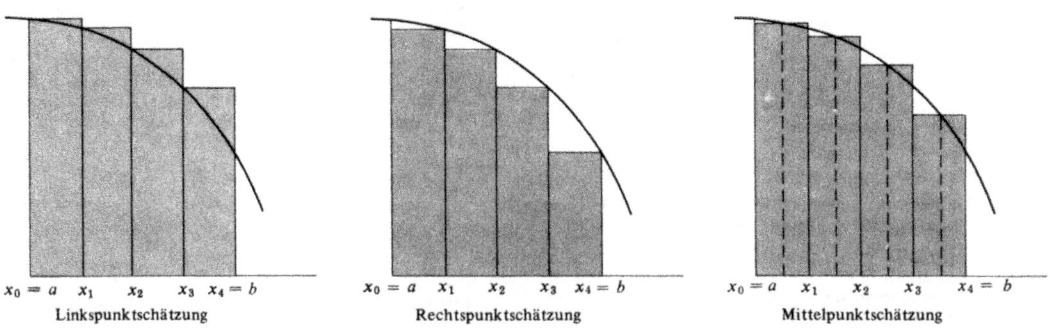

Bild 4.95

n sei nun wieder eine positive ganze Zahl. Wieder teilen wir das Intervall $[a; b]$ in n Abschnitte gleicher Länge $h = (b-a)/n$ mit

$$x_0 = a, \quad x_1 = a + h, \quad x_2 = a + 2h, \dots, x_n = b.$$

Die Summe

$$\frac{f(x_0)+f(x_1)}{2} \cdot h + \frac{f(x_1)+f(x_2)}{2} \cdot h + \dots + \frac{f(x_{n-1})+f(x_n)}{2} \cdot h$$

ist die *Trapezschätzung* von

$$\int_a^b f(x)\,dx.$$

Man schreibt sie üblicherweise als

$$\frac{h}{2}[f(x_0) + 2f(x_1) + 2f(x_2) + \dots + 2f(x_{n-1}) + f(x_n)].$$

Man beachte, daß $f(x_0)$ und $f(x_n)$ als Koeffizient 1 besitzen, während alle anderen $f(x_i)$ als Koeffizient 2 aufweisen, da die Eckpunkte der inneren Trapeze zweimal gezählt werden.

Bild 4.97 illustriert die Trapeznäherung für den Fall $n = 4$. Man beachte, daß für nach unten konkaves f die Trapezabschätzung $\int_a^b f(x)\,dx$ unterschätzt. Ist f eine lineare Funktion, so ergibt die Trapezmethode selbstverständlich das exakte Integral.

Simpsonsche Regel: Das fünfte Verfahren ist als Simpsonsche Regel bekannt. Wie die Übungen 28 bis 33 zeigen,

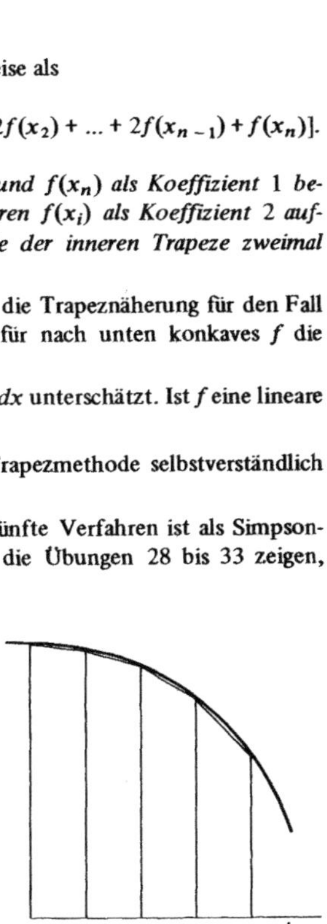

Bild 4.97

kann mit ihrer Hilfe das Integral exakt angegeben werden, wenn $f(x)$ ein Polynom höchstens vom Grad 3 ist.

Man teile das Intervall $[a; b]$ in $2n$ Abschnitte gleicher Länge $h = (b-a)/2n$ mit

$$x_0 = a, \quad x_1 = a + h, \quad x_2 = a + 2h, \dots, x_{2n} = b.$$

Die Summe

$$\frac{h}{3}[f(x_0) + 4f(x_1) + 2f(x_2) + 4f(x_3) + \dots + 2f(x_{2n-2}) + 4f(x_{2n-1}) + f(x_{2n})]$$

gibt die Simpsonsche Näherung für das Integral

$$\int_a^b f(x)\,dx.$$

Man erhält die Simpsonssche Näherung mittels Approximation der gegebenen Kurve durch Parabeln. Dies wird in den Übungen 28 bis 33 ausgeführt. Dieses Verfahren ist das einzige von den beschriebenen 5, das eine Unterteilung des gegebenen Intervalls in eine gerade Anzahl von Abschnitten erfordert.

Die folgenden Beispiele wenden die 5 Methoden zur Abschätzung des Integrals $\int_a^b f(x)\,dx$ an. In jedem Fall wird das Intervall $[0; 1]$ in vier Abschnitte geteilt.

Beispiel 1: Man verwende die Linkspunktmethode mit $n = 4$ zur Abschätzung von

$$\int_0^1 \sqrt{1-x^3}\,dx.$$

Lösung: Die Teilung ist durch

$$x_0 = 0, \quad x_1 = \frac{1}{4}, \quad x_2 = \frac{2}{4}, \quad x_3 = \frac{3}{4}, \quad x_4 = 1$$

gegeben. Die Länge der Abschnitte beträgt $h = (1-0)/4 = \frac{1}{4}$. Mit Hilfe der Linkspunktapproximation erhalten wir

$$\frac{1}{4}\left(\sqrt{1-0^3} + \sqrt{1-\left(\frac{1}{4}\right)^3} + \sqrt{1-\left(\frac{2}{4}\right)^3} + \sqrt{1-\left(\frac{3}{4}\right)^3}\right)$$
$$= \frac{1}{4}\left(\sqrt{\frac{64}{64}} + \sqrt{\frac{63}{64}} + \sqrt{\frac{56}{64}} + \sqrt{\frac{37}{64}}\right)$$
$$= \frac{1}{32}(\sqrt{64} + \sqrt{63} + \sqrt{56} + \sqrt{37})$$
$$= \frac{1}{32}(8{,}0000 + 7{,}9373 + 7{,}4833 + 6{,}0828)$$
$$\approx 0{,}922.$$

Da die Funktion $\sqrt{1-x^3}$ für x aus dem Intervall $[0; 1]$ fallend ist, wird diese Abschätzung zu groß sein. ●

Ein Rechner mit einer Wurzeltaste oder eine Tabelle der Quadratwurzeln ist bei den hier notwendigen Rechnungen sehr nützlich.

Beispiel 2: Man benutze die Rechtspunktmethode mit $n = 4$ zur Abschätzung des Integrals

$$\int_0^1 \sqrt{1-x^3}\,dx.$$

Lösung: Die Teilung des Intervalls $[0; 1]$ ist die gleiche wie im Beispiel 1. Allerdings wird nun die Funktion am rechten Ende jedes Abschnittes berechnet. Als Näherung ergibt sich

$$\frac{1}{4}\left(\sqrt{1-\left(\frac{1}{4}\right)^3} + \sqrt{1-\left(\frac{2}{4}\right)^3} + \sqrt{1-\left(\frac{3}{4}\right)^3} + \sqrt{1-(1)^3}\right)$$

$$= \frac{1}{32}(\sqrt{63} + \sqrt{56} + \sqrt{37} + \sqrt{0})$$

$$\approx 0{,}672.$$

Da die Funktion $\sqrt{1-x^3}$ für x aus dem Intervall $[0; 1]$ fallend ist, muß diese Abschätzung zu klein sein. ●

Beispiel 3: Man verwende die Mittelpunktmethode mit $n = 4$ zur Abschätzung des Integrals

$$\int_0^1 \sqrt{1-x^3}\, dx.$$

Lösung: Die Teilung ist dieselbe wie in den Beispielen 1 und 2. Die Mittelpunkte der 4 Abschnitte sind der Reihe nach $\frac{1}{8}, \frac{3}{8}, \frac{5}{8}, \frac{7}{8}$. Daher erhalten wir für die Mittelpunkt-Approximation

$$\frac{1}{4}\left(\sqrt{1-\left(\frac{1}{8}\right)^3} + \sqrt{1-\left(\frac{3}{8}\right)^3} + \sqrt{1-\left(\frac{5}{8}\right)^3} + \sqrt{1-\left(\frac{7}{8}\right)^3}\right)$$

$$= \frac{1}{4}\left(\sqrt{\frac{511}{512}} + \sqrt{\frac{485}{512}} + \sqrt{\frac{387}{512}} + \sqrt{\frac{169}{512}}\right)$$

$$= \frac{\sqrt{2}}{128}(\sqrt{511} + \sqrt{485} + \sqrt{387} + \sqrt{169})$$

$$= \frac{\sqrt{2}}{128}(77{,}3003)$$

$$\approx 0{,}854. ●$$

Die Abschätzung des Beispiels 3 ist zu groß. Die Lösung der Übung 24 wird uns den Grund hierfür angeben.

Beispiel 4: Man verwende die Trapezmethode mit $n = 4$ zur Abschätzung des Integrals

$$\int_0^1 \sqrt{1-x^3}\, dx.$$

Lösung: Wir verwenden die gleiche Teilung, wie in den ersten drei Beispielen. Die Koeffizienten sind der Reihe nach 1, 2, 2, 2, 1 und wir erhalten folgende Aufstellung: Die Trapezschätzung ergibt:

$$\frac{h}{2}\left[f(0) + 2f\left(\frac{1}{4}\right) + 2f\left(\frac{2}{4}\right) + 2f\left(\frac{3}{4}\right) + f(1)\right].$$

Ferner erhalten wir $h/2 = \frac{1}{4}/2 = \frac{1}{8}$. Um die Summe in der Klammer zu berechnen, legen wir die folgende Tabelle an:

x_i	$f(x_i)$	Koeffizient	Summand	Ergebnis
0	$\sqrt{1-0^3}$	1	$1\sqrt{1}$	1,0000
$\frac{1}{4}$	$\sqrt{1-(\frac{1}{4})^3}$	2	$2\sqrt{\frac{63}{64}}$	1,9843
$\frac{2}{4}$	$\sqrt{1-(\frac{2}{4})^3}$	2	$2\sqrt{\frac{56}{64}}$	1,8708
$\frac{3}{4}$	$\sqrt{1-(\frac{3}{4})^3}$	2	$2\sqrt{\frac{37}{64}}$	1,5207
$\frac{4}{4}$	$\sqrt{1-(1)^3}$	1	$1\sqrt{0}$	0,0000

Daher ist die Trapezsumme näherungsweise

$$\frac{1}{8}(1{,}0000 + 1{,}9843 + 1{,}8708 + 1{,}5207 + 0{,}0000)$$

$$= \frac{1}{8}(6{,}3758)$$

$$\approx 0{,}797. ●$$

Die Abschätzung in Beispiel 4 ist zu klein. Die Lösung der Übung 24 wird den Grund hierfür angeben.

Beispiel 5: Man verwende die Simpsonsche Regel mit $2n = 4$ zur Abschätzung des Integrals.

Lösung: Wieder erhalten wir $h = \frac{1}{4}$. Die Simpsonsche Formel nimmt die folgende Form an:

$$\frac{1/4}{3}\left[f(0) + 4f\left(\frac{1}{4}\right) + 2f\left(\frac{2}{4}\right) + 4f\left(\frac{3}{4}\right) + f(1)\right].$$

Eine Tabelle hilft auch hier, die Rechnung systematisch durchzuführen:

x_i	$f(x_i)$	Koeffizient	Summand	Ergebnis
0	$\sqrt{1-0^3}$	1	$1\sqrt{1}$	1,0000
$\frac{1}{4}$	$\sqrt{1-(\frac{1}{4})^3}$	4	$4\sqrt{\frac{63}{64}}$	3,9686
$\frac{2}{4}$	$\sqrt{1-(\frac{2}{4})^3}$	2	$2\sqrt{\frac{56}{64}}$	1,8708
$\frac{3}{4}$	$\sqrt{1-(\frac{3}{4})^3}$	4	$4\sqrt{\frac{37}{64}}$	3,0414
1	$\sqrt{1-1^3}$	1	$1\sqrt{0}$	0,0000

Daher ergibt sich für die Approximation nach der Simpsonschen Regel:

$$\frac{1/4}{3}(1{,}0000 + 3{,}9686 + 1{,}8708 + 3{,}0414 + 0{,}0000)$$

$$= \frac{1}{12}(9{,}8808)$$

$$\approx 0{,}823. ●$$

Folgende Tabelle vergleicht die fünf Abschätzungen, die für den Wert von $\int_0^1 \sqrt{1-x^3}\, dx$ erhalten wurden. Der exakte Wert dieses Integrals ist bis auf 3 Dezimalen durch 0,841 gegeben.

Methode	Abschätzung von $\int_0^1 \sqrt{1-x^3}\, dx$
Linkspunkt-	0,922
Rechtspunkt-	0,672
Mittelpunkt-	0,854
Trapez-	0,797
Simpson-	0,823

In diesem Falle gibt die Mittelpunktmethode die beste Näherung für das Integral. Allerdings ist im allgemeinen die

Simpsonsche Methode die genaueste. In der folgenden Tabelle sind allgemeine Grenzen für die möglichen Fehler der 5 Methoden zusammengestellt. In Bd. 4, Kap. 2 werden wir uns mit der Herleitung dieser Grenzen beschäftigen. Das Symbol M_k bezeichnet den größten Wert von $|f^{(k)}(x)|$ für x aus dem Intervall $[a; b]$.

Methode	*maximaler Fehler*
Linkspunkt-	$\frac{(b-a)M_1 h}{2}$
Rechtspunkt-	$\frac{(b-a)M_1 h}{2}$
Mittelpunkt-	$\frac{(b-a)M_2 h^2}{24}$
Trapez-	$\frac{(b-a)M_2 h^2}{12}$
Simpson-	$\frac{(b-a)M_4 h^2}{180}$

Für die ersten beiden Methoden hängt der Fehler von der Größe der ersten Ableitung $f^{(1)}(x)$ ab. Die Länge der Abschnitte h tritt in der ersten Potenz auf. Halbiert man daher etwa h, so halbiert sich auch der maximale Fehler.

Für die nächsten beiden Verfahren hängt der Fehler von der Größe der zweiten Ableitung $f^{(2)}(x)$ ab. Gilt insbesondere für alle x aus $[a; b]$ die Bedingung $f^{(2)}(x) = 0$, so verschwindet der Fehler. Dies ergibt sich auch aus einfachen geometrischen Überlegungen. Für $f^{(2)}(x) = 0$ im ganzen Intervall $[a; b]$ muß $f(x) = cx + d$ mit bestimmten Konstanten c und d gelten. Der Graph von f ist eine gerade Linie. In diesem Falle hat das Rechteck der Mittelpunktmethode dieselbe Fläche, wie das entsprechende Gebiet unter der Kurve.

Man beachte den Faktor h^2 für die 3. und 4. Methode. Er zeigt uns an, daß eine Halbierung von h den maximalen Fehler um den Faktor $\frac{1}{4}$ reduziert. Da h^2 schneller gegen Null geht als h, würde man erwarten, daß die Mittelpunkt- und die Trapezmethode im allgemeinen genauer sind als die ersten beiden Methoden.

Die Fehlergrenze der Trapezmethode stellt sich als zweimal so groß heraus wie die der Mittelpunktmethode. Allerdings hat die Trapezmethode gegenüber der Mittelpunktmethode einen wichtigen Vorteil. Verdoppelt man die Anzahl der Abschnitte in der Teilung, so bleiben die Punkte der ursprünglichen Teilung auch Punkte der neuen feineren Teilung. Daher können die im ersten Schritt berechneten f-Werte auch im zweiten Schritt verwendet werden. Bei der Mittelpunktmethode ist dies jedoch nicht der Fall. Die Mittelpunkte des ersten Schrittes sind nicht Mittelpunkte des zweiten Schrittes.

Der Fehler bei Anwendung der Simpsonschen Regel ist durch die vierte Ableitung $f^{(4)}(x)$ und durch h^4 bestimmt. Ist die Bedingung $f^{(4)}(x) = 0$ für alle x aus $[a; b]$ erfüllt, so verschwindet der Fehler der Simpsonschen Methode. Mit anderen Worten: Die Simpsonsche Methode ist exakt für Funktionen $f(x)$, die Polynome höchstens vom Grad 3 sind. Für $h \to 0$ geht darüber hinaus h^4 sehr rasch gegen Null. Aus diesem Grund ist die Anwendung der allgemeinen Simpsonschen Regel das beste der 5 beschriebenen Approximationsverfahren. Die Herleitung oder Abschätzung von M_k für eine bestimmte Funktion kann insbesondere für $k > 1$ ein schwieriges Problem sein. Die Übungen 17 und 18 beschäftigen sich mit der Herleitung von M_1 und M_2 für einige einfache Fälle.

Übungen:

Die Übungen 1 bis 3 behandeln Integrale, die leicht berechnet und mit ihren Abschätzungen verglichen werden können. Man bestimme in jedem Fall die exakten Fehler für jede der fünf Methoden und verwende hierbei Teilung in zwei Abschnitte $[h = (b-a)/2]$. Koeffizienten bei der Simpsonschen Regel sind dann 1, 4, 1; es treten keine Koeffizienten zwei auf.

1. $\int_0^2 x^3\,dx$ 2. $\int_0^\pi \sin x\,dx$ 3. $\int_1^2 \frac{dx}{x}$

Die Rechnungen in den Übungen 4 bis 7 können mit Hilfe von Zahlentafeln oder eines Taschenrechners, der eine $1/x$-Taste besitzt, vereinfacht werden.

4. Man schätze $\int_1^2 \frac{dx}{x}$ mit Hilfe der Mittelpunktmethode.

   (*a*) $n = 1$, (*b*) $n = 3$, (*c*) $n = 6$.

5. Man schätze $\int_1^2 \frac{dx}{x}$ mit Hilfe der Trapezmethode für

   (*a*) $n = 1$, (*b*) $n = 3$, (*c*) $n = 6$.

6. Man schätze $\int_1^2 \frac{dx}{x}$ mit Hilfe der Simpsonschen Regel für

   (*a*) $2n = 2$, (*b*) $2n = 4$, (*c*) $2n = 6$.

7. Man vergleiche die Fehler aus den Abschätzungen der Übungen 4(*c*), 5(*c*) und 6(*c*) mit den allgemeinen Fehlergrenzen (in Abhängigkeit von den Größen M_2 und M_4, die am Ende des Abschnittes beschrieben wurden).

Die Übungen 8 und 9 können mit Hilfe eines Rechners mit $1/x$-Taste leicht gelöst werden.

8. Man schätze $\int_0^1 \frac{dx}{1+x^4}$

   (*a*) mit der Mittelpunktmethode, $n = 4$;
   (*b*) mit der Trapezmethode, $n = 4$;
   (*c*) mit der Simpsonschen Regel, $2n = 4$.

9. Man schätze $\int_1^2 \frac{dx}{1+x^4}$ mit den gleichen drei Näherungen wie in Übung 8.

Die Übungen 10 bis 18 behandeln Integrale, die mit dem Fundamentalsatz nicht ausgewertet werden können. Ein Rechner mit e^x, $\ln x$ und trigonometrischen Tasten ist von Vorteil.

10. Man schätze $\int_0^2 e^{-x^2} dx$

(*a*) mit der Mittelpunktmethode, $n = 4$;
(*b*) mit der Trapezmethode, $n = 4$;
(*c*) mit der Simpsonschen Regel, $2n = 4$.

11. Man schätze $\int_1^5 \frac{e^x}{x} dx$

(*a*) mit der Mittelpunktmethode, $n = 4$;
(*b*) mit der Trapezmethode, $n = 4$;
(*c*) mit der Simpsonschen Regel, $2n = 4$.

12. Man schätze $\int_0^{\pi/4} \sqrt{1 + 2\cos x}\, dx$ mit der Simpsonschen Regel und $2n = 6$.

13. Man schätze $\int_1^3 (\ln x)/\sqrt{x}\, dx$

(*a*) mit der Mittelpunktmethode, $n = 5$;
(*b*) mit der Trapezmethode, $n = 5$.

14. Man schätze $\int_1^7 \sqrt[3]{1 + x^2}\, dx$ mit der

(*a*) Rechtspunktmethode, $n = 3$;
(*b*) Linkspunktmethode, $n = 3$;
(*c*) Mittelpunktmethode, $n = 3$.

15. Man schätze $\int_0^1 \sin x^2 dx$ mit der

(*a*) Rechtspunktmethode, $n = 5$;
(*b*) Mittelpunktmethode, $n = 5$.

16. Man schätze $\int_0^1 e^{-x^2} dx$ mit der

(*a*) Rechtspunktmethode, $n = 5$;
(*b*) Mittelpunktmethode, $n = 5$.

17. (*a*) Man bestimme den maximalen Wert von $|f'(x)|$ im Intervall $[0; 1]$, wenn $f(x) = e^{-x^2}$.
(*b*) Man verwende (*a*), um eine Fehlergrenze für Übung 16(*a*) anzugeben.

18. (*a*) Man bestimme den maximalen Wert von $|f''(x)|$ im Intervall $[0; 1]$, wenn $f(x) = e^{-x^2}$.
(*b*) Man benutze (*a*), um eine Fehlergrenze für Übung 16(*b*) anzugeben.

■

19. Man zeige, daß im Fall $f(a) = f(b)$ die Linkspunkt-, Rechtspunkt- und Trapezschätzungen für einen gegebenen Wert von h übereinstimmen.

20. Man zeige, daß für gegebenes n der Mittelwert der Linkspunkt- und der Rechtspunktmethode mit der Trapezschätzung übereinstimmen.

21. Es sei T_n die Trapezschätzung und M_n die Mittelpunktschätzung für das gleiche n. Man zeige, daß durch

$$\tfrac{2}{3} M_n + \tfrac{1}{3} T_n$$

die Simpsonsche Schätzung mit $2n$ Teilungen angegeben werden kann.

22. Der Einfachheit halber sei $f(x) \geqslant 0$. Das Integral $\int_a^b f(x)\, dx$ kann in der folgenden Weise abgeschätzt werden. Wir teilen das Intervall $[a; b]$ in n Abschnitte gleicher Länge. Für jedes i, $1 \leqslant i \leqslant n$, wird in jedem der Punkte

$$\left(\frac{x_{i-1} + x_i}{2},\ f\left(\frac{x_{i-1} + x_i}{2}\right)\right)$$

die Tangente an die Kurve $y = f(x)$ gelegt. Wir bilden das Trapez, das von dieser Tangente, der x-Achse und den Geraden $x = x_{i-1}$ und $x = x_i$ begrenzt ist (Bild 4.98). Seine Fläche sei A_i. Die Summe $\sum_{i=1} A_i$ gibt eine Schätzung für $\int_a^b f(x)\, dx$. Man zeige, daß sie mit einer der fünf in diesem Abschnitt behandelten Schätzungen übereinstimmt.

Diese Übung wird in Übung 24 verwendet werden.

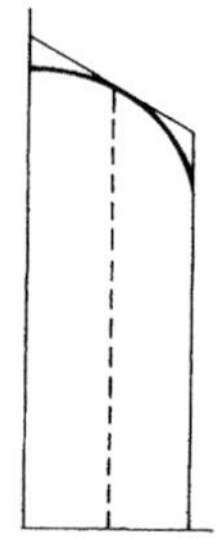

Bild 4.98

23. f sei für x aus $[a; b]$ nach unten konkav. Mit Hilfe einer Zeichnung und elementarer Geometrie zeige man, daß die Mittelpunktmethode $\int_a^b f(x)\, dx$ überschätzt.

24. Es sei $f(x) = \sqrt{1 - x^3}$, wie in den Beispielen dieses Abschnittes. Man zeige, daß f für $0 < x < 1$ nach unten konkav ist.
(*a*) Was folgt hieraus für die Trapezschätzung von

$$\int_0^1 \sqrt{1 - x^3}\, dx$$

(*b*) die Mittelpunktschätzung von $\int_0^1 \sqrt{1 - x^3}\, dx$.

Die nächsten drei Übungen behandeln Fälle, in denen der tatsächliche Fehler den maximalen Fehler erreicht.

25. Man zeige, daß für die Trapezmethode mit $n = 1$ bei einer Abschätzung von $\int_0^1 x^2 dx$ der maximale Fehler durch $(b - a) M_2 h^2/12$ gegeben ist, wobei $a = 0$, $b = 1$, $h = 1$ und M_2 den maximalen Wert von $|D^2(x^2)|$ für x aus $[0; 1]$ bezeichnet.

26. Man zeige, daß für die Abschätzung von $\int_0^1 x^2 dx$ mit Hilfe der Mittelpunktmethode bei $n = 1$ der Fehler durch $(b - a) M_2 h^2/24$ gegeben ist, wobei $a = 0$, $b = 1$, $h = 1$ und M_2 denselben Wert besitzt, wie in Übung 25.

27. Man zeige, daß bei der Abschätzung von $\int_0^1 x^4 dx$ mit Hilfe der Simpsonschen Regel bei $2n = 2$ der maximale Fehler durch $(b - a) M_4 h^4/180$ gegeben ist, wobei $a = 0$, $b = 1$, $h = \frac{1}{2}$ und M_4 den maximalen Wert von $|D^4(x^4)|$ für x aus $[0; 1]$ bezeichnet.

■■

Die Übungen 28 bis 33 geben eine geometrische Begründung der Simpsonschen Regel.

28. Es sei $f(x) = Ax^2 + Bx + C$. Man beweise die Relation

$$\int_{-h}^{h} f(x)\, dx = \frac{h}{3}(f(-h) + 4f(0) + f(h)).$$

Hinweis: Man berechne einfach beide Seiten.

29. f sei eine Funktion. Man beweise die Existenz einer Parabel $y = Ax^2 + Bx + C$, die durch die drei Punkte $(-h; f(-h))$, $(0; f(0))$ und $(h; f(h))$ geht.

30. Die Gleichung von Übung 28, die schon den Griechen bekannt war, wird Prismoidal-Formel genannt. Man berechne mit ihrer Hilfe das Volumen
   (*a*) einer Kugel mit dem Radius a,
   (*b*) eines geraden Kreiszylinders mit Radius a und Höhe h.

31. Es sei $f(x) = Ax^2 + Bx + C$. Man beweise die Relation

$$\int_{c-h}^{c+h} f(x)\, dx = \frac{h}{3}[f(c - h) + 4f(c) + f(c + h)].$$

Hinweis: Mit Hilfe der Substitution $x = c + t$ kann dies auf die Übung 28 zurückgeführt werden. Man beachte Bild 4 .99.

32. Die Übungen 29 und 31 bilden die Grundlage für die Simpsonsche Methode. Zunächst wird $[a; b]$ in $2n$ Abschnitte geteilt, die wir in n Paare von benachbarten Abschnitten zusammenfassen. Über jedes dieser Paare nähern wir die Funktion durch eine Parabel an, die mit deren Graphen in drei Punkten zusammenfällt. Diese drei Punkte sind gerade die Randpunkte der beiden Abschnitte des Paares. Man zeige, daß die Aufsummierung der n einzelnen Abschätzungen die Simpsonsche Regel ergibt.

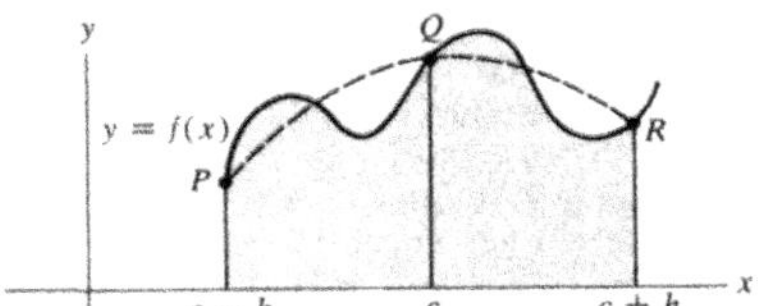

Die gestrichelte Kurve ist eine Parabel $y = Ax^2 + Bx + C$. Die Fläche unterhalb der Parabel beträgt genau

$$\frac{h}{3}[f(c - h) + 4f(c) + f(c + h)]$$

und gibt eine Annäherung für die getönte Fläche.

Bild 4.99

33. Da die Simpsonsche Regel für $f(x) = Ax^2 + Bx + C$ exakt sein sollte, würde man annehmen, daß ihr Fehler von $f^{(3)}(x)$ abhängt. Glücklicherweise ist jedoch die Simpsonsche Methode auch für *kubische* Funktionen $Ax^3 + Bx^2 + Cx + D$ exakt. So liegt es nahe, daß ihr Fehler von $f^{(4)}(x)$ und nicht von $f^{(3)}(x)$ abhängt.
   (*a*) Man zeige für $f(x) = x^3$ die Relation
   $$\int_{-h}^{h} f(x)\, dx = \frac{h}{3}(f(-h) + 4f(0) + f(h)).$$
   (*b*) Man zeige, daß die Simpsonsche Methode für kubische Funktionen exakt ist.

4.13 Zusammenfassung

Das **Kapitel 4** umfaßt 4 Abschnitte, die sich mit analytischer Geometrie, und 8 Abschnitte, die sich mit verschiedenen Aspekten bestimmter Integrale befassen.

Analytische Geometrie

Abschnitt	*Inhalt*
4.1	Die Bestimmung von $c(x)$
4.2	Die Bestimmung von $A(x)$
4.7	Polarkoordinaten
4.8	Parameterdarstellungen

Bestimmtes Integral

Abschnitt	*Inhalt*
4.3	Flächen und Volumina mit Hilfe von Schnitten
4.4	Volumen mit der Schalenmethode
4.5	Mittelwert einer Funktion
4.6	Uneigentliches Integral
4.9	Bogenlänge und Geschwindigkeit
4.10	Fläche in Polarkoordinaten
4.11	Oberfläche eines Rotationskörpers
4.12	Abschätzungen für $\int_a^b f(x)\, dx$.

Schon seit Abschnitt 1.1 wissen wir, daß die Fläche durch $\int_a^b c(x)\, dx$ und das Volumen durch $\int_a^b A(x)\, dx$ gegeben ist. In Abschnitt 4.3 wurden die Methoden von Kapitel 2 und 3 zur Berechnung einiger Flächen und Volumina angewendet. Das Volumen eines Rotationskörpers kann mit einem anderen Verfahren – mit der Schalenmethode – berechnet werden, wie in Abschnitt 4.4 gezeigt wurde. Diese Tatsache wird in Band 4 benutzt werden.

In Abschnitt 4.5 wurde der Mittelwert einer Funktion eingeführt, in Abschnitt 4.6 die Definition des uneigentlichen Integrales.

Abschnitt 4.9 führte die Bogenlänge auf ein Integral zurück und ergab das Konzept der Geschwindigkeit entlang einer Kurve. Zwei weitere geometrische Anwendungen von

Integralen wurden in den Abschnitten 4.10 und 4.11 gegeben. Diese Abschnitte behandelten die Flächen in Polarkoordinaten und die Oberfläche eines Rotationskörpers. Abschnitt 4.12 beschrieb fünf Methoden zur Abschätzung bestimmter Integrale, von denen die Trapezmethode und die Simpsonsche Regel am häufigsten angewendet werden, da sie im allgemeinen bei festgehaltener Anzahl der Rechnungsschritte die besten Abschätzungen ergeben.

Nebenbei wurde das Integral durch Beispiele und Übungen, wie etwa aus dem wirtschaftlichen Bereich oder durch den Transport einer Last illustriert.

Man könnte angesichts einer derartigen Mischung leicht den Überblick verlieren. Kurz gesagt, wiederholt das Kapitel 4 den Begriff des bestimmten Integrals und gibt Stoff zur Entwicklung der rechnerischen Fertigkeit. Im größeren Zusammenhang betrachtet, wurden Konzepte wie etwa die Geschwindigkeit entlang einer Kurve, der Mittelwert einer stetigen Funktion oder das Integral von Null bis ∞ entwickelt. Diese Konzepte treten in vielen anderen Disziplinen auf.

Von diesem Gesichtspunkt aus kommt es weniger auf die Fertigkeit bei der Berechnung bestimmter Integrale an, sondern vielmehr auf die Fähigkeit, den einzelnen Begriffen bestimmte Integrale zuzuordnen. Nur für wenige Funktionen kann die Bogenlänge ihres Graphen mit Hilfe des Hauptsatzes berechnet werden. Und gerade diese wenigen Funktionen, die zu elementaren Integralen führen, findet man häufig in den Übungsabschnitten der Lehrbücher. So könnte sich der Leser vielleicht dem Irrtum hingeben, die Welt sei den Techniken des Menschen gegenüber willfähriger, als dies tatsächlich der Fall ist. Die Erkenntnis, daß ein Integral nicht elementar ist, kann uns viel Zeit sparen. Wenn ein Integral umfangreich oder nicht elementar ist, sollte man sich nicht scheuen, es durch eine Näherung abzuschätzen, gerade in unserem Zeitalter der Computer und Rechner. Ist ein Integral elementar, dann können seine Eigenschaften einfacher studiert werden. In der Theorie der Differentialgleichungen kann dies sehr nützlich sein.

Obwohl die Herleitungen einiger Formeln etwas kompliziert waren – so wurde z.B. beim Beweis der Formel für die Bogenlänge der Mittelwertsatz zweimal angewendet – erscheinen die resultierenden Integranden vernünftig und verständlich. Die Tafel auf S. 121 stellt die Formeln und die zugehörigen Merkregeln zusammen.

Der Anstieg einer Kurve in der Parameterdarstellung $x = g(t)$ und $y = h(t)$ wird gegeben durch

$$\frac{dy}{dx} = \frac{dy/dt}{dx/dt} = \frac{\dot{y}}{\dot{x}}.$$

Die Fläche $\int_{x=a}^{x=b} y\,dx$ unter einer Kurve in Parameterdarstellung erhält man durch eine Substitution in der y, dx und die Integrationsgrenzen durch den Parameter t dargestellt werden. Selbstverständlich kann der Parameter durch einen anderen Buchstaben, wie etwa θ, bezeichnet werden.

Fünf verschiedene Methoden zur Abschätzung bestimmter Integrale wurden beschrieben. Jede von ihnen umfaßt die Auswahl bestimmter Punkte, in denen f berechnet wird, und die Auswahl von Koeffizienten, mit denen diese Funktionswerte in die Näherung eingehen. Die unten stehende Tabelle faßt diese Methoden kurz zusammen.

Begriffe und Symbole

$c(x)$, Länge des Abschnitts auf einer Geraden senkrecht zum Integrationsintervall

$A(x)$, Fläche des Schnittes mit einer Ebene senkrecht zum Integrationsintervall

Mittelwert einer Funktion über ein Intervall

Uneigentliches Integral (konvergent und divergent)

$\int_a^\infty f(x)\,dx$ (unbeschränktes Integrationsintervall)

$$\int_{-\infty}^{a} f(x)\,dx, \qquad \int_{-\infty}^{\infty} f(x)\,dx$$

$\int_a^b f(x)\,dx = \lim_{t \to a^+} \int_t^b f(x)\,dx$ (in der Nähe von a unbeschränkte Funktion)

Bogenlänge s

Geschwindigkeit $= \dfrac{ds}{dt}$

R, $R(x)$, Radius des Kreises, den ein Punkt im Inneren oder an der Oberfläche eines Rotationskörpers überstreicht

Linkspunkt-, Rechtspunkt-, Mittelpunkt-, Trapez- und Simpsonsche Methode

Testaufgaben zu Kapitel 4

Man gebe die in den Übungen 1 bis 9 gesuchten bestimmten Integrale an, werte sie jedoch nicht aus.

1. Die Fläche des Gebietes oberhalb der Parabel $y = x^2$ und unterhalb der Geraden $y = 2x$ mit Hilfe von
   (*a*) vertikalen Schnitten,
   (*b*) horizontalen Schnitten.
2. Das Volumen eines Keiles, der aus einem geraden Kreiszylinder mit der Höhe 5 cm und dem Radius 3 cm durch eine Ebene herausgeschnitten wird, die die Grundfläche in zwei Teile teilt und die Deckfläche in einem Punkt berührt.
3. Die Bogenlänge der Kurve $y = \ln x$ zwischen $x = 1$ und $x = 2$.
4. Die Bogenlänge der Kurve $r = \sin^3(\theta/3)$ für θ im Intervall $[0; \pi/2]$.
5. Die Fläche des Gebietes innerhalb einer Schleife von $r = \sin 2\theta$.
6. Die Oberfläche des Körpers, der durch Rotation des Bogens $x = \cos^3 t$, $y = \sin^3 t$ mit t aus $[0; \pi/2]$ um die x-Achse entsteht.
7. Die Oberfläche des Körpers, der durch Rotation der Kurve $r = 2\cos\theta - 2\cos 2\theta$ für θ aus $[0; \pi]$ um die Polarachse entsteht.
8. Das Volumen eines Körpers, der aus der Rotation des Dreiecks mit den Eckpunkten (2; 0), (2; 1) und (3; 2) um die x-Achse entsteht. (Man benutze die Schalenmethode.)

Abschnitt	*Begriff*	*Merkregel*
4.3	Fläche $= \int_a^b c(x)\,dx$	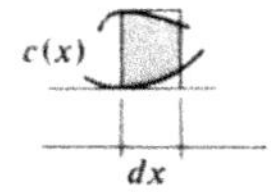 Fläche $= c(x)\,dx$
4.3	Volumen $= \int_a^b A(x)\,dx$	 Volumen $= A(x)\,dx$
4.4	Volumen $= \int_a^b 2\pi R(x)\,c(x)\,dx$	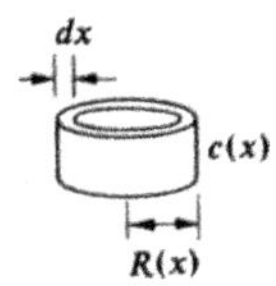 (aufschneiden und abrollen) 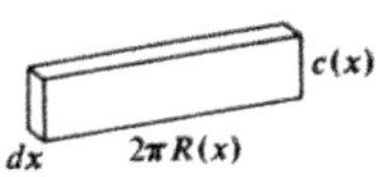 Volumen = $\underbrace{2\pi R(x)}_{\text{Länge}} \cdot \underbrace{c(x)}_{\text{Breite}} \cdot \underbrace{dx}_{\text{Höhe}}$
4.9	Bogenlänge $= \int_a^b \sqrt{\left(\frac{dx}{dt}\right)^2 + \left(\frac{dy}{dt}\right)^2}\,dt$ $= \int_a^b \sqrt{1 + \left(\frac{dy}{dx}\right)^2}\,dx$ $= \int_\alpha^\beta \sqrt{r^2 + (r')^2}\,d\theta$	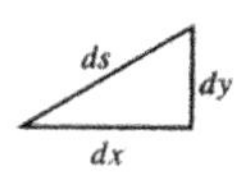 $(ds)^2 = (dx)^2 + (dy)^2$ 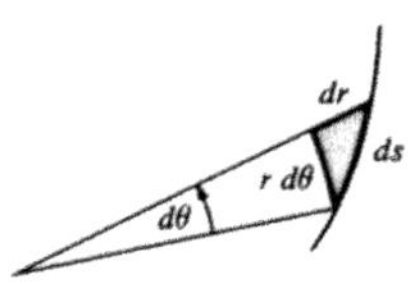 $(ds)^2 = (r d\theta)^2 + (dr)^2$
4.9	Geschwindigkeit $= \sqrt{\left(\frac{dx}{dt}\right)^2 + \left(\frac{dy}{dt}\right)^2}$	
4.10	Fläche $= \int_\alpha^\beta \frac{r^2}{2}\,d\theta$	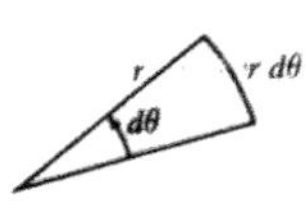 Fläche $= \frac{1}{2}\,r \cdot r\,d\theta$
4.11	Fläche $= \int_a^b 2\pi R\,ds$	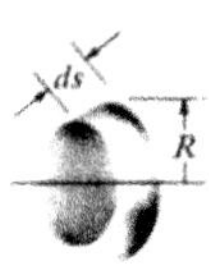 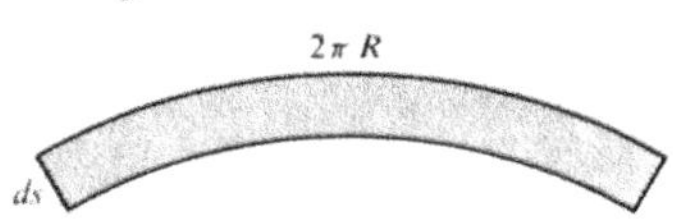

Methode	*Punkte*	*Gewichte*	*Formel*
Linkspunkt-	$x_0, x_1, \dots, x_{n-1}, x_n$	$1, 1, \dots, 1, 0$	$h \sum_{i=1}^{n} f(x_{i-1})$
Rechtspunkt-	$x_0, x_1, \dots, x_{n-1}, x_n$	$0, 1, \dots, 1, 1$	$h \sum_{i=1}^{n} f(x_i)$
Mittelpunkt-	$X_1, \dots, X_n$ (Mittelpunkt)	$1, 1, \dots, 1$	$h \sum_{i=1}^{n} f(X_i)$
Trapez-	$x_0, x_1, \dots, x_{n-1}, x_n$	$1, 2, 2, \dots, 2, 2, 1$	$\frac{h}{2} [f(x_0) + 2f(x_1) + 2f(x_2) + \dots + 2f(x_{n-1}) + f(x_n)]$
Simpson- (gerade Anzahl der Abschnitte)	$x_0, x_1, \dots, x_{n-1}, x_n$	$1, 4, 2, 4, 2, \dots, 2, 4, 1$	$\frac{h}{3} [f(x_0) + 4f(x_1) + 2f(x_2) + \dots + 2f(x_{n-2}) + 4f(x_{n-1}) + f(x_n)]$

9. Die Fläche unterhalb der Kurve $x = \sin^2 t$, $y = \cos^3 t$ mit $0 \leq t \leq \pi/2$ und oberhalb des Intervall [0; 1].
10. Man bestimme den Anstieg der Kurve von Übung 9 für den Wert $t = \pi/6$.
11. (*a*) Für welche Exponenten a ist $\int_1^\infty x^a \, dx$ konvergent?
    (*b*) Man zeige, daß $\int_0^\infty \frac{dx}{1 + x^2 + 2x^4}$ konvergent ist.
12. Man bestimme für das Integral $\int_1^4 \sin x^2 \, dx$ die Trapezschätzung mit $n = 6$ und die Simpsonsche Schätzung mit $2n = 6$, jedoch ohne die Abschätzungen auszuwerten.

Übungen zu Kapitel 4

Die meisten dieser Übungen beziehen sich auf Kapitel 4.

1. (*a*) Man definiere den „Mittelwert einer Funktion".
   (*b*) Warum ist diese Definition vernünftig?
2. (*a*) Man leite die Formel für die Bogenlänge her.
   (*b*) Welche Merkhilfe gibt es für diese Formel?
3. (*a*) Man leite die Formel für die Fläche in Polarkoordinaten her.
   (*b*) Welche Merkhilfe für diese Formel gibt es?
4. (*a*) Man leite die Formel für die Fläche in Polarkoordinaten her.
   (*b*) Welche Merkhilfe für diese Formel gibt es?
5. (*a*) Man leite die Schalenformel für das Volumen eines Rotationskörpers her.
   (*b*) Welche Merkhilfe für diese Formel gibt es?
6. Für welche allgemeine Klasse von Funktionen $f(x)$ ist $\int_a^b f(x) \, dx$ exakt durch
   (*a*) die Mittelpunktmethode,
   (*b*) die Trapezmethode,
   (*c*) die Simpsonsche Methode
   zu berechnen?
7. Für eine bestimmte Funktion f sind experimentelle Daten bekannt, die in der folgenden Tabelle angegeben werden.

x	1	1,5	2	2,5	3	3,5	4
$f(x)$	4	5	6	8	9	11	14

   Man verwende die Simpsonsche Regel um $\int_1^4 f(x) \, dx$ abzuschätzen.
8. Die folgende Tabelle zeigt die Temperatur $f(t)$ als Funktion der Zeit.
   (*a*) Man verwende die Simpsonsche Regel um $\int_1^7 f(t) \, dt$ abzuschätzen und
   (*b*) man verwende das Resultat von (*a*) um die mittlere Temperatur abzuschätzen.

Zeit	1	2	3	4	5	6	7
Temperatur	81	75	80	83	78	70	60

9. Welche Auswirkungen auf den Fehler erwarten wir, wenn wir h halbieren und die folgenden Näherungsmethoden verwenden.
   (*a*) Rechtecke, rechter Eckpunkt?
   (*b*) Mittelpunkt?
   (*c*) Trapez?
   (*d*) Simpsonsche Regel?
   (*e*) Warum?
10. Man schätze $\int_0^4 \frac{dx}{(x^5 + 2x + 1)}$ mit $h = 1$ und
    (*a*) der Trapezmethode,
    (*b*) der Simpsonschen Regel.
11. Man verwende die Trapezmethode mit $h = 1$, um $\int_1^5 \sqrt[3]{2 + x^2} \, dx$ abzuschätzen.

12. Man betrachte eine auf dem Intervall [1; 4] definierte Funktion f von der $M_1 = M_2 = M_3 = M_4 = 2$ bekannt ist (bezüglich der Definition von M_k siehe Ende von Abschnitt 4.12). Wie klein müssen wir h wählen, um sicherzugehen, daß der Fehler bei der Abschätzung von $\int_1^4 f(x)\,dx$ geringer ist als 0,001, und wir dabei die folgenden Methoden verwenden:

(*a*) Linkspunkt? (*b*) Rechtspunkt?
(*c*) Mittelpunkt? (*d*) Trapez?
(*e*) Simpsonsche Regel?

13. Ist das Integral $\int_0^\infty \frac{dx}{(x-1)^2}$ konvergent oder divergent?

14. Man berechne $\int_0^\infty e^{-x} \sin(2x+3)\,dx$.

15. Man definiere $G(x) = \int_0^\infty e^{-t} t^{x-1}\,dt$ für $x > 0$.

(*a*) Man zeige, daß $G(x)$ existiert, d.h. durch ein konvergentes Integral dargestellt wird.
(*b*) Man zeige $G(x+1) = xG(x)$.
(*c*) Man zeige $G(1) = 1$.
(*d*) Man zeige $G(2) = 1$, $G(3) = 2$, $G(4) = 6$.

16. Ist $\int_0^1 \frac{\ln x}{1-x^2}\,dx$ konvergent oder divergent?

17. (*a*) Man zeichne $y = e^{-x}(1 + \sin x)$ für $x \geqslant 0$.
(*b*) Das Gebiet unterhalb der Kurve von (*a*) und oberhalb der positiven x-Achse rotiert um die y-Achse. Man bestimme das Volumen des entstehenden Körpers.

18. Man gebe ein Gebiet R der x-y-Ebene an, bei dessen Rotation um die x-Achse das Volumen des entstehenden Körpers durch ein elementares Integral dargestellt werden kann, während dies bei Rotation des Gebietes um die x-Achse nicht der Fall ist.

19. Bei der Berechnung des Verhältnisses zwischen Oberfläche und Volumen des Wankelmotors mußten die Techniker die Bogenlänge eines Abschnittes der Epitrochoide bestimmen.

(*a*) Man zeige, daß die Länge eines allgemeinen Bogens der Epitrochoide in ihrer Parameterdarstellung von Beispiel 5 des Abschnittes 4.8 durch

$$\int_\alpha^\beta \sqrt{9e^2 + R^2 + 6eR\cos 2\theta}\,d\theta$$

gegeben ist.

(*b*) Man zeige, daß das Integral von (*a*) gleich ist

$$\int_\alpha^\beta (3e+R)\sqrt{1-k^2\sin^2\theta}\,d\theta,$$

wobei $k^2 = 12eR/(3e+R)^2$.

(*c*) Man zeige, daß $k^2 \leqslant 1$. Daher ist das Integral in (*b*) ein elliptisches Integral, für das in vielen mathematischen Handbüchern Tabellen angegeben sind.

20. Das Integral $\int (e^x/x)\,dx$ ist nicht elementar. Man beweise hieraus, daß $\int e^x \ln x\,dx$ ebenfalls nicht elementar ist.

21. In Feynman/Leighton/Sands „Vorlesungen über Physik", Oldenbourg München 1973/75, finden wir eine Bemerkung folgenden Inhalts: „Der Ausdruck nimmt die Gestalt

$$\frac{U}{V} = \frac{(kT)^4}{h^3\pi^2c^3}\int_0^\infty \frac{x^3\,dx}{e^x - 1}$$

an. Dieses Integral ist eine bestimmte Zahl, die wir näherungsweise dadurch erhalten können, daß wir eine Kurve zeichnen und die Fläche unterhalb der Kurve durch Abzählen von Quadraten bestimmen. Sie ist ungefähr 6,5. Die Mathematiker zeigen, daß das Integral exakt durch $\pi^4/15$ gegeben ist."

Man zeige zumindest, daß das Integral konvergent ist und betrachte sowohl $x \to \infty$ als auch $x \to 0$.

22. Ist $\int_0^\infty dx/\sqrt{x}\,\sqrt{x+1}\,\sqrt{x+2}$ konvergent oder divergent?

23. Ein Bohrer mit dem Radius a cm bohrt ein Loch durch den Mittelpunkt einer Kugel mit dem Radius b cm, $b > a$, und hinterläßt einen Ring mit der Höhe 2 cm. Man bestimme das Volumen des Ringes.

24. Ein Faß möge durch die Rotation einer Ellipse entstehen, indem einem stehenden Ellipsoid oben und unten gleiche Kappen abgeschnitten werden. Es sei 1 m hoch und in der Mitte 1 m dick. Seine Grund- und Deckfläche möge einen Durchmesser von $\frac{2}{3}$ m haben. Wie groß ist sein Volumen.

25. Man untersuche die Fläche des Dreiecks AOB und die getönte Fläche, die von der Parabel $y = x^2$ durch die horizontale Linie AB abgeschnitten wird (Bild 4.100).

(*a*) Welches Verhalten erwarten wir für den Quotienten

$$\frac{\text{Fläche des Dreiecks } AOB}{\text{Fläche des Sektors } AOB},$$

wenn A und B sich dem Punkt O? (0; 0) annähern?

(*b*) Man berechne das Verhalten des Quotienten von (*a*), wenn A und B sich an O annähern.

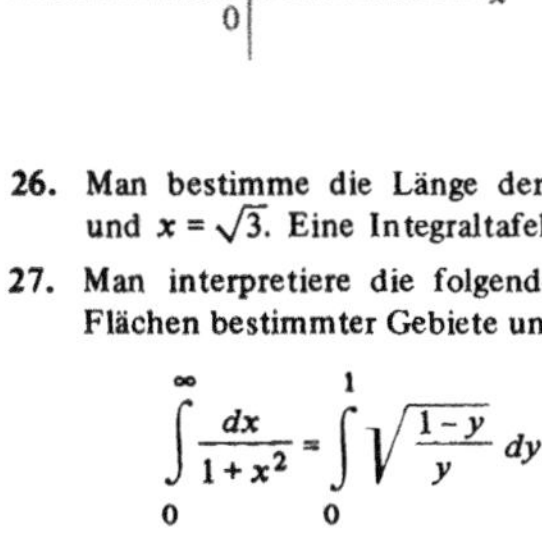

Bild 4.100

26. Man bestimme die Länge der Kurve $y = \ln x$ zwischen $x = 1$ und $x = \sqrt{3}$. Eine Integraltafel kann die Rechnung verkürzen.

27. Man interpretiere die folgenden uneigentlichen Integrale als Flächen bestimmter Gebiete und zeige hierdurch, daß

$$\int_0^\infty \frac{dx}{1+x^2} = \int_0^1 \sqrt{\frac{1-y}{y}}\,dy.$$

28. Man definiere $G(a) = \int_0^\infty a/(1 + a^2x^2)\,dx$.

(*a*) Man berechne $G(0)$.
(*b*) Man berechne $G(a)$, wenn a negativ ist.
(*c*) Man berechne $G(a)$, wenn a positiv ist.
(*d*) Man zeichne den Graphen von G.

29. Man beweise

$$\int_0^\infty \frac{\sin x^2}{x}\,dx = \frac{1}{2}\int_0^\infty \frac{\sin x}{x}\,dx.$$

30. Man berechne die zwei Integrale, die elementar sind. (Eines ist nicht elementar.)

(*a*) $\int \frac{\ln x}{\sqrt{x}}$, (*b*) $\int \sqrt{\ln x}\,dx$,

(*c*) $\int \frac{\sqrt{\ln x}}{x}\,dx$.

31. a sei eine rationale Zahl. Man betrachte die Kurve $y = x^a$ für x im Intervall $[1; 2]$. Man zeige, daß die Oberfläche des durch Rotation dieser Kurve um die x-Achse entstehenden Körpers mit Hilfe des Hauptsatzes in den Fällen $a = 0$, 1 oder $1 + 2/n$ (n ist eine von Null verschiedene ganze Zahl) berechnet werden kann. Dies sind die einzigen rationalen Werte von a, für die das gegebene Integral elementar ist. (Siehe die Bemerkung in Übung 21 des Abschnitts 4.9.)

32. Ist die folgende Rechnung korrekt?

$$\int_{-2}^{1} \frac{dx}{2x+1} = \frac{1}{2}\ln|2x+1|\,\Big|_{-2}^{1} = \frac{1}{2}\ln 3 - \frac{1}{2}\ln 3 = 0?$$

33. Ist die Gesamtlänge der Kurve $r = 1/(1+\theta)$, $\theta \geq 0$ endlich oder unendlich?

34. Ist die Gesamtlänge der Kurve $r = 1/(1+\theta^2)$, $\theta \geq 0$ endlich oder unendlich?

35. Wie groß ist die Länge der Kurve $r = e^{-\theta}$, $\theta \geq 0$?

36. Zur Zeit $t \geq 1$ befindet sich eine Schnecke im Punkt $x = 1/t$; $y = (1/t)\sin t$.

(*a*) Man zeichne den Weg der Schnecke.

(*b*) Man finde ihre Geschwindigkeit zur Zeit t.

(*c*) Wäre der Weg der Schnecke endlich oder unendlich, wenn sie ihre Reise in alle Ewigkeit fortsetzen würde.

37. a sei eine Zahl und durch $x = g(t)$ und $y = h(t)$ sei eine Kurve für $t \geq a$ gegeben. Ferner sei $Q(t) = (g(t), h(t))$ und $P = (g(a), h(a))$ mit $t > a$.

(*a*) Man zeichne die Sehne $PQ(t)$ und die Tangente $T(t)$ in $Q(t)$.

(*b*) Wie groß ist der Anstieg von $PQ(t)$? Was ist der Anstieg von $T(t)$?

(*c*) Unter welchen Annahmen werden die beiden Anstiege in (*b*) für $t \to a^+$ den gleichen Grenzwert haben?

38. Durch $r = e^\theta$, $0 \leq \theta \leq \pi/4$ werde eine Kurve im Polarkoordinaten beschrieben.

In den Übungen (*b*) bis (*f*) stelle man die bestimmten Integrale für die gesuchten Größen auf und zeige, daß sie mit Hilfe des Hauptsatzes berechnet werden könnten.

(*a*) Man zeichne die Kurve.

(*b*) Die Fläche des Gebietes unterhalb der Kurve und oberhalb des Intervalls $[1; e^{\pi/4}\sqrt{2}/2]$ auf der x-Achse ist gesucht.

(*c*) Gesucht ist das Volumen des Körpers, der durch Rotation des in (*b*) gegebenen Gebietes um die x-Achse entsteht.

(*d*) Gesucht ist das Volumen des Körpers, der durch Rotation des Gebietes aus (*b*) um die y-Achse entsteht.

(*e*) Gesucht ist die Fläche, die durch Rotation der in (*a*) gegebenen Kurve um die x-Achse entsteht.

(*f*) Gesucht ist die Fläche, die durch Rotation der in (*a*) gegebenen Kurve um die y-Achse entsteht.

Es gibt wenige Kurven, für die die entsprechenden fünf Integrale alle elementar sind.

39. Man suche den Fehler in der folgenden Rechnung

$$\int_{-1}^{1} \frac{1}{x^2}\,dx = \frac{-1}{x}\,\Big|_{-1}^{1} = \frac{-1}{1} - \frac{-1}{-1} = -2.$$

(Der Integrand ist positiv, doch das Integral ist negativ.)

40. Man kann die Relation

$$\int_0^\infty \frac{x^{n-1}}{1+x}\,dx = \frac{\pi}{\sin n\pi} \qquad \text{für } 0 < n < 1$$

beweisen. Man verifiziere diese Gleichung für $n = \frac{1}{2}$.

41. Man berechne $\int_0^1 x^4 \ln x\,dx$.

42. (*a*) Es sei

$$G(a) = \int_0^\infty \frac{1}{(1+x^a)(1+x^2)}\,dx.$$

Man berechne $G(0)$, $G(1)$, $G(2)$.

(*b*) Mit Hilfe der Substitution $x = 1/y$ zeige man

$$G(a) = \int_0^\infty \frac{x^a\,dx}{(1+x^a)(1+x^2)}.$$

(*c*) Mit Hilfe von (*b*) zeige man, daß unabhängig von a gilt $G(a) = \pi/4$.

43. Man betrachte die Kurve $y = e^x$ für x aus $[0; 1]$.

(*a*) Man gebe die Integrale für ihre Bogenlänge und für die Fläche des bei Rotation um die x- bzw. y-Achse entstehenden Rotationskörpers an.

(*b*) Zwei der drei Integrale sind elementar. Man berechne sie.

44. Man betrachte die Kurve $y = \sin x$ für x aus $[0; \pi]$ und gehe wie in Übung 43 vor. In diesem Falle ist allerdings nur eines der drei Integrale elementar. Man berechne es.

45. Für zwei Werte von a ist $\int \sqrt{1 + a\sin^2\theta}\,d\theta$ elementar. Welche sind dies?

46. Man beweise aus Übung 45, daß für zwei Werte von a

$$\int \frac{\sqrt{1+ax^2}}{\sqrt{1-x^2}}\,dx$$

elementar ist.

47. Es gibt drei Werte von b für die $\int \sqrt{1 + b\cos\theta}\,d\theta$ elementar ist. Welche sind dies?

48. Aus Übung 47 beweise man, daß für drei Werte von b

$$\int \frac{\sqrt{1+bx}}{\sqrt{1-x^2}}\,dx$$

elementar ist.

49. Angenommen, man wollte $\int_0^3 e^x dx$ (was gleich $e^3 - 1$ ist) abschätzen, um einen Näherungswert für e^3 *zu erhalten*. Welches wäre der maximale Fehler für $h = 0{,}1$ und die

(*a*) Linkspunktmethode, (*b*) Mittelpunktmethode,
(*c*) Trapezmethode, (*d*) Simpsonsche Regel.

■

50. Man zeige

$$\int_0^\infty \frac{dx}{1+x^4} = \int_0^\infty \frac{x^2\,dx}{1+x^4}. \qquad \textit{Hinweis: } \text{Es sei } x = 1/y.$$

51. Ist die Fläche unterhalb der Kurve $y = (\ln x)/x^2$, oberhalb der x-Achse und rechts von der Geraden $x = 1$ endlich oder unendlich?

52. Ist $\int_0^1 x \ln x \, dx$ konvergent oder divergent?

53. Man zeichne den Graphen von $r = 3/(\cos\theta + 2\sin\theta)$, bestimme jedoch zuerst die Gleichung in kartesischen Koordinaten.

54. Für welche Werte von k ist die Bogenlänge der Kurve $r = 1 + k\cos\theta$ mit Hilfe des Hauptsatzes zu berechnen? Übung 47 wird bei der Lösung helfen.

55. Aus einer Öffnung über dem Boden eines zylindrischen Tanks mit dem Radius r und der Höhe h (Bild 4.101) fließen pro Sekunde $\sqrt{y}$ Kubikmeter Wasser, wenn die Höhe der Wassersäule y Meter beträgt. Zu Beginn ist der Tank gefüllt.

(*a*) In welcher Zeit ist der Tank halb voll?
(*b*) Nach welcher Zeit ist der Tank leer?

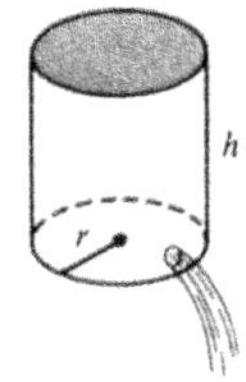

Bild 4.101

■■

56. Ein Teilchen bewegt sich derart auf einer Geraden, daß seine mittlere Geschwindigkeit über das Zeitintervall $[a; b]$ seiner Geschwindigkeit zum Zeitpunkt $(a + b)/2$ gleich ist. Man zeige, daß die Geschwindigkeit $v(t)$ von der Form $ct + d$ sein muß, wobei c und d geeignete Konstanten sind. *Hinweis:* Man differenziere die Beziehung

$$\int_a^b v(t)\, dt = [v((a + b)/2)]\,(b - a)$$

bezüglich b und bezüglich a.

57. Ein Teilchen bewegt sich derart auf einer Geraden, daß der zeitliche Mittelwert seiner Geschwindigkeit über das Zeitintervall $[a; b]$ gleich dem Mittel seiner Geschwindigkeit am Beginn und am Ende des Zeitintervalls ist. Man zeige, daß die Geschwindigkeit von der Form $ct + d$ ist, wobei c und d geeignete Konstanten sind. *Hinweis:* Man differenziere die Relation

$$\int_a^b v(t)\, dt = \frac{v(a) + v(b)}{2}\,(b - a)$$

bezüglich a und bezüglich b.

58. Eine Scheibe mit dem Radius a ist mit einer endlichen Anzahl, möglicherweise überlappender Streifen bedeckt. Man beweise, daß die Summe ihrer Breiten mindestens $2a$ ist. (Wenn die Streifen parallel sind, ist die Behauptung offensichtlich richtig; man nehme nun an, daß die Streifen nicht parallel sind.) Ein Streifen besteht aus den Punkten zwischen zwei parallelen Geraden.

59. Man zeige, daß die einzigen beiden verschiedenen ganzen Zahlen x und y, für die $x^y = y^x$ gilt, 2 und 4 (oder 4 und 2) sind.

In Übung 60 wird ein Beweis skizziert, daß die Summe der Kehrwerte der Quadrate aller positiven Zahlen gleich $\pi^2/6$ ist. Dieser Beweis ist der elementarste von vielen Beweisen für diese Tatsache, die erstmals auf zweifache Weise von Euler bewiesen wurde. Der angeführte Beweis stammt von D. P. Giesy und erschien in *Mathematics Magazine*, Vol. 45, pp. 148–149, 1972.

60. Es sei $f_n(x) = \frac{1}{2} + \cos x + \cos 2x + \ldots + \cos nx$.

(*a*) Man zeige

$$f_n(x) = \frac{\sin\left[\frac{(2n+1)\,x}{2}\right]}{2\sin(x/2)} \qquad x \neq 2m\pi,\ m \text{ ganzzahlig,}$$

für $n = 1$.

(*b*) Man zeige, daß aus der Gültigkeit von (*a*) für $n = k$ auch die Gültigkeit für $n = k + 1$ folgt. Daher gilt die Formel für alle n.

(*c*) Man zeige

$$E_n = \int_0^\pi x f_n(x)\, dx = \frac{\pi^2}{4} + \sum_{k=1}^{n} \frac{(-1)^k}{k^2} - \frac{1}{k^2}.$$

(*d*) Man zeige

$$\frac{1}{2} E_{2n-1} = \frac{\pi^2}{8} - \sum_{k=1}^{n} \frac{1}{(2k-1)^2}.$$

(*e*) Es sei

$$g(x) = D\left(\frac{x/2}{\sin(x/2)}\right).$$

Man zeige

$$E_{2n-1} = \frac{1}{4n-1}\left[2 + 2\int_0^\pi g(x)\cos\frac{(4n-1)\,x}{2}\, dx\right].$$

(*f*) Man zeige $0 < g(x) \leqslant \frac{1}{2}$ für $0 < x \leqslant \pi$.

(*g*) Man zeige $\lim\limits_{n\to\infty} E_{2n-1} = 0$ und daß daher

$$\lim_{n\to\infty} \sum_{k=1}^{n} \frac{1}{(2k-1)^2} = \frac{\pi^2}{8}.$$

(*h*) Aus (*g*) leite man her

$$\lim_{n\to\infty} \sum_{k=1}^{n} \frac{1}{k^2} = \frac{\pi^2}{6}.$$

61. Man suche eine Funktion $y = f(x)$, so daß

$$\frac{dy}{dx} = \frac{1 + y^2}{1 + x}.$$

Hinweis: Zunächst schaffe man alle Ausdrücke mit y auf eine Seite der Gleichung und alle mit x auf die andere Seite.

5 Bestimmte Integrale über ebene Gebiete

In Kapitel 1 wurde das bestimmte Integral einer Funktion f über ein Intervall $[a; b]$ diskutiert. Wir haben dabei das Intervall in Abschnitte unterteilt und in jedem dieser Abschnitte einen Testpunkt ausgewählt, um eine Näherungssumme zu bilden. Das bestimmte Integral war dann der Limes dieser Summe, wenn die Unterteilungen des Intervalls immer feiner und feiner gemacht wurden.

Eine ähnliche Vorgangsweise kann auch für ebene Gebiete, wie etwa Dreiecke, Kreise, Rechtecke angewendet werden. Ein derartiges Gebiet wird in kleinere Gebiete geteilt, in jedem dieser kleinen Gebiete wird ein Testpunkt ausgewählt und eine entsprechende Summe gebildet. Dies ergibt ein bestimmtes Integral über ein ebenes Gebiet, mit dessen Hilfe man Volumina, Schwerpunkte und Trägheitsmomente berechnen kann. In Abschnitt 5.1 wird das bestimmte Integral über ein ebenes Gebiet definiert. Die folgenden Abschnitte geben zwei Wege zu seiner Berechnung.

5.1 Das bestimmte Integral einer Funktion über ein ebenes Gebiet

Anhand von zwei Problemen soll das bestimmte Integral einer Funktion über ein ebenes Gebiet eingeführt werden.

Unter einem ebenen Gebiet verstehen wir eine Menge von Punkten der Ebene, die von einer Kurve oder einem Polygon umschlossen sind. Wenn ein derartiges Gebiet in Untermengen geteilt wird, so sollen auch die kleineren Gebiete von Kurven oder Polygonen begrenzt sein.

Problem 1: Man schätze das Volumen des folgenden Körpers S ab: Über jedem Punkt P eines 4 cm × 2 cm Rechteckes R errichten wir eine Strecke, deren Länge in Zentimeter durch das Quadrat des Abstandes zwischen P und dem Eckpunkt A gegeben ist (Bild 5.1). Diese Strecken bilden einen Körper S, der in Bild 5.2 dargestellt ist. Der höchste Punkt von S befindet sich über dem Eckpunkt von R, der dem Punkt A gegenüber liegt. An dieser Stelle beträgt die Höhe des Körpers nach dem Pythagoräischen Lehrsatz $(4^2 + 2^2)$ cm = 20 cm.

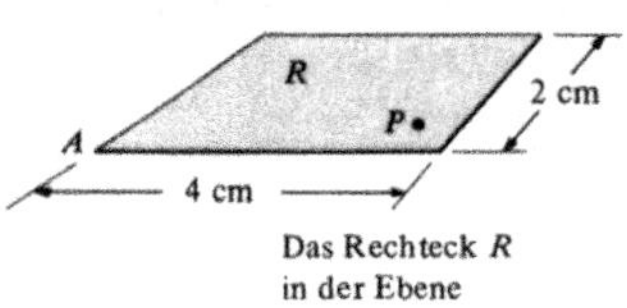

Bild 5.1

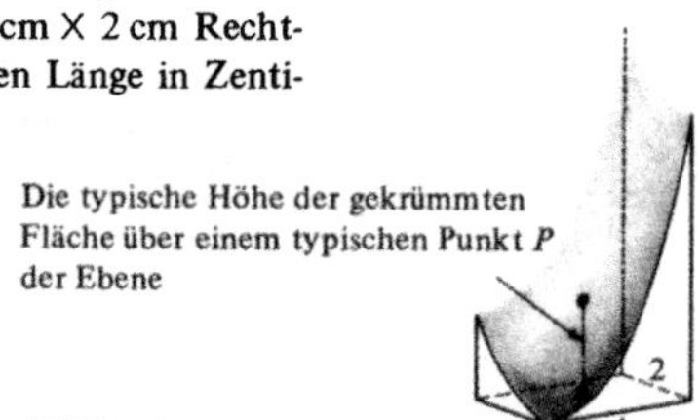

Bild 5.2

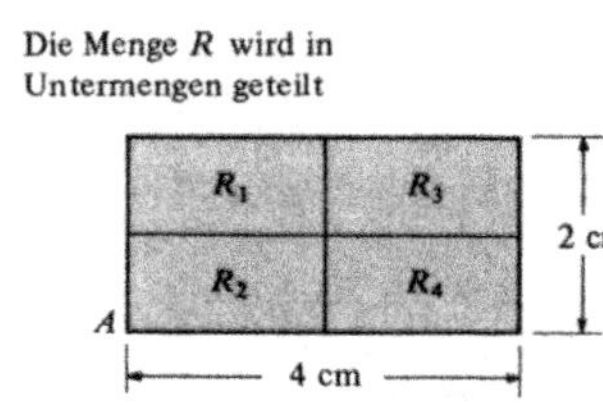

Bild 5.3

Zunächst ist das Volumen von S sicher kleiner als $(4 \cdot 2 \cdot 20\,\text{cm}^3 = 160\,\text{cm}^3$, da S im Inneren eines Quaders mit der Basisfläche $(4 \cdot 2)\,\text{cm}^2$ und der Höhe 20 cm liegt.

Um zu genaueren Abschätzungen zu kommen, teilen wir die rechteckige Basis in kleinere Stücke, etwa in vier gleichgroße Rechtecke R_1, R_2, R_3 und R_4 (Bild 5.3). Zur Näherung des Volumens von S schätzen wir das Volumen des Teiles von S ab, der sich über den jeweiligen Rechtecken R_1, R_2, R_3 und R_4 befindet, und addieren diese Abschätzungen. Zu diesem Zweck wählt man einen Punkt in jedem der vier Rechtecke, sagen wir den Mittelpunkt, und errichten in der Folge über jedem der Rechtecke einen Quader, dessen Höhe gerade der Höhe von S oberhalb des Mittelpunktes des gewählten Rechteckes entspricht (Bild 13.4). So ist die Höhe des Quaders über R_1 gleich $[1^2 + (\frac{3}{2})^2]\,\text{cm} = \frac{13}{4}$ cm, die Höhe des Quaders über R_2 gleich $[1^2 + (\frac{1}{2})^2]\,\text{cm} = \frac{5}{4}$ cm usw. Durch Addition der vier Volumina erhalten wir die folgende Schätzung des Volumens von S:

$$\frac{13}{4} \cdot 2\,\text{cm}^3 + \frac{5}{4} \cdot 2\,\text{cm}^3 + \frac{45}{4} \cdot 2\,\text{cm}^3 + \frac{37}{4} \cdot 2\,\text{cm}^3 = 50\,\text{cm}^3.$$

Dies ist allerdings nur eine mögliche Abschätzung. Mit derselben Teilung von R könnten wir auch andere Abschätzungen erhalten, wenn wir innerhalb der Rechtecke andere Punkte P zur Bestimmung der Höhen unserer Näherungsquader verwenden.

Ganz allgemein beginnen wir zur genaueren Abschätzung des Volumens von S das Gebiet R in kleinere Untergebiete $R_1, R_2, \ldots, R_n$ zu teilen, und in jedem dieser Untergebiete einen Punkt auszuwählen. Wir bezeichnen die Höhe von S über einem typischen Punkt P_i von R_i durch $c(P_i)$, die Fläche von R_i sei A_i. Dann wird durch

$$c(P_1)\,A_1 + c(P_2)\,A_2 + \ldots + c(P_n)\,A_n$$

die Abschätzung des Volumens von S auf eine Summe der Volumina von n Körpern zurückgeführt. Ein typischer Körper kann wie in Bild 5.5 aussehen. Wir nennen einen solchen Körper Zylinder.

Problem 2: Man schätze die Masse einer rechteckigen Schicht R in folgender Weise ab. Die Dimensionen der

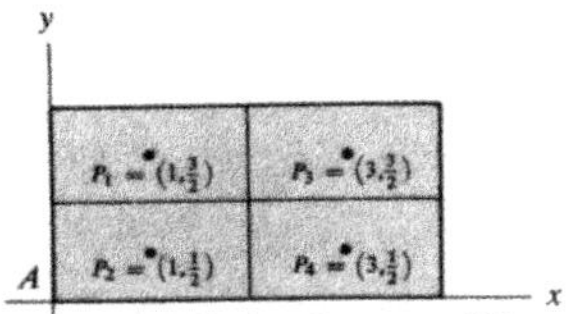

a) Die Unterteilungen und ihre Punkte werden durch ihre x- und y-Werte beschreiben

Bild 5.4

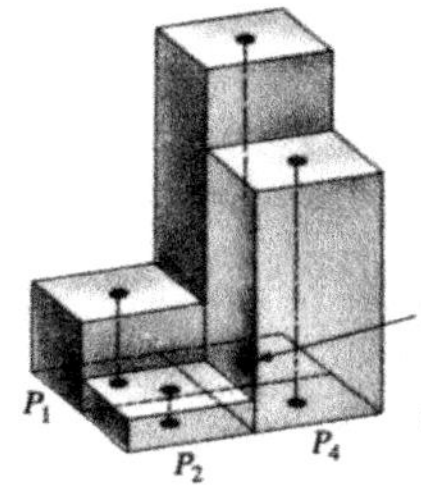

b) Die Grundfläche jedes Quaders beträgt 2 cm^2

a) Eine typische Teilung von R

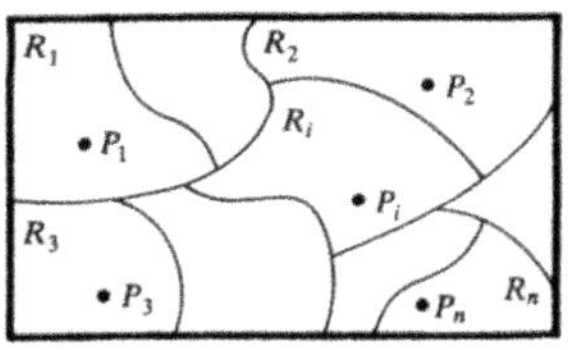

Bild 5.5

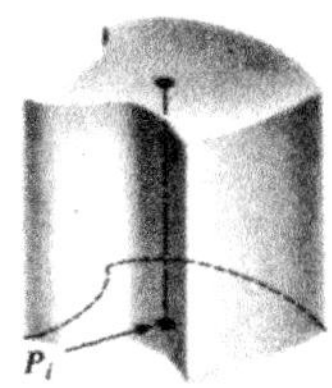

b) Der Zylinder hat die Basis R_i mit der Fläche A_i, die Höhe $c(P_i)$ und das Volumen $c(P_i)\,A_i$

Schicht betragen $4\,\text{cm} \cdot 2\,\text{cm}$ (Bild 5.6). Das Material selbst ist in der Nähe von A dünn und wird mit der Entfernung von A dichter. Nehmen wir an, die Dichte in der Nähe jedes Punktes P sei zahlenmäßig gleich dem Quadrat des Abstandes zwischen P und A (gemessen in g/cm^2). Die größte Dichte wird dann an dem zu A diagonal gegenüberliegenden Eckpunkt auftreten und
$(4^2 + 2^2)\,\text{g/cm}^3 = 20\,\text{g/cm}^2$ betragen.

Zunächst ist die gesamte Masse sicher geringer als $(4 \cdot 2 \cdot 20)\,\text{g} = 160\,\text{g}$, da die Gesamtfläche $4 \cdot 2\,\text{cm}^2$ beträgt und die Dichte das Maximum von $20\,\text{g/cm}^2$ nicht überschreitet.

Bild 5.6

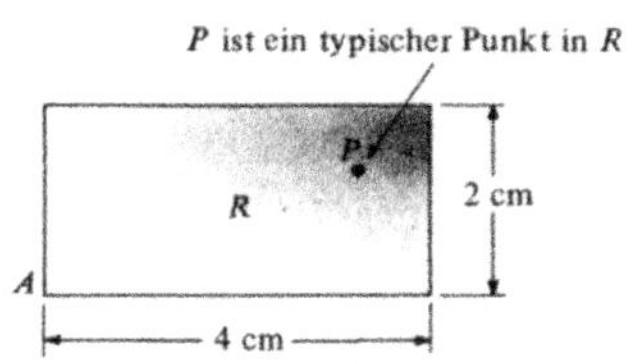

Um nun eine genauere Schätzung zu erhalten, teilen wir das Rechteck in kleinere Teile, etwa in die vier kongruenten Rechtecke des Bildes 5.7. Wir schätzen die Gesamtmasse, indem wir die Masse jedes der Rechtecke R_1, R_2, R_3 und R_4 annähern. Zu diesem Zweck wählen wir jeweils den Mittelpunkt der vier Rechtecke und berechnen die Dichte in jedem dieser vier Punkte. So ist die Dichte in P_1 gleich $1^2 + (\frac{3}{2})^2 = \frac{13}{4}$ g/cm^2, und wir erhalten für R_1 als Abschätzung der Masse $\frac{13}{4} \cdot 2$ g, da die Fläche von R_1 genau 2 cm^2 beträgt. Summieren wir die Abschätzungen für jedes der vier Rechtecke, so ergibt sich

$$\left(\frac{13}{4} \cdot 2 + \frac{5}{4} \cdot 2 + \frac{45}{4} \cdot 2 + \frac{37}{4} \cdot 2\right) \text{g} = 50\,\text{g}$$

a) Das Gebiet R wird in 4 kleinere Gebiete unterteilt

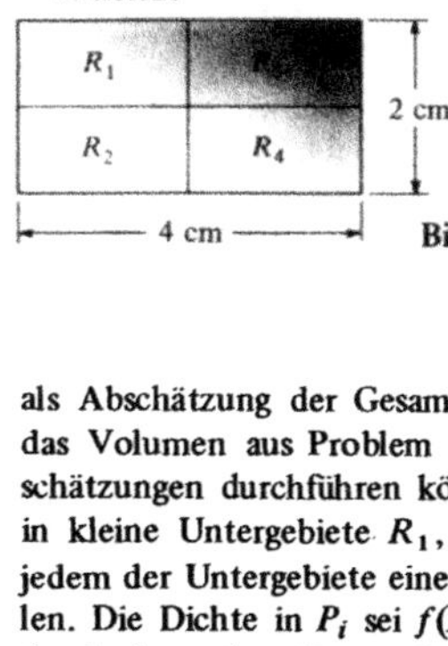

b) In jedem Teilgebiet wird ein Punkt ausgewählt

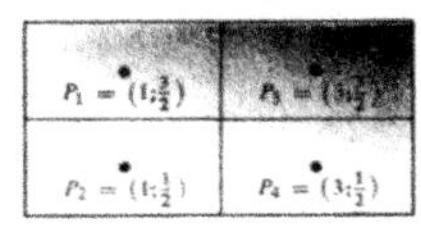

Bild 5.7

als Abschätzung der Gesamtmasse in R. Genauso wie für das Volumen aus Problem 1 hätten wir auch andere Abschätzungen durchführen können. Wir müßten dazu nur R in kleine Untergebiete $R_1, R_2, \dots, R_n$ unterteilen und in jedem der Untergebiete einen Punkt $P_1, P_2, \dots, P_n$ auswählen. Die Dichte in P_i sei $f(P_i)$ und die Fläche von R_i sei durch A_i gegeben. Dann erhalten wir

$$f(P_1) \cdot A_1 + f(P_2) \cdot A_2 + \dots + f(P_n) \cdot A_n$$

als Abschätzung der Gesamtmasse.

Obwohl wir weder das Volumen aus Problem 1 noch die Masse aus Problem 2 exakt bestimmt haben, können wir bereits feststellen, daß die Antwort zu dem einen Problem mit der Antwort zu dem anderen Problem übereinstimmen muß: Der Vorgang zur Berechnung eines Schätzwertes ist für das Volumen der gleiche, wie für die Masse.

Die Ähnlichkeit der hier auftretenden Summen zu den Summen aus Kapitel 1 legen es nahe, die Definition des bestimmten Integrals über ein Intervall $[a; b]$ auf ebene Gebiete zu verallgemeinern. Um von „feinen" Teilungen der Ebene sprechen zu können, benötigen wir zunächst zwei Definitionen.

Definition des Durchmessers eines Gebietes: Das ebene Gebiet S sei durch eine Kurve oder ein Polygon begrenzt.

Unter dem Durchmesser von S verstehen wir den größten Abstand zwischen zwei Punkten von S.

So ist der Durchmesser eines Quadrates der Seitenlänge s durch $s\sqrt{2}$ gegeben. Der Durchmesser eines Kreises mit dem Radius r beträgt $2r$, stimmt also mit dem üblichen Durchmesser überein.

Definition der Feinheit einer Teilung in der Ebene: Es sei $R_1, R_2, \ldots, R_n$ die Teilung eines ebenen Gebietes R in kleinere Gebiete. Unter der Feinheit der Teilung verstehen wir den größten der Durchmesser der Teilgebiete $R_1, R_2, \ldots, R_n$.

Die Feinheit der Teilungen aus Problem 1 und Problem 2 beträgt nach dieser Definition $\sqrt{5}$.

Nun kann das bestimmte Integral über ein ebenes Gebiet definiert werden.

Definition des bestimmten Integrals einer Funktion f über ein ebenes Gebiet R: Durch die Funktion f sei jedem Punkt P eines ebenen Gebietes R eine Zahl $f(P)$ zugeordnet. Wir betrachten die typische Summe

$$f(P_1)A_1 + f(P_2)A_2 + \ldots + f(P_n)A_n,$$

die sich aus einer Teilung von R ergibt, wobei A_i die Fläche von R_i darstellt und P_i in R_i liegt. Wir lassen nun die Feinheit der Teilung nach Null gehen. Wenn dann die obige Summe (unabhängig von der Wahl der Punkte P_i in den Gebieten R_i) einer bestimmten Zahl zustrebt, wird diese Zahl das bestimmte Integral von f über das Gebiet R genannt und wir schreiben

$$\int_R f(P)\,dA.$$

oder kurz:

$$\lim_{\text{Maß} \to 0} \sum_{i=1}^{n} f(P_i)A_i = \int_R f(P)\,dA.$$

Der Vergleich dieser Definition mit der Definition des bestimmten Integrals über ein Intervall ist informativ. In beiden Fällen erhalten wir Grenzwerte, die durch bestimmte Summen von Produkten angestrebt werden. Die Summen selbst werden in weitgehender Analogie gebildet, wie die folgende Tabelle zeigt.

gegeben:	*Man berechne für jede Untermenge der Teilung,*	*wähle aus jeder der Untermengen*	*und bilde den Grenzwert von Summen der Form*
ein Intervall und eine dort definierte Funktion	die Länge $x_i - x_{i-1}$	einen Punkt (durch seine Koordinate X_i bezeichnet)	$\sum_{i=1}^{n} f(X_i)(x_i - x_{i-1})$
ein Gebiet in der Ebene und eine dort definierte Funktion	die Fläche A_i	einen Punkt P_i	$\sum_{i=1}^{n} f(P_i)A_i$

Das bestimmte Integral ist nicht eine der in dieser Tabelle gebildeten Summen, sondern die Zahl, der sich diese Summen annähern, wenn die Feinheit der Teilung gegen Null strebt. Das bestimmte Integral von f über das Gebiet R wird manchmal *Integral von f über R* oder *Integral von $f(P)$ über R* genannt.

So ist sowohl das Volumen aus Problem 1, als auch die Masse aus Problem 2 durch das bestimmte Integral

$$\int_R (x^2 + y^2)\,dA$$

gegeben, wobei R hier die Form eines Rechteckes mit den Eckpunkten (0; 0), (4; 0), (0; 2), (4; 2) besitzt.

Unsere beiden Beispiele für das bestimmte Integral über ein ebenes Gebiet sind von großer praktischer Bedeutung und wir wollen sie daher in voller Allgemeinheit formulieren.

Das Volumen eines Körpers als Integral über ein ebenes Gebiet R: Betrachten wir einen Körper S und wählen wir eine bestimmte Gerade L im Raum (Bild 5.8). Angenommen, alle zu L parallelen Geraden, die auf S treffen, schneiden S längs einer Strecke oder in einem Punkt. Wir wählen nun eine zu L senkrechte Ebene. R sei der „Schatten" oder die „Projektion" von S auf die Ebene. Wir verstehen darunter die Menge aller Punkte, in denen diese Ebenen von jenen Parallelen zu L geschnitten wird, die irgendwo auf S treffen. Für jeden Punkt P von R sei $c(P)$ die Länge der Strecke, die die Parallele durch P mit S gemeinsam hat. Nun teilen wir R in kleinere Gebiete $R_1, R_2, \ldots, R_n$ und wählen in jedem dieser Gebiete einen Testpunkt P_i für $i = 1, 2, \ldots, n$. Die Fläche von R_i sei A_i. Dann nähern wir das Volumen von S oberhalb von R_i durch einen Zylinder mit der Höhe $c(P_i)$ und einer Basis, die zu R_i kongruent ist. Das Volumen des i-ten Zylinders ergibt sich als $c(P_i)A_i$.

Daher ist

$$\sum_{i=1}^{n} c(P_i)A_i$$

eine Abschätzung für das Volumen von S. Es folgt

$$\text{Volumen von } S = \int_R c(P)\,dA.$$

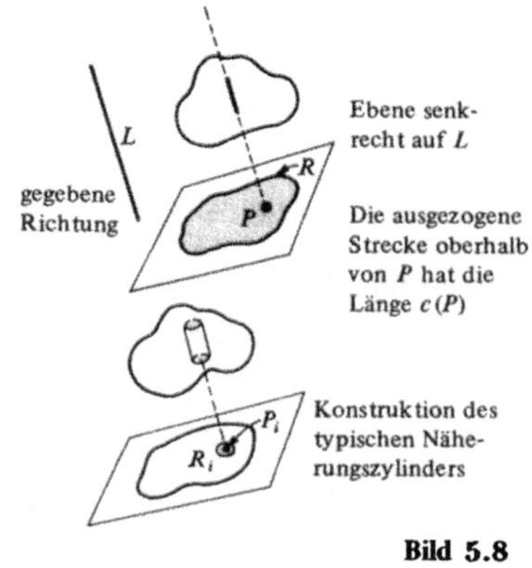

Bild 5.8

Die Masse eines ebenen Gebietes (Schicht) als Integral über dieses Gebiet R: Betrachten wir nun eine Massenverteilung in einem ebenen Gebiet R (Bild 5.9). Die Dichte kann über das Gebiet variieren. Wir bezeichnen die Dichte im Punkt P durch $f(P)$ (in g/cm^2). Um die gesamte Masse innerhalb des Gebietes R abzuschätzen, teilen wir R in kleine Gebiete R_i und wählen für jedes $i = 1, 2, \ldots, n$ einen Testpunkt P_i aus R_i. Dann ergibt sich für die Masse in R_i näherungsweise

$$f(P_i)\, A_i,$$

da bei annähernd konstanter Dichte die Masse ungefähr durch das Produkt von Dichte und Fläche gegeben ist. Daher liefert

$$\sum_{i=1}^{n} f(P_i)\, A_i$$

Bild 5.9

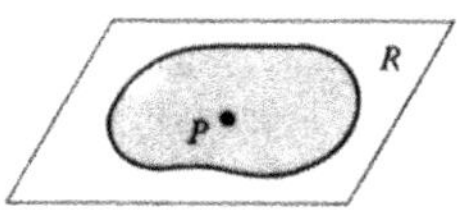

Eine ebene Massenverteilung. Die Dichte im Punkt P beträgt $f(P)$, gemessen in g/cm^2

eine Abschätzung für die Masse innerhalb von R und wir erhalten schließlich

$$\text{Masse in } R = \int_R f(P)\, dA.$$

Für Techniker und Physiker ist dies eine wichtige Interpretation des zweidimensionalen Integrales: Das bestimmte Integral der Dichte ergibt die Masse.

In Kapitel 1 wurde gezeigt, daß das bestimmte Integral über die Dichte längs einer Strecke die Gesamtmasse längs dieser Strecke ergibt. In Kapitel 6 werden wir die analoge Aussage für eine räumliche Materieverteilung gewinnen. Dazu müssen wir das bestimmte Integral über ein räumliches Gebiet definieren.

Um die Analogie zwischen Integralen über ebene Mengen und Integralen über Intervalle weiterzuführen, definieren wir den Mittelwert einer Funktion über ein ebenes Gebiet.

Definition des Mittelwerts: Der Mittelwert von f über das Gebiet R ist

$$\frac{\int_R f(P)\, dA}{\text{Fläche von } R}.$$

Ist $f(P)$ für alle P aus R positiv, können wir eine einfache geometrische Interpretation dieses Mittelwertes geben. S sei der unterhalb des Graphen von f (eine Fläche) und oberhalb des Gebietes R liegende Körpers (Bild 5.10). Der Mittelwert von f über R ist dann die Höhe des Zylinders, dessen Basis durch R gegeben wird und dessen Volumen mit dem Volumen von S übereinstimmt. Analoge Beobachtungen wurden in Abschnitt 4.5 hinsichtlich des Mittelwertes von $f(x)$ über $[a; b]$ angestellt.

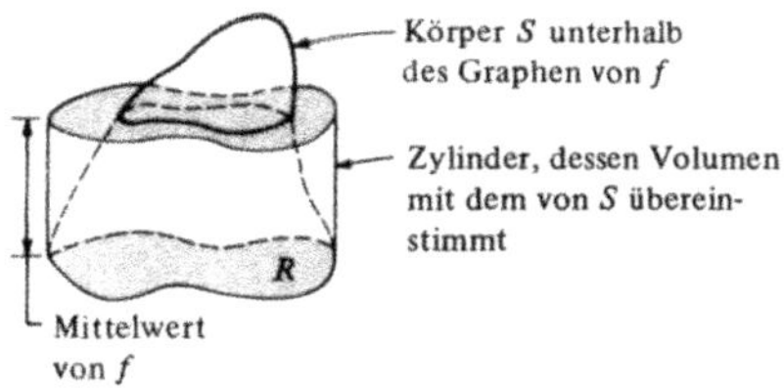

Bild 5.10

Das Integral $\int_R f(P)\, dA$ wird als *zweidimensionales Integral* bezeichnet, um es vom Integral $\int_a^b f(x)\, dx$ zu unterscheiden, das wir *eindimensionales Integral* nennen.

Übungen:

1. Bei der Abschätzung des Volumens in Problem 1 wurden die Mittelpunkte der kleinen Rechtecke als P_i verwendet. Man schätze das Volumen aus Problem 1 mit Hilfe derselben Teilung, nehme jedoch als P_i
   (*a*) die unteren linken Eckpunkte für jedes R_i,
   (*b*) die oberen rechten Eckpunkte für jedes R_i.
   (*c*) Was folgt aus (*a*) und (*b*) über das Volumen des Körpers?
2. Man schätze die Masse aus Problem 2 durch Teilung von R in 8 kongruente Quadrate ab und verwende als P_i
   (*a*) die Mittelpunkte,
   (*b*) die oberen rechten Eckpunkte,
   (*c*) die linken unteren Eckpunkte.
3. Es sei R eine Menge in der Ebene mit der Fläche A. f sei eine Funktion, so daß für jeden Punkt in R gilt $f(P) = 5$.
   (*a*) Was kann über irgendeine Näherungssumme $\sum_{i=1}^{n} f(P_i)\, A_i$ gesagt werden, die für dieses R und dieses f gebildet wird?
   (*b*) Welcher numerische Wert ergibt sich für $\int_R f(P)\, dA$.
4. Es sei $f(P) = 1$ für jeden Punkt P im ebenen Gebiet R. Man zeige, daß das Integral einfach die Fläche von R ergibt.
5. (*a*) Man wähle f und R wie in Problem 1 oder 2 und verwende die Abschätzung von $\int_R f(P)\, dA$ aus dem Text, um den Mittelwert von f über R zu bestimmen.
   (*b*) Mit Hilfe der Erkenntnisse aus Übung 2 zeige man, daß dieser Mittelwert zwischen 4 und 10 liegt.
6. (*a*) Man zeige, daß die Fläche eines ebenen Gebietes mit Durchmesser d kleiner als d^2 ist.
   (*b*) Welche Figur hat die größte Fläche: Ein Kreis mit dem Durchmesser d, ein Quadrat mit dem Durchmesser d oder ein gleichseitiges Dreieck mit dem Durchmesser d?
   (*c*) Man überlege, wie groß die Fläche eines Gebietes mit dem Durchmesser d sein kann.
   (*d*) Kann um jedes gegebene Gebiet mit dem Durchmesser d ein Kreis mit dem Durchmesser d gezeichnet werden?

In den Übungen 7 bis 10 beschreibe man für den gegebenen Körper die allgemeine Form der Projektion (des Schattens) auf die gegebene Ebene.

7. Eine Kugel; eine beliebige Ebene.
8. Ein gerader Kreiszylinder; eine Ebene parallel zur Achse des Zylinders.

9. Ein gerader Kreiskegel; eine Ebene parallel zur Achse des Kegels.
10. Ein gerader Kreiskegel; eine Ebene parallel zur Basis.
11. Man nehme für alle P in R an $m \leqslant f(P) \leqslant M$. Es sei A die Fläche von R. Durch Approximation mittels Summen zeige man

$$mA \leqslant \int_R f(P)\, dA \leqslant MA.$$

Ein Taschenrechner oder eine Tafel wird bei der Lösung der Übungen 12 bis 14 von Nutzen sein.

12. (*a*) Es sei R das Rechteck mit den Eckpunkten (0; 0), (2; 0), (2; 3), (0; 3). Ferner sei $f(x;y) = \sqrt{x+y}$. Man schätze $\int_R \sqrt{x+y}\, dA$ durch Teilung von R in 6 Quadrate ab, deren Mittelpunkte als Testpunkte verwendet werden.
(*b*) Man verwende (*a*), um den Mittelwert von f über R abzuschätzen.

■

13. (*a*) Es sei R das Quadrat mit den Eckpunkten (0; 0), (0,8; 0), (0,8; 0,8), (0; 0,8). Es sei ferner $f(P) = f(x;y) = e^{xy}$. Man schätze $\int_R e^{xy}\, dA$ durch Teilung von R in 16 Quadrate, deren Mittelpunkte als Testpunkte verwendet werden.
(*b*) Man verwende (*a*), um den Mittelwert von $f(P)$ über R abzuschätzen.
(*c*) Man zeige: $0{,}64 \leqslant \int_R f(P)\, dA \leqslant 0{,}64 e^{0{,}64}$.
14. (*a*) Es sei R das Dreieck mit den Eckpunkten (0; 0), (4; 0), (0; 4). Ferner sei $f(x;y) = x^2 y$. Man verwende entsprechend Bild 5.11 eine Teilung in vier Dreiecke und die dargestellten Testpunkte.
(*b*) Welches ist der maximale Wert von $f(x;y)$ in R?
(*c*) Aus (*b*) bestimme man eine obere Schranke für $\int_R f(P)\, dA$.

■■

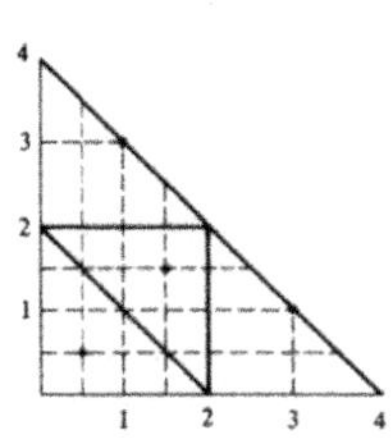

Bild 5.11

15. (*a*) Es sei R eine Kreisscheibe mit dem Radius 1. Ferner sei $f(P)$ der Abstand zwischen P und dem Kreismittelpunkt. Wir teilen R mit Hilfe von Strahlen durch den Kreismittelpunkt und von konzentrischen Kreisen. Man zeige

$$\int_R f(P)\, dA = \frac{2\pi}{3}.$$

(*b*) Man bestimme den Mittelwert von f über R.

5.2 Die Beschreibung ebener Gebiete durch Koordinaten

In Abschnitt 5.3 werden wir bestimmte Integrale über ebene Gebiete auf zwei Integrale über gewisse Intervalle zurückführen. Zu diesem Zweck müssen wir die Integrationsgebiete mit Hilfe von Koordinatensystemen beschreiben. Dies geschieht in diesem Abschnitt mit den Methoden der analytischen Geometrie. Das Verfahren wird zunächst an Beispielen für rechtwinkelige Koordinaten und dann für Polarkoordinaten erläutert.

Beispiel 1: Es sei R das Gebiet zwischen $y = x^2$, der x-Achse und der Geraden $x = 2$. Man beschreibe R durch zur y-Achse parallele Schnitte (Bild 5.12).

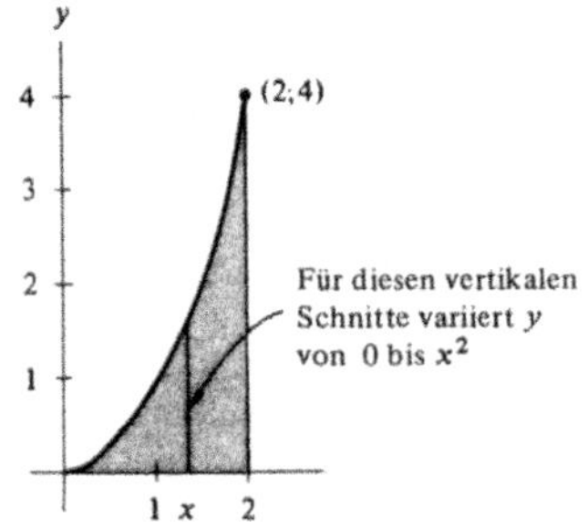

Bild 5.12

Lösung: Wir sehen sofort, daß für Punkte $(x;y)$ aus R die Koordinate von x von 0 bis 2 variiert. Um R nun vollständig zu beschreiben, untersuchen wir das Verhalten von y für jedes x aus dem Intervall [0; 2].

Wir halten x fest und betrachten nur den vertikalen Schnitt durch den Punkt $(x;0)$. Er erstreckt sich von der x-Achse bis zur Kurve $y = x^2$. Für jedes x variiert also die y-Koordinate von 0 bis x^2. Auf diese Weise haben wir R durch vertikale Schnitte vollständig beschrieben. Wir erhalten in kompakter Schreibweise:

$$0 \leqslant x \leqslant 2; \quad 0 \leqslant y \leqslant x^2. \; \bullet$$

Beispiel 2: Man beschreibe das Gebiet aus Beispiel 1 durch Schnitte parallel zur x-Achse, also durch horizontale Schnitte (Bild 5.13).

Lösung: Wir sehen sofort, daß y von 0 bis 4 variiert. Für jedes y aus dem Intervall [0; 4] überstreicht x den Bereich zwischen dem kleinsten Wert $x_1(y)$ und dem größten Wert $x_2(y)$. Für jeden Wert von y aus [0; 4] gilt $x_2(y) = 2$. Um $x_1(y)$ zu bestimmen, gehen wir von der Gleichung der Kurve $y = x^2$ aus, auf der der Punkt $(x_1(y); y)$ liegt:

$$x_1(y) = \sqrt{y}.$$

Damit erhalten wir für R als Beschreibung durch horizontale Schnitte:

$$0 \leqslant y \leqslant 4; \quad \sqrt{y} \leqslant x \leqslant 2. \; \bullet$$

Beispiel 3: Man beschreibe das Gebiet mit den Eckpunkten (0; 0), (6; 0), (4; 2) und (0; 2) durch vertikale Schnitte und durch horizontale Schnitte (Bild 5.14).

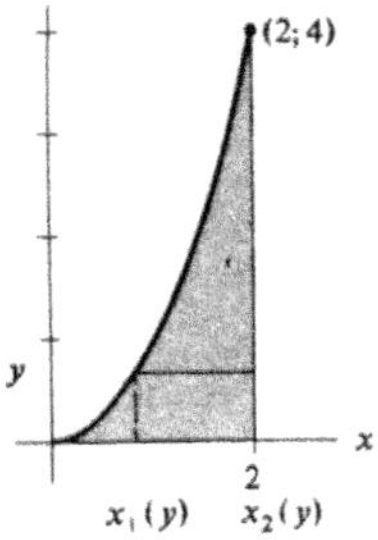

Bild 5.13

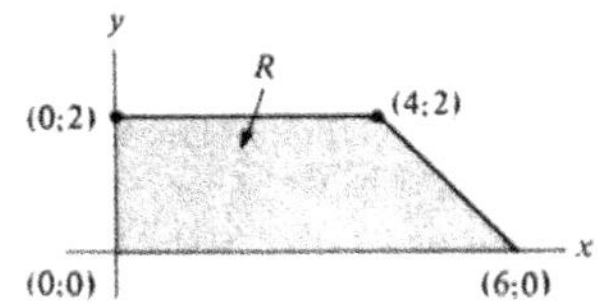

Bild 5.14

Lösung: Offensichtlich variiert x zwischen 0 und 6. Für jedes x aus dem Intervall $[0;4]$ läuft y von 0 bis 2 (unabhängig von x). Für x aus $[4;6]$ läuft y von Null bis zu dem Wert von y, der auf der Geraden durch $(4;2)$ und $(6;0)$ liegt. Diese Gerade hat die Gleichung

$$y = 6 - x.$$

Daher benötigen wir zur Beschreibung von R durch vertikale Schnitte zwei getrennte Informationen:

$$0 \leqslant x \leqslant 4, \quad 0 \leqslant y \leqslant 2$$

und

$$4 \leqslant x \leqslant 6, \quad 0 \leqslant y \leqslant 6 - x.$$

Mit Hilfe horizontaler Schnitte erhalten wir eine einfachere Beschreibung. Zunächst geht y von 0 bis 2. Für jedes y aus $[0;2]$ variiert x von Null bis zu dem Wert x, der auf der Geraden $y = 6 - x$ liegt. Wir lösen diese Gleichung nach x auf

$$x = 6 - y.$$

So wird die Beschreibung wesentlich kürzer:

$$0 \leqslant y \leqslant 2, \quad 0 \leqslant x \leqslant 6 - y. \bullet$$

Diese drei Beispiele sind typisch. Man wird im allgemeinen zunächst den Variationsbereich einer Koordinate bestimmen und dann untersuchen, wie die andere Koordinate variiert, wenn der Wert der ersten Koordinate festgehalten wird.

Auch für Polarkoordinaten wird dieselbe Methode verwendet: Man bestimme zuerst den Variationsbereich von θ und dann für jeden Wert von θ den Variationsbereich von r.

Beispiel 4: R sei ein Kreis mit dem Radius a und dem Mittelpunkt im Pol des Polarkoordinatensystems. Man beschreibe R durch die Schnitte, die sich mit den vom Pol ausgehenden Strahlen ergeben (Bild 5.15).

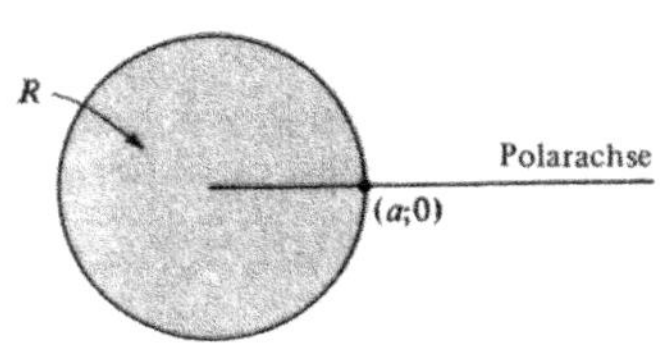

Bild 5.15

Lösung: Um R zu überstreichen, läuft θ von 0 bis 2π. Halten wir nun θ fest und untersuchen das Verhalten von r. Offensichtlich geht r von 0 bis a, und dies unabhängig von θ (Bild 5.16). So erhalten wir als vollständige Beschreibung

$$0 \leqslant \theta \leqslant 2\pi, \quad 0 \leqslant r \leqslant a. \bullet$$

Beispiel 5: R sei das Gebiet zwischen den Kreisen $r = 2\cos\theta$ und $r = 4\cos\theta$. Man beschreibe R durch Schnitte mit Hilfe von Strahlen, die vom Pol ausgehen (Bild 5.17).

Lösung: Um dieses Gebiet zu überstreichen, verwenden wir Strahlen von $\theta = -\pi/2$ bis $\theta = \pi/2$. Für jeden dieser θ-Werte variiert r von $2\cos\theta$ bis $4\cos\theta$. Somit ergibt sich insgesamt die Beschreibung

$$-\frac{\pi}{2} \leqslant \theta \leqslant \frac{\pi}{2}, \quad 2\cos\theta \leqslant r \leqslant 4\cos\theta. \bullet$$

Den Beispielen 4 und 5 zufolge, können wir Gebiete dann sehr einfach durch Polarkoordinaten beschreiben, wenn sie durch Kreise begrenzt werden. Wie das nächste Beispiel zeigen wird, können Polarkoordinaten vorteilhaft auch dann verwendet werden, wenn die Gebiete von Geraden begrenzt werden und diese Geraden durch den Ursprung gehen.

Beispiel 6: R sei das dreieckige Gebiet mit den Eckpunkten $(0;0)$, $(1;1)$ und $(0;1)$ in rechtwinkeligen Koordinaten. Man beschreibe R in Polarkoordinaten (Bild 5.18).

Lösung: Offensichtlich variiert für R der Winkel θ von $\pi/4$ bis $\pi/2$. Für jedes θ geht r auf der Geraden $x = 1$ von Null bis zum Punkt $(r;\theta)$ oder $r\sin\theta = 1$. Somit ergibt sich als oberste Grenze für r in Abhängigkeit von θ der Wert $1/\sin\theta$ und wir erhalten die folgende Beschreibung von R:

$$\frac{\pi}{4} \leqslant \theta \leqslant \frac{\pi}{2}, \quad 0 \leqslant r \leqslant \frac{1}{\sin\theta}. \bullet$$

In der Praxis wird das Gebiet R horizontale, vertikale oder polare Schnitte aufweisen, die durch Strecken gegeben sind. Dies vereinfacht die Beschreibung von R in geeigneten Koordinaten außerordentlich.

Benutzt man vertikale Schnitte, so erhalten wir eine Beschreibung der Form

$$a \leqslant x \leqslant b, \quad y_1(x) \leqslant y \leqslant y_2(x).$$

Dabei sind $y_1(x)$ und $y_2(x)$ Funktionen von x (manchmal Konstante). Im Falle horizontaler Querschnitte ergibt sich die folgende Beschreibung:

$$c \leqslant y \leqslant d, \quad x_1(y) \leqslant x \leqslant x_2(y).$$

Bilden wir Schnitte mit Hilfe von Strahlen, so ergibt sich ein anderer Typ der Darstellung:

$$\alpha \leqslant \theta \leqslant \beta, \quad r_1(\theta) \leqslant r \leqslant r_2(\theta).$$

Übungen:

1. (*a*) Man zeichne das dreieckige Gebiet mit den Eckpunkten $(0;0)$, $(2;1)$ und $(0;1)$.
   (*b*) Man beschreibe es durch vertikale Schnitte.
2. Man beschreibe das Gebiet aus Übung 1 durch horizontale Schnitte.
3. (*a*) Man zeichne das Gebiet zwischen $y = x$ und $y = x^2$.
   (*b*) Man beschreibe es durch vertikale Schnitte.

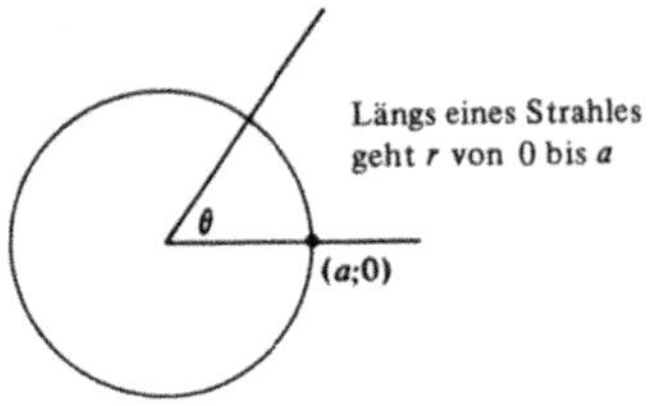

Bild 5.16

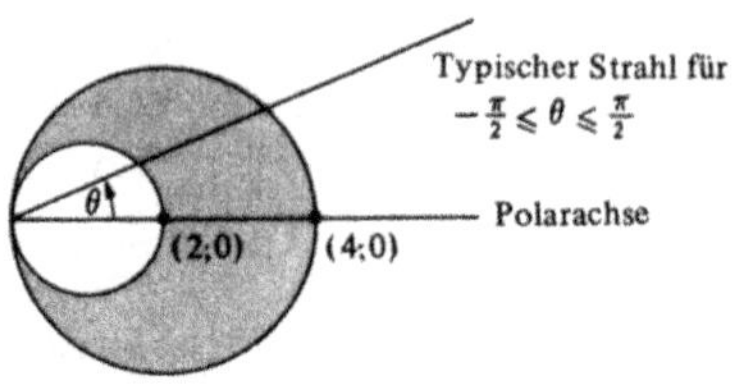

Bild 5.17

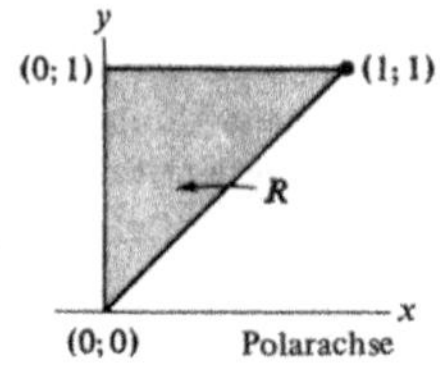

Bild 5.18

4. Man beschreibe das Gebiet aus Übung 3 mit horizontalen Schnitten.
5. Man beschreibe den Kreis aus Beispiel 4 durch vertikale Schnitte. (Das xy-Koordinatensystem wählen wir wie üblich.)
6. Man beschreibe das Gebiet aus Beispiel 5 durch
   (a) vertikale Schnitte,
   (b) horizontale Schnitte.

In den Übungen 7 bis 12 zeichne man das beschriebene Gebiet.

7. $0 \leq x \leq 2,\ 2x \leq y \leq 3x$
8. $0 \leq x \leq 1,\ x^2 \leq y \leq x$
9. $1 \leq y \leq e,\ \ln y \leq x \leq 1$
10. $0 \leq \theta \leq \frac{\pi}{2},\ 0 \leq r \leq 2$
11. $-\frac{\pi}{4} \leq \theta \leq \frac{\pi}{4},\ 1 \leq r \leq 2$
12. $0 \leq \theta \leq 2\pi,\ 1 \leq r \leq 2 + \cos\theta$
13. Man beschreibe das Gebiet aus Übung 7 durch horizontale Schnitte.
14. Man beschreibe das Gebiet aus Übung 8 durch horizontale Schnitte.
15. Man beschreibe das Gebiet aus Übung 9 durch vertikale Schnitte.
16. (a) Man zeichne das Gebiet R mit der Beschreibung $-2 \leq y \leq 2,\ -\sqrt{4-y^2} \leq x \leq \sqrt{4-y^2}$.
    (b) Man beschreibe R durch vertikale Schnitte.
    (c) Man beschreibe R durch Polarkoordinaten.
17. (a) Man zeichne das Gebiet R, das von den vier Geraden $y = 1, y = 2, y = x, y = x/3$ begrenzt wird.
    (b) Man beschreibe R durch Schnitte (man wähle hierfür die geeignetste Richtung).

5.3 Die Berechnung von $\int_R f(P)\,dA$ in rechtwinkeligen Koordinaten

Dieser Abschnitt beschäftigt sich mit der mehr intuitiven Herleitung von Formeln, mit deren Hilfe bestimmte Integrale über ebene Gebiete rasch berechnet werden können. Fragen, wie etwa, „Unter welchen Bedingungen für f und R wird $\int_R f(P)\,dA$ existieren?", werden uns hier nicht beschäftigen. Ebenso wie wir in Abschnitt 2.1 den Hauptsatz vor allem plausibel machen wollten, werden wir auch hier weniger streng sondern mehr intuitiv vorgehen und keine Beweise behandeln. Wir konnten den Beweis für den Hauptsatz leichter erörtern, da ein Intervall $[a;b]$ weniger kompliziert zu behandeln ist als ein ebenes Gebiet R. Hier nehmen wir jedenfalls an, daß für hinreichend einfache Gebiete R und für stetige Funktionen f die nachfolgenden Formeln Gültigkeit besitzen.

Zunächst entwickeln wir eine Methode, um ein bestimmtes Integral über ein Rechteck zu berechnen und wenden die erhaltene Formel auf Beispiel 1 an. Mit geringfügigen Modifikationen werden wir dann auch Integrale über kompliziertere Gebiete auswerten können.

Betrachten wir ein rechteckiges Gebiet R, das durch die vertikalen Schnitte

$$a \leq x \leq b, \quad c \leq y \leq d$$

beschrieben wird (Bild 5.19). Gilt nun $f(P) \geq 0$ für alle P aus R, dann ist $\int_R f(P)\,dA$ gleich dem Volumen V des Körpers, dessen Basis durch R gegeben ist und der oberhalb von P geradlinige Schnitte der Höhe $f(P)$ besitzt (Bild 5.20). Es sei $A(x)$ die Fläche des Schnittes mit einer Ebene, die senkrecht auf der x-Achse steht und die Abszisse x besitzt (Bild 5.21). Wie wir in Abschnitt 1.4 gezeigt haben, gilt hier

$$V = \int_a^b A(x)\,dx.$$

Nun können wir aber die Fläche $A(x)$ ebenfalls durch ein bestimmtes Integral darstellen:

$$A(x) = \int_c^d f(x;y)\,dy.$$

Man beachte, daß x bei dieser Integration festgehalten wird. Nun können wir ein mehrfaches Integral angeben, dessen Wert mit $V = \int_R f(P)\,dA$ übereinstimmt, nämlich

$$\int_R f(P)\,dA = V$$

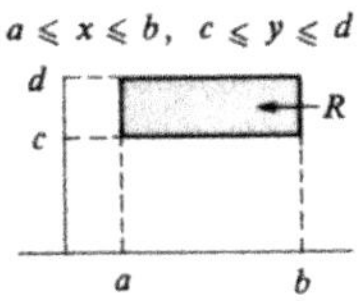

Bild 5.19

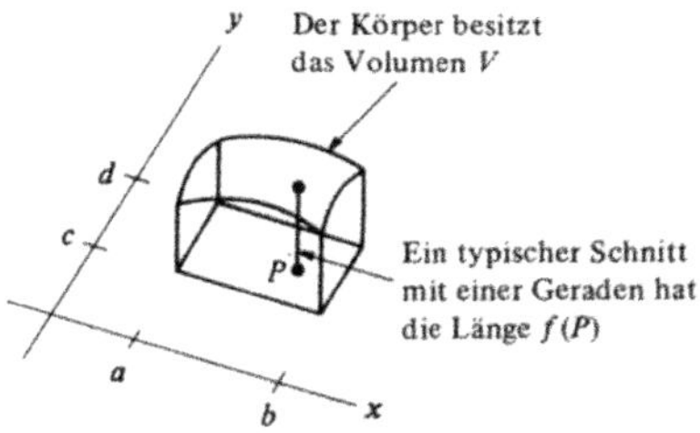

Bild 5.20

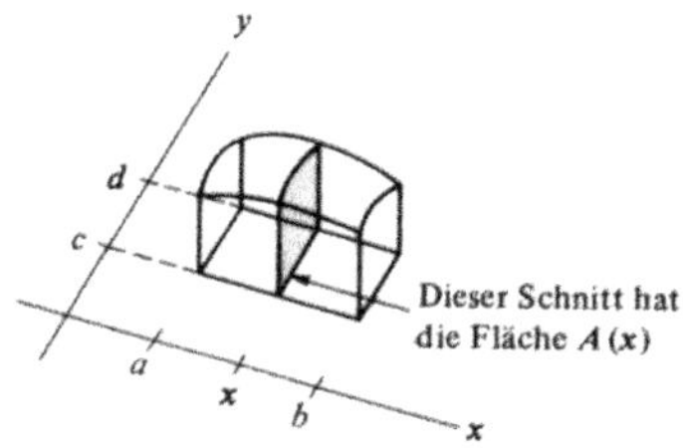

Bild 5.21

$$= \int_a^b A(x)\,dx$$

$$= \int_a^b \left[\int_c^d f(x;y)\,dy \right] dx.$$

Wir hätten natürlich genausogut unsere Schnitte mit Hilfe von auf der y-Achse senkrechten Ebenen ermitteln können. Analoge Überlegungen führen uns dann auf die Beziehung

$$\int_R f(P)\,dA = \int_c^d \left[\int_a^b f(x;y)\,dx \right] dy.$$

Die Größen

$$\int_a^b \left[\int_c^d f(x;y)\,dy \right] dx \quad \text{und} \quad \int_c^d \left[\int_a^b f(x;y)\,dx \right] dy$$

heißen *Mehrfachintegrale* oder *iterierte Integrale*.

Beispiel 1: Man berechne das bestimmte Integral $\int\limits_R f(P)\,dA$, wobei R durch das Rechteck in Bild 5.22 gegeben ist. Die Funktion f sei durch $f(P) = \overline{AP}^2$ definiert. (Wir hatten dieses Integral in Abschnitt 5.3 abgeschätzt.)

Lösung: Entsprechend Bild 5.23 führen wir in geeigneter Weise xy-Koordinaten ein. In diesen rechtwinkeligen Koordinaten erhalten wir für f die Darstellung

$$f(x;y) = \overline{AP}^2 = x^2 + y^2.$$

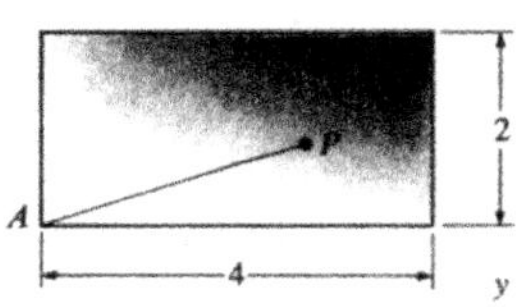

Bild 5.22

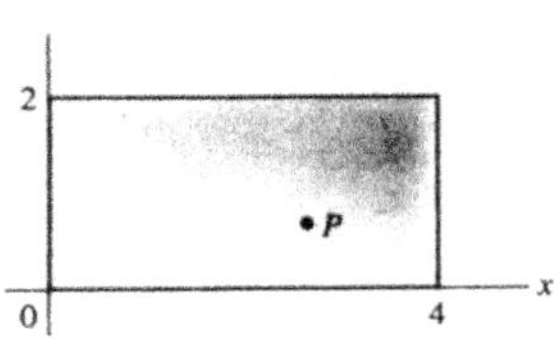

Bild 5.23

Für das Gebiet R nimmt x alle Werte von 0 bis 4 an. Die Zahl y durchläuft für jedes x alle Werte zwischen 0 und 2. Wir erhalten daher

$$\int_R f(P)\,dA = \int_0^4 \left[\int_0^2 (x^2 + y^2)\,dy \right] dx.$$

Zunächst müssen wir

$$\int_0^2 (x^2 + y^2)\,dy$$

berechnen, wobei x im Intervall $[0;4]$ liegt und festgehalten wird. [(Dies ist die Querschnittsfläche $A(x)$.] Um den Hauptsatz anzuwenden, suchen wir zunächst eine Funktion mit der Eigenschaft

$$\frac{dF}{dy} = x^2 + y^2.$$

Da nun x während der ersten Integration konstant gehalten wird, besitzt die Funktion

$$F(y) = x^2 y + \frac{y^3}{3}$$

die gewünschte Eigenschaft. Da x vorläufig festgehalten wird, stört uns sein Auftreten in der obigen Funktion nicht. Tatsächlich ist die Ableitung dF/dy in Wirklichkeit eine partielle Ableitung $\partial F/\partial y$. Der Hauptsatz führt uns nun auf

$$\int_0^2 (x^2 + y^2)\,dy = \left(x^2 y + \frac{y^3}{3}\right)\Bigg|_{y=0}^{y=2}$$

$$= \left[x^2(2) + \frac{2^3}{3}\right] - \left[x^2(0) + \frac{0^3}{3}\right]$$

$$= 2x^2 + \frac{8}{3}.$$

(Das Integral $2x^2 + \frac{8}{3}$ gibt die Fläche $A(x)$ wieder, die wir am Beginn dieses Abschnittes diskutiert haben.)

Nun berechnen wir

$$\int_0^4 \left(2x^2 + \frac{8}{3}\right) dx.$$

Nach Anwendung des Hauptsatzes ergibt sich

$$\int_0^4 \left(2x^2 + \frac{8}{3}\right) dx = \left(\frac{2x^3}{3} + \frac{8x}{3}\right)\Big|_0^4 = \frac{160}{3}$$

als Wert des zweidimensionalen bestimmten Integrals. Wir erhalten somit für das Volumen des Gebietes aus Problem 1 von Abschnitt 5.1 den Wert $160/3\ \text{cm}^3$. Ebenso ergibt sich in Problem 2 für die Masse 160/3 g. ●

Die Darstellung von $\int_R f(P)\,dA$ *durch mehrfache Integrale in rechtwinkeligen Koordinaten:* Ist das Gebiet R kein Rechteck, so verändern sich in der Berechnung von $\int_R f(P)\,dA$ mit Hilfe mehrfacher Integrale nur die Integrationsgrenzen. Hat R die vertikalen Schnitte

$$a \leqslant x \leqslant b, \quad y_1(x) \leqslant y \leqslant y_2(x),$$

dann ergibt sich für das Integral

$$\int_R f(P)\,dA = \int_a^b \left[\int_{y_1(x)}^{y_2(x)} f(x;y)\,dy\right] dx.$$

Hat R die horizontalen Schnitte

$$c \leqslant y \leqslant d, \quad x_1(y) \leqslant x \leqslant x_2(y),$$

so gilt

$$\int_R f(P)\,dA = \int_c^d \left[\int_{x_1(y)}^{x_2(y)} f(x;y)\,dx\right] dy.$$

Die Integrationsgrenzen ergeben sich aus dem Gebiet R. Die Funktion f geht lediglich in den Integranden ein.

Das nächste Beispiel veranschaulicht dieses Verfahren.

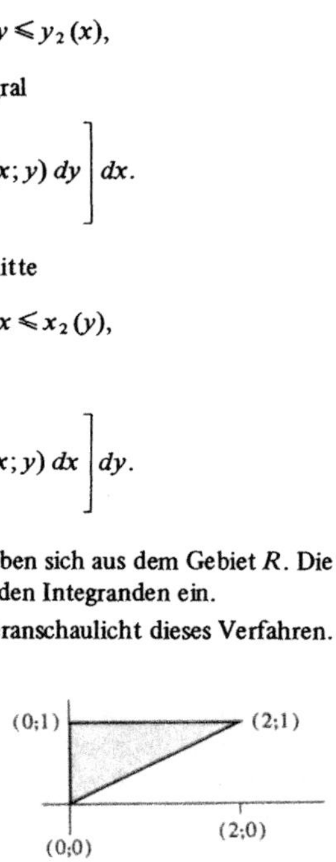

Bild 5.24

Beispiel 2: Man entnehme die Gestalt einer dreieckigen Schicht dem Bild 5.24. Seine Dichte in Punkt $(x;y)$ sei e^{y^2}. Man bestimme die Masse der Schicht, also

$$\int_R f(P)\,dA,$$

wobei $f(x;y) = e^{y^2}$.

Lösung: Das Gebiet R besitzt die vertikalen Querschnitte

$$0 \leqslant x \leqslant 2, \quad \frac{x}{2} \leqslant y \leqslant 1.$$

So erhalten wir

$$\int_R f(P)\,dA = \int_0^2 \left(\int_{x/2}^1 e^{y^2}\,dy\right) dx.$$

Leider hilft uns der Hauptsatz bei der Berechnung von

$$\int_{x/2}^1 e^{y^2}\,dy$$

nicht. Versuchsweise gehen wir daher zu horizontalen Querschnitten über.

Die Beschreibung von R ist nun durch

$$0 \leqslant y \leqslant 1, \quad 0 \leqslant x \leqslant 2y$$

gegeben und wir kommen zu

$$\int_R f(P)\,dA = \int_0^1 \left(\int_0^{2y} e^{y^2}\,dx\right) dy.$$

Die erste Integration

$$\int_0^{2y} e^{y^2}\,dx$$

kann einfach ausgeführt werden, da y festgehalten wird; der Integrant ist konstant.

Es folgt

$$\int_0^{2y} e^{y^2}\,dx = e^{y^2}\int_0^{2y} 1\,dx = e^{y^2} x\Big|_{x=0}^{x=2y} = e^{y^2}\,2y.$$

Das zweite bestimmte Integral unserer mehrfachen Integration ist daher $\int_0^1 e^{y^2}\,2y\,dy$. Dieses Integral können wir glücklicherweise mit Hilfe des Fundamentalsatzes berechnen, denn es gilt $d(e^{y^2})/dy = e^{y^2}\,2y$:

$$\int_0^1 e^{y^2}\,2y\,dy = e^{y^2}\Big|_0^1 = e^{1^2} - e^{0^2} = e - 1.$$

Daher ergibt sich für die Gesamtmasse $e - 1$. ●

Wie wir gesehen haben, muß zur Berechnung eines bestimmten Integrales über R zunächst eine günstige Wahl des xy-Koordinatensystems getroffen werden. In der Folge müssen wir dann R und f in bezug auf dieses Koordinatensystem darstellen; schließlich sind hintereinander zwei bestimmte Integrale über Intervalle auszuwerten. Die Reihenfolge dieser Integrationen muß sorgfältig überlegt werden, da die Berechnungen in der einen Reihenfolge wesentlich einfacher sein können als in der anderen. Die Reihenfolge ergibt sich aus der Beschreibung von R durch Schnitte. Gehen wir etwa von vertikalen Schnitten aus

$$a \leqslant x \leqslant b, \quad y_1(x) \leqslant y \leqslant y_2(x),$$

so nimmt das Mehrfachintegral die Form

$$\int_a^b \left[\int_{y_1(x)}^{y_2(x)} f(x;y)\,dy \right] dx$$

an, und wir müssen zunächst die y-Integration ausführen.

Beispiel 3: Es sei R jenes ebene Gebiet, das durch $y = x^2$, $x = 2$ und $y = 0$ begrenzt wird (Bild 5.25). Wir errichten in jeden Punkt $P = (x;y)$ eine Strecke der Höhe $3xy$. Welches Volumen hat der entstehende Körper? (Dieses Gebiet R wurde in Beispiel 2 des Abschnitts 5.2 beschrieben.)

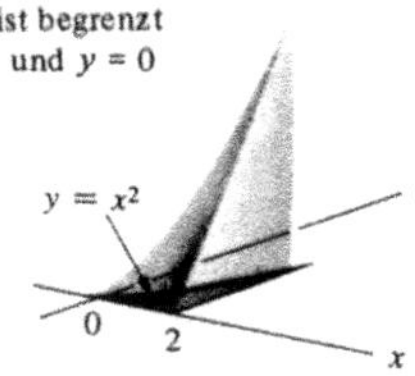

Bild 5.25

Lösung: Das Volumen ergibt sich aus $\int\limits_R f(P)\,dA$, wobei $f(P)$ die Länge der Strecke über den Punkt P ist. In diesem Fall erhalten wir also das Integral

$$\int\limits_R 3xy\,dA.$$

Wählen wir zunächst unsere Schnitte parallel zur y-Achse, so ergibt sich für R

$$0 \leqslant x \leqslant 2, \quad 0 \leqslant y \leqslant x^2.$$

Es folgt

$$\int\limits_R 3xy\,dA = \int_0^2 \left(\int_0^{x^2} 3xy\,dy \right) dx.$$

Halten wir x fest, so ergibt eine einfache Rechnung

$$\int_0^{x^2} 3xy\,dy = \left(3x\frac{y^2}{2}\right)\Bigg|_{y=0}^{y=x^2}$$

$$= 3x\frac{(x^2)^2}{2} - 3x\frac{(0)^2}{2}$$

$$= \frac{3x^5}{2},$$

somit

$$\int_0^2 \frac{3x^5}{2}\,dx = \frac{3x^6}{12}\Bigg|_0^2 = 16.$$

Wir hätten zur Beschreibung von R unsere Schnitte ebensogut parallel zur x-Achse legen können:

$$0 \leqslant y \leqslant 4, \quad \sqrt{y} \leqslant x \leqslant 2.$$

So kommen wir zu

$$\int\limits_R 3xy\,dA = \int_0^4 \left(\int_{\sqrt{y}}^2 3xy\,dx \right) dy.$$

Der Leser möge sich überzeugen, daß die zweifache Integration ebenfalls 16 ergibt.

Übungen:

1. Man löse Beispiel 3 mit Hilfe horizontaler Querschnitte.

In den Übungen 2 bis 7 berechne man das mehrfache Integral.

2. $\int_0^1 \left[\int_0^x (x+2y)\,dy \right] dx$ **3.** $\int_1^2 \left(\int_x^{2x} dy \right) dx$

4. $\int_0^2 \left(\int_0^{x^2} xy^2\,dy \right) dx$ **5.** $\int_1^2 \left(\int_0^{\sqrt{y}} yx^2\,dx \right) dy$

6. $\int_1^2 \left(\int_0^y e^{x+y}\,dx \right) dy$ **7.** $\int_0^1 \left(\int_0^x y \sin \pi x\,dy \right) dx$

In den Übungen 8 bis 15 bestimme man das Volumen eines Körpers, dessen Schnitte mit einer Senkrechten auf der xy-Ebene die gegebene Länge besitzen und dessen Projektion auf die xy-Ebene durch das gegebene Gebiet R bestimmt wird.

8. $x + 2y$; R ist das Dreieck mit den Eckpunkten (0; 0), (1; 0), (1; 1).

9. xy; R ist begrenzt durch $y = x^2$, die x-Achse und die Gerade $x = 2$.

10. $x + 3y$; R ist begrenzt durch $y = x^2$, die x-Achse und die Gerade $x = 2$.

11. $x^2 + 2y^2$; R ist das Rechteck mit den Eckpunkten (0; 0), (3; 0), (3; 2), (0; 2).

12. $x + y$; R ist das Dreieck mit den Eckpunkten (1; 1), (2; 1), (1; 2).

13. y; R ist der oberhalb der x-Achse liegende Teil eines Kreises mit dem Radius a und dem Mittelpunkt (0; 0).

14. xy; R ist begrenzt durch $y = \ln x$, die x-Achse, die y-Achse und die Gerade $y = 1$.

15. xy; R ist begrenzt durch $y = \sin x$, die x-Achse und die Gerade $x = \pi/2$.

16. Man bestimme die Masse einer dünnen quadratischen Schicht mit den Eckpunkten (0; 0), (0; 2), (2; 2), (2; 0), die im Punkt $(x;y)$ die Dichte $\sqrt{xy}$ besitzt.

17. Man bestimme die Masse einer dünnen dreieckigen Schicht mit den Eckpunkten (0; 0), (1; 0), (1; 1), die im Punkt $(x;y)$ die Dichte $1/(1+x^2)$ besitzt.

■

18. Es sei $f(x;y) = y^2 e^{y^2}$. R sei das Dreieck mit den Grenzen $y = a$, $y = x/2$ und $y = x$.

(*a*) Man gebe zwei Mehrfachintegrale für $\int\limits_R f(P)\,dA$ an.
(*b*) Man berechne das einfachere.

19. Man bestimme den Mittelwert der Schnittlänge aus Übung 8.

20. Man bestimme den Mittelwert der Schnittlänge aus Übung 9.

21. Man bestimme die mittlere Dichte der Schicht aus Übung 17.

22. Das Gebiet R sei durch die Kurve $y = \sqrt{x}$ und die Gerade $y = x$ begrenzt. Ferner sei $f(x;y) = \sin y/y$ für $y \neq 0$ und $f(x;0) = 1$.

Man berechne $\int_R f(P)\, dA$.

23. Man berechne $\int_0^3 \left(\int_x^3 \frac{\sin y}{y}\, dy \right) dx$.

24. Es sei $f(x;y) = e^{y^3}$.

(*a*) Man gebe ein ebenes Gebiet R an, für das $\int_R f(P)\, dA$ durch Mehrfachintegrale berechnet werden kann.

(*b*) Man gebe ein ebenes Gebiet R an, für das $\int_R f(P)\, dA$ nicht durch Mehrfachintegrale ausgewertet werden kann, und diskutiere die auftretenden Schwierigkeiten.

5.4 Der Schwerpunkt einer ebenen Schicht

In diesem Abschnitt werden wir mit Hilfe bestimmter Integrale über ebene Gebiete Schwerlinien und Schwerpunkte ermitteln. Hätten wir hierfür nur bestimmte Integrale über Intervalle zur Verfügung, so könnten wir diese Problemstellung nur schwer lösen. Darüber hinaus werden wir nun sehen, daß das bestimmte Integral über ein ebenes Gebiet nicht nur für mathematische Zwecke nützlich ist.

Ein kleiner Knabe sitzt auf der einen Seite einer Schaukel (deren Eigengewicht wir vernachlässigen) und kann das Gleichgewicht zu einem größeren Knaben auf der anderen Seite der Schaukel halten. Die genauen Dimensionen entnehmen wir Bild 5.26. Die kleine Masse am langen Hebelarm hält der großen Masse am kurzen Hebelarm das Gleichgewicht. Jede der beiden Massen erzeugt das

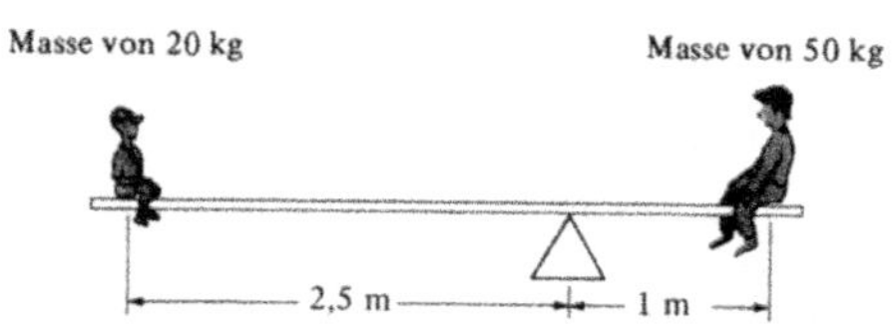

Bild 5.26

gleiche Drehmoment – jedoch in die entgegengesetzte Richtung. Für das Weitere führen wir auf der Schaukel eine x-Achse ein, deren Ursprung sich im Drehpunkt befindet.

Für die Masse m, die sich im Punkt x der x-Achse befindet, definieren wir als Moment um den Punkt Null das Produkt mx. Demnach hat der größere Knabe das Moment $50 \cdot 1$ während der kleinere Knabe das Moment $20 \cdot (-2{,}5)$ besitzt (Bild 5.27). Das gesamte Moment des belasteten Hebelsystems ist demnach Null, und die Knaben befinden sich im Gleichgewicht.

Bild 5.27

Befindet sich eine Masse m an der Stelle x auf einer Geraden, so definieren wir ihr Moment in bezug auf einen Punkt mit der Koordinate a durch das Produkt $m(x-a)$ (Bild 5.28).

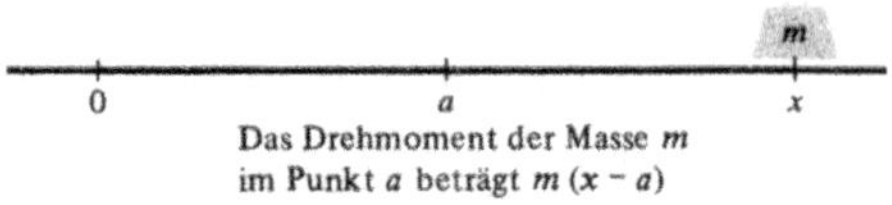

Bild 5.28

Betrachten wir nun mehrere Massen $m_1, m_2, \dots, m_n$. Befindet sich die Masse m_i an der Stelle x_i, mit $i = 1, 2, \dots, n$, dann ergibt sich für das Gesamtmoment aller dieser Massen um den Punkt a der Ausdruck

$$\sum_{i=1}^{n} m_i (x_i - a).$$

Bringen wir in a einen Stützpunkt an, dann dreht sich die Schaukel im Uhrzeigersinn, falls das Gesamtmoment größer als Null ist, und gegen den Uhrzeigersinn, wenn das Gesamtmoment kleiner als Null ist. Ist das Gesamtmoment gleich Null, so befindet sich die Schaukel im Gleichgewicht.

Beispiel 1: Wo ist der Stützpunkt anzubringen, damit sich die drei Massen des Bildes 5.29 im Gleichgewicht befinden?

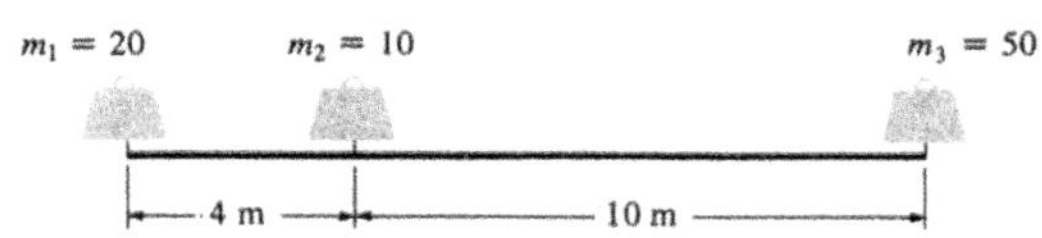

Bild 5.29

Lösung: Als Ursprung der x-Achse wählen wir die Stelle der Masse m_1. Zur Berechnung der Momente wählen wir einen typischen Stützpunkt mit der Koordinate a, durch deren Wahl wir schließlich das Gesamtmoment zum Verschwinden bringen werden (Bild 5.30).

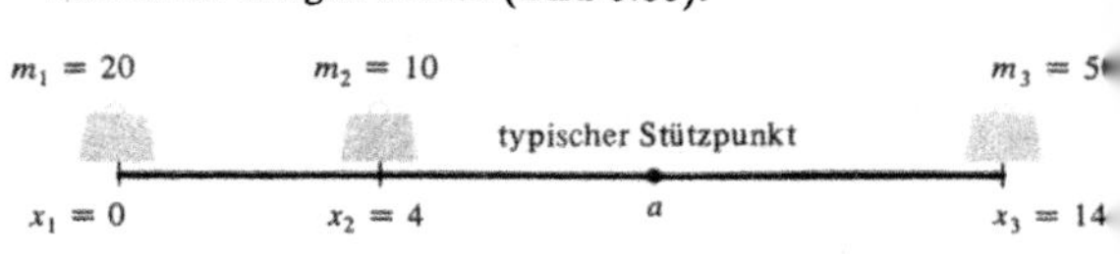

Bild 5.30

Das Gesamtmoment um a beträgt

$$20(0-a) + 10(4-a) + 50(14-a).$$

Wir suchen jenes a, für das dieser Ausdruck gleich Null wird, also

$$(20 \cdot 0) + (10 \cdot 4) + (50 \cdot 14) = a(20 + 10 + 50).$$

Es folgt

$$a = \frac{(20 \cdot 0) + (10 \cdot 4) + (50 \cdot 14)}{80} = 9{,}25.$$

Dementsprechend wählen wir den Stützpunkt rechts vom Mittelpunkt, wie zu erwarten war. •

Wie können wir nun für eine ebene Materieverteilung, eine sogenannte *Schicht*, das Moment in bezug auf eine Gerade L definieren (Bild 5.31).

Nehmen wir an, die Schicht bedeckt das Gebiet R und hat in jedem Punkt P von R die Dichte $f(P)$.

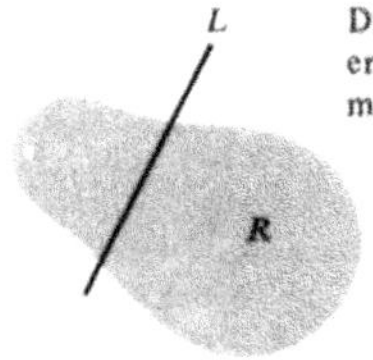

Die Masse einer ebenen Materieverteilung erfüllt das Gebiet R. Wie kann das Drehmoment um L definiert werden?

Bild 5.31

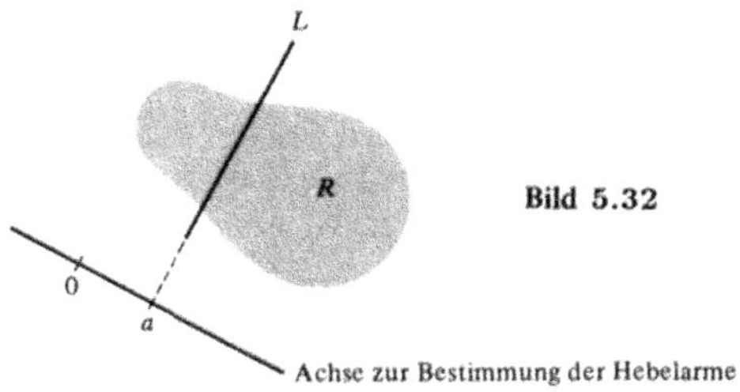

Bild 5.32

Wir führen senkrecht zu L eine x-Achse ein, um die Länge des „Hebelarmes" zu messen (Bild 5.32). Die Gerade L möge die x-Achse im Punkt $x = a$ schneiden. Angenommen R sei in die kleinen Gebiete $R_1, R_2, \dots, R_n$ geteilt. Welche vernünftige Abschätzung könnten wir für das Moment der Masse von R_i in bezug auf L angeben? Wählen wir in R_i einen Punkt P_i und bezeichnen wir die Fläche von R_i durch A_i, dann ist die Masse von R_i näherungsweise $f(P_i)\,A_i$. Der Hebelarm von P_i ist durch $(x_i - a)$ gegeben, wenn die durch R_i verlaufende Parallele zu L die x-Achse an der Stelle x_i schneidet. Das typische kleine Gebiet R_i trägt also in bezug auf L ein Moment von (Hebelarm) × (Masse) oder $(x_i - a)\,f(P_i)\,A_i$ bei (Bild 5.33). Je feiner wir die Teilungen wählen, desto genauer sollte die Abschätzung werden. Daher definieren wir das Moment der Schicht in bezug auf L durch

$$\int_R (x-a)\,f(P)\,dA.$$

Theorem 1: Ist das Gesamtmoment in bezug auf L gleich Null, dann nennen wir L eine Schwerlinie.

Für jede Richtung in der Ebene einer bestimmten Schicht gibt es genau eine Schwerlinie.

Bild 5.33

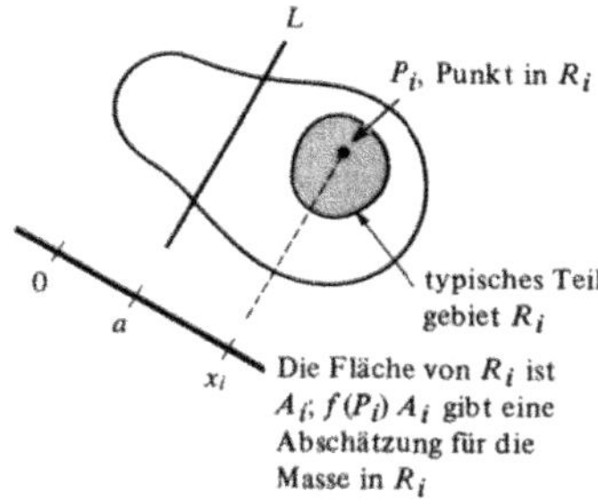

Bild 5.34

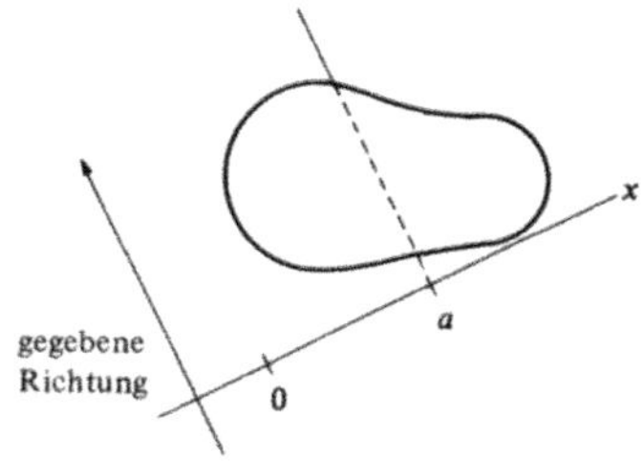

Beweis: Wir wählen senkrecht zu der gegebenen Richtung eine x-Achse und bestimmen a aus $\int_R (x-a)\,f(P)\,dA = 0$ (Bild 5.34). Nun gilt ebenso wie für eindimensionale bestimmte Integral

$$\int_R (x-a)\,f(P)\,dA = \int_R x f(P)\,dA - a\int_R f(P)\,dA.$$

Daher erfüllt a die Gleichung

$$a\int_R f(P)\,dA = \int_R x f(P)\,dA.$$

Diese Gleichung hat eine eindeutige Lösung:

$$a = \frac{\int_R x f(P)\,dA}{\int_R f(P)\,dA} = \frac{\int_R x f(P)\,dA}{\text{Masse der Schicht}}.$$

Damit ist das Theorem bewiesen. •

Theorem 2: Für eine gegebene Schicht gehen alle Schwerlinien durch einen einzigen Punkt.

Beweis: Es seien L_1 und L_2 zwei aufeinander senkrechte Schwerlinien (Bild 5.35). Ferner sei L eine beliebige Gerade durch den Schnittpunkt von L_1 und L_2. Wir werden beweisen, daß auch L eine Schwerlinie ist. (Damit ist Theorem 2 bewiesen, denn nach Theorem 1 gibt es in jeder Richtung nur eine einzige Schwerlinie.) Der Einfachheit halber wählen wir L_1 und L_2 als x- und y-Achse. Da L_1 und L_2 Schwerlinien sind, gilt nach Theorem 1

$$\int_R yf(P)\,dA = 0 \quad \text{und} \quad \int_R xf(P)\,dA = 0.$$

Nun bestimmen wir den Hebelarm von $P(x;y)$ in bezug auf L. Dem Bild 5.36 entnehmen wir für den Hebelarm

$$\overline{AC} - \overline{BC} = y\cos\theta - x\sin\theta.$$

Dieser Ausdruck ist positiv oder negativ, je nachdem auf welcher Seite von L der Punkt P liegt.

Nun müssen wir zeigen:

$$\int_R (y\cos\theta - x\sin\theta)\,f(P)\,dA = 0. \tag{1}$$

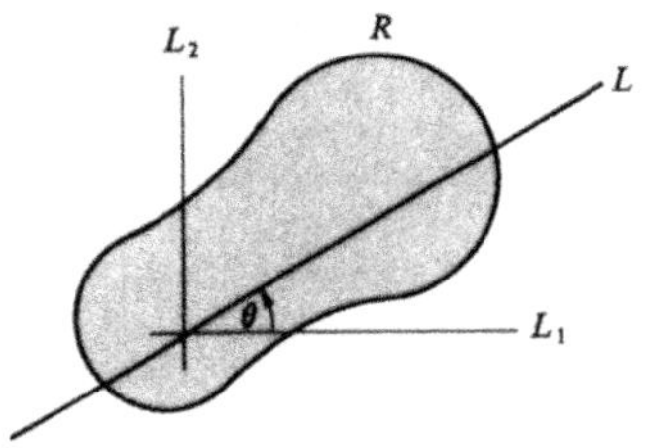

Bild 5.35

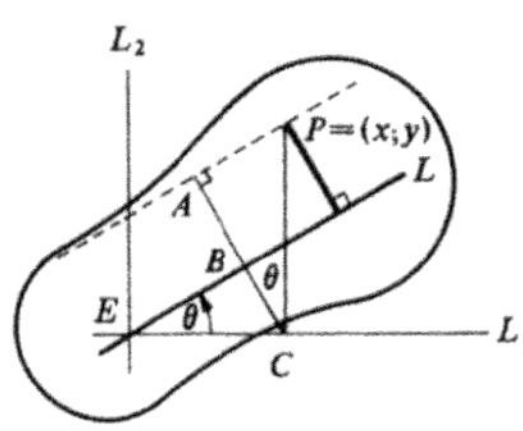

Bild 5.36

$AC = y\cos\theta$ (rechtwinkliges Dreieck CAP)
$BC = x\sin\theta$ (rechtwinkliges Dreieck EBC)

Da L festgehalten wird, sind $\cos\theta$ und $\sin\theta$ konstant. Daher ergibt sich für das bestimmte Integral in Gl. (1)

$$\cos\theta \int_R yf(P)\,dA - \sin\theta \int_R xf(P)\,dA.$$

Aus

$$\int_R yf(P)\,dA = 0 \quad \text{und} \quad \int_R xf(P)\,dA = 0$$

folgt nun Gl. (1) und das Theorem ist bewiesen. •

Der gemeinsame Punkt aller Schwerlinien wird *Schwerpunkt* der Schicht genannt. Zur Bestimmung des Schwerpunktes genügen offensichtlich zwei verschiedene Schwerlinien. Bezeichnen wir die Koordinaten des Schwerpunktes durch $(\bar{x};\bar{y})$ so folgt

$$\bar{x} = \frac{\int_R xf(P)\,dA}{\text{Masse der Schicht}}$$

und

$$\bar{y} = \frac{\int_R yf(P)\,dA}{\text{Masse der Schicht}}.$$

Für den Spezialfall konstanter Dichte, $f(P) = k$ für alle P in R, werden die Formeln wesentlich einfacher. In diesem Fall sind die Koordinaten des Schwerpunktes durch die folgenden Ausdrücke gegeben:

$$\bar{x} = \frac{\int_R x\,dA}{\text{Fläche von } R} \quad \text{und} \quad \bar{y} = \frac{\int_R y\,dA}{\text{Fläche von } R}.$$

Dies ergibt sich aus

$$\bar{x} = \frac{\int_R xk\,dA}{\int_R k\,dA} = \frac{k\int_R x\,dA}{k\int_R 1\,dA} = \frac{\int_R x\,dA}{\text{Fläche von } R}.$$

Analoges gilt für $\bar{y}$.

Ist die Dichte konstant, so entspricht $\bar{x}$ dem Mittelwert von x für das Gebiet R und $\bar{y}$ dem analogen Mittelwert von y. Das Integral $\int_R x\,dA$ wird auch das *Moment von R um die y-Achse* genannt, das Integral $\int_R y\,dA$ wird als *Moment von R um die x-Achse* bezeichnet.

Bekanntlich befindet sich ein Objekt bezüglich jeder Geraden durch seinen Schwerpunkt im Gleichgewicht. Umgekehrt ist der Schwerpunkt allen Schwerlinien gemeinsam.

In den Beispielen 2 und 3 werden wir Schwerpunkte berechnen.

Beispiel 2: Man bestimme den Schwerpunkt eines Halbkreises mit dem Radius a.

Lösung: Zunächst führen wir ein rechtwinkeliges Koordinatensystem ein, dessen Ursprung im Mittelpunkt des Halbkreises und dessen x-Achse entlang des Durchmessers liegt (Bild 5.37).

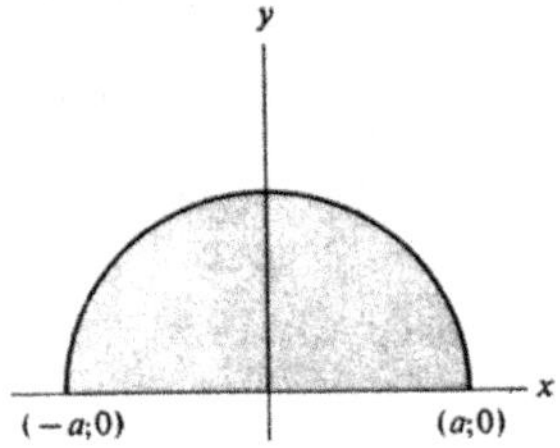

Bild 5.37

In diesem Falle gilt $\bar{x} = 0$, da die x-Achse Schwerlinie ist (aus Symmetriegründen verschwindet die Tendenz des Halbkreises, um die x-Achse zu rotieren). Für $\bar{y}$ erhalten wir

$$\bar{y} = \frac{\int_R y\,dA}{\text{Fläche von } R}.$$

Die Fläche von R beträgt $\pi a^2/2$. Zur Bestimmung von $\bar{y}$

müssen wir nur noch $\int_R y\,dA$ mit Hilfe eines Mehrfachintegrals auswerten.

Bild 5.38 zeigt einen typischen Schnitt von R mit einer Parallelen zur y-Achse. Mit Hilfe dieser Schnitte erhalten wir für R die folgende Beschreibung:

$$-a \leqslant x \leqslant a, \quad 0 \leqslant y \leqslant \sqrt{a^2 - x^2}.$$

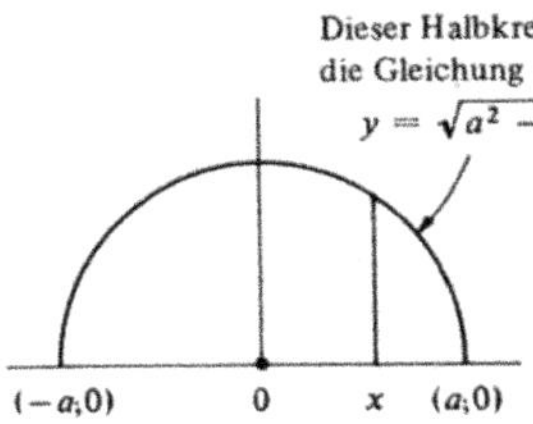

Bild 5.38

Daraus folgt:

$$\int_R y\,dA = \int_{-a}^{a}\left(\int_0^{\sqrt{a^2-x^2}} y\,dy\right)dx.$$

Das innere Integral kann leicht bestimmt werden:

$$\int_0^{\sqrt{a^2-x^2}} y\,dy = \frac{y^2}{2}\Bigg|_{y=0}^{y=\sqrt{a^2-x^2}} = \frac{(\sqrt{a^2-x^2})^2}{2} - \frac{0^2}{2} = \frac{a^2-x^2}{2}.$$

Für das zweite Integral erhalten wir dann

$$\int_{-a}^{a} \frac{a^2-x^2}{2}\,dx = \left(\frac{a^2x}{2} - \frac{x^3}{6}\right)\Bigg|_{-a}^{a} = \left(\frac{a^2(a)}{2} - \frac{a^3}{6}\right) - \left(\frac{a^2(-a)}{2} - \frac{(-a)^3}{6}\right) = \frac{2a^3}{3}$$

und schließlich

$$\bar{y} = \frac{2a^3/3}{\pi a^2/2} = \frac{4}{3\pi}\,a \approx 0{,}44a.$$

Also liegt der Schwerpunkt auf dem vertikalen Radius in einer Entfernung von etwa 44 % zwischen dem Mittelpunkt und der Peripherie. •

Beispiel 3: Eine dreieckige Schicht hat die Eckpunkte $(0;0)$, $(1;0)$, $(1;2)$ und für den Punkt $(x;y)$ die Dichtefunktion x^2y (Bild 5.39). Man bestimme den Schwerpunkt.

Lösung: In diesem Fall müssen wir die folgenden drei bestimmten Integrale berechnen:

$$\text{Masse} = \int_R x^2y\,dA,$$

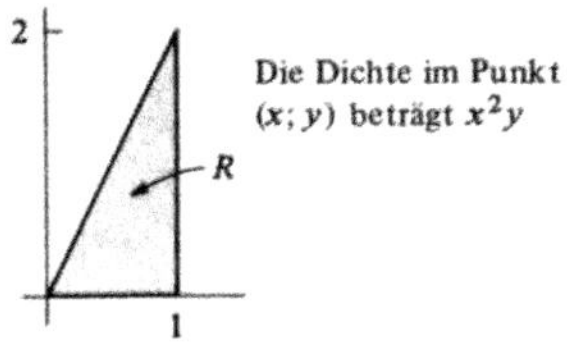

Bild 5.39

$$\int_R x\cdot\text{Dichte}\cdot dA = \int_R x\cdot x^2y\,dA = \int_R x^3y\,dA,$$

$$\int_R y\cdot\text{Dichte}\cdot dA = \int_R y\cdot x^2y\,dA = \int_R x^2y^2\,dA.$$

Hierzu beschreiben wir R durch vertikale Schnitte

$$0 \leqslant x \leqslant 1, \quad 0 \leqslant y \leqslant 2x.$$

Wir erhalten

$$\text{Masse} = \int_R x^2y\,dA = \int_0^1\left(\int_0^{2x} x^2y\,dy\right)dx.$$

Die erste Integration ist ziemlich einfach:

$$\int_0^{2x} x^2y\,dy = \frac{x^2y^2}{2}\Bigg|_{y=0}^{y=2x} = \frac{x^2(2x)^2}{2} - \frac{x^2 0^2}{2} = 2x^4.$$

Die zweite Integration ergibt

$$\int_0^1 2x^4\,dx = \frac{2x^5}{5}\Bigg|_0^1 = \frac{2}{5},$$

somit

$$\text{Masse} = \int_R x^2y\,dA = \frac{2}{5}.$$

Nun berechnen wir

$$\int_R x^3y\,dA = \int_0^1\left(\int_0^{2x} x^3y\,dy\right)dx.$$

Das in Klammern stehende Integral beträgt

$$\int_0^{2x} x^3y\,dy = \frac{x^3y^2}{2}\Bigg|_{y=0}^{y=2x} = \frac{x^3(2x)^2}{2} - \frac{x^3 0^2}{2} = 2x^5.$$

Für das äußere Integral erhalten wir dann

$$\int_0^1 2x^5\,dx = \frac{2x^6}{6}\Bigg|_0^1 = \frac{1}{3}.$$

Dies führt zu

$$\int_R x^3 y\,dA = \frac{1}{3}$$

und damit zu

$$\bar{x} = \frac{\frac{1}{3}}{\frac{2}{5}} = \frac{1}{3}\,\frac{5}{2} = \frac{5}{6}.$$

Nun bestimmen wir

$$\int_R x^2y^2\,dA = \int_0^1\left(\int_0^{2x} x^2y^2\,dy\right)dx.$$

Das innere Integral ergibt

$$\int_0^{2x} x^2y^2\,dy = \frac{x^2y^3}{3}\Bigg|_{y=0}^{y=2x} = \frac{8x^5}{3}.$$

Dann folgt für das äußere Integral

$$\int_0^1 \frac{8x^5}{3}\,dx = \frac{8x^6}{18}\Bigg|_0^1 = \frac{4}{9}$$

und schließlich

$$\bar{y} = \frac{\frac{4}{9}}{\frac{2}{5}} = \frac{4}{9}\,\frac{5}{2} = \frac{10}{9}.$$

Daher ist der Schwerpunkt durch

$$(\bar{x};\bar{y}) = \left(\frac{5}{6};\frac{10}{9}\right)$$

gegeben. ●

Übungen:

In den Übungen 1 bis 5 bestimme man den Schwerpunkt des gegebenen Gebietes.

1. Das Dreieck zwischen $y = x$, $x = 1$ und der x-Achse.
2. Das Dreieck zwischen den beiden Koordinatenachsen und der Geraden $x/4 + y/3 = 1$.
3. Das Dreieck zwischen $y = x$, $y = 2x$ und $x = 2$.
4. Das Gebiet zwischen $y = x^2$, der x-Achse und $x = 1$.
5. Das Gebiet zwischen $y = x^2$ und der Geraden $y = 4$.

In den Übungen 6 bis 11 bestimme man den Schwerpunkt des gegebenen Gebietes für die gegebene Dichte.

6. Das Rechteck mit den Eckpunkten (0; 0), (1; 0), (1; 1), (0; 1); Dichte x in $(x; y)$.
7. Das Dreieck mit den Eckpunkten (0; 0), (1; 0), (1; 2); Dichte $x + y$ in $(x; y)$.
8. Das Dreieck mit den Eckpunkten (0; 0), (1; 2); (1; 3); Dichte xy in $(x; y)$.
9. Die obere Hälfte des Kreises mit dem Radius 1 und dem Mittelpunkt (0; 0); Dichte $x + y + 3$ in $(x; y)$.
10. Das Gebiet zwischen $y = x^2$, der x-Achse und $x = 2$; Dichte xy in $(x; y)$.
11. Das Gebiet zwischen $y = x^2$ und $y = x + 6$, rechts von der y-Achse; Dichte $2x$ in $(x; y)$.

12. In welchem Punkt sollte die Schaukel in Bild 5.40 unterstützt sein, um Gleichgewicht zu erhalten.

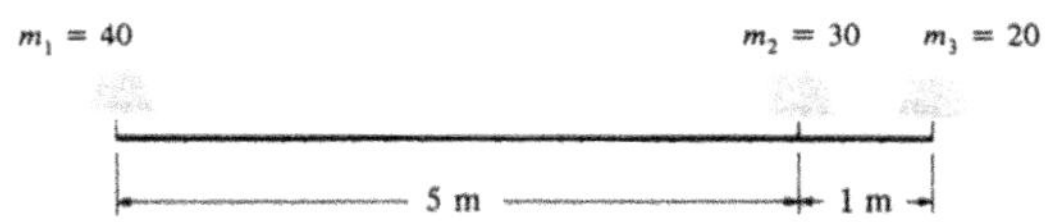

Bild 5.40

13. Teilt jede Schwerlinie durch den Schwerpunkt eines Gebietes dieses Gebiet in zwei flächengleiche Teile?
14. Man schneide eine unregelmäßige Form aus Papier aus und bestimme experimentell drei Schwerlinien. Schneiden sie sich in einem Punkt? Klebt man an irgendeiner Stelle des Gebietes ein kleines Stück Papier hinzu, so ist die Dichte nicht konstant. Man führe auch in diesem Fall die obigen Experimente aus.

■■

15. Eine Schicht der Masse M mit dem Schwerpunkt $(\bar{x};\bar{y})$ wird in zwei Teile geschnitten. Der eine Teil besitzt die Masse M_1 und den Schwerpunkt $(\bar{x}_1;\bar{y}_1)$, der andere die Masse M_2 und den Schwerpunkt $(\bar{x}_2;\bar{y}_2)$.
    (a) Man zeige, daß die Massen und Schwerpunkte der beiden Teile den Schwerpunkt der ursprünglichen Schicht eindeutig bestimmen, d.h., man stelle $(\bar{x};\bar{y})$ durch $(\bar{x}_1;\bar{y}_1)$, $(\bar{x}_2;\bar{y}_2)$, M_1 und M_2 dar.
    (b) Warum muß der Schwerpunkt der ursprünglichen Schicht auf der Strecke zwischen $(\bar{x}_1;\bar{y}_1)$ und $(\bar{x}_2;\bar{y}_2)$ liegen? *Hinweis:* Man untersuche die Momente, um eine günstig gewählte Gerade.

5.5 Die Berechnung von $\int_R f(P)\,dA$ in Polarkoordinaten

In Abschnitt 5.3 wurde die Berechnung von $\int_R f(P)\,dA$ auf Mehrfachintegrale in rechtwinkeligen Koordinaten zurückgeführt. Nun ist es möglich, daß f oder R in Polarkoordinaten einfacher dargestellt werden können als in rechtwinkeligen Koordinaten. Wir wollen daher untersuchen, durch welche Art von Mehrfachintegralen bezüglich Polarkoordinaten der Ausdruck $\int_R f(P)\,dA$ dargestellt werden kann.

Wir nehmen wieder $f(P) \geqslant 0$ an und interpretieren $\int\limits_R f(P)\,dA$ als Volumen eines Körpers. Als einfachen Spezialfall betrachten wir zunächst das folgende Gebiet R (Bild 5.41):

$$\alpha \leqslant \theta \leqslant \beta, \quad a \leqslant r \leqslant b.$$

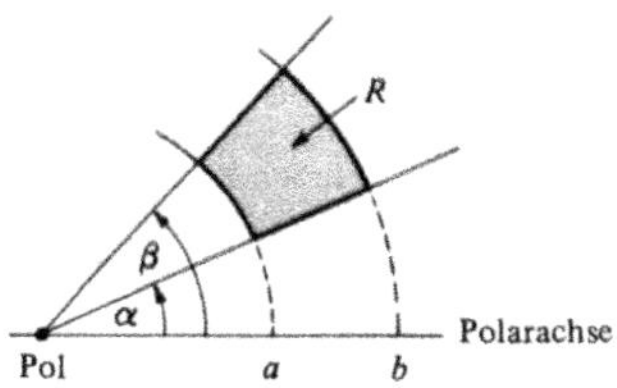

Bild 5.41

R wird durch zwei Strecken und die Bögen zweier konzentrischer Kreise begrenzt. Bild 5.42 zeigt den Körper mit der Basis R und der zu P gehörigen Höhe $f(P)$. Man bestimme das Volumen dieses Körpers aus den gekrümmten Querschnitten, die sich für feste Werte von r durch Variation von θ zwischen α und β ergeben.

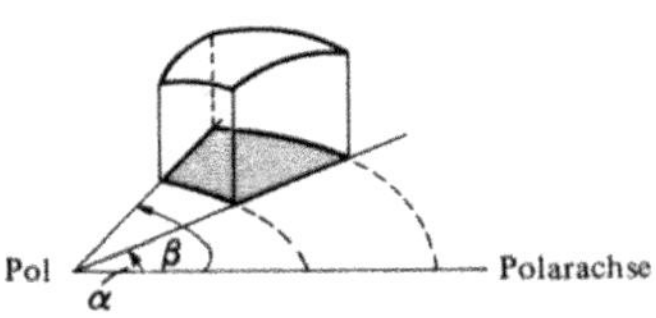

Bild 5.42

Die Fläche eines typischen Querschnittes hängt entsprechend Bild 5.43 von r ab und wird mit $A(r)$ bezeichnet. Es liegt nahe, das Volumen mit

$$\text{Volumen} = \int_a^b A(r)\,dr$$

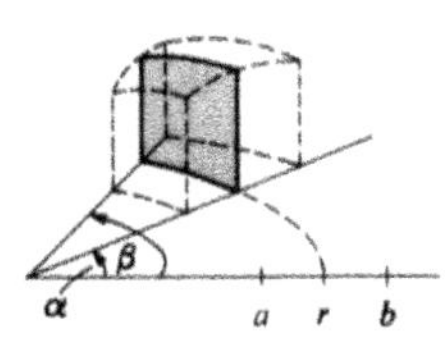

Bild 5.43

anzusetzen. (Wir stellen uns die gekrümmten Querschnitte in die Ebene abgerollt vor, wie dies bei der Schalentechnik in Abschnitt 4.4 ebenfalls geschah.) Nun müssen wir nur noch $A(r)$ als bestimmtes Integral über ein Intervall darstellen.

$A(r)$ selbst ist die Fläche einer gekrümmten Wand, die einem festen Wert von r entspricht. Diese Fläche kann als Summe von schmalen, rechteckähnlichen, gekrümmten Streifen angenähert werden (Bild 5.44). Wir teilen das θ-Intervall $[\alpha; \beta]$ durch die Winkel

$$\alpha = \theta_0, \theta_1, \ldots, \theta_n = \beta.$$

Wählt man θ_i^* im i-ten Abschnitt $[\theta_{i-1}, \theta_i]$, so ergibt sich für die Höhe eines typischen schmalen Näherungsstreifens $f(r; \theta_i^*)$. Seine Basis hat die Länge $r(\theta_i - \theta_{i-1})$. Daher gibt

$$\sum_{i=1}^{n} f(r; \theta_i^*)\, r(\theta_i - \theta_{i-1})$$

Bild 5.44

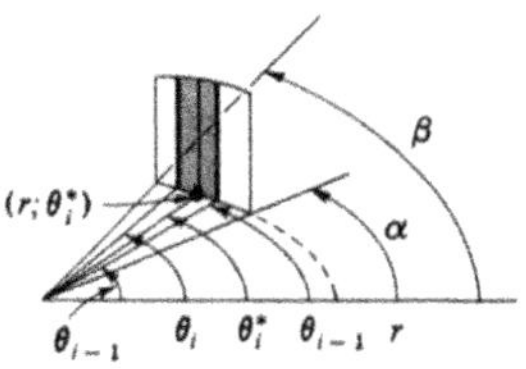

eine Abschätzung für die Fläche $A(r)$. Je feiner die Teilung wird, desto mehr nähert sich diese Summe $A(r)$. So ist das bestimmte Integral

$$\int_\alpha^\beta f(r; \theta)\, r\, d\theta \quad \text{(man beachte den Faktor } r\text{)}$$

gleich $A(r)$. Man beachte, daß der Integrand nicht einfach durch $f(r; \theta)$ gegeben ist; er enthält zusätzlich noch den Faktor r, da ein typischer Näherungsstreifen die Basislänge $r(\theta_i - \theta_{i-1})$ und nicht $\theta_i - \theta_{i-1}$ besitzt.

Zusammenfassend erhalten wir

$$\int\limits_R f(P)\,dA = \text{Volumen}$$
$$= \int_a^b A(r)\,dr$$
$$= \int_a^b \left(\int_\alpha^\beta f(r; \theta)\, r\, d\theta \right) dr. \quad \text{(Man beachte } r\text{)}$$

Mit Hilfe dieses Mehrfachintegrales können wir gewisse bestimmte Integrale in Polarkoordinaten auswerten, wenn das Gebiet die einfache Beschreibung

$$a \leqslant r \leqslant b, \quad \alpha \leqslant \theta \leqslant \beta$$

besitzt. Für allgemeinere Gebiete erhalten wir die Darstellung

$$a \leqslant r \leqslant b, \quad \theta_1(r) \leqslant \theta \leqslant \theta_2(r)$$

und für das Integral ergibt sich

$$\int\limits_R f(P)\,dA = \int_a^b \left[\int_{\theta_1(r)}^{\theta_2(r)} f(r; \theta)\, r\, d\theta \right] dr.$$

Der wesentliche Unterschied zwischen dem Mehrfachintegral in Polarkoordinaten und dem Mehrfachintegral in rechtwinkeligen Koordinaten ist der zusätzliche Faktor r im Integranden. Er tritt auch dann auf, wenn wir das Mehrfachintegral in der umgekehrten Reihenfolge schreiben:

$$\int\limits_R f(P)\,dA = \int_\alpha^\beta \left[\int_{r_1(\theta)}^{r_2(\theta)} f(r; \theta)\, r\, dr \right] d\theta.$$

Man beachte wiederum r im Integranden. Diese Darstellung ist dann von Vorteil, wenn R in günstiger Weise durch

$$\alpha \leqslant \theta \leqslant \beta, \quad r_1(\theta) \leqslant r \leqslant r_2(\theta)$$

dargestellt werden kann. Tatsächlich wird diese Form häufiger auftreten.

Drei Beispiele sollen nun die Anwendung des Mehrfachintegrales

$$\int_{\alpha}^{\beta}\left[\int_{r_1(\theta)}^{r_2(\theta)} f(r;\theta)\, r\, dr\right] d\theta$$

illustrieren.

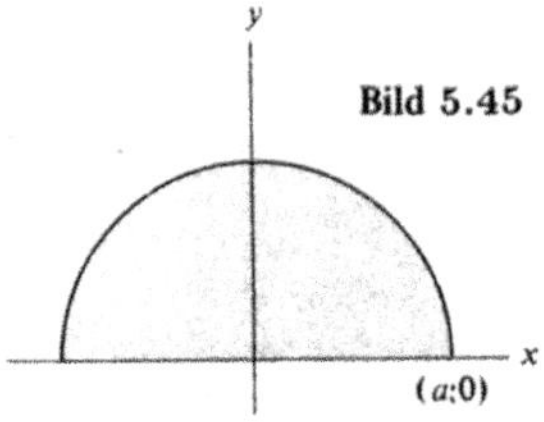

Bild 5.45

Beispiel 1: In Beispiel 2 aus Abschnitt 5.4 hatten wir $\int_R y\, dA$ zu berechnen. Dabei war R der in Bild 5.45 dargestellte Halbkreis. Man bestimme $\int_R y\, dA$ durch mehrfache Integration in Polarkoordinaten.

Lösung: In Polarkoordinaten nimmt R die folgende einfache Gestalt an:

$$0 \leqslant \theta \leqslant \pi, \quad 0 \leqslant r \leqslant a.$$

Aus $y = r \sin\theta$ ergibt sich $f(r;\theta) = r \sin\theta$.

Weiter erhalten wir

$$\int_R y\, dA = \int_R r \sin\theta\, dA = \int_0^{\pi}\left(\int_0^a r \sin\theta \cdot r\, dr\right) d\theta.$$

Man beachte den Faktor r, wenn Polarkoordinaten verwendet werden

Das Mehrfachintegral kann einfach berechnet werden. Für den Klammerausdruck erhalten wir

$$\int_0^a r \sin\theta\, r\, dr = \sin\theta \int_0^a r^2\, dr = \sin\theta \left(\frac{r^3}{3}\right)\Bigg|_0^a = \frac{a^3 \sin\theta}{3}.$$

Somit folgt für das zweite Integral

$$\int_0^{\pi} \frac{a^3 \sin\theta}{3}\, d\theta = \frac{a^3}{3}\int_0^{\pi} \sin\theta\, d\theta = \frac{a^3}{3}(-\cos\theta)\Bigg|_0^{\pi}$$

$$= \frac{a^3}{3}[(-\cos\pi) - (-\cos 0)]$$

$$= \frac{a^3}{3}(1+1) = \frac{2a^3}{3}.$$

Daher

$$\int_R y\, dA = \frac{2a^3}{3}. \bullet$$

Beispiel 2: Ein Körper hat als Grundfläche die obere Hälfte der Kardioide $r = 1 + \cos\theta$ (Bild 5.46). Die Länge des Schnittes über dem Punkt $(r;\theta)$ beträgt $y\,(= r \sin\theta)$. Welches Volumen hat der Körper?

Bild 5.46

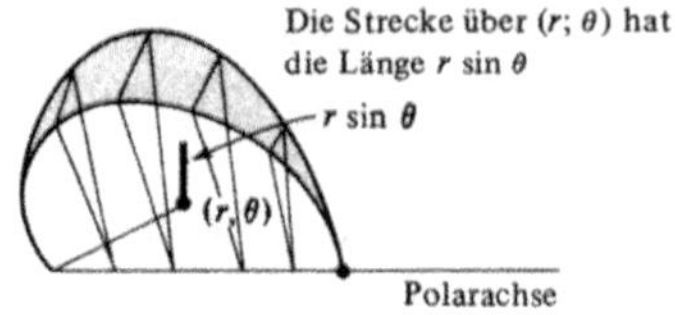

Lösung: Bekanntlich gilt

$$\text{Volumen} = \int_R c(P)\, dA,$$

wobei $c(P)$ die Länge der über P liegenden Strecke angibt. In Polarkoordinaten erhalten wir

$$c(r;\theta) = r \sin\theta.$$

Das Gebiet R wird durch

$$0 \leqslant \theta \leqslant \pi, \quad 0 \leqslant r \leqslant 1 + \cos\theta$$

dargestellt. Dies führt auf

$$\int_R c(P)\, dA = \int_0^{\pi}\left(\int_0^{1+\cos\theta} r \sin\theta \cdot r\, dr\right) d\theta.$$

Man beachte den Faktor r

Der Klammerausdruck (das innere Integral) ergibt sich als:

$$\int_0^{1+\cos\theta} r^2 \sin\theta\, dr = \sin\theta \int_0^{1+\cos\theta} r^2 dr = \sin\theta \left(\frac{r^3}{3}\right)\Bigg|_0^{1+\cos\theta}$$

$$= \sin\theta\left[\frac{(1+\cos\theta)^3}{3} - \frac{(0)^3}{3}\right]$$

$$= \frac{(1+\cos\theta)^3 \sin\theta}{3}.$$

Für das zweite Integral erhalten wir

$$\int_0^{\pi} \frac{(1+\cos\theta)^3 \sin\theta}{3}\, d\theta.$$

Dieses Integral kann mit Hilfe der Substitution

$$u = 1 + \cos\theta, \quad du = -\sin\theta\, d\theta$$

leicht ausgewertet werden:

$$\int_2^0 \frac{u^3(-du)}{3} = \int_0^2 \frac{u^3\, du}{3} = \frac{u^4}{12}\Bigg|_0^2$$

$$= \frac{16}{12} = \frac{4}{3}.$$

Daher beträgt das Gesamtvolumen $\frac{4}{3}$. •

Beispiel 3: Eine Kugel mit dem Radius a hat ihren Mittelpunkt im Pol des Polarkoordinatensystems. Man bestimme das Volumen für den Teil der Kugel, der oberhalb des ebenen Gebietes mit der Grenzkurve $r = a \cos\theta$ liegt (Bild 5.47).

Bild 5.47

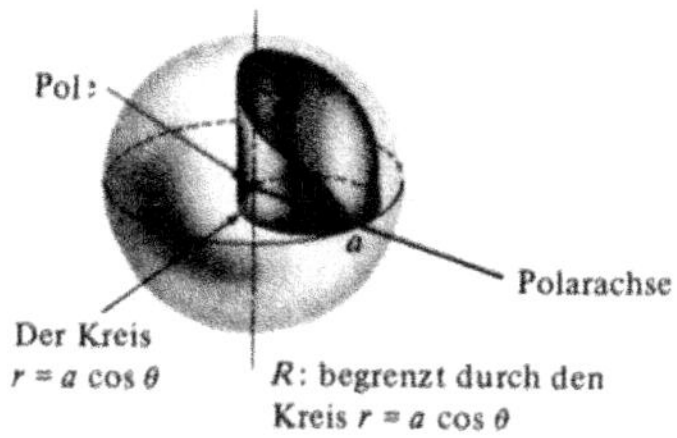

Lösung: Die seitliche Begrenzung des gesuchten Körpers ist Teil der Oberfläche eines geraden Kreiszylinders. Die Deckfläche des Körpers ist Teil einer Kugel, die Basisfläche ist durch das Gebiet R gegeben. Der Körper ist kein Rotationskörper; seine Schnitte mit parallelen Ebenen – ganz gleich in welcher Richtung – sind schwierig zu berechnen. In Polarkoordinaten wird es jedoch einfach sein, das Volumen des Körpers durch ein geeignetes Mehrfachintegral zu bestimmen.

Zunächst müssen wir f und R in Polarkoordinaten darstellen, wobei $f(P)$ die Länge eines vertikalen Schnittes des Körpers mit einer Geraden durch P darstellt. Wir erhalten für R: r geht für jedes θ aus $[-\pi/2; \pi/2]$ von Null bis $a \cos\theta$,

$$-\frac{\pi}{2} \leqslant \theta \leqslant \frac{\pi}{2}, \quad 0 \leqslant r \leqslant a\cos\theta.$$

Die Funktion $f(r;\theta)$ kann mit Hilfe des Pythagoräischen Lehrsatzes bestimmt werden (Bild 5.48). Es ergibt sich $f(r;\theta) = \sqrt{a^2 - r^2}$ und

$$\text{Volumen} = \int_R f(P)\,dA = \int_{-\pi/2}^{\pi/2}\left(\int_0^{a\cos\theta} \sqrt{a^2 - r^2}\, r\, dr\right) d\theta.$$

Bild 5.48

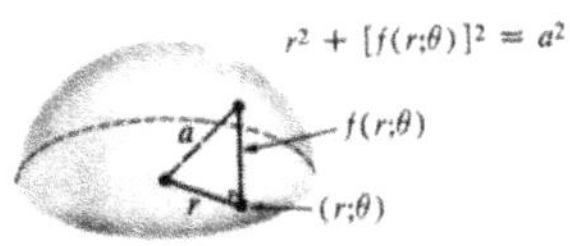

(Man beachte den Faktor r im Integranden.) Aus Symmetriegründen genügt es, die Hälfte des Volumens für θ aus $[0; \pi/2]$ zu berechnen und das Ergebnis dann zu verdoppeln.

$$\int_0^{a\cos\theta} \sqrt{a^2 - r^2}\, r\, dr = \left.\frac{-(a^2 - r^2)^{3/2}}{3}\right|_0^{a\cos\theta}$$

$$= -\left[\frac{(a^2 - a^2\cos^2\theta)^{3/2}}{3} - \frac{(a^2)^{3/2}}{3}\right]$$

$$= \frac{a^3}{3} - \frac{(a^2 - a^2\cos^2\theta)^{3/2}}{3}$$

$$= \frac{a^3}{3} - \frac{a^3(1 - \cos^2\theta)^{3/2}}{3} = \frac{a^3}{3}(1 - \sin^3\theta).$$

(Die trigonometrische Formel $\sin\theta = \sqrt{1 - \cos^2\theta}$ gilt für $0 \leqslant \theta \leqslant \pi/2$, aber nicht für $-\pi/2 \leqslant \theta \leqslant 0$.)

Anschließend kann die zweite Integration ausgeführt werden:

$$\int_0^{\pi/2} \frac{a^3}{3}(1 - \sin^3\theta)\, d\theta = \int_0^{\pi/2} \left[\frac{a^3}{3} - \frac{a^3}{3}(1 - \cos^2\theta)\sin\theta\right] d\theta$$

$$= \left.\left(\frac{a^3}{3}\theta + \frac{a^3}{3}\cos\theta - \frac{a^3}{3}\,\frac{\cos^3\theta}{3}\right)\right|_0^{\pi/2}$$

$$= \frac{a^3}{3}\,\frac{\pi}{2} - \left(\frac{a^3}{3} - \frac{a^3}{9}\right) = a^3\left(\frac{\pi}{6} - \frac{1}{3} + \frac{1}{9}\right)$$

$$= a^3\left(\frac{3\pi - 6 + 2}{18}\right) = a^3\left(\frac{3\pi - 4}{18}\right).$$

Das Gesamtvolumen ist doppelt so groß:

$$a^3\left(\frac{3\pi - 4}{9}\right). \bullet$$

Wir haben uns nun mit Mehrfachintegralen, sowohl in rechtwinkeligen als auch in Polarkoordinaten, beschäftigt. So wollen wir noch kurz überlegen, warum im Falle der Polarkoordinaten in den Integranden der Faktor r aufgenommen werden muß.

Ein Rechteck mit den Abmessungen dx und dy hat die Fläche $dx\,dy$ (Bild 5.49). Als Merkregel ergibt sich

$$dA = dx\,dy.$$

Bild 5.49

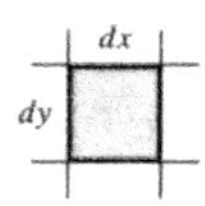

Die Fläche ist gleich $dx\,dy$; kein zusätzlicher Faktor tritt auf

Nun betrachten wir die Fläche eines kleinen Gebietes, das in Polarkoordinaten dem Zuwachs dr und $d\theta$ entspricht. Obgleich das Gebiet an zwei Seiten durch Kurven begrenzt wird, hat es näherungsweise die Gestalt eines Rechteckes mit den Dimensionen dr und $r\,d\theta$. So ergibt sich als analoge Merkregel

$$dA = dx \cdot r\,d\theta \quad \text{oder} \quad dA = r\,dr\,d\theta.$$

Mit Hilfe einfacher geometrischer Überlegungen können wir für das getönte Gebiet des Bildes 5.50 exakt die Fläche $[r + (dr/2)]\,dr\,d\theta$ herleiten.

Bild 5.50

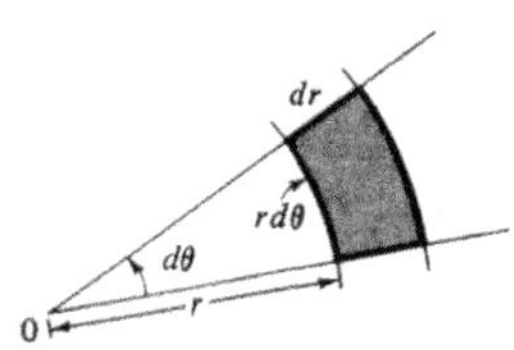

Die getönte Fläche beträgt ungefähr $r\,dr\,d\theta$

Übungen:

Man berechne die Mehrfachintegrale in den Übungen 1 bis 4.

1. $\int_0^{\pi}\left(\int_0^{\cos\theta} r\sin\theta\, dr\right) d\theta$ 2. $\int_0^{\pi}\left(\int_0^{3} r^2\sin\theta\, dr\right) d\theta$

3. $\displaystyle\int_0^{\pi}\left(\int_0^{1+\cos\theta} r^3 \sin\theta \, dr\right) d\theta$ 4. $\displaystyle\int_0^{\pi}\left(\int_0^{\sin\theta} r\, dr\right) d\theta$

In den Übungen 5 bis 8 stelle man das Integral für das gegebene f und R in Polarkoordinaten dar. (Ohne den Ausdruck explizit zu berechnen.)

5. $f(P)$ = Abstand von P zum Pol; R gegeben durch $0 \leq \theta \leq \pi/2$, $1 \leq r \leq 2 + \cos\theta$.
6. $f(P)$ = Quadrat des Abstandes von P zum Pol; R gegeben durch $0 \leq \theta \leq \pi/6$, $0 \leq r \leq \sin 3\theta$.
7. $f(x;y) = y$; R gegeben durch $0 \leq \theta \leq \pi/2$, $0 \leq r \leq 1 + \sin\theta$.
8. $f(P)$ = Quadrat des Abstandes zwischen P und der y-Achse; R gegeben durch $0 \leq \theta \leq \pi/4$, $0 \leq r \leq \sin 2\theta$.

Die Integrale

$$\int_0^{\pi/2} \cos^n\theta \, d\theta \quad \text{und} \quad \int_0^{\pi/2} \sin^n\theta \, d\theta$$

treten häufig bei der Berechnung mehrfacher Integrale in Polarkoordinaten auf. Einer Integraltafel können wir die folgenden Formeln entnehmen

$$\int_0^{\pi/2} \cos^n\theta \, d\theta = \int_0^{\pi/2} \sin^n\theta \, d\theta = \frac{2\cdot 4\cdot 6 \ldots (n-1)}{1\cdot 3\cdot 5 \ldots (n)}$$

wenn n eine ungerade ganze Zahl ist und

$$\int_0^{\pi/2} \cos^n\theta \, d\theta = \int_0^{\pi/2} \sin^n\theta \, d\theta = \frac{1\cdot 3\cdot 5 \ldots (n-1)}{2\cdot 4\cdot 6 \ldots (n)} \frac{\pi}{2}$$

wenn n eine ganze gerade Zahl ist.

Man bestimme die Formel zur Berechnung der Integrale der Übungen 9 bis 14.

9. $\displaystyle\int_0^{\pi/2} \sin^3\theta \, d\theta$ 10. $\displaystyle\int_0^{\pi/2} \cos^2\theta \, d\theta$

11. $\displaystyle\int_0^{\pi/2} \sin^4\theta \, d\theta$ 12. $\displaystyle\int_0^{\pi/2} \sin^5\theta \, d\theta$

13. $\displaystyle\int_0^{\pi/2} \cos^6\theta \, d\theta$ 14. $\displaystyle\int_0^{\pi} \sin^7\theta \, d\theta$

15. (*a*) Man zeige $\displaystyle\int_0^{\pi} \cos^n\theta \, d\theta = 0$, wenn n eine ungerade ganze Zahl ist.

(*b*) Man berechne $\displaystyle\int_0^{\pi} \cos^6\theta \, d\theta$ aus der entsprechenden Formel von Übung 9.

16. Die Dichte einer Schicht im Punkt $P = (r;\theta)$ sei r g/cm^2. Das Gebiet sei durch die Kardioide $r = 1 + \cos\theta$ begrenzt. Man bestimme die Gesamtmasse.
17. Man bestimme den mittleren Abstand der Punkte des Kreises $r = 2\sin\theta$ vom Pol.

Das Integral $\int_R r^2 dA$ wird mit I_0 bezeichnet und heißt *polares Trägheitsmoment von R*. Seine Anwendungsgebiete sind Körper, die um eine Gerade durch den Pol rotieren, wobei diese Gerade senkrecht auf der Ebene von R steht. Man bestimme I_0 für die in den Übungen 18 bis 21 angegebenen Gebiete.

18. $-\pi/2 \leq \theta \leq \pi/2$, $0 \leq r \leq \cos\theta$.
19. $0 \leq \theta \leq \pi/2$, $0 \leq r \leq \sin^2\theta$.
20. $0 \leq \theta \leq 2\pi$, $0 \leq r \leq 1 + \cos\theta$.
21. $0 \leq \theta \leq \pi/2$, $0 \leq r \leq \sin 2\theta$.

Das Integral $\int_R y^2 dA$ wird mit I_x bezeichnet und heißt *Trägheitsmoment von R um die x-Achse*. Es kommt zur Anwendung, wenn wir die Rotation von Körpern um die x-Achse untersuchen. Man bestimme I_x für die in den Übungen 22 bis 25 angegebenen Gebiete.

22. Kreis mit Radius a, Mittelpunkt im Pol.
23. Kreis mit Radius $2a$, Mittelpunkt in Polarkoordinaten $(a;\pi/2)$.
24. $0 \leq \theta \leq \pi/2$, $0 \leq r \leq \sqrt{\cos\theta}$.
25. $0 \leq \theta \leq \pi$, $0 \leq r \leq \sqrt[4]{\sin\theta}$.
26. Man berechne das Integral aus Übung 5.
27. Man berechne das Integral aus Übung 6.
28. Man berechne das Integral aus Übung 7.
29. Man berechne das Integral aus Übung 8.

■

30. Man bestimme das Volumen einer Kugel mit dem Radius a mit Hilfe von Mehrfachintegralen in Polarkoordinaten.
31. Man bestimme das Trägheitsmoment I_x (siehe vor Übung 22) für den in Bild 5.51 dargestellten Halbkreis mit dem Radius a.

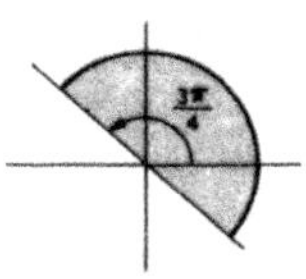

Bild 5.51

32. Man beschreibe f in rechtwinkeligen und in Polarkoordinaten, falls f
    (*a*) das Quadrat des Abstandes zwischen P und der Polarachse ist (diese soll mit der x-Achse zusammenfallen),
    (*b*) das Quadrat des Abstandes zwischen P und dem Ursprung ist.
33. Man beschreibe f in Polarkoordinaten für
    (*a*) $f(x;y) = x$, (*b*) $f(x;y) = \sqrt{x^2 + y^2}$.
34. Es sei R eine Scheibe mit dem Radius 3. Ferner sei $f(P)$ das Quadrat des Abstandes zwischen P und einem bestimmten festen Durchmesser der Scheibe. Man berechne

$$\int_R f(P)\, dA.$$

35. Man berechne $\displaystyle\int_0^{\pi/4}\left(\int_{\sin\theta}^{\cos\theta} r\, dr\right) d\theta$.
36. Man berechne die Masse der Schicht innerhalb einer Schleife der Kurve $r = \sin 2\theta$, wenn die Dichte in $(r;\theta)$ durch r^2 gegeben ist.
37. Man berechne $\displaystyle\int_0^{\pi/2}\left(\int_0^{\cos\theta} r \sin\theta \, dr\right) d\theta$.

38. (*a*) Man berechne $\displaystyle\int_0^{\pi/2}\left(\int_0^{\cos\theta} r^2 \sin\theta\, dr\right) d\theta.$

(*b*) Man berechne $\displaystyle\int_0^{\pi/2}\left(\int_0^{\cos\theta} r^3 \sin\theta\, dr\right) d\theta.$

■■

39. Mit Hilfe elementarer geometrischer Überlegungen leite man für die Fläche, die den Änderungen dr und $d\theta$ entspricht, den exakten Flächeninhalt $(r + dr/2)\, dr\, d\theta$ her.

40. In Beispiel 3 hatten wir das halbe Volumen berechnet und das Resultat verdoppelt. Man berechne nun das Mehrfachintegral

$$\int_{-\pi/2}^{\pi/2}\left(\int_0^{a\cos\theta} \sqrt{a^2 - r^2}\, r\, dr\right) d\theta$$

direkt. Als Resultat sollte sich wieder $a^3(3\pi - 4)/9$ ergeben. *Vorsicht:* Trigonometrische Formeln sind mit Sorgfalt zu verwenden.

5.6 Zusammenfassung

R sei ein ebenes Gebiet und f eine Funktion, die jedem Punkt P aus R eine Zahl zuordnet. Dann definieren wir das bestimmte Integral von f über R mit Hilfe von Teilungen und Testpunkten P_i durch

$$\lim_{\text{Maß}\to 0} \sum_{i=1}^{n} f(P_i)\, A_i .$$

Diese Zahl wird mit $\int_R f(P)\, dA$ bezeichnet.

Die folgende Tabelle wiederholt einige Anwendungen des bestimmten Integrales:

Es sei $f(P)$	*dann ist* $\int_R f(P)\, dA$
Dichte in P	Masse
Länge der Schnitte eines Körpers mit einer Geraden, die senkrecht zur Ebene von R verläuft	Volumen des Körpers
$x - a$ für $P = (x; y)$	Moment um die Gerade $x = a$
x für $P = (x; y)$	Moment um die y-Achse (also die Gerade $x = 0$)
y für $P = (x; y)$	Moment um die x-Achse
y^2 für $P = (x; y)$	I_x, Trägheitsmoment um die x-Achse
r^2 für $P = (x; y)$	I_0, polares Trägheitsmoment

Der Mittelwert von f über R ist wie folgt definiert

$$\text{Mittelwert} = \frac{\int_R f(P)\, dA}{\text{Fläche von } R}.$$

Zur Abschätzung von $\int_R f(P)\, dA$ können wir unter anderem eine bestimmte Näherungssumme $\sum_{i=1}^{n} f(P_i)\, A_i$ berechnen. Mit Hilfe eines Taschenrechners ist dies nicht besonders mühsam.

Zur Berechnung von

$$\int_R f(P)\, dA$$

können Mehrfachintegrale verwendet werden. Zu diesem Zweck muß der Hauptsatz zweimal hintereinander angewendet werden. Abgesehen von den einfachsten Integralen (die glücklicherweise sehr häufig auftreten) gelingt dies nur selten.

Die Mehrfachintegrale sind

$$\int_a^b \left[\int_{y_1(x)}^{y_2(x)} f(x; y)\, dy\right] dx$$

$$\int_c^d \left[\int_{x_1(y)}^{x_2(y)} f(x; y)\, dx\right] dy$$

in rechtwinkeligen Koordinaten und

$$\int_\alpha^\beta \left[\int_{r_1(\theta)}^{r_2(\theta)} f(r; \theta)\, r\, dr\right] d\theta$$

in Polarkoordinaten. (In diesem Fall ist die andere Reihenfolge der Integrationen meist unvorteilhaft.) Wir erinnern uns an den zusätzlichen Faktor r im Integranden für das Mehrfachintegral in Polarkoordinaten. Dieser Faktor ergibt sich aus dem Ausdruck $r\, dr\, d\theta$ (nicht $dr\, d\theta$) für die angenäherte Fläche des kleinen Gebietes, das der Koordinatenänderung dr und $d\theta$ entspricht. Die Bilder 5.52 und 5.53 geben eine Merkhilfe.

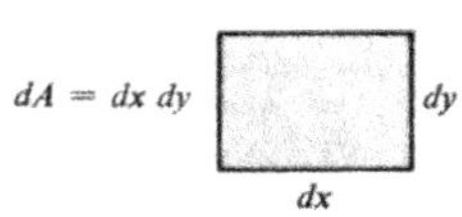

Bild 5.52

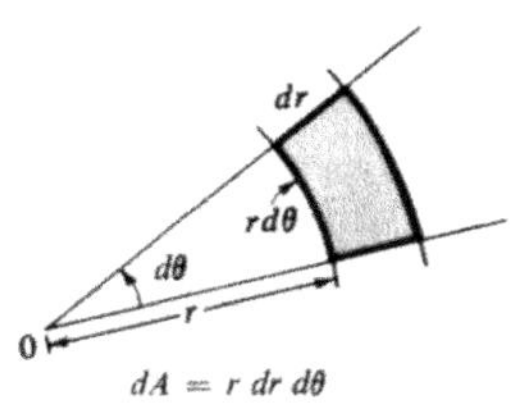

Bild 5.53

Momente, Schwerlinien und Schwerpunkte wurden definiert. Unter einer Schwerlinie verstehen wir eine Gerade, in bezug auf die das Moment Null ist. Alle Schwerlinien einer Schicht schneiden sich in einem Punkt $(\overline{x};\overline{y})$, den wir Schwerpunkt nennen. $(\overline{x};\overline{y})$ kann mit Hilfe der folgenden Formel bestimmt werden:

$$\overline{x}=\frac{\int\limits_R x f(P)\,dA}{\text{Masse}},\qquad \overline{y}=\frac{\int\limits_R y f(P)\,dA}{\text{Masse}},$$

wobei f die Dichte angibt.

Ist die Dichte konstant, so erhält der Begriff des Schwerpunktes einen rein geometrischen Charakter und kann in diesem Falle wie folgt berechnet werden:

$$\overline{x}=\frac{\int\limits_R x\,dA}{\text{Fläche}},\qquad \overline{y}=\frac{\int\limits_R y\,dA}{\text{Fläche}}.$$

Begriffe und Symbole

Zweidimensionales Integral $\int\limits_R f(P)\,dA$

Durchmesser eines ebenen Gebietes

Mehrfachintegral (rechtwinkelig, polar)

Moment in bezug auf eine Gerade $x = a$,

$$\int\limits_R (x-a)\,f(P)\,dA,$$

wobei f die Dichte angibt

Schwerlinie

Schwerpunkt $(\overline{x};\overline{y})$

Testaufgaben zu Kapitel 5

1. (*a*) Man beschreibe in rechtwinkeligen Koordinaten das Gebiet, das in Polarkoordinaten durch

   $$0 \leqslant \theta \leqslant \pi,\quad 0 \leqslant r \leqslant a$$

   dargestellt wird.

   (*b*) Man beschreibe in Polarkoordinaten das Gebiet, das in rechtwinkeligen Koordinaten durch

   $$1 \leqslant x \leqslant 2,\quad \frac{x}{\sqrt{3}} \leqslant y \leqslant x$$

   dargestellt wird.

2. Man bestimme für das Dreieck mit den Eckpunkten (0; 0), (2; 0), (2; 2) das Moment um die x-Achse. Mit Hilfe von

   (*a*) einem Mehrfachintegral in rechtwinkeligen Koordinaten,

   (*b*) einem Mehrfachintegral in Polarkoordinaten.

3. (*a*) Man bestimme den mittleren Abstand der Punkte einer Kreisscheibe mit dem Radius a vom Mittelpunkt der Scheibe.

   (*b*) Wieso ist der Mittelwert größer als $a/2$? (Man gebe eine intuitive Erklärung.)

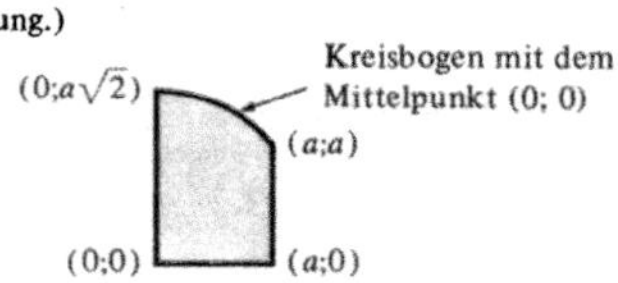

Bild 5.54

4. Man stelle das gegebene Mehrfachintegral durch ein Mehrfachintegral in Polarkoordinaten dar und werte das letztere aus:

   $$\int\limits_0^a\left[\int\limits_0^{\sqrt{a^2-x^2}}(x^2+y^2)^{3/2}\,dy\right]dx.$$

5. (*a*) Man bestimme das polare Trägheitsmoment einer Schleife der Kurve $r = \sin 2\theta$.

   (*b*) Man bestimme die Masse im Inneren der Schleife aus (*a*), wenn die Dichte in Punkt $(r;\theta)$ durch r^2 g/cm^2 gegeben ist.

   (*c*) Man bestimme das Volumen des Körpers, dessen Basis durch die Schleife aus (*a*) gegeben ist und dessen Schnitte über $(r;\theta)$ die Länge r^2 haben.

   (*d*) Im Punkt $(r;\theta)$ der Schleife aus (*a*) sei die Temperatur gleich r^2 Grad Celsius. Was ergibt sich für die mittlere Temperatur?

6. Eine landwirtschaftliche Sprühanlage verteilt Wasser in einem Umkreis mit einem Radius von 30 m. Stellt man zufällig verteilte Kannen innerhalb dieses Kreises auf, so ergibt sich, daß die Sprühanlage in einem Abstand von r Metern innerhalb einer Stunde Wasser in der Höhe von e^{-r} Meter abgibt. Welche Wassermenge verteilt die Sprühanlage über ein Gebiet mit

   (*a*) 30 m Radius,

   (*b*) 15 m Radius im Umkreis der Anlage?

Übungen zu Kapitel 5

1. Man beschreibe das Gebiet zwischen $y = x^2$ und $y = 4$ durch

   (*a*) vertikale Schnitte,

   (*b*) horizontale Schnitte.

2. Man berechne:

   (*a*) $\int\limits_0^1 x^2 y\,dy$, (*b*) $\int\limits_0^1 x^2 y\,dx$.

3. Man berechne:

   (*a*) $\int\limits_1^{x^2} (x+y)\,dy$, (*b*) $\int\limits_y^{y^2} (x+y)\,dx$.

4. Man berechne das einfachere der beiden Integrale

   (*a*) $\int\limits_0^1 \sin(x^2 y)\,dy$, (*b*) $\int\limits_0^1 \sin(x^2 y)\,dx$.

5. Man beschreibe Bild 5.54 durch

   (*a*) rechtwinkelige Koordinaten und vertikale Schnitte,

   (*b*) rechtwinkelige Koordinaten und horizontale Schnitte,

   (*c*) Polarkoordinaten.

Man stelle die Mehrfachintegrale in den Übungen 6 bis 8 durch Mehrfachintegrale in Polarkoordinaten dar und berechne die letzteren.

6. $\int\limits_0^1\left(\int\limits_0^x x^2\,dy\right)dx.$

7. $\int\limits_0^1\left(\int\limits_x^{\sqrt{1-x^2}}\sqrt{x^2+y^2}\,dy\right)dx.$

8. $\int\limits_0^2\left(\int\limits_0^{\sqrt{2x-x^2}} x\,dy\right)dx.$

9. Man betrachte das Mehrfachintegral $\int\limits_{\pi/4}^{\pi/2}\left(\int\limits_0^a r^2\sin\theta\,dr\right)d\theta.$

(*a*) Man zeichne das Gebiet R und beschreibe die Funktion f, für die $\int_R f(P)\,dA$ durch das gegebene Mehrfachintegral dargestellt wird.
(*b*) Man wähle ein geeignetes Mehrfachintegral in rechtwinkeligen Koordinaten, das mit $\int_R f(P)\,dA$ übereinstimmt.
(*c*) Man berechne $\int_R f(P)\,dA$ mit der einfachsten Methode.

Man übertrage die Mehrfachintegrale der Übungen 10 bis 12 auf Mehrfachintegrale in rechtwinkeligen Koordinaten und berechne diese. (Man wähle dabei die günstigere Richtung.)

10. $\int_0^{\pi/4}\left(\int_0^a r^2\cos\theta\,dr\right)d\theta.$ **11.** $\int_0^{\pi/4}\left(\int_0^a r^3\,dr\right)d\theta.$

12. $\int_{\pi/4}^{3\pi/4}\left(\int_0^a r^3\,dr\right)d\theta.$

13. Man berechne:
(*a*) $\int_0^{\pi/2}\cos^2\theta\,d\theta,$ (*b*) $\int_0^{\pi/2}\cos^3\theta\,d\theta,$
(*c*) $\int_0^{\pi}\cos^3\theta\,d\theta,$ (*d*) $\int_0^{\pi}\sin^3\theta\,d\theta.$

14. Man bestimme das Moment eines Quadrates mit der Seite a um (*a*) eine Seite, (*b*) eine Diagonale.

15. Man bestimme das Trägheitsmoment eines Quadrates der Seite a um (*a*) eine Seite, (*b*) eine Diagonale.

16. Man bestimme den Schwerpunkt des Gebietes, das außerhalb des Kreises $r = 1$ und innerhalb der Kardioide $r = 1 + \cos\theta$ liegt.

17. Man bestimme das Trägheitsmoment des Gebietes zwischen den Kurven $y = x^3$, $y = 8$ und der y-Achse um
(*a*) die x-Achse,
(*b*) die y-Achse.
(*c*) Man bestimme das polare Moment um den Ursprung.

In den Übungen 18 bis 20 berechne man $\int_R f(P)\,dA$ für $f(x;y) = xy$ und das gegebene Gebiet R.

18. $0 \leqslant x \leqslant 2,\ x^3 \leqslant y \leqslant 2x^3.$

19. $0 \leqslant x \leqslant \pi/2,\ 0 \leqslant y \leqslant \sin x.$

20. $0 \leqslant \theta \leqslant \pi/4,\ 0 \leqslant r \leqslant 2\sin\theta.$

21. Es sei R das Gebiet zwischen der Kurve $y = \cos x$, der x-Achse und den Geraden $x = \pi/2$ und $x = -\pi/2$.
(*a*) Man bestimme das Moment von R um die x-Achse.
(*b*) Man bestimme das Trägheitsmoment I_x.
(*c*) Man bestimme $(\bar{x};\bar{y})$.

22. Man bestimme den Schwerpunkt des Gebietes zwischen $y = x^2$ und $y = \sqrt{x}$.

23. Die Wassermenge, die eine Sprühanlage in einem Abstand von r Meter abgibt, ist näherungsweise durch 2^{-r} Meter gegeben. Man bestimme die gesamte Wassermenge innerhalb des Abstandes a Meter von der Sprühanlage.

Man betrachte eine ebene Materieverteilung mit der Dichte $\delta(P)$ in P. Ihr Trägheitsmoment in bezug auf eine beliebige Gerade der Ebene ist durch $\int_R x^2\delta(P)\,dA$ definiert, wobei x den Abstand zwischen P und der Geraden angibt. ($\delta(P)\,dA$ entspricht der Dichte mal einer kleinen Fläche oder einer kleinen Masse.) Üblicherweise ist die Dichte konstant, $\delta(P) = M/A$, wobei M die Gesamtmasse und A die Fläche des Gebietes angibt. Wir sprechen dann von einer homogenen Verteilung, wie sie in den Übungen 24 bis 26 behandelt wird.

24. Man bestimme das Trägheitsmoment einer homogenen rechteckigen Platte der Masse m mit den Seitenlängen a und b, um
(*a*) die Seite a,
(*b*) die Seite b,
(*c*) eine Diagonale.

25. Eine homogene dreieckig-rechtwinkelige Platte der Masse m hat die Katheten a und b und die Hypotenuse c. Man bestimme ihr Trägheitsmoment um
(*a*) die Seite a,
(*b*) die Seite b,
(*c*) die Hypotenuse.

26. Man bestimme das Trägheitsmoment einer homogenen quadratischen Schicht der Masse m und der Seite a um ihren Mittelpunkt, mit Hilfe von
(*a*) rechtwinkeligen Koordinaten,
(*b*) Polarkoordinaten.

In den Übungen 27 bis 31 beschreibe man f und zeichne man R für das Integral $\int_R f(P)\,dA$, das mit dem gegebenen mehrfachen Integral übereinstimmt.

27. $\int_0^1\left(\int_2^3 x^2\,dy\right)dx.$ **28.** $\int_0^{\pi/4}\left(\int_1^{1+\cos\theta} r^2\cos\theta\,dr\right)d\theta.$

29. $\int_0^1\left[\int_{\sqrt{1-y^2}}^{1}(x^2+y)\,dx\right]dy.$ **30.** $\int_0^1\left(\int_{x^3}^{x^2}dy\right)dx.$

31. $\int_0^{\pi/2}\left(\int_1^2 dr\right)d\theta.$

■

32. Man bestimme $\int_R xy\,dx$, wobei R durch $0 \leqslant \theta \leqslant \pi/4,\ 0 \leqslant r \leqslant \cos 2\theta$ gegeben ist.

33. R sei ein Dreieck. Das xy-Koordinatensystem habe seinen Ursprung in einem Eckpunkt des Dreiecks und die x-Achse sei parallel zu der gegenüberliegenden Seite. Man bezeichne die Koordinaten der beiden anderen Eckpunkte mit $(a;b)$ und $(c;b)$. Man beweise $\bar{y} = 2b/3$.

34. (*a*) Mit Hilfe von Übung 32 zeige man, daß der Schwerpunkt des Dreiecks im Schnittpunkt der drei Schwerlinien liegt.
(*b*) Warum hätte man dieses Ergebnis ohne Rechnung erwarten können?

35. Es sei R ein Kreis mit dem Radius a und dem Mittelpunkt $(0;0)$.
(*a*) Man erkläre ohne Rechnung, warum die Integrale $\int_R x^2\,dA$ und $\int_R y^2\,dA$ übereinstimmen.
(*b*) Man zeige ohne Berechnung eines der Integrale die Relation

$$\int_R x^2\,dA + \int_R y^2\,dA = \int_R r^2\,dA.$$

(*c*) Man berechne $\int_R r^2\,dA$ in Polarkoordinaten.

(*d*) Aus (*a*), (*b*) und (*c*) berechne man $\int_R x^2\,dA$.

36. (*a*) Man zeichne das Gebiet R mit der Darstellung

$$\frac{\sqrt{2}}{2} \leq x \leq 1, \quad \sqrt{1-x^2} \leq y \leq x.$$

(*b*) Man beschreibe R in Polarkoordinaten.
(*c*) Man transformiere das Mehrfachintegral

$$\int_{\sqrt{2}/2}^{1}\left(\int_{\sqrt{1-x^2}}^{x} \frac{1}{\sqrt{x^2+y^2}}\,dy\right)dx$$

in Polarkoordinaten.
(*d*) Man berechne das Mehrfachintegral in Polarkoordinaten.

37. Man berechne $\int_R \ln(x^2+y^2)\,dA$ für das Gebiet aus Übung 36.

Die folgende Übung gibt einen einfachen Beweis für

$$\int_0^\infty e^{-x^2}\,dx = \sqrt{\pi}/2.$$

38. Es seien R_1, R_2, R_3 die drei Gebiete aus Bild 5.55. Ferner sei $f(P) = e^{-r^2}$, wobei r den Abstand zwischen P und dem Ursprung angibt. Aus $f(r;\theta) = e^{-r^2}$ erhalten wir

$$f(x;y) = e^{-x^2-y^2}.$$

(Man beachte, daß R_1 innerhalb R_2 und R_2 innerhalb R_3 liegt.)

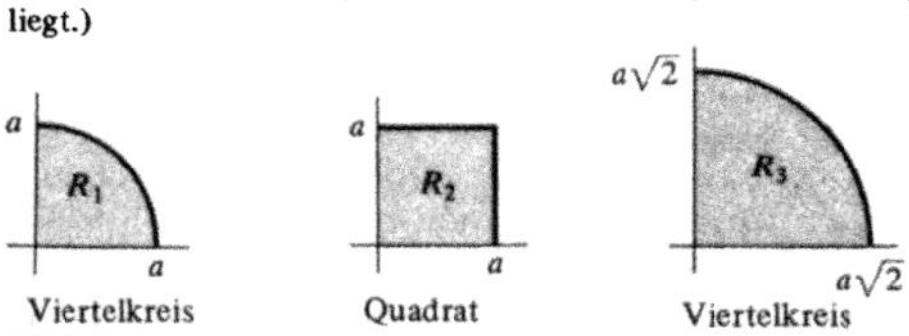

Bild 5.55

(*a*) Man zeige $\int_{R_1} f(P)\,dA = \pi/4\,(1-e^{-a^2})$ und

$$\int_{R_3} f(P)\,dA = \pi/4\,(1-e^{-2a^2}).$$

(*b*) Man vergleiche $\int_{R_2} f(P)\,dA$ mit den Resultaten von (*a*) und zeige

$$\frac{\pi}{4}(1-e^{-a^2}) < \left(\int_0^a e^{-x^2}\,dx\right)^2 < \frac{\pi}{4}(1-e^{-2a^2}).$$

(*c*) Man zeige $\int_0^\infty e^{-x^2}\,dx = \frac{\sqrt{\pi}}{2}$.

Der Physiker Lord Kelvin benutzte in einer Vorlesung einmal das Wort „Mathematiker". Plötzlich unterbrach er und fragte seine Hörer: „Wissen Sie, was ein Mathematiker ist?" Er ging zur Tafel und schrieb die folgende Gleichung auf:

$$\int_{-\infty}^{+\infty} e^{-x^2}\,dx = \sqrt{\pi}.$$

Dann wies er mit seinem Finger auf die Formel, wendete sich zu seinen Hörern und sagte: „Für einen Mathematiker ist diese Formel ebenso selbstverständlich, wie Ihnen die Aussage $2 \cdot 2 = 4$ erscheinen mag." Aus *S. P. Thompson, Life of Lord Kelvin*, Macmillian, London 1910.

Der Mathematiker *Littlewood* schrieb: „Viele Dinge sind der Intuition überhaupt nicht zugänglich, wie etwa der Wert von $\int_0^\infty e^{-x^2}\,dx$." Aus *J. E. Littlewood*, Newton und die Anziehung einer Kugel, *Mathematical Gazette*, vol. 63, 1948.

39. Mit Hilfe der Formel $\int_0^\infty e^{-x^2}\,dx = \sqrt{\pi}/2$ zeige man

(*a*) $\int_0^\infty e^{-4x^2}\,dx = \frac{\sqrt{\pi}}{4}$, (*b*) $\int_0^\infty \frac{e^{-x}}{\sqrt{x}}\,dx = \sqrt{\pi}$,

(*c*) $\int_0^\infty x^2 e^{-x^2}\,dx = \frac{\sqrt{\pi}}{4}$, (*d*) $\int_0^\infty \sqrt{x}\,e^{-x}\,dx = \frac{\sqrt{\pi}}{2}$,

(*e*) $\int_0^1 \frac{dx}{\sqrt{\ln(1/x)}} = \sqrt{\pi}$, (*f*) $\int_0^1 \sqrt{\ln(1/x)}\,dx = \frac{\sqrt{\pi}}{2}$.

Transportprobleme führen zu Integralen über ebene Mengen, wie sie in den Übungen 40 bis 45 auftreten.

40. Man zeige, daß der mittlere Abstand vom Mittelpunkt eines Kreises mit der Fläche A zu den Punkten der Kreisscheibe näherungsweise durch $0{,}376\sqrt{A}$ gegeben ist (genau $2\sqrt{A}/3\sqrt{\pi}$).

41. Man zeige, daß der mittlere Abstand vom Mittelpunkt eines regelmäßigen Sechsecks der Fläche A zu den Punkten des Sechsecks näherungsweise durch $0{,}377\sqrt{A}$ gegeben ist (genau $\sqrt{2}\sqrt{A}/\sqrt{3}\sqrt[4]{3}\,[\frac{1}{3} + (\ln 3)/4]$).

42. Man zeige, daß der mittlere Abstand vom Mittelpunkt eines Quadrates der Fläche A zu den Punkten im Inneren des Quadrates näherungsweise durch $0{,}383\sqrt{A}$ gegeben ist (genau $[(\sqrt{2} + \ln\tan 3\pi/8)\sqrt{A}]/6$).

43. Man zeige, daß der mittlere Abstand vom Schwerpunkt eines gleichseitigen Dreiecks der Fläche A zu den Punkten im Inneren des Dreiecks näherungsweise durch $0{,}404\sqrt{A}$ gegeben ist (genau $(\sqrt{A}/9\sqrt[4]{3}\,[2\sqrt{3} + \ln\tan(5\pi/12)])$).

In den Übungen 40 bis 43 ist der Abstand von einem Warenhaus bis zu einem bestimmten Punkt entlang einer Geraden (Luftlinie) gemessen worden. In Städten ist entsprechend dem üblichen Straßenmuster (schachbrettartiger Grundriß) die „städtische" Distanz zwischen den Punkten $(x_1;y_1)$ und $(x_2;y_2)$ eher durch $|x_1 - x_2| + |y_1 - y_2|$ gegeben.

44. Man zeige, daß sich in Übung 40 mit Hilfe der „städtischen" Distanz der Mittelwert $8\sqrt{A}/3\pi^{3/2} = 0{,}479\sqrt{A}$ ergibt.

45. Man zeige, daß sich in Übung 42 mit Hilfe der „städtischen" Distanz der Mittelwert $\sqrt{A}/2$ ergibt. In den meisten Städten ist der „städtische" Mittelwert um etwa 25 % größer, als der Mittelwert der Direktabstände.

Die folgende Übung behandelt ein Paradoxon aus der Gravitationstheorie.

46. Über die gesamte Ebene sei kontinuierlich Masse verteilt. Ein Massenpunkt befinde sich im Abstand a von der Ebene. Die Gravitationsanziehung der ebenen Masse auf den Massenpunkt ist zur Ebene hin gerichtet und hat die Größe

$$\int_R \frac{a}{(\sqrt{a^2+r^2})^3}\, dA.$$

(Das Integral erstreckt sich über die gesamte Ebene und ist im gleichen Sinne ein uneigentliches Integral, wie dies für ein Integral über die gesamte x-Achse gilt. Man behandle es daher dementsprechend.) Der Faktor r im Integranden bezieht sich auf Polarkoordinaten, als deren Pol wir den zum Massenpunkt nächstgelegenen Punkt der Ebene wählen.

(*a*) Man zeige, daß das Integral den Wert 2π besitzt.

(*b*) Entsprechend (*a*) ist die Anziehung zwischen der Ebene und dem Massenpunkt unabhängig vom Abstand zwischen dem Massenpunkt und der Ebene. Ist dies möglich?

In der folgenden Übung wird ein ebenes Integral auf die Theorie der Ausbreitung von Epidemien angewendet.

47. In der Theorie der Ausbreitung von Epidemien wird angenommen, daß die Wahrscheinlichkeit für die Infektion eines Individuums durch ein anderes Individuum, das sich in einem Abstand von D km befindet, nur von D abhängt. Betrachten wir eine kontinuierliche Bevölkerungsverteilung in einer kreisförmigen Stadt mit dem Radius 1 km und nehmen wir an, daß die erwähnte Wahrscheinlichkeit proportional zu $2-D$ ist. Für einen festen Punkt Q sei

$$f(P) = 2 - (\text{Abstand von } P \text{ nach } Q).$$

Ferner sei R das von der Stadt eingenommene Gebiet.

(*a*) Warum ist $\int_R f(P)\, dA$ ein vernünftiges Maß der Gefahr für eine Person im Punkt Q?

(*b*) Man berechne dieses bestimmte Integral, wenn Q der Mittelpunkt der Stadt ist und wenn Q an der Stadtgrenze liegt.

(*c*) Welche Stelle ist entsprechend (*b*) sicherer?

48. Es sei L_1 eine Gerade durch den Schwerpunkt des ebenen Gebietes R, und es sei L_2 eine Gerade parallel zu L_1 im Abstand d von L_1. Beide Geraden liegen in der Ebene von R. Man zeige, daß das Trägheitsmoment von R um L_2 gleich dem (Trägheitsmoment von R um L_1) $+ d^2A$ ist, wobei A die Fläche von R gibt.

49. Das Trägheitsmoment eines Gebietes R um den Punkt $(x_0; y_0)$ wird durch

$$\int_R [(x-x_0)^2 + (y-y_0)^2]\, dA$$

definiert. Es sei R ein Kreis mit dem Radius a und dem Mittelpunkt im Ursprung eines xy-Koordinatensystems.

(*a*) Man bestimme das Trägheitsmoment um den Punkt $(b; 0)$. *Hinweis:* Man verwende Polarkoordinaten. Zunächst zeige man aus dem Kosinussatz

$$(x-b)^2 + (y-0)^2 = r^2 + b^2 - 2rb\cos\theta.$$

(*b*) Man zeige, daß dieses Trägheitsmoment immer größer ist als der Ausdruck (Fläche von R)$\cdot b^2$, den wir für das Trägheitsmoment erhalten würden, wenn das gesamte Gebiet R im Mittelpunkt von R konzentriert wäre.

50. (*a*) Man zeige, daß das Trägheitsmoment von R um $(x_0; y_0)$ (laut Definition in Übung 49) mit dem (Trägheitsmoment von R um den Schwerpunkt von R) $+ d^2A$ übereinstimmt, wobei d die Distanz zwischen Schwerpunkt und $(x_0; y_0)$ angibt.

(*b*) Bezüglich welches Punktes $(x_0; y_0)$ ist das Trägheitsmoment am geringsten?

51. Ein Computer kann Zufallszahlen und damit Zufallspunkte in der Ebene erzeugen, mit deren Hilfe bestimmte Integrale abgeschätzt werden können. Angenommen, ein kompliziertes Gebiet R liege im Inneren eines Quadrates mit den Eckpunkten $(0;0)$, $(2;0)$, $(2;2)$ und $(0;2)$, und eine komplizierte Funktion f sei auf R definiert. Der Computer erzeugt nun 100 Zufallspunkte $(x;y)$ im Inneren des Quadrates. Von diesen liegen 73 im Inneren von R. Der Mittelwert von f für diese 73 Punkte ist 2,31.

(*a*) Welche vernünftige Schätzung ergibt sich für die Fläche von R?

(*b*) Welche vernünftige Schätzung erhalten wir für das zweidimensionale Integral $\int_R f(P)\, dA$?

Derartige Verfahren, bei denen Zufallsgrößen verwendet werden, nennt man *Monte-Carlo-Verfahren.*

■■

52. Wir definieren $f(t)$ durch $\int_1^t e^{x^2}\, dx$. Man bestimme den Mittelwert von f über das Intervall $[0; 1]$.

53. Was ist an der folgenden Überlegung falsch? Wir werden ein mehrfaches Integral in Polarkoordinaten erhalten, das mit $\int_R f(P)\, dA$ übereinstimmt, wobei R durch $\alpha \leq \theta \leq \beta$, $r_1(\theta) \leq r \leq r_2(\theta)$ beschrieben wird. Wir nehmen nun $f(P) \geq 0$ an und konstruieren den Körper, dessen Basis durch R und dessen Höhe in P durch $f(P)$ gegeben ist. Der Schnitt dieses Körpers mit einer auf R senkrecht stehenden Ebene, die durch den Strahl mit dem Winkel θ geht, entspricht einem ebenen Ausschnitt der Fläche

$$A(\theta) = \int_{r_1(\theta)}^{r_2(\theta)} f(r;\theta)\, dr.$$

Aus der Formel $V = \int_\alpha^\beta A(\theta)\, d\theta$ erhalten wir

$$\int_R f(P)\, dA = \int_\alpha^\beta \left(\int_{r_1(\theta)}^{r_2(\theta)} f(r;\theta)\, dr \right) d\theta.$$

Diese Formel ist *falsch*, da r im Integranden nicht auftritt. Man suche den Fehler.

Die folgende Übung veranschaulicht die Verwendung eines ebenen Integrals zur Abschätzung von Brandkatastrophen.

54. (Siehe Übung 50.) Welches ist die günstigste Stelle, um einen Hubschrauber zur Bekämpfung eines Brandes in großen Wäldern einzusetzen? Angenommen der Hubschrauber bewege sich mit konstanter Geschwindigkeit und geradlinig zur Feuerstelle. Nehmen wir weiter an, der Hubschrauber startet sofort nach Ausbruch des Feuers und das Feuer breitet sich kreisförmig aus, wobei der Radius des Kreises proportional zur Dauer des Feuers sei. Das Waldgebiet ist flach und die Bäume sind gleichmäßig verteilt.

55. Wir skizzieren einen anderen Beweis der Schwarzschen Ungleichung aus Übung 12 von Abschnitt 4.5. Es sei R das Quadrat $a \leq x \leq b$ und $a \leq y \leq b$.

(*a*) Warum gilt $\int_R [f(x)g(y) - f(y)g(x)]^2\, dA \geq 0$.

(*b*) Man leite aus (*a*) die Schwarzsche Ungleichung her.

56. Man zeige, daß das Moment um die x-Achse für ein Gebiet R mit der Polarkoordinatenbeschreibung: „Für jedes θ aus $[\alpha;\beta]$ geht r von Null bis $f(\theta)$", durch das folgende Integral gegeben ist:

$$\int_\alpha^\beta [f(\theta)]^3 \frac{\cos\theta}{3}\, d\theta$$

57. Es sei f eine stetige Funktion und sie sei für alle θ aus $[0;\pi]$ definiert, mit $f(0) = f(\pi)$. Ferner nehmen wir an

$$\int_0^\pi f(\theta)\, d\theta = 0 = \int_0^\pi f(\theta)\cos\theta\, d\theta = \int_0^\pi f(\theta)\sin\theta\, d\theta$$

Man beweise, daß es mindestens zwei Zahlen a und b gibt, für die mit $0 < a < b < \pi$ gilt $f(a) = 0$ und $f(b) = 0$. *Hinweis:* Warum gibt es mindestens ein a mit $f(a) = 0$? Wenn es nun nur eine Wurzel a mit $0 < a < \pi$ gibt, dann betrachte man

$$\int_0^\pi f(x)\sin(x - a)\, dx.$$

58. (Siehe Übungen 56 und 57.) Man beweise, daß der Schwerpunkt eines Gebietes, das von einer Kurve mit der Polarkoordinatendarstellung $r = g(\theta)$ begrenzt wird (g sei stetig, und der Schwerpunkt befinde sich im Pol), mindestens drei Sehnen halbiert.

59. Es sei f eine stetige nicht konstante Funktion mit den Eigenschaften $f(\theta + 2\pi) = f(\theta)$ und $f(0) \neq 0$. Aus $\int_0^{2\pi} f(\theta)\, d\theta = 0$ folgt dann die Existenz von mindestens zwei Zahlen a_1 und a_2 mit den Eigenschaften $0 < a_1 < a_2 < 2\pi, f(a_1) = 0 = f(a_2)$, so daß f in jeder der beiden Wurzeln das Vorzeichen ändert. Man beweise dies!

60. (Siehe Übung 59.) f erfülle die Bedingungen aus Übung 59, und es gelte

$$\int_0^{2\pi} f(\theta)\sin\theta\, d\theta = 0 = \int_0^{2\pi} f(\theta)\cos\theta\, d\theta.$$

Man zeige die Existenz von mindestens vier Stellen $0 < a_1 < a_2 < a_3 < a_4 < 2\pi$, in denen $f(\theta) = 0$ und in denen f das Vorzeichen wechselt. *Anregung:* Warum können nicht genau drei derartige Zahlen existieren? Sind ferner a_1 und a_2 die einzigen Stellen zwischen Null und 2π, in denen f das Vorzeichen ändert, so betrachte man

$$\int_0^{2\pi} f(\theta)\sin\frac{\theta - a_1}{2}\sin\frac{\theta - a_2}{2}\, d\theta$$

und argumentiere wie in Übung 57. Bekanntlich gilt

$$\sin A \sin B = \frac{1}{2}[\cos(A - B) - \cos(A + B)].$$

61. (Siehe Übungen 57 und 60.) Es sei P der Mittelpunkt eines ebenen Gebietes R, das von einer stetigen Kurve begrenzt wird, die P nicht enthält. Man zeige die Existenz von mindestens vier von P ausgehenden Strahlen, die die Kurve unter einem rechten Winkel schneiden. *Hinweis:* Es sei $r = g(\theta)$ die Beschreibung der Kurve in Polarkoordinaten mit dem Pol P. Man wende Übung 60 auf die Funktion $f(\theta) = g^2(\theta)\, g'(\theta)$ an. Es folgt, daß die Schicht in mindestens vier ihrer Randpunkte balanciert werden kann. Experimente legen es nahe, daß jeder homogene Körper in mindestens vier Punkten seiner Oberfläche balanciert werden kann. Dies wurde jedoch noch nicht bewiesen.

■■

6 Bestimmte Integrale über räumliche Gebiete

In Kapitel 1 wurde das bestimmte Integral über ein Intervall, in Kapitel 5 über ein ebenes Gebiet eingeführt. In diesem Kapitel wollen wir das bestimmte Integral über räumliche Gebiete untersuchen. Dieses Integral tritt z.B. im Zusammenhang mit Flüssigkeitsströmungen, mit Gravitationsproblemen sowie Rotationsbewegungen auf.

In Abschnitt 6.1 wird das bestimmte Integral einer Funktion über ein räumliches Gebiet definiert. In den restlichen Abschnitten dieses Kapitels wird die Berechnung solcher Integrale auf mehrfache Integrationen zurückgeführt. Diese Mehrfachintegrale können nur für die einfachsten Integranden und Integrationsgebiete mit Hilfe des Hauptsatzes berechnet werden. Für kompliziertere Problemstellungen steht die Auswertung von Näherungssummen mit Hilfe von Computern zur Verfügung. Das bestimmte Integral über räumliche Gebiete besitzt auch eine grundsätzliche Bedeutung: Mit seiner Hilfe kommen wir zu einer adäquaten Behandlung unserer physikalischen Welt und ihrer dreidimensionalen Realität.

In diesem Kapitel bezeichnet das Wort „Kugel" stets das gesamte Kugelvolumen.

6.1 Das bestimmte Integral einer Funktion über ein dreidimensionales Gebiet

Die Definition bestimmter Integrale über das Intervall einer Geraden oder über ein ebenes Gebiet läßt sich leicht auf ein Integral über ein räumliches Gebiet verallgemeinern. (Die betrachteten räumlichen Gebiete mögen stets von glatten Grenzflächen oder von Ebenen eingeschlossen werden.) Ehe wir die Definition des bestimmten Integrals angeben, wollen wir seine Bedeutung an Hand eines Problems zeigen.

Problem: Ein Würfel mit einer Seitenlänge von 4 cm besteht aus einem Material variierender Dichte (Bild 6.1). In der Nähe des Eckpunktes A ist der Würfel sehr leicht; in der Nähe des gegenüberliegenden Eckpunktes ist er sehr schwer: Die Dichte $f(P)$ möge in jedem Punkt P des Würfels durch das Quadrat des Abstandes zwischen A und P (in Gramm pro Kubikzentimetet) bestimmt sein. Wie können wir die Masse des Würfels abschätzen?

Die Dichte in P ist durch das Quadrat des Abstandes AP gegeben

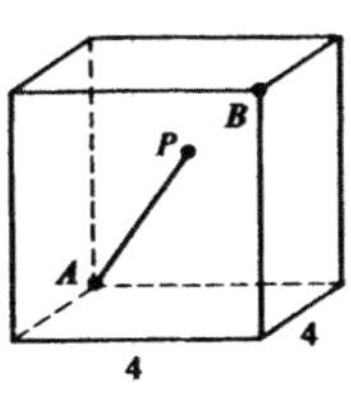

Bild 6.1

Lösung: Wir behandeln dieses Problem ganz analog der Saite aus Abschnitt 1.1 und der rechtwinkeligen Platte aus Abschnitt 6.1. Zunächst wird der Würfel R in Teilgebiete $R_1, R_2, \dots, R_n$ unterteilt. Dann berechnen wir in ausgewählten Punkten P_i jedes Teilgebietes R_i die Dichte und bilden die Summe

$$f(P_1)\,V_1 + f(P_2)\,V_2 + \dots + f(P_n)\,V_n.$$

Die Größe V_i steht für das Volumen von R_i. Je kleiner die R_i werden, desto näher kommt die Abschätzung der tatsächlichen Masse des Würfels.

Die maximale Dichte ist durch das Quadrat der Länge der Diagonale AB gegeben. Wir erhalten $\overline{AB}^2 = 4^2 + 4^2 + 4^2 = 48$ g/cm³. Das gesamte Volumen beträgt 4 cm · 4 cm · 4 cm = 64 cm³; daher wird die Gesamtmasse kleiner als 48 g/cm³ · 64 g/cm³ = 3072 g sein.

Auch für die einfachsten Näherungssummen ergeben sich langwierige Berechnungen. Trotzdem werden wir uns der Mühe unterziehen und eine solche Summe bestimmen.

Wir teilen den Würfel in vier Quader der Größe 2 cm · 2 cm · 4 cm, wie dies im Bild 6.2 dargestellt ist. Die folgende Tabelle faßt unsere Ergebnisse zusammen. Damit liegt die Masse des Würfels zwischen

$$(0 + 64 + 128 + 64)\text{ g} = 256\text{ g}$$

und

$$(384 + 576 + 768 + 576)\text{ g} = 2304\text{ g}.$$

Zunächst konnten wir für die gesamte Masse nur eine obere Schranke von 3072 g angeben. Nun ist es gelungen, ihren Wert genauer einzugrenzen. ●

Wird der Würfel in noch kleinere Gebiete unterteilt, beipielsweise in 64 Würfel der Dimension 1 cm · 1 cm · 1 cm, so ergeben sich Näherungswerte von zunehmender Genauigkeit. Unser Näherungsverfahren stimmt dem Grunde nach mit den Überlegungen überein, die uns in Kapitel 1 zu den Summen

$$\sum_{i=1}^{n} f(X_i)\,(x_i - x_{i-1})$$

und in Kapitel 6 zu den Summen

$$\sum_{i=1}^{n} f(P_i)\,A_i$$

geführt haben. Um das Integral einer Funktion über ein räumliches Gebiet zu definieren, ist die Einführung zweier Begriffe erforderlich.

Definition des Durchmessers eines Raumes: Die Menge S von Punkten im Raum sei durch bestimmte Flächen oder Polyeder begrenzt. Unter dem *Durchmesser* von S verstehen

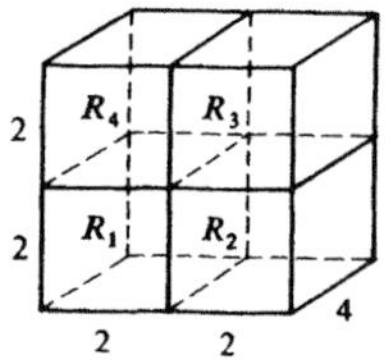

Der Würfel wird in 4 Quader R_1, R_2, R_3, R_4 unterteilt

Bild 6.2

Gebiet	*Volumen* cm^3	*minimale Dichte* g/cm^3	*maximale Dichte* g/cm^3	*Masse zwischen*
R_1	16	0	$2^2+2^2+4^2=24$	0 g und 384 g
R_2	16	$2^2=4$	$4^2+4^2+2^2=36$	64 g und 576 g
R_3	16	$2^2+2^2=8$	$4^2+4^2+4^2=48$	128 g und 768 g
R_4	16	$2^2=4$	$2^2+4^2+4^2=36$	64 g und 576 g

wir den größten Abstand zwischen zwei beliebigen Punkten von S.

So ist zum Beispiel der Durchmesser eines Würfels mit der Kante s durch dessen längste Diagonale $s\sqrt{3}$ gegeben. Der Durchmesser einer Kugel stimmt mit ihrem gewöhnlichen Durchmesser (dem doppelten Radius) überein.

Definition des Maßes einer räumlichen Teilung: Es liege eine Teilung $R_1, R_2, \dots, R_n$ des räumlichen Gebietes R vor. Unter dem Maß dieser Teilung verstehen wir den größten aller Durchmesser der jeweiligen Teilgebiete $R_1, R_2 \dots R_n$.

Die Funktionen dieses Kapitels werden alle in einem räumlichen Gebiet R definiert sein. Jede Funktion f wird jedem Punkt P aus R eine Zahl zuordnen, wir schreiben $f(P)$ und können uns diese Funktion etwa als Dichte oder Temperatur in P vorstellen.

Der Graph einer Funktion in einer Variablen, $y = f(x)$, ist durch eine Kurve in der xy-Ebene gegeben: nämlich durch die Menge der Punkte $(x; f(x))$. Der Graph einer Funktion zweier Variabler, $z = f(x; y)$, entspricht einer Fläche im Raum: nämlich der Menge der Punkte $(x; y; f(x; y))$. Der Graph einer Funktion dreier Variabler (also einer Funktion mit räumlichem Definitionsbereich) ist durch eine Menge im vierdimensionalen Raum gegeben: nämlich durch die Menge der Punkte $(x; y; z; f(x; y; z))$. Da unsere Anschauung und unsere Phantasie auf die dreidimensionale Welt beschränkt sind, können wir mit dieser Vorstellung wenig anfangen. Deshalb denken wir im Zusammenhang mit einer räumlich definierten Funktion am besten etwa an die variable Dichte einer Materieverteilung.

Definition des bestimmten Integrals einer Funktion f über einen Raum R: Durch die Funktion f wird jedem Punkt P eines räumlichen Gebietes R eine Zahl $f(P)$ zugeordnet. Wir betrachten die Summe

$$f(P_1)V_1 + f(P_2)V_2 + \dots + f(P_n)V_n,$$

die sich für eine bestimmte Teilung $R_1, R_2, \dots, R_n$ von R ergibt, wenn V_i das Volumen von R_i und P_i einen beliebigen Punkt aus R_i beschreibt. Falls diese Summe sich einer ganz bestimmten Zahl annähert, sobald das Maß der Teilung gegen Null geht (und zwar unabhängig von der jeweiligen Wahl der Testpunkte P_i aus den Gebieten R_i), dann heißt diese Zahl bestimmtes Integral von f über das Gebiet R und wir schreiben

$$\int_R f(P)\,dV.$$

Entspricht $f(P)$ der Dichte im Punkt P einer bestimmten Materieverteilung, dann kann das bestimmte Integral als Gesamtmasse dieser Verteilung interpretiert werden.

Bespiel: Für jeden Punkt P eines räumlichen Gebietes R gelte $f(P) = 1$. Man berechne $\int_R f(P)\,dV$.

Lösung: Jede Näherungssumme

$$\sum_{i=1}^{n} f(P_i)\,V_i$$

hat den Wert

$$\sum_{i=1}^{n} 1 \cdot V_i = V_1 + V_2 + \dots + V_n = \text{Volumen von } R,$$

daher gilt

$$\int_R f(P)\,dV = \text{Volumen von } R.$$

Diese Tatsache wird sich in den folgenden Kapiteln bei der Berechnung von Volumina als nützlich erweisen. ●

Unter dem *Mittelwert einer Funktion* f über ein räumliches Gebiet R verstehen wir den Ausdruck

$$\frac{\int_R f(P)\,dV}{\text{Volumen von } R}.$$

Dieser Begriff entspricht der Definition des Mittelwerts einer Funktion über ein Intervall (Abschnitt 4.5) oder des Mittelwerts einer Funktion über ein ebenes Gebiet (Abschnitt 5.1). Beschreibt f die Dichte einer Materieverteilung in R, dann entspricht dem Mittelwert von f die Dichte des homogenen Körpers, der das gleiche Gebiet R ausfüllt und dessen Gesamtmasse mit der des gegebenen Körpers übereinstimmt.

(Wenn nämlich die Zahl

$$\frac{\int_R f(P)\,dV}{\text{Volumen von } R}$$

mit dem Volumen von R multipliziert wird, so ergibt sich die Gesamtmasse $\int_R f(P)\,dV$.)

Mittelwert und Gesamtmasse stellen wichtige Anwendungen des bestimmten Integrals über ein räumliches Gebiet dar. Wir haben diese Begriffe bereits bei der Behandlung bestimmter Integrale über Intervalle oder ebene Gebiete kennengelernt. Die Berechnung der Gravitationsanziehung zwischen der Sonne und der Erde, oder zwischen der Erde und einem Satelliten sowie die Berechnung der Schwerpunkte physikalischer Körper werden uns zu weiteren Anwendungen führen.

Übungen:

1. Man gebe die obere und die untere Schranke für die Masse des Würfels aus diesem Abschnitt an und verwende dazu eine Teilung in acht Würfel.
2. Man verwende die gleiche Teilung wie in diesem Abschnitt zur Abschätzung der Masse des Würfels, wähle aber als Punkte P_i die Mittelpunkte der vier Quader.
3. R sei eine Kugel mit Radius r, und in R gelte für jeden Punkt $f(P) = 5$. Man berechne $\int_R f(P)\,dV$ mit Hilfe von Näherungssummen. (Die Kugel hat das Volumen $\frac{4}{3}\pi r^3$.)
4. Wie könnte man den mittleren Abstand aller Punkte einer bestimmten räumlichen Menge von einem vorgegebenen festen Punkt F definieren?
5. Man schätze die Masse des vorgegebenen Würfels durch Unterteilung in acht gleich große Würfel ab und wähle deren Mittelpunkte als Testpunkte.
6. R sei eine dreidimensionale Menge, und es sei $f(P)$ für alle P auf R nicht größer als 8.
   (*a*) Welchen maximalen Wert kann $\int_R f(P)\,dV$ annehmen?
   Hinweis: Man untersuche die Näherungssummen.
   (*b*) Was folgt für den Mittelwert von f über R?
7. Welches Maß entspricht der Teilung des Würfels, wie wir sie in diesem Abschnitt verwendet haben?
8. Welches Maß entspricht der Teilung aus Übung 1?

■

9. Ein Punkt Q hat vom Mittelpunkt einer Kugel R mit Radius 3 den Abstand 5. Für jeden Punkt P aus R sei $f(P)$ durch den Kehrwert des Abstandes zwischen P und Q gegeben. Das bestimmte Integral $\int_R f(P)\,dV$ ist dann in der Theorie der Gravitation von großer Bedeutung. Dieses Integral liegt zwischen $9\pi/2$ und 18π. Man beweise dies.
10. Um ein Gewicht von w Newton um die vertikale Strecke von x Meter anzuheben, ist eine Arbeit von wx N · m erforderlich. Betrachten wir nun ein Gebirge, das durch geologische Aktivitäten aus einem ursprünglich auf Meeresniveau befindlichen Material aufgebaut wurde. Die Dichte der Materie in der Umgebung des Punktes P sei durch $g(P)$ N/m^3 gegeben. Der Punkt P liege in einer Höhe von $h(P)$ im Inneren des Gebirges. Wie kann die gesamte, zur Bildung des Gebirges erforderliche Arbeit durch ein bestimmtes Integral berechnet werden? Derartige Probleme treten in der geologischen Theorie der Gebirgsbildung häufig auf.

■■

11. Ein Körper habe den Durchmesser 10. Was kann dann über sein Volumen ausgesagt werden?

6.2 Die Beschreibung räumlicher Gebiete in rechtwinkeligen Koordinaten

Rechtwinkelige Koordinaten im Raum stellen eine natürliche Verallgemeinerung von rechtwinkeligen Koordinaten in der Ebene dar. Ein Punkt P wird durch drei Zahlen $(x; y; z)$ beschrieben (Bild 6.3). Die Zahl z gibt den Abstand des Punktes P von der xy-Ebene an. (Sie ist positiv, wenn P oberhalb, und negativ, wenn P unterhalb der xy-Ebene liegt.)

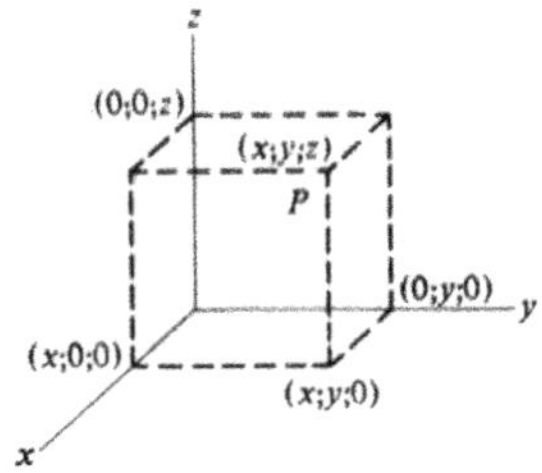

Bild 6.3

Die Menge aller Punkte $P = (x; y; z)$ mit $x = 2$ entspricht einer zur yz-Ebene parallelen Ebene. Bild 6.4 zeigt die Ebene und drei ihrer Punkte.

Rechtwinkelige Koordinaten eignen sich besonders zur Beschreibung von Ebenen sowie von Körpern, die durch

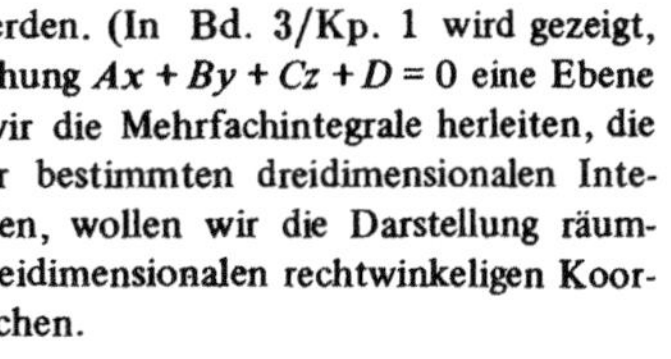

Bild 6.4

Ebenen begrenzt werden. (In Bd. 3/Kp. 1 wird gezeigt, daß durch die Gleichung $Ax + By + Cz + D = 0$ eine Ebene definiert ist.) Ehe wir die Mehrfachintegrale herleiten, die zur Berechnung der bestimmten dreidimensionalen Integrale benötigt werden, wollen wir die Darstellung räumlicher Gebiete in dreidimensionalen rechtwinkeligen Koordinaten veranschaulichen.

Beispiel 1: Man beschreibe den Quader in Bild 6.5 durch x, y und z.

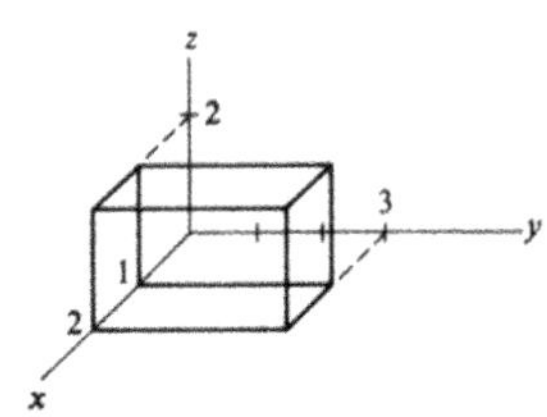

Bild 6.5

Lösung: Zunächst nimmt x alle Werte zwischen 1 und 2 an. Wir suchen nun für jeden Wert von x den Querschnitt des Quaders mit einer zur yz-Ebene parallelen Ebene durch den Punkt $(x;0;0)$: Es ergeben sich Rechtecke, für die unabhängig von x die Werte von y zwischen Null und drei variieren (Bild 6 .6).

Jedes Paar x und y mit $1 \leqslant x \leqslant 2$ und $0 \leqslant y \leqslant 3$ beschreibt einen Schnitt des Quaders mit einer zur z-Achse

Bild 6.6

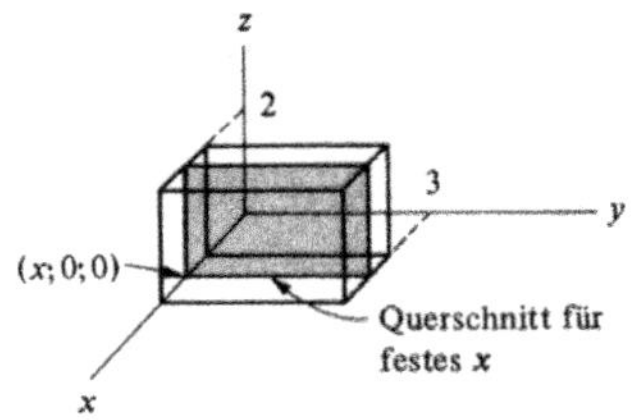

parallelen Geraden, die durch den Punkt $(x;y;0)$ verläuft. Längs dieses Schnittes, der durch eine Strecke gegeben ist, variiert z unabhängig von x und y zwischen Null und zwei (Bild 6.7).

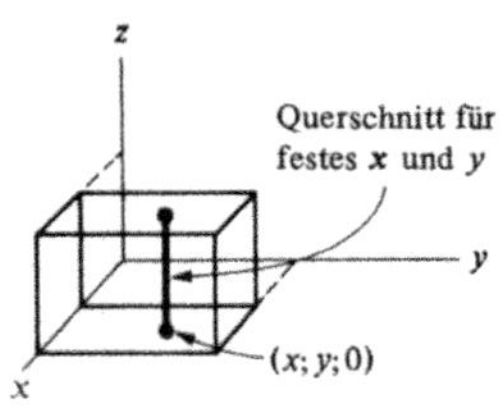

Bild 6.7

Somit erhalten wir folgende einfache Beschreibung des Quaders

$$1 \leqslant x \leqslant 2, \quad 0 \leqslant y \leqslant 3, \quad 0 \leqslant z \leqslant 2.$$

Diese Beschreibung muß von links nach rechts gelesen werden. •

Beispiel 2: Man beschreibe die Schnitte des Tetraeders, der von den Ebenen $x=0$, $y=0$, $z=0$ sowie $x+y+z=1$ aufgespannt wird (Bild 6.8).

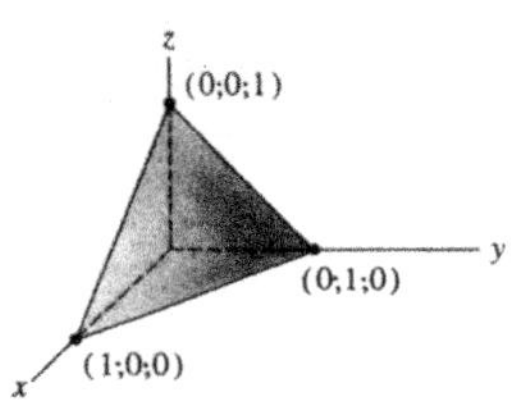

Bild 6.8

Lösung: Für jedes x aus $[0;1]$ ist der Querschnitt mit einer zur yz-Ebene parallelen und durch den Punkt $(x;0;0)$ verlaufenden Ebene durch ein Dreieck gegeben, wie es in Bild 6 .9 dargestellt ist.

Für dieses typische Dreieck variiert y zwischen Null und dem Wert von y, der die Gleichung $x+y=1$ oder $y=1-x$ erfüllt.

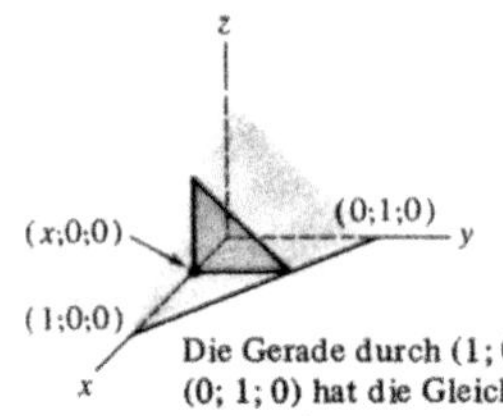

Die Gerade durch $(1;0;0)$ und $(0;1;0)$ hat die Gleichung $x+y=1$

Bild 6.9

Schließlich variiert z für jedes x und y zwischen Null und dem Wert von z, der der Gleichung $x+y+z=1$ oder $z=1-x-y$ genügt. Dieser Schnitt entspricht einer Strecke, die parallele zur z-Achse durch den Punkt $(x;y;0)$ verläuft. Damit ist der Tetraeder durch die folgenden drei Ungleichungen beschrieben:

$$0 \leqslant x \leqslant 1, \quad 0 \leqslant y \leqslant 1-x, \quad 0 \leqslant z \leqslant 1-x-y. \ \bullet$$

Im folgenden Beispiel werden x und y zunächst festgehalten, während z variiert.

Beispiel 3: Man beschreibe in rechtwinkeligen Koordinaten eine Kugel mit dem Radius 4 und dem Mittelpunkt im Ursprung.

Lösung: Wir halten $(x;y)$ in der xy-Ebene fest und untersuchen die Variation von z längs der zur z-Achse parallelen Geraden durch den Punkt $(x;y;0)$. Die Punkte der Kugeloberfläche erfüllen die Gleichung

$$x^2+y^2+z^2=16.$$

Daher variiert z für geeignetes $(x;y)$ zwischen

$$-\sqrt{16-x^2-y^2} \quad \text{und} \quad \sqrt{16-x^2-y^2}.$$

Die zugehörige Strecke ist in Bild 6 .10 dargestellt.

Bild 6.10

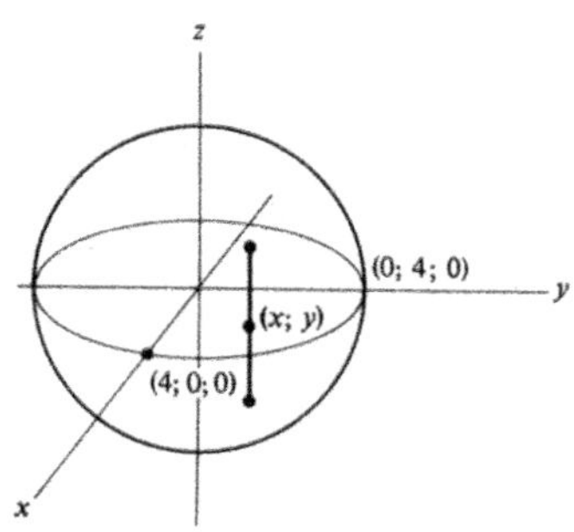

Nun betrachten wir die möglichen Werte von x und y. Da die Punkte $(x;y)$ in der xy-Ebene eine Kreisscheibe mit dem Radius 4 und dem Mittelpunkt $(0;0)$ bedecken, ergibt sich direkt

$$-4 \leqslant x \leqslant 4, \quad -\sqrt{16-x^2} \leqslant y \leqslant \sqrt{16-x^2}.$$

Daher erhalten wir für die Kugel die folgende Beschreibung

$$-4 \leqslant x \leqslant 4, \quad -\sqrt{16-x^2} \leqslant y \leqslant \sqrt{16-x^2},$$
$$-\sqrt{16-x^2-y^2} \leqslant z \leqslant \sqrt{16-x^2-y^2}. \ \bullet$$

Betrachten wir alle Punkte $(x; y; z)$, die den Bedingungen

$$x_1 \leqslant x \leqslant x_2, \quad y_1 \leqslant y \leqslant y_2, \quad z_1 \leqslant z \leqslant z_2$$

genügen. x_1, x_2, y_1, y_2, z_1, z_2 seien feste Zahlen. Wie in Beispiel 1 entspricht dieser Menge ein Quader (Bild 6.11).

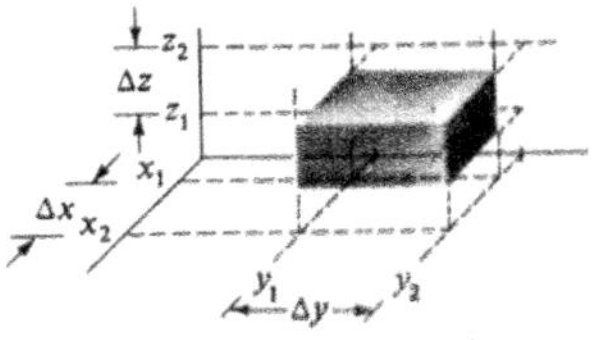

Bild 6.11

Das Volumen dieses Quaders ist durch das Produkt der Längen der drei aufeinander senkrechten Kanten gegeben:

$$(x_2 - x_1)(y_2 - y_1)(z_2 - z_1).$$

Betrachten wir nun den Körper, dessen x-Koordinate zwischen x und $x + \Delta x$, dessen y-Koordinate zwischen y und $y + \Delta y$ und dessen z-Koordinate zwischen z und $z + \Delta z$ variiert: Es ist dies ein Quader mit dem Volumen

$$\Delta x\, \Delta y\, \Delta z.$$

Diese Formel wird zur Entwicklung von Mehrfachintegralen in rechtwinkeligen Koordinaten benötigt werden.

Übungen:

1. Man beschreibe den Tetraeder aus Beispiel 2 in rechtwinkeligen Koordinaten und halte zunächst z fest, variiere dann y für jedes z und schließlich x für jedes Paar von y und z.
2. Man beschreibe in rechtwinkeligen Koordinaten die Querschnitte des Tetraeders, der durch die drei Koordinatenebenen, sowie die Ebene $(x/2) + (y/3) + (z/4) = 1$ aufgespannt wird.
3. Man beschreibe den Körper unterhalb der Ebene $z = x + y + 2$ und oberhalb des in der xy-Ebene gelegenen Kreises mit dem Radius 1 und dem Mittelpunkt $(0; 0)$. Man zeichne die Querschnitte für festes x, sowie für festes x und y.
4. (*a*) Man beschreibe in rechtwinkeligen Koordinaten den in Bild 6.12 dargestellten Zylinder mit Radius a und Höhe h.

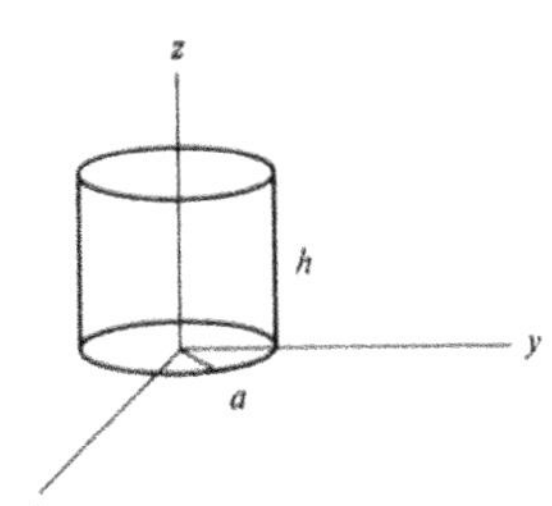

Bild 6.12

(*b*) Man zeichne die Schnitte für festes x, sowie für festes x und y.

5. (*a*) Man beschreibe in rechtwinkeligen Koordinaten den Körper unterhalb der Ebene $z = 3x + 4y$ und oberhalb des in der xy-Ebene gelegenen Dreieckes mit den Eckpunkten $(0; 0; 0)$, $(2; 0; 0)$ und $(0; 1; 0)$.

(*b*) Man zeichne die Querschnitte für festes x sowie für festes x und y.

6. Man beschreibe in rechtwinkeligen Koordinaten den geraden Kreiskegel mit dem Radius r und der Höhe h, dessen Achse mit der z-Achse zusammenfällt und dessen Spitze im Ursprung liegt. Man zeichne die Querschnitte für festes x, sowie für festes x und y.
7. Man beschreibe in rechtwinkeligen Koordinaten die Kugel mit dem Radius a und dem Mittelpunkt $(0; 0; 0)$.
8. Man beschreibe in rechtwinkeligen Koordinaten den Körper, der durch das Ellipsoid

$$\frac{x^2}{a^2} + \frac{y^2}{b^2} + \frac{z^2}{c^2} = 1$$

begrenzt wird. a, b und c seien positiv.

9. Man beschreibe in rechtwinkeligen Koordinaten die Kugel mit dem Radius 4 und dem Mittelpunkt $(1; 2; 3)$.
10. Man beschreibe in rechtwinkeligen Koordinaten den Kegel mit dem Radius r und der Höhe h (Bild 6.13).

Bild 6.13

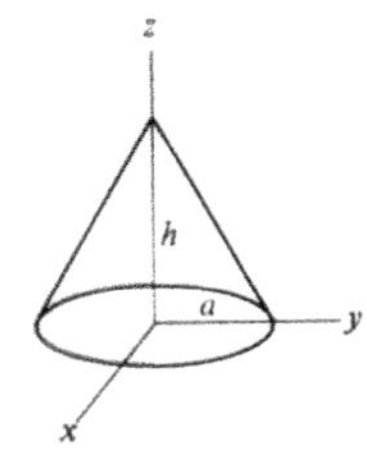

In den Übungen 11 bis 15 zeichne man den beschriebenen Körper.

11. $1 \leqslant x \leqslant 3$, $0 \leqslant y \leqslant 2$, $0 \leqslant z \leqslant x$.
12. $0 \leqslant x \leqslant 1$, $0 \leqslant y \leqslant 1$, $1 \leqslant z \leqslant 1 + x + y$.
13. $0 \leqslant x \leqslant 1$, $0 \leqslant y \leqslant x^2$, $0 \leqslant z \leqslant 1$.
14. $0 \leqslant x \leqslant 1$, $x^2 \leqslant y \leqslant x$, $0 \leqslant z \leqslant x + y$.
15. $-1 \leqslant x \leqslant 1$, $-1 \leqslant y \leqslant 1$, $0 \leqslant z \leqslant \sqrt{4 - x^2 - y^2}$.

■

16. Man zeichne den Schnitt der beiden Zylinder, die durch die Zylinderflächen $x^2 + z^2 = a^2$ und $y^2 + z^2 = a^2$ begrenzt sind.
17. Man zeichne einen typischen Querschnitt des Körpers aus Übung 16 mit einer zur xy-Ebene parallelen Ebene, deren Abstand von der xy-Ebene kleiner ist als a.

6.3 Die Beschreibung räumlicher Gebiete in Zylinderkoordinaten oder Kugelkoordinaten

Zylinderkoordinaten im Raum ergeben sich als Kombination von ebenen Polarkoordinaten mit der rechtwinkeligen z-Koordinate des Raumes. Jeder Punkt P des Raumes erhält die Bezeichnung $(r; \theta; z)$, wie Bild 6.14 zu entnehmen ist. Die Polarachse kann beliebig gewählt werden, wird jedoch üblicherweise mit der x-Achse eines $(x; y; z)$ Systems übereinstimmen. Der Punkt $(r; \theta; z)$ liegt direkt oberhalb (oder unterhalb) des Punktes $P^* = (r; \theta)$ in der $r\theta$-Ebene. Da die Menge aller Punkte $P = (r; \theta; z)$ mit $r = k$ (einer Konstanten) einem Kreiszylinder entspricht, wird dieses Koordinatensystem zur Beschreibung derartiger Zylinder besonders geeignet sein.

Beispiel 1: Man beschreibe einen zylindrischen Körper mit dem Radius a und der Höhe h in Zylinderkoordinaten. Die Achse des Zylinders liege auf der positiven z-Achse, die

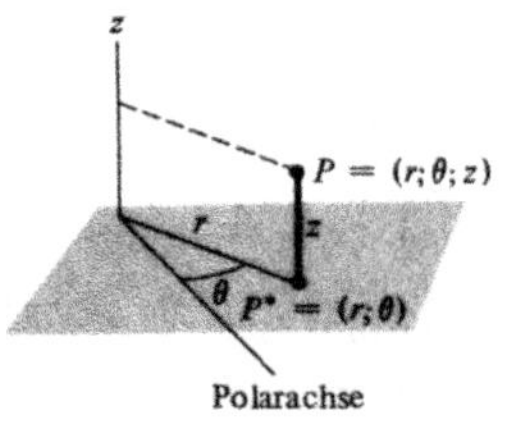

Bild 6.14

Grundfläche habe ihren Mittelpunkt im Pol (Bild 6.15). *Lösung:* Zunächst variiert θ zwischen Null und 2π. Wir halten θ fest und betrachten nur positive r. Die entstehenden Schnitte sind Rechtecke und stehen senkrecht auf der

Bild 6.15

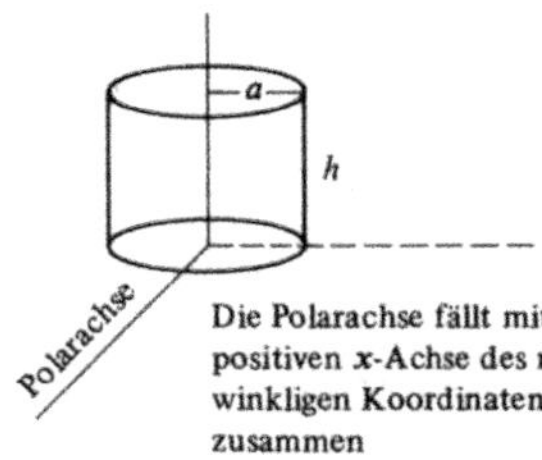

Bild 6.16

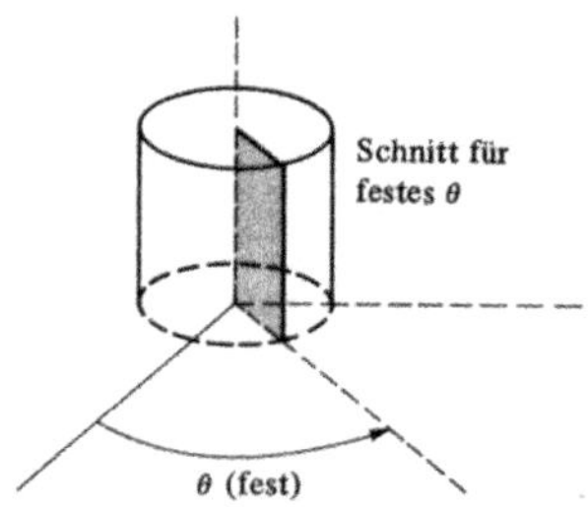

$r\theta$-Ebene (Bild 6.16). Nun untersuchen wir das Verhalten von r und z auf diesem Schnitt. Der Radius r variiert unabhängig von θ zwischen Null und a. Damit haben wir durch

$$0 \leqslant \theta \leqslant 2\pi, \quad 0 \leqslant r \leqslant a$$

den Schatten beschrieben, der durch den zylindrischen Körper von bei zur z-Achse parallelem Lichteinfall auf die $r\theta$-Ebene geworfen wird.

Nun halten wir r sowie θ fest und untersuchen das Verhalten von z (Bild 6.17). Für festes r und θ erhalten wir als Schnitt eine Strecke, längs der z zwischen Null und a variiert. Damit ergibt sich insgesamt die folgende Beschreibung des zylindrischen Körpers:

$$0 \leqslant \theta \leqslant 2\pi, \quad 0 \leqslant r \leqslant a, \quad 0 \leqslant z \leqslant h. \; \bullet$$

Bild 6.17

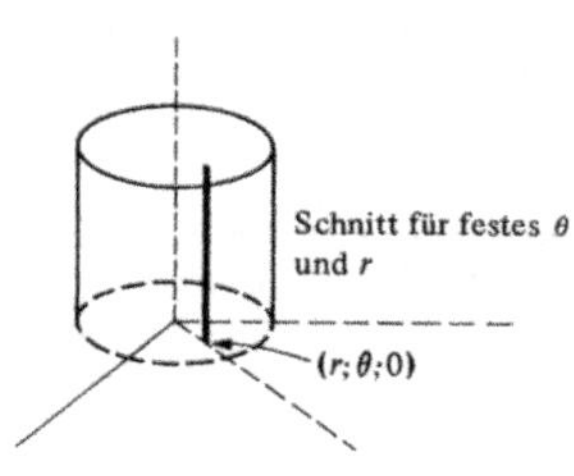

Beispiel 2: Man beschreibe in Zylinderkoordinaten das räumliche Gebiet, das durch den Schnitt eines zylindrischen Körpers mit dem Radius 3 und einer Kugel mit dem Radius 5 sowie dem Mittelpunkt auf der Zylinderachse entsteht. Das zylindrische Koordinatensystem wird entsprechend Bild 6.18 gewählt:

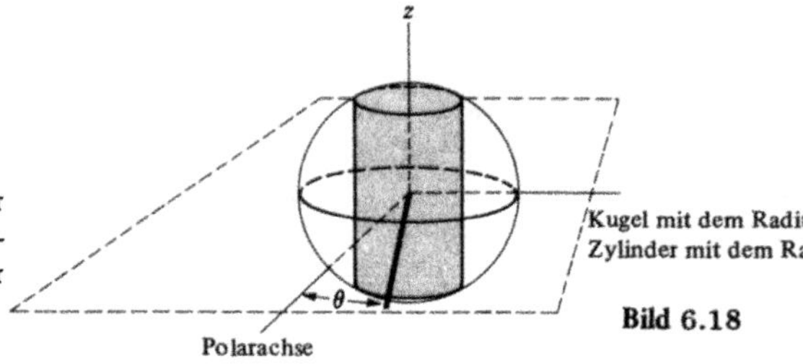

Bild 6.18

Lösung: Zunächst beschreiben wir die Kugeloberfläche in Zylinderkoordinaten. Der Punkt $P = (r;\theta;z)$ hat vom Ursprung O den Abstand $\sqrt{r^2 + z^2}$ (Bild 6.19). Auf Grund des pythagoräischen Lehrsatzes gilt nämlich

$$r^2 + z^2 = \overline{OP}^2.$$

Bild 6.19

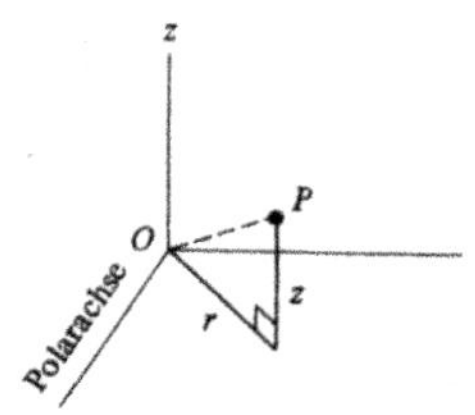

Nun untersuchen wir die Beschreibung des Körpers. Zunächst variiert θ zwischen Null und 2π; r variiert zwischen Null und drei. Dies liefert uns die Beschreibung des Zylinders. Für feste Werte von θ und r ist der Schnitt mit dem Körper durch eine Strecke gegeben, die von der Kugelfläche begrenzt wird (Bild 6.20). Nun gilt für jeden Punkt auf einer Kugel mit dem Radius 5 die Gleichung

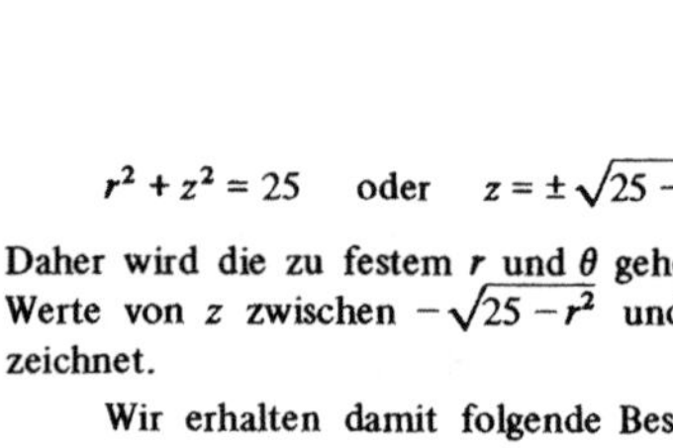

Bild 6.20

$$r^2 + z^2 = 25 \quad \text{oder} \quad z = \pm\sqrt{25 - r^2}.$$

Daher wird die zu festem r und θ gehörige Strecke durch Werte von z zwischen $-\sqrt{25 - r^2}$ und $\sqrt{25 - r^2}$ gekennzeichnet.

Wir erhalten damit folgende Beschreibung des Körpers:

$$0 \leqslant \theta \leqslant 2\pi; \quad 0 \leqslant r \leqslant 3$$
$$-\sqrt{25 - r^2} \leqslant z \leqslant \sqrt{25 - r^2}. \; \bullet$$

Die Menge aller Punkte $(r;\theta;z)$ mit

$$r_1 \leqslant r \leqslant r_2, \quad \theta_1 \leqslant \theta \leqslant \theta_2, \quad z_1 \leqslant z \leqslant z_2$$

überdeckt einen Körper mit vier ebenen und zwei gekrümmten Grenzflächen (Bild 6.21).

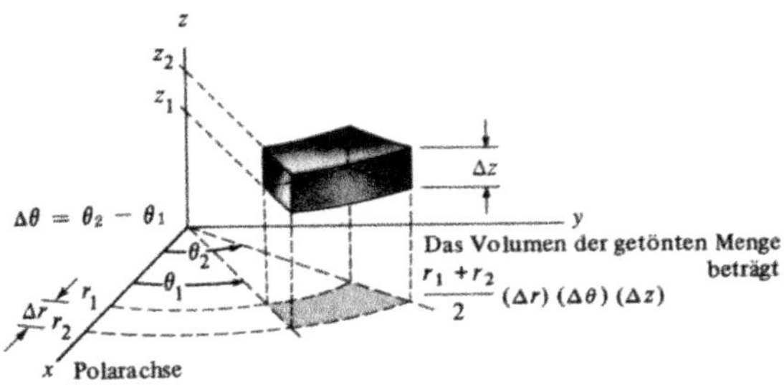

Bild 6.21

Das Volumen dieses Körpers ist durch das Produkt seiner Grundfläche mit seiner Höhe $z_2 - z_1$ gegeben. Der Inhalt der Grundfläche ist gleich

$$\frac{r_1 + r_2}{2} \Delta r \, \Delta\theta,$$

wie wir am Ende von Abschnitt 5.5 gesehen haben. Somit ergibt sich für das Volumen

$$\frac{r_1 + r_2}{2} \Delta r \, \Delta\theta \, \Delta z.$$

Nun betrachten wir den Körper, der aus allen Punkten $(r;\theta;z)$ mit Koordinaten zwischen r und $r + \Delta r$, zwischen θ und $\theta + \Delta\theta$ sowie zwischen z und $z + \Delta z$ besteht. Sein Volumen beträgt

$$\frac{r + (r + \Delta r)}{2} \Delta r \, \Delta\theta \, \Delta z.$$

Da die Größen Δr, $\Delta\theta$ und Δz klein sind, kann das Volumen durch

$$r \, \Delta r \, \Delta\theta \, \Delta z$$

angenähert werden. *Man beachte den zusätzlichen Faktor r.* Er wird bei der Berechnung dreidimensionaler Integrale in Zylinderkoordinaten stets auftreten.

Kugelkoordinaten

Mit Hilfe von Kugelkoordinaten erhält man kompakte Beschreibungen von Kegeln und Kugeln. Ein Punkt P wird durch die drei Zahlen $(\rho;\phi;\theta)$ gekennzeichnet (Bild 6.22). Für die Kugel $x^2 + y^2 + z^2 = 5^2$ erhalten wir nun die einfache Darstellung $\rho = 5$. Die Menge aller Punkte mit konstantem ϕ entspricht der Oberfläche eines Kegels mit der x-Achse als Kegelachse. Die Menge aller Punkte mit vorgegebenem θ erfüllt eine Halbebene, die durch die z-Achse begrenzt wird. Demnach liegen alle Punkte mit festem ϕ und θ auf einem Strahl, der vom Ursprung ausgeht und sich als Schnittlinie der soeben beschriebenen Kegeloberfläche mit der Halbebene ergibt (Bild 6.23).

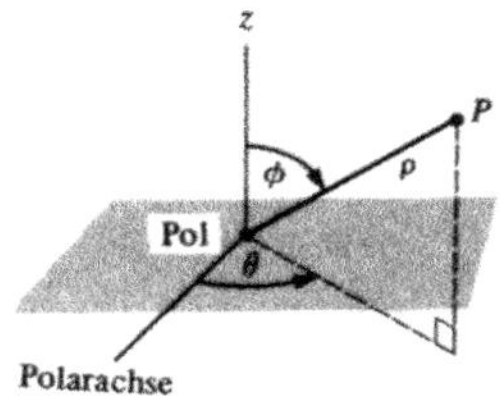

θ hat dieselbe Bedeutung wie bei den Zylinderkoordinaten. ϕ wird von der positiven z-Achse aus gemessen $(0 \leqslant \phi \leqslant \pi)$. ρ ist der Abstand von P zum Pol.

Bild 6.22

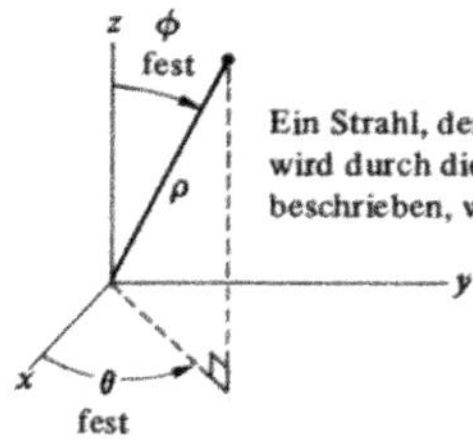

Ein Strahl, der vom Ursprung ausgeht, wird durch die festen Werte θ und ϕ beschrieben, wobei ρ variiert.

Bild 6.23

Die rechtwinkeligen Koordinaten des Punktes $(\rho;\phi;\theta)$ zeigt Bild 6.24.

Beispiel 3: Man bestimme die Gleichung der Ebene $z = 4$ in Kugelkoordinaten.

Bild 6.24

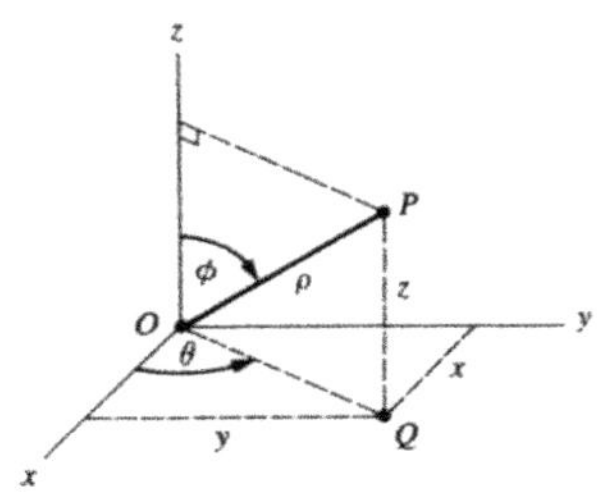

$$z = OP \cos\phi = \rho\cos\phi$$
$$y = OQ \sin\theta = \rho\sin\phi\sin\theta$$
$$x = OQ \cos\theta = \rho\sin\phi\cos\theta$$

Lösung: Es gilt

$$z = \rho\cos\phi.$$

Daher ergibt sich für die Gleichung der Ebene $z = 4$ in Kugelkoordinaten

$$\rho\cos\phi = 4, \quad \rho = \frac{4}{\cos\phi} \quad \text{oder} \quad \rho = 4\sec\phi. \; \bullet$$

Beispiel 4: Man beschreibe in Kugelkoordinaten einen kegelförmigen Körper der Höhe 4 (Bild 6.25).

Bild 6.25

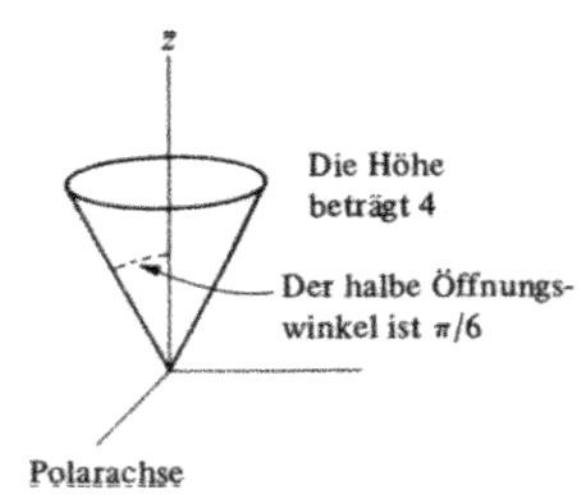

Lösung: Im allgemeinen läßt sich der Variationsbereich von θ am leichtesten bestimmen. In diesem Beispiel nimmt

θ Werte von Null bis 2π an. Für jedes feste θ ist der Querschnitt durch ein Dreieck gegeben (Bild 6.26).

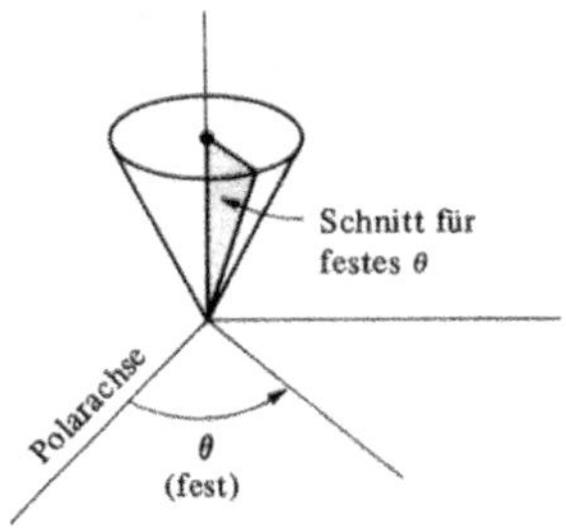

Bild 6.26

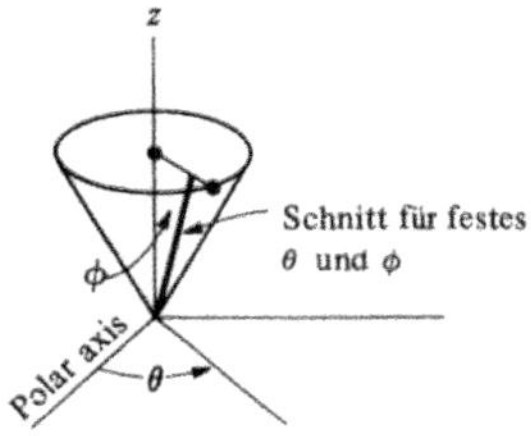

Bild 6.27

Auf diesem Dreieck variiert der Winkel ϕ von Null bis $\pi/6$. Für jedes feste θ und ϕ ergibt sich als Schnitt ein Teil eines bestimmten Strahles, der vom Ursprung ausgeht (Bild 6.27). Auf diesem Schnitt variiert ρ von Null bis zu dem Wert, der der Ebene $z = 4$ entspricht. Wie wir Beispiel 3 entnehmen, hat diese Ebene die Gleichung

$$\rho = 4 \sec \phi.$$

Somit variiert ρ für festes θ und ϕ von Null bis $4 \sec \phi$ und wir erhalten als Beschreibung des kegelförmigen Körpers:

$$0 \leqslant \theta \leqslant 2\pi, \quad 0 \leqslant \phi \leqslant \frac{\pi}{6}, \quad 0 \leqslant \rho \leqslant 4 \sec \phi. \quad \bullet$$

Die Beschreibung des Kegels durch θ und ϕ in Beispiel 4 hat eine besonders einfache Form. Kugelkoordinaten sind also zur Beschreibung von Kegeln besonders geeignet. Auch die Beschreibung eines kugelförmigen Körpers mit dem Mittelpunkt im Ursprung wird in Kugelkoordinaten besonders einfach. Wir erhalten für eine Kugel mit dem Radius a und dem Mittelpunkt im Ursprung:

$$0 \leqslant \theta \leqslant 2\pi, \quad 0 \leqslant \phi \leqslant \pi, \quad 0 \leqslant \rho \leqslant a.$$

Die Menge aller Punkte $(r; \phi; \theta)$ mit

$$\rho_1 \leqslant \rho \leqslant \rho_2, \quad \phi_1 \leqslant \phi \leqslant \phi_2, \quad \theta_1 \leqslant \theta \leqslant \theta_2$$

ist ein Körpers R mit zwei ebenen und vier gekrümmten Oberflächenteilen. Wir wollen das Volumen eines solchen Körpers abschätzen, wenn $\rho_2 - \rho_1$, $\phi_2 - \phi_1$ und $\theta_2 - \theta_1$ sehr klein sind. Diese Schätzung wird zur Berechnung mehrfacher Integrale in Kugelkoordinaten benötigt werden.

R wird durch sechs Flächen begrenzt (Bild 6.28): Durch die Kugeln mit den Radien ρ_1 und ρ_2. durch die Kegel mit den halben Öffnungswinkeln ϕ_1 und ϕ_2, sowie durch die Halbebenen mit den Polarwinkeln θ_1 und θ_2.

Das kleine Volumen R hat die in den Bildern 6.29 und 6.30 wiedergegebene Gestalt. $ABCD$ und $EFGH$ sind kugelförmig. $BCGF$ und $ADHE$ sind kegelförmig. $ABFE$ und $DCGH$ sind eben. Das kleine Volumen R erinnert an einen Quader, dessen Volumen näherungsweise durch das Produkt $\overline{AE} \cdot \widehat{AB} \cdot \widehat{AD}$ gegeben ist.

Zunächst ist die Strecke $\overline{AE}$ durch die Differenz der Radien der beiden Kugeln bestimmt:

$$\overline{AE} = \rho_2 - \rho_1.$$

$\widehat{AB}$ ist Bogen eines Kreises mit dem Radius ρ_1 und spannt einen Winkel $\phi_2 - \phi_1$ auf. Daher erhalten wir

$$\widehat{AB} = \rho_1 (\phi_2 - \phi_1).$$

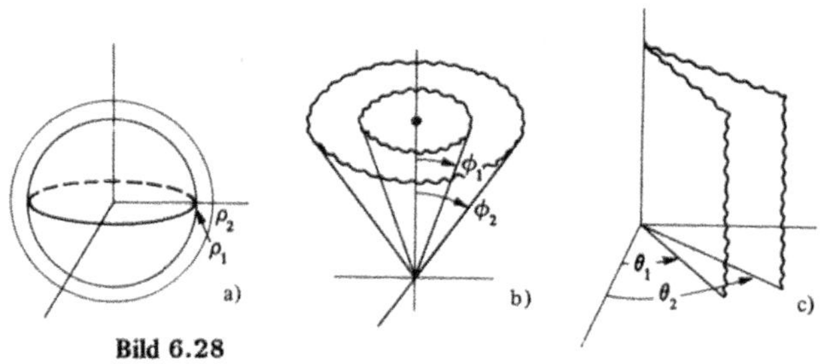

Bild 6.28

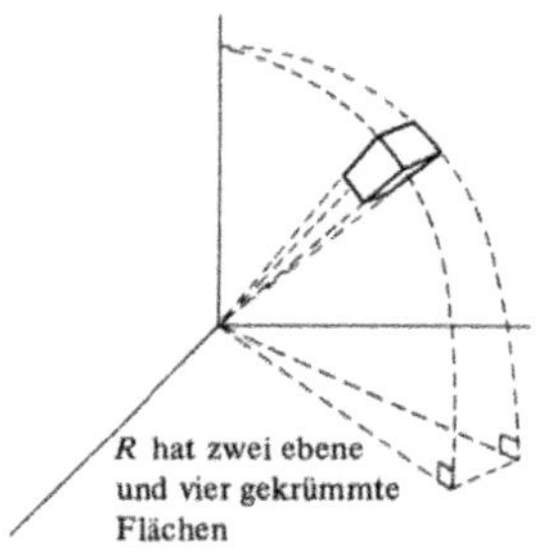

Bild 6.29

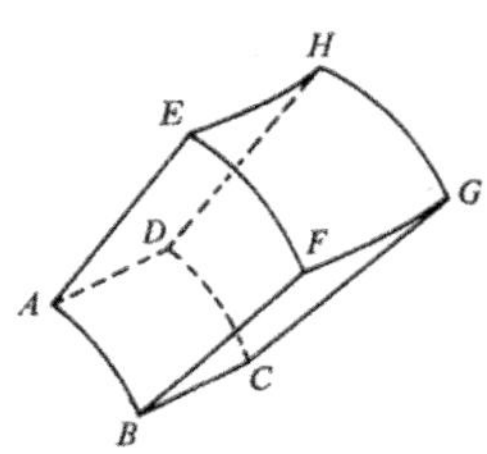

Bild 6.30

$\widehat{AD}$ ist schließlich Bogen eines Kreises, der senkrecht auf der z-Achse steht (Bild 6.31). $\widehat{AD}$ spannt einen Winkel von $\theta_2 - \theta_1$ auf. Der Radius des gestrichelten Kreises kann aus dem rechtwinkeligen Dreieck AOQ berechnet werden (Bild 6.32). Daher hat der Bogen $\widehat{AD}$ die Länge

$$\rho_1 \sin \phi_1 (\theta_2 - \theta_1).$$

Das Volumen R ist somit näherungsweise durch

$$\begin{aligned} \overline{AE} \cdot \widehat{AB} \cdot \widehat{AD} &= (\rho_2 - \rho_1) \rho_1 (\phi_2 - \phi_1) \rho_1 \sin \phi_1 (\theta_2 - \theta_1) \\ &= \rho_1^2 \sin \phi_1 (\rho_2 - \rho_1)(\phi_2 - \phi_1)(\theta_2 - \theta_1) \end{aligned}$$

gegeben. Wir erhalten für das Volumen, dessen Punkte $(\rho; \phi; \theta)$ ρ-Koordinaten zwischen ρ und $\rho + \Delta\rho$, ϕ-Koordinaten zwischen ϕ und $\phi + \Delta\phi$ sowie θ-Koordinaten zwischen θ und $\theta + \Delta\theta$ besitzen, näherungsweise den Ausdruck

$$\rho^2 \sin \phi \, \Delta\rho \, \Delta\phi \, \Delta\theta. \tag{1}$$

Der Faktor $\rho^2 \sin \phi$ wird bei der Berechnung von Mehrfachintegralen in Kugelkoordinaten auftreten. In der Formel (1)

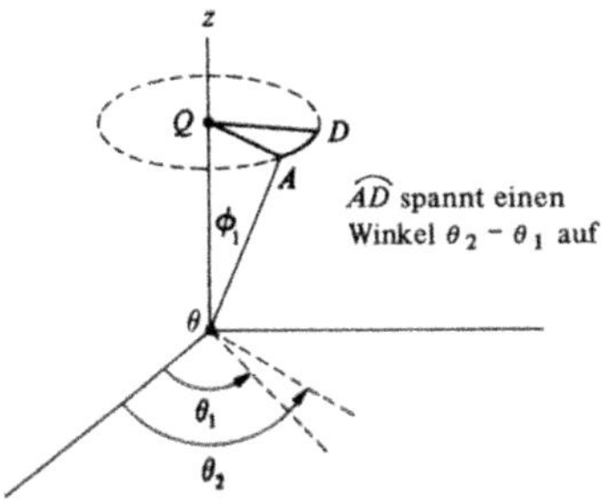

Bild 6.31

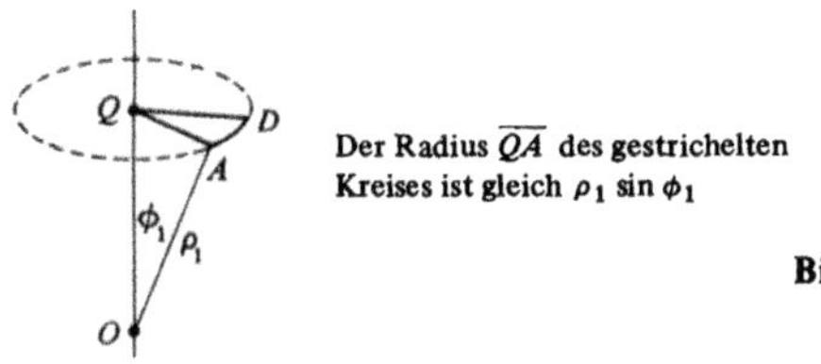

Bild 6.32

haben ρ und $\Delta\rho$ die Dimension einer Länge, während $\Delta\phi$ und $\Delta\theta$ dimensionslose Größen sind (das Bogenmaß ist als Quotient zweier Längen definiert). Somit ergibt sich für die Dimension des Ausdruckes (1) die dritte Potenz einer Länge, wie dies für die Darstellung eines Volumens auch zu erwarten war.

Übungen:

Die Übungen 1 bis 18 behandeln Zylinderkoordinaten. In den Übungen 1 bis 6 zeichne man den Graphen aller Punkte $(r;\theta;z)$ mit

1. $r = 1$
2. $\theta = \pi/4$ (man betrachte nur nichtnegative r)
3. $z = 1$
4. $r = z$
5. $r^2 + z^2 = 9$
6. $r = 2\cos\theta$

In den Übungen 7 und 8 zeichne man die Schnitte für feste Werte von θ. (Man beschränke sich auf nichtnegative Werte von r.)

7. Das Gebiet R besteht aus allen Punkten mit einer Entfernung a vom Ursprung des $r\theta z$-Koordinatensystems.
8. Das Gebiet r besteht aus allen Punkten des Körpers aus Übung 7, die im Inneren des Zylinders mit der Gleichung $r = a\cos\theta$ liegen; a ist eine feste positive Zahl.
9. Man beschreibe den Körper aus Übung 7 in Zylinderkoordinaten.
10. Man beschreibe den Körper aus Übung 8 in Zylinderkoordinaten.
11. (*a*) Wie lauten die Zylinderkoordinaten des Punktes $P = (x;y;z)$?
    (*b*) Wie lauten die rechtwinkeligen Koordinaten des Punktes $P = (r;\theta;z)$?
12. Man beschreibe den kegelförmigen Körper des Bildes 6.33 in Zylinderkoordinaten.

Bild 6.33

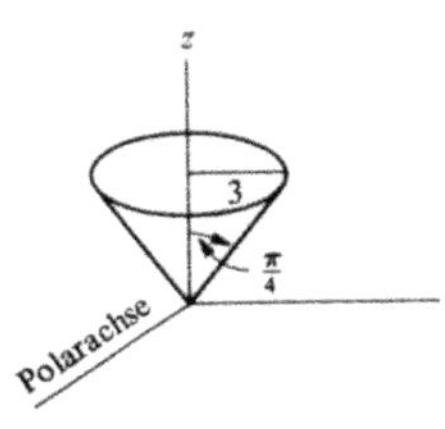

13. Man gebe die Gleichungen der folgenden Mengen in Zylinderkoordinaten an.
    (*a*) xy-Ebene, (*b*) Ebene $x = y$,
    (*c*) z-Achse.

In den Übungen 14 bis 18 zeichne man den beschriebenen Körper.

14. $0 \leq \theta \leq \pi/2, \quad 1 \leq z \leq 2, \quad 1 \leq r \leq z$
15. $0 \leq \theta \leq 2\pi, \quad 0 \leq r \leq 1, \quad r \leq z \leq 1$
16. $0 \leq \theta \leq \pi/2, \quad 0 \leq r \leq \cos\theta, \quad 1 \leq z \leq 2$
17. $0 \leq \theta \leq \pi/2, \quad 0 \leq r \leq 1, \quad 0 \leq z \leq r\cos\theta$
18. $0 \leq \theta \leq 2\pi, \quad 0 \leq r \leq \cos\theta, \quad r \leq z \leq \sqrt{4 - r^2}$

Die Übungen 19 bis 40 behandeln Kugelkoordinaten. In den Übungen 19 bis 24 zeichne man den Graphen aller Punkte $(\rho;\phi;\theta)$, die die gegebene Gleichung erfüllen.

19. $\rho = 2$
20. $\phi = \pi/6$
21. $\theta = \pi/2$
22. $\phi = \pi/2$
23. $\phi = 0$
24. $\phi = \pi$
25. Wie lauten die zylindrischen Koordinaten des Punktes $(\rho;\phi;\theta)$?
26. Man zeichne die Menge aller Punkte $(\rho;\phi;\theta)$ mit $\phi = \pi/2$ und $\theta = \pi/2$.

In den Übungen 27 bis 31 beschreibe man das Gebiet R in Kugelkoordinaten.

27. R ist eine Kugel mit dem Radius a und dem Mittelpunkt im Ursprung.
28. R ist die obere Hälfte einer Kugel mit dem Radius a und dem Mittelpunkt im Ursprung.
29. R ist der Schnitt eines kegelförmigen Körpers mit einer Kugel und besitzt die Gestalt einer Eistüte (Bild 6.34).

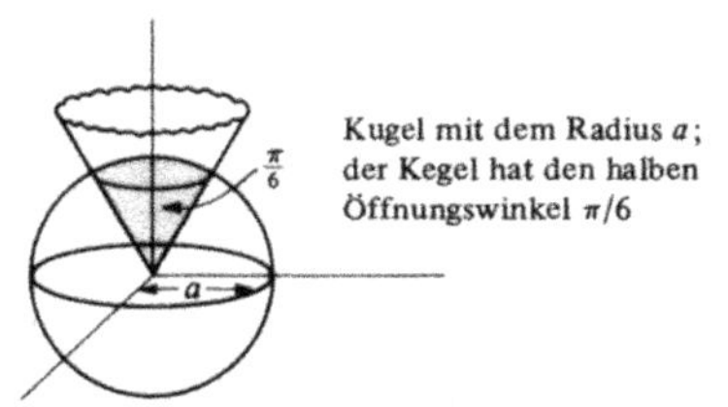

Bild 6.34

30. R ist das Gebiet zwischen zwei konzentrischen Kugeln mit dem Mittelpunkt im Ursprung sowie den Radien a und b. Es gelte $a < b$.
31. R ist das Teilgebiet des Kegels aus Übung 29 unterhalb der Ebene $z = 3a/5$.

In den Übungen 32 bis 35 zeichne man das beschriebene Gebiet.

32. $0 \leq \theta \leq \pi/2, \quad 0 \leq \phi \leq \pi/2, \quad 0 \leq \rho \leq 1$
33. $0 \leq \theta \leq 2\pi, \quad \pi/2 \leq \phi \leq \pi, \quad 1 \leq \rho \leq 2$
34. $0 \leq \theta \leq \pi, \quad 0 \leq \phi \leq \pi/4, \quad 0 \leq \rho \leq \sec\phi$
35. $0 \leq \theta \leq \pi/2, \quad 0 \leq \phi \leq \pi/4, \quad 1 \leq \rho \leq 2\sec\phi$
36. Man ergänze die fehlenden Worte und erkläre mit Hilfe einer Skizze: Rechtwinkelige Koordinaten bestimmen einen Punkt durch die Angabe jener drei Ebenen, denen er angehört. Kugelkoordinaten definieren einen Punkt durch die Angabe von __________ , __________ und __________, auf denen er liegt.
    Zylinderkoordinaten beschreiben einen Punkt durch die Angabe von __________ , __________ und __________ , auf denen er liegt.
37. Man bestimme die Kugelkoordinaten eines Punktes mit den Zylinderkoordinaten $(r;\theta;z)$; es gelte $r > 0$.

38. Man zeichne den Körper mit der Beschreibung $0 \leq \theta \leq \pi/2$, $\pi/4 \leq \phi \leq \pi/2$, $1 \leq \rho \leq 2$.

39. Man bestimme die Kugelkoordinaten eines Punktes mit den rechtwinkeligen Koordinaten $(x;y;z)$.

40. Man bestimme die Gleichung der folgenden Ebenen in Kugelkoordinaten.

(*a*) $x = 2$, (*b*) $2x + 3y + 4z = 1$.

6.4 Die Berechnung von $\int_R f(P)\,dV$ in rechtwinkeligen Koordinaten

In Kapitel 5 wurden bestimmte Integrale über ebene Gebiete auf die Berechnung von Mehrfachintegralen zurückgeführt. Ebenso können wir mit Hilfe von Mehrfachintegralen auch bestimmte Integrale über dreidimensionale Mengen berechnen. In diesem Abschnitt werden wir Mehrfachintegrale in rechtwinkeligen Koordinaten zu Hilfe nehmen; im nächsten Abschnitt werden Mehrfachintegrale in Zylinder- und Kugelkoordinaten herangezogen.

Bevor wir die Integrale $\int_R f(P)\,dV$ berechnen, wollen wir einige ihrer dreidimensionalen Anwendungen zusammenstellen:

$f(P)$	*die Bedeutung von* $\int_R f(P)\,dV$
1	$\int_R 1\,dV$ = Volumen von R
Dichte in Punkt P (bezeichnet mit δ)	$\int_R \delta\,dV$ = Masse in R
$s^2\delta$ (δ ist die Dichte im Punkt P und s die Distanz von P zu einer bestimmten Geraden L; üblicherweise ist δ gleich 1)	$\int_R s^2\delta\,dV$ = Trägheitsmoment der Masse in R um die Gerade L (Mechanik rotierender Körper)
$x\delta$ (δ ist die Dichte im Punkt P und x die Koordinate von P; üblicherweise ist δ gleich 1)	$\int_R x\delta\,dV$ = Moment der Masse in R bezüglich der yz-Ebene (Berechnung des Schwerpunktes eines Körpers; s. die folgenden Formeln)
δ/q (δ ist die Dichte in P und q ist die Distanz von P zu einem festen Punkt A; üblicherweise ist δ gleich 1)	$\int_R \frac{\delta}{q}\,dV$ = die Arbeit des Gravitationsfeldes der Masse von R, um eine Masseneinheit aus dem Unendlichen in den Punkt A zu befördern. Das Negative dieses Ausdrucks wird als „Potential" bezeichnet

Bemerkung: Ist die Dichte δ konstant, dann gilt $\delta = m/V$; m ist die Masse und V das Volumen des Körpers.

Der Schwerpunkt der Masse in R hat die Koordinaten

$$\bar{x} = \frac{\int_R x\delta\,dV}{\text{Masse in } R}, \qquad \bar{y} = \frac{\int_R y\delta\,dV}{\text{Masse in } R},$$

$$\bar{z} = \frac{\int_R z\delta\,dV}{\text{Masse in } R}.$$

Diese Formeln entsprechen den Ausdrücken aus Abschnitt 6.4.

Für $\delta = 1$ ist der Körper homogen und die Formeln für den Schwerpunkt nehmen die folgende Gestalt an

$$\bar{x} = \frac{\int_R x\,dV}{\text{Volumen von } R}, \qquad \bar{y} = \frac{\int_R y\,dV}{\text{Volumen von } R},$$

$$\bar{z} = \frac{\int_R z\,dV}{\text{Volumen von } R}.$$

Die Berechnung von $\int_R f(P)\,dV$ mit Hilfe von Mehrfachintegralen verläuft analog zur Berechnung von $\int_R f(P)\,dA$.

Allerdings treten nun drei anstatt zwei Integrationen auf. Die Integrationsgrenzen ergeben sich aus der Beschreibung von R in rechtwinkeligen Koordinaten. Ist R durch

$$a \leq x \leq b, \quad y_1(x) \leq y \leq y_2(x),$$
$$z_1(x;y) \leq z \leq z_2(x;y)$$

definiert, so ergibt sich

$$\int_R f(P)\,dV = \int_a^b \left[\int_{y_1(x)}^{y_2(x)} \left(\int_{z_1(x;y)}^{z_2(x;y)} f(P)\,dz \right) dy \right] dx.$$

Einige Beispiele veranschaulichen die Anwendung dieser Formel. In Übung 15 wird ihre Gültigkeit intuitiv begründet.

Beispiel 1: Man berechne $\int_R z\,dV$ für den Tetraeder R aus Beispiel 2 von Abschnitt 6.2.

Lösung: Die Beschreibung des Tetraeders lautet:

$$0 \leq x \leq 1, \quad 0 \leq y \leq 1-x, \quad 0 \leq z \leq 1-x-y.$$

Somit gilt

$$\int_R z\,dV = \int_0^1 \int_0^{1-x} \int_0^{1-x-y} z\,dz\,dy\,dx.$$

Wir berechnen zuerst das innere Integral und behandeln x sowie y als Konstanten. Der Hauptsatz führt auf

$$\int_0^{1-x-y} z\,dz = \frac{z^2}{2}\Bigg|_{z=0}^{z=1-x-y} = \frac{(1-x-y)^2}{2}.$$

Die nächste Integration, für festes x, ergibt

$$\int_0^{1-x} \frac{(1-x-y)^2}{2}\,dy = -\frac{(1-x-y)^3}{6}\Bigg|_{y=0}^{y=1-x}$$

$$= -\frac{0^3}{6} + \frac{(1-x)^3}{6} = \frac{(1-x)^3}{6}.$$

Schließlich ergibt sich für die dritte Integration

$$\int_0^1 \frac{(1-x)^3}{6}\,dx = -\frac{(1-x)^4}{24}\Bigg|_0^1$$

$$= -\frac{0^4}{24} + \frac{1^4}{24} = \frac{1}{24}. \bullet$$

Mit Hilfe von Beispiel 1 können wir die z-Koordinate $\bar{z}$ des Schwerpunktes für den Tetraeder leicht berechnen. Es gilt

$$\bar{z} = \frac{\int_R x\,dV}{\text{Volumen von } R} = \frac{\frac{1}{24}}{\text{Volumen von } R}.$$

Das Volumen des Tetraeders ist durch

$$\frac{1}{3}\cdot \text{Höhe}\cdot\text{Grundfläche} = \frac{1}{3}\cdot 1\cdot\frac{1}{2} = \frac{1}{6} \qquad \text{gegeben.}$$

Es folgt

$$\bar{z} = \frac{\frac{1}{24}}{\frac{1}{6}} = \frac{1}{4}.$$

Der Schwerpunkt liegt auf einer zur xy-Ebene parallelen Ebene. Deren Abstand von der xy-Ebene beträgt $\frac{3}{4}$ der Strecke zwischen dem Eckpunkt $(1;0;0)$ und der xy-Ebene.

Beispiel 2: Man berechne das Trägheitsmoment eines homogenen Würfels mit der Kante a und der Masse m um eine Kante.

Lösung: Der Einfachheit halber legen wir den Ursprung des rechtwinkeligen Koordinatensystems in einen Eckpunkt des Würfels und berechnen das Trägheitsmoment um die Kante, die mit der x-Achse zusammenfällt (Bild 6.35).

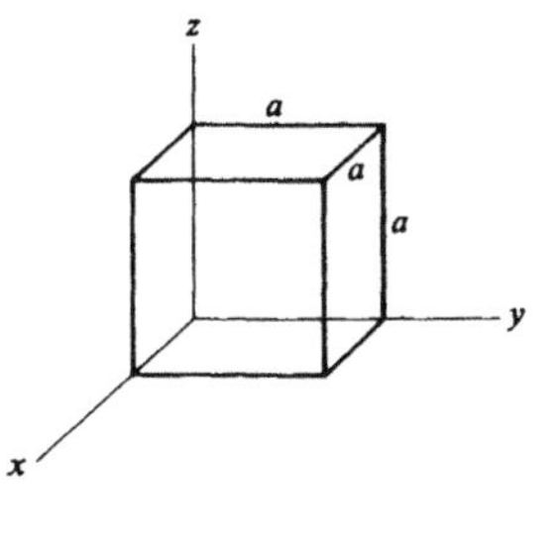

Bild 6.35

Die Dichte in einem beliebigen Punkt b des Würfels ist durch m/a^3 gegeben, denn das Volumen des Würfels ist gleich a^3. Das Quadrat des Abstandes zwischen $P = (x; y; z)$ und der x-Achse lautet $y^2 + z^2$. Wir entnehmen unserer obigen Tabelle die Definition des Trägheitsmomentes und erhalten das Integral

$$\int_R (y^2 + z^2)\frac{m}{a^3}\,dV.$$

Um dieses Integral auszuwerten, müssen wir den Würfel in rechtwinkeligen Koordinaten darstellen:

$$0 \leqslant x \leqslant a, \quad 0 \leqslant y \leqslant a, \quad 0 \leqslant z \leqslant a.$$

Es folgt

$$\int_R (y^2 + z^2)\frac{m}{a^3}\,dV = \int_0^a\int_0^a\int_0^a (y^2+z^2)\frac{m}{a^3}\,dz\,dy\,dx.$$

Die drei Integrationen können mit Hilfe des Hauptsatzes ausgeführt werden.

Die erste Integration ergibt:

$$\int_0^a (y^2 + z^2)\frac{m}{a^3}\,dz = \left(y^2 z + \frac{z^3}{3}\right)\frac{m}{a^3}\Bigg|_{z=0}^{z=a}$$

$$= \left(y^2 a + \frac{a^3}{3}\right)\frac{m}{a^3} = \frac{m}{a^2}\left(y^2 + \frac{a^2}{3}\right).$$

Die zweite Integration führt zu

$$\int_0^a \frac{m}{a^2}\left(y^2 + \frac{a^2}{3}\right)dy = \frac{m}{a^2}\left(\frac{y^3}{3} + \frac{a^2 y}{3}\right)\Bigg|_{y=0}^{y=a}$$

$$= \frac{m}{a^2}\left(\frac{a^3}{3} + \frac{a^3}{3}\right) = \frac{2ma}{3}.$$

Schließlich erhalten wir

$$\int_0^a \frac{2ma}{3}\,dx = \frac{2ma^2}{3}.$$

Das Trägheitsmoment um eine Kante ist gleich $2ma^2/3$. (Das gleiche Trägheitsmoment hätte sich ergeben, wenn die Gesamtmasse in einem Punkt mit dem Abstand $\sqrt{\frac{2}{3}}\,a$ von der Kante konzentriert wäre.) $\bullet$

Um ein dreidimensionales Integral mit Hilfe mehrfacher Integration zu bestimmen, muß der Hauptsatz dreimal angewendet werden. Dies ist nur für die einfachsten Integranden möglich, wie sie allerdings in physikalischen und technischen Anwendungen zumeist auftreten. Abgesehen davon ist das Integral $\int_R f(P)\,dV$ zur Definition physikalischer Größen und zur Formulierung physikalischer Aussagen von grundsätzlicher Bedeutung.

Übungen:

1. (*a*) Man berechne $\int_R y\,dV$ für den Tetraeder aus Beispiel 1.
   (*b*) Man bestimme $\bar{y}$ für diesen Tetraeder.
2. Man bestimme das Volumen des Tetraeders aus Beispiel 1 und berechne hierzu $\int_R 1\,dV$ mit Hilfe mehrfacher Integrale.
3. Man bestimme das Trägheitsmoment des Tetraeders aus Beispiel 1 um die z-Achse; die Gesamtmasse sei homogen verteilt und gleich m.
4. Man berechne das Mehrfachintegral
$$\int_0^1 \int_{x^3}^{x^2} \int_0^{x+y} z\,dz\,dy\,dx.$$
5. Ein quaderförmiger Körper hat die Masse m und die Seitenkanten a, b und c. Man bestimme sein Trägheitsmoment um die Kante der Länge a.
6. Man berechne $\int_R z\,dV$ für das Gebiet R oberhalb des Rechteckes mit den Eckpunkten $(0;0;0)$, $(2;0;0)$, $(2;3;0)$ und $(0;3;0)$, sowie unterhalb der Ebene $z = x + 2y$.
7. Man berechne ohne Zuhilfenahme von Mehrfachintegralen $\int_R x\,dV$, wenn R eine Kugel mit dem Mittelpunkt $(0;0;0)$ und dem Radius a ist.
8. Man bestimme den Mittelwert des Quadrates des Abstands zwischen einem Eckpunkt eines Würfels der Seite a und den übrigen Punkten des Würfels.
9. Man berechne $\int_R xy\,dV$ für den Tetraeder aus Beispiel 1.
10. Ein Körper besteht aus allen Punkten unterhalb der Fläche $z = xy$ und oberhalb des Dreiecks mit den Eckpunkten $(0;0;0)$, $(1;0;0)$ und $(0;2;0)$. Seine Dichte im Punkt $(x;y;z)$ sei $x + y$. Man bestimme die Gesamtmasse.
11. Ein gerader Kreiskegel hat die Höhe h, den Radius a, konstante Dichte und die Masse m.
    (*a*) Warum ist das Trägheitsmoment um seine Achse kleiner als ma^2?
    (*b*) Man zeige, daß das Trägheitsmoment um seine Achse den Wert $3ma^2/10$ hat.

■

12. Man berechne $\bar{z}$ für die obere Hälfte einer Kugel mit dem Radius a und dem Mittelpunkt im Ursprung.
13. Ein homogener Quader der Masse m hat die Kanten a, b und c. Das Trägheitsmoment des Quaders um eine Gerade, die parallel zur Seite mit der Länge a durch den Mittelpunkt des Quaders verläuft, ist durch $m(b^2 + c^2)/12$ gegeben. Man zeige dies.
14. Eine Pyramide der Masse m hat eine quadratische Grundfläche der Seite a und die Höhe h (Bild 6.36). Das Trägheitsmoment um eine Gerade, die durch den oberen Eckpunkt geht und auf der Grundfläche senkrecht steht, ist durch $ma^2/10$ gegeben. Man zeige dies.

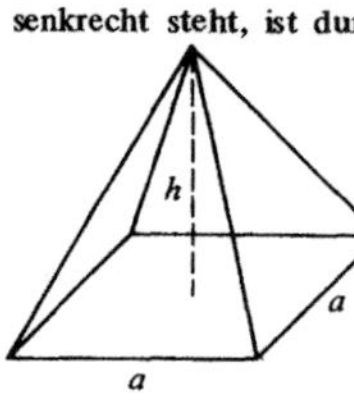

Bild 6.36

15. In Abschnitt 5.3 wurde die Gleichung
$$\int_R f(P)\,dA = \int_a^b \left(\int_{y_1(x)}^{y_2(x)} f\,dy \right) dx$$
intuitiv begründet. Hier wollen wir ein ähnliches Argument für die Relation
$$\int_R f(P)\,dV = \int_{x_1}^{x_2} \left[\int_{y_1(x)}^{y_2(x)} \left(\int_{z_1(x;y)}^{z_2(x;y)} f\,dz \right) dy \right] dx$$
skizzieren. Zunächst interpretieren wir $f(P)$ als „Dichte".
    (*a*) Es sei $R(x)$ der ebene Schnitt von R mit der Koordinate x. Die mittlere Dichte über $R(x)$ beträgt
$$\frac{\int_{y_1(x)}^{y_2(x)} \left(\int_{z_1(x;y)}^{z_2(x;y)} f\,dz \right) dy}{\text{Fläche von } R(x)}.$$
    Man zeige dies.
    (*b*) Die Masse des Teiles von R zwischen den ebenen Schnitten $R(x)$ und $R(x + \Delta x)$ beträgt näherungsweise
$$\int_{y_1(x)}^{y_2(x)} \left(\int_{z_1(x;y)}^{z_2(x;y)} f\,dz \right) dy\,\Delta x.$$
    Man zeige dies.
    (*c*) Aus (*b*) beweise man die Darstellung von $\int_R f(P)\,dV$ durch ein Mehrfachintegral in rechtwinkeligen Koordinaten.

6.5 Die Berechnung von $\int_R f(P)\,dV$ in Zylinder- oder Kugelkoordinaten

Die Mehrfachintegrale in ebenen Polarkoordiaten (s. Abschnitt 5.5) enthalten im Integranden einen zusätzlichen Faktor r. Dieser Faktor muß auch in Zylinderkoordinaten $(r;\theta;z)$ auftreten. Für das Volumen des kleinen Körpers, der sich durch eine kleine Änderung jeder der Koordinaten ergibt, wurde in Abschnitt 6.3, der Näherungswert

$$r\,\Delta r\,\Delta\theta\,\Delta z$$

hergeleitet. Die Größen Δr, $\Delta\theta$, Δz beschreiben Änderungen in den Koordinaten.

Um ein Mehrfachintegral in Kugelkoordinaten anzuschreiben, muß der zusätzliche Faktor

$$\rho^2 \sin\phi$$

in den Integranden aufgenommen werden. Der kleine Körper, der sich durch eine kleine Änderung in jeder der Koordinaten ergibt, besitzt nämlich näherungsweise ein Volumen von

$$\rho^2 \sin\phi\,\Delta\rho\,\Delta\phi\,\Delta\theta.$$

Die Größen $\Delta\rho$, $\Delta\phi$, $\Delta\theta$ beschreiben die kleinen Änderungen in den Koordinaten, wie in Abschnitt 6.3 ebenfalls gezeigt wurde.

Die Integrationsgrenzen werden durch die Beschreibung des Gebietes R in Bezug auf das jeweilige Koordinatensystem gegeben. Einige Beispiele werden die Herleitung und Berechnung dieser Mehrfachintegrale illustrieren; das Verfahren soll jedoch nicht im einzelnen bewiesen werden.

Beispiel 1: Man bestimme das Volumen einer Kugel R mit dem Radius a in Zylinderkoordinaten.

Lösung: Wir legen den Ursprung des zylindrischen Koordinatensystems in den Mittelpunkt der Kugel (Bild 6.37).

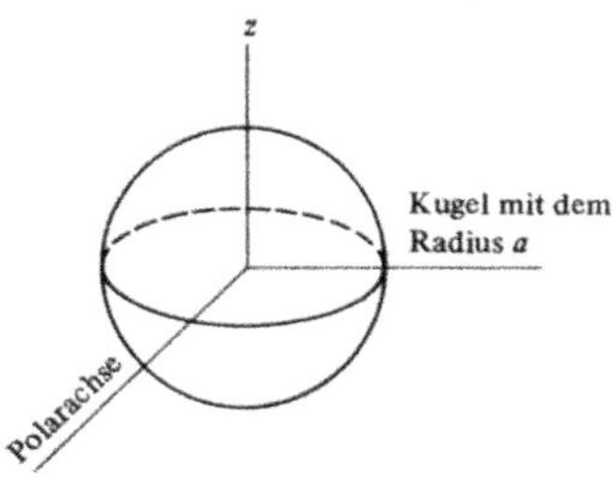

Bild 6.37

Das Volumen der Kugel ist durch $\int\limits_R 1\,dV$ gegeben.

Für R erhalten wir in Zylinderkoordinaten

$$0 \leqslant \theta \leqslant 2\pi,\quad 0 \leqslant r \leqslant a,\quad -\sqrt{a^2-r^2} \leqslant z \leqslant \sqrt{a^2-r^2}.$$

Somit ergibt sich für das Volumen das Mehrfachintegral

$$\int\limits_R 1\,dV = \int\limits_0^{2\pi}\left(\int\limits_0^a\left(\int\limits_{-\sqrt{a^2-r^2}}^{\sqrt{a^2-r^2}} 1\cdot r\,dz\right)dr\right)d\theta.$$

(Man beachte den Faktor r im Integranden.)

Die Berechnung des ersten Integrals ergibt für feste r und θ:

$$\int\limits_{-\sqrt{a^2-r^2}}^{\sqrt{a^2-r^2}} r\,dz = rz\Bigg|_{z=-\sqrt{a^2-r^2}}^{z=\sqrt{a^2-r^2}} = 2r\sqrt{a^2-r^2}.$$

Für das zweite Integral und festes θ folgt:

$$\int\limits_0^a 2r\sqrt{a^2-r^2}\,dr = \frac{-2(a^2-r^2)^{3/2}}{3}\Bigg|_{r=0}^{r=a} = \frac{2a^3}{3}.$$

$$\int\limits_0^{2\pi}\frac{2a^3}{3}\,d\theta = \frac{2a^3}{3}\,2\pi = \frac{4\pi a^3}{3}.\ \bullet$$

Beispiel 2: Man bestimme die z-Koordinate $\bar{z}$ des Schwerpunktes der homogenen Halbkugel R mit dem Radius a, deren Grundfläche auf der xy-Ebene liegt (Bild 6.38).

Lösung: Wir verwenden Kugelkoordinaten. Für die z-Koordinate des Schwerpunktes ergibt sich

$$\bar{z} = \frac{\int\limits_R z\,dV}{\text{Volumen der Halbkugel}}.$$

Bild 6.38

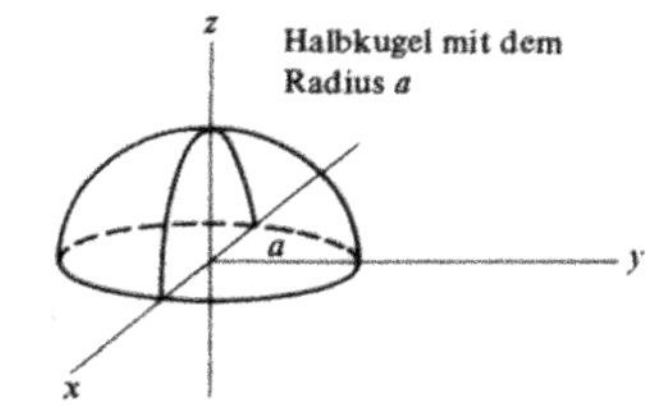

Das Volumen beträgt $2\pi a^3/3$. Wir müssen daher lediglich $\int\limits_R z\,dV$ berechnen. Dazu legen wir den Ursprung des Kugelkoordinatensystems in den Mittelpunkt der Halbkugel und erhalten die folgende Beschreibung von R:

$$0 \leqslant \theta \leqslant 2\pi,\quad 0 \leqslant \phi \leqslant \pi/2,\quad 0 \leqslant \rho \leqslant a.$$

Ehe wir das Mehrfachintegral für $\int\limits_R z\,dV$ anschreiben, muß die Koordinate z in Kugelkoordinaten dargestellt werden. Es gilt

$$z = \rho\cos\phi.$$

Somit ergibt sich

$$\int\limits_R z\,dV = \int\limits_0^{2\pi}\left(\int\limits_0^{\pi/2}\left(\int\limits_0^a \rho\cos\phi\,\overbrace{\rho^2\sin\phi}^{\substack{\text{Man beachte}\\ \text{den Faktor}\\ \rho^2\sin\phi}}\,d\rho\right)d\phi\right)d\theta.$$

Die Berechnung des ersten Integrales für festes ϕ und θ führt zu:

$$\int\limits_0^a \rho^3\cos\phi\sin\phi\,d\rho = \frac{\rho^4\cos\phi\sin\phi}{4}\Bigg|_{\rho=0}^{\rho=a} = \frac{a^4\cos\phi\sin\phi}{4}.$$

Das zweite Integral ergibt für festes θ:

$$\int\limits_0^{\pi/2}\frac{a^4\cos\phi\sin\phi\,d\phi}{4} = \frac{a^4\sin^2\phi}{8}\Bigg|_{\phi=0}^{\phi=\pi/2} = \frac{a^4}{8}.$$

Schließlich erhalten wir für das dritte Integral:

$$\int\limits_0^{2\pi}\frac{a^4}{8}\,d\theta = \frac{\pi a^4}{4}.$$

Zusammenfassend ergibt sich

$$\int\limits_R z\,dV = \frac{\pi a^4}{4}\quad \text{und}$$

$$\bar{z} = \frac{\pi a^4/4}{2\pi a^3/3} = \frac{3a}{8}. \bullet$$

Das folgende Beispiel bezieht sich auf die Theorie der Gravitationsanziehung und berechnet die Anziehungskraft einer homogenen Kugel auf ein Teilchen (einen Satelliten). Sie stimmt mit der Anziehungskraft überein, die sich für die im Mittelpunkt der Kugel konzentrierte Gesamtmasse ergibt.

Beispiel 3: R sei eine homogene Kugel der Masse m mit dem Radius a. A sei ein Punkt mit einem Abstand H vom Mittelpunkt der Kugel (Bild 6.39); es gelte $H > a$. Man berechne das Potential

$$-\int_R \frac{\delta}{q}\, dV.$$

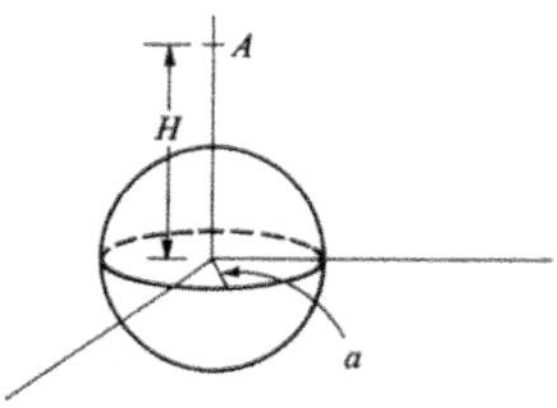

Bild 6.39

Das Symbol δ steht für die Dichte, q ist der Abstand zwischen dem Punkt P des Gebietes R und dem Punkt A (Bild 6.40).

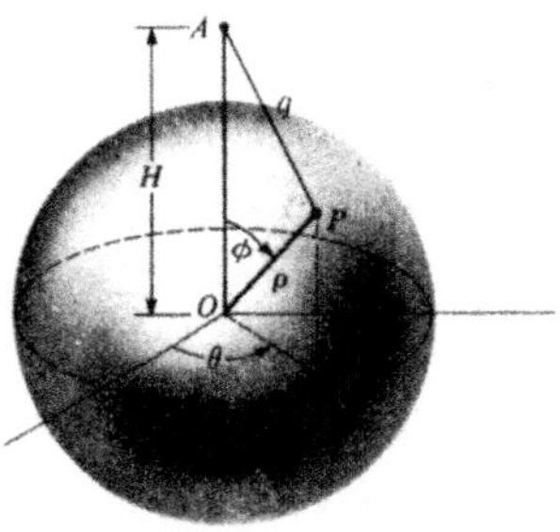

Bild 6.40

Lösung: Zunächst stellen wir q in Kugelkoordinaten dar. Zu diesem Zweck wählen wir ein Kugelkoordinatensystem, dessen Ursprung im Mittelpunkt der Kugel liegt und für das die ϕ-Koordinate von A gleich Null ist.

Es sei $P = (\rho; \phi; \theta)$ ein typischer Punkt im Inneren der Kugel. Mit Hilfe des Kosinussatzes ergibt sich aus dem Dreieck AOP

$$q^2 = H^2 + \rho^2 - 2\rho H \cos\phi,$$

es folgt

$$q = \sqrt{H^2 + \rho^2 - 2\rho H \cos\phi}.$$

Für die Dichte der homogenen Kugel erhalten wir

$$\delta = \frac{m}{\frac{4}{3}\pi a^3} = \frac{3m}{4\pi a^3}.$$

Somit folgt

$$\int_R \frac{\delta}{q}\, dV = \int_R \frac{3m}{4\pi a^3 q}\, dV$$

oder

$$\int_R \frac{\delta}{q}\, dV = \frac{3m}{4\pi a^3} \int_R \frac{1}{q}\, dV. \tag{1}$$

Nun stellen wir $\int_R \frac{1}{q}\, dV$ durch ein Mehrfachintegral in Kugelkoordinaten dar:

$$\int_R \frac{1}{q}\, dV = \int_0^{2\pi}\left(\int_0^a\left(\int_0^{\pi} \frac{\rho^2 \sin\phi}{\sqrt{H^2 + \rho^2 - 2\rho H \cos\phi}}\, d\phi\right) d\rho\right) d\theta.$$

(Wir integrieren zunächst nach ϕ anstatt nach ρ; diese Vorgangsweise ist einfacher.) Die Berechnung des ersten Integrales für konstante ρ und θ kann mit Hilfe des Hauptsatzes durchgeführt werden:

$$\int_0^{\pi} \frac{\rho^2 \sin\phi}{\sqrt{H^2 + \rho^2 - 2\rho H \cos\phi}}\, d\phi = \left.\frac{\rho\sqrt{H^2 + \rho^2 - 2\rho H \cos\phi}}{H}\right|_{\phi=0}^{\phi=\pi}$$

$$= \frac{\rho}{H}\left(\sqrt{H^2 + \rho^2 + 2\rho H} - \sqrt{H^2 + \rho^2 - 2\rho H}\right).$$

Nun gilt $\sqrt{H^2 + \rho^2 + 2\rho H} = H + \rho$. Auf Grund der Ungleichung $\rho \leqslant a < H$ ist $H - \rho$ positiv und wir erhalten

$$\sqrt{H^2 + \rho^2 - 2\rho H} = H - \rho.$$

Daher ist das erste Integral gleich

$$\frac{\rho}{H}(H + \rho - (H - \rho)) = \frac{2\rho^2}{H}.$$

Die Berechnung des zweiten Integrales führt auf

$$\int_0^a \frac{2\rho^2}{H}\, d\rho = \frac{2a^3}{3H}.$$

Schließlich erhalten wir für das dritte Integral:

$$\int_0^{2\pi} \frac{2a^3}{3H}\, d\theta = \frac{4\pi a^3}{3H}.$$

Wir fassen zusammen:

$$\int_R \frac{1}{q}\, dV = \frac{4\pi a^3}{3H}.$$

Aus der Formel (1) folgt schließlich

$$\text{Potential} = -\int_R \frac{\delta}{q}\, dV = \frac{-3m}{4\pi a^3}\,\frac{4\pi a^3}{3H} = \frac{-m}{H}.$$

Als Ergebnis dieser langwierigen Berechnungen erhalten wir ein kurzes Resultat: Das Potential entspricht dem negativen Wert der Masse × dem Kehrwert des Abstandes zwischen A und dem Mittelpunkt. Dieses Potential würde sich auch dann ergeben, wenn die gesamte Masse der Kugel in deren Mittelpunkt konzentriert gewesen wäre.

●

Übungen:

1. Man berechne das Volumen einer Kugel mit dem Radius a in Kugelkoordinaten.
2. Man bestimme das Trägheitsmoment einer Kugel mit dem Radius a und der Masse m um einen Durchmesser in Zylinderkoordinaten.
3. Man löse Übung 2 in Kugelkoordinaten.
4. Man löse Übung 11 des vorigen Abschnittes mit Hilfe von Zylinderkoordinaten.
5. Man löse Übung 11 des vorigen Abschnittes mit Hilfe von Kugelkoordinaten.
6. Ein gerader Kreiszylinder hat die Masse m, den Radius a und die Höhe h. Man bestimme das Trägheitsmoment um seine Achse.
7. Man bestimme das Trägheitsmoment des Zylinders aus Übung 6 um eine Mantellinie L parallel zur z-Achse.
   (a) Man verwende Zylinderkoordinaten, die z-Achse fällt mit L zusammen.
   (b) Man verwende Zylinderkoordinaten, die z-Achse fällt mit der Achse des Zylinders zusammen.
8. Man löse Beispiel 2 mit Hilfe von Zylinderkoordinaten.
9. Ein Körper der Masse m besteht aus dem Teil einer Kugel mit Radius a, der innerhalb eines Kegels mit dem Öffnungswinkel $\phi = \pi/6$ liegt, wobei die Spitze des Kegels in den Mittelpunkt der Kugel fällt. Man gebe die Mehrfachintegrale für $\int_R z\,dV$ in allen drei Koordinatensystemen an und berechne den einfachsten Ausdruck.
10. Mit Hilfe von Mehrfachintegralen leite man für das exakte Volumen des in Abschnitt 6.3 abgeschätzten Körpers den Ausdruck
$$\frac{\rho_2^3 - \rho_1^3}{3}(\theta_2 - \theta_1)(\cos\phi_1 - \cos\phi_2)$$
her.
11. Man bestimme den mittleren Abstand zwischen dem Mittelpunkt einer Kugel mit Radius a und den übrigen Punkten der Kugel. Man stelle die entsprechenden Mehrfachintegrale in allen drei Koordinatensystemen auf und berechne die beiden einfacheren dieser Integrale.
12. Man bestimme den Mittelwert der Schatten, die alle Strecken mit der maximalen Länge a und einem Endpunkt im Ursprung auf die xy-Ebene werfen. Die Lichtstrahlen verlaufen parallel zur z-Achse.
13. Man bestimme das Trägheitsmoment eines halbkugelförmigen Körpers mit dem Radius a und der Masse m um einen Durchmesser seiner kreisförmigen Basis.
   (a) Mit Hilfe von Zylinderkoordinaten.
   (b) Mit Hilfe von Kugelkoordinaten.
   (c) Mit Hilfe des Resultates aus Übung 2.
14. Eine Kugel mit dem Radius a ist inhomogen, ihre Dichte im Punkt P hängt allerdings nur vom Abstand zwischen P und dem Mittelpunkt der Kugel ab. Wir schreiben daher $\delta(P) = \delta(\rho;\phi;\theta) = g(\rho)$. Mit Hilfe von Mehrfachintegralen kann für die Masse der Kugel der Ausdruck
$$4\pi\int_0^a g(\rho)\,\rho^2\,d\rho$$
hergeleitet werden. Man beweise dies.

■

15. Für eine Kugel R mit dem Mittelpunkt im Ursprung eines rechtwinkeligen Koordinatensystems gilt
$$\int_R (x^3 + y^3 + z^3)\,dV = 0.$$
Man beweise dies ohne die Zuhilfenahme von Mehrfachintegralen.
16. Es sei R eine Kugel mit dem Radius a und dem Mittelpunkt im Ursprung des Koordinatensystems.
   (a) Warum gilt $\int_R x^2\,dV = \frac{1}{3}\int_R (x^2 + y^2 + z^2)\,dV$.
   (b) Man berechne das zweite Integral in Kugelkoordianten.
   (c) Mit Hilfe von (b) bestimme man $\int_R x^2 dV$.
17. Das Volumen eines Gebietes R ist durch $\int_R 1\,dV$ gegeben. Aus dieser Formel beweise man mit Hilfe eines Mehrfachintegrals in rechtwinkeligen Koordinaten
   (a) $V = \int_a^b A(x)\,dx$.
   (b) Die Formel für das Volumen als bestimmtes Integral über eine ebene Menge.
18. Das Volumen eines Gebietes R ist durch $\int_R 1\,dV$ gegeben. Mit Hilfe eines Mehrfachintegrals in Zylinderkoordinaten leite man die Schalentechnik aus Abschnitt 4 .4 her.

■■

19. Die Abmessungen des Körpers in Übung 10 seien klein. Reduziert sich die Formel aus dieser Übung dann näherungsweise auf den Ausdruck $\rho^2 \sin\phi\,\Delta\rho\,\Delta\phi\,\Delta\theta$?
20. Mit Hilfe der Methode von Beispiel 3 bestimme man den Mittelwert von q für alle Punkte P der Kugel. Dieser Mittelwert unterscheidet sich von der Größe, die sich ergibt, wenn die gesamte Kugel im Mittelpunkt konzentriert wäre.
21. Das Ergebnis von Beispiel 3 gilt auch dann, wenn die Dichte $\delta(P)$ nur von der Distanz ρ zum Mittelpunkt abhängt. Man beweise dies. (Tatsächlich ist der Planet Erde nicht homogen, es gilt jedoch $\delta(\rho;\phi;\theta) = g(\rho)$.) Siehe Übung 14 und Beispiel 3.

6.6 Zusammenfassung

Am Anfang dieses Kapitels stand die Definition eines bestimmten Integrals über ein räumliches Gebiet. Für ein solches Gebiet R (einen Würfel, einen Kegel, einen Zylinder, eine Kugel, usw.) ordnet eine Funktion f jedem Punkt P eine Zahl $f(P)$ zu. Das bestimmte Integral $\int_R f(P)\,dV$ ist dann durch den Ausdruck

$$\lim_{\text{Maß}\to 0} \sum_{i=1}^{n} f(P_i)\,V_i$$

definiert; die Näherungssummen entstehen durch Teilungen von R. Für die üblichen Funktionen und Gebiete existiert der obige Grenzwert tatsächlich.

Die Tabelle in **Abschnitt 6.4** stellt die wichtigsten Anwendungen bestimmter Integrale über räumliche Gebiete zusammen.

Bestimmte Integrale über räumliche Gebiete R können mit Hilfe von Mehrfachintegralen ausgewertet werden. Die Gestalt dieser Mehrfachintegrale hängt vom gewählten Koordinatensystem an: In Zylinderkoordinaten muß ein zusätzlicher Faktor r im Integranden eingeführt werden; in Kugelkoordinaten enthält der Integrand den Faktor $\rho^2 \sin \phi$.

Begriffe und Symbole

bestimmtes Integral einer Funktion über ein räumliches Gebiet

$$\int_R f(P)\, dV$$

Teilung, Durchmesser, Maß

Mittelwert einer Funktion über ein räumliches Gebiet

rechtwinkelige Koordinaten $(x; y; z)$

Zylinderkoordinaten $(r; \theta; z)$

Kugelkoordinaten $(\rho; \phi; \theta)$

Mehrfachintegral

Trägheitsmoment

Schwerpunkt $(\bar{x}; \bar{y}; \bar{z})$

Testaufgaben zu Kapitel 6

1. Ein homogener Kreiszylinder mit dem Radius a und der Höhe h hat die Gesamtmasse m. Für das Trägheitsmoment um eine zur Achse senkrechte Gerade durch den Mittelpunkt zwischen den beiden Enden des Zylinders ist durch

$$\frac{ma^2}{4} + \frac{mh^2}{12}$$

gegeben. Man beweise dies.

2. Man bestimme $\bar{z}$ für den Körper, der durch die beiden konzentrischen Kugelschalen mit den Radien a und b sowie die xy-Ebene begrenzt wird, wenn der Mittelpunkt der Kugel im Ursprung liegt und $a < b$ gilt (Bild 6.41).

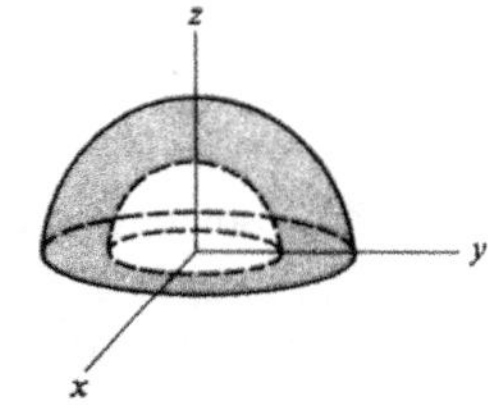

Bild 6.41

3. (*a*) Welche Bedeutung hat der Ausdruck $\int_R f(P)\, dV$?

(*b*) Mit Hilfe der Definition aus (*a*) zeige man für $2 \leq f(P) \leq 3$ in ganz R die folgende Relation:

$$2 \cdot \text{Volumen von } R \leq \int_R f(P)\, dV \leq 3 \cdot \text{Volumen von } R.$$

4. (*a*) Man bestimme die Zylinderkoordinaten des Punktes mit den rechtwinkeligen Koordinaten $(3; 4; \pi/2)$.

(*b*) Man bestimme die rechtwinkeligen Koordinaten des Punktes mit den Kugelkoordinaten $(3; 1; \pi/2)$.

(*c*) Man bestimme die Kugelkoordinaten des Punktes mit den Zylinderkoordinaten $(2; \pi/4; 2)$.

5. Man zeichne den Querschnitt einer Kugel mit dem Radius 1, deren Zentrum im Ursprung des Koordinatensystems liegt, für

(*a*) $x = \frac{1}{2}$, (*b*) $\phi = \frac{\pi}{3}$,

(*c*) $\rho = \frac{1}{2}$, (*d*) $\theta = \frac{\pi}{2}$,

(*e*) $z = -\frac{1}{2}$.

6. (*a*) Welcher zusätzlicher Faktor muß in Mehrfachintegrale für den Fall von Zylinderkoordinaten und für den Fall von Kugelkoordinaten eingeführt werden?

(*b*) Warum ist dies so?

7. (*a*) Man zeichne das kleine Gebiet, das den Koordinaten änderungen $\Delta\rho$, $\Delta\phi$ und $\Delta\theta$ in Kugelkoordinaten entspricht.

(*b*) Warum wird das Volumen dieses Gebietes durch

$$\rho^2 \sin \phi \; \Delta\rho \; \Delta\phi \; \Delta\theta$$

approximiert?

8. Ein gerader Kreiszylinder hat den Radius a und die Höhe h. Man bestimme den Mittelwert der Funktion f über den Zylinder R, wenn $f(P)$ das Quadrat des Abstandes vom Mittelpunkt des Zylinders zum Punkt P angibt.

(*a*) Man gebe die Mehrfachintegrale zumindest in zwei der drei Koordinatensysteme an.

(*b*) Man berechne das einfachere der Mehrfachintegrale aus (*a*).

9. (*a*) Man berechne das Mehrfachintegral

$$\int_0^1 \left(\int_0^1 \left(\int_0^x y e^{x^2} dz \right) dy \right) dx.$$

(*b*) Man zeichne das Gebiet R, das durch die Integrationsgrenzen aus (*a*) definiert wird.

10. Ein homogener gerader Kreiskegel mit dem Radius a und der Höhe h hat die Masse m.

(*a*) Was versteht man unter seinem „Trägheitsmoment in Bezug auf eine Gerade durch die Spitze des Kegels und parallel zu seiner Grundfläche"?

(*b*) Man gebe in allen drei Koordinatensystemen die Mehrfachintegrale für das Trägheitsmoment aus (*a*) an.

(*c*) Man berechne mindestens eines der Mehrfachintegrale aus (*b*).

11. Wie lautet die Gleichung:

(*a*) der Ebene $z = 3$ in Kugelkoordinaten;

(*b*) der zylindrischen Fläche $R = 2$ in rechtwinkeligen Koordinaten;

(*c*) der zylindrischen Fläche $R = 2$ in Kugelkoordinaten;

(*d*) der sphärischen Flächen $\rho = 3$ in Zylinderkoordinaten?

12. Wie lautet der Mittelwert des Quadrates des Abstands zwischen den Punkten im Inneren eines Würfels (Kantenlänge a) und einem festen Eckpunkt des Würfels.

Übungen zu Kapitel 6

Einige Übungen beziehen sich auf frühere Kapitel.

1. (Siehe Beispiel 3 aus Abschnitt 6 .5.) Der Mittelwert des Abstands-Kehrwertes eines festen Punktes A außerhalb einer Kugel von allen Punkten im Inneren der Kugel ist gleich dem Mittelwert des Abstandes von A zum Mittelpunkt der Kugel. Man beweise dies.

2. Eine homogene gerade Kreiszylinderschale hat den inneren Radius r, den äußeren Radius R und die Höhe h. Ihre Masse

beträgt m.

(a) Das Trägheitsmoment um die Achse der Schale ist durch $m(R^2 + r^2)/2$ gegeben.

(b) Das Trägheitsmoment um eine Gerade durch den Schwerpunkt und senkrecht auf der Achse der Schale ist durch $m(R^2 + r^2 + h^2/3)/4$ gegeben. Man beweise dies.

3. Ein homogener Körper der Masse m füllt den Raum zwischen zwei konzentrischen Kugeln mit den Radien r und R, $r < R$. Man leite für das Trägheitsmoment um einen Durchmesser den Ausdruck

$$\frac{2m(R^5 - r^5)}{5(R^3 - r^3)}$$

her.

4. Es sei R eine Kreisscheibe mit Radius a. Ferner sei A ein Punkt in der Ebene des Kreises in einem Abstand $H > a$ vom Mittelpunkt des Kreises. Die Funktion f ordne jedem Punkt P das Quadrat des Abstandes zwischen P und A zu. Der Mittelwert von f über R ist durch $H^2 + a^2/2$ gegeben. Man beweise dies.

5. Die Achsen zweier Kreiszylinder mit dem Radius a schneiden einander unter einem rechten Winkel. Der Teil der Oberfläche des einen Zylinders, der im Inneren des anderen Zylinders liegt, ist gleich $8a^2$. Man beweise dies. (Die berechnete Fläche ist das 8-fache der getönten Oberfläche (Bild 6.42).)

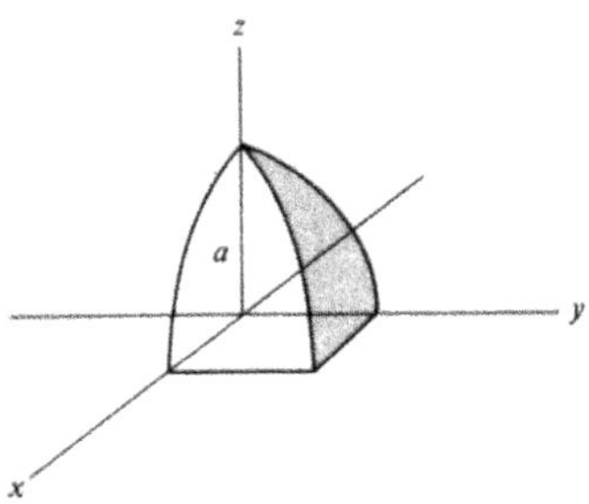

Bild 6.42

6. R sei eine Kugel mit dem Radius a. Jedem Punkt P – mit Ausnahme des Kugelmittelpunktes – sei durch die Funktion f der Kehrwert des Abstandes zwischen P und dem Ursprung zugeordnet. Der Mittelwert von f über R enthält ein uneigentliches Integral, da die Funktion in der Nähe des Ursprungs unendlich wird. Konvergiert oder divergiert dieses uneigentliche Integral? Welches Resultat ergibt sich für den Mittelwert von f über R?

7. Die Gravitationsanziehung zwischen einer homogenen Kugel S mit dem Radius s und einer Punktmasse (Bild 6.43) enthält das Integral

$$\int_S \frac{\cos\alpha}{x^2}\,dV.$$

Sein Wert beträgt $\frac{4\pi s^3}{3H^2}$. Man beweise dies.

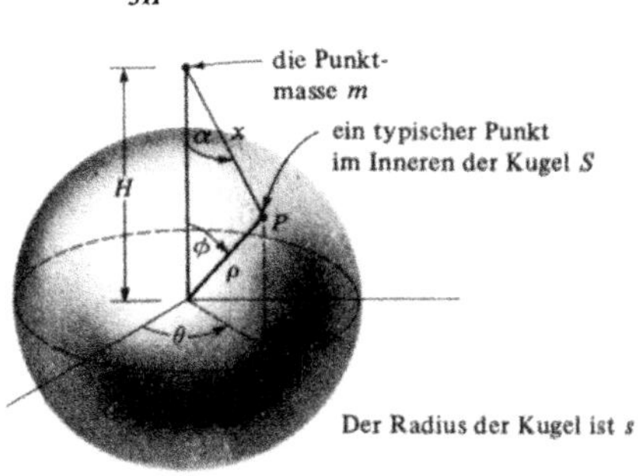

Bild 6.43

8. Eine gerade rechteckige Pyramide hat eine Grundfläche mit den Seiten a und b sowie die Höhe h (Bild 6.44). Ihre Masse sei m. Das Trägheitsmoment der Pyramide in Bezug auf eine Gerade, die senkrecht auf der Basis steht und durch die Spitze der Pyramide verläuft, ist durch $m(a^2 + b^2)/20$ gegeben. Man beweise dies.

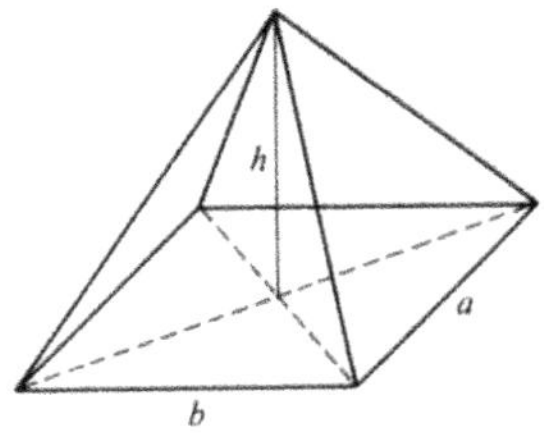

Bild 6.44

■

9. Ein Ring (Torus) entsteht durch Rotation eines Kreises mit dem Radius a um eine in der gleichen Ebene gelegene Gerade L, deren Abstand b vom Kreismittelpunkt größer ist als der Radius a (Bild 6.45). Die Masse des Torus sei m. Das Trägheitsmoment um die Gerade L beträgt dann $m(b^2 + 3a^2/4)$. Man beweise dies.

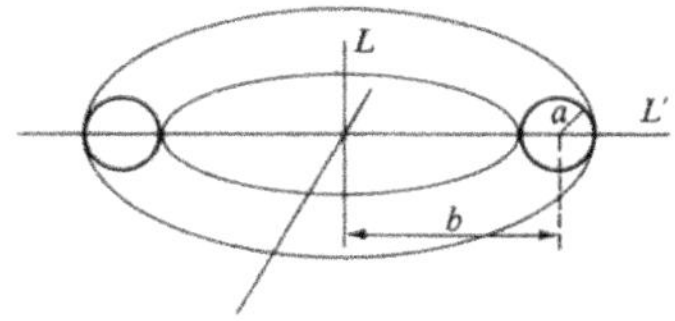

Bild 6.45

10. Das Trägheitsmoment des Torus aus Übung 9 um die Gerade L', die durch den Mittelpunkt des Torus geht und auf L senkrecht steht, ist durch $m(b^2/2 + 5a^2/8)$ gegeben. Man beweise dies.

11. Ein gerader Kreiskegel mit dem Radius a und der Höhe h hat die Masse m. Das Trägheitsmoment des Kegels um eine Gerade durch seinen Schwerpunkt und parallel zu seiner Grundfläche ist durch $3m(a^2 + h^2/4)/20$ gegeben. Man beweise dies.

■■

12. Es sei $z = g(y)$ eine abnehmende Funktion von y mit $g(1) = 0$. Es sei R der Körper, der durch Rotation um die z-Achse des von $y = 0$, $z = 0$ und $z = g(y)$ begrenzten Gebietes in der yz-Ebene entsteht. Mit Hilfe geeigneter mehrfacher Integrale in zylindrischen Koordinaten beweise man

$$\int_R z\,dV = \int_0^1 \pi y\,[g(y)]^2\,dy \quad \text{oder} \quad \int_0^{g(0)} \pi\,[g^{-1}(z)]^2\,z\,dz.$$

13. (Siehe Übung 12.)

(a) Die z-Koordinate des Schwerpunktes für den in Übung 12 beschriebenen Körper ist durch

$$\frac{\int_0^1 \{x\,[g(x)]^2/2\}\,dx}{\int_0^1 x g(x)\,dx}$$

gegeben. Die z-Koordinate des Schwerpunktes für das rotierende ebene Gebiet ist durch

$$\frac{\int_0^1 \{[g(x)]^2/2\}\,dx}{\int_0^1 g(x)\,dx}$$

gegeben. Man beweise dies.

(*b*) Durch Untersuchung von

$$\int_0^1\left(\int_0^1 g(x)\,g(y)\,(x-y)\,[g(x)-g(y)]\,dx\right)dy$$

beweise man, daß der Schwerpunkt des Rotationskörpers unterhalb jenes des ebenen Gebietes liegt. *Hinweis:* Warum ist das angeschriebene Mehrfachintegral kleiner oder gleich Null?

14. Der Schwerpunkt eines Körpers mit der Masse m liegt im Punkt $(0;0;0)$. Sein Trägheitsmoment um die x-Achse sei I.

(*a*) Man bestimme das Trägheitsmoment des Körpers um eine Gerade parallel zur x-Achse im Abstand k von dieser.

(*b*) Für welche Parallele zur x-Achse ist das Trägheitsmoment des Körpers am kleinsten?

15. F sei ein fester Punkt im Inneren eines Körpers mit der Masse m. Für drei beliebige aufeinander senkrecht stehende Geraden durch F ist die Summe der Trägheitsmomente des Körpers um die jeweiligen Geraden immer dieselbe. Man beweise dies.

16. In den R. P. Feynman, *Lectures on Physics*, Addison-Wesley, Reading, Mass., 1963 finden wir in Bd. 4/Kp. 2 folgende Behauptung:

„Für den Fall kleiner Geschwindigkeiten erhalten wir durch Entwicklung von $m_0/\sqrt{1-v^2/c^2}$ in eine Potenzreihe mit Hilfe des Binomialtheorems eine Näherungsformel für den Massenzuwachs. Es ergibt sich

$$m_0\left(1-\frac{v^2}{c^2}\right)^{-1/2} = m_0\left(1+\frac{1}{2}\frac{v^2}{c^2}+\frac{3}{8}\frac{v^4}{c^4}+\ldots\right).$$

Wie dieser Formel leicht zu entnehmen ist, konvergiert die Reihe für kleine v rasch, so daß abgesehen von den ersten zwei oder drei Termen die weiteren Summanden vernachlässigbar sind.“ Man überprüfe die Entwicklung und begründe die Behauptung.

Anhang D
Partialbrüche

Dieser Anhang behandelt die algebraischen Sätze, die beim Aufsuchen von Stammfunktionen rationaler Funktionen in Abschnitt 3.7 verwendet, dort aber nicht bewiesen wurden. Der Anhang soll die Partialbruchzerlegung näherbringen.

D.1 Partialbruchzerlegung von rationalen Zahlen

Wir beginnen mit einigen Definitionen:

Eine ganze Zahl D *teilt* dann eine ganze Zahl A, wenn es eine ganze Zahl Q mit $A = DQ$ gibt. Die ganze Zahl D heißt *Divisor* von A.

Eine ganze Zahl A größer als 1 heißt *Primzahl*, wenn aus $A = BC$ (B und C seien ganze Zahlen) folgt, daß mindestens eine der beiden Zahlen B oder C den Absolutbetrag 1 besitzt: 2, 3, 5, 7, 11 und 13 sind Primzahlen; 1, 4, 6, 8, 9, 10 und 12 sind hingegen keine Primzahlen.

Mit ein wenig Arithmetik läßt sich zeigen

$$\frac{19}{24} = \frac{0}{2} + \frac{1}{2^2} + \frac{-1}{2^3} + \frac{2}{3}. \tag{1}$$

In Gl. (1) sind die Nenner Potenzen von Primzahlen, wobei diese Primzahlpotenzen Teiler des Nenners der linken Seite von Gl. (1) sind und die Zähler auf der rechten Seite von Gl. (1) alle einen kleinen Absolutbetrag besitzen. Dies ist eine Veranschaulichung des folgenden Theorems über rationale Zahlen. (Quotienten von ganzen Zahlen; wir werden weder Theorem 1 noch irgendein anderes Theorem dieses Anhangs beweisen.)

Theorem 1: *Partialbrüche für rationale Zahlen.* Seien a und b ganze Zahlen mit $|a| < |b|$ und $|b| \neq 1$. Dann kann die rationale Zahl a/b als Summe von rationalen Zahlen der Form N/p^e dargestellt werden, wobei p eine Primzahl, p^e Teiler von b ist und $|N| < p$ gilt.

Die Darstellung nach Theorem 1 heißt *Partialbruchzerlegung* von a/b; die Summanden N/p^e sind die *Partialbrüche* dieser Darstellung.

Für $a/b = 19/24$ teilen die Primzahlpotenzen 2, 2^2, 2^3 und 3 den Nenner b. Beispiel (1) basiert auf Theorem 1. Der Absolutbetrag des Zählers ist in jedem Partialbruch der rechten Seite von Gl. (1) kleiner als die jeweils im Nenner auftretende Primzahl.

Beispiel 1: Man untersuche die Partialbruchdarstellung von 37/10.

Lösung: Da 37 nicht kleiner als 10 ist, kann Theorem 1 nicht unmittelbar angewendet werden. In diesem Fall schreiben wir daher zunächst 37/10 als 3 + 7/10 und wenden nun Theorem 1 auf 7/10 an. Nach Theorem 1 gibt es ganze Zahlen N_1 und N_2 mit

$$\frac{7}{10} = \frac{N_1}{2} + \frac{N_2}{5} \quad \text{und} \quad |N_1| < 2,\ |N_2| < 5.$$

Nach einigen Versuchen findet man die Lösung $N_1 = 1$ und $N_2 = 1$:

$$\frac{37}{10} = 3 + \frac{1}{2} + \frac{1}{5}. \quad \bullet$$

Übungen:

1. Die folgenden Darstellungen erfüllen die Bedingungen von Theorem 1. Man beweise dies.
   (*a*) $\frac{18}{35} = \frac{4}{5} + \frac{-2}{7} = \frac{5}{7} + \frac{-1}{5}$,
   (*b*) $\frac{7}{27} = \frac{2}{9} + \frac{1}{27}$.
2. Man bestimme Partialbruchdarstellungen von
   (*a*) $\frac{1}{6}$, (*b*) $\frac{4}{15}$,
   (*c*) $\frac{1}{36}$, (*d*) $\frac{1}{15}$,
   (*e*) $\frac{7}{9}$, (*f*) $\frac{19}{27}$.
3. Sei a eine ganze Zahl mit $0 < a < 16$. Man beweise ohne Verwendung von Theorem 1 die Gleichung $a/16 = N_1/2 + N_2/4 + N_3/8 + N_4/16$, wobei jedes N_i entweder 0 oder 1 ist. *Hinweis:* Man stelle a in der 2-er Basis dar.

D.2 Partialbruchzerlegung von rationalen Funktionen

Ein Ausdruck der Form $a_0x^n + a_1x^{n-1} + \ldots + a_n$ (die Faktoren a_i sind reelle Zahlen) heißt *Polynom*. Ist $a_0 \neq 0$, so ist n der *Grad* des Polynoms. Eine *rationale Funktion* ist der Quotient von zwei Polynomen. Als *irreduzibles Polynom* bezeichnen wir ein Polynom vom Grad mindestens 1, das nicht als Produkt von Polynomen geringeren Grades darstellbar ist. Ein Polynom D *teilt* ein Polynom A, wenn es ein Polynom Q gibt mit $A = DQ$. Das Polynom D heißt dann *Divisor* von A.

Das Polynom $1x^4 + 1$ wird üblicherweise $x^4 + 1$ geschrieben und ist vom Grad vier. Es ist *nicht* irreduzibel, denn es gilt

$$x^4 + 1 = (x^2 + \sqrt{2}x + 1)(x^2 - \sqrt{2}x + 1),$$

wie man durch Multiplikation leicht überprüfen kann. Jedes Polynom vom Grad eins hat die Gestalt $ax + b$ und ist irreduzibel. $ax^2 + bx + c$ ist dann und nur dann irreduzibel, wenn $b^2 - 4ac < 0$ gilt. Wie man beweisen kann, ist *kein Polynom mit Grad größer 2 irreduzibel.*

So ist das Polynom $6x + 8$ irreduzibel, da sein Grad 1 ist. Das Polynom $x^2 + 2x + 1$ ist irreduzibel da

$$(\sqrt{2})^2 - 4(1)(1) = 2 - 4 < 0.$$

Das Polynom $x^3 + 1$ ist nicht irreduzibel, da sein Grad größer als 2 ist; tatsächlich finden wir

$$x^3 + 1 = (x + 1)(x^2 - x + 1).$$

Das folgende Theorem hilft uns, den Teiler ersten Grades eines bestimmten Polynoms aufzufinden.

Theorem 2 (*Faktor-Theorem*): Sei c eine reelle Zahl. Das Polynom $x-c$ teilt das Polynom f dann und nur dann, wenn $f(c)=0$ gilt.

Sei $f(x)=x^3+1$. Wegen $f(-1)=(-1)^3+1=0$ sagt uns das Faktortheorem, daß $x+1$ das Polynom x^3+1 teilt. In analoger Weise ist 2 eine Wurzel der Gleichung

$$4x^3-6x^2-x-6=0.$$

Daher wird $4x^3-6x^2-x-6$ von $x-2$ geteilt.

Ebenso, wie jede ganze Zahl größer als 1 entweder eine Primzahl oder ein Produkt von Primzahlen ist, ist jedes Polynom vom Grad mindestens 1 entweder ein irreduzibles Polynom oder ein Produkt von irreduziblen Polynomen.

Beispiel 2: Man stelle $x^4-2x^3+2x^2-2x+1$ als Produkt von irreduziblen Polynomen dar.

Lösung: Da eins eine Wurzel der Gleichung

$$x^4-2x^3+2x^2-2x+1=0$$

ist, muß $x-1$ ein Divisor von $x^4-2x^3+2x^2-2x+1$ sein. Um den Quotienten zu bestimmen, müssen wir die Division ausführen:

$$\begin{array}{r|l}
 & x^3-x^2+x-1 \\
\hline
x-1 & x^4-2x^3+2x^2-2x+1 \\
 & \underline{x^4-x^3} \\
 & -x^3+2x^2 \\
 & \underline{-x^3+x^2} \\
 & x^2-2x \\
 & \underline{x^2-x} \\
 & -x+1 \\
 & \underline{-x+1} \\
 & 0
\end{array}$$

Somit gilt

$$x^4-2x^3+2x^2-2x+1$$
$$=(x-1)(x^3-x^2+x-1).$$

Nun ist aber 1 auch eine Wurzel von

$$x^3-x^2+x-1=0$$

und $x-1$ ist daher Teiler von x^3-x^2+x-1. Nach Ausführung der Division erhalten wir

$$x^3-x^2+x-1=(x-1)(x^2+1).$$

Der Ausdruck x^2+1 ist irreduzibel, die Darstellung von $x^4-2x^3+2x^2-2x+1$ als Produkt von irreduziblen Polynomen lautet daher

$$x^4-2x^3+2x^2-2x+1=(x-1)(x-1)(x^2+1). \quad \bullet$$

Die irreduziblen Polynome, entsprechen den Primzahlen; das nächste Theorem zeigt uns, daß der Grad das Analogon des Absolutbetrages ist.

Theorem 3 (*Partialbrüche für rationale Funktionen*): Seien $A(x)$ und $B(x)$ Polynome, und sei der Grad von $A(x)$ kleiner als der von $B(x)$. Dann kann die rationale Funktion $A(x)/B(x)$ als Summe von rationalen Funktionen der Form $N(x)/[P(x)]^e$ dargestellt werden. $P(x)$ ist ein irreduzibles Polynom, $[P(x)]^e$ ein Teiler von $B(x)$, und der Grad von $N(x)$ ist kleiner als der Grad von $P(x)$; allenfalls sind die Koeffizienten von $N(x)$ alle gleich Null.

Die Darstellung nach Theorem 3 ist für vorgegebene $P(x)$ immer eindeutig. (Die Darstellung für rationale Zahlen in Theorem 1 ist nicht notwendigerweise eindeutig; so gilt $\frac{13}{35}=\frac{4}{5}+-\frac{3}{7}=-\frac{1}{5}+\frac{4}{7}$.)

Wir erhalten beispielsweise

$$\frac{2}{1-x^2}=\frac{1}{1-x}+\frac{1}{1+x}$$

$$\frac{x^2+4x-10}{(x-1)^3}=\frac{1}{x-1}+\frac{6}{(x-1)^2}-\frac{5}{(x-1)^3}$$

$$\frac{1}{x^4+1}=\frac{(\sqrt{2}/4)x+\frac{1}{2}}{x^2+\sqrt{2}x+1}+\frac{(-\sqrt{2}/4)x+\frac{1}{2}}{x^2-\sqrt{2}x+1}.$$

Da jedes irreduzible Polynom den Grad 1 oder 2 besitzt, kann Theorem 3 auch so formuliert werden:

Theorem 4 (*Partialbrüche für rationale Funktionen*): Seien $A(x)$ und $B(x)$ Polynome und sei der Grad von $A(x)$ kleiner als der Grad von $B(x)$. Dann kann die rationale Funktion $A(x)/B(x)$ als Summe von rationalen Funktionen der Form

$$\frac{k_i}{(ax+b)^i} \quad \text{und} \quad \frac{c_j x+d_j}{(ax^2+bx+c)^j}$$

dargestellt werden. Dabei ist ax^2+bx+c irreduzibel, $(ax^2+bx+c)^j$ und $(ax+b)^i$ sind Teiler von $B(x)$; k_i, c_j und d_i sind reelle Zahlen.

Ist $(ax+b)^n$ Teiler von $B(x)$, dann sind auch $(ax+b)^{n-1}$, $(ax+b)^{n-2}$ ... und $ax+b$ Teiler von $B(x)$.

Beispiel 3: Man stelle

$$\frac{4x-17}{x^2-x-6}$$

als Summe von Partialbrüchen dar.

Lösung: Entsprechend der Neufassung von Theorem 4 existieren reelle Zahlen a und b mit

$$\frac{4x-17}{x^2-x-6}=\frac{a}{x-3}+\frac{b}{x+2}. \tag{1}$$

Um a und b zu finden, multiplizieren wir beide Seiten von Gl. (1) mit x^2-x-6 und erhalten

$$4x-17=a(x+2)+b(x-3)$$

oder

$$4x-17=(a+b)x+(2a-3b). \tag{2}$$

Vergleichen wir den konstanten Term und den Koeffizienten von x auf beiden Seiten von Gl. (2), so ergibt sich

$$4=a+b \quad \text{und} \quad -17=2a-3b.$$

Löst man diese Gleichungen nach a und b auf, so erhalten wir $a=-1$ und $b=5$. Somit gilt

$$\frac{4x-17}{x^2-x-6}=\frac{-1}{x-3}+\frac{5}{x+2}. \quad \bullet$$

Beispiel 4: Man stelle

$$\frac{6x^2 + 2x + 1}{x^3 - 3x + 2}$$

als Summe von Partialbrüchen dar.

Lösung: Man drücke $f(x) = x^3 - 3x + 2$ als Produkt von irreduziblen Polynomen aus. Wegen $f(1) = 0$ ist $x - 1$ Divisor von $x^3 - 3x + 2$. Die Division zeigt

$$x^3 - 3x + 2 = (x-1)(x^2 + x - 2).$$

Nun ist $x^2 + x - 2$ nicht irreduzibel, denn es gilt

$$x^2 + x - 2 = (x-1)(x+2)$$

und

$$x^3 - 3x + 2 = (x-1)^2(x+2).$$

Aufgrund von Theorem 4 ergibt sich

$$\frac{6x^2 + 2x + 1}{x^3 - 3x + 2} = \frac{a}{x-1} + \frac{b}{(x-1)^2} + \frac{c}{x+2}$$

mit bestimmten reellen Zahlen a, b und c. Wir multiplizieren beide Seiten dieser Gleichung mit $x^3 - 3x + 2$ und erhalten

$$6x^2 + 2x + 1 = a(x-1)(x+2) + b(x+2) + c(x-1)^2 \tag{3}$$

Anstatt nun die rechte Seite von Gl. (3) auszumultiplizieren und Koeffizienten zu vergleichen (siehe Beispiel 3), wollen wir einen kürzeren Weg einschlagen.

Gl. (3) gilt für alle x, also auch für $x = 1, x = -2$ und $x = 0$. (Wir wählen 1, da 1 Wurzel von $x - 1 = 0$ ist und -2, da -2 Wurzel von $x + 2 = 0$ ist. Ferner wählen wir Null aus Gründen der Einfachheit. Wir benötigen drei Gleichungen, um die drei Unbekannten a, b, c zu ermitteln.) Substitution von $1, -2$ und Null in Gl. (3) ergibt

$$\begin{aligned} 9 &= 3b \quad \text{für } x = 1 \\ 21 &= 9c \quad \text{für } x = -2 \\ 1 &= -2a + 2b + c \quad \text{für } x = 0. \end{aligned}$$

Damit erhalten wir $b = 3$ und $c = \frac{7}{3}$. Um a zu finden, ist die dritte Gleichung aufzulösen:

$$1 = -2a + 2 \cdot 3 + \tfrac{7}{3},$$

somit $a = \frac{11}{3}$ und

$$\frac{6x^2 + 2x + 1}{x^3 - 3x + 2} = \frac{\frac{11}{3}}{x-1} + \frac{3}{(x-1)^2} + \frac{\frac{7}{3}}{x+2}. \bullet$$

Beispiel 5: Man stelle

$$\frac{(3x^2 - 3x - 4)}{(x^2 - 1)}$$

als Summe von Partialbrüchen dar.

Lösung: Ebenso wie Theorem 1 nichts über $\frac{37}{10}$ (siehe Beispiel 1) aussagt, kann Theorem 4 nicht unmittelbar auf die Partialbruchzerlegung von $(3x^2 - 3x - 4)/(x^2 - 1)$ angewendet werden, da der Grad des Zählers nicht kleiner als der Grad des Nenners ist. Genauso wie in Beispiel 1 führen wir zuerst die Division aus:

$$\begin{array}{r|l} & \quad 3 \\ x^2 - 1 & 3x^2 - 3x - 4 \\ & \underline{3x^2 \qquad - 3} \\ & \quad - 3x - 1 \end{array}$$

und erhalten

$$\frac{3x^2 - 3x - 4}{x^2 - 1} = 3 + \frac{-3x - 1}{x^2 - 1}.$$

Theorem 4 gilt nun für $(-3x - 1)/(x^2 - 1)$ und es folgt nach kurzer Rechnung

$$\frac{-3x - 1}{x^2 - 1} = \frac{-2}{x-1} + \frac{-1}{x+1}$$

sowie

$$\frac{3x^2 - 3x - 4}{x^2 - 1} = 3 + \frac{-2}{x-1} + \frac{-1}{x+1}. \bullet$$

Übungen:

1. Man zerlege in irreduzible Polynome und prüfe durch Multiplikation:
   (*a*) $2x^3 + 7x^2 + 4x - 4$. *Hinweis:* Man verwende Theorem 2.
   (*b*) $x^2 - 3x + 10$,
   (*c*) $2x^2 + x - 7$.
2. Man faktorisiere in irreduzible Polynome:
   (*a*) $x^3 - 8$, (*b*) $x^3 - 4$.
3. (*a*) Man beweise $x^4 + x^2 + 1 = (x^2 + x + 1)(x^2 - x + 1)$.
   (*b*) Man stelle $(6x + 1)/(x^4 + x^2 + 1)$ durch Partialbrüche dar.
4. Wie viele Konstanten brauchen wir zur Bestimmung der Partialbruchzerlegung von
   (*a*) $\dfrac{A(x)}{(x^2 - 3x + 2)^{10}}$;
   (*b*) $\dfrac{A(x)}{(x^2 + 2x + 3)^{10}}$,
   wenn der Grad von $A(x)$ kleiner als 20 ist.
5. Man bestimme a und b in Beispiel 2 durch Substitution zweier Werte von x in die Gleichung
   $$4x - 17 = a(x+2) + b(x-3).$$
6. Man bestimme die Partialbruchzerlegung für jede der folgenden rationalen Funktionen:
   (*a*) $\dfrac{2x^2 + 1}{(x-2)^3}$, (*b*) $\dfrac{x}{(x+1)^2}$,
   (*c*) $\dfrac{x^3 - 5x^2 + 9x + 1}{(x^2 + 1)(x - 3)^2}$.
7. Man stelle $1/(4x^3 - 6x^2 - x - 6)$ als Summe von Partialbrüchen dar. *Hinweis:* Man verwende Theorem 2.
8. Man stelle als Summe von Partialbrüchen dar:
   (*a*) $x^2/(x^2 + 3x + 1)^2$,
   (*b*) $x/(x-1)^2(x+2)^2$.
9. Man stelle als Summe eines Polynoms und von Partialbrüchen dar:
   (*a*) $(x^5 + 1)/(x^3 + 1)$,
   (*b*) $x^4/(x^2 + 1)^2$.
10. Sei $ax^2 + bx + c$ ein Polynom vom Grad 2.
    (*a*) Für $b^2 - 4ac > 0$ ist das Polynom nicht irreduzibel. Man beweise dies.
    (*b*) Für $b^2 - 4ac < 0$ ist das Polynom irreduzibel. Man beweise dies.
11. (*a*) Man zeichne den Graphen eines Polynoms von ungeradem Grad. Warum hat es mindestens eine reelle Wurzel!

(b) Man zeige mit Hilfe von (a), daß jedes Polynom mit ungeradem Grad größer als zwei nicht irreduzibel ist.

12. Man beweise Theorem 3 für den speziellen Fall $B(x) = x^{1000}$.

13. Man beweise den folgenden Spezialfall von Theorem 3. *Theorem:* Seien c und d zwei verschiedene Zahlen, dann existieren Zahlen a und b mit

$$\frac{1}{(x+c)\ (x+d)} = \frac{a}{x+c} + \frac{b}{x+d}.$$

Anhang E
Unbestimmte Integrale, Stammfunktionen

1. $\int x^n\,dx = \dfrac{x^{n+1}}{n+1} \quad n \neq -1$

   $\int \dfrac{dx}{x} = \ln x, x > 0 \quad$ oder $\quad \ln|x|, x \neq 0$

2. $\int e^x\,dx = e^x$

3. $\int \sin x\,dx = -\cos x$

4. $\int \cos x\,dx = \sin x$

5. $\int \tan x\,dx = \ln|\sec x| = -\ln|\cos x|$

6. $\int \cot x\,dx = \ln|\sin x| = -\ln|\operatorname{cosec} x|$

7. $\int \sec x\,dx = \ln|\sec x + \tan x| = \ln\tan\left(\dfrac{x}{2} + \dfrac{\pi}{4}\right)$

8. $\int \operatorname{cosec} x\,dx = \ln|\operatorname{cosec} x - \cot x| = \ln\tan\dfrac{\pi}{2}$

9. $\int \dfrac{dx}{x^2+a^2} = \dfrac{1}{a}\arctan\dfrac{x}{a}$

10. $\int \dfrac{dx}{\sqrt{a^2-x^2}} = \arcsin\dfrac{x}{a} \quad a > 0$

Integrand enthält $ax + b$

11. $\int (ax+b)^n\,dx = \dfrac{1}{a(n+1)}(ax+b)^{n+1} \quad n \neq -1$

12. $\int \dfrac{dx}{ax+b} = \dfrac{1}{a}\ln|ax+b|$

13. $\int \dfrac{dx}{(ax+b)^2} = -\dfrac{1}{a(ax+b)}$

14. $\int \dfrac{x\,dx}{(ax+b)^2} = \dfrac{b}{a^2(ax+b)} + \dfrac{1}{a^2}\ln|ax+b|$

15. $\int \dfrac{dx}{x(ax+b)} = \dfrac{1}{b}\ln\left|\dfrac{x}{ax+b}\right|$

16. $\int \dfrac{dx}{x^2(ax+b)} = -\dfrac{1}{bx} + \dfrac{a}{b^2}\ln\left|\dfrac{ax+b}{x}\right|$

17. $\int \sqrt{ax+b}\,dx = \dfrac{2}{3a}\sqrt{(ax+b)^3}$

18. $\int x\sqrt{ax+b}\,dx = \dfrac{2(3ax-2b)}{15a^2}\sqrt{(ax+b)^3}$

19. $\int \dfrac{\sqrt{ax+b}}{x}\,dx = 2\sqrt{ax+b} + b\int \dfrac{dx}{x\sqrt{ax+b}}$

20. $\int \dfrac{dx}{\sqrt{ax+b}} = \dfrac{2\sqrt{ax+b}}{a}$

21. $\int \dfrac{dx}{x\sqrt{ax+b}} = \dfrac{1}{\sqrt{b}}\ln\left|\dfrac{\sqrt{ax+b}-\sqrt{b}}{\sqrt{ax+b}+\sqrt{b}}\right| \quad b > 0$

22. $\int \dfrac{dx}{x\sqrt{ax+b}} = \dfrac{2}{\sqrt{-b}}\arctan\sqrt{\dfrac{ax+b}{-b}} \quad b < 0$

23. $\int \dfrac{dx}{x^2\sqrt{ax+b}} = -\dfrac{\sqrt{ax+b}}{bx} - \dfrac{a}{2b}\int \dfrac{dx}{x\sqrt{ax+b}}$

24. $\int \sqrt{\dfrac{cx+d}{ax+b}}\,dx = \dfrac{\sqrt{ax+b}\sqrt{cx+d}}{a} +$

    $+ \dfrac{ad-bc}{2a}\int \dfrac{dx}{\sqrt{ax+b}\sqrt{cx+d}}$

Integrand enthält $ax^2 + c, ax^n + c, x^3 \pm p^2$ und $p^2 - x^2$

25. $\int \dfrac{dx}{p^2-x^2} = \dfrac{1}{2p}\ln\left|\dfrac{p+x}{p-x}\right|$

26. $\int \dfrac{dx}{ax^2+c} = \dfrac{1}{\sqrt{ac}}\arctan\left(x\sqrt{\dfrac{a}{c}}\right)$, a und $c > 0$

27. $\int \dfrac{dx}{ax^2+c} = \begin{cases} \dfrac{1}{2\sqrt{-ac}}\ln\left|\dfrac{x\sqrt{a}-\sqrt{-c}}{x\sqrt{a}+\sqrt{-c}}\right| & a > 0, c < 0 \\[2ex] \dfrac{1}{2\sqrt{-ac}}\ln\left|\dfrac{\sqrt{c}+x\sqrt{-a}}{\sqrt{c}-x\sqrt{-a}}\right| & a < 0, c > 0 \end{cases}$

28. $\int \dfrac{dx}{(ax^2+c)^n} = \dfrac{1}{2(n-1)c}\,\dfrac{x}{(ax^2+c)^{n-1}} +$

    $+ \dfrac{2n-3}{2(n-1)c}\int \dfrac{dx}{(ax^2+c)^{n-1}} \quad n > 1$

29. $\int x(ax^2+c)^n\,dx = \dfrac{1}{2a}\,\dfrac{(ax^2+c)^{n+1}}{n+1} \quad n \neq -1$

30. $\int \dfrac{x}{ax^2+c}\,dx = \dfrac{1}{2a}\ln|ax^2+c|$

31. $\int \sqrt{x^2 \pm p^2}\,dx = \dfrac{1}{2}[x\sqrt{x^2 \pm p^2}$

    $\pm p^2 \ln|x + \sqrt{x^2 \pm p^2}|]$

32. $\int \sqrt{p^2-x^2}\,dx = \dfrac{1}{2}\left(x\sqrt{p^2-x^2} + p^2\arcsin\dfrac{x}{p}\right)$

33. $\int \dfrac{dx}{\sqrt{x^2 \pm p^2}} = \ln|x + \sqrt{x^2 \pm p^2}|$

34. $\int \dfrac{dx}{\sqrt{p^2-x^2}} = \arcsin\dfrac{x}{p}$

Integrand enthält $ax^2 + bx + c$

35. $\int \frac{dx}{ax^2+bx+c} = \frac{1}{\sqrt{b^2-4ac}} \cdot$

$\cdot \ln \left| \frac{2ax+b-\sqrt{b^2-4ac}}{2ax+b+\sqrt{b^2-4ac}} \right| \qquad b^2 > 4ac$

36. $\int \frac{dx}{ax^2+bx+c} = \frac{2}{\sqrt{4ac-b^2}} \arctan \frac{2ax+b}{\sqrt{4ac-b^2}} \qquad b^2 > 4ac$

37. $\int \frac{dx}{ax^2+bx+c} = -\frac{2}{2ax+b} \qquad b^2 = 4ac$

38. $\int \frac{dx}{(ax^2+bx+c)^{n+1}} = \frac{2ax+b}{n(4ac-b^2)(ax^2+bx+c)^n} +$

$+ \frac{2(2n-1)a}{n(4ac-b^2)} \int \frac{dx}{(ax^2+bx+c)^n}$

39. $\int \frac{x\,dx}{ax^2+bx+c} = \frac{1}{2a} \ln |ax^2+bx+c| - \frac{b}{2a} \int \frac{dx}{ax^2+bx+c}$

40. $\int \frac{dx}{\sqrt{ax^2+bx+c}}$

$= \frac{1}{\sqrt{a}} \ln |2ax+b+2\sqrt{a}\sqrt{ax^2+bx+c}| \qquad a > 0$

41. $\int \frac{dx}{\sqrt{ax^2+bx+c}} = \frac{1}{\sqrt{-a}} \arcsin \frac{-2ax-b}{\sqrt{b^2-4ac}} \qquad a < 0$

42. $\int \frac{x\,dx}{\sqrt{ax^2+bx+c}} = \frac{\sqrt{ax^2+bx+c}}{a} - \frac{b}{2a} \int \frac{dx}{\sqrt{ax^2+bx+c}}$

43. $\int \sqrt{ax^2+bx+c}\, dx = \frac{2ax+b}{4a} \sqrt{ax^2+bx+c} +$

$+ \frac{4ac-b^2}{8a} \int \frac{dx}{\sqrt{ax^2+bx+c}}$

Integrand enthält sin *ax*

44. $\int \sin^2 ax\, dx = \frac{x}{2} - \frac{\sin 2ax}{4a}$

45. $\int \sin^3 ax\, dx = -\frac{1}{a} \cos ax + \frac{1}{3a} \cos^3 ax$

46. $\int \sin^n ax\, dx = -\frac{\sin^{n-1} ax \cos ax}{na} +$

$+ \frac{n-1}{n} \int \sin^{n-2} ax\, dx$ $\qquad$ *n* positive ganze Zahl

47. $\int \frac{dx}{1 \pm \sin ax} = \mp \frac{1}{a} \tan \left(\frac{\pi}{4} \mp \frac{ax}{2} \right)$

Integrand enthält cos *ax*

48. $\int \cos^2 ax\, dx = \frac{x}{2} + \frac{\sin 2ax}{4a}$

49. $\int \cos^3 ax\, dx = \frac{1}{a} \sin ax - \frac{1}{3a} \sin^3 ax$

50. $\int \cos^n ax\, dx = \frac{\cos^{n-1} ax \sin ax}{na} + \frac{n-1}{n} \int \cos^{n-2} ax\, dx$

Integrand enthält algebraische und trigonometrische Funktionen

51. $\int x \sin ax\, dx = \frac{1}{a^2} \sin ax - \frac{1}{a} x \cos ax$

52. $\int x \cos ax\, dx = \frac{1}{a^2} \cos ax + \frac{1}{a} x \sin ax$

53. $\int x^n \sin ax\, dx = -\frac{1}{a} x^n \cos ax + \frac{n}{a} \int x^{n-1} \cos ax\, dx$

54. $\int x^n \cos ax\, dx = \frac{1}{a} x^n \sin ax - \frac{n}{a} \int x^{n-1} \sin ax\, dx$
n positiv

55. $\int \sin ax \cos bx\, dx = -\frac{\cos(a-b)x}{2(a-b)} - \frac{\cos(a+b)x}{2(a+b)}$

Integrand enthält Exponentialfunktionen und logarithmische Funktionen

56. $\int x e^{ax}\, dx = \frac{e^{ax}}{a^2}(ax-1),$

$\int x b^{ax}\, dx = \frac{x b^{ax}}{a \ln b} - \frac{b^{ax}}{a^2 (\ln b)^2} \qquad b > 0$

57. $\int x^n e^{ax}\, dx = \frac{1}{a} x^n e^{ax} - \frac{n}{a} \int x^{n-1} e^{ax}\, dx$ $\qquad$ *n* positiv

58. $\int e^{ax} \cos bx\, dx = \frac{e^{ax}}{a^2+b^2}(a \cos bx + b \sin bx)$

59. $\int x^n \ln ax\, dx = x^{n+1} \left[\frac{\ln ax}{n+1} - \frac{1}{(n+1)^2} \right] \qquad n \neq -1$

Integrand enthält inverse trigonometrische Funktionen

60. $\int \arcsin ax\, dx = x \arcsin ax + \frac{1}{a} \sqrt{1-a^2x^2}$

61. $\int \arccos ax\, dx = x \arccos ax - \frac{1}{a} \sqrt{1-a^2x^2}$

62. $\int \operatorname{cosec}^{-1} ax\, dx = x \operatorname{cosec}^{-1} ax + \frac{1}{a} \ln |ax + \sqrt{a^2x^2-1}|$

63. $\int \sec^{-1} ax\, dx = x \sec^{-1} ax - \frac{1}{a} \ln |ax + \sqrt{a^2x^2-1}|$

64. $\int \arctan ax\, dx = x \arctan ax - \frac{1}{2a} \ln(1+a^2x^2)$

65. $\int \operatorname{arccot} ax\, dx = x \operatorname{arccot} ax + \frac{1}{2a} \ln(1+a^2x^2)$

Lösungen ausgewählter, ungeradzahliger Übungen und Testaufgaben

1 Das bestimmte Integral

1.1 Vier Abschätzungen

1. (*a*) 8,75 (*b*) 14 (*c*) größer
   (*d*) 5, kleiner
3. (*a*) 8,91 (*b*) 11,88 (*c*) 6,48
5. (*a*) 44,55 g (*b*) 59,4 g
   (*c*) 32,4 g
7. (*a*) $x^3 + x^2 - x + 5 \ln x - 3/x$
   (*b*) $\frac{1}{3} \ln (x^3 + 1)$ (*c*) $x^2/2 - 1/x$
   (*d*) $\frac{1}{3} e^{3x}$ (*e*) $-\frac{1}{2} \cos 2x$
   (*f*) $x e^x - e^x$
9. 8,04; 40,22 g; 64,35 km; 8,04 m^3
11. (*b*) $8{,}9375\pi$ m^3
13. (*a*) 306 (*b*) 319,5
    (*c*) 225 (*d*) 441
15. $1881{,}805 \cdot 10^{-7}$ J
17. (*a*) 0,719; Rechtecke über der Kurve
    (*b*) 0,669; Rechtecke unter der Kurve

1.2 Die exakte Lösung der vier Probleme

1. $\frac{8}{3}$
3. (*a*) $a^3/3$ (*b*) $b^3/3$ (*c*) $(b^3 - a^3)/3$
5. $\frac{7}{3}$ g
7. weniger als 0,09
9. (*c*) $X_i^3 (x_i - x_{i-1})$
   (*d*) $X_1^3 (x_1 - x_0) + X_2^3 (x_2 - x_1) + \dots + X_n^3 (x_n - x_{n-1})$
15. $b^3/3$ m^3
17. Volumen des Zeltes = $\frac{1}{3}$ Volumen des Würfels = $\frac{1}{3} b^3$
19. (*c*) logarithmische Funktionen

1.3 Summationszeichen

1. (*a*) 6 (*c*) 20 (*c*) 14
3. (*a*) 4 (*b*) 1 (*c*) 450
5. (*a*) $\sum_{i=0}^{100} 2^i$ (*b*) $\sum_{i=3}^{7} x^i$ (*c*) $\sum_{i=3}^{102} \frac{1}{i}$
   (*d*) $\sum_{i=2}^{100} \frac{1}{i}$ (*e*) $\sum_{i=1}^{5} \frac{1}{2i+1}$
   (*f*) $\sum_{i=1}^{51} \frac{1}{(2i-1)^2}$ oder $\sum_{i=0}^{50} \frac{1}{(2i+1)^2}$
9. (*a*) 64 (*b*) 16 (*c*) 20
11. (*d*) 5,050
13. (*b*) n^2 (*c*) $2i - 1$ (*d*) $\sum_{i=1}^{n} (2i - 1)$
17. (*a*) 1; 1,375; 1,625 (*b*) 1,988, $S_{20} \approx 1{,}999$
    (*c*) strebt nach 2
19. (*a*) 1,5; 1,083; 0,95; 0,885
    (*b*) S_n wächst, wenn n fällt. Es läßt sich zeigen $S_n \to \ln 2$
    (*c*) $1/n + 1/(n+1) + \dots + 1/2n > 1/2n + 1/2n + \dots +$
    $1/2n = n/2n = 1/2$

1.4 Das bestimmte Integral über ein Intervall

1. (*a*) 1 (*b*) 2 (*c*) 3
3. (*a*) Länge des i-ten Zeitintervalls
   (*b*) Geschwindigkeit in einem bestimmten Augenblick im Inneren des i-ten Intervalls
   (*c*) Näherungswert für den Weg während des i-ten Intervalls
   (*d*) Näherungswert für den Weg zwischen der Zeit a und der Zeit b
   (*e*) Weg zwischen der Zeit a und der Zeit b
5. (*a*) 6 (*b*) 30 (*c*) $\frac{152}{3}$
7. (*a*) $\frac{25}{12}$ (*b*) $\frac{77}{60}$
11. (*a*) $\int_0^2 x^3\,dx$ (*b*) 4 Millionen DM
    (*c*) $\int_2^3 x^3\,dx$ (*d*) $\frac{65}{4}$ Millionen DM
13. 72
17. (*c*) 0,835 (*d*) 1,149
19. (*d*) 0,8337 und 0,7337

Testaufgaben zu Kapitel 1

1. (*a*) 28 (*b*) 18 750 000
   (*c*) 90
2. (*a*) 39 (*b*) 10 (*c*) 72
   (*d*) $\frac{31}{5}$
3. (*a*) $x_0^3 (x_1 - x_0) + x_1^3 (x_2 - x_1) + x_2^3 (x_3 - x_2)$
   (*b*) $\int_2^4 x^3\,dx$ (*c*) kleiner
4. (*b*) 0,7456 (*c*) Überschätzung
   (*d*) 0,6456 (*e*) Unterschätzung
5. (*a*) $\int_1^2 1/t\,dt$ (*b*) $0{,}645 < \int_1^2 1/t\,dt < 0{,}746$
7. (*a*) 0,7456 (*b*) 0,6456 (*c*) 0,6919
   (*d*) $\int_1^2 1/x\,dx$

Übungen zu Kapitel 1

1. (*a*) $\frac{124}{3}$ (*b*) 12 (*c*) $\frac{99}{2}$ (*d*) 4
3. (*a*) 0,02 (*b*) $x_0 = 0; x_1 = 0{,}02; x_i = 0{,}02i$
   (*c*) $X_1 = 0{,}01; X_2 = 0{,}03; X_i = 0{,}01 (2i - 1)$
5. (*a*) $(2^1 - 2^0) + (2^2 - 2^1) + \dots + (2^{100} - 2^{99}) = 2^{100} - 1$
   (*b*) $(2^1 - 2^0) + (2^2 - 2^1) + \dots + (2^{101} - 2^{100}) = 2^{101} - 1$
   (*c*) $(\frac{1}{1} - \frac{1}{2}) + (\frac{1}{2} - \frac{1}{3}) + \dots + (\frac{1}{100} - \frac{1}{101}) = 1 - \frac{1}{101} = \frac{100}{101}$

7. Bewegt sich ein Objekt zehnmal so rasch wie ein anderes, so wird es in der gleichen Zeit zehnmal so weit kommen.

9. (*a*) $-x+x^2-x^3+x^4$ (*b*) $x+x^2/2+x^3/3+x^4/4$
(*c*) $-x+x^2/4-x^3/9+x^4/16$

11. In Übung 10 sei $n = 100$

13. (*b*) $\frac{15}{32}$ (*c*) $\frac{1}{3}$ (*d*) $\frac{1}{3}$

15. (*a*) 20; 12 (*b*) 20; 12

17. Weg des Satelliten

21. (*a*) ja (*b*) nein (*c*) ja
(*d*) nein (*e*) ja (*g*) ja
Hinweis: Man untersuche die zweite Ableitung von $\ln(f+g)$; die Ungleichung $(g'-f')^2 \geqslant 0$ ist nützlich.

2 Die Hauptsätze der Infinitesimalrechnung

2.1 Der erste Hauptsatz der Infinitestimalrechnung

1. (*a*) $2x\,e^{x^2}$ (*b*) x^2 (*c*) $1/\sqrt{1-4x^2}$
(*d*) x^{-3} (*e*) $1/(x^2-1)$ (*f*) $1/(1+4x^2)$
(*g*) $x\cos x$ (*h*) $\sin x$ (*i*) e^{-x}
(*j*) $\sec x$ (*k*) $1/\sqrt{1+2x}$ (*l*) $1/x$

3. $\pi/4$ **5.** e^4-1

7. $\frac{5}{72}$ **9.** $\frac{1}{2}\ln 3$

11. 2 **13.** 1

15. (*a*) 1 (*c*) $(e-1)/(3e)$

17. (*b*) $\frac{3}{4}(2^{4/3}-1)$ (*c*) $\frac{3}{2}(2^{2/3}-1)$

19. (*c*) $4\pi r^3/3$

2.2 Der zweite Hauptsatz der Infinitesimalrechnung

1. $\int_0^x \sqrt{1+t^3}\,dt$ **3.** $\int_0^x \arctan t^2\,dt$

5. x^5 **7.** $\ln x$

9. e^{x^3} **11.** $\frac{1}{2}\sqrt{(1-x)/x}$

13. $-3x^2+4x$ **15.** $f(x^2)\,2x$

17. $e^{x_1^2}$ **19.** (*a*) $1/x$

2.3 Beweis der beiden Hauptsätze

1. 0 **3.** -1

5. (*a*) $12 \leqslant \int_2^6 f(x)\,dx \leqslant 20$
(*b*) die Masse liegt zwischen 12 g und 20 g

7. $1/\sqrt{3}$ **9.** $2/\ln 2$

11. $x\ln x - x$ **15.** $2x$

17. (*a*) Weg während des Zeitintervalls $[t_1; t_2]$
(*b*) Beschleunigung zur Zeit t

2.4 Stammfunktionen

1. $\ln x$, $1+\ln x$ zum Beispiel **3.** $\arcsin x$

5. $2x^3/3$ **7.** $2x^{1/2}$

9. $5\sec^{-1}$ **11.** $\frac{1}{2}\sec 2x$

13. $x^5/5$ **15.** $-\frac{1}{2}\cos 2x$

17. Der Hauptsatz

19. (*a*) $\sqrt{2}/2$ (*b*) $\frac{1}{2}\ln 2$ (*c*) $\frac{3}{2}(2^{2/3}-1)$

21. $x + C$ für jede beliebige Konstante C

23. (*a*) Funktion (*b*) Zahl (*c*) Zahl

25. ja

29. $2k\pi \pm \pi/3$, k ganzzahlig

31. (*a*) *Hinweis:* Man differenziere $\left[\int_0^t f(x)\,dx\right]^2$ und $\int_0^t [f(x)]^3\,dx$
(*b*) $f(x) = x$

Testaufgaben zu Kapitel 2

1. (*a*) richtig (*b*) richtig (*c*) richtig

2. (*a*) 9; 45; 72 (*b*) $\int_0^1 e^{-x^2}\,dx$

3. beide beschreiben den zurückgelegten Weg

4. (*a*) $x^2/2+6\sqrt{x}$ (*c*) $-e^{-3x}/3$

6. (*a*) $\frac{1}{2}\ln(2x+3)$ (*b*) $-\frac{1}{2}(2x+3)^{-1}$
(*c*) $\sqrt{2x+3}$

7. $(4\sqrt{2}-2-\ln 8)/3$

8. (*a*) $3x^2\sin 2x^3$ (*b*) $3x^2\sin 2x^3$

9. (*a*) 2 (*b*) 0
(*c*) 0 (*d*) $(1-e)/e$

Testaufgaben zu bisherigen Kapiteln

1. (*a*) $-1/x^2$ (*b*) $-1/x$ (*c*) $\frac{3}{4}$
(*d*) $3\pi/4$

2. (*a*) $x/\sqrt{1+x^2}$ (*b*) $\sqrt{1+x^2}$ (*c*) 1
(*d*) 1 (*e*) 1 m

3. (*a*) $5x^4$ (*b*) $\frac{1}{2}/\sqrt{x}$ (*c*) $2/(1-x^2)$
(*d*) $1/(1+x^2)$

4. (*a*) $\frac{1}{2}\ln[(1+x)/(1-x)]$ (plus eine beliebige Konstante)
(*b*) $\arctan x$ (*c*) $x^5/5$ (*d*) $2\sqrt{x}$

5. (*a*) $\sqrt{9-x^2}$ (*b*) $x^2/(2x+3)^2$ (*c*) $3\sec^2 3x - 3$
(*d*) $1/(3+2x^2)$ (*e*) $\sin^3 3x$ (*f*) $-x^2 e^{-2x}$

6. $1 + x/3$

7. $-\frac{1}{4}\sin 2x + c_1 x + c_2$

8. (*a*) $-3\sqrt{2}/2$ (*b*) $\frac{65}{4}$

10. Schnitt für $x = 0$; kritische Werte $(-1 \pm \sqrt{5})/2$; Asymptoten $y = 0$ und $x = -1$.

13. (*a*) $\frac{1}{2}$ (*b*) $\frac{1}{2}$

14. $200\pi/(\pi+2)^2$

15. (*a*) e^{x^2} besitzt keine elementare Stammfunktion

16. Weg, Masse, Fläche eines Gebietes, Volumen eines Körpers

17. Geschwindigkeit, Dichte, Gleichung einer Kurve, Vergrößerung, Anstieg, Ausflußrate des Wassers

Übungen zu bisherigen Kapiteln

1. (*a*) $e^{-x}(-2x^2-4x-1)/(1+2x^2)^2$
(*b*) $-7/(9e)$, Vertauschung von links und rechts
(*c*) $-7/(9e)$
3. (*a*) $2x/(1+x^2)$ (*b*) $\frac{1}{2}\ln\frac{5}{2}$
5. (*a*) $2x^{1/2}; -\frac{1}{2}x^{-3/2}$ (*b*) $-e^{-3x}/3; -3e^{-3x}$
(*c*) $5\ln x; -5x^{-2}$
7. (*a*) $-3e^{-3x}/(1+e^{-3x})$ (*b*) $5\cos x$
(*c*) $5\cos 5x$
9. (*a*) $x^{1/3}$ (*b*) 10^x
(*c*) $x^2; x > 0$
11. (*a*) $\sec x = 1/\cos x$; $\tan x = (\sin x)/\cos x$
25. (*a*) $\lim_{n\to\infty}(1+1/n)^n$ (*b*) 2,718
29. (*a*) $20x^3$ (*b*) $-2x^{-2}$ (*c*) $6(1+x)^{-4}$
31. 1,7
33. $-4\sqrt{2}$
35. (*a*) x^3 (*b*) $1/(1+\sqrt{x})$
37. (*a*) $g(T)$ sind die Kosten für den Betrieb der Maschine pro Zeiteinheit bis zur Zeit T
(*b*) $[f(T)-g(T)]/T$
39. (*a*) $1-e^{-b}$ (*b*) 1
41. (*a*) Der Graph oszilliert zwischen den Kurven $y=e^{-x}$ und $y=-e^{-x}$; er berührt die obere Kurve für $x=\pi/2+2n\pi$ und die untere Kurve für $x=3\pi/2+2n\pi$. Lokale Maxima für $x=\pi/4+2n\pi$, lokale Minima für $x=3\pi/4+2n\pi$.
(*b*) Schnitt $x=-1$, Asymptoten $x=0$, $x=3$ und $y=0$, kritische Zahl 1 und -3.
49. (*a*) $a_1=0{,}250$; $a_2=0{,}347$; $a_3=0{,}391$
(*b*) $\sum_{k=1}^{n}\frac{1}{(1+k/n)^2}\frac{1}{n}$ (*c*) $\frac{1}{2}$
51. (*b*) ce^{kt}
53. $\sqrt{\ln t}$
55. (*a*) $e^{x^{3/2}}\,3x^2$ (*b*) $-3x^2\sin x^{3/2}$
57. $\int_0^x e^{-t^2}\,dt$
59. in beiden Fällen die gleiche Regenmenge. (Man betrachte die Flächen geeigneter Parallelogramme.)

3 Berechnung von Stammfunktionen

3.1 Einige Grundtatsachen

1. $x^4/4$ 3. $\frac{3}{4}x^{4/3}$
5. $6\sqrt{x}$ 7. $-\frac{5}{2}e^{-2x}$
9. $6\sec^{-1}x$ 11. $\frac{1}{4}\ln(1+x^4)$
13. $-\ln|1+\cos x|$ 15. $\ln|x+x^2|$
17. $3\sin x-\arcsin x$ 19. $\frac{1}{3}x^3+\frac{3}{4}x^4$
21. $\frac{2}{7}x^{7/2}$ 23. $\ln|x|+2\sqrt{x}$
25. $\frac{1}{5}x^5+2x^3+9x$ 27. x
29. $y=\frac{1}{168}(2x-1)^7+cx+d$ 31. 1
33. $\frac{1}{2}\arctan x^2$ 35. beide

3.2 Die Substitutionsmethode

1. $\frac{1}{6}(1+3x)^6$ 3. $e^{\sin\theta}$
5. $\frac{1}{3}(1+x^2)^{3/2}$ 7. $-\frac{1}{2}(1+e^{2x})^{-1}$
9. $-e^{1/x}$ 11. $-\frac{1}{5}\sqrt{2-5t^2}$
13. $-2\cos\sqrt{x}$ 15. $-\cos(\ln x)$
17. $-\frac{1}{4}(x^2+1)^{-2}$ 19. $-\sec\theta$
21. $-\frac{1}{3}\cos 3\theta$ 23. $\sqrt{2x+5}$
25. $-\frac{1}{8}(4x+3)^{-2}$ 27. $-\frac{1}{3}(x^2+3x+5)^{-3}$
29. $-(1+\sqrt{x})^{-2}$ 31. $-e^{-x}$
33. $2e^{2x}+16x-8e^{-2x}$ 35. $\frac{1}{2}\arctan x^2$
37. $\frac{1}{2}\arcsin x^2$ 39. $\frac{1}{2}x-\frac{1}{12}\sin 6x$
41. $\frac{1}{5}(x^2-2)(3+x^2)^{3/2}$ 43. e^x-e^{-x}
45. $\frac{1}{2}\arctan 2x$ 47. nicht elementar
49. $(\ln x)^2$ 51. $\frac{1}{3}(x^2-1)^{3/2}$

3.3 Die Verwendung einer Integraltafel

1. $\frac{1}{18}(3x+5)^6$ 3. $\frac{1}{4}[\ln|2x-5|-5/(2x-5)]$
5. $\frac{2}{15}\sqrt{(5x-7)^3}$ 7. $\frac{2}{5}\sqrt{5x+4}$
9. $\sqrt{2}\arctan\sqrt{(3x-2)/2}$ 11. $\frac{1}{3}\arctan(x/3)$
13. $\frac{1}{4}\ln|(2+x)/(2-x)|$ 15. $(1/\sqrt{15})\arctan(x\sqrt{5/3})$
17. $\frac{1}{6}\ln(3x^2+1)$
19. $\frac{1}{2}[x\sqrt{x^2-1}-\ln(x+\sqrt{x^2-1})]$
21. $\frac{1}{2}[x\sqrt{x^2-3}-3\ln(x+\sqrt{x^2-3})]$
23. $\frac{1}{4}\ln|2x^2+x+3|-(\sqrt{23}/46)\arctan[(4x+1)/\sqrt{23}]$
25. $\arcsin[(2x-3)/\sqrt{29}]$
27. $\sqrt{x^2+x-6}+\frac{5}{2}\ln(2x+1+2\sqrt{x^2+x-6})$
29. $-\frac{\sin^5 2x\cos 2x}{12}-\frac{5\sin^3 2x\cos 2x}{48}-\frac{5\sin 4x}{64}+\frac{5x}{16}$
31. $\frac{1}{5}\sin 5x-\frac{1}{15}\sin^3 5x$
33. $\frac{1}{5}\ln|\sec 5x+\tan 5x|$ oder $\frac{1}{5}\ln\tan(5x/2+\pi/4)$
35. $\frac{1}{27}(9x^2\sin 3x+6x\cos 3x-2\sin 3x)$
37. $-e^{-x}(x^2+2x+2)$
39. $e^{-3x}(-3\sin 5x-5\cos 5x)/34$
41. $x\arcsin 3x+\frac{1}{3}\sqrt{1-9x^2}$
43. $x\sec^{-1}4x-\frac{1}{4}\ln(4x+\sqrt{16x^2-1})$
45. $-\frac{1}{3}\tan(\pi/4-3x/2)$
47. $\frac{2}{45}(5x^3+2)^{3/2}$
49. $\frac{1}{2}\arctan[(\sin x)/2]$
51. $[(1+3x)/6]\sqrt{(1+3x)^2-5}-\frac{5}{6}\ln(1+3x+\sqrt{(1+3x)^2-5})$
53. $\frac{1}{4}x^2\sqrt{x^4+9}+\frac{9}{4}\ln(x^2+\sqrt{x^4+9})$

3.4 Substitution im bestimmten Integral

1. $[(e+1)^4-16]/4$ 3. $\frac{1}{2}$
5. $\frac{1}{6}\ln\frac{10}{3}$ 7. $\sqrt{125}/3$
9. $\frac{1}{8}$ 11. $\pi/12$
13. $\frac{1}{4}$ 15. $6-3\sqrt[3]{4}/2$
17. 0 21. Minimum bei $(1; -8)$
23. Peter

3.5 Partielle Integration

1. $e^{2x}(2x-1)/4$
3. $e^{2x}(4x^3-6x^2+6x-3)/8$
5. $\sin x-x\cos x$
7. $x\ln(4+x^2)-2x+4\arctan(x/2)$
9. $(x\ln x)^2/2-(x^2/2)\ln x+x^2/4$
11. $e^x(\sin x-\cos x)/2$
13. $(x/3)\tan 3x+\frac{1}{9}\ln\cos 3x$
15. $e^{ax}(a\sin bx-b\cos bx)/(a^2+b^2)$

17. (*a*) $-\frac{1}{2}\sin x\cos x + x/2$
(*b*) $-\frac{1}{4}\sin^3 x\cos x - \frac{3}{8}\sin x\cos x + 3x/8$
(*c*) $-\frac{1}{6}\sin^5 x\cos x - \frac{5}{24}\sin^3 x\cos x - \frac{5}{16}\sin x\cos x + 5x/16$

3.6 Berechnung der Integrale $\int \frac{dx}{(ax+b)^n}$, $\int \frac{dx}{(ax^2+bx+c)^n}$ **und** $\int \frac{x\,dx}{(ax^2+bx+c)^n}$

1. $\frac{1}{3}\ln|3x-4|$ **3.** $-5/[2(2x+7)]$
5. $\frac{1}{3}\arctan(x/3)$ **7.** $\ln(x^2+9)+\arctan(x/3)$
9. $(1/\sqrt{3})\arctan(x/\sqrt{3})$ **11.** $\frac{1}{4}\ln(2x^2+3)$
13. $\frac{1}{4}\ln|(2+x)/(2-x)|$
15. $\sqrt{3/32}\ln|(\sqrt{3}+\sqrt{2}x)/(\sqrt{3}-\sqrt{2}x)|$
17. (*a*) $2(x+2)^2-8$ (*b*) $5(x+1)^2-5$
(*c*) $3(x-7/6)^2-49/12$
19. $-\frac{1}{2}(2x+1)^{-1}$
21. $(1/\sqrt{8})\arctan[(2x+1)/\sqrt{2}]$
23. $\frac{1}{4}\ln(2x^2+5)-(3/\sqrt{10})\arctan(\sqrt{2}x/\sqrt{5})$
25. $(1/\sqrt{10})\arctan[(2x+2)/\sqrt{10}]$
33. $\frac{-(13+4x)}{332(14x^2+8x+13)} - \frac{1}{83\sqrt{166}}\arctan\frac{14x+4}{\sqrt{166}}$

3.7 Integration von rationalen Funktionen: Partialbruchzerlegung

1. $k_1/(x+1)+k_2/(x+1)^2+k_3/(x+1)^3$
3. $x-1+k_1/(x-1)+k_2/(x+2)$
5. $(c_1x+d_1)/(x^2+x+1)+(c_2x+d_2)/(x^2+x+1)^2+$
$+(c_3x+d_3)/(x^2+x+1)^3$
7. $x+3/(x+1)$
9. $x+\frac{1}{2}+\frac{5}{2}/(2x+1)$
11. $1/(x+1)+3/(x+1)^2$
13. $(x-3)+(4x+15)/(x^2+3x+5)$
15. $x+2/(x+2)+2/(x-2)$
17. $x+3\ln|x-3|$
19. $\ln|x-3|+2\ln|x+3|$
21. $2\ln|x+2|+3/(x+3)$
23. $x^2/2+x+\frac{27}{5}\ln|x-3|+\frac{8}{5}(x+2)$
25. $\frac{1}{2}\ln|(x^2-1)/x^2|$
27. $-4\ln|x-1|-2/(x-1)+2\ln(x^2+1)+2\arctan x$
29. $x-4/(x-2)-4\ln|x+2|$

3.8 Integration von rationalen Funktionen in $\sin\theta$ **und** $\cos\theta$

1. $-\frac{1}{5}\sin^4\theta\cos\theta-\frac{4}{5}\cos\theta-\frac{4}{15}\cos^3\theta$
3. $\frac{1}{5}\tan^5\theta$ **5.** $\frac{1}{7}\cos^7\theta-(\frac{1}{5})\cos^5\theta$
7. $\ln|\sin\theta|$ **9.** $\frac{1}{3}\tan^3\theta+\theta-\tan\theta$
11. $-\frac{1}{7}\operatorname{cosec}^7\theta+\frac{1}{5}\operatorname{cosec}^5\theta$ **13.** $5\theta/2-\cos 2\theta+\frac{3}{4}\sin 2\theta$
15. $\sin\theta-\frac{1}{3}\sin^3\theta$ **17.** $-\frac{1}{6}\cot^6\theta-\frac{1}{4}\cot^4\theta$
19. $-\cot(\theta/2)$ **23.** $-\cos x+\frac{1}{3}\cos^3 x$
25. $\sec^2\theta+2\sec\theta\tan\theta+\tan^2\theta$
27. $\ln|\tan(\theta/2)|$
29. $\int\frac{2(1-u^2)^3-8u(1+u^2)^2}{(1+u^2)^3(1+2u-u^2)}du$
31. $(10/\sqrt{3})\arctan[\sqrt{3}\tan(\theta/2)]-\theta$

3.9 Trigonometrische und algebraische Substitutionen

1. $\frac{1}{2}\int\frac{\cos^2\theta\,d\theta}{\sin^3\theta}$ **3.** $\int\frac{\sec^3\theta\,d\theta}{2\sqrt{2}\tan\theta+5}$
5. $\int\frac{\sec\theta\tan^2\theta\,d\theta}{\sec\theta+2\tan\theta}$ **7.** $\frac{1}{9}\int(3\cos^3\theta+\sin\theta)\,d\theta$
9. $\int\frac{\sec^3\theta\,d\theta}{\sqrt{2}(1+\sec\theta)}$
11. $\sqrt{25-4x^2}+5\ln\left|\frac{\sqrt{25-4x^2}-5}{x}\right|$
13. $\frac{x^2\sqrt{4+9x^2}}{27}-\frac{8\sqrt{4+9x^2}}{243}$
15. $(64x^2-9)\sqrt{9-x^2}/(3x^3)+64\arcsin(4x/3)$
17. $\frac{1}{4}\ln(4x+\sqrt{16x^2-9})$
19. $-(1-4x^2)^{5/2}(x^4/36+x^2/252+1/2520)$
21. $\frac{1}{3}(9x^2-4)^{3/2}-4\sqrt{9x^2-4}+8\arctan(\frac{1}{2}\sqrt{9x^2-4})$
23. $\frac{1}{16}\int\sin^3\theta\,d\theta/\cos^5\theta$
25. $(2^{11}/3)\int\sec^{12}\theta\,d\theta$
31. Es sei $u=\sqrt[n]{(ax+b)/(cx+d)}$

Testaufgaben zu Kapitel 3

1. $\frac{1}{4}\ln(1+x^4)$
2. $(x/2)\sqrt{4-9x^2}+\frac{2}{3}\arcsin(3x/2)$
3. $\frac{1}{4}\ln|(x-1)/(x+1)|-\frac{1}{2}$ actan x
4. $\frac{1}{12}\tan^6 2x$
5. $x+\frac{1}{4}\ln|(x-1)/(x+1)|-\frac{1}{2}\arctan x$
6. $\frac{1}{3}\ln(3x+\sqrt{9x^2+16})$
7. $\sqrt{x}+\sqrt[4]{x}+\frac{1}{2}\ln|2\sqrt[4]{x}-1|$
8. $(1/\sqrt{6})\ln|(\sqrt{x+3}-\sqrt{6})/(\sqrt{x+3}+\sqrt{6})|$
9. $(\sqrt{3}/6)\ln|(\sqrt{3}+x)/(\sqrt{3}-x)|$
10. $-\frac{1}{2}\cos 2x+\frac{1}{3}\cos^3 2x-\frac{1}{10}\cos^5 2x$
11. $\frac{1}{5}e^x(\cos 2x+2\sin 2x)$
12. $-\frac{1}{12}\cos 3x/\sin^4 3x-\frac{1}{8}\cos 3x/\sin 3x+\frac{1}{8}\ln|\operatorname{cosec}3x-\cot 3x|$
13. $\frac{1}{2}$ actan x^2
14. $\frac{1}{2}\ln|(\sqrt{4+x^2}-2)/x|$
15. $\frac{1}{2}x\sqrt{x^2-9}+\frac{9}{2}\ln|x+\sqrt{x^2-9}|$
16. $(x/8)(-2x^2+45)\sqrt{9-x^2}+(243/8)\arcsin(x/3)$
17. $(1/\sqrt{8})\arctan[(\sqrt{8}\sin x)/(1+3\cos x)]$
18. $-\sqrt{x^2+25}/(25x)$

Übungen zu Kapitel 3

1. (*a*) $\int_0^1 x^{3/2}\,dx$ (*b*) $\frac{2}{5}(4\sqrt{2}-1)$
3. (*a*) $373/14$ (*b*) $721/9$
5. (*a*) $-1/(2x^2)$ (*b*) $2\sqrt{x+1}$
(*c*) $\frac{1}{5}\ln(1+5e^x)$
7. $(-\frac{1}{4})(1+x^2)^{-2}+\frac{1}{6}(1+x^2)^{-3}$
9. $\frac{1}{3}(x^3+1)\ln(1+x)+\frac{1}{2}(x+1)^2-\frac{1}{9}(x+1)^3-(x+1)$
11. $(1/\sqrt{8})\ln|(\cos\theta-\sqrt{2})/(\cos\theta+\sqrt{2})|$
13. (*b*) $2\sin\theta$ (*c*) $\sqrt{8}\sin(\theta/2)$
15. (*a*) $\frac{6}{11}$
17. $2/(x-1)+1/(x^2+x+1)$
19. $-1/(x+1)+x/(x^2-x+1)$
21. $x/(x^2+\sqrt{2}x+1)-1/(x^2-\sqrt{2}x+1)$
23. $5x+6+1/x-1/(x+1)$

25. (*a*) ungerades m (*b*) gerades n
(*c*) m oder n ungerade (*d*) m gerade oder n ungerade
(*e*) n gerade oder m ungerade

27. $\int (8\cos^3\theta + 1)/(64\cos^6\theta + 5)\, d\theta$

29. $\int 5^7\sqrt{5}\tan^{15}\theta \sec\theta/(5\sec^2\theta + 3 + \sqrt{5}\tan\theta)\, d\theta$

31. $$\int \frac{\left[\dfrac{12u^2}{(1-u^2)^2} + \dfrac{1+u^2}{1-u^2} + 1\right]\dfrac{2}{1+u^2}}{2 + \dfrac{2u}{1-u^2} + \dfrac{1-u^2}{1+u^2}}\, du$$

33. $(u = \sin\theta)$: $\frac{1}{12}\ln|u-2| - \frac{1}{24}\ln(u^2+2u+4) +$
$+ [1/(4\sqrt{3})]\arctan[(u+1)/\sqrt{3}]$

37. $-\ln|3+\cos x|$

39. $\frac{2}{9}(x^3-1)^{3/2}$

41. $\frac{1}{8}x/(4+x^2) + \frac{1}{16}\arctan(x/2)$

45. $\frac{1}{9}\tan^3 3\theta - \frac{1}{3}\tan 3\theta + \theta$

47. $x^2/2 + \ln|x| - \frac{1}{2}x^{-2}$

49. $10^x/\ln 10$

51. $\frac{1}{4}x^2/(x^4+1) + \frac{1}{4}\arctan x^2$

53. $x/2 + \frac{1}{4}\sin 2x$

55. $\frac{1}{3}(x^2+4)^{3/2}$

57. $\frac{1}{3}\arctan x^3$

59. $-\frac{1}{3}\cos x^3$

61. $\frac{1}{5}x^5(\ln x - \frac{1}{5})$

63. $2e^{\sqrt{x}}$

65. $(x-1)\ln|x^3-1| - 3x + \frac{3}{2}\ln(x^2+x+1) +$
$+ \sqrt{3}\arctan[(2x+1)/\sqrt{3}]$

67. $-1/(x^2+1)^{1/2}$

69. $-2/(x+1)^{1/2}$

71. $3\arctan(x+2)$

73. $\frac{3}{5}x^{5/3} - \frac{3}{4}x^{4/3} + x - \frac{3}{2}x^{2/3} + 3x^{1/3} - 3\ln|1+x^{1/3}|$

75. $(5x^6 - 6x^4 + 8x^2 - 16)\sqrt{x^2+1}/35$

77. $\ln x - \frac{1}{2}\ln(1+x^2) - (\arctan x)/x$

79. $e^x(\sin 3x - 3\cos 3x)/10$

81. $\frac{1}{4}x/\sqrt{4-x^2}$

83. $\frac{1}{8}\ln|(x^2-3)/(x^2+1)|$

85. $(x-1)^{2/3}[\frac{3}{8}(x-1)^2 + \frac{6}{5}(x-1) + \frac{3}{2}]$

87. $\sqrt{x^2+4} - 2\ln|(\sqrt{x^2+4} - 2)/x|$

89. $\frac{1}{5}\sec^5\theta$

91. $(-\frac{1}{3})\ln|(3+\sqrt{x^2+9})/x|$

93. $\frac{3}{8}x^{8/3} - \frac{6}{5}x^{5/3} + \frac{3}{2}x^{2/3}$

95. $(-\frac{4}{5})\sin^5 x + \frac{4}{3}\sin^3 x$

97. $e^{2x}/2 - 2x - e^{-2x}/2$

99. $\frac{1}{2}x^2\arcsin x^2 + \frac{1}{2}\sqrt{1-x^4}$

101. $(-\frac{1}{5})e^{-x} + \frac{1}{25}\ln(5+e^x) - x/25$

103. $(36x+14)(3x+2)^{3/2}/135$

105. $\ln|x-1| - 2/(x-1) - \frac{1}{2}/(x-1)^2$

107. $2\ln|e^x - 1| - x$

109. $\frac{9}{5}x^5 + 2x^3 + x$

111. $x - \frac{1}{3}\ln|x+1| + \frac{1}{6}\ln(x^2-x+1) -$
$- (1/\sqrt{3})\arctan[(2x-1)/\sqrt{3}]$

113. $\sqrt{2x+1}$

115. $(\sqrt{17}/34)\ln|(2x^2-3-\sqrt{17})/(2x^2-3+\sqrt{17})|$

117. $\arctan e^x$

119. $\ln|(x+2)/(x+3)|$

121. $2\ln|x^2+5x+6|$

123. $(2/\sqrt{23})\arctan[(4x+5)/\sqrt{23}]$

125. $(1/\sqrt{73})\ln|(4x+5-\sqrt{73})/(4x+5+\sqrt{73})|$

127. $-\cot x$

129. $-(\cot^3 x)/3 - \cot x$

131. $\arcsin(2x-5)$

133. $x\sqrt{1/4-x^2} + \frac{1}{4}\arcsin 2x$

135. $2\sqrt{x^2+1}$

137. $x + \ln|x+1| + 3\ln|x-1| + 4\arctan x$

139. $-1/(x+2) - 3\ln|x+1|$

141. $3\ln|x| + \arctan 2x$

143. $x^2 + \frac{5}{2}\ln|1-3x^2| - \frac{3}{2}\ln|(1+\sqrt{3}x)/(1-\sqrt{3}x)|$

145. $\frac{1}{3}\arcsin 3x$

147. (*a*) $\frac{1}{2}\ln|(x+1)/(x+3)|$
(*b*) $-1/(x+2)$
(*c*) $\arctan(x+2)$
(*d*) $(1/\sqrt{24})\ln|(x+2-\sqrt{6})/(x+2+\sqrt{6})|$

149. (*a*) $\frac{1}{4}\sin x/\cos^4 x + \frac{3}{8}[\tan x\sec x + \ln|\tan(x/2+\pi/4)|]$
(*b*) $\frac{1}{5}\sec^5 x$ (*c*) $\frac{1}{2}\sec^2 x$

151. $(x^2-2)\sqrt{x^2+1}/3$

153. (*a*) $\int 2(u^2-1)^2\, du$ (*b*) $\int [(u-1)^2/\sqrt{u}]\, du$
(*c*) $\int 2\tan^5\theta\sec\theta\, d\theta$
(*d*) $\frac{2}{5}(x+1)^{5/2} - \frac{4}{3}(x+1)^{3/2} + 2(x+1)^{1/2}$

155. (*a*) $x^2\sqrt{1+x^2} - \int 2x\sqrt{1+x^2}\, dx$
(*b*) $\int \tan^3\theta\sec\theta\, d\theta$ (*c*) $\int (u^2-1)\, du$

157. $\frac{2}{5}(1+x)^{5/2} - \frac{2}{3}(1+x)^{3/2}$

161. (*b*) $\frac{1}{2}\sin x - \frac{1}{10}\sin 5x$

4 Berechnung und Anwendung bestimmter Integrale

4.1 Berechnung der Länge $c(x)$ des Schnittes

1. (*b*) $x^2 - x^3$ (*c*) $y^{1/3} - y^{1/2}$

3. $\sqrt{9-x^2} + x$, $-\frac{3}{2}\sqrt{2} \leqslant x \leqslant \frac{3}{2}\sqrt{2}$, $2\sqrt{9-x^2}$, $\frac{3}{2}\sqrt{2} \leqslant x \leqslant 3$

5. $c(y) = 3 - 2y$, $0 \leqslant y \leqslant 1$

7. $e^x - x - 1$, $0 \leqslant x \leqslant 2$

9. $\frac{2}{3}x - \frac{2}{3}$, $1 \leqslant x \leqslant 3$, $\frac{16}{3} - \frac{4}{3}x$, $3 \leqslant x \leqslant 4$

11. (*b*) $x + 1 - x^2$, $\frac{1}{2} - \sqrt{5}/2 \leqslant x \leqslant \frac{1}{2} + \sqrt{5}/2$
(*c*) $2\sqrt{y}$, $0 \leqslant y \leqslant (3-\sqrt{5})/2$, $\sqrt{y} - y + 1$,
$(3-\sqrt{5})/2 \leqslant y \leqslant (3+\sqrt{5})/2$

13. (*b*) $x/2$, $0 \leqslant x \leqslant 1$, $1 - x/2$, $1 \leqslant x \leqslant 2$
(*c*) $1 - y$, $0 \leqslant y \leqslant 1$

15. (*a*) $3y$, $0 \leqslant y \leqslant 1$ (*b*) $3 - 3y$, $0 \leqslant y \leqslant 1$
(*c*) $3y + 3$, $-1 \leqslant y \leqslant 0$

17. (*b*) $3\sqrt{4-x^2}$, $-2 \leqslant x \leqslant 2$
(*c*) $\frac{4}{3}\sqrt{9-y^2}$, $-3 \leqslant y \leqslant 3$

4.2 Die Berechnung der Querschnittsfläche $A(x)$

1. (*a*) s^2, $k^2 s^2$ (*b*) k^2
(*c*) die Fläche ist proportional zum Quadrat der linearen Dimension

3. $$\int_0^2 \frac{3}{2}x^2\, dx$$

5. (*b*) $\pi a^2 x^2/h^2$ (*c*) $\int_0^h (\pi a^2 x^2/h^2)\, dx$

9. (*a*) $2\sqrt{a^2-x^2}$ (*b*) hx/a
(*c*) $2hx\sqrt{a^2-x^2}/a$ (*d*) $\int_0^a (2hx\sqrt{a^2-x^2}/a)\, dx$
(*e*) $2ha^2/3$

11. $h\sqrt{a^2-x^2}$

13. $\pi a^2 h/2$

15. (*b*) $\frac{1}{2}(a^2-x^2)\tan\theta$

17. $16\pi\sqrt{9-y^2}$

4.3 Berechnung von Flächen und Volumina mit Hilfe von Schnitten

1. 25π **3.** $\frac{17}{3}$
5. $e^2 - 5$ **7.** (*a*) $5\sqrt{5}/6$
9. 6π **11.** $\frac{2}{3}$
13. $\frac{3}{2} - 1/\ln 2$ **15.** $\pi/2 - \pi^2/8$
17. (*b*) $\frac{32}{3}$ **19.** $\pi/2$
21. $\pi/4 + \frac{1}{2}$ **23.** $2\pi/3 - \sqrt{3}/2$
25. $\pi/2$ **27.** $\pi a^2 h/3$
29. $2a^2h/3$ **31.** 144
33. π **35.** $422\pi/5$
37. $\pi/120$ **39.** $\pi(e - 2)$
41. $\pi/10$ **43.** $\frac{2}{3}$

4.4 Die Berechnung des Volumens eines Rotationskörpers aus seinen Schalen

1. $\int_0^1 2\pi x^3\,dx$ **3.** $\int_0^1 2\pi y^3\,dy$

5. $\int_0^1 2\pi(2 - x)x^2\,dx$

7. (*a*) $\pi/2$ (*b*) $\pi/5$
9. (*a*) 2π (*b*) $\pi^2/4$
11. $\pi(e - 1)$
13. (*a*) $\pi(e^2 + 1)/2$ (*b*) $\pi(4 - e)$
(*c*) πe
15. $4\pi a^3/3$ **17.** $\pi/10$
19. (*a*) 2π (*b*) $\pi^2/4$

4.5 Der Mittelwert einer Funktion über ein Intervall

1. $\frac{7}{3}$ **3.** $1/(e - 1)$
5. $\ln\frac{3}{2}$
7. (*a*) 30 km/h (*b*) $31\frac{1}{9}$ km/h
9. (*a*) $\pi r/2$ (*b*) $4r/\pi$ (*c*) r
11. $\frac{45}{8}$ **15.** $f(a)$

4.6 Uneigentliche Integrale

1. $\frac{1}{2}$ **3.** 1
5. 0 **7.** divergent
9. divergent **11.** π
13. 0 **15.** 0
17. -1 **19.** divergent
21. $(\sin 1 + 2\cos 1)/5$
23. konvergent (siehe den Kommentar zu der vorangehenden Übung)
33. $6 \cdot 10^7$ J

4.7 Polarkoordinaten

1.

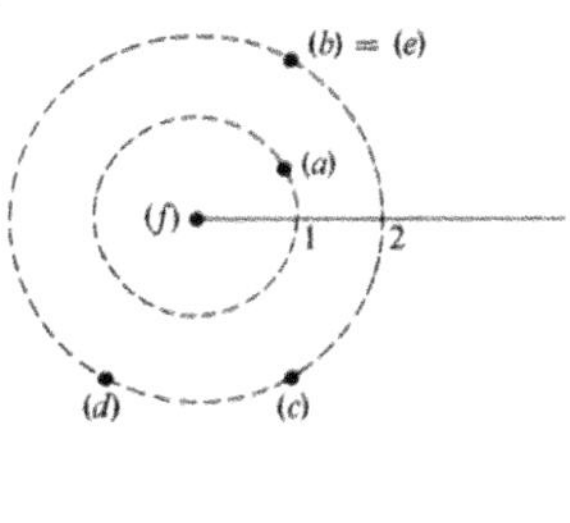

3. (*a*) $(3; 2k\pi + \pi/4)$, k beliebig ganzzahlig
(*b*) $(-3; 2k\pi + 5\pi/4)$, k beliebig ganzzahlig
5. $x^2 + y^2 = y$ **7.** $4x + 5y = 3$
9. $(x^2 + y^2)^{3/2} = 2xy$ **11.** $r = 3/(\cos\theta + 2\sin\theta)$
13. $r^2 = 2/\sin 2\theta$ **15.** $r = -2\sec\theta$
17.

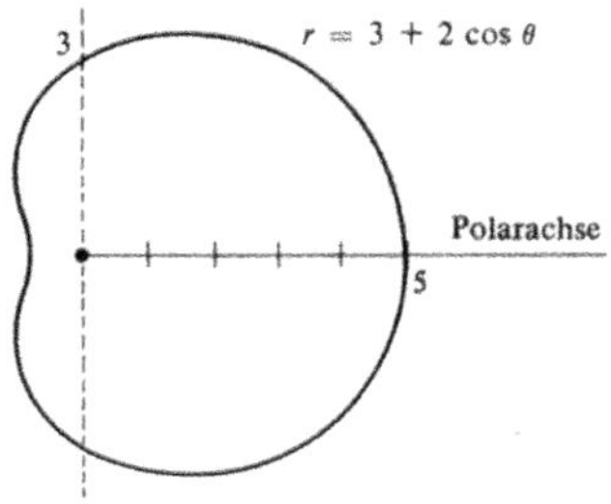

19. eine nach außen gerichtete Spirale, die die Polarachse in den Punkten $(r; \theta) = (e^{2n\pi}; 0)$, $n = 0, 1, 2 \ldots$ trifft
21. siehe die Antwort auf Übung 23 (*a*)
23. (*a*)

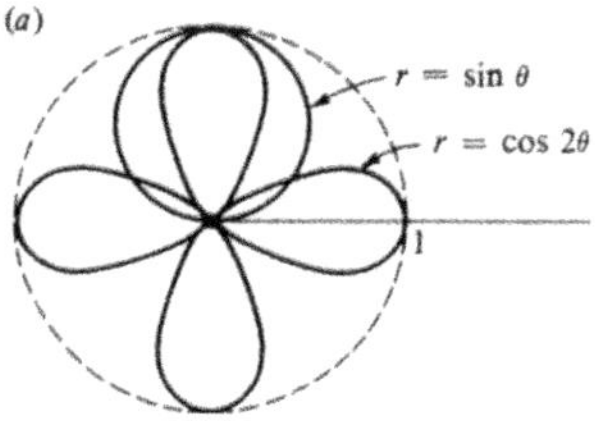

(*b*) der Pol und $(-1; 3\pi/2)$, $(\frac{1}{2}; \pi/6)$, $(\frac{1}{2}; 5\pi/6)$

25.

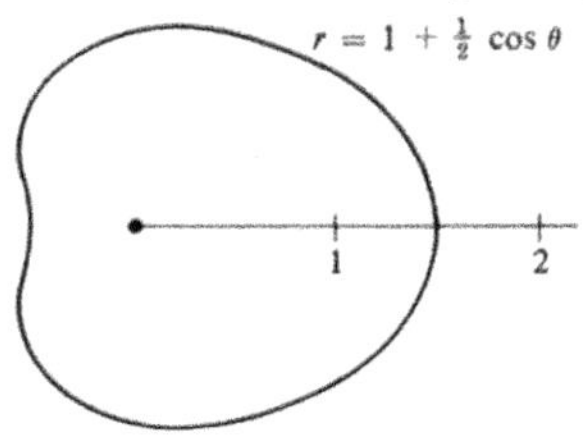

27. Die Kurve hat zwei Schleifen, die zwischen den Geraden $\theta = \pi/4$ und $\theta = -\pi/4$ liegen.
29. (*a*) eine Ellipse durch die Punkte mit den rechtwinkeligen Koordinaten $(2; 0)$, $(-\frac{2}{3}; 0)$, $(0; 1)$ und $(0; -1)$
(*b*) $3x^2 + 4y^2 - 4x = 4$
31. (*b*) Maximum für $\cos\theta = (-3 + \sqrt{17})/4$

4.8 Gleichungen in Parameterdarstellung

1. (*a*)

x	-3	-1	1	3	5
y	-3	-2	-1	0	1

(*b*) $x - 2y = 3$

3. (*a*)

x	9	4	1	0	1	4	9
y	6	2	0	0	2	6	12

(*d*) $x^2 + y^2 - 2xy - x = 0$

5. (*a*)

x	2	1,41	0	$-1{,}41$	-2	$-1{,}41$	0	1,41
y	0	2,12	3	2,12	0	$-2{,}12$	-3	$-2{,}12$

(*c*) eine Ellipse (*d*) $x^2/4 + y^2/9 = 1$
(*e*) nein
7. (*a*) π (*b*) 2π (*c*) 3π (*d*) 4π

9. $y = x^2$

11. (a) $(1 + e)/(5 + 2\pi)$

13. (a) $x = (1 + \cos\theta)(\cos\theta), y = (1 + \cos\theta)(\sin\theta)$
(b) 1 (c) 0

15. (b) $k\pi/2$, k ganzzahlig (c) $\pi a b$

4.9 Bogenlänge und Geschwindigkeit

1. $\frac{59}{24}$

3. 10 m/s; $10\sqrt{2}$ m/s; $10\sqrt{5}$ m/s

5. (a) $(40^{3/2} - 13^{3/2})/27$ (b) $t\sqrt{4 + 9t^2}$
(c) (1; 1), (4; 8) (d) $y = x^{3/2}$

7. (a) Diese Kurve heißt Kettenlinie und hat die Gestalt einer hängenden Kette, deren niedrigster Punkt in (0; 1) liegt.
(b) $(e^b - e^{-b})/2$

9. $\sqrt{5}$

11. (b) $\sqrt{2}(e^{2\pi} - 1)$ (c) $\sqrt{2}(e^{4\pi} - e^{2\pi})$

13. 3π

15. (b) 10,004 (näherungsweise)
(c) $\int_0^3 \sqrt{1 + x^4}\, dx$
(d) 14,593 (näherungsweise)
(e) 6,537 (näherungsweise)

17. (a) $\frac{1}{3}\int_1^8 \sqrt{9 + 4x^{-2/3}}\, dx$ (b) $\frac{1}{2}\int_1^4 \sqrt{4 + 9y}\, dy$
(c) $(40^{3/2} - 13^{3/2})/27$

19. (c) $\int_0^{2\pi} \sqrt{1 + 3\sin^2\theta}\, d\theta$

4.10 Fläche in Polarkoordinaten

1. $\pi^3/12$ 3. $\pi/[(4 + \pi)(2 + \pi)]$

5. (b) $\frac{1}{2} - \pi/8$ 7. (b) $(e^{4\pi} - 1)/4$

9. (b) $\frac{1}{2}$ 11. $\pi/8$

13. $\pi/16$

4.11 Oberfläche eines Rotationskörpers

1. $\int_1^2 2\pi x^3 \sqrt{1 + 9x^4}\, dx$

3. $\int_1^8 2\pi y^{1/3} \sqrt{1 + \frac{1}{9}y^{-4/3}}\, dy$

5. $\int_0^{\pi/2} 2\pi \sin 2\theta \sin\theta \sqrt{\sin^2 2\theta + 4\cos^3 2\theta}\, d\theta$

7. $\pi[e\sqrt{e^2 + 1} - \sqrt{2} + \ln(e + \sqrt{e^2 + 1}) - \ln(1 + \sqrt{2})]$

9. $32\pi/5$

11. $\pi[-17^{3/2}/4 + 4\sqrt{17} + \ln(4 + \sqrt{17}) + 2^{3/2} - \sqrt{2} - \ln(1 + \sqrt{2})]$

13. $(2\pi/3)\int_1^8 x\sqrt{9 + 16x^{2/3}}\, dx$ (Es sei $u = \sqrt[3]{x}$)
oder $(\pi/2)\int_1^{16} \sqrt{y}\sqrt{16\sqrt{y} + 9}\, dy$ (Es sei $u = \sqrt{y}$)

15. $\pi(20 + \ln 3)$ 17. $98\pi/3$

19. $2\sqrt{2}\pi(2e^{\pi} + 1)/5$ 23. gleich

25. (b) nein

27. ein Gebiet zwischen zwei konzentrischen Kreisen und zwei Strahlen, die von deren Mittelpunkt ausgehen.

4.12 Die Abschätzung bestimmter Integrale

1. Linkspunkt, 3; Rechtspunkt, 5; Mittelpunkt, $\frac{1}{2}$; Trapez, 1; Simpson, 0.

3. $\frac{5}{6} - \ln 2$; $\ln 2 - \frac{7}{12}$; $\ln 2 - \frac{24}{35}$; $\frac{17}{24} - \ln 2$; $\frac{25}{36} - \ln 2$

5. (a) 0,75 (b) 0,7 (c) 0,6949

7. 0,0008 gegenüber 0,0023; 0,0018 gegenüber 0,0046; 0,00002 gegenüber 0,0001

9. (a) 0,2008 (b) 0,2078
(c) 0,2030

11. (a) 37,326 (b) 40,240
(c) 38,389

13. (a) 0,8834 (b) 0,8655

15. (a) 0,3981 (b) 0,3084

17. (a) $\sqrt{2/e}$ (b) $\sqrt{2/e}/10$

Testaufgaben zu Kapitel 4

1. (a) $\int_0^2 (2x - x^2)\, dx$ (b) $\int_0^4 (\sqrt{y} - y/2)\, dy$

2. $\int_{-3}^3 \frac{5}{6}(9 - x^2)\, dx$ oder $\int_0^3 \frac{10}{3} x\sqrt{9 - x^2}\, dx$

3. $\int_1^2 (1/x)\sqrt{x^2 + 1}\, dx$ 4. $\int_0^{\pi/2} \sin^2(\theta/3)\, d\theta$

5. $\int_0^{\pi/2} \sqrt{\sin^2 2\theta + 4\cos^2 2\theta}\, d\theta$ 6. $\int_0^{\pi/2} 6\pi \sin^4 t \cos t\, dt$

7. $\int_0^{\pi} (2\pi\sin\theta)(2\cos\theta - 2\cos 2\theta) \times \sqrt{8 + 12\sin^2 2\theta - 8\cos\theta\cos 2\theta - 16\sin\theta\sin 2\theta}\, d\theta$

8. $\int_0^1 \pi y^2\, dy + \int_1^2 \pi y(2 - y)\, dy$ 9. $\int_0^{\pi/2} 2\cos^4 t \sin t\, dt$

10. $-3\sqrt{3}/4$

11. (a) $a < -1$ (b) $\int_0^{\infty} [1/(2x^4)]\, dx$

12. $\frac{1}{4}[\sin 1 + 2\sin\frac{9}{4} + 2\sin 4 + 2\sin\frac{25}{4} + 2\sin 9 + 2\sin\frac{49}{4} + \sin 16]$
$\frac{1}{6}[\sin 1 + 4\sin\frac{9}{4} + 2\sin 4 + 4\sin\frac{25}{4} + 2\sin 9 + 4\sin\frac{49}{4} + \sin 16]$

Übungen zu Kapitel 4

7. 24

9. (a) Hälfte (b) Viertel (c) Viertel

11. 8,883 13. divergent

17. (b) unendlich 23. $4\pi/3$

25. (b) $\frac{3}{4}$ 33. unendlich

35. $\sqrt{2}$

37. (b) $\dfrac{h(t) - h(a)}{g(t) - g(a)}$; $\dfrac{h'(t)}{g'(t)}$

(*c*) siehe die Regel von de l'Hospital

41. $-\frac{1}{25}$

43. (*a*) $\int_0^1 \sqrt{1+e^{2x}}\,dx,\ \int_0^1 2\pi e^x \sqrt{1+e^{2x}}\,dx,\ \int_0^1 2\pi x \sqrt{1+e^{2x}}\,dx$

(*b*) die ersten beiden sind elementar. (Es sei $u = e^x$.)

45. $0; -1$ **47.** $-1; 0; 1$

49. (*a*) $0{,}15e^3 \approx 3$ (*b*) $0{,}00125e^3 \approx 0{,}025$
(*c*) $0{,}0025e^3 \approx 0{,}050$ (*d*) $0{,}00000167e^3 \approx 0{,}00003$

51. endlich **53.** $x + 2y = 3$

55. (*a*) $\pi r^2 \sqrt{h}\,(2-\sqrt{2})$ (*b*) $2\pi r^2 \sqrt{h}$

59. *Hinweis:* Man untersuche die Gleichung $\ln x/x = \ln y/y$ und zeichne die Funktion $\ln x/x$.

61. $y = \tan(\ln|1+x| + C)$

5 Bestimmte Integrale über ebene Gebiete

5.1 Das bestimmte Integral einer Funktion über ebene Gebiete

1. (*a*) $20\ \text{cm}^3$ (*b*) $100\ \text{cm}^3$
(*c*) das Volumen liegt zwischen $20\ \text{cm}^3$ und $100\ \text{cm}^3$

3. (*a*) stets $5A$ (*b*) $5A$

7. Kreis

9. gleichseitiges Dreieck

13. (*a*) 0,758 (*b*) 1,184

15. (*b*) $\frac{2}{3}$

5.2 Die Beschreibung ebener Gebiete durch Koordinaten

1. (*b*) $0 < x < 2,\ x/2 < y < 1$

3. (*b*) $0 < x < 1,\ x^2 < y < x$

5. $-a < x < a,\ -\sqrt{a^2-x^2} < y < \sqrt{a^2-x^2}$

7. ein Dreieck mit den Eckpunkten (0; 0), (2; 4), (2; 6)

9. das Gebiet zwischen den Kurven $y = e^x$, $y = 1$ und $x = 1$

11. das Gebiet ist durch zwei konzentrische Kreisbögen und zwei Strahlen begrenzt

13. $0 < y < 4,\ y/3 < x < y/2$ und $4 < y < 6,\ y/3 < x < 2$

15. $0 < x < 1,\ 1 < y < e^x$

17. (*b*) $1 < y < 2,\ y < x < 3y$

5.3 Die Berechnung von $\int_R f(P)\,dA$ in rechtwinkeligen Koordinaten

1. 16 **3.** $\frac{3}{2}$

5. $(16\sqrt{2}-2)/21$ **7.** $(\pi^2-4)/(2\pi^3)$

9. $\frac{16}{3}$ **11.** 34

13. $2a^3/3$ **15.** $(\pi^2+4)/32$

17. $\frac{1}{2}\ln 2$ **19.** $\frac{4}{3}$

21. $\ln 2$ **23.** $1-\cos 3$

5.4 Der Schwerpunkt einer ebenen Schicht

1. $(\frac{2}{3}; \frac{1}{3})$ **3.** $(\frac{4}{3}; 2)$

5. $(0; \frac{12}{5})$ **7.** $(\frac{3}{4}; \frac{7}{8})$

9. $(3\pi/(36\pi+16); (48+3\pi)/(36\pi+16))$

11. $(\frac{57}{35}; \frac{75}{14})$

13. nein. Man betrachte die Figur aus Übung 1

15. (*a*) $\bar{x} = \dfrac{M_1\bar{x}_1 + M_2\bar{x}_2}{M_1+M_2},\quad \bar{y} = \dfrac{M_1\bar{y}_1 + M_2\bar{y}_2}{M_1+M_2}$

5.5 Die Berechnung von $\int_R f(P)\,dA$ in Polarkoordinaten

1. $\frac{1}{3}$ **3.** $\frac{8}{5}$

5. $\int_0^{\pi/2}\left(\int_1^{2+\cos\theta} r^2\,dr\right)d\theta$ **7.** $\int_0^{\pi/2}\left(\int_0^{1+\sin\theta} r^2 \sin\theta\,dr\right)d\theta$

9. $\frac{2}{3}$ **11.** $3\pi/16$

13. $5\pi/32$ **15.** (*b*) $5\pi/16$

17. $32/9\pi$ **19.** $35\pi/1{,}024$

21. $3\pi/64$ **23.** $5\pi a^4/4$

25. $\frac{1}{3}$ **27.** $\pi/64$

29. $\frac{1}{80} + 3\pi/256$ **31.** $\pi a^4/8$

33. (*a*) $f(P) = r\cos\theta$ (*b*) $f(P) = r$

35. $\frac{1}{4}$ **37.** $\frac{1}{6}$

Testaufgaben zu Kapitel 5

1. (*a*) $-a < x < a,\ 0 < y < \sqrt{a^2-x^2}$
(*b*) $\pi/6 < \theta < \pi/4,\ 1/\cos\theta < r < 2/\cos\theta$

2. (*a*) $\frac{4}{3}$ (*b*) $\frac{4}{3}$

3. (*a*) $2a/3$ **4.** $\pi a^5/10$

5. (*a*) $3\pi/64$ (*b*) $3\pi/64$ g
(*c*) $3\pi/64$ (*d*) $\frac{3}{8}$

6. (*a*) $2\pi(1-31/e^{30})\ \text{m}^3$ (*b*) $2\pi(1-16/e^{15})\ \text{m}^3$

Übungen zu Kapitel 5

1. (*a*) $-2 < x < 2,\ x^2 < y < 4$
(*b*) $0 < y < 4,\ -\sqrt{y} < x < \sqrt{y}$

3. (*a*) $x^4/2 + x^3 - x - \frac{1}{2}$ (*b*) $y^4/2 + y^3 - 3y^2/2$

5. (*a*) $0 < x < a,\ 0 < y < \sqrt{2a^2-x^2}$
(*b*) $0 < x < a,\ 0 < y < a$ und $a < y < a\sqrt{2}$
$0 < x < \sqrt{2a^2-y^2}$
(*c*) $0 < \theta < \pi/4,\ 0 < r < a\sec\theta$ und $0 < r < a\sqrt{2}$
$\pi/4 < \theta < \pi/2$

7. $\pi/12$

9. (*b*) $\int_0^{a/\sqrt{2}}\left(\int_x^{\sqrt{a^2-x^2}} y\,dy\right)dx$ (*c*) $a^3\sqrt{2}/6$

11. $\int_0^{a/\sqrt{2}}\left[\int_y^{\sqrt{a^2-y^2}} (x^2+y^2)\,dx\right]dy = a^4\pi/16$

13. (*a*) $\pi/4$ (*b*) $\frac{2}{3}$ (*c*) 0
(*d*) $\frac{4}{3}$

15. (*a*) $a^4/3$ (*b*) $a^4/12$

17. (*a*) $\frac{3}{5}(2^9)$ (*b*) $\frac{32}{3}$ (*c*) $2^5/3 + \frac{3}{5}(2^9)$

19. $(\pi^2+4)/32$

21. (*a*) $\pi/4$ (*b*) $4/9$ (*c*) $(0; \pi/8)$

23. $2\pi(1 - 2^{-a}a\ln 2 - 2^{-a})/(\ln 2)^2$

25. (*a*) $Mb^2/6$ (*b*) $Ma^2/6$
(*c*) $Ma^2b^2/[6(a^2+b^2)]$

27. $f(P)$ ist das Quadrat des Abstandes zwischen P und der y-Achse

29. $f(P)$ ist das Quadrat des Abstandes zwischen P und der y-Achse plus dem Abstand von der x-Achse

31. $f(P)$ ist der reziproke Abstand von P zum Pol

35. (*a*) aus Symmetriegründen
(*b*) $x^2 + y^2 = r^2$ (*c*) $\pi a^4/2$
(*d*) $\pi a^4/4$

37. $3\pi/8 + (\ln 2 - 3)/2$

47. (*b*) $4\pi/3$; $2\pi - 32/9$ (*c*) am Rande der Stadt

49. $\pi(a^4 + 2a^2b^2)/2$

51. (*a*) 2,92 (*b*) 6,75

53. $V = \int_\alpha^\beta A(\theta)\,d\theta$ ist nicht richtig

55. (*a*) der Integrand ist nichtnegativ

57. Ist f überall stetig und von Null verschieden, dann muß f stets positiv oder stets negativ sein; daher gilt $\int_0^\pi f(\theta)\,d\theta \neq 0$. Angenommen, es gebe nur eine einzige Wurzel a, dann wechselt das Vorzeichen von $f(x)\sin(x-a)$ im Intervall $(0;\pi)$ nicht. Andererseits gilt

$$\sin(x-a) = \sin x \cos a - \cos x \sin a,$$

so daß $\int_0^\pi f(x)\sin(x-a)\,dx = 0$; dies ist unmöglich, wenn der Integrand konstantes Vorzeichen besitzt.

59. Nehmen wir $f(\theta) > 0$ an. Wegen $\int_0^{2\pi} f(\theta)\,d\theta = 0$ gibt es ein b aus $(0;2\pi)$ mit $f(b) < 0$. Daher existieren Zahlen a_1 und a_2 mit $0 < a_1 < b < a_2 < 2\pi$ und $f(a_1) = 0 = f(a_2)$

61. $\int_0^{2\pi} f(\theta)\,d\theta = [g^3(2\pi) - g^3(0)]/3 = 0$

Aus Übung 56 und partieller Integration folgt

$$\int_0^{2\pi} f(\theta)\sin\theta\,d\theta = 0 = \int_0^{2\pi} f(\theta)\cos\theta\,d\theta.$$

Aufgrund von Übung 60 verschwindet $g^2(\theta)g'(\theta)$ für mindestens vier verschiedene Zahlen; daher muß $g'(\theta)$ an vier Punkten verschwinden. [$g(\theta) \neq 0$.] [Der Radius steht senkrecht auf der Kurve für $g'(\theta) = 0$.]

6 Bestimmte Integrale über räumliche Gebiete

6.1 Das bestimmte Integral einer Funktion über einen dreidimensionalen Raum

1. Die Masse liegt zwischen 384 g und 1920 g
3. $20\pi r^3/3$
5. 960 g
7. $2\sqrt{6}$ cm
11. Da der Körper innerhalb eines Würfels mit der Seitenlänge 10 liegt, beträgt sein Volumen höchstens 10^3. (Dieses Ergebnis kann noch verbessert werden.)

6.2 Die Beschreibung räumlicher Gebiete in rechtwinkligen Koordinaten

1. $0 \le z \le 1$, $0 \le y \le 1 - z$, $0 \le x \le 1 - z - y$
3. $-1 \le x \le 1$, $-\sqrt{1-x^2} \le y \le \sqrt{1-x^2}$, $0 \le z \le x + y + 2$
5. (*a*) $0 \le x \le 2$, $0 \le y \le 1 - x/2$, $0 \le z \le 3x + 4y$
7. $-a \le x \le a$, $-\sqrt{a^2-x^2} \le y \le \sqrt{a^2-x^2}$,
$-\sqrt{a^2-x^2-y^2} \le z \le \sqrt{a^2-x^2-y^2}$
9. $-3 \le x \le 5$
$2 - \sqrt{16-(x-1)^2} \le y \le 2 + \sqrt{16-(x-1)^2}$
$3 - \sqrt{16-(x-1)^2-(y-2)^2} \le$
$\le z \le 3 + \sqrt{16-(x-1)^2-(y-2)^2}$
11.

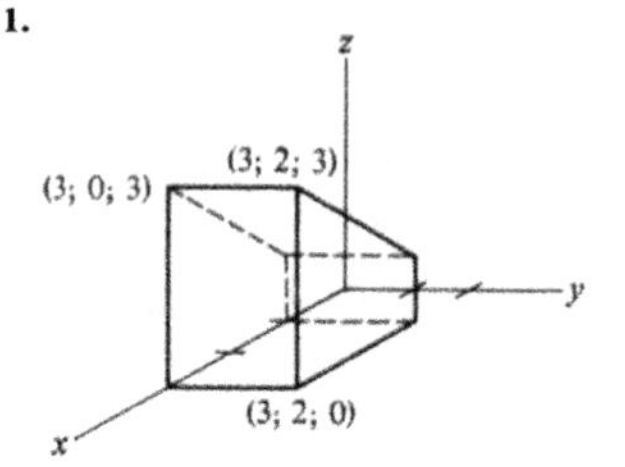

13.

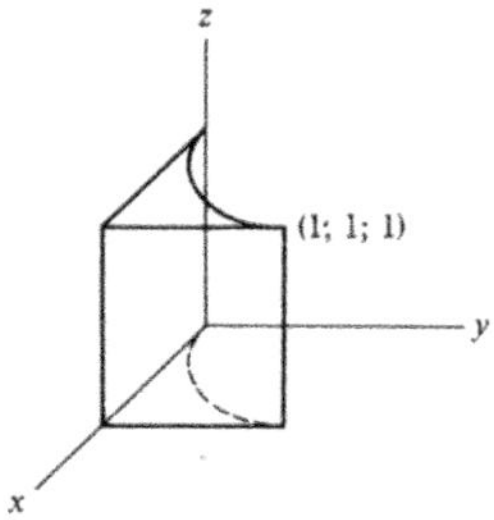

15.

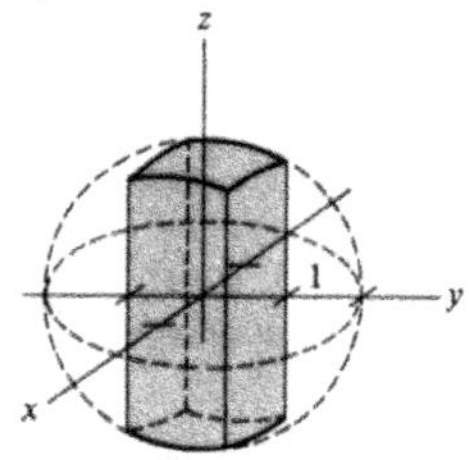

17. Der Querschnitt ist ein Quadrat

6.3 Die Beschreibung räumlicher Gebiete in Zylinderkoordinaten oder Kugelkoordinaten

1. Oberfläche eines geraden Kreiszylinders mit dem Radius 1
3. Ebene parallel zur xy-Ebene
5. Kugel mit dem Radius 3
9. $0 \le \theta \le 2\pi$, $0 \le r \le a$, $-\sqrt{a^2-r^2} \le z \le \sqrt{a^2-r^2}$
11. (*a*) $(\sqrt{x^2+y^2}; \arctan(y/x); z)$. (Es gibt auch andere Beschreibungen von θ)
(*b*) $(r\cos\theta, r\sin\theta, z)$
13. (*a*) $z = 0$ (*b*) $\theta = \pi/4$ (*c*) $r = 0$
15. ein kegelförmiger Körper
17. ein Viertel eines Zylinders mit abgeschrägter Deckfläche (in der Ebene $z = x$)
19. Kugel mit dem Radius 2, Mittelpunkt im Ursprung
21. eine Halbebene von der z-Achse begrenzt
23. die obere Hälfte der z-Achse
25. $(\rho\sin\phi, \theta, \rho\cos\phi)$
27. $0 \le \theta \le 2\pi$, $0 \le \rho \le a$, $0 \le \phi \le \pi$ (in beliebiger Reihenfolge)
29. $0 \le \theta \le 2\pi$, $0 \le \phi \le \pi/6$, $0 \le \rho \le a$ (in beliebiger Reihenfolge)
31. $0 \le \theta \le 2\pi$, $0 \le \phi \le \pi/6$, $0 \le \rho \le (3a\sec\phi)/5$
37. $\rho = \sqrt{r^2+z^2}$, θ, $\phi = \arctan(r/z)$
39. $\rho = \sqrt{x^2+y^2+z^2}$, $\phi = \arctan(\sqrt{x^2+y^2}/z)$, $\theta = \arctan(y/x)$

6.4 Die Berechnung von $\int_R f(P)\,dV$ in rechtwinkeligen Koordinaten

1. (a) $\frac{1}{24}$ (b) $\frac{1}{4}$
3. $M/5$
5. $(b^2 + c^2)M/3$
7. 0
9. $\frac{1}{120}$

6.5 Die Berechnung von $\int_R f(P)\,dV$ in Zylinder- oder Kugelkoordinaten

1. $4\pi a^3/3$
3. $2Ma^2/5$
7. $3Ma^2/2$
9. $\pi a^4/16$
11. $3a/4$
13. $2Ma^2/5$
19. ja (Mittelwertsatz)

Testaufgaben zu Kapitel 6

2. $3(b^4 - a^4)/4(b^3 - a^3)$
4. (a) $(5; \arctan\frac{4}{3}; \pi/2)$ (b) $(0; 3\sin 1; 3\cos 1)$
   (c) $(\sqrt{8}; \pi/4; \pi/4)$
6. (a) r bzw. $\rho^2 \sin\phi$
8. $a^2/2 + h^2/12$
9. $(e - 1)/4$
10. (c) $M(3a^2/120 + 3h^2/5)$
11. (a) $\rho\cos\phi = 3$ (b) $x^2 + y^2 = 4$
    (c) $\rho\sin\phi = 2$ (d) $r^2 + z^2 = 9$
12. a^2

Übungen zu Kapitel 6

15. Man verwende den pythagoräischen Lehrsatz in der Form $x^2 + y^2 + z^2 = \rho^2$.

Anhang D. Partialbrüche

D.1 Partialbruchzerlegung von rationalen Zahlen

5. (a) $(x - 2)(x^2 + 2x + 4)$
   (b) $(x - \sqrt[3]{4})(x^2 + \sqrt[3]{4}x + \sqrt[3]{16})$
7. $a = -1$, $b = 5$
9. (a) $2/(x - 2) + 8/(x - 2)^2 + 9/(x - 2)^3$
   (b) $1/(x + 1) - 1/(x + 1)^2$
   (c) $1/(x - 3)^2 + x/(x^2 + 1)$
11. in jedem Falle 20

D.2 Partialbruchzerlegung von rationalen Funktionen

1. (a) $(2x - 1)(x + 2)^2$ (b) irreduzibel
   (c) $2[x + (1 - \sqrt{57})/4][x + (1 + \sqrt{57})/4]$
3. (b) $\dfrac{x/2 - \frac{5}{2}}{x^2 + x + 1} + \dfrac{-x/2 + \frac{7}{2}}{x^2 - x + 1}$
7. $\dfrac{\frac{1}{23}}{x - 2} - \dfrac{4x/23 + \frac{10}{23}}{4x^2 + 2x + 3}$
9. (a) $x^2 + \dfrac{1 - x}{1 - x + x^2}$ (b) $1 - \dfrac{2}{x^2 + 1} + \dfrac{1}{(x^2 + 1)^2}$

Sachwortverzeichnis